500例化工助剂新配方与制备手册

500 LI HUAGONG ZHUJI
XIN PEIFANG
YU
ZHIBEI SHOUCE

李东光　主编

化学工业出版社
·北京·

内容简介

《500例化工助剂新配方与制备手册》精选乳化剂、润湿剂、分散剂、消泡剂、发泡剂、抗静电剂、柔软剂、流平剂、增稠剂、增塑剂、热稳定剂、抗氧剂、防老剂、阻燃剂、光亮剂、施胶剂、增效剂、抗爆剂、助燃剂、缓蚀剂，共20大类500例化工助剂配方。在每一种化工助剂分类下，除了对相关定义、机理、分类、理化性质、应用领域等进行概括介绍外，对每种具体的品种，详细介绍了原料配比、制备方法、原料介绍、产品应用、产品特性等内容，实用性强。

本手册适合从事化工助剂研发、生产等的人员和高等及大中专院校精细化工专业师生参考。

图书在版编目（CIP）数据

500例化工助剂新配方与制备手册 / 李东光主编. 北京：化学工业出版社，2026. 4. -- ISBN 978-7-122-50052-6

Ⅰ. TQ047.1-62

中国国家版本馆CIP数据核字第2026QD2183号

责任编辑：张 艳　　文字编辑：姚子丽　师明远

责任校对：王鹏飞　　装帧设计：王晓宇

出版发行：化学工业出版社

（北京市东城区青年湖南街13号　邮政编码100011）

印　　装：北京建宏印刷有限公司

787mm×1092mm　1/16　印张31¾　字数780千字

2026年4月北京第1版第1次印刷

购书咨询：010-64518888　　售后服务：010-64518899

网　　址：http://www.cip.com.cn

凡购买本书，如有缺损质量问题，本社销售中心负责调换。

定　　价：198.00元

前言

化工助剂是在工业生产中，为改善生产过程、提高产品质量和产量，或者为赋予产品某种特有应用性能所添加的辅助化学品，也称作化工添加剂。它是一类广泛应用于各种材料的精细化学品，在生产加工过程中其用量虽小，但可显著改善制品的性能，一般包含橡胶助剂、塑料助剂、涂料助剂、胶黏剂助剂、催化剂、水处理剂、油田助剂、矿物油用添加剂、燃料（燃油）添加剂、农药助剂、纺织印染助剂、皮革助剂、造纸助剂、建筑助剂、木材助剂、电子工业用助剂、金属加工助剂、日化添加剂、表面活性剂、高分子絮凝剂、信息化学品专用助剂、电子化学品专用助剂、润滑剂、阻燃剂、稀土助剂、药物辅料、酶及酶制剂、环境污染处理专用药剂等。

化工助剂有些是单一成分，有些是多种成分复配的混合物。单一成分的化工助剂，一般物理化学性质和危险特性明确；多种成分复配的化工助剂，是企业或者研究人员研究生产的具有一定特性的复配产品。

助剂分类是比较复杂的，主要有以下两种分类方法。

（1）按应用对象分类

① 高分子材料助剂，包括塑料、橡胶和纤维助剂，例如增塑剂、抗静电剂等。

② 石油助剂，包括原油开采和处理添加剂、石油产品添加剂。

③ 纺织染整助剂，包括织物纤维的前处理、加工、印染和后整理助剂。

④ 其他应用助剂，如涂料助剂、医药助剂、食品添加剂、水泥添加剂等。

（2）按作用功能分类

① 稳定化的助剂：防止或延缓聚合物在贮存、加工和使用过程中的老化变质，亦称“防老剂”或“稳定剂”，例如抗氧剂、光稳定剂、热稳定剂、防霉剂等。

② 改善力学性能的助剂：改善聚合物材料的某些力学性能（抗张强度、硬度、刚性、抗变形性、抗冲击强度等），例如硫化剂、树脂交联剂、偶联剂等。

③ 改善加工性能的助剂，例如润滑剂、脱模剂等。

④ 柔软化和轻质化助剂，例如增塑剂、发泡剂等。

⑤ 改善表面性能和外观的助剂，例如抗静电剂、防雾滴剂、着色剂等。

⑥ 阻燃性助剂。

助剂的选择与应用必须兼顾应用对象种类、加工方式、制品特征及配合组分等多种因素。助剂的使用是一项很复杂的技术，在选择和使用助剂时应注意以下一些基本问题。

① 助剂与制品的配伍性：助剂必须长期稳定、均匀地存在于制品中才能发挥其应有的效能，因此要求制品与助剂之间有良好的相容性，如果相容性不好，助剂就容易析出，析出后不仅失去作用而且影响制品的外观和手感。

② 助剂的耐久性：助剂的损失主要通过挥发、抽出和迁移三条途径。挥发性大小取决于助剂本身的结构；抽出性大小与助剂在不同介质中的溶解度直接相关；迁移性大小与助剂在不同制品中的溶解度有关。

③ 助剂对加工条件的适应性：加工条件的要求最主要的是耐热性，即要求助剂在加工

温度下不分解、不易挥发和升华。

④ 助剂必须适应产品的最终用途：不同用途的制品对所用助剂的外观、气味、污染性、耐久性、电气性能、热性能、耐候性、毒性等有一定的要求。

⑤ 助剂配合中的协同作用和相抗作用：一种合成材料常常要同时使用多种助剂，这些助剂之间彼此会产生一定影响。助剂配方研究的目的之一就是充分发挥助剂之间的协同作用，得到最佳的效果。

近年来，我国石油化工、合成材料和精细化工工业有了较大的发展，所需要的配套助剂品种和数量越来越多，它能赋予制品以特殊性能，延长使用寿命，扩大应用范围，改善加工效率，加速反应过程，提高产品收率。因此，助剂的应用已遍及国民经济的各个领域，广泛应用于化学工业，特别是有机合成、塑料、纤维、橡胶等三大合成材料的制造加工，以及石油炼制、纺织、印染、农药、医药、涂料、造纸、食品、皮革等精细化工或相关工业部门，成为工农业生产、尖端科学技术和人民生活中不可缺少的重要组成部分。

为了满足读者需要，我们编写了这本《500例化工助剂新配方与制备手册》，书中收集了大量的、新颖的配方与工艺，旨在为读者提供实用的、可操作的实例，方便读者使用。

本书的配方以质量份数（质量份）表示，在配方中有注明以体积份数（体积份）表示的情况，需注意质量份数与体积份数的对应关系，例如质量份数以 g 为单位时，对应的体积份数单位是 mL，质量份数以 kg 为单位时，对应的体积份数单位是 L，以此类推。

需要请读者们注意的是，我们没有也不可能对每个配方进行逐一验证，所以读者在参考本书进行试验时，应根据自己的实际情况本着先小试后中试再放大的原则，小试产品合格后才能往下一步进行，以免造成不必要的损失。

本书由李东光主编，参加编写的还有翟怀凤、李桂芝、吴宪民、吴慧芳、李嘉、蒋永波、邢胜利等同志，由于编者水平所限，书中难免有不妥之处，请读者在使用时及时指正。

编者

2026 年 1 月

目录

1 乳化剂 1

2 润湿剂 22

5 发泡剂 100

6 抗静电剂 127

7　柔软剂　152

8　流平剂　177

12 抗氧剂 275

13 防老剂 299

14 阻燃剂 324

15 光亮剂 353

1 乳化剂

1.1 乳化剂定义

乳化是指两种不相溶的液体形成乳状液的过程。乳化剂是能使两种或两种以上互不相溶的液体混合形成稳定乳状液的一类物质。它一方面降低油水间的界面张力，使乳化易于进行；另一方面在液珠表面上形成有一定强度的界面膜，阻止了液珠之间的聚结和油水分层，使体系更稳定。

1.2 乳化剂作用机理

乳化剂作用机理是在乳化过程中，分散相以微滴（微米级）的形式分散在连续相中，乳化剂降低了混合体系中各组分的界面张力，并在微滴表面形成较坚固的薄膜或由于乳化剂给出的电荷而在微滴表面形成双电层，阻止微滴彼此聚集，而保持乳状液的均匀。从相的观点来说，乳状液仍是非均相体系。乳状液中的分散相可以是水相，也可以是油相，大多数为油相；连续相可以是油相，也可以是水相，大多数为水相。乳化剂是一种表面活性剂，分子中有亲水基和亲油基。通常采用“亲水亲油平衡值（HLB 值）”表示乳化剂的亲水性或亲油性，HLB 值愈低，其亲油性愈强；反之，HLB 值愈高，其亲水性愈强。各种乳化剂的 HLB 值不同，为了获得稳定的乳状液，必须选择合适的乳化剂。

1.2.1 乳状液及其分类

从广义来说，两种互不相溶的液体，当一种液体以微滴的状态分散于另一种液体时所形成的多相分散体系均为乳状液，形成乳状液的过程称为乳化。常见的乳状液可分为两类：以水为连续相，以不溶于水的有机液体为分散相，油以细小的微粒形式分散在水里所形成的乳状液称水包油型乳状液；以水为分散相，以不溶于水的有机液体为连续相，水以细小的微粒形式分散在油里形成的乳状液称油包水型乳状液。

1.2.2 乳状液的形成

研究表明，乳化过程首先是两相发生形变，形变到一定程度后，被分散成较大的液珠，然后大液珠再进一步形变分裂成小液珠。要把一种液体高度分散于另一种液体中，必须提供给体系很大的能量，如超声分散、高速混合搅拌等，以克服因小液珠发生形变而产生的压力，增大体系的界面和界面能。另外，消耗了很大的能量所形成的乳状液又有力图减小界面、降低界面能、自发凝结的倾向，稍经放置，便又分层，如何在降低能耗下得到稳定的乳状液呢，那就必须加入乳化剂。乳化剂在乳状液的形成中所起的主要作用有：在分散相周围形成坚固的保护膜，阻止液珠聚集并降低界面张力，产生界面电荷，增大液珠间的斥力。另外，当膜受到扰动，膜局部变薄而产生表面压梯度时，乳化剂有自动移向薄处修补膜的作用。

1.3 乳化剂分类

乳化剂分亲油型（油包水型：W/O）及亲水型（水包油型：O/W）两大类。前者使水分散到油中，后者使油分散到水中。以HLB值表示其亲水亲油性，HLB值3～5者为W/O型乳化剂，用它形成油包水型乳状液；HLB值8～18者为O/W型乳化剂。

乳化剂可按分子结构分为阴离子型、非离子型、阳离子型和两性型四大类。大多混合使用。阴离子乳化剂有脂肪酸皂、烷基磺酸盐、烷基苯基硫酸盐、磷酸盐等。阳离子乳化剂主要是胺类及季铵盐。非离子型乳化剂是品种最多的一类乳化剂，有聚氧乙烯型、环氧乙烷和环氧丙烯嵌段共聚物、多元醇的脂肪酸酯、聚乙烯醇等。卵磷脂、羊毛脂、阿拉伯树胶等是天然乳化剂。

1.4 乳化剂的应用

乳化剂广泛应用于医药、农药、合成橡胶、合成树脂、制革、化妆品、食品及涂料等工业领域。用于化妆品的乳化剂，除乳化作用外，还兼有增溶、浸透、润湿、去垢等作用。

1.4.1 在食品工业中的应用

在生命科学快速发展的时代，发展食品科学，提高食品质量，改进食品工艺，研制新功能食品，必须相应地发展食品乳化剂。食品乳化剂的憎水基因多为不同碳数的直链烷烃，可与食品中的直链淀粉结合，改善食品干硬、粘连、口感及外观等，如制造巧克力时可用乳化剂降低黏度，熬制硬糖时，可用乳化剂防止硬糖变黏、浑浊、返砂等。世界各国确认的食品乳化剂共有180余种，常用的主要有脂肪酸甘油酯、乙酸、乳酸、失水山梨醇脂肪酸酯、卵磷脂等。在食品乳化剂中，含饱和脂肪酸链的有发泡作用，含不饱和脂肪酸链的有消泡作用，有人指出，两性表面活性剂因具有安全性、稳定性及配伍性等独特性能而具有广阔的发展前景。

1.4.2 在农药中的应用

农药乳油是农药加工中最基本的剂型，因此农药乳化剂便成为国内表面活性剂在农药中用量最大的品种，也是决定农药乳油质量好坏的关键因素。农药乳化剂是能生物降解、在植物毒理学上安全、稀释后仍然有效、与电解质相容、低泡、与其他物质不发生反应的表面活性剂。

1.4.3 在塑料、橡胶加工中的应用

乳化剂在塑料工业中主要用于单体乳液聚合。乳化剂的加入可直接影响乳液聚合反应的稳定性、聚合速度、转化率等，不同的单体聚合，所用乳化剂也有区别，常用的乳化剂有脂肪酸皂、松香皂、磺酸盐、磺基脂肪酸酯、肥皂，其中磺基脂肪酸酯是性能最好的。

在胶乳的配合加工中，乳化剂使两种互不相溶的液体形成乳状液，在此基础上，分散剂、增稠剂、稳定剂的作用才能得以发挥。常用的乳化剂有油酸钾、十八酸钾、壬基苯基聚环氧乙烷醚等。

1.4.4 在建筑、装潢材料上的应用

在道路施工养护、木材防腐、建筑物保护等方面都会用到沥青乳液，乳化法制得的沥青具有制备简单、无毒、无臭气、可常温使用的特点，而且不管冬季还是夏季，均不影响施工质量。常用乳化剂有烷基亚丙基二胺、牛脂丙烯二胺、椰子油丙烯二胺等。在制备清漆和乳

胶漆等涂料时，要加入脂肪酸或磺酸的铵盐作乳化剂。

1.4.5 在石油工业中的应用

石油工业是我国的一项支柱产业，乳化剂在其中的应用更为广泛。为提高钻井效率和安全生产，需配制钻井泥浆辅助钻井作业，泥浆中使用的乳化剂一则起乳化作用，二则起润湿作用。常用乳化剂有油酸皂、石油磺酸盐、磺化琥珀酸盐、十二烷基硫酸钠等，实际应用时常为上述物质的复配物。

为了提高采油率，减小岩层对油的吸附力，常加入乳化剂，使油层原油发生乳化，增大油在水中的溶解度。开采出的原油一般为油包水型乳液，必须经过破乳脱水才能进一步加工成石油产品。原油化学破乳脱水最有效的方法即是加入水包油型乳化剂，即破乳剂，常用的水包油型乳化剂是阴离子或非离子表面活性剂及两者的复配物。

乳化剂除上述应用外，还广泛应用于纺织印染、造纸、皮革、医药、采矿等工业中，开发高新性能、价格低廉、无毒无污染、配伍性能好的乳化剂，是乳化剂市场的要求，也是化学工作者研究的方向。

1.5 乳化剂配方与制备实例

配方 1 不含丙二醇的复配乳化剂

原料配比

原料		配比（质量份）			
		1#	2#	3#	4#
乳化组分	单双甘油脂肪酸酯	9.00	10.00	14.00	8.00
	蔗糖脂肪酸酯	8.26	2.00	—	—
	聚甘油脂肪酸酯	—	—	4.00	5.00
	丙二醇脂肪酸酯	1.44	2.30	3.00	3.00
	山梨醇酐单硬脂酸酯	2.00	1.00	2.00	1.00
	磷脂	0.30	0.30	1.00	0.50
食用油脂	菜籽油	15.00	5.00	20.00	12.00
酒精		1.60	1.60	1.60	1.60
糖类	麦芽糖	15.00	30.00	6.00	14.00
	海藻糖	5.00	—	3.00	—
	麦芽糖浆	—	—	—	—
	葡萄糖浆	—	10.00	—	—
	果葡糖浆	8.30	6.70	11.30	4.00
糖醇	山梨糖醇液	5.00	8.90	—	9.50
	麦芽糖醇液	—	—	3.00	—
水		28.40	21.50	30.00	38.60
稳定剂	羟丙基二淀粉磷酸酯	0.20	—	0.80	2.50
	海藻酸丙二醇酯	—	0.50	0.25	—
	黄原胶	0.50	—	0.05	0.10
	羧甲基纤维素钠	—	0.20	—	0.20

制备方法

（1）油相制作：将乳化组分、食用油脂和酒精混合均匀，加热至 70 ～ 100℃，搅拌均匀，得到油相。

（2）水相制作：将水、糖类、糖醇、稳定剂混合，分段升温搅拌，得到水相；所述分段升温搅拌具体为：前段温度升至 35 ～ 50℃，搅拌速度为 200 ～ 300r/min；后段温度升至 60 ～ 90℃，搅拌速度为 50 ～ 200r/min。

（3）水合：将油相温度调整至 70 ～ 90℃，搅拌下加入水相进行水合反应，反应时间为 10 ～ 60min，得到水合溶液；搅拌的速度为 50 ～ 300r/min。

（4）冷却捏合：将水合溶液于 10min 内降温至 50 ～ 60℃，在进行捏合的同时，在 1min 内将温度急冷至 30 ～ 50℃。

（5）熟化：将捏合后的产品置于室温环境下熟化 22 ～ 24h。

产品应用 本品主要用作食品糕点的乳化剂。

产品特性

（1）本品能够有效解决丙二醇在糕点中超标的问题。特定用量的乳化组分、食用油脂、糖类以及糖醇和稳定剂互相配合，得到的复配乳化剂状态柔软细腻，打发性能好，分散性佳，气泡细腻，绵密均一，还具有优异的水油平衡度，使得糕点在保质期内的滋润度高、口感佳。

（2）选用海藻酸丙二醇酯和羧甲基纤维素钠作为稳定剂，既能够调节体系黏度以稳定复配乳化剂体系，还能够增强复配乳化剂的保湿作用。

配方 2 超分子乳化剂

原料配比

原料		配比（质量份）			
		1#	2#	3#	4#
环糊精	β- 环糊精	0.2	—	—	21
	α- 环糊精	—	0.15	10	—
乳化剂	聚甘油 -3 二异硬脂酸酯	0.45	—	—	—
	野大豆籽提取物	—	0.15	—	—
	聚山梨醇酯 -8C	—	0.3	—	—
	甲基葡糖倍半硬脂酸酯	—	—	2	—
	聚甘油 -4 异硬脂酸酯	—	—	6.7	—
	聚甘油 -4 二异硬脂酸酯 / 聚羟基硬脂酸酯 / 癸二酸酯	—	—	—	24
	聚甘油 -10 五硬脂酸酯	—	—	—	33.6
	大豆卵磷脂	—	—	—	15
	聚山梨醇酯 -80	—	—	0.25	—
水①		适量	适量	适量	适量
油相	辛酸 / 癸酸甘油三酯	5	3	5	5
	澳洲坚果籽油	5	—	5	5
	霍霍巴籽油	—	3	—	—
	牛油果树果脂	—	0.5	—	—
增稠剂	卡波姆	0.25	0.2	0.25	0.25
	丙烯酰二甲基牛磺酸铵 /VP 共聚物	0.1	—	0.1	0.1
	黄原胶	—	0.15	—	—
醇类	甘油	3	2	3	3
	丁二醇	2	3	2	2
防腐剂	辛酰羟肟酸	0.05	0.06	0.05	0.05
水②		83.95	87.49	83.95	83.95

制备方法

（1）将环糊精、乳化剂、水①混合，于 30 ～ 70℃水浴中搅拌加热，均质，结束后将溶液取出并搅拌冷却。将冷却后的混合物冷冻干燥为粉末，制得超分子乳化剂。水浴搅拌加热的搅拌速度为 15 ～ 1000r/min，加热时间为 3 ～ 60min；均质的转速为 1000 ～ 5000r/min，均质时间为 1 ～ 15min。搅拌冷却的搅拌速度为 100 ～ 1000r/min。冷冻的温度为 −50 ～ −20℃。

（2）将水②、增稠剂、醇类、防腐剂、超分子乳化剂混合，在搅拌状态下水浴加热至 75 ～ 85℃（搅拌速度为 15 ～ 1000r/min），加热 3 ～ 60min，得到水相混合物。

（3）将油相在搅拌状态下水浴加热至 75 ～ 85℃（搅拌速度为 15 ～ 1000r/min），加热 3 ～ 60min，得到油相混合物。

（4）在搅拌状态下，将油相混合物加入水相混合物中乳化，再以 1000 ～ 9000r/min 转速均质 1 ～ 15min。

（5）均质结束后，搅拌冷却；搅拌速度为 100 ～ 1000r/min。

产品应用 本品主要用于化妆品领域。

产品特性 将环糊精分子作为主体分子（分子 A），乳化剂分子作为客体分子（分子 B），实现了“正确”的分子识别，从而使得二者实现了自组装，形成了超分子乳化剂。这种超分子乳化剂相对于普通的乳化剂，能够使得乳液达到更小的粒径，使得乳液粒径分布更加均匀，从而获得更好的乳化效果，因而可以在较低添加量的前提下，提高乳化效果。将其应用到化妆品中，可以有效地降低乳化剂带来的化妆品的刺激性。

配方 3 蛋糕乳化剂

原料配比

原料	配比（质量份）			
	1#	2#	3#	4#
单双甘油脂肪酸酯	15	20	25	25
蔗糖脂肪酸酯	8	8	10	15
山梨醇酐单硬脂酸酯	2	8	10	2
聚氧乙烯（20）山梨醇酐单油酸酯	2	4	5	3
山梨糖醇液	30	20	20	10
丙二醇	5	5	10	15
水	38	35	20	30

制备方法

（1）将山梨糖醇液、丙二醇、蔗糖脂肪酸酯和聚氧乙烯（20）山梨醇酐单油酸酯混合并搅拌均匀、均质，加热至 80 ～ 98℃，得到混合物；搅拌时间为 1 ～ 2h、搅拌频率为 5 ～ 30Hz、均质频率为 5 ～ 50Hz。

（2）在搅拌状态下依次将单双甘油脂肪酸酯和山梨醇酐单硬脂酸酯加入步骤（1）制得的混合物中，继续搅拌并加热至 80 ～ 98℃；搅拌时间为 1h、搅拌频率为 5 ～ 30Hz。

（3）将水加热至 80 ～ 98℃后，加入步骤（2）制得的混合物中，边加入边搅拌；加水结束后，继续搅拌并加热至 80 ～ 95℃，保温 2 ～ 3h；降温至 65 ～ 75℃，灌装即得所述蛋糕乳化剂。加水的搅拌频率为 20 ～ 50Hz、均质频率为 20 ～ 50Hz；加水结束后的搅拌时间为 2 ～ 3h、搅拌频率为 5 ～ 30Hz。

产品特性

（1）该蛋糕乳化剂能够降低蛋糕面糊的水油界面张力和提高蛋白质网络结构的稳定性，

从而很好地降低面糊破乳率、避免蛋糕沉底现象的发生，大大提高了产品良品率。

（2）单双甘油脂肪酸酯起到提供α-型结晶构造的作用，能够提高蛋糕面糊的打发性，从而提高蛋糕的烘焙体积。蔗糖脂肪酸酯、山梨醇酐单硬脂酸酯和聚氧乙烯（20）山梨醇酐单油酸酯用于维持单双甘油脂肪酸酯的α-型结晶构造，并起到稳定泡沫的作用，尤其是可以在低温条件下提高蛋糕面糊的保存性，从而解决低温下蛋糕面糊沉淀的问题；另外，山梨醇酐单硬脂酸酯和聚氧乙烯（20）山梨醇酐单油酸酯还具有降低水油界面张力的作用。山梨糖醇液作为溶剂用，起到水分保存剂的作用。丙二醇作为溶剂使用，用于提高产品的保存性。

（3）该乳化剂质地柔软、易分散，可在短时间内全部溶解，进而可以快速发挥打发效果，提高了生产效率；同时该乳化剂可耐长时间打发，适用于不同生产工艺。

配方 4　复合乳化剂

原料配比

原料		配比（质量份）		
		1#	2#	3#
聚甘油硬脂酸酯	聚甘油-10五硬脂酸酯	19	14	24
	聚甘油-6硬脂酸酯	10	8	12
甾醇	山嵛醇	20	16	24
甘油硬脂酸酯柠檬酸酯		12	12	12
植物甾醇类		5	3	7
大豆甘油酯类		0.15	0.15	0.15
甘油二硬脂酸酯		加至100	加至100	加至100

制备方法　将各组分加热至溶解并混合均匀，随后造粒，冷却，即得所述复合乳化剂。

产品应用　本品主要用于化妆品领域。应用于制备乳霜，所述乳霜包括如下质量分数的组分：复合乳化剂4%～6%、聚二甲基硅氧烷8%～12%、环五聚二甲基硅氧烷8%～12%、鲸蜡硬脂醇2%～4%、1,3-丁二醇2%～4%、甘油2%～4%、羟乙基纤维素0.1%～0.5%及余量水。

产品特性

（1）本品可以在不引入聚乙二醇结构的情况下便有效在乳液中形成明显的层状液晶结构，同时该结构可以在35～37℃人体正常皮肤温度范围内保持稳定性。使用在皮肤上时可保持长效的护肤活性。同时该产品适用性广，在各种不同的油脂、保湿剂、增稠剂的乳液体系中均能保持液晶结构的生成和稳定。

（2）本品配方原料及配比具有明显的特异性，具不可替代性。聚甘油硬脂酸酯是一类多羟基酯类非离子型表面活性剂，该分子具有两亲性结构（既有亲水结构，又有亲油结构），因此其在本品所述复合乳化剂中作为主乳化剂使用，稳定水相油相成分。而甘油二硬脂酸酯和甘油硬脂酸酯柠檬酸酯则作为助乳化剂使用，基于其HLB值与主乳化剂不同，因此可以有效增强主乳化剂形成的界面膜，进一步提升所形成乳霜的稳定性，最终共同作用在水油界面上形成稳定的层状液晶结构。而产品组分中的山嵛醇主要对液晶结构的形成起到调控作用，增大液晶双分子层排布的有序度和稳定性。同时，山嵛醇又是优秀的润肤赋脂剂，可以滋润皮肤、提升乳霜的保湿感；而甾醇与人体细胞间脂质中的胆固醇具有类似的性质，其分子中包含特殊的环戊烷多氢菲结构，对层状液晶的双分子层结构具有热力学亲和作用，对双分子层的结构和动态行为产生影响，可使得形成的液晶结构更加均匀和完整。

配方 5　改性木质素磺酸盐沥青乳化剂

原料配比

原料		配比（质量份）			
		1#	2#	3#	4#
丙烯酸		10.8	10.8	10.8	12.96
胺类化合物溶液	三乙烯四胺溶液	21.9	21.9	21.9	26.28
溶剂	去离子水	65.4	65.4	65.4	65.4
木质素磺酸盐	木质素磺酸钠	32.7	32.7	32.7	32.7
37% 的甲醛溶液		17.6	12.37	22.97	17.6

制备方法

（1）制备酰胺化合物：在通入 N_2 条件下，将丙烯酸加入四口烧瓶中，搅拌下升温至 110 ～ 130℃，然后缓慢滴加胺类化合物，使胺类化合物与丙烯酸发生酰胺化反应，2 ～ 5h 后生成酰胺化合物。

（2）制备改性木质素磺酸盐沥青乳化剂：将步骤（1）制得的酰胺化合物加入去离子水中，同时加入木质素磺酸盐并升温至 70 ～ 90℃，之后加入甲醛溶液，甲醛与木质素磺酸钠和酰胺类化合物通过 Mannich 反应，最终得到的产物为改性木质素磺酸盐沥青乳化剂。

原料介绍　所述胺类化合物为二乙烯三胺、三乙烯四胺、四乙烯五胺中的一种或多种的组合。

产品应用　将本品溶于水，配制成皂液，所述皂液中改性木质素磺酸盐沥青乳化剂占 2.5% ～ 7.5%，水占 92.5% ～ 97.5%。然后将皂液加热至 70 ～ 80℃，调节 pH 值为 10 ～ 12，同时将沥青加热至 130℃后将皂液和沥青均倒入胶体磨中剪切 2 ～ 5min，即制得乳化沥青；所述乳化沥青中沥青占 55% ～ 65%，皂液占 35% ～ 45%；所述改性木质素磺酸盐沥青乳化剂占乳化沥青组分总量的 1.0% ～ 3.0%。

产品特性

（1）本品具有良好的乳化能力，乳化沥青高、低温性能及储存稳定性优良，制备的乳化沥青各项性能均满足《公路沥青路面施工技术规范》中相关要求，在稀浆封层和微表处等施工工艺中有着良好的应用前景。

（2）本品相对于目前的沥青乳化剂所用的原料便宜、来源广泛，生产成本低。主要原料为经造纸黑液木质素改性而成的木质素磺酸盐，能够有效地减少造纸废液对于环境的污染，具有显著的社会效益。

配方 6　高分子量有机硅乳化剂

原料配比

原料	配比（质量份）			
	1#	2#	3#	4#
三乙氧基硅烷	100	100	100	100
烯丙醇聚氧乙烯醚	60	65	70	70
溶剂 A	60	70	80	80
催化剂	0.01	0.02	0.03	0.04
1- 十六烯	20	25	35	40

续表

<table>
<tr><td colspan="4" rowspan="2">原料</td><td colspan="4">配比（质量份）</td></tr>
<tr><td>1#</td><td>2#</td><td>3#</td><td>4#</td></tr>
<tr><td rowspan="2">溶剂 A</td><td colspan="3">环己酮</td><td>3</td><td>7</td><td>4</td><td>1</td></tr>
<tr><td colspan="3">石油醚</td><td>5</td><td>10</td><td>5</td><td>1</td></tr>
<tr><td rowspan="15">催化剂</td><td colspan="3">氯铂酸</td><td>10</td><td>10</td><td>10</td><td>10</td></tr>
<tr><td colspan="3">溶剂 B</td><td>10</td><td>10</td><td>4000</td><td>5000</td></tr>
<tr><td rowspan="2">溶剂 B</td><td colspan="2">异丙醇</td><td>2000</td><td>—</td><td>2000</td><td>2500</td></tr>
<tr><td colspan="2">四氢呋喃</td><td>—</td><td>3000</td><td>2000</td><td>2500</td></tr>
<tr><td colspan="3">改性载体</td><td>100</td><td>200</td><td>300</td><td>400</td></tr>
<tr><td rowspan="10">改性载体</td><td colspan="2">咖啡碳</td><td>10</td><td>10</td><td>10</td><td>10</td></tr>
<tr><td colspan="2">凹凸棒土</td><td>10</td><td>10</td><td>20</td><td>25</td></tr>
<tr><td colspan="2">氨基硅烷偶联剂水解液</td><td>200</td><td>200</td><td>300</td><td>350</td></tr>
<tr><td colspan="2">苹果酸</td><td>10</td><td>10</td><td>15</td><td>18</td></tr>
<tr><td colspan="2">肉桂酸</td><td>6</td><td>6</td><td>10</td><td>13</td></tr>
<tr><td rowspan="5">氨基硅烷偶联剂水解液</td><td>KH-550</td><td>1</td><td>—</td><td>—</td><td>0.5</td></tr>
<tr><td>KH-540</td><td>—</td><td>1</td><td>—</td><td>0.5</td></tr>
<tr><td>KH-792</td><td>—</td><td>—</td><td>1</td><td>—</td></tr>
<tr><td>水</td><td>2</td><td>3</td><td>4</td><td>5</td></tr>
<tr><td>乙醇</td><td>7</td><td>9</td><td>11</td><td>13</td></tr>
</table>

制备方法

（1）将三乙氧基硅烷、烯丙醇聚氧乙烯醚进行旋蒸除去水分后，加入溶剂 A 中，加热至 40 ～ 60℃，加入催化剂总质量的 2/3，回流反应 1 ～ 4h，得初产品。

（2）将步骤（1）所得初产品升温至 60 ～ 70℃，缓慢滴加 1- 十六烯，滴加结束后，加入剩余的催化剂，继续升温至 80 ～ 90℃，回流反应 2 ～ 3h 后，降至室温，得粗产品。

（3）步骤（1）所得粗产品经过滤后，旋蒸除杂，得有机硅乳化剂。

原料介绍

所述催化剂由以下方法制得：将氯铂酸溶解于溶剂 B 中，加入改性载体，以氮气为保护气体，在 50 ～ 100℃下反应 4 ～ 8h 后，过滤，洗涤，干燥，得催化剂。所述氯铂酸、改性载体、溶剂 B 的质量比为 1∶（10 ～ 50）∶（200 ～ 600）。

所述改性载体由以下方法制得：将咖啡碳与凹凸棒土混合均匀，研磨至 300 ～ 500 目，并在 400 ～ 600℃下煅烧 1 ～ 2h 后，先加入氨基硅烷偶联剂水解液中，升温至 60 ～ 80℃，搅拌反应 1 ～ 2h；再加入苹果酸和肉桂酸，继续反应 1.5 ～ 2.5h，过滤，洗涤，干燥，得改性载体。

产品应用　本品主要用作化妆品领域的乳化剂。

产品特性

（1）本品具有显著乳化性和润滑性，分散性极佳。

（2）本品制备过程中，催化剂进行分步添加，能够有效控制反应速率，减少副反应的发生，得到纯度较高且外观良好的有机硅乳化剂，便于作为化妆品原料。

（3）本品制备过程中，控制各工艺参数，使最终获得的高分子量液态有机硅乳化剂的乳化性能优异；且本品制备方法步骤简单、成本低，适合工业化生产。

配方 7　高效力乳化剂

原料配比

原料		配比（质量份）		
		1#	2#	3#
烷醇	聚乙二醇 4000	400	—	—
	聚乙二醇 8000	—	400	—
	聚乙二醇 2000	—	—	400
	聚丙二醇 2000	—	—	100
醇醚	丙二醇甲醚	20	—	—
	乙二醇单丁醚	—	25	25
催化剂	HBF_4 水溶液（50%）	2	0.8	0.8
	三苯基膦	—	1	1
缩水甘油醚环氧树脂（双酚 A 型 E51）		52	28	21
多乙烯多胺	二乙烯三胺	1	0.5	3.7
去离子水		450	420	720

制备方法

（1）将烷醇和醇醚加入搅拌反应装置，通入惰性气体对烷醇进行保护，升温至 90 ～ 130℃并恒温至少 1h 保证熔化完全。

（2）保持温度，加入催化剂，180 ～ 220r/min 至少搅拌 5min；加入催化剂的具体操作为：先加入三苯基膦，在 100℃下搅拌至少 5min，再加入 HBF_4 水溶液，搅拌至少 5min。

（3）保持温度，加入缩水甘油醚环氧树脂，180 ～ 220r/min 搅拌反应至少 5h，直至转化率≥ 95%。

（4）移除醇醚：将温度设置为 120 ～ 150℃，减压蒸馏以移除醇醚。

（5）将温度设置为 100℃，180 ～ 220r/min 搅拌，以滴加的方式加入多乙烯多胺，滴加速度为 2 ～ 3g/min，滴加完毕后升温至 120℃，反应至少 3h，直至反应结束。

（6）再降温至≤ 90℃，将去离子水缓慢加入步骤（5）制得的成品中，制得高效力乳化剂。

原料介绍

所述多乙烯多胺为二乙烯三胺、三乙烯四胺、四乙烯五胺中的一种或一种以上按任意比例混合的混合物。

所述聚乙二醇的分子量为 1000 ～ 10000，所述聚丙二醇的分子量为 1000 ～ 5000。

产品应用　本品主要用于制备环氧树脂乳液。

产品特性

（1）本品选用的多乙烯多胺，由于官能团的间隔较为合适且暴露完全，能够有效完成反应且避免过度交联，同时在设计制备工艺时也无需过高的反应温度，在一定程度上能够节约生产成本和提高生产效率。

（2）本品的制备工艺连贯且精简，制得的乳化剂成品包含宽分布乳化剂分子，即不同分子量的乳化剂无需分别生产再混合。工艺的精简使得对应的生产设备流水线设计也更加简洁，节约企业生产成本的同时还可提高生产效率。

配方 8　环氧树脂乳液专用乳化剂

原料配比

原料	配比（质量份）		
	1#	2#	3#
环氧树脂	20	20	15
多羟基缩水甘油醚	—	10	—
聚醚二元醇	8	10	5
环氧化合物	72	60	70
催化剂	适量	适量	适量

制备方法　将聚醚二元醇、环氧树脂、多羟基缩水甘油醚（可选择性加入）和环氧化合物加入反应器中，再加入催化剂，边搅拌边使体系升温到 140 ～ 160℃，反应 4 ～ 20h 后即可。

原料介绍

所述环氧树脂为双酚 A 型环氧树脂、双酚 S 型环氧树脂、双酚 F 型环氧树脂、氢化环氧树脂、脂族环氧树脂、酚醛环氧树脂中的至少一种。

所述多羟基缩水甘油醚包括但不限于三羟甲基丙烷缩水甘油醚、三羟甲基乙烷缩水甘油醚、季戊四醇四缩水甘油醚、聚氧丁烯二醇缩水甘油醚、山梨糖醇多缩水甘油醚、丙二醇缩水甘油醚、乙二醇缩水甘油醚中的至少一种。

所述聚醚二元醇选自聚丙二醇、聚乙二醇、聚丁二醇、聚戊二醇中的至少一种或两种的嵌段聚合物。所述聚醚二元醇的数均分子量为 200 ～ 4000。

所述环氧化合物为低分子量的环氧树脂，为单环氧化合物、双环氧化合物、三环氧化合物中的至少一种。所述单环氧化合物包括但不限于丙醇缩水甘油醚和 / 或丁醇缩水甘油醚。所述双环氧化合物包括但不限于 1, 6- 己二醇二缩水甘油醚、4, 4- 双酚 A 二缩水甘油醚、1, 4- 二(氧化缩水甘油)苯中的至少一种。所述三环氧化合物包括但不限于三羟苯基甲烷三缩水甘油醚、甘油丙氧酸酯三缩水甘油醚、三(2, 3- 环氧丙基)异氰尿酸酯中的至少一种。

所述催化剂为路易斯酸，选自四氯化锡、四氟化硼酸溶液、三氟化硼、三氟化硼 - 乙醚络合物、三苯基膦中的至少一种。所述催化剂的添加量占聚醚二元醇、环氧树脂和环氧化合物总量的 0.2% ～ 1%。

产品应用　本品在环氧树脂乳液中的添加量为 3% ～ 20%。

产品特性

（1）本品采用环氧树脂和聚醚二元醇进行共聚反应，在环氧树脂乳化剂的分子链上引入亲水和疏水基团，使生成的乳化剂分子链具有交替排列的特别链段，复配使用环氧化合物，通过调配其官能度增强乳化剂链的交联，进一步调控增强其对环氧树脂的乳化作用和乳化稳定性。

（2）本乳化剂能参与环氧树脂的固化成膜反应，可有效提升环氧树脂在其产品中的存在稳定性。

（3）本品所乳化的环氧树脂乳液粒径分布范围窄、分散性好、储存稳定性优异，50℃时储存 40 天以上也无任何分层、沉淀、絮凝等变化。

配方 9 高效氯氟氰菊酯水乳剂的乳化剂

原料配比

原料		配比（质量份）		
		1#	2#	3#
组分 A	腰果酚聚氧乙烯醚	80	60	50
	苯乙烯基苯酚聚氧乙烯醚	—	20	40
组分 B	烯丙氧基羟丙基磺酸钠	20	20	—
	琥珀酸二异辛酯磺酸钠	—	—	10

制备方法 将各组分原料混合均匀即可。

原料介绍

所述腰果酚聚氧乙烯醚包括 YGF-7、YGF-10；所述苯乙烯基苯酚聚氧乙烯醚包括三苯乙烯基苯酚聚氧乙烯醚 601、602。

所述烯丙氧基羟丙基磺酸钠为 COPS-1；所述琥珀酸二异辛酯磺酸钠包括 T50、T75。

产品应用 本品主要用作农药制剂的乳化剂。

产品特性 本品的腰果酚聚氧乙烯醚不仅能和原药有较好的适配性，而且绿色环保易降解，活性高；组分 B 具有降黏作用，能提高乳液的机械稳定性，使得本品黏度小、倾点低、闪点高，方便仓储、运输、生产加工使用。本品不含具有刺激性气味的溶剂，绿色易降解、对环境友好，能实质性解决当前环境下农药制剂企业对高效氯氟氰菊酯水乳剂这一常规产品提出的降本、提质的需求问题。

配方 10 糕点用复配乳化剂

原料配比

原料		配比（质量份）			
		1#	2#	3#	4#
水		33	36.3	35	34.8
油相	玉米油	2	—	—	2.6
	菜籽油	—	2	—	—
	棕榈油	—	—	2	—
分散剂	丙二醇	3	3	3.3	2.6
保水剂	山梨糖醇液	11	6.7	13	11
稳定剂	葡萄皮果胶提取物	33	30	33.7	34
乳化剂	蔗糖脂肪酸酯	3	4.4	2.6	3
	山梨醇酐单硬脂酸酯	6	8.8	5.2	6
	单双硬脂酸甘油酯	9	8.8	5.2	6

制备方法 按配比将水、油相、乳化剂、分散剂、保水剂和稳定剂混合，于 50 ～ 70℃下搅拌均匀后，于 25 ～ 50MPa、1500 ～ 2500r/min 和 50 ～ 70℃的条件下进行均质，最后冷却至常温即可。搅拌时间不少于 20min，均质时间为 5 ～ 10min。

产品应用 使用方法是：直接加入面粉中或者与糖醇类配料混合均匀加入面粉中（添加量小于等于面糊总质量的 2%）。

产品特性

（1）本品具有较佳的起泡、抗老化、回弹和保湿效果，具有良好流动性，能有效防止淀粉老化，提高面糊持泡能力，加强其稳定性，使糕点的组织更细腻、柔软，长时间保持绵软湿润的口感和不易塌陷。

（2）本品糕点用复配乳化剂为乳状液，具有良好的流动性，相比膏状或粉状乳化剂，能更好地与糕点的原材料混合均匀，制作成本适中，能应用于工业自动化和日常生产。

配方 11　含卵磷脂的乳化剂

原料配比

原料		配比（质量份）			
		1#	2#	3#	4#
脂肪醇		54.5	50	57	45
脂肪酸		25	22	27	30
卵磷脂		20	23	18	15
糖脂		0.5	0.6	0.45	0.4
糖脂	槐糖脂	3.2	3.2	3.2	3.2
	鼠李糖脂	1	1	1	1

制备方法　将脂肪醇、脂肪酸、卵磷脂、糖脂混合，加热，搅拌至分散完全；停止加热，继续搅拌至常温；成型，检验，得到含卵磷脂的乳化剂。加热的温度为 60 ～ 90℃。搅拌时间为 15 ～ 45min。

原料介绍

所述糖脂选自槐糖脂、鼠李糖脂、甘露糖基赤藓糖醇脂、海藻糖脂中的至少一种。

所述脂肪醇为鲸蜡硬酯醇和月桂醇的混合物，或为鲸蜡硬酯醇和肉豆蔻醇的混合物；当脂肪醇为鲸蜡硬酯醇和月桂醇的混合物时，质量比为 10∶(1 ～ 4)；当脂肪醇为鲸蜡硬酯醇和肉豆蔻醇的混合物时，质量比为 10∶(0.5 ～ 2)。

所述脂肪酸为棕榈酸和月桂酸的混合物，或为棕榈酸和油酸的混合物；当脂肪酸为棕榈酸和月桂酸的混合物时，质量比为（2 ～ 5）∶1；当脂肪酸为棕榈酸和油酸的混合物时，质量比为（5 ～ 10）∶1。

所述卵磷脂选自大豆卵磷脂、氢化卵磷脂、牛奶卵磷脂中的至少一种。

产品应用　本品主要用于日化用品（包括乳液、护肤精华、爽肤水、面霜、防晒霜、防晒乳、面膜、护手霜、护发素和身体乳）的制备。

产品特性

（1）本品黏度低，润肤和保湿性能好；应用于化妆品、日化用品中，产品使用肤感优异，滋润不黏腻。

（2）本品将敏感活性成分包裹起来，作为活性物质携带的载体，使活性成分易于被肌肤吸收，提高活性功效和有效作用时间，进而提高抗氧化、抗炎的能力。

配方 12　含有聚甘油酯和蔗糖酯的乳化剂

原料配比

原料			配比（质量份）		
			1#	2#	3#
聚甘油酯	第一种聚甘油酯	十聚甘油硬脂酸酯	150	—	—
		六聚甘油硬脂酸酯	—	50	—
		六聚甘油山嵛酸酯	—	—	125

续表

原料			配比（质量份）		
			1#	2#	3#
聚甘油酯	第二种聚甘油酯	六聚甘油二硬脂酸酯	—	100	—
		十聚甘油二硬脂酸酯	—	—	87.5
		六聚甘油五硬脂酸酯	37.5	—	—
蔗糖酯			62.5	100	37.5

制备方法　将各组分原料混合均匀即可。

原料介绍

所述聚甘油酯至少包括两种不同的聚甘油酯类。所述第一种聚甘油酯选择以下任何一种或多种：六聚甘油山嵛酸酯、六聚甘油硬脂酸酯、六聚甘油异硬脂酸酯、六聚甘油油酸酯、六聚甘油棕榈酸酯、八聚甘油硬脂酸酯、八聚甘油油酸酯、十聚甘油山嵛酸酯、十聚甘油硬脂酸酯、十聚甘油异硬脂酸酯、十聚甘油油酸酯、十聚甘油棕榈酸酯。所述的第二种聚甘油酯选择以下任何一种或多种：六聚甘油二山嵛酸酯、六聚甘油二硬脂酸酯、六聚甘油三硬脂酸酯、六聚甘油五硬脂酸酯、六聚甘油二异硬酸酯、六聚甘油二油酸酯、六聚甘油二棕榈酸酯、十聚甘油二山嵛酸酯、十聚甘油二硬脂酸酯、十聚甘油三硬脂酸酯、十聚甘油五硬脂酸酯、十聚甘油十硬脂酸酯、十聚甘油二异硬酸酯、十聚甘油三异硬酸酯、十聚甘油五异硬酸酯、十聚甘油十异硬酸酯、十聚甘油二油酸酯、十聚甘油三油酸酯、十聚甘油二棕榈酸酯。

所述蔗糖酯选择以下任何一种或多种：蔗糖硬脂酸酯、蔗糖二硬脂酸酯、蔗糖棕榈酸酯、蔗糖肉豆蔻酸酯、蔗糖月桂酸酯、蔗糖椰油酸酯。

产品应用　本品主要用作化妆品的乳化剂。

产品特性

（1）本品乳化剂组合物中的原料聚甘油酯和蔗糖酯完全可再生，且本品乳化剂组合物中不含聚乙二醇。

（2）本品乳化粒径很小，非常稳定。

（3）本品适用范围广泛，从稀薄乳液到稠厚膏霜均适用。

（4）将本品应用在化妆品制剂制备中，使得化妆品的肤感清爽，并且长效保湿。

配方 13　解堵乳化酸用耐酸耐超高温乳化剂

原料配比

原料		配比（质量份）			
		1#	2#	3#	4#
聚酰胺酯	多元醇	50	50	50	50
	多元酸	124	124	124	124
	催化剂	3	3	3	3
	胺	54	60	80	60
聚酰胺酯		100	100	100	100
5% ～ 15% 磺酸盐溶液		100	100	100	100

制备方法

（1）酯化反应：将多元醇和多元酸置于圆底烧瓶中，用氮气吹扫后，使用磁力搅拌器混合均匀，同时进行升温，当温度升高至 240 ～ 250℃时停止升温，保持温度在 240 ～ 250℃，反应 1 ～ 2h，冷却降温，出料，得到有机酯。

（2）加胺反应：在反应合成的有机酯中加催化剂，使用磁力搅拌器混合均匀，同时进行升温，当温度升高至 200 ～ 220℃时滴加胺，保持温度在 200 ～ 220℃，控制滴加时间在 10 ～ 30min，回流 1 ～ 2h，冷却降温，出料，完成反应，得到聚酰胺酯。

（3）磺基改性：在聚酰胺酯中加入磺酸盐溶液，使用磁力搅拌器混合均匀，同时进行升温，保持温度在 60 ～ 80℃，回流 4 ～ 6h，冷却降温，出料，完成反应，反应产物在 80℃下减压干燥，除去水分，得到的磺基改性聚酰胺酯即为耐酸耐超高温乳化剂。

原料介绍

所述多元醇为乙二醇、丙二醇、丁二醇、己二醇、二缩二乙二醇、一缩二丙二醇、甘油中的一种或多种。

所述多元酸为对苯二甲酸、间苯二甲酸、邻苯二甲酸、1, 2- 环己烷二甲酸中的一种或多种。

所述胺为乙二胺、三乙胺、三甲胺、二乙烯三胺、三乙烯四胺、吡啶中的一种或多种。

所述磺酸盐为十二烷基磺酸钠、十二烷基苯磺酸钠、十四烷基磺酸钠、十四烷基苯磺酸钠、石油磺酸钠、十八烷基磺酸钠、甲基烯丙基磺酸钠、羟乙基磺酸钠中的一种或多种。

所述催化剂为乙醇锑、醋酸锑、三苯基锑、三乙基锑中的一种或多种。

产品应用 采用上述乳化剂清洗油井井筒的方法：将上述乳化剂与有机解堵剂、酸液、螯合剂、缓蚀剂、水混合均匀，采用循环洗井的方式清洗井筒。

产品特性

（1）本品耐温达 250℃，制备工艺简单，过程清洁无污染，产品安全稳定。

（2）本品耐盐酸、氢氟酸等强酸，用量少，乳化性能好。

配方 14 用于制备面霜的 α－凝胶乳化剂

原料配比

原料	配比（质量份）		
	1#	2#	3#
聚甘油 -3 硬脂酸酯	4	5	3.6
角鲨烷	8	9	8
聚甘油 -10 二棕榈酸酯	10	12.5	9
水	78	73.5	78.4

制备方法

（1）在 80℃下将聚甘油 -3 硬脂酸酯充分溶解在角鲨烷中，直至呈半透或者透明状态，制备得到油相；

（2）在 80℃恒温状态下，将聚甘油 -10 二棕榈酸酯加入水中，于 500 ～ 800r/min 转速下搅拌至完全溶解均匀，制备得到水相；

（3）在 80℃下将油相加入水相中，1000 ～ 2000r/min 下搅拌 10 ～ 15min，最后停止搅拌，降温至室温，即可。

产品特性

（1）本品具备优异温和性、稳定自增稠特性，可以改善面部皮肤屏障功能、平衡面部油脂分泌。

（2）本品属于非离子乳化剂，它以聚甘油基团作为亲水基团，不像聚醚类乳化剂在加工过程中可能带入二噁烷等刺激性和潜在致敏副产物，是非常温和安全的绿色乳化剂。

配方 15　麦芽糖酰腙乳化剂

原料配比

原料		配比（质量份）			
		1#	2#	3#	4#
白色固体产物	溴代乙酰 -α- 麦芽糖	5	5	5	5
	乙腈	25（体积份）	25（体积份）	25（体积份）	25（体积份）
	对羟基苯甲醛	1.73	6.92	1.73	1.73
	氧化银	1.64	1.64	1.64	1.64
	乙酸乙酯	50（体积份）	50（体积份）	50（体积份）	50（体积份）
	甲醇	20（体积份）	20（体积份）	20（体积份）	20（体积份）
	甲醇钠	1.2	1.2	4.8	1.2
	二氯甲烷	适量	适量	适量	适量
	固体酸催化剂	适量	适量	适量	适量
白色固体产物		0.1	0.1	0.1	0.1
直链酰肼		0.0583	0.0583	0.0583	2.332
乙腈		2（体积份）	2（体积份）	2（体积份）	2（体积份）
有机酸催化剂		适量	适量	适量	适量

制备方法

（1）将溴代乙酰 -α- 麦芽糖溶于乙腈中反应，再将对羟基苯甲醛溶于反应液中，加入氧化银，室温反应一段时间后将反应液的溶剂减压旋干，得到的浓缩物用乙酸乙酯稀释，然后通过硅藻土过滤以去除金属成分，滤液旋去溶剂后得到粗产物。室温反应时间为 4h。所述硅藻土过滤需过滤三次。

（2）将所得的粗产物溶于甲醇中，然后加入甲醇钠在室温下反应一段时间后加入适量的固体酸催化剂，用以调节反应液至弱酸性（即 pH 值范围为 5 ～ 6），抽滤，滤液真空浓缩后用二氯甲烷（DCM）洗涤，得到白色固体产物。

（3）将步骤（2）所得白色固体产物与直链酰肼加入乙腈中，滴加有机酸催化剂，将得到的混合物回流反应，反应过程中观察到密封管壁出现大量白色固体沉淀，反应结束后，将反应液抽滤，并用适量二氯甲烷（DCM）洗涤滤饼，将滤饼真空干燥后最终得到的产物即为麦芽糖酰腙乳化剂。回流反应条件为 80℃下回流反应 6h。

原料介绍

所述固体酸催化剂为阳离子交换树脂 IR-120。

所述有机酸为冰乙酸。

所述直链酰肼为己酰肼、辛酰肼、癸酰肼、十二酰肼、十四酰肼等中的一种。

产品应用　本品主要用作食品和制药行业的乳化剂。

产品特性

（1）本品既不需要昂贵的酶（酶促糖脂合成），也不需要对环境不友好的试剂（BF_3 介导的糖基化），更重要的是，该类酰腙产物的合成方法仅产生水（作为唯一的副产物），对环境友好。

（2）本品原料涉及一种直链酰肼，可通过改变酰肼链长来优化乳化剂的性能。其中以癸酰肼制备的糖类酰腙乳化剂起泡性能可达 189%；以十二酰肼制备的糖类酰腙乳化剂乳化效果最好。

（3）本品有较好的生物相容性：水溶液浓度高达 300mg/L 时，仍表现出极低的溶血活性。

（4）本品整个工艺的合成步骤简单，所用试剂绿色环保，对环境影响小。

配方 16　锰基二维金属有机框架乳化剂

原料配比

原料		配比（质量份）			
		1#	2#	3#	4#
锰盐	四水合氯化锰	1.89	—	—	—
	硫酸锰	—	1.51	—	—
	硝酸锰	—	—	1.79	—
	氯化锰	—	—	—	3.78
有机配体	均苯三甲酸	2.1	2.1	2.1	4.2
溶剂	乙醇	50（体积份）	—	50（体积份）	50（体积份）
	甲醇	—	50（体积份）	—	—
调节剂	三乙胺	2（体积份）	2（体积份）	2（体积份）	2（体积份）

制备方法　将锰盐和有机配体在溶剂中混合后，加入调节剂进行反应，得到锰基二维金属有机框架乳化剂。反应的温度为 25 ～ 35℃，反应时间为 6 ～ 12h。

产品应用　本品主要用于石油工业，作为原油及油品的乳化剂。

产品特性

（1）本品制备工艺简单，易于放大，可重复性高，同时可以节约能源。

（2）将本品用于乳化原油或白油，可获得高黏度高稳定的原油乳液体系和白油乳液体系。

配方 17　木糖醇油酸酯双子乳化剂

原料配比

原料			配比（质量份）		
			1#	2#	3#
木糖醇油酸酯			7	6	8
丁二酸			1	1	1
复合催化剂			0.05	0.01	0.1
复合催化剂	氢氧化物	氢氧化钠	1	—	—
		氢氧化钾	—	1	—
		氢氧化钙	—	—	1
	K_2O/MCM-41 介孔分子筛		0.3	0.1	0.5
	吡啶		0.3	0.1	0.5

制备方法

（1）将丁二酸加入反应釜中，并进行加热处理；加热处理的温度为 180 ～ 200℃。

（2）在搅拌条件下加入木糖醇油酸酯和复合催化剂进行反应，得到木糖醇油酸酯双子乳化剂。反应的条件为：真空度 −0.06 ～ −0.1MPa、温度 205 ～ 210℃、时间 3 ～ 5h。

产品应用　本品主要用作乳化炸药生产中的乳化剂。

产品特性

（1）本品具有较低的临界胶束浓度，可降低乳化剂的使用量；且该双子乳化剂为 H 形结构，以该乳化剂制备的乳胶基质立体空间障碍较大，乳胶颗粒不易聚集，炸药储存期更长。

（2）本品采用复合催化剂解决了双子乳化剂合成过程中产率较低的问题。

配方 18　金属加工用乳化剂

原料配比

原料		配比（质量份）	
		1#	2#
芳烃类物质	二甲苯	15	20
非离子型表面活性剂	月桂醇硫酸钠	5	5
阴离子型表面活性剂	硫酸十二烷基钠	5	5
环烷基油		10	5
有机醇胺		5	5
防锈助剂		2	2
松香		3	3
蒸馏水		55	55

制备方法

（1）取密封容器，将非离子型表面活性剂以及阴离子型表面活性剂导入至其内部，充分地搅拌混合；转速需控制在 600 ～ 1000r/min，且混合时间根据混合程度决定；

（2）随后将芳烃类物质、环烷基油、有机醇胺、防锈助剂以及松香共同导入密封容器，持续混合，确保上述原料均匀分散到混合表面活性剂中；

（3）将蒸馏水注入至容器中，同时进行持续搅拌，直至获得均匀的乳化液；

（4）进一步搅拌混合，确保各成分混合均匀；

（5）将制备好的乳化剂装入容器中，储存于阴凉干燥处。

原料介绍

所述芳烃类物质具体可为苯、甲苯以及二甲苯中的一种。

所述非离子型表面活性剂可为月桂醇硫酸钠、辛醇聚氧乙烯醚以及硬脂酸甘油酯中的一种。

所述阴离子型表面活性剂具体可为硫酸十二烷基钠、乙氧基硫酸钠以及十二烷基磷酸钠中的一种。

所述松香需通过研磨设备完成研磨，且通过 300 目筛筛选。

产品应用　本品主要用于金属加工领域，用作制备金属加工液的乳化剂。

产品特性　本品能够有效地使水和油等不相溶物质混合并形成乳状结构，增强润滑油与水的相容性，具备良好的乳化性能的同时，还能够改善润滑油的润滑性能。尤其是在一些特殊的工况下，芳烃类乳化剂可以在摩擦表面形成一层均匀的乳状膜，减少金属摩擦接触，降低磨损和摩擦力，从而提高润滑效果。芳烃类乳化剂可帮助水和油更好地混合，增加冷却效能，这对于一些高温应用、冷却液和切削液等场合非常重要。一些芳烃类乳化剂还具有防止金属表面腐蚀和氧化的特性。它们可以在金属表面形成一层保护性的薄膜，阻止氧气和水接触金属，从而减少氧化和腐蚀的发生，延长设备的使用寿命。

配方 19　乳化剂组合物

原料配比

原料		配比（质量份）			
		1#	2#	3#	4#
氢化卵磷脂和植物甾醇的混合物		1	2	2	0.5
长链脂肪醇	鲸蜡硬脂醇	0.5	—	1	—
	硬脂醇	—	1	—	—
	鲸蜡醇	—	—	—	1

续表

原料		配比（质量份）			
		1#	2#	3#	4#
聚甘油类乳化剂	聚甘油 -10 硬脂酸酯	0.5	2	—	—
	聚甘油 -10 肉豆蔻酸酯	—	—	2	—
	聚甘油 -6 二硬脂酸酯	—	—	—	2

制备方法 将各组分原料混合均匀即可。

产品应用 本品主要用作化妆品的乳化剂，尤其适宜于制作化妆水。

一种乳化型化妆水，包括以下质量分数的原料：乳化剂组合物 2% ～ 5%，保湿剂 3% ～ 12%，油脂 3% ～ 6%，防腐剂 0.6% ～ 1%，纯化水补足 100%。

所述保湿剂为甘油、丁二醇、双丙甘醇、1，3- 丙二醇中的一种或多种。

所述油脂为辛酸 / 癸酸甘油三酯、碳酸二辛酯、异壬酸异壬酯中的一种或多种。

所述防腐剂为对羟基苯乙酮、苯氧乙醇、1，2- 己二醇中的一种或多种。

所述乳化型化妆水的制备方法，包括以下步骤：

（1）将 A 相物料（纯化水和保湿剂）加入至主锅，搅拌均匀，加热至 80 ～ 85℃ ；

（2）将 B 相物料（乳化剂组合物和油脂）加入至油锅，加热至 80 ～ 85℃，搅拌溶解均匀；

（3）在均质条件下，将 B 相抽入主锅，开启均质乳化，均质速度为 2500 ～ 3000r/min，均质 3 ～ 5min，均质乳化结束后，开始降温；

（4）将 C 相物料（防腐剂）加热至 50 ～ 60℃，溶解均匀待用；

（5）待主锅温度降至 40 ～ 45℃时，将 C 相加入至主锅，搅拌均匀，继续降温至 37℃出料；

（6）出锅后的料体，放置在容器中，继续降温至室温，随后将料体加入至高压均质器中，使用 800 ～ 900Pa 压力进行均质，整个料体需要进行 3 ～ 4 次循环，循环结束后即可得到所述乳化型化妆水。

产品特性 本品性能稳定，且适用于乳化型化妆水，添加有该乳化剂组合物的化妆水，结合高压均质的制备工艺，在没有添加增稠剂的前提下，能够在室温条件下达到稳定的效果，不会分层，并且在低温情况仍然能保持稳定的产品性状，不影响消费者使用。

配方 20 三赞胶复配乳化剂

原料配比

原料	配比（质量份）	
	1#	2#
三赞胶	0.9	0.3
壳聚糖	0.1	0.1
磷酸盐	0.1	0.1
乳清蛋白	0.1	0.1
水	加至 100	加至 100

制备方法 将三赞胶和壳聚糖粉末混合均匀，加入水中，按比例加入磷酸盐和乳清蛋白，搅拌 5 ～ 30min，溶解得复配乳化剂料液。

原料介绍 所述磷酸盐为三聚磷酸钠、聚偏磷酸钾、磷酸氢二钠、磷酸二氢钠、磷酸三钠、磷酸三钾、磷酸二氢钾、磷酸氢二钾中的一种或两种以上的混合物。

产品应用 本品主要用于食品加工领域，用作制备香肠的乳化剂。添加量为 0.2% ～ 0.5%。

产品特性

（1）本品分散性好，能够快速溶解在冷水中。

（2）本品应用在肉制品中，能提高肉制品的乳化特性以及弹性、凝胶强度和持水性。

配方 21 生物质沥青乳化剂

原料配比

原料		配比（质量份）			
		1#	2#	3#	4#
丙烯酸		10.8	10.8	10.8	10.8
胺类化合物溶液	三乙烯四胺溶液	21.6	21.6	32.4	21.6
去离子水		64.8	64.8	64.8	64.8
木质素磺酸盐	木质素磺酸钠	32.4	32.4	32.4	32.4
引发剂	30% 过氧化氢溶液	1.08	0.54	1.08	—
	过硫酸铵	—	—	—	1.08
	抗坏血酸	0.648	0.648	0.648	0.648

制备方法

（1）制备三乙烯四胺 - 丙烯酸酰胺类中间体：在通入 N_2 条件下，将丙烯酸加入四口烧瓶中，搅拌下升温至 110 ～ 130℃，然后缓慢滴加三乙烯四胺溶液，在高温的条件下，三乙烯四胺与丙烯酸发生酰胺化反应，2 ～ 5h 后生成酰胺中间体；

（2）制备生物质沥青乳化剂：将步骤（1）制得的酰胺类中间体加入去离子水中，同时加入木质素磺酸钠升温至 45 ～ 65℃，之后加入引发剂，在引发剂的作用下木质素磺酸钠与酰胺类中间体发生接枝共聚反应，最终得到产物生物质沥青乳化剂。

产品应用 应用方法是：将所述生物质沥青乳化剂溶于水，配制成皂液，然后将皂液加热至 70 ～ 80℃，调节 pH 值为 10 ～ 12，同时沥青加热至 130℃后将皂液和沥青均倒入胶体磨中研磨 2 ～ 5min，即制得乳化沥青；所述乳化沥青组分中沥青占 55% ～ 65%，皂液占 35% ～ 45%；所述生物质沥青乳化剂占乳化沥青组分总量的 1.5% ～ 3.0%。

产品特性

（1）本品具有良好的乳化能力，乳化沥青高、低温性能及储存稳定性优良，制备的乳化沥青各项性能均满足《公路沥青路面施工技术规范》中相关要求，在稀浆封层和微表处等施工工艺中有着良好的应用前景。

（2）本品使用的主要原料为经造纸黑液木质素改性而成的木质素磺酸盐，能够有效地降低造纸废液对于环境的污染。

（3）本品制备方法简单，生产成本低，乳化剂产品水溶性好，表面活性强，属于慢裂型沥青乳化剂。用该乳化剂生产的乳化沥青细腻均匀，各项性能均满足施工要求。

配方 22 石蜡乳化剂

原料配比

原料	配比（质量份）			
	1#	2#	3#	4#
吐温 -80	30	25	35	20
司盘 -80	20	25	15	30
脂肪醇聚氧乙烯醚	10	7	13	5
硬脂酸单甘酯	30	35	25	40
硬脂酸聚氧乙烯醚	10	7	13	5

制备方法 将各组分原料混合均匀即可。

原料介绍 所述脂肪醇聚氧乙烯醚为乳化剂 O-8、乳化剂 O-10 和乳化剂 O-15 中任意一种或至少两种的组合。

产品应用 使用方法：将所述的石蜡乳化剂与石蜡混合搅拌，即得到所述乳化石蜡。所述石蜡乳化剂与石蜡的质量比为（3～7）∶（93～97）。混合搅拌在温度为70～80℃下进行。搅拌的速率为350～450r/min。搅拌的时间为20～40min。

产品特性 本品能够有效提高产品乳化石蜡的稳定性和耐酸碱性，同时在进行乳化处理时仅需少量用量即可达到乳化效果，并且产品乳化石蜡还能够赋予织物更好的平滑性能。

配方 23 水包油乳化剂

原料配比

原料		配比（质量份）			
		1#	2#	3#	4#
山嵛醇		36.5	40	35	36.6
甘油硬脂酸酯		21.2	20	29.8	20.2
甘油硬脂酸酯 SE		6	8	5	8
鲸蜡硬脂醇		16.3	12	20	12.2
蔗糖硬脂酸酯		14	11	10	20
卵磷脂		4	5	0.1	2
植物甾醇类	4-甲基甾醇	2	—	—	—
	β-谷甾醇	—	4	—	—
	豆甾醇	—	—	0.1	—
	菜油甾醇	—	—	—	1

制备方法 将各组分原料混合均匀即可。

产品应用 本品主要用于日化品行业化妆品的生产。

当所述日化品为乳液时，乳液中还包含乳化增稠剂，所述乳化增稠剂为聚丙烯酸钠、硬脂酸乙基己酯、十三烷醇聚醚-6中的至少一种。

当所述日化品为膏霜时，膏霜中还包含乳化增稠剂，所述乳化增稠剂为聚丙烯酸钠、硬脂酸乙基己酯、十三烷醇聚醚-6、丙烯酸羟乙酯/丙烯酰二甲基牛磺酸钠共聚物、异十六烷、聚山梨醇酯-60、水、山梨坦异硬脂酸酯中的至少两种。

产品特性

（1）本品各组分之间相互配合，使其与水相和油相结合后能够形成一种具有层状液晶结构的乳液，该具有层状液晶结构的乳液相对于普通乳液具有更好的渗透性、保湿性和稳定性。

（2）在制备的过程中，当卵磷脂和植物甾醇类的添加量达到一特殊值时，制备的乳化剂做成日化品后的层状液晶数量和均匀性能够大幅提高；并且当植物甾醇类中含有豆甾醇、菜油甾醇时，层状液晶的数量和均匀性能够进一步提升。

配方 24 高分子乳化剂

原料配比

原料		配比（质量份）
第一溶液	乙醇	9
	丙二醇	63
	水	28
第一溶液		500（体积份）
阿拉伯胶		5
玉米醇溶蛋白		1
0.1～0.5g/mL 京尼平乙醇水溶液		3（体积份）
盐酸或 NaOH		适量
水		1500

制备方法

（1）将乙醇、丙二醇和水混合，得到第一溶液；

（2）取第一溶液，将其 pH 值调节到 11.0 后，水浴加热至 63℃，向其中加入阿拉伯胶、玉米醇溶蛋白，500r/min 磁力搅拌溶解后，加入京尼平乙醇水溶液，维持 63℃和 500r/min 的磁力搅拌条件，每隔半个小时用盐酸或者 NaOH 调节 pH 值至 11.0，反应 6h，然后加入去离子水，用赛多利斯 100kDa 的膜，采用四级过滤法，去除丙二醇和部分未反应的玉米醇溶蛋白、京尼平，将产物冻干至恒重，得到的粉末即高分子乳化剂。

产品应用　该乳化剂尺寸小于 10nm，使该乳化剂形成的水包油乳液具有优异的稳定性，该乳液不会受钠离子和钙离子等离子的干扰而出现脂滴上浮和聚集等问题；且该乳液经过冷冻贮藏后仍具有极高的稳定性，可用于脂溶性营养素乳液的冷冻贮藏。

使用方法：将 1g 高分子乳化剂粉末与 100mL 去离子水混合并搅拌，得到混合液，将所述混合液的 pH 值调节至 6.5 ～ 7.5，温度调节至 20 ～ 30℃，接着加入 15mL 油相和 0.5g 脂溶性营养素，均质处理，得到乳液。所述油相为中链甘油三酯。所述脂溶性营养素为姜黄素。

产品特性　本乳化剂与脂溶性营养素（姜黄素、白藜芦醇、甘油三酯型 DHA 等）形成的乳液在胃酸环境中不容易发生蛋白降解，乳液中的脂滴可在小肠中完全分解成甘油和脂肪酸，释放出脂溶性营养素，可显著提高脂溶性营养素的生物可及性。

配方 25　环氧树脂乳化剂

原料配比

原料	配比（质量份）
嵌段聚乙二醇聚丙二醇（PE-6800）	300
四氢苯酐	12
催化剂三苯基膦	0.7
缩水甘油醚	40

制备方法

（1）聚多元醇脱水处理：将聚多元醇加入反应瓶中，在 140℃抽真空脱水 1h 以上，直至无液体脱出。

（2）酯化处理：将四氢苯酐加入上述反应瓶中，在 155 ～ 165℃下反应 4h 以上，反应至酸值＜ 16，制得第一产物。

（3）缩合处理：向上述第一产物中加入催化剂和缩水甘油醚，于 105 ～ 115℃下反应至少 4h 以上后，通过盐酸丙酮法测定环氧当量，环氧当量大于 5000 后，降温出料并得到乳化剂。

原料介绍　嵌段聚乙二醇聚丙二醇为巴斯夫的 PE6800，平均分子量为 8000。缩水甘油醚的型号为新远 XY215。

产品应用　本品用作环氧树脂乳化剂，形成水性环氧乳液，有效提高了含有该乳化剂的水性环氧乳液的机械稳定性和储存稳定性，降低了水性环氧乳液的粒径。

产品特性

（1）对于环氧树脂具有良好的乳化效果，能够使得环氧树脂均匀地分散于水中，形成颗粒粒径微小、机械稳定性好、储存稳定性好、研磨和储存均不易破乳的水性环氧乳液。

（2）本品生产的水性环氧乳液所制备的涂料耐研磨、耐储存、易于施工，且形成的涂膜表面细腻、光泽度高。

2 润湿剂

2.1 润湿剂定义

润湿剂是通过降低固体物料表面张力或界面张力，使水能展开在固体物料表面上，或透入其表面，从而增强液体对固体表面的附着力，使固体物料更易被水浸湿的物质。

润湿剂属于表面活性剂，由亲水基及亲油基组成。当与固体表面接触时，亲油基附着于固体表面，亲水基向外伸向液体中，使液体在固体表面形成连续相。

2.2 润湿剂作用机理

润湿剂是由一种或多种化学物质组成的混合物，其主要作用是在液体与固体接触面上降低液体的表面张力，从而增强液体对固体的浸润和附着。润湿剂中的活性物质通常是具有亲水性或亲油性的分子，这些分子能够与液体、固体表面分子相互作用，形成更稳定的界面。润湿剂的作用机理可分为物理作用和化学作用两个方面。

① 物理作用：润湿剂能够改变液体与固体之间的界面张力，一方面通过增强液体与固体之间的吸引力，使液体更容易湿润固体表面；另一方面，润湿剂还能够减小液体表面的曲率，使液体更容易在固体表面形成连续的湿润膜。

② 化学作用：润湿剂中的活性物质能够与液体和固体表面的分子发生化学反应，从而改变表面特性和结构。例如，润湿剂中的分子可以与液体或固体表面形成氢键或离子键。这些化学作用能够增加液体与固体之间的相互作用力，进一步提高液体对固体表面的附着力。

2.3 润湿剂功效

① 降低表面张力：润湿剂可以降低液体的表面张力，使其更容易在固体表面上润湿。这一点在纸张印刷和涂料工业中尤为重要，可以提高涂层的附着力和印刷的清晰度。

② 改善润湿性能：润湿剂可以改善固体表面与液体的接触性能，使其能够更好地在固体表面上均匀分布。这对于纺织品染色工艺和化妆品制造等领域至关重要。

③ 抗静电：某些润湿剂具有良好的抗静电性能，可以避免静电对生产和加工过程的干扰。这在塑料加工和电子产品制造领域中尤为重要。

④ 减少黏附力和摩擦力：润湿剂可以降低固体表面之间的黏附力和摩擦力，减少摩擦损耗和能量消耗。这对于机械设备的润滑和减少磨损具有重要意义。

2.4 润湿剂分类

① 阴离子润湿剂：阴离子润湿剂具有优异的润湿性能和泡沫稳定性，广泛用于纺织工

业、制革工业和洗涤剂等领域。

② 阳离子润湿剂：阳离子润湿剂具有良好的抗静电性能，适用于塑料加工、纸张表面润湿和印刷等工艺。

③ 非离子润湿剂：非离子润湿剂是一类电中性化合物，适用于许多润湿剂不适用的场合，如高浓度盐溶液中的润湿、涂料系统和金属表面处理等。

④ 离子性润湿剂：离子性润湿剂多为胶体，可在水溶液中形成胶体微粒，用于调节表面张力和浸润性。

2.5 润湿剂用途

润湿剂是通过降低固体物料表面性能，使其更易被水浸湿的表面活性剂。润湿通常是液体物质在固体表面浸润、展布和渗透的一种现象。润湿剂润湿性能的好坏与固体和液体的表面张力有关，液体的表面张力越小，固体的表面张力越大，液体对固体的润湿性能就越好，液体就能在固体表面形成越大的展布面积。

在工业生产过程中许多程序都是与润湿分不开的，例如色浆制造、颜料在基料中的分散、涂料涂装、织物涂饰、油墨印刷、乳化、吸附、渗透、洗洁等等，都存在界面，都离不开润湿。

2.5.1 在涂料和油墨行业的应用

润湿剂能够降低涂料和油墨的表面张力，使其更容易湿润和附着在基材表面。在涂料和油墨的生产过程中，添加适量的润湿剂可以有效解决表面润湿不良、涂层附着力差等问题，提高产品的质量和稳定性。例如，在墙面涂料中加入适量的润湿剂可增加涂料与墙面之间的黏附力，使墙面更美观持久。水性涂料的许多性能是借助于助剂实现的。其中尤为突出的是水性分散润湿剂，直接影响到涂料铺展润湿的成膜性、流动与流平性、渗透性、雾化成膜性、分散的润湿性、动态表面张力的平衡性，可以说润湿剂是水性涂料中重要的助剂。

在印刷油墨中添加润湿剂可以改善油墨在印刷过程中的分散和传递，提高印刷质量。

2.5.2 在化学药品行业的应用

在化学药品的合成和制剂过程中，润湿剂的使用非常常见。例如，对于一些难溶于水的药物，通过添加润湿剂可以使其更容易溶解，并增强其在体内的吸收率。此外，润湿剂还可以改善药品与包装材料之间的接触性，延长药品的保质期。

在化学药品的制备和应用中，添加润湿剂能够改善药品与溶液或固体之间的接触，促进药品的溶解和反应速率的提高。润湿剂的加入可以在一定程度上增加溶液的浸润性和流动性，提高药品的活性和稳定性。

2.5.3 在塑料加工行业的应用

提升塑料制品的表面质量：润湿剂能够改变塑料与模具表面之间的湿润性，防止塑料在注塑过程中出现缺陷，提高产品的表面质量。润湿剂的使用还可以降低塑料制品的表面张力，提高其抗氧化、耐磨和耐腐蚀等性能。

2.5.4 在油田采油工业中的应用

在油田采油过程中，润湿剂可用作辅助剂，改善油井与油层之间的湿润性，增加油的运移效率。润湿剂能够调节油井的亲水性和油层的亲油性，减少油层与注入水之间的界面阻力，提高采油效率和产量。

润湿剂作为一种重要的化学物质，在工业生产中发挥着至关重要的作用。通过降低液体的表面张力，润湿剂能够增强液体对固体表面的附着力，从而提高涂料、油墨、化学药品、塑料制品等在各个领域的应用效果。随着科技的进步和应用需求的不断增长，润湿剂的研发和应用空间也将不断拓展，为各行业带来更多的发展机遇。

2.6 润湿剂配方与制备实例

配方 1 宝石切割用低泡润湿剂

原料配比

原料	配比（质量份）		
	1#	2#	3#
改性添加剂	5	6	8
氯化石蜡	1	2	3
四硼酸钠	1	2	3
石油磺酸钡	2	3	5
水	50	60	80

制备方法 称取改性添加剂、氯化石蜡、四硼酸钠、石油磺酸钡和水再超声共混均匀，制得低泡润湿剂。

原料介绍

所述的改性添加剂由如下步骤制成：

（1）将润滑骨架分散在去离子水中，在转速为 150 ～ 200r/min 的条件下，加入五水氯化锡，搅拌 30 ～ 40min 后，加入硫脲继续搅拌 30 ～ 40min，将混合液加入水热反应釜中，在温度为 180 ～ 185℃的条件下反应 10 ～ 15h，冷却至室温，离心去除上清液，将底物烘干，制得润滑基体；所述的润滑骨架、去离子水、五水氯化锡和硫脲的用量比为 37mg∶40mL∶4mmol∶16mmol。

（2）将润滑基体在温度为 600 ～ 700℃的条件下焙烧 3 ～ 5h，制得预处理基体。将氧化石墨烯分散在乙醇中，加入 KH-550 和 1- 羟基苯并三唑，在转速为 200 ～ 300r/min、温度为 20 ～ 25℃的条件下搅拌 3 ～ 5h 后，过滤去除滤液，制得改性石墨烯；所述的氧化石墨烯、KH-550 和 1- 羟基苯并三唑的摩尔比为 1∶1∶1.1。

（3）将预处理基体分散在去离子水中，加入改性石墨烯，在频率为 20 ～ 30kHz、温度为 60 ～ 70℃的条件下，超声处理 5 ～ 8h，制得复合基体；将三聚氯氰、盐酸水溶液、四氯化钛和过氧化氢混合均匀，将复合基体浸泡其中，在频率为 30 ～ 40kHz、温度为 30 ～ 35℃的条件下超声处理 20 ～ 25h，过滤去除滤液，将滤饼制得改性添加剂。所述的预处理基体和改性石墨烯的用量比为 3∶1，三聚氯氰、盐酸水溶液、四氯化钛和过氧化氢用量比为 0.2g∶60mL∶0.5mL∶0.5mL，盐酸水溶液的质量分数为 0.365%。

所述的润滑骨架由如下步骤制成：

（1）将 4- 羟基 -3- 甲基苯硼酸、二碘苯、碳酸钾、DMF（*N,N*- 二甲基甲酰胺）、碘化亚铜和 L- 脯氨酸混合均匀，在转速为 150 ～ 200r/min、温度为 155 ～ 158℃的条件下回流反应 10 ～ 20min，制得中间体 1；将中间体 1、高锰酸钾和去离子水混合均匀，在温度为 102 ～ 105℃的条件下回流反应 2 ～ 4h，制得中间体 2。所述的 4- 羟基 -3- 甲基苯硼酸、二碘苯、碳酸钾、DMF、碘化亚铜和 L- 脯氨酸的用量比为 10mmol∶5mmol∶20mmol∶50mL∶1mmol∶4mmol，中间体 1、高锰酸钾和去离子水的用量比为 26mmol∶8.5g∶100mL。

（2）将中间体 2、四（三苯基膦）、三聚氯氰和四氢呋喃混合均匀，在转速为 200 ～ 300r/min 的条件下，搅拌并加入碳酸钠水溶液和硝酸银水溶液，在温度为 95 ～ 100℃的条件下反应 20 ～ 25h 后，蒸馏去除四氢呋喃，将底物加入去离子水中，过滤去除滤液，将底物烘干，制得润滑框架。所述的中间体 2、四（三苯基膦）、三聚氯氰、碳酸钠水溶液和硝酸银水溶液的用量比为 10mmol∶10mmol∶2.3g∶200mL∶50mL，碳酸钠水溶液的质量分数为 20%，硝酸银水溶液的质量分数为 15%。

产品特性 在切割装置与宝石接触时由于挤压，本品中的改性添加剂释放大量纳米金属，使得润湿剂的润滑性进一步提升，石油磺酸钡的加入能够保证宝石切割设备在长时间接触水合氧的环境下不生锈。

配方 2　非离子乳化润湿剂

原料配比

原料		配比（质量份）		
		1#	2#	3#
非离子（型）乳化剂	聚乙二醇醚	10	—	30
	聚氧乙烯醚	—	20	—
非离子（型）表面活性剂	脂肪醇聚氧乙烯醚	10	—	—
	脂肪酸聚氧乙烯	—	20	—
	异构醇聚氧乙烯醚	—	—	30
羧酸盐螯合分散剂	丙烯酸马来酸共聚物	2	5	8
助剂	防腐剂、pH 调节剂	0.2	0.2	0.2
	消毒剂	0.1	0.1	0.1
	腐蚀抑制剂	0.2	0.2	0.2
	着色剂	0.1	0.1	0.1
去离子水		加至 100	加至 100	加至 100

制备方法 在可变速混合器中按上述配比先加入非离子型乳化剂和非离子型表面活性剂搅拌均匀，然后再按配比加入分散剂，最后按配比缓慢加入去离子水和助剂，搅拌均匀分装。

原料介绍

所述的非离子型乳化剂为聚乙二醇醚以及聚氧乙烯醚中的一种或两种。所述的聚乙二醇醚为具有不超过十个碳原子的线性伯醇的聚乙二醇醚。所述的聚氧乙烯醚为脂肪醇聚氧乙烯醚、辛基酚聚氧乙烯醚、苯基烷基醇聚氧乙烯醚以及异构醇聚氧乙烯醚中的一种或几种。

非离子型表面活性剂为含有羟基的非离子表面活性剂。

所述的非离子型乳化剂的 HLB 值在 10 ～ 15 范围内。

产品应用 本品是一种用于纺织前处理工序中的非离子乳化润湿剂。

产品特性

（1）本品中聚乙二醇醚和聚氧乙烯醚均具有优良的低温流动性、润滑性、热氧化稳定性以及较强的水溶性和油溶性，通过调整聚醚分子中环氧烷比例可得到不同溶解度的聚醚；非离子型表面活性剂选用含羟基的非离子型表面活性剂，具有水溶性佳、受酸碱环境的影响较小、适应性较强、稳定性高、毒性小等特点。

（2）本品具备卓越的溶解及乳化能力，同时具备显著的润湿及扩散性以及渗透性，还具备显著的去除油脂性污垢的能力，有利于提高高黏度硅油的乳化程度，可作为纺织前处理工序中的乳化和渗透剂。

配方 3　复配润湿剂

原料配比

原料	配比（质量份）				
	1#	2#	3#	4#	5#
改性纳米润湿剂	5	—	5	5	5
甘油硬脂酸酯	10	10	20	—	20
丁二酸二异辛酯磺酸钠	10	10	20	20	—
聚醚型表面活性剂	20	25	—	20	20
无水乙醇	25	25	25	25	25

制备方法　将改性纳米润湿剂与无水乙醇混合，加入聚醚型表面活性剂与丁二酸二异辛酯磺酸钠搅拌，再加入甘油硬脂酸酯，搅拌，得到所述复配润湿剂。

原料介绍

所述改性纳米润湿剂的制备方法为：将 7 ～ 10 质量份纳米 SiO_2 加入 130 ～ 160 质量份异丙醇水溶液中超声处理 10 ～ 30min，氮气条件下先加入 25 ～ 30 质量份 3-［2-（2- 氨基乙基氨基）乙基氨基］丙基 - 三甲氧基硅烷，搅拌反应 80 ～ 100min，再加入 15 ～ 20 质量份异辛醇聚氧乙烯醚继续搅拌反应 200 ～ 220min，过滤后洗涤、干燥，得到所述改性纳米润湿剂。超声处理的条件为 20 ～ 35kHz、300 ～ 500W。所述搅拌反应的温度为 75 ～ 80℃。所述异丙醇水溶液的质量分数为 50% ～ 70%。

产品应用　本品主要用作涂料、油墨、油田固井、洗涤剂及乳化沥青等的复配润湿剂。

产品特性　本品通过复配，可以发挥乳化、分散、稳定化、增黏、抑制泡沫、降低表面张力等方面的作用。

配方 4　复配型润湿剂

原料配比

原料	配比（质量份）	原料	配比（质量份）
纯水	30 ～ 50	非离子润湿剂	3 ～ 6
羟乙基纤维素	0.2 ～ 0.5	聚乙烯醇	4 ～ 14
磷酸酯类阴离子润湿剂	30 ～ 50		

制备方法

（1）预混：在反应容器中加入纯水，在 400 ～ 600r/min 转速的搅拌下，加入羟乙基纤维素，并充分搅拌直至其完全溶胀；接着加入磷酸酯类阴离子润湿剂，搅拌均匀；在搅拌中缓慢加入非离子润湿剂（添加速度为 7mL/min），待投料量占总量 2/3 后，转速调整至 1000 ～ 1200r/min，待全部投入后转速调整至 1500 ～ 1800r/min，搅拌 15 ～ 20min。反应体系的温度为 20 ～ 45℃。

（2）调配：调整转速至 500 ～ 800r/min，滴加聚乙烯醇（添加速度为 5mL/min），充分搅拌 5 ～ 10min。

原料介绍

所述磷酸酯类阴离子润湿剂为壬基酚聚氧乙烯醚磷酸酯。

所述非离子润湿剂为聚醚型非离子润湿剂。

产品应用 本品主要应用于乳胶漆中，在乳胶漆中的添加量为至少0.5%。

产品特性

（1）本品综合性能好，既能润湿分散，又用量少，在提升乳胶漆展色性的基础上，同时减少“雨痕”现象的产生。

（2）本品改善了原有乳胶漆中单一使用1种或2种润湿剂时展色效果差的弊端，同时成本降低。同时，制得的乳胶漆满足环境标志产品中关于游离甲醛、VOC、“苯、甲苯、乙苯、二甲苯总和”和可溶性重金属等有害物质含量的技术要求，最终实现乳胶漆产品的绿色环保。

配方 5 改性聚羧酸盐分散润湿剂

原料配比

原料			配比（质量份）			
			1#	2#	3#	4#
引发剂溶液	过硫酸盐	过硫酸铵	1.4	—	1.3	0.9
		过硫酸钾	—	1.35	—	—
	溶剂	水	20	25	30	10
第一混合液	不饱和磺酸类化合物	烯丙基磺酸钠	2.9	—	2.9	—
		乙烯基磺酸钠	—	2.5	—	—
		甲基丙烯磺酸钠	—	—	—	3.2
	醇类溶剂	甲醇	10	100	10	—
		异丙醇	—	—	—	10
	链转移剂	巯基乙酸	1.1	—	1.05	—
		巯基丙酸	—	1	—	0.67
	水		15	10	10	15
小分子不饱和羧酸的醇溶液	小分子不饱和羧酸	丙烯酸	12	10	—	12
		甲基丙烯酸	—	—	11	—
	醇类溶剂	甲醇	15	12	15	—
		异丙醇	—	—	—	15
有机硅试剂的醇溶液	有机硅试剂	乙烯基三甲基硅烷	6	—	—	8
		烯丙基三甲基硅烷	—	8	8	—
	醇类溶剂	甲醇	10	10	16	—
		异丙醇	—	—	—	10

制备方法

（1）将不饱和磺酸类化合物、醇类溶剂、链转移剂和水混合，得到第一混合液；

（2）将所述第一混合液、小分子不饱和羧酸的醇溶液、有机硅试剂的醇溶液和过硫酸盐引发剂溶液混合进行聚合反应，得到所述改性聚羧酸盐分散润湿剂。聚合反应的温度为45～80℃，时间为2～6h。

原料介绍 所述不饱和磺酸类化合物的分子量为120～150。

产品应用 本品主要用于农药、涂料或水泥领域。

产品特性 本品从分子结构角度出发，将分散性能较好的不饱和磺酸类化合物与小分子不饱和羧酸单体进行聚合反应，同时引入耐水解性能优异的有机硅试剂，对聚羧酸盐分散剂进行改性，制得了同时具有优异分散性和润湿性以及耐水解性的改性聚羧酸盐分散剂，能够大幅度降低水的表面张力，并且在疏水和超疏水叶片上的润湿性有显著提升，在不同pH值的溶液中均表现出良好的稳定性。

配方 6　环保含氟水性消泡润湿剂

原料配比

原料		配比（质量份）		
		1#	2#	3#
天然脂肪醇	月桂醇	10	—	—
	肉豆蔻醇	—	14	—
	甘蔗醇	—	—	20
高级脂肪醇	齐格勒直链且非支链的饱和醇	10	—	—
	羰基支链伯醇	—	13	—
	链烷烃直链仲醇	—	—	20
乳化剂Ⅰ	吐温-60	1.5	—	—
	吐温-80	—	2	1
乳化剂Ⅱ	司盘-80	2	—	—
	司盘-60	—	5	—
	司盘-40	—	—	4
氟单体	全氟辛基乙基丙烯酸酯	1	—	—
	全氟辛基乙基甲基丙烯酸酯	—	3	
	全氟环氧丙烷低聚物	—	—	2
硅氧烷	聚多元醇硅氧烷	3.5	—	—
	聚醚接枝改性的聚硅氧烷	—	5	—
	聚二甲硅氧烷	—	—	2
二氧化硅	热分解法非晶合成纳米二氧化硅	10	—	—
	熔融法疏水性非晶合成纳米二氧化硅	—	6.5	5
防冻剂	食品级丙三醇	2	1.5	1
去离子水	去除杂质的自来水	60	50	45

制备方法

（1）按配方的质量分数计，把占去离子水总质量 45% ～ 55% 的去离子水加入反应容器中，然后依次滴加天然脂肪醇、高级脂肪醇、乳化剂Ⅰ、乳化剂Ⅱ，在 800 ～ 1200r/min 的转速下，高速搅拌 20 ～ 35min，进行分散溶解；所述反应容器为带氮气保护装置、冷凝器、滴加装置、搅拌器和温度计的反应釜。

（2）将分散溶解后的混合溶液加热至 70 ～ 90℃并恒温预乳化反应 1.5 ～ 2.5h，再降温至 15 ～ 25℃，抽真空后充入氮气密封。

（3）在氮气保护下，按照在 1 ～ 1.5h 滴完的速度匀速滴加氟单体和硅氧烷，然后加入二氧化硅、占去离子水总质量的 20% ～ 25% 的去离子水，再升温至 90 ～ 110℃并保持恒温继续反应 2.5 ～ 3.5h。

（4）再降温至 25 ～ 35℃，并在氮气保护下，滴加防冻剂和剩余的去离子水，保持在温度 25 ～ 35℃下继续反应 3 ～ 6h，即得到环保含氟水性消泡润湿剂。

产品应用　本品可用于涂料工业、化学工业、食品工业、石油工业、土木建筑业、纺织工业、造纸工业、药品工业等领域。

产品特性

（1）本品选用无毒无害的原料进行制备，制备过程清洁环保，产品对环境友好，不含甲醛及 VOC 等对环境有害的挥发物，不使用传统乳化剂、硅油等含毒化合物的同时，可很快通过水解、光降解和生物降解分解，不会产生累积效应，对水源和环境非常安全。

（2）本品以水为基质，制备方法工艺简单，包装、贮存和运输方便，从而降低产业化成本，而且制造过程中无废水、废气、废渣产生，安全环保，利于工业化生产。

（3）本品采用多重药剂组合型水性化技术，充分利用材料间的互补优势，可以实现有效成分活性的叠加，强化各项性能的同时，拓宽其应用领域。

配方 7　基于高温激发的岩石表面强亲水润湿剂

原料配比

原料	配比（质量份）			
	1#	2#	3#	4#
马来酸酐	98	98	98	98
引发剂偶氮二异丁腈（AIBN）	10.47	10.65	10.56	10.47
二甲基甲酰胺（DMF）①	98	98	98	98
分子量为 300 的低分子量烯丙基聚醚	3	6	9	12
γ- 甲基丙烯酰氧基丙基三甲氧基硅烷	248	248	248	248
二甲基甲酰胺（DMF）②	248	248	248	248

制备方法

（1）首先将马来酸酐、引发剂和二甲基甲酰胺①混合，搅拌加热至 70 ～ 80℃，再加入低分子量烯丙基聚醚。

（2）然后滴加由 γ- 甲基丙烯酰氧基丙基三甲氧基硅烷与二甲基甲酰胺②组成的混合溶液，在 70 ～ 80℃下保温反应 3 ～ 5h；反应完全后减压蒸馏除去溶剂二甲基甲酰胺，得到黄色固体后粉碎，即为基于高温激发的岩石表面强亲水润湿剂。

产品应用　本品用于高温油气井开发。应用的相应作业井温度为 70 ～ 90℃。

产品特性

（1）进入高温油气井后，润湿剂中硅原子连接的甲氧基会水解成羟基并与岩石壁面反应，形成牢固的化学键，从而将该强亲水润湿剂接枝到岩石表面，即可调控岩石表面的润湿性。由于是共价键连接，润湿剂分子不易从岩石表面剥离，能更长时间发挥润湿剂作用。

（2）该强亲水润湿剂在应用时，随着井内温度升高，其亲水性增强，能更有效地降低岩石表面能，减少聚合物吸附，使原油在通路中不吸附于岩石上，从而为提高最终采收率打下基础。

配方 8　基于阳离子表面活性剂修饰的纳米润湿剂

原料配比

原料		配比（质量份）		
		1#	2#	3#
纳米二氧化硅骨料	50nm 的二氧化硅材料	5	—	5
	80nm 的二氧化硅材料	—	10	—
乙醇水溶液（乙醇：水 =1∶1）		100（体积份）	300（体积份）	300（体积份）
偶联剂	γ- 氨丙基三乙氧基硅烷	18.25	—	—
	γ- 氨丙基三甲氧基硅烷	—	26.75	—
	γ- 氨丙基甲基二乙氧基硅烷	—	—	17.25
阳离子表面活性剂	十八烷基二甲基苄基氯化铵	16.25	—	—
	十六烷基三甲基溴化铵	—	33.50	—
	十八烷基三甲基溴化铵	—	—	33.25

制备方法

（1）制备偶联剂改性纳米骨料：在惰性气体保护和搅拌的条件下，将洗涤至中性的纳米骨料、偶联剂与乙醇水溶液接触并反应，搅拌 20 ～ 30min，然后超声振荡 20 ～ 30min，使二者混合均匀，得到偶联剂改性的纳米骨料溶液。搅拌的转速为 400 ～ 500r/min。反应温度为 50 ～ 80℃，反应时间为 1 ～ 2h。

（2）链接表面活性剂：在惰性气体保护和搅拌的条件下，将所述偶联剂改性的纳米骨料溶液与阳离子表面活性剂接触并反应，得到表面修饰的纳米润湿剂混合液；反应温度为 50 ～ 80℃，反应时间为 2 ～ 4h。

（3）分离提纯：将所述表面修饰的纳米润湿剂混合液进行离心分离，得到表面修饰的纳米润湿剂。

产品应用 本品用于提高油田采收率。

产品特性

（1）本品是通过表面活性剂在偶联改性的纳米骨料表面的链接，使其稀水溶液具有改善油藏润湿性的能力，通过使用不同浓度及不同种类的表面活性剂能够使本品水溶液改善油藏润湿性的性能可调。

（2）本品能够配制成表面活性剂驱替液。该驱替液为纳米润湿剂的水溶液，其可以为质量分数 0.2% ～ 1% 的纳米润湿剂 - 水分散体系，将其用于注水开发油藏，可以有效改善油藏润湿性，从而起到提高采收率的效果。

配方 9 抗高温 pH 响应型润湿剂

原料配比

原料	配比（质量份）	原料	配比（质量份）
氯代十二烷	20	二甲胺溶液（40%）	200
异丙醇	30	氢氧化钠	40
乙醇	10	乙二胺四乙酸	2
四甲基乙二胺	11	30 % 的过氧化氢溶液	3

制备方法 将氯代十二烷、异丙醇、乙醇加入到反应釜中，搅拌条件下加热到 80 ～ 90℃，将四甲基乙二胺缓慢滴入，反应 3.5 ～ 4.5h 后加入二甲胺溶液、氢氧化钠，升高温度至 90 ～ 100℃，反应 8 ～ 12h 后将温度降低至 50 ～ 60℃，加入乙二胺四乙酸、过氧化氢溶液，反应 3 ～ 5h 结束后，加入盐酸调节溶液的 pH 值至 7 ～ 8，加入三氯甲烷进行萃取，最后用丙酮重结晶得到抗高温 pH 响应型润湿剂。

产品应用 本品可用于制备高温高密度可逆转乳化钻井液；制备方法：在高速搅拌器中依次加入基础油 50 ～ 70 份、可逆转乳化剂 4 ～ 5 份、氯化钙水溶液 30 ～ 50 份，水浴加热到 45 ～ 55℃，在 5000 ～ 7000r/min 条件下高速搅拌 40 ～ 50min，之后依次加入有机土 1 ～ 1.5 份、抗高温 pH 响应型润湿剂 0.5 ～ 1 份、降滤失剂 3 ～ 3.5 份、氧化钙 0.5 ～ 1 份，通过加入加重材料重晶石，使得所述可逆乳化钻井液的密度最高为 $2.5g/cm^3$，继续搅拌 60 ～ 90min 即可得到高温高密度可逆转乳化钻井液。

产品特性

（1）本品具有 pH 响应性：在 pH ≥ 7 时，可将加重剂表面由亲水性转变为亲油性，提高加重剂在油包水型乳状液中的悬浮稳定性；pH<7 时，可使加重剂的表面由亲油性转变为亲水性，提高加重剂在水包油型乳状液中的悬浮稳定性。

（2）本品制备的高温高密度可逆转乳化钻井液最高温度达到 150℃，最高密度可达到 $2.5g/cm^3$，可实现油包水型和水包油型之间的多次相互转化，并且具有较好的流变性、悬浮稳定性，较低的滤失量等。

配方10　矿山除尘用泡沫润湿剂

原料配比

原料		配比（质量份）			
		1#	2#	3#	4#
脂肪胺聚氧乙烯醚	椰油酰胺聚氧乙醚	30	—	—	—
	牛脂胺聚氧乙烯醚	—	30	—	—
	月桂酰胺聚氧乙烯醚	—	—	40	40
烷基氧化胺	椰油基二甲基氧化胺	3	—	—	—
	月桂基二甲基氧化胺	—	5	—	—
	N,*N*-二乙基十二烷基氧化胺	—	—	1	—
	脂肪酰胺丙基二甲基氧化胺	—	—	—	7
非离子表面活性剂	APG0810	15	9	—	—
	APG1214	—	—	7	—
	脂肪醇醚磷酸酯	—	3	3	5
助溶剂	甲醇	10	5	—	—
	乙醇	—	—	—	5
	丙二醇甲醚	—	20	10	5
	二乙二醇丁醚	20	—	—	—
助表面活性剂	正辛酸	—	2	—	—
	正癸酸	—	—	3	—
	异辛醇	1	—	—	—
	正辛醇	—	1	—	—
	异丙醇	—	—	10	—
	十二醇	—	—	—	2
水		21	25	26	36

制备方法　将各组分原料混合均匀即可。

产品特性

（1）该泡沫润湿剂具有优异的起泡性能、润湿性及低的表面张力和界面张力，降尘效率高、使用效果好，可以有效防控矿山粉尘灾害。

（2）本品以微带阳离子性能的脂肪胺聚氧乙烯醚非离子表面活性剂及两性阳离子表面活性剂为主，辅助其他助剂，在保证具有良好的泡沫性能的同时，也具有超低的界面张力，降低溶液的表面张力，使其形成稳定的泡沫，同时提高其对粉尘颗粒表面的湿润程度，从而提高除尘效率及抑尘时间。

（3）本品的除尘效率高于94%，且抑尘周期达到8天以上，可以大量节约水资源和劳动力，减少作业次数。

（4）本品使用的原料均为绿色环保原料，且制备工艺简单，有利于大规模工业化生产。

配方11　农用分散润湿剂

原料配比

原料		配比（质量份）			
		1#	2#	3#	4#
月桂酰基甘氨酸盐	月桂酰基甘氨酸钠	40	—	—	—
	月桂酰基氨基酸钠	—	80	—	70
	月桂酰基氨基酸钾	—	—	65	—

续表

原料		配比（质量份）			
		1#	2#	3#	4#
表面活性剂	木质素磺酸钠	30	10	15	10
	环氧乙烷 - 环氧丙烷嵌段聚合物	15	5	15	15
	十二烷基硫酸钠	15	5	5	5

制备方法 将各组分原料混合均匀即可。

产品应用 本品适用于作为农药可湿性粉剂和水分散粒剂的分散润湿剂。

产品特性 该分散润湿剂中含有月桂酰基甘氨酸盐，利用月桂酰基甘氨酸盐分散性、润湿性方面的优点，使得所述农用分散润湿剂的分散性和润湿性更佳，性能更稳定，而且本品中月桂酰基甘氨酸盐含量高，因此本品具有一定杀菌或抑菌的作用，可有效抑制制剂中有机成分的腐败现象，进而可延长农药制剂的使用寿命，而且月桂酰基甘氨酸盐具有低毒、刺激性小、生物降解性好的优点。本品适用于农药可湿性粉剂和水分散粒剂，月桂酰基甘氨酸盐可有效包裹农药有效成分微粒，有利于微粒粉体的流动，增加了颗粒剂表面的光滑度和饱满度，造粒更顺畅，可以减少或不使用白炭黑等高成本的矿物质。

配方 12　热固性树脂类润湿剂

原料配比

原料		配比（质量份）			
		1#	2#	3#	4#
酚类单体	苯酚	28	20	30	15
	对甲基酚	—	—	—	10
醛类单体	甲醛	37	36	—	—
	乙醛	—	—	30	45
高沸点醇	乙二醇	15	14	24.9	12
催化剂	醋酸镁	1	—	—	—
	醋酸镧	—	5	—	—
	氧化钙	—	—	0.1	—
	氢氧化钠	—	—	—	3
黏度调节剂	糠醇	19	—	15	15
	糠醛	—	25	—	—

制备方法 将酚类单体、醛类单体、高沸点醇和催化剂加入反应器中，搅拌下在 90 ～ 110℃回流反应 1 ～ 5h，而后在 130 ～ 150℃下常压蒸馏 1 ～ 3h，然后向体系中加入黏度调节剂调节黏度至 200 ～ 500mPa・s（25℃），混合均匀得到所述热固性树脂类润湿剂。

产品应用 本品主要用作传统热压重负荷砂轮的润湿剂。

产品特性 本品初黏性好，易混料均匀，同时水分含量低、固化慢，避免了热压易起泡的风险，同时该树脂还有协助粘接的作用，提升砂轮耐用性。

配方 13 润湿剂（1）

原料配比

原料	配比（质量份）			
	1#	2#	3#	4#
反式 -4-［（2- 氨基 -3, 5- 二溴苄基）氨基］环己醇	1	1.2	1	1.2
柠檬酸三胺	3	5	4.5	5
甲基橙	0.1	0.5	0.1	0.4
硫酸钠	12	14	12	14
硝酸锌	0.5	0.7	0.5	0.5
二甲苯磺酸钠	3	4	3.6	4
甲基异噻唑啉酮	0.6	0.9	0.6	0.9
聚乙二醇 400	100	120	100	110
去离子水	300	350	340	350

制备方法 将柠檬酸三胺、硫酸钠、硝酸锌、二甲苯磺酸钠与甲基异噻唑啉酮按照配比混合后采用紫外光照射处理 100 ～ 200min，滴加甲基橙溶液及部分去离子水搅拌均匀，加入聚乙二醇溶液密封低速搅拌加热处理 1 ～ 3h，添加剩余去离子水震荡 30 ～ 40min，添加反式 -4-［（2- 氨基 -3, 5- 二溴苄基）氨基］环己醇制得润湿剂。所述紫外光照射处理时间为 100 ～ 120min；所述密封低速搅拌加热处理的低速搅拌速率为 10 ～ 15r/min。

产品应用 本品是一种新型润湿剂和渗透剂。广泛应用于织物的上浆、漂白、退浆、精炼、染色和后整理等多种工艺中，可用于纯棉织物的丝光处理和羊毛织物的炭化处理。

将所述润湿剂用作棉纺织物的丝光渗透剂，添加量为 10 ～ 20g/L。

将所述润湿剂用作羊毛炭化用渗透剂，添加量为 15 ～ 20g/L。

将所述润湿剂用于染整工业的退浆、漂白、染色和防皱整以及织造工程中的上浆工艺，添加量为 2 ～ 30g/L。

产品特性

（1）本品渗透性好，耐强酸、强碱、氧化剂和重金属盐，耐高温。

（2）在染整工业的退浆、漂白、染色和防皱整以及织造工程中的上浆工艺中本品具有良好的渗透表现：当对织物进行漂白时，渗透剂能够使得漂白液均匀而又迅速地渗透到纤维材料中去，显著提高漂白速度；当对织物进行亚氯酸钠漂白时，渗透剂渗透能力强，泡沫少，能够有效促进漂白剂与纤维的接触；当对织物进行防皱整理时，渗透剂能够快速而均匀地进入纤维内部，防止表面树脂现象，提高整理剂与织物的相容性。

（3）在强碱及高温条件下的精炼工艺中，本品渗透剂能够有效帮助碱液进入纤维内部，通过乳化及分散和去污作用将纤维表面的天然杂质去除，具有出色的耐碱和耐高温性能。

（4）在强酸性工作液中进行羊毛炭化时，本品渗透剂能够均匀地润湿羊毛，对植物类杂质也能很好地渗透，促进反应的顺利进行，具有优异的耐酸性。

配方 14 润湿剂（2）

原料配比

原料	配比（质量份）			
	1#	2#	3#	4#
封端聚醚改性有机硅	70	60	50	80

续表

<table>
<tr><td colspan="2" rowspan="2">原料</td><td colspan="4">配比（质量份）</td></tr>
<tr><td>1#</td><td>2#</td><td>3#</td><td>4#</td></tr>
<tr><td rowspan="2">硅烷偶联剂</td><td>γ-（2, 3- 环氧丙氧）丙基三甲氧基硅烷</td><td>20</td><td>20</td><td>20</td><td>—</td></tr>
<tr><td>甲基丙烯酰氧基甲氧基硅烷</td><td>—</td><td>—</td><td>—</td><td>10</td></tr>
<tr><td colspan="2">聚乙二醇</td><td>10</td><td>20</td><td>30</td><td>—</td></tr>
<tr><td colspan="2">聚丙三醇</td><td>—</td><td>—</td><td>—</td><td>10</td></tr>
</table>

制备方法 将各组分原料混合均匀即可。

原料介绍

所述封端聚醚改性有机硅制备方法：

（1）将 50 ～ 70 份烯丙醇、5 ～ 10 份三氟化硼乙醚加入到反应釜中，氮气置换后，控温至 0 ～ 20℃，滴加 200 ～ 500 份环氧乙烷，控制压力为 0.1 ～ 0.4MPa，滴完后，继续滴加 100 ～ 300 份环氧丙烷，滴完后 10 ～ 20℃保温 3 ～ 5h，加入氢氧化钾甲醇溶液调成中性，过滤后浓缩得到烯丙基聚氧乙烯醚环氧丙烷封端产物。

（2）取 15 ～ 25 份含氢硅油、50 ～ 150 份烯丙基聚氧乙烯醚环氧丙烷封端产物，20×10^{-6} ～ 60×10^{-6} 份氯铂酸混合搅拌，升温至 100 ～ 120℃，反应 4 ～ 8h，完毕后可以加入约 0.5 份活性炭脱色过滤，即得到目标产物封端聚醚改性有机硅。

产品应用 本品主要应用于难以润湿但对附着力又有很高要求的低表面能 PVC（聚氯乙烯）基材（如薄膜、皮革等）涂装领域。

产品特性

（1）本品将封端聚醚改性有机硅与特定的硅烷偶联剂进行复配制得，大大地增强了附着力。本品在提高涂料在基材表面润湿性能的同时，又能促进其在基材表面的附着，尤其可应用于难以润湿但对附着力又有很高要求的低表面能的 PVC 基材。

（2）由于同时使用含有封端聚醚改性有机硅和封端聚氧乙烯聚氧丙烯聚醚，减少了偶联剂的用量，从而减少了黄变等副作用的影响，而且也降低了成本。

（3）本润湿剂泡沫低，润湿性强，不影响涂层光泽。

配方 15 润湿剂（3）

原料配比

<table>
<tr><td colspan="3" rowspan="2">原料</td><td colspan="4">配比（质量份）</td></tr>
<tr><td>1#</td><td>2#</td><td>3#</td><td>4#</td></tr>
<tr><td rowspan="7">固体</td><td rowspan="3">沥青基材料</td><td>脱油沥青</td><td>2</td><td>5</td><td>—</td><td>—</td></tr>
<tr><td>镇海 70A 沥青</td><td>—</td><td>—</td><td>4</td><td>—</td></tr>
<tr><td>氧化沥青</td><td>—</td><td>—</td><td>—</td><td>3</td></tr>
<tr><td rowspan="3">强氧化剂</td><td>浓硝酸</td><td>20（体积份）</td><td>—</td><td>180（体积份）</td><td>—</td></tr>
<tr><td>双氧水</td><td>—</td><td>80（体积份）</td><td>—</td><td>—</td></tr>
<tr><td>高氯酸</td><td>—</td><td>—</td><td>—</td><td>100（体积份）</td></tr>
<tr><td colspan="2">去离子水</td><td>10（体积份）</td><td>40（体积份）</td><td>100（体积份）</td><td>150（体积份）</td></tr>
<tr><td colspan="3">固体</td><td>0.5</td><td>1</td><td>2</td><td>1</td></tr>
<tr><td rowspan="3">水溶性胺类</td><td colspan="2">三乙烯四胺</td><td>1.05</td><td>—</td><td>—</td><td>—</td></tr>
<tr><td colspan="2">四乙烯五胺</td><td>—</td><td>2.7</td><td>—</td><td>—</td></tr>
<tr><td colspan="2">五乙烯六胺</td><td>—</td><td>—</td><td>10.05</td><td>3.05</td></tr>
<tr><td rowspan="2">溶剂</td><td colspan="2">二甲苯</td><td>25（体积份）</td><td>—</td><td>50（体积份）</td><td>—</td></tr>
<tr><td colspan="2">甲苯</td><td>—</td><td>50（体积份）</td><td>—</td><td>30（体积份）</td></tr>
</table>

制备方法

（1）将沥青基材料加入到强氧化剂中，超声分散；超声分散时间为 10 ～ 40min。

（2）将步骤（1）分散之后的混合物进行微波消解；微波消解的条件为：温度 100 ～ 250℃、压力 40 ～ 60bar（1bar=0.1MPa）、时间 20 ～ 45min。

（3）向微波消解后产物中加入去离子水稀释，使用微孔滤膜过滤残渣，滤液经旋转蒸发除去挥发物质，干燥得到固体；去离子水与微波消解产物的体积比为 0.1∶10；所述微孔滤膜规格为 0.1 ～ 0.8μm；旋转蒸发操作温度为 50 ～ 75℃，操作压力为 −0.09 ～ −0.1MPa。

（4）向步骤（3）所得固体物质中加入水溶性胺类，加热反应结束后，将所得初产物进行减压蒸馏除去溶剂，剩余物质过滤，去离子水冲洗，去除剩余胺类，干燥得到本品润湿剂。所述减压蒸馏温度为 40 ～ 100℃，真空度为 0.08 ～ 0.09MPa。加热反应在加热回流条件下进行，所述回流时间为 0.5 ～ 24h。

产品应用 本品主要用于油田固井、三次采油泡沫驱、稳定乳化沥青及沥青路面喷涂等领域。

产品特性 本品原料廉价易得、成本低，工艺简单，耗能低，制备的润湿剂既具有传统表面活性剂的两亲性，又具有界面稳定能力，能够有效改变两相界面性质，具有广阔的应用前景。同时，本品将沥青材料制备成润湿剂，提高了沥青材料的附加值，为重质石油资源的高附加值利用开辟了一条道路。

配方 16 润湿剂（4）

原料配比

原料	配比（质量份）		
	1#	2#	3#
改性炔二醇	35	38	36
改性聚硅氧烷	26	28	27
十二烷基硫酸钠	15	16	16
十二烷基二甲基甜菜碱	8	10	9
去离子水	28	30	29

制备方法

（1）将改性炔二醇和改性聚硅氧烷倒入装有去离子水的反应容器中，在 400 ～ 600r/min 的转速搅拌下加入十二烷基硫酸钠，继续均匀搅拌 10 ～ 15min，并在搅拌下加入十二烷基二甲基甜菜碱，继续搅拌 10 ～ 12min；温度条件为 30 ～ 35℃，

（2）将步骤（1）中的搅拌转速调整至 1000 ～ 1200r/min，搅拌 20 ～ 30min 后超声分散，所得即为润湿剂。超声分散的频率为 22 ～ 30kHz，且超声分散时间为 10min。

原料介绍

所述改性炔二醇的制备方法包括以下步骤：

（1）称取 45 ～ 50 质量份炔二醇、38 ～ 42 质量份马来酸酐和 8 ～ 9 质量份无水碳酸钠备用。

（2）将上述炔二醇倒入烧杯中并升温至 65℃，接着将上述马来酸酐倒入该烧杯中进行熔融，同时缓慢加入无水碳酸钠，搅拌均匀后反应 4 ～ 5h；搅拌速度为 120 ～ 150r/min。

（3）向步骤（2）中的体系内加入萃取助剂萃取，萃取结束后进行过滤，蒸出溶剂后得到黄色固体；所述的萃取助剂为无水乙醇或丙酮。

（4）使用丙酮对步骤（3）中的黄色固体进行洗涤，洗涤 3 次后进行过滤，并将过滤后

的固体加入无水乙醇进行再次萃取，蒸出乙醇后，所得即为改性炔二醇。

所述改性聚硅氧烷的制备方法包括以下步骤：

（1）称取 55 ～ 60 质量份的低含氢硅油和 50 ～ 55 质量份丁炔二醇二乙氧基醚加入装有搅拌器、温度计和回流冷凝器的四口烧瓶中，接着向其中加入适量的氯铂酸 - 异丙醇溶液搅拌混合。氯铂酸 - 异丙醇溶液的用量为 10^{-4}（以 Pt 质量 / 反应液总质量计）。搅拌的速度为 100 ～ 110r/min，搅拌时间为 20 ～ 30min。

（2）向步骤（1）中的四口烧瓶内通入氮气进行保护，油浴加热至 130℃后反应 2 ～ 3h，接着降温至室温后进行出料。

（3）在 80℃条件下对步骤（2）中出料的料体旋蒸 30min 除去溶剂和低沸物，所得淡黄色透明液体即为改性聚硅氧烷。

所述低含氢硅油的制备方法为：称取 25 ～ 26 质量份高含氢硅油、120 ～ 122 质量份八甲基环四硅氧烷和 33 ～ 35 质量份六甲基二硅氧烷加入到装有搅拌器、温度计和回流冷凝器的四口烧瓶中，接着加入 5 ～ 6 质量份浓硫酸进行催化，并加热到 60 ～ 65℃反应 6h；反应结束后降温至 25℃，并缓慢加入 3 ～ 5 质量份碳酸氢钠粉末，搅拌均匀后中和反应液至 pH 值为 6 ～ 7，最后真空抽滤除去固体，在 80℃条件下旋蒸 1h 除去低沸物，所得无色透明的油状液体即为低含氢硅油。

产品特性 本品通过马来酸酐对炔二醇进行改性，能够改善炔二醇的水溶性，而且通过马来酸酐改性的炔二醇具有较低的表面张力，还具有低泡性、易水溶及分散性好的性能；通过丁炔二醇二乙氧基醚对低含氢硅油进行改性制得改性聚硅氧烷，能够大大降低水的表面张力，而且改性聚硅氧烷的接触角小于 90°，在疏水界面具有更好的润湿铺展性能；将改性炔二醇及改性聚硅氧烷与阴离子表面活性剂十二烷基硫酸钠及两性离子表面活性剂十二烷基二甲基甜菜碱进行复配，能够使其之间发生协同作用，从而增强润湿剂的润湿性能。

配方 17 润湿剂（5）

原料配比

原料		配比（质量份）				
		1#	2#	3#	4#	5#
水	蒸馏水	100	—	—	—	—
	自来水	—	100	—	—	—
	海水	—	—	100	—	50
	湖水	—	—	—	100	50
烷基二甲基羧酸甜菜碱	丁基二甲基羧酸甜菜碱	30	—	—	—	—
	三十烷基二甲基羧酸甜菜碱	—	15	—	—	—
	十二烷基二甲基羧酸甜菜碱	—	—	25	—	—
	十八烷基二甲基羧酸甜菜碱	—	—	—	20	—
	二十四烷基二甲基羧酸甜菜碱	—	—	—	—	18
3- 磺丙基烷基二甲基甜菜碱	3- 磺丙基丁基二甲基甜菜碱	20	—	—	—	—
	3- 磺丙基三十烷基二甲基甜菜碱	—	5	—	—	—
	3- 磺丙基十六烷基二甲基甜菜碱	—	—	15	—	—
	3- 磺丙基十二烷基二甲基甜菜碱	—	—	—	10	—
	3- 磺丙基十八烷基二甲基甜菜碱	—	—	—	—	8
二辛基磺化琥珀酸盐	二辛基磺化琥珀酸钠	15	—	—	—	—
	二辛基磺化琥珀酸铵	—	15	—	—	—
	二辛基磺化琥珀酸钙	—	—	15	—	—
	二辛基磺化琥珀酸钾	—	—	—	25	—
	二辛基磺化琥珀酸锂	—	—	—	—	20

制备方法 将水与烷基二甲基羧酸甜菜碱进行第一混合，然后与3-磺丙基烷基二甲基甜菜碱进行第二混合，再与二辛基磺化琥珀酸盐进行第三混合。第一混合、第二混合和第三混合的温度均为20～90℃。所述第一混合、第二混合和第三混合的时间均为1～3h。

产品应用 本品主要用作油基钻井液中的润湿剂。可应用于以柴油、白油、合成基油及其混合物作为基础油的油基钻井液体系，配伍效果出众。

产品特性

（1）该润湿剂不仅在高温下具有良好的固相润湿效果，而且与阴离子、阳离子和非离子型油基乳化剂均具有良好的配伍性，有效保障了深井、超深井复杂地层油基钻井液的施工安全。

（2）本品抗温可达220℃，在柴油基、矿物油基和合成基钻井液中实现加重材料和钻屑的高效润湿，保障高密度油基钻井液具有良好的流变性能。

（3）本品具有吸附能力强、高温稳定的突出特征，克服了非离子润湿剂抗温能力弱、阳离子润湿剂配伍性弱的不足。

（4）本品通过简单的反应工艺即可制备，所用原材料均具有环境友好特征，符合绿色环保的价值理念。

配方18 三防整理用润湿剂

原料配比

原料		配比（质量份）			
		1#	2#	3#	4#
表面活性剂		6	9	3	6
结构简式为 C_6H_5—O—R—OH 的物质	乙二醇苯醚	10	15	—	6
	丙二醇苯醚	—	—	20	9
环保溶剂	二甘醇	10	3	—	—
	三甘醇丁醚	—	3	5	10
	二丙二醇	—	—	5	—
水		74	70	67	69
表面活性剂	Lutensol ON 70	1	1	—	—
	Lutensol ON 50	—	1	1	—
	Lutensol ON 60	—	—	1	1
	Lutensol ON 80	—	—	—	1
	Pluronic PE 6200	—	16	16	8
	Pluronic PE 9200	8	—	1	8
	Tetronic 207	1	2	—	—
	Tetronic RED 9040	—	—	1	2

制备方法

（1）分别称取配方量的表面活性剂、结构简式为 C_6H_5—O—R—OH 的物质、环保溶剂和水，备用；

（2）常温常压下在装有搅拌器的反应釜中加入配方量50%的水，升温至60℃，再加入配方量的表面活性剂，并搅拌20～50min；

（3）在持续搅拌的状态下向步骤（2）所得混合物中加入配方量的结构简式为 C_6H_5—O—R—OH 的物质，添加时间为10～20min；

（4）在持续搅拌的状态下向步骤（3）所得混合物中加入配方量的环保溶剂，添加时间为10～20min，然后加入余下的50%的水；

（5）持续搅拌步骤（4）所得混合物，搅拌时间为 20 ～ 30min，然后出料，即得。

原料介绍

所述表面活性剂由羰基醇聚氧乙烯醚、脂肪醇环氧丙烷 - 环氧乙烷嵌段共聚物和多羟基胺化合物组成。

所述羰基醇聚氧乙烯醚采用碳数为 10、EO（环氧乙烷）数为 5 ～ 8 中的至少一种，如 BASF 公司的 Lutensol ON 50、Lutensol ON 60、Lutensol ON 70、Lutensol ON 80。

所述脂肪醇环氧丙烷 - 环氧乙烷嵌段共聚物的 EO 含量为 20%。上述的脂肪醇环氧丙烷 - 环氧乙烷嵌段共聚物是公知的，如 BASF 公司的 Pluronic PE 6200、Pluronic PE 9200。

所述多羟基胺化合物采用乙二胺环氧丙烷 - 环氧乙烷嵌段共聚物、乙二胺环氧乙烷 - 环氧丙烷嵌段共聚物中至少一种。上述的多羟基胺化合物是公知的，如 BASF 公司的 Tetronic 207、Tetronic RED 9040。

产品应用 本品主要用于纺织印染助剂领域。

产品特性

（1）本品克服了传统润湿剂泡沫大及严重降低三防整理效果的缺点，同时可以提升三防整理剂工作液的稳定性和渗透性不良织物的整理效果。

（2）本品具有良好的润湿性、耐酸碱性和污垢分散能力，除了降低工作液表面张力外，其还能缩短整理剂进入织物纤维内部的时间；自身具有非常低的泡沫，能快速消泡并抑制泡沫产生，克服了因泡沫导致三防整理剂粒子堆积的缺点；此外，本品起到电荷平衡作用，使三防整理剂粒子不会因为静电力的影响而集聚、堆积在轧辊和纺织物纤维上，有效避免了三防整理过程中黏辊现象，因而确保了三防整理剂粒子在工作液中的互溶、分散、被织物均匀吸附的效果。

（3）本品具有分散性和助溶性强的优点，且其具备优良的溶解性，所以在整理过程中能大幅提高三防整理剂粒子的互溶效果；本品具有极强的除气性，可以快速把织物纤维空隙中的空气排出被包覆的工作液之外，增加工作液与纤维接触的机会，能进一步提高渗透性不良织物在三防整理中的带液率和工作液的稳定性。

配方 19 水性环保纳米多功能嵌段润湿剂

原料配比

原料		配比（质量份）		
		1#	2#	3#
硅烷	直链十八烷	10	—	—
	封端羟基的甲基 -3, 3, 3- 三氟丙基聚硅氧烷	—	15	—
	封端羧基改性聚硅氧烷	—	—	12
乙烯醚聚合物	脂肪醇聚氧乙烯醚	10	—	—
	异构脂肪醇聚氧乙烯醚	—	5	—
	2, 4, 7, 9- 四甲基 -5- 癸炔 -4, 7- 二醇聚氧乙烯醚	—	—	7.5
纳米无铅二氧化硅	氢氧热分解法无铅二氧化硅	12	10	—
	沉降法无铅二氧化硅	—	—	15
纳米硅藻土	硅藻原土	12	—	—
	水洗硅藻土	—	15	—
	煅烧硅藻土	—	—	10
偶联剂	γ- 氨丙基三甲氧基硅烷	2	—	—
	N-*β*- 氨乙基 -γ- 氨丙基甲基二甲氧基硅烷	—	3	—
	γ- 二乙烯三氨丙基甲基二甲氧基硅烷	—	—	2.5

续表

原料		配比（质量份）		
		1#	2#	3#
全氟聚合物	全氟聚醚活性单体	1	—	—
	三甲氧基全氟聚醚丙烯酸酯	—	1.5	—
	全氟聚醚烯丙基醚	—	—	2
表面活性剂	阴离子型硫酸酯盐	2	—	—
	阴离子型烷基磷酸酯盐	—	1.5	—
	两性离子氟碳表面活性剂	—	—	1
炔二醇	1，4- 丁炔二醇	1	—	—
	二甲基辛炔二醇	—	2	—
	四甲基癸炔二醇	—	—	1.5
高级脂肪醇	娑罗子醇	3	—	—
	聚氧亚乙基聚氧代亚丙基嵌段聚合物的脂肪酸醇	—	5	—
	链烷烃直链仲醇	—	—	4
链转移剂	十二烷基硫醇	2	—	—
	硫代硫酸钾	—	3	—
	3- 巯基丙酸异辛酯硫代硫酸钠	—	—	1
活控自由基聚合剂	2- 甲基 -2-［（十二基硫硫代碳酰）硫］丙酸	1	—	—
	α- 二硫代苯甲酯基对苯亚甲基氯化吡啶盐	—	2	—
	S,*S*′- 双（α, α′ - 二甲基 -α″ - 乙酸）三硫代碳酸酯	—	—	1.3
催化剂	反 - 二（三苯基膦）二氯化钯（Ⅱ）	2	—	—
	四氯钯酸钠水合物	—	1.5	1
多羟基酚	儿茶素	1	—	—
	茶红素	—	2	—
	黄烷 -3，4- 二醇	—	—	1.5
防冻剂	食品级丙三醇	1	—	—
	1，2- 丙二醇	—	0.5	—
	甘油	—	—	0.7
去离子水		35	25	29

制备方法

（1）在能够进行搅拌、加热、冷却、滴加、氮气置换、利用氮气加压和利用真空泵减压的耐压反应容器中，把占去离子水总质量 15% ～ 20% 的去离子水、纳米无铅二氧化硅、占总质量 20% 的硅烷、占总质量 50% 的偶联剂、占总质量 30% 的炔二醇、占总质量 50% 的催化剂搅拌溶解后，升温至 110 ～ 130℃，于 0.6 ～ 1.3kPa 的压力下低速搅拌，降温冷却至 25 ～ 40℃，抽真空后充入氮气密封，得到混合溶液 A。

（2）在能够进行搅拌、加热、冷却、滴加、氮气置换、利用氮气加压和利用真空泵减压的耐压反应容器中，把占去离子水总质量 15% ～ 20% 的去离子水、纳米硅藻土、占总质量 20% 的硅烷、表面活性剂、占总质量 50% 的偶联剂、占总质量 30% 的炔二醇、占总质量 50% 的催化剂在 30 ～ 40℃的温度下，以 300 ～ 500r/min 转速保温搅拌 10 ～ 15min，升温至 90 ～ 110℃，于 0.6 ～ 1.3kPa 的压力下低速搅拌，降温冷却至 25 ～ 40℃，抽真空后充入氮气密封，得到混合溶液 B。

（3）将所述混合溶液 A 和混合溶液 B 在（120±5）℃的温度下，于 0.6 ～ 1.3kPa 的压力下边低速搅拌边进行 2 ～ 2.5h 的脱水干燥，测得含水率为 2% ～ 3% 时，停止搅拌，然后降温冷却到常温，得到复合粉体。

（4）在能够进行搅拌、加热、冷却、滴加、氮气置换、利用氮气加压和利用真空泵减压的耐压反应容器中，在 60 ～ 80℃的温度下，加入去离子水总质量 40% ～ 50% 的去离子水、剩余的硅烷、乙烯醚聚合物、剩余的炔二醇、高级脂肪醇、复合粉体，恒温高速搅拌 20 ～ 30min。

（5）氮气保护下，降温至 10 ～ 15℃后保持恒温，开始滴加全氟聚合物，1 ～ 1.5h 滴完后升温至 90 ～ 110℃恒温反应 1.5 ～ 2.5h；降温冷却至 25 ～ 40℃，抽真空后充入氮气密封；降温至 10 ～ 15℃，氮气保护下，开始依次滴加链转移剂、活控自由基聚合剂，2 ～ 2.5h 滴加完毕后，氮气保护下进行磁力低速搅拌，保持恒温，继续反应 3 ～ 6h，直至粉体全部悬浮后，滴加多羟基酚、防冻剂、剩余的去离子水，测得液体混合物的体积百分率的 M 值为 60 ～ 70 时停机，即获得水性环保纳米多功能嵌段润湿剂。

产品应用 本品可广泛应用于涂料、胶黏剂、表面活性剂、分散剂、本体特性材料、膜、个人护理品、洗涤剂、凝胶、润滑剂、助剂、表面改性剂、复合材料、生物和电子材料等众多领域。

产品特性

（1）本品与传统润湿剂相比，嵌段共聚物具有特殊的双子结构，能将不同均聚物的特性（如柔性嵌段的无定形性和弹性以及硬性嵌段的结晶性和刚性）结合在一起，从而表现出特殊的性能，其活性基团一端能吸附在粉碎成细小微粒的粉料表面，另一端液相化进入液基形成吸附层（吸附基越多，链节越长，吸附层越厚），产生电荷斥力（水基液相）或熵斥力（油基液相），使不同应用领域体系的粉料粒子能够长期润湿润滑悬浮，避免团聚絮凝，能够有效实现液基体系的贮存稳定。

（2）本品具有更弱的扩散效应和更低的临界胶束浓度，因而比起传统的低分子量表面活性剂具有更强的表面活性。尤其是独特的嵌段活控结构，在溶液里可以形成胶束、囊泡、六角相液晶、层状液晶等有序自组装体，可用于基因载体、药物控释、蛋白质和酶的分子识别、化学物质的选择性增溶和分离等，可以实现在不相容聚合物的共混体系中，加入与均聚物具有相同结构的嵌段共聚物，可有效提供相容性，稳定相态和增强相间的黏附力。

（3）本品以水为基质，制备方法简单、能耗低，包装、贮存和运输方便，从而降低产业化成本，而且制造过程中无废水、废气、废渣产生，安全环保，利于工业化生产。

配方 20 水性聚氨酯用超支化有机硅润湿剂

原料配比

原料		配比（质量份）			
		1#	2#	3#	4#
AB_2 单体	二乙醇胺（DEA）	42.1	42.11	42.12	63.1
	甲醇	10（体积份）	10（体积份）	10（体积份）	10（体积份）
	丙烯酸甲酯（MA）	69.087	69.1	69.1	103.3.2
三羟甲基丙烷（TMP）		17.89	17.94	17.79	26.835
对甲苯磺酸		0.48	0.649	0.645	0.966
AB_2 单体		70.23	72	73.24	108.5
侧链单环氧硅油		1.32	—	—	—
单端环氧硅油		—	3.612	14.17	25.791
催化剂	三氟化硼乙醚	0.0364	—	—	0.107
	无水碳酸钾	—	0.0429	—	—
	乙二胺	—	—	0.0687	—
溶剂	异丙醇	15（体积份）	20（体积份）	—	—
	四氢呋喃	—	—	25（体积份）	30（体积份）
端羟基超支化聚合物		10.01	10.01	10	10
乙腈		21（体积份）	21（体积份）	21（体积份）	21（体积份）

制备方法

（1）在干燥、洁净三口烧瓶中加入称量好的二乙醇胺（DEA）和甲醇的混合物，在室温下用搅拌棒搅拌至二乙醇胺（DEA）完全溶解后，将丙烯酸甲酯（MA）倒进滴加管中，然后将装有搅拌棒、冷凝管和滴加管的三口烧瓶架到油浴锅中，在35℃下将丙烯酸甲酯（MA）缓慢滴加到三口烧瓶中，滴加1h，保温反应4h，然后用循环水真空抽滤机进行抽滤，除去甲醇和过量的丙烯酸甲酯（MA）得到无色的透明油状物AB_2型单体。将获得的单体放到洁净的玻璃容器中保存备用。

（2）在干燥洁净的三口烧瓶中加入三羟甲基丙烷（TMP）和对甲苯磺酸，将制备的AB_2单体倒入滴加管中，然后将装有搅拌棒、冷凝管、滴加管的三口烧瓶放到油浴锅中升温至120℃，并不断搅拌，升温到120℃后开始滴加AB_2单体，滴加1h，保温反应3h，然后转移到旋转蒸发仪中继续反应，直到体系不再有气泡鼓出为止，得到一种黄色的黏稠液体。

（3）在干燥洁净的三口烧瓶中加入环氧硅油，再加入催化剂，在滴定管中加入溶剂和超支化聚合物，将装有搅拌棒、冷凝管、滴定管的三口烧瓶架到油浴锅上，升温到110℃，然后开始将滴定管中的溶液缓慢滴加到烧瓶中，滴加2h，再反应4h，再加入乙腈反复抽滤，将产物放到洁净的容器中，放到45℃烘箱中，过夜得到产品。

产品应用 本品主要作为环保皮革/合成革用水性PU（聚氨酯）树脂材料或其他复合片材水性树脂涂层材料的润湿助剂。

产品特性

（1）本品由硅氧烷作为疏水性骨架，疏水性能比常规烷基、链烯基、极性基烃等碳氢链的更强，端羟基超支化聚合物作为亲水性骨架。由于其特殊的三维立体结构，以及含有大量端羟基、硅氧烷烃链，因此这类表面活性剂具有优异的降低表面张力的能力和优异的水溶性能。

（2）本品分子结构中含有许多支链和硅元素，因此其具有不易结晶、耐高低温、无毒、无腐蚀等性能。它特殊的分子结构使得界面膜上分子间的黏附力非常小，分子之间不相互纠缠，含有大量端基，故而表现出低熔点、高溶解性、低黏度、优异的流变性能和高的表面活性，因而其是一种很好的润湿剂，少量的超支化润湿剂即可将水的表面张力降低到30mN/m以下。

（3）配伍性好，本品为非离子型表面活性剂，添加量少，不影响PU乳液性能，与水性阴离子PU乳液、水性阳离子PU乳液、非离子PU乳液均具有良好的相溶性，成膜光泽度、平整度、强度不受影响。

配方21 水性锂电池隔膜涂层用润湿剂

原料配比

原料		配比（质量份）		
		1#	2#	3#
炔二醇聚氧乙烯醚	2,5,8,11-四甲基-6-十二碳炔醇-5,8-二醇聚氧乙烯醚 superwet-320	10	—	20
	2,5,8,11-四甲基-6-十二碳炔醇-5,8-二醇聚氧乙烯醚 superwet-340	—	20	20
	2,4,7,9-四甲基-5-癸炔二醇-4,7-二醇聚氧乙烯醚 FS-660	20	20	—
	2,4,7,9-四甲基-5-癸炔二醇-4,7-二醇聚氧乙烯醚 FS-680	—	—	20
炔二醇	2,5,8,11-四甲基-6-十二碳炔醇-5,8-二醇 FS-304	—	10	3
	2,4,7,9-四甲基-5-癸炔二醇-4,7-二醇 FS-204	10	—	—
异构醇聚醚	C_8～C_{10}异构醇聚醚 XP-80	40	—	—
	C_8～C_{10}异构醇聚醚 XP-90	—	50	—
	异构C_{13}醇聚氧乙烯醚 C1340	5	—	—
烷基咪唑啉	椰油基羟乙基咪唑啉 Amine C-12	—	—	10
聚醚改性的七甲基三硅氧烷 L-7280		—	—	5
溶剂	丙二醇	10	—	—
	水	5	10	22

制备方法

（1）将炔二醇聚氧乙烯醚、异构醇聚醚、烷基咪唑啉、聚醚改性的七甲基三硅氧烷加入反应釜内搅拌，之后加入熔化好的炔二醇，继续搅拌，得到混合液；

（2）向步骤（1）得到的混合液中加入所述溶剂，充分搅拌混匀后，得到透明的水性锂电池隔膜涂层用润湿剂。

产品应用 水性锂电池隔膜涂层由以下质量份数的原料制备而成，包括以下步骤：

（1）向反应釜内加入水 35 ～ 45 份和乙醇 35 ～ 45 份，充分搅拌均匀，得到混合液；

（2）向步骤（1）中的混合液依次加入消泡剂 1 ～ 3 份和所述的水性锂电池隔膜涂层用润湿剂 2 ～ 8 份，并加入聚偏氟乙烯（PVDF）粉末 10 份，待 PVDF 粉末完全润湿后，在研磨机研磨 2h，过滤得到制浆液；

（3）取所述步骤（2）中的制浆液 90 份与粘接树脂乳液 10 份混合，得到水性锂电池隔膜涂层。

所述研磨的转速为 3000r/min。

所述粘接树脂乳液固含量为 40% ～ 41%，pH ＝ 7 ～ 8，黏度为 10 ～ 50mPa · s。

产品特性

（1）本品具有明显的降低水基体系的动态表面张力的作用，并且表现出与水有很好的分散稳定性，其电学性能稳定性高。

（2）本品同时还具有持久的抑泡能力，使用范围广。

配方 22　新型织物润湿剂

原料配比

原料	配比（质量份）			
	1#	2#	3#	4#
磷酸三甲酚酯	5	14	9	11
酒石酸	3.5	6.8	4.3	5.6
氢氧化钠	4.5	6.2	5.3	5.8
热塑性酚醛树脂	10	16	12	14
尼泊金酯	20	35	25	30
磺基琥珀酸二钠	1.2	3.4	1.9	2.6
脂肪醇聚氧乙烯醚	3	9	5	8
十二烷基苯磺酸钠	6	12	8	10
去离子水	80	95	85	90

制备方法 将各组分原料混合均匀即可。

产品特性 本品给湿快速、均匀，给湿效果显著，化学性质稳定，而且生产工艺简单，制作成本低，可以保持织物原有柔韧性和手感。

配方 23　抑制矿井粉尘的多元离子润湿剂

原料配比

原料		配比（质量份）			
		1#	2#	3#	4#
阳离子表面活性剂	十二烷基三甲基溴化铵（DTAB）	—	4	—	—
	氯化十六烷基吡啶	—	4	—	—

续表

原料		配比（质量份）			
		1#	2#	3#	4#
阴离子表面活性剂	十二烷基磺酸钠	—	—	4.5	—
	十二烷基苯磺酸钠	—	—	4.5	—
	月桂醇醚磷酸酯钾	—	—	—	6
	乙氧基化烷基硫酸钠	—	—	—	3
非离子表面活性剂	聚乙二醇 4000	4	—	—	—
	烷基酚聚氧乙烯醚	4	4	—	—
	高碳脂肪醇聚氧乙烯醚	—	6	—	—
	脂肪酸甲酯乙氧基化物（FMEE）	—	—	—	4
	聚醚型非离子表面活性剂	—	—	—	5
中性离子表面活性剂	椰油酰胺丙基甜菜碱	4	—	—	—
	脂肪醇聚氧乙烯醚	5	—	4.5	—
	聚醚改性硅油	—	—	4.5	—
无机盐	氯化钠	6	6	—	7
	硅酸钠	—	—	6	—
固化补强剂	碱性无机盐轻质碳酸钙	1	4	2	—
	脂肪族氨基磺酸钠	1	4	—	1
	灰钙粉	—	—	—	2
黏附剂	环氧树脂胶	1	4	—	—
	聚氨酯（PU）胶	1	4	—	—
	丙烯酸树脂胶	—	—	2	0.5
	氨基树脂胶	—	—	—	0.5
	酚醛树脂胶	—	—	—	0.5
功能化离子液体	三丁基膦磷酸二乙酯盐	0.005	0.005	0.005	—
	三丁基膦硫酸甲酯盐	0.005	0.005	0.005	—
	1- 乙基 -3- 甲基咪唑二氰胺盐［EMIMN（CN）］	—	—	—	0.005
	1- 丁基 -3- 甲基咪唑六氟磷酸盐（BMIMPF6）	—	—	—	0.005
水		加至 100	加至 100	加至 100	加至 100

制备方法

（1）按照上述组成及配比，先在一种同性表面活性剂中选取两种组合复配，得到复配表面活性剂 A；在另一种同性表面活性剂中选取两种组合复配，得到复配表面活性剂 B；将复配表面活性剂 A 和 B 混合，然后与水混合加入反应釜，保持压力 0.7 ～ 0.9MPa、110 ～ 130℃，搅拌均匀，得到多元复配表面活性剂溶液。

（2）在多元复配表面活性剂溶液中加入无机盐，保持压力 0.7 ～ 0.9MPa、110 ～ 130℃，搅拌均匀。

（3）将固化补强剂和黏附剂加入反应釜，保持压力 0.7 ～ 0.9MPa、110 ～ 130℃，搅拌均匀。

（4）将功能化离子液体加入反应釜，保持压力 0.7 ～ 0.9MPa、110 ～ 130℃，搅拌均匀。

（5）最后对反应釜进行自然泄压与冷却降温，即可得到抑制矿井粉尘的多元离子润湿剂。

产品应用 本品尤其适用于采掘工作面呼吸性粉尘比较严重的矿区。

产品特性 该润湿剂用于抑制矿井粉尘产生、降尘效率高、使用效果好，可有效防控煤尘灾害。

配方 24　用于环氧树脂与玻纤间的润湿剂

原料配比

原料		配比（质量份）		
		1#	2#	3#
成膜剂		30	55	40
成膜剂	环氧树脂	30	40	35
	端羟基聚丁二烯	—	15	10
抗静电剂	十二烷基缩水甘油醚	55	75	60
偶联剂	硅烷偶联剂 KH-560	3	5	4
抗氧剂	BHT	0.05	0.2	0.1

制备方法　按比例将各组分混合均匀即得。

产品应用　使用方法：将润湿剂与环氧树脂、玻璃纤维共混，润湿剂的添加量为环氧树脂与玻璃纤维总质量的 0.5% ～ 3%。

产品特性

（1）本品配方中引入了端羟基聚丁二烯，能够与环氧树脂协同增效，所制备的润湿剂成膜性好，成膜稳定性更好。

（2）本品采用十二烷基缩水甘油醚作为抗静电剂，提高了体系的相容性，尤其是成膜剂与玻纤的相容性，经润湿后的玻纤力学性能好，裹入的气泡和孔隙减少，有效避免了干点问题并降低了不良率。

（3）本品制备工艺简单、原料易得、制备成本低，适宜大规模生产。

配方 25　用于湿法螯合铁脱硫的硫黄润湿剂

原料配比

原料		配比（质量份）			
		1#	2#	3#	4#
非离子表面活性剂	烷基多糖苷	10	5	20	10
	腰果酚聚氧乙烯醚 BGF-9	5	5	10	15
增溶剂	油醇聚氧乙烯醚	5	8	10	6
分散剂		5	2	3	4

制备方法　依次将非离子表面活性剂、增溶剂和分散剂投入适量水中，搅拌至各组分充分溶解，即得最终的硫黄润湿剂。

原料介绍

所述腰果酚聚氧乙烯醚的浊点为 73 ～ 88℃，HLB 值为 12.8 ～ 12.9。

所述油醇聚氧乙烯醚的浊点为 88 ～ 91℃，HLB 值为 15 ～ 16。

所述分散剂由丙醇、乙二醇和 *N,N*- 二甲基甲酰胺按 3∶6∶1 的质量比复配而成。

产品应用　本品使用方法包括以下步骤：将所述硫黄润湿剂直接加入至螯合铁脱硫液中，控制硫黄润湿剂的加入量为 10^{-5} ～ 10^{-4}，即可通入含 H_2S 的待处理混合气体进行脱硫处理。

产品特性

（1）本品绿色环保，可使螯合铁脱硫溶液中生成的硫黄颗粒易聚集沉降，具有良好的流动性和低泡性，降低药剂的消耗；本品适用于较宽的 pH 值范围，从而使得硫黄颗粒的粒径增大、沉降速度加快；该硫黄润湿剂既能满足使用要求，又能满足生态环保要求。

（2）本品在使用时直接加入螯合铁脱硫液中，在螯合铁脱硫液反应生成硫黄的同时，本品能够快速对该硫黄加以润湿，并促进硫黄沉降。本品具有使用方便、硫黄沉降效果优良的特点。

3 分散剂

3.1 分散剂定义

分散剂是一种在分子内同时具有亲油性和亲水性两种相反性质的界面活性剂，是可均一分散那些难溶解于液体中的无机、有机固体及液体颗粒，同时也能防止固体颗粒的沉降和凝聚，形成稳定悬浮液所需的两亲性试剂。

3.2 分散剂作用机理

分散剂作用可概括为空间位阻作用及静电稳定作用，分散剂在分子结构上有一很大的特点，即“两亲性”（亲水亲油性）。传统分散剂的亲油基团一般为烃链结构，并且主要是烷烃链。而超分散剂的分子结构则包括锚固基团和溶剂化链两部分。分散剂有两种作用机制：

① 液态非水溶性原药由于表面张力过大而难以分散，如油类、极性很弱的有机溶剂类，在水中形成油 / 水界面，界面张力很大，因此油 / 水分为两层。在强烈的机械搅拌下虽然能把油分散成油珠，但停止搅拌后，在界面张力作用下又迅速分层。

在悬浮液中加入分散剂，可降低固、液之间的界面张力，有效润湿颗粒。以水性分散介质为例，分散剂亲油性基团吸附于固体粒子表面，亲水基团为水介质溶剂化，并扩展到水相介质中，由此围绕粒子形成一个带电荷的保护屏障，双层包围粒子，粒子之间产生静电斥力，使分散体稳定；对于非离子分散剂可以通过长的高分子链形成的水化膜来阻止固体粒子的絮凝而使其分散稳定。

② 固体粉粒与水介质之间也存在水 / 固界面张力，同时固体粉粒表面吸附的空气膜也妨碍与水亲和，而有利于粉粒絮结。表面活性物质同样能驱除粉粒表面的空气膜，并降低水 / 固界面张力，因此使粉粒容易分散。

超分散剂的作用机理可分为锚固机理和稳定机理。其锚固基团通过离子键、氢键以及范德瓦耳斯力等相互作用紧紧地吸附于固体颗粒表面；其溶剂化链与分散介质具有良好的相溶性，在分散介质中采取比较伸展的构象，当吸附有超分散剂的颗粒相互靠近时，由于溶剂化链的空间障碍而使颗粒相互弹开，从而实现颗粒在介质中的稳定分散。

3.3 分散剂分类

分散剂种类繁多，根据分散介质的不同，可将分散剂分为水介质中使用的分散剂和非水介质中使用的分散剂，而前者又包括阴离子型、非离子型等类型。在分散剂中有一类高分子分散剂，称为超分散剂，它最早是为解决颜料粒子在有机介质中的分散问题而研究开发的。

（1）阴离子型润湿分散剂　大部分是由非极性带负电荷亲油的碳氢链部分和极性亲水的基团构成。两种基团分别处在分子的两端，形成不对称的亲水亲油分子结构。阴离子分散剂相容性好，被广泛应用于水性涂料及油墨中。多元羧酸聚合物等也可应用于溶剂型涂料，并作为受控絮凝型分散剂广泛使用。

（2）阳离子型润湿分散剂　非极性基带正电荷的化合物，主要有胺盐、季铵盐、吡啶𬭩盐等。阳离子表面活性剂吸附力强，对炭黑、各种氧化铁、有机颜料类分散效果较好，但要注意其与基料中羧基起化学反应，还要注意不要与阴离子分散剂同时使用。

（3）非离子型润湿分散剂　在水中不电离、不带电荷，在颜料表面吸附比较弱，主要在水系涂料中使用。主要分为乙二醇型和多元醇型，可降低表面张力和提高润湿性。与阴离子型分散剂配合使用作为润湿剂或乳化剂，广泛应用于水性色浆、水性涂料及油墨中。

（4）两性型润湿分散剂　是由阴离子和阳离子所组成的化合物。典型的是磷酸酯盐型的高分子聚合物。这类聚合物酸值较高，可能会影响层间附着力。

（5）电中性型润湿分散剂　分子中阴离子和阳离子有机基团的大小基本相等，整个分子呈现中性，但却具有极性。在涂料中应用相当广泛。

（6）高分子型分散剂　高分子型分散剂最为常用，稳定性也最佳。高分子型分散剂也分为多己内多酯多元醇 - 多乙烯亚胺嵌段共聚物型分散剂、丙烯酸酯高分子型分散剂、聚氨酯或聚酯型高分子分散剂等，由于它们的锚定基团一头与树脂缠绕吸附，另一头又与颜料粒子包附，因此贮存稳定性是比较好的。

（7）受控自由基型超分散剂　采用受控自由基聚合技术（cfpp），可以使分散剂的结构更为规整。常用的方法有：gtp（基团转移聚合）、atrp（原子转移自由基聚合）、raft（可逆加成断裂链转移可控自由基聚合，包括c-raft及s-raft等）、nmp（氮氧稳定自由基聚合）、sfrp（稳定自由基聚合）等。通过采用受控自由基聚合技术，可以使分散剂的分子量分布更为集中，锚定基团也更为集中，效率更高。

3.4　分散剂的应用

（1）在印染工业中的应用　在染色过程中采用染料分散剂，可防止醋酸纤维素用的分散染料在染色时析出沉淀。染料分散剂还可用作染色纤维素纤维时的匀染剂，也用于聚酯纤维的染色。

（2）在农药中的应用　在农药方面常用作水剂及颗粒剂的分散剂。水剂所用的分散剂可为烷基萘磺酸盐、烷基苯磺酸盐、环氧乙烷烷基苯基醚；粒剂所用分散剂可为烷基苯磺酸盐、聚碳酸酯、二辛基磺基水杨酸盐等。

（3）在食品工业中的应用　在食品方面为使果汁不发生凝聚和沉淀，为使色素和其他添加剂在食物中分散得更均匀，也采用分散剂，如聚乙二醇、微晶纤维素及聚山梨酸酯等。

（4）在涂料、油墨行业的应用　涂料、油墨工业所用的水系分散剂，如聚丙烯酸盐、马来酸钠与烯烃共聚物、聚环氧乙烷基或芳基醚等，以及非水系分散剂，如山梨糖醇酐脂肪酸酯、聚环氧乙烷烷基胺、烷基二胺等。

除上述外，在化妆品、土木建筑和环境保护等领域，分散剂也有重要用途。近年来，利用高分子化合物作为内燃机和润滑油中生成的泥浆的分散剂，以及用作煤炭 - 重油混合燃料的分散剂均受到重视。有些分散剂也用作天然橡胶和合成橡胶胶乳的分散剂。

3.5 分散剂配方与制备实例

配方 1 超分散剂

原料配比

原料	配比（质量份）		
	1#	2#	3#
12- 羟基硬脂酸	60	60	60
溶剂油	6	6	6
氯化亚锡	0.1	0.075	0.075
异辛醇	7.12	7.125	7.12
聚乙烯蜡	25.7	34.2	17.1

制备方法

（1）在氮气保护氛围中，将 12- 羟基硬脂酸、溶剂油、催化剂加入到装有分水器的反应器中，进行酯化反应；酯化反应的温度为 150 ～ 180℃，时间为 6 ～ 9h。

（2）在氮气保护氛围中，采用红外吸收光谱法跟踪反应，当酸值以 KOH 计为 70 ～ 90mg/g 时，加入封端剂，保温反应至酸值为 20 ～ 40mg/g，然后降温、减压蒸馏。保温反应时间为 4 ～ 8h。降温至温度为 100℃。

（3）升温加入低分子量蜡，搅拌混合均匀，最后冷却即得。升温至温度为 110 ～ 140℃。搅拌混合均匀时间为 0.5 ～ 2h。

原料介绍

所述溶剂油为链烷烃溶剂油、环烷烃溶剂油、芳烃溶剂油中的一种或多种的组合。

所述催化剂为氯化亚锡、二月桂酸二丁锡、辛酸亚锡、油酸亚锡、对甲基苯磺酸、氨基苯磺酸中的至少一种。

所述封端剂为辛醇、异辛醇、丁醇、异丁醇、戊醇、异戊醇、壬醇、异壬醇中至少一种。

所述低分子量蜡为聚乙烯蜡、聚丙烯蜡、氧化聚乙烯蜡、EVA（乙烯 - 醋酸乙烯共聚物）蜡中的一种或两种的组合。所述聚乙烯蜡的数均分子量为 2000 ～ 5000。

产品应用 本品主要用于分散塑料体系中的颜料。

所述超分散剂在塑料体系中的添加量为颜料质量的 2% ～ 10%。

产品特性

（1）本品中当溶剂为溶剂油，尤其是当溶剂油为 D80 时，不仅提高了反应进行的速度，对反应中间体的溶解性好，而且无毒、无刺激性，安全性好。

（2）本品在提高颜料分散性的同时还可以提高颜料的着色力和鲜艳度。

（3）本品控制步骤（1）中酯化反应的温度为 150 ～ 180℃、时间为 6 ～ 9h，尤其是当步骤（1）中酯化反应的温度为 170℃、时间为 7h 时，可以避免出现副反应，制备得到的聚合物的分子量处于一个适中的范围值，提高了超分散剂的分散性能。

配方 2 超强分散剂

原料配比

原料	配比（质量份）		
	1#	2#	3#
丙烯酸	20	25	30
脂肪醇聚氧乙烯醚	20	25	22

续表

原料	配比（质量份）		
	1#	2#	3#
碳化硅	5	7	8
聚丙烯酸钠	2	3	4
过氧化剂	3	2	1
催化剂	1.5	2	3
蒸馏水	加至 100	加至 100	加至 100

制备方法

（1）先向搅拌反应釜中加入碳化硅粉体、聚丙烯酸钠，高速搅拌 10 ～ 20min，形成悬浮液；

（2）再向反应釜中加入丙烯酸、脂肪醇聚氧乙烯醚，然后升温至 100 ～ 120℃，恒温 1 ～ 3h；

（3）降温至 50 ～ 70℃，同时加入催化剂、过氧化剂和蒸馏水进行聚合反应；

（4）反应 2 ～ 4h 后，降温至 30 ～ 40℃，调节至酸性，然后进行冷却出料，烘干后得到一种超强分散剂成品。

原料介绍

所述的催化剂为过硫酸铵。

所述的过氧化剂为过氧化钙。

产品应用 本品主要用作纺织印染行业的超强分散剂。

产品特性 本技术方案通过使用新工艺、新配方，所制得的高强度分散剂不仅提高了涂层的耐磨性和展色性能，而且采用水性生产工艺路线，满足了安全和环保要求，避免了传统的高温高压合成生产条件。同时整个制备过程操作简单、工艺路线短，使制得的分散剂质量指标较传统工艺得到了明显提高，符合低碳绿色发展要求。

配方 3 低泡、降黏型分散剂

原料配比

原料		配比（质量份）		
		1#	2#	3#
聚醚改性苯乙烯马来酸酐嵌段共聚物	重均分子量为 3600 的苯乙烯马来酸酐树脂（苯乙烯与马来酸酐单元的摩尔比为 2.5∶1）	150	—	—
	重均分子量为 4500 的苯乙烯马来酸酐树脂（苯乙烯与马来酸酐单元的摩尔比为 3∶1）	—	120	—
	重均分子量为 3000 的苯乙烯马来酸酐树脂（苯乙烯与马来酸酐单元的摩尔比为 4∶1）	—	—	167
	分子量为 850 的丁醇无规聚醚［其中环氧乙烷链段（EO）占 75%］	200	—	—
	分子量为 1200 的聚乙二醇单甲醚（MPEG 1200）	—	260	—
	分子量为 1500 的单甲氧基封端的嵌段聚醚［其中环氧乙烷链段（EO）占 55%］	—	—	233
	硫酸 / 二氧化锆固体超强酸	1.4	—	0.55
	磷酸 / 二氧化锆固体超强酸	—	2.15	0.45
	规格为 4A 的氧化铝分子筛	3.8	4.1	2.5
	规格为 3A 的氧化铝分子筛	—	—	3
含羧基的聚硅氧烷化合物	分子量为 2500 的低含氢硅油	200	—	—
	分子量为 3600 的低含氢硅油	—	200	—
	分子量为 4200 的低含氢硅油	—	—	240
	丙烯酸	46	—	—
	丁烯酸	—	60	45
	0.25% 氯铂酸的异丙醇溶液	0.048	0.054	0.05
聚醚改性苯乙烯马来酸酐嵌段共聚物		200	184	226
含羧基的聚硅氧烷化合物		60	76	58

制备方法 将聚醚改性苯乙烯马来酸酐嵌段共聚物与含羧基的聚硅氧烷化合物混合，得到低泡、降黏型分散剂。

原料介绍

所述聚醚改性苯乙烯马来酸酐嵌段共聚物的制备方法为：将苯乙烯马来酸酐树脂、聚醚、固体超强酸催化剂与氧化铝分子筛助催化剂混合，进行酯化反应，得到聚醚改性苯乙烯马来酸酐嵌段共聚物。所述酯化反应的温度为 150 ～ 180℃，所述酯化反应的时间为 8 ～ 16h。

所述含羧基的聚硅氧烷化合物的制备方法为：将低含氢硅油、烯酸与 0.25% 氯铂酸的异丙醇溶液催化剂混合，进行加成反应，得到含羧基的聚硅氧烷化合物。所述加成反应的时间为 3 ～ 5h。

产品应用 本品主要用作制备有机颜料色浆的分散剂。

产品特性

（1）本品由于其中的苯乙烯马来酸酐树脂经聚醚改性后具有一定的亲水性，并且亲水 - 亲油的程度可以通过改变苯乙烯马来酸酐树脂与聚醚的用量来任意调节，因此可以做到与常见的水性树脂具有优异的相容性。

（2）在色浆生产过程中，本品所述分散剂组合物由于低含氢硅油的引入，降低了水的表面张力，改善颜料表面的润湿性，使分散剂组合物可以快速到达颜料的表面，从而降低生产时色浆的黏度，缩短色浆的研磨时间，提高生产效率；生产出的色浆具有很好的流动性和储存过程中的黏度稳定性。

配方 4　涤纶染色用高耐盐分散剂

原料配比

原料	配比（质量份）		
	1#	2#	3#
苯乙烯苯酚聚氧乙烯醚硫酸铵	16	15	14
十二烷基苯磺酸钠	15	17	14
2- 萘磺酸甲醛聚合物钠盐	25	23	27
异辛醇硫酸钠	16	15	17
去离子水	25	27.5	24.5
高效消泡剂	3	2.5	3.5

制备方法

（1）依次将去离子水、苯乙烯苯酚聚氧乙烯醚硫酸铵、异辛醇硫酸钠加入反应釜中混合，并开启搅拌机搅拌均匀；

（2）待搅拌 0.4 ～ 0.6h 后，分别加入十二烷基苯磺酸钠、2- 萘磺酸甲醛聚合物钠盐，同时开始慢慢加温，温度控制在 75 ～ 85℃，混合反应时间控制在 2.5 ～ 3h；

（3）当混合反应结束后，开启真空系统，并继续搅拌 1 ～ 1.5h；

（4）关闭真空系统，加入高效消泡剂，继续搅拌 0.5 ～ 1h；

（5）最后开启循环水冷却系统，直至冷却到 30 ～ 35℃时，开始放料，物料通过 120μm（目）过滤筛进行过滤；

（6）将所制得的涤纶染色用高耐盐分散剂按行业标准检测合格后，进行计量包装入库。

原料介绍 所述的高效消泡剂选用聚二甲基硅氧烷。

产品特性 本品不仅提高了涤纶纤维染色的匀染效果，使涤纶纤维长久不褪色、不掉色，而且在使用过程中能加快其上色速率，达到涤纶色泽均匀、耐盐性能高的目的，同时还具有生产成本低、绿色环保等优点。

配方 5 循环冷却水系统用分散剂

原料配比

原料		配比（质量份）			
		1#	2#	3#	4#
烯基单体	马来酸酐	4.41	5.88	7.35	7.35
	丙烯酸	1.944	3.456	2.7	4.32
	苯乙烯	1.872	1.248	—	1.56
	丙烯酸羟丙酯	—	—	1.3	—
溶剂 a	四氢呋喃	50（体积份）	50（体积份）	50（体积份）	50（体积份）
烯基琥珀酸酐		0.027	0.042	0.05	0.045
引发剂	偶氮二异丁腈（AIBN）	0.09	0.11	0.11	—
	偶氮二异庚腈	—	—	—	0.13
四氢呋喃		8（体积份）	7.1（体积份）	7.1（体积份）	6.6（体积份）
催化剂	对甲苯磺酸	0.1	0.15	0.19	0.17
醇类单体	十二醇	2.51	3.91	4.65	4.19
非极性溶剂		适量	适量	适量	适量
碱液		适量	适量	适量	适量

制备方法

（1）将烯基单体与溶剂 a 混合得到溶液 A。

（2）将烯基琥珀酸酐单体和引发剂的四氢呋喃溶液与溶液 A 混合，经过反应得到聚合物溶液 B；混合温度为 35 ～ 80℃。

（3）将上述醇类单体和催化剂与聚合物溶液 B 混合，经过反应得到含有接枝聚合物的溶液。

（4）接枝聚合物分离：将步骤（3）得到的含有接枝聚合物的溶液减压蒸馏出部分溶剂，然后加入非极性溶剂使接枝聚合物析出，经过干燥得到接枝聚合物。所述减压蒸馏温度为 40 ～ 110℃，减压蒸馏所蒸馏出溶剂量为溶剂总量的 75% ～ 95%。所述干燥温度为 60 ～ 120℃，干燥时间为 1 ～ 8h。

（5）制备接枝聚合物溶液：将干燥后的接枝聚合物与碱液混合，调节 pH 值为 7 ～ 9，配制成固含量为 10% ～ 45%（质量分数）的水溶液。

原料介绍

所述非极性溶剂选择石油醚（沸程为 30 ～ 60℃）、二氯乙烷、四氯化碳和液体石蜡中的一种或多种。

所述碱液选择 NaOH 溶液、KOH 溶液和氨水中的一种或多种。

产品应用 本品用于循环冷却水系统日常维护过程中，与常规阻垢剂配合使用，加药量少，能使系统中黏泥量维持稳定，且不发生团聚沉降等。

产品特性

（1）本分散剂对生物黏泥具有较好的分散性，特别是与目前的杀菌剂配合使用时还能起到剥离分散的效果。同时降低并控制生物黏泥的滋生、沉降等，减少杀菌剂的使用频率。分散剂能通过包裹黏泥颗粒，防止黏泥颗粒间团聚形成更大的颗粒，使生物黏泥颗粒悬浮于系统水体中，不发生团聚沉降，系统水体经过定期排放补充进水维持整体浊度稳定，能使系统生物黏泥不再黏结和二次沉降形成新的生物黏泥层，有效防止微生物繁殖滋生的场所形成，可以有效控制系统生物黏泥产生。

（2）该分散剂还对水体中已经形成的生物黏泥有一定的剥离效果，可以使已经形成的生物黏泥变得疏松易脱落。

（3）该分散剂因具有羧酸盐基团，所以同时具有一定的阻垢性能，对水体中碳酸钙垢的阻垢效果非常好。

配方 6　高分子超分散剂

原料配比

原料	配比（质量份）	
	1#	2#
苝-3,4,9,10-四羧酸二酐	2	2
N,*N*-二甲基甲酰胺（DMF）	35（体积份）	35（体积份）
单端聚醚胺（分子量 2000）	10.2	—
甲氧基聚醚胺（分子量 1000）	—	10.2
碳酸钾	0.75	1.5

制备方法

（1）在反应容器中加入苝-3,4,9,10-四羧酸二酐以及有机溶剂得到分散液；

（2）加入聚醚胺，搅拌均匀；

（3）加入碳酸钾，搅拌均匀；

（4）体系在 60 ～ 100℃温度范围冷凝回流，搅拌反应 2 ～ 10h；

（5）将反应体系旋转蒸发除去有机溶剂，得到高分子超分散剂。

原料介绍　所述有机溶剂为 *N*,*N*-二甲基甲酰胺、二甲基亚砜或二者的混合物。

产品应用　该高分子超分散剂可用于碳纳米材料（例如炭黑、石墨烯、碳纳米管、石墨）以及导电聚合物（如聚苯胺、聚吡咯、聚噻吩等）在水性或油性介质中的高效分散。

产品特性

（1）本品是一种具有与碳纳米材料以及导电聚合物材料结合力强的苝锚固基团、同时锚固基与长链聚醚以酰胺酸键合的新型分散剂，对炭黑、石墨烯、碳纳米管、石墨等碳纳米材料以及聚苯胺、聚吡咯以及聚噻吩等导电聚合物具有高效的分散稳定功能。

（2）本品原料易得，合成简单，易于规模化生产；苝与碳纳米材料以及导电聚合物材料能够形成强 π-π 电子相互作用而锚固，聚醚以及羧酸盐亲水基，分别以空间位阻以及静电排斥而实现稳定分散。因此，本品具有用量少、对纳米粉体分散效率高的特点。

配方 7　混合乳化分散剂

原料配比

原料		配比（质量份）			
		1#	2#	3#	4#
烷基糖苷	聚合度为 1.4 的烷基（C_9 ～ C_{11}）（SHZJ-TG14911）糖苷	3	—	—	—
	聚合度为 1.8 的烷基（C_9 ～ C_{11}）（SHZJ-TG18911）糖苷	—	4	—	—
	聚合度为 1.6 的烷基（C_9 ～ C_{11}）（SHZJ-TG16911）糖苷	—	—	4	3
三苯乙烯基苯酚聚氧乙烯醚磺酸盐	三苯乙烯基苯酚聚氧乙烯醚磺酸铵盐（DYY601SA）	3	—	—	—
	三苯乙烯基苯酚聚氧乙烯醚磺酸钾盐（DYY601SK）	—	2	—	—
	三苯乙烯基苯酚聚氧乙烯醚磺酸二甲胺盐（DYY601SDMA）	—	—	2	3

制备方法　将各组分原料混合均匀即可。

产品应用 本品是一种农药乳化剂，主要用于含有丙环唑的悬乳剂。添加量为 1% ～ 12%。

混合乳化分散剂的使用方法：

（1）将固体原药、水、质量占比为 1/5 ～ 1/2 的混合乳化分散剂混合，砂磨成悬浮剂；

（2）将丙环唑原药和余量的混合乳化分散剂混合成乳油；

（3）将步骤（2）得到的乳油在均质条件下加入到步骤（1）得到的悬浮剂中，均质均匀后得到含有丙环唑的悬乳剂。

所述固体原药为啶氧菌酯、稻瘟灵、苯醚甲环唑、三环唑、福美双、咪鲜胺、嘧菌酯、多菌灵、噻呋酰胺中的至少一种。

所述混合乳化分散剂使用时，悬浮剂部分提前砂磨至符合要求，然后边均质边加入乳油。所述混合乳化分散剂分别加入到悬浮剂和乳油中，为的是让所述混合乳化分散剂更均匀分布于含有丙环唑悬乳剂的微粒表面。

产品特性 本品用于含有丙环唑的悬乳剂中，能够很好地吸附于丙环唑油珠表面，隔绝油珠和悬浮剂固体颗粒的接触，使丙环唑油珠和固体颗粒能够同时悬浮于水中并保持稳定，解决了丙环唑相关悬乳剂的杂絮凝问题，使得相关的农药制剂具有至少两年的货架寿命。

配方 8 聚合物分散剂

原料配比

原料		配比（质量份）			
		1#	2#	3#	4#
活性大单体聚醚	聚醚胺 Jeffamine M-2070	200	200	—	—
	聚醚胺 Jeffamine M-1000	—	—	200	200
	烯丙基琥珀酸酐	14	14	28	28
活性大单体聚醚		70	80	63	65
酰胺类单体	*N*, *N*- 二甲基丙烯酰胺	15	—	20	—
	乙烯基吡咯烷酮	—	20	—	—
	N, *N*- 二甲基丙烯酰胺	—	—	—	6
乙烯基苯类单体	*β*- 甲基苯乙烯	18	—	—	—
	苯乙烯	—	10	—	—
	3- 甲基苯乙烯	—	—	3	—
	2- 甲基苯乙烯	—	—	—	25
烯丙基琥珀酸酐		8	5	10	4
引发剂	过氧化苯甲酰	0.5	—	—	—
	过氧化苯甲酰叔丁酯	—	—	5	3
	过氧化甲乙酮	—	1	—	—
去离子水		80	120	140	130
pH 调节剂		适量	适量	适量	适量

制备方法

（1）活性大单体聚醚的制备：向反应器中加入配方量的聚醚胺与烯丙基琥珀酸酐，升温至 120 ～ 160℃，保温 2 ～ 6h，至反应过程中无水蒸馏出，得到所述活性大单体聚醚；在惰性气体保护下进行。

（2）向反应器中加入配方量的活性大单体聚醚，升温至 100 ～ 150℃，然后加入酰胺类单体、乙烯基苯类单体、烯丙基琥珀酸酐、引发剂，保温反应，冷却，然后加入去离子水、pH 调节剂，搅拌，得到所述聚合物分散剂。所述加入酰胺类单体、乙烯基苯类单体、烯丙基琥珀酸酐、引发剂时，先将这四种原料配制成混合液，然后再将混合液滴加至反应体系中，并控制混合液的滴加时间为 1 ～ 4h。保温反应的温度为 100 ～ 150℃，保温反应的时间为 1 ～ 3h。冷却为冷却至 50 ～ 60℃。

原料介绍

所述聚醚胺为单醇作起始剂引发环氧乙烷自聚或环氧乙烷、环氧丙烷共聚的产物末端羟基转为胺的单伯氨基聚醚。所述聚醚胺的重均分子量为 500 ～ 2500。

所述 pH 调节剂为氢氧化钠、氢氧化钾、一乙醇胺、二乙醇胺、三乙醇胺、2- 氨基 -2- 甲基 -1- 丙醇和 *N,N*- 二甲基乙醇胺中的任意一种或至少两种的组合。

产品应用 本品主要用作制备有机颜料色浆的分散剂。

产品特性 本品为一种特殊的梳形结构聚合物，重均分子量为 5000 ～ 200000，具有丰富的疏水、亲水基，在分散时可以快速地润湿有机颜料颗粒、提高研磨效率；分散性、稳定性好，从而使分散体系的最终使用性能显著提高。

配方 9 抗沉分散剂

原料配比

原料	配比（质量份）			
	1#	2#	3#	4#
氯化亚锡	50	42	60	50
二（2- 乙基己基）磷酸酯	75	60	90	75
立德粉	180	150	200	180
轻钙粉	180	150	200	180
三烯丙基磷酸酯	—	—	—	20
聚乙烯蜡	—	—	—	20
水	650	500	800	650

制备方法

（1）向反应釜中加水，再加入氯化亚锡，搅拌均匀；

（2）升温至 40 ～ 70℃，加入二（2- 乙基己基）磷酸酯，加碱调节 pH 值为 5.0 ～ 6.8，反应 1 ～ 3h，放出反应水并烘干，得到锡酸酯；

（3）加入立德粉、轻钙粉、三烯丙基磷酸酯、聚乙烯蜡混合均匀，即成。

产品应用 本品是一种涂料抗沉分散剂。在涂料中的添加量为 0.3% ～ 2%。

产品特性 本品是用于油漆涂料行业中的化学助剂，可解决油漆涂料中颜料等粒子在体系中发生沉淀的问题，提高油漆涂料的品质和利用率；组分中三烯丙基磷酸酯和聚乙烯蜡的组合使用可以降低涂料的表干时间和实干时间，加速涂料固化。

配方 10 锂离子电池用分散剂

原料配比

原料		配比（质量份）			
		1#	2#	3#	4#
溶剂	*N*- 甲基吡咯烷酮	500	—	—	—
	N- 乙基吡咯烷酮	—	600	—	—
	二甲基甲酰胺	—	—	750	—
	二乙基甲酰胺	—	—	—	950
N- 乙烯吡咯烷酮		200	230	100	175

续表

原料		配比（质量份）			
		1#	2#	3#	4#
不饱和疏水单体	丙烯酸异辛酯	100	—	—	—
	苯乙烯	—	130	—	—
	二异丁烯	—	—	80	—
	甲基丙烯酸丁酯	—	—	—	50
聚环氧烷不饱和单体	甲氧基聚乙二醇丙烯酸酯（800）	100	—	—	—
	甲氧基聚乙二醇甲基丙烯酸酯（600）	—	70	—	—
	甲氧基聚乙二醇甲基丙烯酸酯（300）	—	—	180	—
	甲氧基聚乙二醇甲基丙烯酸酯（200）	—	—	—	150
含氟不饱和单体	全氟己基乙基丙烯酸酯	50	—	—	—
	全氟辛基乙基甲基丙烯酸酯	—	20	—	—
	甲基丙烯酸六氟丁酯	—	—	90	—
	丙烯酸八氟戊酯	—	—	—	75
链转移剂	α- 甲基苯乙烯线性二聚体	6	—	—	—
	正十二硫醇	—	10	—	—
	巯基乙酸	—	—	8	—
	十八烷基硫醇	—	—	—	4
引发剂	偶氮二异庚腈	5	3	—	—
	过氧化二月桂酰	—	—	10	—
	过氧化二苯甲酰	—	—	—	15

制备方法 在带有搅拌器、冷凝器和投料口的釜式反应器中加入溶剂，搅拌加热至70℃。配制 *N*- 乙烯吡咯烷酮、不饱和疏水单体、聚环氧烷不饱和单体、含氟不饱和单体和链转移剂的混合物，将上述配制的混合物与引发剂同步滴加至反应器，开始聚合反应，滴加时间 4h，滴加结束后，继续保温反应 1h，得到聚合物分散剂。

产品特性

（1）本品含有可吸附活性物质及导电剂的锚固基团，并含有聚环氧烷链段，可在正负极浆料中舒展起空间位阻作用，对正负极活性物质和导电剂具有优异的分散性能和浆料稳定性，有利于提高正负极浆料固含，提高锂电池的电化学性能。

（2）本品还具有含氟链段，可以起到塑化 PVDF 黏结剂的作用，降低 PVDF 黏结剂的结晶性和刚性，减少电芯制作过程中因 PVDF 刚性强导致的开裂现象，并减少电池长期使用过程中因 PVDF 体积膨胀导致活性物质和导电剂脱落的问题，提高锂电池电化学性能。

配方 11 煤气化灰水分散剂

原料配比

原料		配比（质量份）			
		1#	2#	3#	4#
碳酸钠		1.1	2.5	1.4	1.2
低磷有机分散剂		1	1	1	2
低磷有机分散剂	氨基三亚甲基膦酸	5	10	8	10
	乙二胺四乙酸二钠	30	20	25	28
	马来酸 - 丙烯酸共聚物	30	45	35	40

制备方法 将各组分原料混合均匀即可。

产品应用 本品添加量为 50 ～ 90mg/L。投加时分散剂泵的压力为 0.5 ～ 2.0MPa。

产品特性 本品将碳酸钠和低磷有机分散剂复配使用，同时具有螯合、分散、吸附、晶格畸变等作用，既可以消除碳酸盐硬度，又能较好地阻止水中硫酸钙、硫酸钡晶体的形成，并使得已经形成的晶体具有松软的特性，防止形成硬垢，具有其他阻垢剂难以企及的硅垢阻垢分散性能。

配方 12 纳米无机颜料分散剂

原料配比

原料	配比（质量份）	原料	配比（质量份）
不饱和聚氧乙烯醚（分子量 1200）	247.5	还原性引发剂	0.5
丙烯酸	10	氧化性引发剂	2
功能性单体	11	中和剂	5
链转移剂	1.54	去离子水	339

制备方法

（1）将不饱和聚氧乙烯醚和 165 份去离子水投入反应釜中，反应温度调整至 40℃，搅拌溶解均匀，得到不饱和聚氧乙烯醚水溶液；

（2）将丙烯酸、功能性单体与 61 份去离子水均匀混合，得到不饱和羧酸类混合液；

（3）将链转移剂、还原性引发剂与 26 份去离子水均匀混合，得到链转移剂与还原性引发剂的混合液；

（4）将 2 份氧化性引发剂与 15 份去离子水均匀混合，得到氧化性引发剂水溶液；

（5）将氧化性引发剂水溶液投入反应釜中，与不饱和聚氧乙烯醚水溶液均匀混合；

（6）向反应釜中匀速滴加不饱和羧酸类混合液 3h，匀速滴加链转移剂与还原性引发剂的混合液 3.5h，进行老化反应，老化时间为 2h；

（7）向反应釜中加入中和剂，将 pH 值调节为 6 ～ 7，并补入 72 份去离子水调至 45% 固含量，制得纳米无机颜料分散剂。

原料介绍

所述不饱和聚氧乙烯醚为甲基烯丙醇聚氧乙烯醚、异戊烯醇聚氧乙烯醚、乙二醇单乙烯基醚聚氧乙烯醚中的一种或多种，且不饱和聚氧乙烯醚的分子量为 1000 ～ 6000。

所述功能性单体为马来酸酐、丙烯酸羟乙酯、丙烯酸羟丙酯、丙烯酸羟丁酯中的一种或多种。

所述链转移剂为巯基乙酸、巯基丙酸、巯基乙醇、次磷酸钠中的一种或多种。

所述还原性引发剂为维生素 C、吊白块、硫酸亚铁、亚硫酸钠、亚硫酸氢钠中的一种或多种。

所述氧化性引发剂为过氧化氢、过硫酸铵、过硫酸钠、偶氮二丁腈中的一种或多种。

所述中和剂为氢氧化钾、氢氧化钠、二甲基乙醇胺中的一种或多种。

产品特性

（1）本品为引入高分子量不饱和聚氧乙烯醚活性大单体后制备的分散剂，分散性能优异。本品为梳型分子结构，其超长侧链能有效提高空间位阻效应，增强了对纳米无机颜料的分散稳定能力，且对纳米颜料有优异的展色能力，制备的色浆具有较好的透明性。

（2）本品采用了水性自由基聚合的方式，使用水溶性氧化还原体系，在低温或常温条件下即可反应，大大降低了生产所需的能耗，全程绿色环保，具有能耗低、生产时间短、绿色环保、性能优异且稳定等优点。

配方 13　水化硅酸钙晶核分散剂

原料配比

原料		配比（质量份）			
		1#	2#	3#	4#
对羟基苯乙烯聚氧乙烯醚	n=12，数均分子量为 650	32	—	—	—
	n=20，数均分子量为 1000	—	70	—	—
	n=33，数均分子量为 1400	—	—	80	65
马来酸酐		10	10	10	8
对苯乙烯磺酸钠		9	6	8	7
链转移剂	巯基乙酸	0.2	0.3	0.3	—
	巯基丙酸甲酯	—	—	—	0.4
氧化剂	过硫酸铵	0.6	0.8	0.7	—
	双氧水	—	—	—	0.7
还原剂	硫酸亚铁	0.003	0.002	0.002	—
	吊白块	—	—	—	0.002
	抗坏血酸	0.18	0.19	0.21	—
	硫代硫酸钠	—	—	—	0.3
水①		35	70	80	70
水②		25	35	35	35
水③		15	25	25	35
碱液		适量	适量	适量	适量

制备方法

（1）向对羟基苯乙烯聚氧乙烯醚中加水①，搅拌至溶解，制得对羟基苯乙烯聚氧乙烯醚溶液。

（2）向马来酸酐和对苯乙烯磺酸钠中加水②，搅拌至溶解，制成溶液 A。

（3）向抗坏血酸、吊白块和巯基乙酸、巯基丙酸甲酯中加水③，搅拌至溶解，制成溶液 B。

（4）将对羟基苯乙烯聚氧乙烯醚溶液加热至 20 ～ 30℃，然后向其中添加过硫酸铵、双氧水和硫酸亚铁、硫代硫酸钠，拌匀后向其中滴加溶液 A 和溶液 B，滴加完成后进行保温熟化，然后加碱液调节至中性至弱碱性，制得水化硅酸钙晶核分散剂。溶液 A 滴加时间为 60 ～ 120min，溶液 B 滴加时间为 70 ～ 150min。熟化时间为 30 ～ 90min。调节 pH 值至 6 ～ 9。

原料介绍

所述的对羟基苯乙烯聚氧乙烯醚制备方法为：根据分子式中的摩尔比，于 120 ～ 180℃、0.3 ～ 0.5MPa 条件下，将对羟基苯乙烯和环氧乙烷在碱金属催化下进行烷基化反应制得。

所述的碱金属为氢化钠。

产品应用　水化硅酸钙（C-S-H）晶核型早强剂作为一种新型高效早强型外加剂，不仅可以大幅提升混凝土的早期力学性能，而且不影响混凝土后期的强度增长，已越来越多地应用于工程实践之中。但是 C-S-H 晶核型早强剂制备过程却存在一定的技术难题，具体为：C-S-H 晶核型早强剂制备过程中，晶核容易增长过大导致沉降失效，无法满足工程的实际应用需求。本品是一种制备水化硅酸钙晶核专用分散剂。

产品特性 本品采用短侧链单体对羟基苯乙烯聚氧乙烯醚、马来酸酐和不饱和磺酸盐作为原料进行聚合反应，聚合后的高分子侧链中含有油性的苯环结构，使得分子间的空间位阻增大，且聚合后主链中的马来酸酐水解形成的两个羧基在同一侧，使得高分子聚合物倾向于ABAB结构，主链分子不易发生翻转，侧支链聚合程度较小，几乎不会产生纠缠，因此，使得该聚合物高分子具有吸附性强、强电子斥力结构和空间位阻大的优势，能稳定悬浮、分散溶液中的C-S-H晶核，抑制C-S-H晶核体积增长，从而使得C-S-H晶核在混凝土中早强效果更加显著，而且，不会对后期强度增长造成任何负面影响。

配方 14 水磨石分散剂

原料配比

原料		配比（质量份）	
		1#	2#
A料	丙烯酸	42	45
	去离子水	20	20
B料	还原剂	0.42	0.42
	去离子水	50	50
C料	纳米二氧化硅	3.5	3.5
	去离子水	50	50
亚铁盐溶液	硫酸亚铁	10	10
	去离子水	989.5	989.5
	丙烯酸	0.5	0.5
嵌段聚醚		430	430
分子量调节剂		6	6
亚铁盐溶液		1	1
氧化剂		2.5	2.5
水		加至1000	加至1000

制备方法

（1）将丙烯酸和去离子水混合均匀，得到A料；

（2）将还原剂溶于去离子水，得到B料；

（3）将纳米二氧化硅和去离子水混合均匀，得到C料；

（4）向烧杯中加入硫酸亚铁和去离子水，加入丙烯酸，充分搅拌溶解得亚铁盐溶液；

（5）向反应釜加入水，开启搅拌，将嵌段聚醚投入反应釜，搅拌均匀后将分子量调节剂、亚铁盐溶液和氧化剂投入反应釜，搅拌，同时滴加A料、B料和C料，滴加完毕继续反应，即得水磨石分散剂。

原料介绍

所述嵌段聚醚为甲基烯丙基聚氧乙烯聚氧丙烯醚或烯丙基聚氧乙烯聚氧丙烯醚，分子量为2000～3000。

所述纳米二氧化硅粒径为5～20nm。

所述分子量调节剂为次亚磷酸钠。

所述氧化剂为双氧水。

所述还原剂为E51、维生素C中的至少一种。

产品应用 本品为建材外加剂。

产品特性 本品的分子链结构中同时具有锚固基团（羧基）和溶剂化链段（聚醚链）。与低分子量的分散剂不同，本品一个水磨石分散剂分子链上可带有多个羧基，因而有更多的锚固基团与颜料粒子相结合，形成多个锚固点，使其不易从颜料表面脱落。聚醚链在水中有较为伸展的构象，使得水磨石分散剂与无机水磨石体系具有良好的相容性，并产生持久且有效的吸附层。聚醚链吸附层能起到空间位阻的作用，当带有吸附层的两个颜料粒子相互靠近时，吸附层中的高分子链相互靠近，高分子链密度增加，其自由度相对降低，体系出现熵减的过程，产生斥力，故而一定厚度的吸附层能阻止处于分散状态的颜料粒子絮凝或沉淀，实现空间稳定。

配方 15 水泥废浆分散剂

原料配比

<table>
<tr><th colspan="2" rowspan="2">原料</th><th colspan="4">配比（质量份）</th></tr>
<tr><th>1#</th><th>2#</th><th>3#</th><th>4#</th></tr>
<tr><td colspan="2">异戊烯醇聚氧乙烯醚</td><td>100</td><td>100</td><td>100</td><td>80</td></tr>
<tr><td colspan="2">次磷酸钠</td><td>5</td><td>5</td><td>5</td><td>4</td></tr>
<tr><td colspan="2">水</td><td>60</td><td>60</td><td>60</td><td>40</td></tr>
<tr><td colspan="2">10% 的过硫酸铵水溶液</td><td>50</td><td>50</td><td>50</td><td>30</td></tr>
<tr><td colspan="2">丙烯酸</td><td>400</td><td>400</td><td>400</td><td>300</td></tr>
<tr><td rowspan="3">功能单体</td><td>3- 三甲氧基硅烷丙烯酸丙酯</td><td>20</td><td>—</td><td>—</td><td>—</td></tr>
<tr><td>丙烯酸酯聚乙二醇硅烷</td><td>—</td><td>20</td><td>—</td><td>—</td></tr>
<tr><td>丙烯酰胺丙基三甲氧基硅烷</td><td>—</td><td>—</td><td>20</td><td>15</td></tr>
<tr><td colspan="2">1% ～ 10% 氢氧化钠水溶液</td><td>适量</td><td>适量</td><td>适量</td><td>适量</td></tr>
</table>

制备方法 将异戊烯醇聚氧乙烯醚、次磷酸钠、水混合均匀；在 60 ～ 65℃、搅拌条件下同时滴加或投入引发剂、丙烯酸及功能单体；滴加或投料速度控制在 2h 内滴完或投完；滴加或投完后保温 1 ～ 3h；冷却至室温，调节至中性，得到所述水泥废浆分散剂。所述调节至中性是指通过 1% ～ 10% 氢氧化钠水溶液调节至中性。

原料介绍 所述引发剂为 5% ～ 15% 的过硫酸铵水溶液或 3% ～ 30% 的双氧水。

产品应用 应用为：将水泥废浆分散剂投入到水泥废浆中搅拌混合均匀后作为混凝土拌和用水，可以替代 10% ～ 60% 的水。所述水泥废浆分散剂的用量为水泥废浆质量的 0.6% ～ 5%。

产品特性 本品以异戊烯醇聚氧乙烯醚为大单体，丙烯酸为小单体，以 3- 三甲氧基硅烷丙烯酸丙酯、丙烯酸酯聚乙二醇硅烷、丙烯酰胺丙基三甲氧基硅烷中一种为功能单体，在引发剂的作用下聚合得到。本品针对水泥废浆的分散剂能够有效改善水泥废浆作为拌和用水使用导致的混凝土拌和物坍落度降低经时损失快及混凝土强度下降的问题。

配方 16 水溶性分散剂

原料配比

<table>
<tr><th colspan="3" rowspan="2">原料</th><th colspan="4">配比（质量份）</th></tr>
<tr><th>1#</th><th>2#</th><th>3#</th><th>4#</th></tr>
<tr><td rowspan="3">活性大单体聚醚</td><td rowspan="2">聚醚胺</td><td>聚醚胺 Jeffamine M-2070</td><td>200</td><td>—</td><td>200</td><td>—</td></tr>
<tr><td>聚醚胺 Jeffamine M-1000</td><td>—</td><td>200</td><td>—</td><td>200</td></tr>
<tr><td colspan="2">烯丙基琥珀酸酐</td><td>14</td><td>28</td><td>14</td><td>28</td></tr>
</table>

续表

原料			配比（质量份）			
			1#	2#	3#	4#
聚醚改性聚合物A	活性大单体聚醚		60	120	80	140
	乙烯基苯类单体	苯乙烯	20	—	—	15
		烯丙苯	—	4	—	—
		2-甲基苯乙烯	—	—	10	—
	烯丙基琥珀酸酐		15	20	30	2
	引发剂	过氧化苯甲酰	0.5	0.8	—	—
		过氧化苯甲酰叔丁酯	—	—	1.8	—
		过氧化二叔丁基	—	—	—	1.5
	烷基单醇	正丁醇	7.9	—	—	—
		乙醇	—	3.3	—	—
		甲醇	—	—	6.9	—
		异丙醇	—	—	—	10.7
	催化剂	对甲苯磺酸	1	—	—	2.6
		硫酸	—	1.2	—	—
		氨基磺酸	—	—	1.6	—
聚醚改性聚合物A			90	130	110	160
去离子水			120	100	160	155
聚酰胺类高分子聚合物B	聚维酮K30		40	—	—	70
	聚维酮K35		—	45	—	—
	聚维酮VA64		—	—	60	—
pH调节剂			适量	适量	适量	适量

制备方法

（1）在惰性气体保护下，向反应器内加入配方量的活性大单体聚醚，升温，然后加入乙烯基苯类单体、烯丙基琥珀酸酐、引发剂，保温反应，然后依次加入烷基单醇、催化剂，再次保温反应，每30min取样检测，至相邻两次的体系酸值（以KOH计）之差≤2mg/g，终止反应，得到所述聚醚改性聚合物A。所述升温为升温至100～150℃。所述加入乙烯基苯类单体、烯丙基琥珀酸酐、引发剂时，先将这三种原料配制成混合液再进行滴加，并控制滴加的时间为2～8h。所述保温反应的温度为100～150℃，保温反应的时间为1～3h。再次保温反应的温度为100～150℃，再次保温反应的时间为2～10h。所述酸值采用中性乙醇作溶剂、标准氢氧化钠或氢氧化钾溶液作中和滴定剂，通过滴定的方式测得。

（2）在惰性气体保护下，将步骤（1）得到的聚醚改性聚合物A冷却，然后加入去离子水、聚酰胺类高分子聚合物B，而后加入pH调节剂，搅拌，得到所述水溶性分散剂。冷却为冷却至50～60℃。

原料介绍

所述活性大单体聚醚通过以下制备方法制备得到：向反应器中加入聚醚胺与烯丙基琥珀酸酐，升温至120～160℃，保温2～6h，至反应过程中无水蒸馏出，得到所述活性大单体聚醚。所述活性大单体聚醚的制备过程在惰性气体保护下进行。

所述聚醚胺为单醇作起始剂引发环氧乙烷自聚或引发环氧乙烷与环氧丙烷共聚而得到的末端羟基转为胺的单伯氨基聚醚。所述聚醚胺的重均分子量为500～2500。

所述聚醚改性聚合物A的重均分子量为5000～100000。

所述聚酰胺类高分子聚合物B的重均分子量为2000～100000。

所述 pH 调节剂为氢氧化钠、氢氧化钾、一乙醇胺、二乙醇胺、三乙醇胺、2- 氨基 -2- 甲基 -1- 丙醇和 *N,N*- 二甲基乙醇胺中的任意一种或至少两种的组合。

产品应用 本品为色浆生产助剂，主要用作色浆生产中的分散剂。

产品特性

（1）本品水溶性分散剂含有芳香族、羧酸酯、羧酸亲颜料基团，具有良好的润湿性、极好的防沉性，及防絮凝及浮色发花的能力，其结构修饰强、原料来源丰富，适用于众多颜料分散领域。本品水溶性分散剂可通过控制聚合物单元单体的比例，控制聚合物聚合度，调控官能团的结构类型、数量、分布密度等，来控制分散剂的微观静电排斥作用、多点吸附能力、溶剂化链作用和空间位阻能力，以此保证分散剂的润湿性、防沉性、防絮凝等性能。

（2）本品水溶性分散剂不仅可以降低分散剂的加入量，节省加工设备与加工能耗，降低环境污染；而且浆料分散均匀、稳定性好，从而使分散体系的最终使用性能显著提高。

配方 17 水性丙烯酸酯聚合物分散剂

原料配比

原料			配比（质量份）			
			1#	2#	3#	4#
烷基糖苷改性丙烯酸酯单体	烷基糖苷	甲基葡萄糖苷	50	—	—	—
		正辛基葡萄糖苷	—	—	—	50
		月桂基葡萄糖苷	—	50	50	—
	对苯二酚		0.073	0.063	0.061	0.63
	催化剂	对甲苯磺酸	0.73	0.063	—	—
		十二烷基苯磺酸	—	—	0.61	0.63
	丙烯酸（酯）类单体	甲基丙烯酸	23.8	12.6	—	—
		丙烯酸	—	—	10.86	12.71
水性丙烯酸酯聚合物分散剂	烷基糖苷改性丙烯酸酯单体		20	15	15	25
	丙烯酸（酯）类单体	苯乙烯	5	5	—	—
		甲基丙烯酸	10	5	5	—
		甲基丙烯酸丁酯	—	—	5	4.5
		丙烯酸	15	10	10	3.79
	引发剂①	偶氮二异丁腈	1.8	1.4	1.4	0.83
	链转移助剂	十二烷基硫醇	2	1.75	—	—
		巯基乙酸	—	—	1.75	—
		巯基丙酸	—	—	—	2.23
	去离子水		20	10	10	10
	引发剂②	偶氮二异丁腈	0.2	0.35	0.35	0.23
	pH 调节剂		适量	适量	适量	适量

制备方法

（1）制备烷基糖苷改性丙烯酸酯单体

① 在 70 ～ 85℃下向烷基糖苷中加入催化剂和对苯二酚，搅拌，得混合体系Ⅰ；

② 向混合体系Ⅰ中滴加丙烯酸（酯）类单体，滴加完毕后恒温反应 4 ～ 7h，取样测试酸值，直至酸值保持不变为止，即得烷基糖苷改性丙烯酸酯单体。

（2）制备水性丙烯酸酯聚合物分散剂

① 将步骤（1）得到的烷基糖苷改性丙烯酸酯单体与丙烯酸（酯）类单体、引发剂①、链转移助剂混合，搅拌均匀后得到混合体系Ⅱ，将混合体系Ⅱ滴加至 60 ～ 90℃的去离子水中，滴加完毕后升温至 80 ～ 100℃恒温反应 2h，补加引发剂②，继续恒温反应 4h 以上。

② 恒温反应完成后降温至 40℃，使用 pH 调节剂调节 pH 值至 7 ～ 8，得到水性丙烯酸

酯聚合物分散剂。

原料介绍 所述的 pH 调节剂为氨水、一乙醇胺、二乙醇胺、氢氧化钠、氢氧化钾、三乙醇胺、*N,N*- 二甲基乙醇胺和 2- 氨基 -2- 甲基 -1- 丙醇中的一种或两种以上的混合物。

产品应用 本品用于水性涂料分散剂以及油墨分散剂中。

产品特性

（1）本品对非极性颜填料炭黑具有优异的分散性能，提高了水性分散剂产品效率。

（2）由于水性丙烯酸酯聚合物分散剂糖苷结构中的多羟基基团以及丙烯酸单体中的羧基对炭黑颗粒具有强吸附作用，同时，糖苷结构在炭黑颗粒之间形成了强位阻作用，因此，采用本方案中的水性丙烯酸酯聚合物分散剂所制得的色浆流动性优异、黏度低。在相同的分散剂用量下，其比没有糖苷结构的黏度低、流动性优，且展色性、稳定性具有较大的提升。对酞菁蓝、氧化铁红、钛白粉等颜料同样具有高效的分散能力、优异的展色性，可广泛应用于水性涂料、油墨等领域。

配方 18 水性分散剂（1）

原料配比

<table>
<tr><th colspan="3" rowspan="2">原料</th><th colspan="4">配比（质量份）</th></tr>
<tr><th>1#</th><th>2#</th><th>3#</th><th>4#</th></tr>
<tr><td rowspan="6">中间体</td><td colspan="2">氧化石墨烯</td><td>5</td><td>1</td><td>1</td><td>2</td></tr>
<tr><td colspan="2">过二硫酸铵</td><td>5.5</td><td>1.1</td><td>1.2</td><td>2.4</td></tr>
<tr><td colspan="2">溶剂</td><td>25</td><td>6</td><td>4.2</td><td>10</td></tr>
<tr><td rowspan="2">溶剂</td><td>二甲基甲酰胺</td><td>1（体积份）</td><td>1（体积份）</td><td>1（体积份）</td><td>1（体积份）</td></tr>
<tr><td>水</td><td>2.5（体积份）</td><td>3（体积份）</td><td>2.1（体积份）</td><td>2.8（体积份）</td></tr>
<tr><td colspan="2">丙烯酸</td><td>60</td><td>11</td><td>15</td><td>28</td></tr>
<tr><td rowspan="6">水溶性聚合物</td><td colspan="2">甲基丙烯酸苄基酯</td><td>100</td><td>23.2</td><td>25.4</td><td>49.6</td></tr>
<tr><td colspan="2">N- 乙烯基吡咯烷酮</td><td>40</td><td>7.2</td><td>8.4</td><td>14</td></tr>
<tr><td colspan="2">二甲基亚砜</td><td>425</td><td>86</td><td>85</td><td>160</td></tr>
<tr><td colspan="2">引发剂</td><td>12.5</td><td>3</td><td>2.3</td><td>6</td></tr>
<tr><td rowspan="2">引发剂</td><td>过硫酸钾</td><td>1</td><td>1</td><td>1</td><td>1</td></tr>
<tr><td>硝酸铈</td><td>0.4</td><td>0.35</td><td>0.34</td><td>0.4</td></tr>
<tr><td colspan="3">溶剂</td><td>345</td><td>71.5</td><td>73</td><td>140</td></tr>
<tr><td rowspan="2">溶剂</td><td colspan="2">异丙醇</td><td>1</td><td>1</td><td>1</td><td>0.8</td></tr>
<tr><td colspan="2">正丁醇</td><td>1</td><td>1</td><td>0.8</td><td>1</td></tr>
<tr><td colspan="3">偶氮二异丁腈</td><td>10</td><td>1.8</td><td>1.7</td><td>4.2</td></tr>
</table>

制备方法

（1）在保护气氛中，氧化石墨烯、丙烯酸、过二硫酸铵和溶剂反应得到中间体；所述反应的温度为 60 ～ 70℃，时间为 3 ～ 4h，超声频率为 25 ～ 32kHz。所述保护气氛优选氮气、氦气或氖气。

（2）将甲基丙烯酸苄基酯、*N*- 乙烯基吡咯烷酮、引发剂和二甲基亚砜混合进行聚合反应，得到水溶性聚合物；所述聚合反应的温度为 60 ～ 70℃，时间为 6 ～ 9h，搅拌速率为 100 ～ 130r/min。

（3）将中间体、水溶性聚合物、偶氮二异丁腈和溶剂混合进行聚合反应，即得所述水性分散剂。所述聚合反应的温度为 70 ～ 85℃，时间为 5 ～ 7h，超声频率为 20 ～ 30kHz。

产品应用 本品主要用作电池电解质溶液的分散剂。

产品特性 将本品添加进电解质溶液中，甲基丙烯酸苄基酯上的—COO—会紧密地锚固在电解质表面，从而形成连接，中间部位的 *N*- 乙烯基吡咯烷酮和丙烯酸作为亲水性物质，起到部分分散的作用；末端的氧化石墨烯，因为引入了大量的羧基基团，再加上表面的羟基、羰基等氧基功能基团使其呈现出亲水性能，而氧化石墨烯从边缘到中央的亲水过渡至疏水的性质分布，使其如界面活性剂一般降低界面能量，达到了在电池中分散的效果。同时在闭路情况下，因为氧化石墨烯的微弱导电性，所以可以进一步带动电解质溶液中的运动，从而保证优异的分散效果。

配方 19　水性分散剂（2）

原料配比

原料		配比（质量份）		
		1#	2#	3#
乙基聚乙二醇	乙醇	46	46	46
	乙醇钠	0.92	0.95	0.95
	环氧乙烷	352	264	264
叔丁基聚乙二醇	叔丁醇	74	74	74
	叔丁醇钠	1.48	1.53	1.53
	环氧乙烷	528	440	440
萘基聚乙二醇	2- 萘酚	144	144	144
	氢氧化钾	1.12	1.68	1.68
	环氧乙烷	440	440	440
	2,6- 二羟基萘	80	80	80
乙基聚乙二醇		1.5	2	2
叔丁基聚乙二醇		2	3	1
萘基聚乙二醇		1	1	1
去离子水		适量	适量	适量

制备方法

（1）将乙基聚乙二醇、叔丁基聚乙二醇、萘基聚乙二醇混合均匀；

（2）加入去离子水中溶解，配制成固含量为 30% ～ 40% 的溶液；

（3）冷却到室温，即得水性分散剂。

原料介绍

所述乙基聚乙二醇的制备方法，其步骤主要包括：

（1）将乙醇、催化剂乙醇钠置于高压反应釜中，封好盖子，用惰性气体吹扫釜内和管线中的空气，吹扫三次以上，启动搅拌同时加热高压釜。所述惰性气体为氮气、氩气中的一种或多种。

（2）当高压釜达到 95 ～ 105℃时，滴加环氧乙烷，控制釜内压力不超过 0.4MPa，反应釜内温度不超过 120℃。环氧乙烷的滴加时间为 3 ～ 4h。

（3）滴加结束后，继续反应，降温。继续反应的条件为：反应温度 110 ～ 120℃，反应时间 0.5 ～ 1.5h。降温至温度为 85 ～ 95℃。

（4）加入酸中和至 pH 值为 7，过滤，得到乙基聚乙二醇。所述的酸为乙酸、盐酸、柠檬酸中的一种或多种。

所述叔丁基聚乙二醇的制备方法，其步骤主要包括：

（1）将叔丁醇、催化剂叔丁醇钠置于高压反应釜中，封好盖子，用惰性气体吹扫釜内和管线中的空气三次以上，启动搅拌同时加热高压釜；所述惰性气体为氮气、氩气中的一种或多种。

（2）当高压釜达到 100 ～ 110℃时，滴加环氧乙烷，控制釜内压力不超过 0.4MPa，反应釜内温度不超过 130℃。环氧乙烷的滴加时间为 3 ～ 4h。

（3）滴加结束后，继续反应，降温至温度为 85 ～ 95℃。继续反应的条件为：反应温度为 120 ～ 125℃，反应时间为 0.5 ～ 1.5h。

（4）加入酸中和至 pH 值为 7，过滤，得到叔丁基聚乙二醇。所述酸为乙酸、盐酸、柠檬酸中的一种或多种。

所述萘基聚乙二醇的制备方法，其步骤主要包括：

（1）将 2- 萘酚、氢氧化钾投入高压反应釜中，抽真空，惰性气体置换三次以上，升温至 70 ～ 75℃；所述惰性气体为氮气。

（2）滴加环氧乙烷，保持温度在 100 ～ 110℃。

（3）滴加结束后，继续反应，降温；加入 2,6- 二羟基萘，搅拌溶解。继续反应的具体实现方式为：反应温度 125 ～ 135℃，反应时间 0.5 ～ 1.5h。降温至温度为 90 ～ 100℃。

（4）溶解后抽真空，惰性气体置换三次以上，继续滴加环氧乙烷，保持温度在 110℃。滴加结束后，继续反应，降温。继续反应的具体实现方式为：反应温度 125 ～ 135℃，反应时间 0.5 ～ 1.5h。

（5）脱色。具体实现方式为：慢慢加入萘基聚乙二醇总量 10% 的双氧水进行脱色。

产品应用 本品主要用作水性涂料、水性油墨及水性通用色浆的分散剂。

产品特性 本品用于水性墨体系具有较低的黏度，同时通过萘基、乙基叔丁基、羟基，以及乙氧基链段的协同作用，不仅克服了高分子分散剂由于分子量太大所造成的黏度较高，同时可以稳定地存在于颜料之间，使颜料具有优异的光泽度以及着色强度。

配方 20 水性工业漆用分散剂

原料配比

原料		配比（质量份）
磺化苯酐聚酯多元醇	间苯二甲酸 -5- 磺酸钠	60
	苯酐	345
	己二醇	380
	二辛基氧化锡	0.8
端乙烯基 / 有机硅聚氨酯细乳液	磺化苯酐聚酯二元醇	164
	甲苯二异氰酸酯（TDI-80）	46
	异佛尔酮二异氰酸酯（IPDI）	12
	二羟甲基丁酸（DMBA）	12
	丁酮（MEK）	90
	丙烯酸羟乙酯（HEA）	6
	3- 氨丙基三乙氧基硅烷	3
	二月桂酸二丁基锡（DBTDL）	0.4
	甲基丙烯酸甲酯（MMA）	119
	丙烯酸丁酯（BA）	50
	苯乙烯	21
	甲基丙烯酸羟乙酯	8
	偶氮二异丁腈（AIBN）	2.5
	三乙胺（TEA）	9
	去离子水	530
	二乙烯三胺	1.2

制备方法

（1）磺化苯酐聚酯多元醇的制备：在三口烧瓶中投入间苯二甲酸 -5- 磺酸钠、苯酐、己二醇、二辛基氧化锡，加热至 100℃熔融后开启搅拌；升温速率为 30℃ /h，180℃保温反应 5h；升温速率为 20℃ /h，升温至 200℃，测酸值（以 KOH 计）小于 2.0mg/g 后，在负压下继续脱水至酸值（以 KOH 计）小于 1.0mg/g；降温后备用。测得羟值（以 KOH 计）为

62mg/g，计算得数均分子量为 1780。

（2）端乙烯基 / 有机硅聚氨酯细乳液的制备：在三口烧瓶中投入磺化苯酐聚酯二元醇（数均分子量 1780），在 110℃下真空脱水 2h；降温至 50℃加入二异氰酸酯 TDI 和 IPDI，85℃保温反应 3h；降温至 72℃，加入丁酮降黏后，加入亲水单体 DMBA，72℃保温反应 2h；降温至 60℃，先后加入功能丙烯酸酯单体 HEA、有机硅偶联剂 3- 氨丙基三乙氧基硅烷、催化剂 DBTDL，保温反应 1.5h。降温至 40℃加入混合丙烯酸酯 / 苯乙烯（AIBN 为引发剂）降黏，加入中和剂 TEA，搅拌 5min 后，转入配有高速分散盘的 0 ～ 5℃去离子水中，在机械力和端有机硅 / 双键的磺酸盐 / 羧酸盐聚氨酯大分子乳化剂的共同作用下，分散成外观为浅乳白泛蓝的细乳液，10 ～ 15min 后缓慢加入 10％的二乙烯三胺 / 去离子水溶液扩链，50℃熟化 1h，即得核芯为混合丙烯酸酯 / 苯乙烯微小液滴的端乙烯基 / 有机硅聚氨酯细乳液。

（3）聚氨酯 - 丙烯酸酯聚合物分散剂的制备：取上述制得的端乙烯基 / 有机硅聚氨酯细乳液，投入三口烧瓶后开启搅拌，通入氮气；升温至 68℃后开始聚合放热，核心混合丙烯酸酯 / 苯乙烯单体与外层端双键聚氨酯分子链发生接枝共聚反应；自然升温至 72 ～ 78℃，保温反应 4.5h，乳液外观从浅乳白泛蓝变为半透明状；降温至 45℃，负压下脱除 MEK 溶剂，200 目滤网过滤，得到聚氨酯 - 丙烯酸酯聚合物分散剂。

产品应用　本品是一种水性工业漆用聚氨酯 - 丙烯酸酯分散剂，可用于单组分或双组分自干漆、氨基烤漆等水性工业漆领域。

产品特性　本品制备过程中综合有机硅聚氨酯大分子的乳化作用和无皂细乳液聚合反应的优点，采用一种新型的细乳液聚合技术，用具有三嗪环结构的交联单体改性丙烯酸酯以提高分散剂的耐热性能，可以满足氨基烤漆 230 ～ 250℃的应用场合，同时其耐水性和耐盐雾性能也得到了提高。组合了聚氨酯降黏、丙烯酸酯相容的优点，在分子链中引入磺酸盐 / 羧酸盐及羟基、氨基、苯环锚定基团，制得聚氨酯 - 丙烯酸酯聚合物分散剂，解决了现有小分子型水性分散剂耐水性、耐盐雾性和耐热性的问题，具有很好的分散、防浮色、抗水、抗热、抗盐雾能力，成本低。

配方 21　炭黑专用超分散剂

原料配比

原料	配比（质量份）			
	1#	2#	3#	4#
5- 羟基十二酸甘油酯	64	70	66	60
木焦油酸	51	50	53	60
巯基乙醇	8	5	6	5
过氧化二碳酸酯	7	5	5	5
丙酮	适量	适量	适量	适量
无水乙醇	适量	适量	适量	适量

制备方法　对 5- 羟基十二酸甘油酯进行提纯，将提纯后的 5- 羟基十二酸甘油酯与木焦油酸、巯基乙醇、过氧化二碳酸酯在 120℃下磁力搅拌 3h，冷却至室温后，减压过滤，用丙酮和无水乙醇洗涤 3 次，干燥后得到炭黑专用超分散剂。

产品特性

（1）本品选用 5- 羟基十二酸甘油酯为锚固段，增加了链的长度，使其对溶剂有更大的亲和力和良好的溶剂化及溶解性能；此外，5- 羟基十二酸甘油酯具有羟基、羧基两种锚固基团，以多点锚固的形式将超分散剂紧密地吸于颜料表面。选用木焦油酸作为溶剂化链，其庞大基团增加了溶剂层厚度，与5-羟基十二酸甘油酯反应后，形成叠加层状结构，得到的超分散剂吸附层厚度与其他超分散剂相比更大，起到了显著的空间障碍化作用。

（2）本品可降低分散体系中颗粒间的相互吸引，增加了固体颗粒在非水介质中的分散稳定性；且不会导致超分散剂从粒子表面上解吸附，避免了聚集现象的出现；提高了炭黑在丙烯腈-苯乙烯-丁二烯共聚物（ABS）树脂载体中的分散性。

配方 22 无溶剂的高效分散剂

原料配比

原料		配比（质量份）			
		1#	2#	3#	4#
苯乙烯马来酸酐共聚物		20	20	20	20
有机溶剂	丙二醇甲醚醋酸酯	50	50	50	50
开环单体	MPEG-1000	6	6	6	6
长链单体	PEA-2000	60	60	60	60
小分子链单体	二甲氨基丙胺	1.56	1.56	6	6
羧酸		—	0.23	0.46	0.69

制备方法 将苯乙烯马来酸酐共聚物溶解于有机溶剂中，加入开环单体，反应后继续加入小分子链单体，反应后继续加入长链单体，除溶剂，加入羧酸（也可不加），即得。

原料介绍

所述开环单体为端羟基聚醚。所述端羟基聚醚为MPEG-500、MPEG-1000、MPEG-2000中的至少一种。

所述长链单体为聚醚胺。所述聚醚胺为PEA-1000、PEA-2000中的至少一种。

所述小分子链单体为二甲氨基丙胺、三乙胺、二甲胺、四乙烯三胺中的至少一种。

所述苯乙烯马来酸酐共聚物中马来酸酐的含量为18%±2%，型号为SMA-700。

所述羧酸可以选自冰醋酸、甲酸、苯甲酸、草酸。

产品应用 本品主要用于涂料、油墨、锂电导电浆料等领域，用作无机颜料、有机颜料、炭黑、石墨烯等的分散剂。

产品特性

（1）本品既含有长链（提供空间位阻），又含有短链季铵盐（可电离产生带电离子），降黏效果好，进一步提高分散效果。

（2）本品为无溶剂环保分散剂，同时具有水溶性，可配成水性分散剂；制备原料易得，制备工艺简单。

配方 23 颜料润湿分散剂

原料配比

原料			配比（质量份）			
			1#	2#	3#	4#
聚甲基丙烯酸甲酯类树脂	CM-207		820	820	—	—
	MF001		—	—	1020	—
	CM-211		—	—	—	1410
过氧化二异丙苯			0.31	0.31	10	26
混合有机溶剂	强溶剂	丁酮	420	420	320	420
	弱溶剂	乙酸乙酯	320	320	460	460
	稀释剂	甲苯	645	360	620	580
聚氧乙烯醚	蓖麻油聚氧乙烯醚		—	285	540	960

制备方法

（1）用部分弱溶剂将过氧化二异丙苯溶解成质量分数为 5% 的过氧化二异丙苯溶剂。

（2）将强溶剂和稀释剂加入反应釜，缓慢升温至 50 ～ 60℃。

（3）向反应釜中投入聚甲基丙烯酸甲酯类树脂，搅拌并升温至 120 ～ 125℃，维持 10 ～ 30min 至聚甲基丙烯酸甲酯类树脂完全溶解。

（4）将步骤（1）制备的过氧化二异丙苯溶剂缓慢加入反应釜中，在 120 ～ 125℃下保温 10 ～ 30min。

（5）将反应釜降温至 60℃后，加入剩余弱溶剂和聚氧乙烯醚。

（6）将反应釜继续降温至 40℃后，过滤即得。

原料介绍　所述聚甲基丙烯酸甲酯类树脂为注塑级或挤出级，为中国台湾地区奇美的 CM-207、CM-211，日本三菱丽阳的 MF001，或韩国 LG 的 IH830L。

产品特性　本品效果优于传统颜料分散剂的效果，其成本只有丙烯酸类颜料润湿分散剂的 30% ～ 45%，将其应用于生产中，可大幅降低生产成本；本品中，过氧化二异丙苯可对聚甲基丙烯酸甲酯类树脂进行断链，制成低分子量的丙烯酸类树脂；同时，蓖麻油聚氧乙烯醚具有协同分散作用，可以保证应用时颜料粒子更细、在溶剂体系中的黏度更稳定。

配方 24　用于分散染料的梳形水性聚氨酯分散剂

原料配比

原料			配比（质量份）		
			1#	2#	3#
中间体Ⅰ	聚乙二醇单甲醚	聚乙二醇单甲醚 500	20	—	—
		聚乙二醇单甲醚 550	—	23	—
		聚乙二醇单甲醚 750	—	—	28
	偏苯三酸酐		7.68	8.03	7.17
	乙酸乙酯		20	30	35
中间体Ⅱ	1,2-丙二醇硼酸酯	硼酸	2.1	1.75	1.54
		1,2-丙二醇	7.61	6.09	5.32
	1,2-丙二醇硼酸酯		5.54	6.3	6.01
	中间体Ⅰ		20	25	30
	对甲苯磺酸		0.26	0.31	0.36
	去离子水		30	35	40
	饱和碳酸钠溶液		41	47	55
中间体Ⅱ			21.82	23.16	28.56
丙酮			20	25	30
聚丙二醇 1000			9	9	9
二月桂酸二丁基锡			0.06	0.08	0.12
异佛尔酮二异氰酸酯			16	16	16
2,2-二羟甲基丙酸			3.22	2.6	2.07
N,N-二甲基甲酰胺			3.5	3	2.5
甲乙酮肟			2.51	3.35	4.31
三乙胺			2.43	1.96	1.56
去离子水			128.31	131.44	144

制备方法

（1）按质量份数计，将聚乙二醇单甲醚、偏苯三酸酐、乙酸乙酯加入到带有搅拌器和冷凝回流装置的反应容器中，开启冷凝回流装置及搅拌器，在温度为 80 ～ 90℃的条件下反应 3 ～ 4h 后，调节温度至 50 ～ 60℃、压力至 −0.1 ～ −0.08MPa，减压蒸馏回收乙酸乙酯，得到中间体Ⅰ。

（2）将硼酸和 1，2- 丙二醇加入到带有搅拌器的反应容器内，在温度为 120 ～ 130℃、搅拌条件下反应 2 ～ 3h 后，得到 1，2- 丙二醇硼酸酯；将 1，2- 丙二醇硼酸酯、中间体Ⅰ、对甲苯磺酸加入到带有搅拌器的反应容器中，在温度为 130 ～ 140℃、搅拌条件下反应 2 ～ 3h；将反应液冷却至 90℃以下，加入去离子水，加装冷凝回流装置，开启冷凝回流，调节温度至 95 ～ 100℃，在保持温度的条件下反应 2h 后冷却至 20 ～ 30℃，加入饱和碳酸钠溶液；调节温度至 60 ～ 70℃、压力至 −0.1 ～ −0.08MPa，减压蒸馏除去水，用无水甲醇溶解后过滤，将滤液升温至 30 ～ 40℃，在压力为 −0.1～ −0.08MPa 的条件下，减压蒸馏回收甲醇，得到中间体Ⅱ。

（3）将中间体Ⅱ、丙酮、聚醚二元醇、二月桂酸二丁基锡加入到带有搅拌器、冷凝回流装置、滴液漏斗的反应容器内；开启冷凝回流装置及搅拌器，升温至 70 ～ 80℃后，逐渐加入异佛尔酮二异氰酸酯，50 ～ 80min 内滴加完毕，在保持温度 70 ～ 80℃的条件下反应 2 ～ 3h；将 2，2- 二羟甲基丙酸完全溶解于 *N*，*N*- 二甲基甲酰胺后，加入到反应容器中，调节温度至 80 ～ 90℃，在保持温度的条件下反应 1.5 ～ 2h 后，加入甲乙酮肟至反应容器中继续保温反应 1 ～ 1.5h；待反应液冷却至 40 ～ 50℃后，将三乙胺加入至反应容器中，在 40 ～ 50℃的温度条件下保温反应 0.5 ～ 1h 后，调节压力为 −0.1～ −0.08MPa，减压蒸馏回收丙酮后，加入去离子水，在 1500 ～ 3000r/min 的转速下高速搅拌 0.5 ～ 1h，得到梳形水性聚氨酯分散剂。

产品特性

（1）本品因其梳形结构通常具有较高的分散效率；聚氨酯的锚固位点多，易于通过长分子链和溶剂化链段进行修饰和改变聚合物链的结构，能形成有效的空间位阻来阻止颗粒间的絮凝沉淀。

（2）本品嵌段结构中的苯基能够在分散染料颗粒表面进行多点锚固，固着在染料颗粒上。聚氨酯分散剂具有较高的分子量，与染料颗粒之间拥有更强的分子间作用力。聚氧乙烯侧链提供溶剂化和空间位阻作用，阻碍被分散颗粒的再团聚；聚氨酯分子链中的羧基在液相中电离，提供有效的静电作用力，依据颗粒间的静电排斥与溶剂化链的空间位阻协同作用实现分散体系的亚稳定状态。本品稳定性好，利于储存。

（3）本品可通过控制中间体与聚醚多元醇的投料比来调控梳型结构的接枝密度。亦可通过使用不同分子量的聚乙二醇单甲醚来获得不同侧链长的聚氨酯分散剂。

配方 25　有机醇型超分散剂

原料配比

原料	配比（质量份）		
	1#	2#	3#
月桂醇	50	50	50
第一催化剂（乙酸）	8	7	8
液体环氧乙烷	98	102	100
第二催化剂（氢氧化钠）	150	150	55
氯丙酸	100	100	30
冰乙酸	适量	适量	适量

制备方法

（1）将月桂醇加热后，先加入第一催化剂混合，滴加环氧乙烷，随后进行第一次加热反应，得中间体月桂醇聚氧乙烯醚；月桂醇的加热温度为 100 ～ 120℃；环氧乙烷的滴加时间为 1 ～ 2h。第一次加热反应温度为 120 ～ 150℃，时间为 3 ～ 5h。制得的中间体在冷却至

80 ～ 100℃时用冰乙酸中和至 pH 值为 4.8 ～ 5.2。

（2）将中间体加热后，加入第二催化剂混合，再滴加氯丙酸，接着进行第二次加热反应后制得有机醇型超分散剂。中间体加热温度为 50 ～ 65℃，第二次加热反应温度为 60 ～ 80℃，时间为 3 ～ 5h。氯丙酸的滴加时间为 1 ～ 2h。

产品应用 本品主要用作 ABS 树脂色母粒的分散剂。

产品特性

（1）本品具有分散均匀、稳定性好的特点，且是医药、食品、香料、染料和农药等工业的重要中间体。

（2）本品可在高分散性的 ABS 色母粒中应用，色母粒分子中有很多空隙，在反应过程中分散剂可以渗入到色母粒分子的空隙中，减小粒子的表面张力，同时分散剂还可以将色母粒表面包裹起来，利用空间阻隔避免色母粒分子间发生聚合，使色母粒保持稳定状态。另外该分散剂的加入还可以增加粒子之间的润滑性，减小表面张力，改善色母粒的流动性。

4 消泡剂

4.1 消泡剂定义

消泡剂又称抗泡剂，是一种能降低水、溶液、悬浮液等的表面张力，防止泡沫形成，能够使原有泡沫减少或消灭的物质。

4.2 泡沫的危害

在工业生产过程中会产生许多有害泡沫，需要添加消泡剂来清除胶乳、纺织上浆、食品发酵、生物医药、农药、涂料、石油化工、造纸、工业清洗等行业生产过程中产生的有害泡沫。泡沫的危害如下。

① 生产能力受到大大的限制：如各种生物发酵（啤酒生产、酒精制造、医药上各大抗生素的生产）中各种发酵罐、反应釜、蒸煮罐等设备，为了防止泡沫的出现，防止漫溢损失，投料系数要大打折扣，有时达不到30%。

② 造成原料和产品的浪费：由于泡沫的原因，能够造成有用或贵重原料因漫溢而损失，由此产生的浪费不言而喻。如造纸厂、糖厂饱充工序、纺织厂织造工序的上油工序，常因泡沫而引起溢出。

③ 延长了反应周期：由于化学反应产物中包括气体、液体，泡沫会造成气体滞留，延长了反应周期，不必要地多消耗了动力。

④ 影响产品品质：纺织工业中的染色、印花以及水性涂料工艺过程中，由于气泡的滞留，导致成品布上出现斑痕、疵点；纸浆浆液的泡沫除了给环境卫生、工人健康造成危害，成品纸也会出现许多孔洞，造成产品质量严重下降。

⑤ 不利于准确计量：工业过程中，由于泡沫的存在，干扰液面计的准确测量，造成测量失误。液体中由于泡沫的存在，使得液体密度发生较大波动，往往还能引起反应釜、吸收塔、蒸馏塔液位虚高，致使操作失去平衡，甚至引发事故。

⑥ 污染环境、引起事故：泡沫漫溢必然会导致生产环境及其周围环境受到污染，有的甚至造成重大事故。如美国某炼油厂因渣油泡沫漫溢，引起重大火灾，损失惨重，这里不仅是造成浪费，而且使人的生命财产都遭受严重损失。

此外，还有染色上的高温喷染、溢流染色等新技术的应用，如不解决泡沫的问题，是无法实现的。

4.3 消泡剂作用机理

（1）泡沫局部表面张力降低导致泡沫破灭　该种机理的起源是将高级醇或植物油洒在泡沫上，当其溶入泡沫液，会显著降低该处的表面张力。因为这些物质一般在水中的溶解度较小，表面张力的降低仅限于泡沫的局部，而泡沫周围的表面张力几乎没有变化。表面张力降低的部分被强烈地向四周牵引，最后破裂。

（2）消泡剂能破坏膜弹性而导致气泡破灭　消泡剂添加到泡沫体系中，会向气液界面扩散，使具有稳泡作用的表面活性剂难以恢复膜弹性。

（3）消泡剂能促使液膜排液，从而导致气泡破灭　泡沫排液的速率可以反映泡沫的稳定性，添加一种加速泡沫排液的物质，也可以起到消泡作用。

（4）添加疏水固体颗粒可导致气泡破灭　在气泡表面疏水固体颗粒会吸引表面活性剂的疏水端产生亲水性并进入水相，从而起到消泡的作用。

（5）增溶表面活性剂可导致气泡破灭　某些能与溶液充分混合的低分子物质，可以使气泡表面活性剂被增溶、使其有效浓度降低。有这种作用的低分子物质如辛醇、乙醇、丙醇等醇类，不仅可减少表面层的表面活性剂浓度，而且还会溶入表面活性剂吸附层，降低表面活性剂分子间的紧密程度，从而减弱了泡沫的稳定性。

（6）电解质瓦解表面活性剂双电层而导致气泡破灭　对于借助泡沫的表面活性剂双电层互相作用，产生的稳定起泡液，加入普通的电解质即可瓦解表面活性剂的双电层起消泡作用。

4.4　消泡剂的种类

消泡剂的分类方法很多，有人将其分为破泡剂和抑泡剂。破泡剂又称暂时性消泡剂，加入泡沫液中即能使泡沫破裂，但摇动溶液，再起泡时就失去作用。抑泡剂又称耐久性消泡剂，可在相当长的时间内抑制泡沫的形成，摇动溶液不再产生泡沫。最理想的消泡剂是既有破泡能力又有抑泡能力，但很难做到。具有破泡能力的液体，其表面张力都较低，且易吸附铺展于泡沫的液膜上，如醇类。当破泡剂铺展吸附于泡沫膜上后，能使液膜的局部表面张力降低，同时带走液膜下部邻近液体，导致液膜变薄而破裂。一般来说，破泡剂在液膜上铺展得越快，液膜变得越薄，破泡能力越强。具有破泡能力的破泡剂不一定有抑泡能力，反之亦然。有效的消泡剂常用破泡剂与抑泡剂拼混，例如汽巴的 Albegel FFB 即是有机硅与醇类的拼混物。

有人把消泡剂分为矿物油类、有机硅类、聚醚类。矿物油类消泡剂通常由载体、活性剂等组成。载体是低表面张力的物质，其作用是承载和稀释，常用载体为水、脂肪醇等；活性剂的作用是抑制和消除泡沫，常用的有蜡、脂肪族酰胺、脂肪等。有机硅消泡剂消泡效果好，但乳化不完全则严重影响其效果，甲基硅油、乙基硅油则属此类，它对油溶液的消泡效果好，而改性硅油则对水性体系的消泡效果好。聚醚型消泡剂是指环氧丙烷与环氧乙烷的嵌段共聚物，具有抑泡时间长、抑泡效果好、消泡速度快、热稳定性好等特点。下面分别介绍（按化学组分来分）。

（1）醇类　常用的醇类是具有支键的醇，如二乙基乙醇、环己醇、十六醇（鲸蜡醇）、异辛醇、异戊醇、二异丁基甲醇等。醇类一般都有异味，这些品种常用于制糖、发酵、石油精制、骨胶和动物胶、造纸和印染工业中。醇的碳原子数多的和支链大些的其消泡能力较好，如二乙基己醇、二异丁基甲醇。

（2）脂肪酸及脂肪酸酯类　脂肪酸及脂肪酸酯类消泡剂有牛油、猪油、失水山梨醇单月桂酸酯、三油酸酯、甘油脂肪酸酯、硬脂酸异戊酯、二甘醇酯、双乙二醇月桂酸酯、蓖麻油、豆油、甘油蓖麻油酸酯、链烯基琥珀酸衍生物、失水山梨醇三油酸酯、聚氧乙烯单月桂酸酯、天然蜡、聚氧乙烯山梨醇单月桂酸酯琥珀酸二硬酰酯、硬脂酸乙二醇酯。其中油脂类用于食品工业。矿物油虽不属于脂肪酸一类，但也可作为消泡剂，用于印花色浆、造纸行业的消泡，如火油、松节油、液体石蜡。上述脂肪酸及其酯消泡剂可用于造纸、纸浆、染色、建筑涂料、发酵、石油精制、锅炉、黏合剂、食品、不冻胶等。

（3）酰胺类　酰胺类消泡剂有二硬脂酰乙二胺、二棕榈酰乙二胺、油酰二乙烯三胺缩合物、聚丙烯酰胺、双十八酰基哌啶、聚氧烷基酰胺等。分子量较大的多酰胺是锅炉用水的防泡剂。此外此类消泡剂还用于浆粕及造纸和涂料。其中二硬脂酰乙二胺、二棕榈酰乙二胺以及油酰二乙烯三胺缩合物等使用效果较好。

（4）磷酸酯类　磷酸酯类消泡剂最常用的是磷酸三丁酯，其他如磷酸三辛酯及磷酸戊酯、磷酸辛酯有机胺盐，磷酸三（丁氧乙基）酯亦常应用。不溶于水的磷酸酯，可先溶于与水易混溶的有机溶剂如乙酸、丙酮、异丙醇等中，然后再用于水溶液的消泡，有较好的效果。这类消泡剂常用于纤维、润滑油的消泡，特别是齿轮润滑油的消泡。

（5）有机硅类　有机硅类消泡剂是目前染整、食品、发酵、造纸、化工生产、黏合剂、胶乳、润滑油等行业中使用较广泛的消泡剂。有机硅类消泡剂表面张力很低，在水、油中溶解度小，容易吸附于泡沫表面，在泡沫上及液面上易铺展，而且其形成的表面膜弹性差、强度低、挥发性低。有机硅类消泡剂有强的破泡力，能长时间反复持续地进行破泡、抑泡，但并不是万能的消泡剂。

可以使用的有机硅有二甲基硅油、乙基硅油、变性硅油等，它们常与白炭黑（二氧化硅气溶胶）一起乳化成乳液使用。

（6）聚醚类　聚醚是环氧乙烷与环氧丙烷的嵌段共聚物，聚醚系列品种具有降黏作用，广泛用作消泡剂，可用于阴离子洗涤剂及皂类的消泡，制成低泡净洗剂；用于发酵过程中消泡；可以用于蒸气发生系统阻止泡沫的形成；用于骨胶、淀粉胶溶液的消泡，金属电镀前的电解酸洗处理。聚醚消泡剂的用途和使用领域极广。

（7）其他　胺类如二戊胺，是纤维加工中用的消泡剂；醚类如2-对戊基苯氧基乙醇、3-庚基溶纤素是造纸印染、净洗、纤维加工中使用的消泡剂。

复配型消泡剂是目前发展的方向，如有机硅与表面活性剂复配、有机硅与聚醚复配、水溶性或油溶性聚醚和含硅聚醚复配形成的消泡剂都是新型的消泡剂。

就目前的消泡剂而言，聚醚类及有机硅类消泡剂的性能最为优异。对这两类消泡剂的改性与新品种的开发是当前的热门课题。

4.5 消泡剂用途

消泡剂的应用十分广泛，在食品工业、造纸工业、水处理工业、采油工业、印染工业、涂料工业、洗涤剂工业、橡胶胶乳工业、气溶胶工业、日化工业、医药工业等方面均有应用。

（1）在食品工业中的应用　有很多食品由于泡沫过多而对产品本身的外观、质量有很大的影响，有些优质的产品因为泡沫问题变成了劣质产品或次品，所以就需要用到消泡剂。

① 糖生产中的消泡剂：制糖工艺采用浓缩结晶法，消泡剂是制糖过程中常用的工业助剂，主要有聚甘油脂肪酸酯类、蔗糖脂肪酸酯类、聚醚类和有机硅类等。因为聚甘油脂肪酸酯类在煮糖过程中消泡和抑泡效果好，糖浆表面张力降低幅度大，还能加快糖晶体的沉降速度，改善糖浆过滤性能，所以聚甘油脂肪酸酯类消泡剂是目前制糖工业中使用最广泛的消泡剂。

② 淀粉酶生产中的消泡剂：α-淀粉酶（α-1,4-葡萄糖-葡萄糖苷水解酶）普遍分布在动物、植物和微生物中，是一种重要的淀粉水解酶。α-淀粉酶发酵是种通风量较大的发酵，特别是在其菌体生长时期以及产物合成时期，泡沫更为严重，容易造成漫灌跑液、染上杂菌、装料系数降低等不利影响。因此需要使用专用发酵消泡剂。

③ 酿酒中的消泡剂：发酵过程中，因为搅拌、发酵而产生许多泡沫，泡沫给酒的加工带来很多不利的影响和因素，如引起“逃液”、装料减少等等，这些不利因素进一步影响酒产品产量和质量，消泡剂是抑制泡沫最简单、最经济的方法。在消泡剂的作用下，发酵罐的顶盖可在工作期间一直处于关闭状态，从而降低酿液氧化作用，提高酒洁净度；因氧化作用的降低，在部分蛋白质变性状况下，酒的物理、化学稳定性很好，酒不再那么混浊；消泡剂使罐壁上酵母粉的附着度变低，同时也减轻了后清理的工作。

（2）在造纸工业中的应用　造纸工业中泡沫处理是生产中的棘手问题。在碱法制浆过程中，制浆原料中含有脂肪酸、树脂酸等天然物质，与加入的氢氧化钠、硫化钠等化学试剂反应生成皂化物和碱木素等起泡物质，再加上纤维素等高分子物质的稳泡作用，以及浆料流动、搅拌混合使大量空气混入浆料体系，形成了大量稳定的泡沫，给后续工序如洗涤、输送、漂白等带来很大困难，最终会影响浆料洗涤和漂白的质量。在抄纸过程中，制浆工序夹带的天然及人工添加的起泡性表面活性剂、合成高分子等，形成大量泡沫，会导致纸面出现斑点或透光点，甚至引起断纸等。在涂布过程中，涂料起泡会使涂布纸上出现无涂料的斑痕（即鱼眼），影响纸的适应性能和平滑度。因此，无论是制浆、抄纸还是涂布阶段，消泡都是一道重要的工序。

（3）在石油工业中的应用　消泡剂在石油工业用得十分广泛，已成为生产过程中不可缺少的一个重要助剂。由于钻井液中大量使用强起泡性表面活性剂，不仅抽提原油离不开消泡剂，在原油精炼的后工序中，同样也须使用消泡剂。首先，在原油蒸馏过程中需要使用消泡剂；其次，由塔顶脱出的气体或从气井出来的天然气中均含有 H_2S、CO_2 等杂质，当使用乙醇胺或（$HOCHMeCH_2)_2NH$ 作 H_2S 吸收液循环运转时会产生大量泡沫，影响生产正常进行，若在胺液中加入消泡剂，即可实现高效率的连续运转。

在原油馏分分离芳烃（苯、甲苯、二甲苯等）过程及裂解和加氢重整反应中，或多或少都有泡沫产生。在氢化裂解过程中，由于使用水 - 二甘醇作溶剂，后者有强烈起泡倾向，这些工艺过程均需使用消泡剂。此外，在生产各类润滑油时，由于添加了诸如浮油剂、抗氧剂、防锈剂、固体润滑剂及极压抗磨剂等，它们均为表面活性物质，都有不同程度的起泡作用，因而需加入消泡剂。

（4）在纺织工业中的应用　纺织品在加工过程中，要接触各种染料和助剂。这些助剂，特别是洗涤剂、渗透剂、乳化剂和匀染剂等表面活性剂，在受到机械振动后，容易产生泡沫。在织物加工的 8 个主要工序［即纺纱、上浆、织布、去浆、洗毛、漂白、染色（扎染）及后整理］中，有 4 个工序（上浆、洗毛、染色及后整理）需要使用表面活性剂及其他助剂，因而存在不同程度的泡沫困扰。泡沫是空气在水中或某些液体中的分散体，在织物加工时，会使液体与织物的接触面降低，产生加工不匀现象，严重影响生产和产品质量。消除泡沫，可用静止、加温或减压等措施，但在印染各工序中要迅速消除泡沫或避免泡沫产生，就必须添加纺织印染用消泡剂。消泡剂加入到工作液后，即成为溶液、乳液或分散液，吸附于泡沫表面。由于它具有比泡沫更低的表面张力，可将表面活性剂或发泡物质吸引过来，使泡沫液膜表面黏度降低，局部变薄而破裂。

需要指出，在纤维织物染色及整理过程中，对所用消泡剂的质量有严格要求。如果消泡剂的稳定性不佳，就可能在织物上出现油迹或油斑，使产品降档或成为废品。为此对消泡剂的性能，配方及酸、碱性，整理温度及搅拌状况等均要认真加以选定。对于一般织物多选用硅油乳液消泡剂；对于聚酯纤维织物的高温（130℃以上）染色，则多使用自乳化型改性硅油消泡剂。

（5）在合成橡胶及树脂工业中的应用　使用乳液聚合法制取橡胶胶乳时，多以脂肪酸皂作乳化剂，起泡问题比较严重。特别是在反应结束后，汽提回收未反应的单体时，起泡尤为严重。例如在合成丁苯胶乳、丙烯腈 - 丁二烯 - 苯乙烯（ABS）共聚物、氯丁共聚物及酚醛树脂等过程中，均有不同程度的起泡问题，使用聚醚硅油消泡剂或硅油乳液消泡剂，可以较满意地解决上述问题。再如，在聚氯乙烯（PVC）地板等生产过程中，需涂布一层 PVC 溶胶膜，以提高表面耐磨性，而 PVC 溶胶中存在密集的气泡，不予消除则将影响涂层的透明性及美观。当加入 0.2%（质量分数，按 PVC 计）的改性硅油消泡剂时，可加快溶胶真空脱泡的速度，还能降低溶胶液黏度，改善施工性，固化后的溶胶膜表面光滑无气泡。

（6）在涂料工业中的应用　水性涂料、溶剂型涂料，在配方中均采用各种助剂，其中有帮助颜料湿润分散的助剂，有改善涂料成品贮藏稳定性的助剂，有调整漆膜外观平整的助剂，还有一些具有特殊功能的助剂。上述这些助剂品种大多都属于表面活性剂，都能改变涂料的表面张力，致使涂料本身就存在着易起泡或使泡沫稳定的内部因素。涂料制造过程中需要使用各种高速混合机，如三辊机、砂磨机和球磨机等。涂料涂装时用到各种方式方法，如空气喷涂、无气喷涂、辊涂、流涂和淋涂等，在这些过程中，都会程度不同地增加涂料体系的自由能，帮助产生泡沫，因此，需要使用消泡剂解决这些问题。

（7）在印刷工业中的应用　油墨是印刷用的着色剂，由颜料微粒均匀地分散在植物油、矿物油、合成树脂及溶剂等中配制而成。根据印刷的需要，有时还要加入填充剂、干燥剂等。由于组分中有助泡物，在印刷操作中经常起泡。油墨质地均匀才能保障印刷质量，起泡破坏了均匀性。为改善印刷质量有必要加入印刷油墨消泡剂提高产品品质。在胶版、印刷版润湿剂及制版蚀刻剂中，添加印刷油墨消泡剂，亦有保障均匀性，提高制版、印刷质量的效果。

（8）在建筑业中的应用　水泥混凝土消泡剂在建筑工程中是一种很重要的材料，在正常情况下，普通的水泥混凝土浆体硬化后，浆体内部结构会出现大量孔隙，孔隙是影响混凝土强度的主要因素。在混凝土搅拌时引入的气泡是混凝土硬化后结构内部和表面产生孔隙的主要原因。而加入水泥混凝土消泡剂，控制混凝土中气泡的形成和扩散，可以提高混凝土的密实性和耐久性，减少混凝土的收缩裂缝，并改善混凝土表面的质量。

4.6　消泡剂选择注意事项

（1）在起泡液中不溶或难溶　为使泡沫破灭，消泡剂应该在泡膜上浓缩、集中。对破泡的情况，应在瞬间浓缩、集中，对于抑泡的情况应经常保持在这种状态。所以消泡剂在起泡液中是过饱和状态，只有不溶或难溶才易于达到过饱和状态。不溶或难溶，才易于聚集在气液界面，才易于浓缩在泡膜上，才能在较低浓度下发挥作用。用于水体系的消泡剂，活性成分的分子，须为强疏水弱亲水，HLB 值在 1.5 ～ 3 范围作用才最好。

（2）表面张力低于起泡液　只有消泡剂分子间作用力小，表面张力低于起泡液，消泡剂微粒才能够在泡膜上浸入及扩展。值得注意的是，起泡液的表面张力并非溶液的表面张力，而是助泡溶液的表面张力。

（3）与起泡液有一定程度的亲和性　由于消泡过程实际上是泡沫崩溃速度与泡沫生成速度的竞争，所以消泡剂必须能在起泡液中快速分散，以便迅速在起泡液中较广泛的范围内发挥作用。要使消泡剂扩散较快，消泡剂活性成分须与起泡液具有一定程度的亲和性。消泡剂活性成分与起泡液过亲会溶解，过疏又难以分散。只有亲疏适宜，效力才会好。

（4）与起泡液不发生化学反应　消泡剂与起泡液发生反应，一方面消泡剂会丧失作用，另一方面可能产生有害物质，影响微生物的生长。

（5）挥发性小，作用时间长　首先要确定需要使用消泡剂的体系是水性体系还是油性体系。如发酵行业，就要使用油性的消泡剂，如聚醚改性硅或聚醚类。水性涂料行业就要用水性消泡剂，如有机硅消泡剂。其次比较添加量，再参考价格，可得出最适用最经济的消泡剂产品。

随着新消泡剂的不断研究发现，应用会更加广泛。随着新的高活性消泡组分的不断发现，复配组分协同效应研究的不断深入，为扬长避短，充分发挥各种消泡剂的优势，消泡剂将朝着高效持久和性能复合化的方向发展，研制、合成适用性强、用量小、能提高产品质量和设备利用率的新型高效、多功能复合型消泡剂将是当前消泡剂的发展方向。同时，新领域的不断开拓和发现，也为新型高效、多功能复合型消泡剂的发展提供了广阔的市场前景。

4.7 消泡剂配方与制备实例

配方 1 GP 型聚醚乳液消泡剂

原料配比

原料		配比（质量份）			
		1#	2#	3#	4#
高黏度甘油聚氧丙烯醚	高黏度甘油聚氧丙烯醚（2500mPa·s）	20	25	—	—
	高黏度甘油聚氧丙烯醚（1500mPa·s）	—	—	20	25
低黏度甘油聚氧丙烯醚	低黏度甘油聚氧丙烯醚（100mPa·s）	15	10	—	—
	低黏度甘油聚氧丙烯醚（150mPa·s）	—	—	15	10
乳化剂	PEG-600 油酸双酯	3	3	—	—
	PEG-600 月桂酸双酯	—	—	5	3
	十二胺聚氧乙烯醚 10EO	—	—	—	2
	十八伯胺聚氧乙烯醚 10EO	3	—	—	—
	十八伯胺聚氧乙烯醚 15EO	—	3	—	—
	十二胺聚氧乙烯醚 5EO	—	—	2	—
	吐温 -20	2	2	—	—
	吐温 -80	—	—	2	2
	司盘 -80	5	5	—	—
	司盘 -85	—	—	5	5
	蓖麻油聚氧乙烯醚 40EO	2	—	3	—
	蓖麻油聚氧乙烯醚 20EO	—	2	—	3
平衡调节剂	油酸	2	2	—	—
	醋酸	—	—	2	2
增稠剂	羧甲基纤维素	1	1	—	—
	PEG-2000	—	—	1	1
纯水		加至 100	加至 100	加至 100	加至 100

制备方法

（1）将低黏度甘油聚氧丙烯醚加入高黏度甘油聚氧丙烯醚中，于 45 ～ 60℃下混合均匀，得聚醚液体；将乳化剂于 50 ～ 70℃下熔化并搅拌均匀，得到澄清透亮的乳化剂液体。

（2）将所述聚醚液体呈细流状加入搅拌着的所述乳化剂液体中；然后再加入平衡调节剂和增稠剂，于 50 ～ 70℃下搅拌 20 ～ 60min，得混合液；再将所述混合液冷却后以细流状加入处于搅拌状态的纯水中，制得稳定的 GP 型聚醚乳液消泡剂。

原料介绍

所述乳化剂包括低水溶性的乳化剂、一般水溶性的乳化剂和位阻型非离子乳化剂。所述低水溶性的乳化剂为司盘 -60、司盘 -80、司盘 -85、AEO-3、十八伯胺聚氧乙烯醚 3EO ～ 5EO、平平加 O3EO ～ 5EO 中的至少一种。所述一般水溶性的乳化剂为异构十三醇聚氧乙烯醚 5EO ～ 15EO、蓖麻油聚氧乙烯醚 10EO ～ 40EO、PEG-400 油酸双酯、PEG-600 油酸双酯、PEG-400 月桂酸双酯、PEG-600 月桂酸双酯、PEG-400 油酸单酯、PEG-600 油酸单酯、PEG-400 月桂酸单酯、PEG-600 月桂酸单酯、AEO-4 ～ AEO-15、十二胺聚氧乙烯醚 3EO ～ 10EO、十八伯胺聚氧乙烯醚 6EO ～ 20EO 中的至少一种。

所述位阻型非离子乳化剂为吐温 -20、吐温 -80、十八伯胺聚氧乙烯醚 20EO ～ 30EO、AEO-30、异构十三醇聚氧乙烯醚 15EO ～ 30EO、蓖麻油聚氧乙烯醚 60EO ～ 80EO、PEG-1000 油酸单酯、PEG-1000 月桂酸单酯中的至少一种。

所述平衡调节剂为油酸、月桂酸、醋酸中的至少一种。通过向 GP 型聚醚乳液消泡剂中加入油酸、月桂酸或醋酸平衡调节剂，能够帮助 GP 型聚醚乳液形成较高强度的液膜，防止析油。

产品应用 本品主要用于医药、食品和发酵领域。

产品特性

（1）本品通过选用低水溶性的乳化剂与位阻型非离子乳化剂配合使用，不仅能够为甘油聚氧丙烯醚提供亲水作用位点，帮助消泡活性物质（甘油聚氧丙烯醚）接近泡沫液膜进而取代泡沫液膜上的稳泡物质，达到破坏液膜的作用，而且能够提高甘油聚氧丙烯醚的相容性，有利于得到分散稳定的乳液和具有较高抑泡效率的乳化体系。通过一般水溶性的乳化剂与低水溶性的乳化剂、位阻型非离子乳化剂的复配，能够进一步提高抑泡能力、抑泡效率，以及消泡剂的稳定性。增稠剂通过与低黏度甘油聚氧丙烯醚、高黏度甘油聚氧丙烯醚相互作用，进一步调整体系的黏度，减慢乳液消泡剂的沉降，延长 GP 型聚醚乳液消泡剂的储存时间。

（2）相比 GP 聚醚，本品消泡性能得到了极大的提升，抑泡能力和抑泡效率提升显著，消泡时间仅为 1 ～ 3min，抑泡时间长达 60min，且该乳液体系（GP 型聚醚乳液消泡剂）储存稳定性强，不易析出。

（3）本品原料组分易得，无需进行复杂的合成过程，其成本更低，且对环境无害。

配方 2　多功能复合消泡剂

原料配比

原料			配比（质量份）			
			1#	2#	3#	4#
甘油聚氧乙烯聚氧丙烯醚油酸酯	甘油聚氧乙烯聚氧丙烯嵌段聚醚		230	345	460	575
	油酸	妥尔油酸	100	—	—	—
		棕榈油酸	—	150	—	—
		植物油酸	—	—	200	—
		硬脂酸	—	—	—	250
	对甲苯磺酸		0.7	1	1.32	1.65
甘油聚氧乙烯聚氧丙烯醚油酸酯			92	194	288	380
PEG-400DO			888	776	672	570
司盘 -80			20	30	40	50

制备方法

（1）将甘油聚氧乙烯聚氧丙烯嵌段聚醚、油酸、对甲苯磺酸装入反应釜，开启搅拌器并抽真空至 -0.090MPa，加热保温，再冷却至室温后，获得甘油聚氧乙烯聚氧丙烯醚油酸酯，计算收率与酯化率；加热至温度 60 ～ 185℃，保温 4 ～ 7h。

（2）取甘油聚氧乙烯聚氧丙烯醚油酸酯、PEG-400DO、司盘 -80 置于反应釜中，升温至 50℃，转速 350r/min 下分散 0.3h，降温至室温后，获得多功能复合消泡剂。

产品应用 本品主要用于医药、食品和发酵领域。

产品特性

（1）本品是端基酯化的聚醚衍生物，不仅继承了聚醚消泡剂抑泡能力强、性能稳定、无毒无害、对环境友好等优点，而且酯化后表面张力下降，消泡能力提高。多功能复合消泡剂分子以折叠式的机构平卧于气液界面上，使本品活性更强、使用剂量更少、消泡能力更强。

（2）该多功能复合消泡剂采用了复合型的配方，加入的 PEG-400DO 和司盘 -80 具有良好的分散性、乳化性，得到的消泡剂协同效应明显增强，消泡、抑泡效果更加优异。

配方 3　粉化型塑料消泡剂

原料配比

原料		配比（质量份）		
		1#	2#	3#
改性氧化钙		80	77	77.5
聚乙烯蜡		12	10	12
改性聚乙烯树脂		8	8	10.5
改性氧化钙	氧化钙粉 A	70	65	70
	WOT-108 稀土表面处理剂	3	6	1.5
	WOT-103 稀土表面处理剂	2	4	1
	邻苯二甲酸二烯丙酯	1.64	0.656	1.64
	无水乙醇	3.28	1.311	3.28
	过氧化二异丙苯	0.08	0.033	0.08

制备方法 将改性氧化钙加入高速混合设备，随后依次加入聚乙烯蜡和改性聚乙烯树脂，搅拌混合后挤出造粒，即得所述粉化型塑料消泡剂。挤出造粒的温度为 120 ～ 160℃。

原料介绍

所述改性聚乙烯树脂为采用普通聚乙烯树脂通过化学及物理裂解反应制成的改性聚乙烯树脂。

所述改性氧化钙为将氧化钙粉依次进行表面处理剂包覆和有机包覆剂包覆得到。所述改性氧化钙的制备方法包括以下步骤：将氧化钙粉和表面处理剂加入高速混合设备中，在温度为 100 ～ 110℃的条件下进行反应，随后加入有机包覆剂继续反应，即得所述改性氧化钙。所述氧化钙粉的粒径不大于 8μm。

所述表面处理剂为稀土配位型表面处理剂，即 WOT-108 稀土表面处理剂和 WOT-103 稀土表面处理剂，且二者质量比为 3∶2。所述有机包覆剂包括过氧化二异丙苯、邻苯二甲酸二烯丙酯和无水乙醇。

产品特性

（1）本品中的聚乙烯蜡层有助于氧化钙粉与改性聚乙烯树脂的相容和均匀分散，同时也使本品所述粉化型塑料消泡剂添加在含水分的塑料中时均匀分散，起到更好的消泡除水干燥作用；本品所述改性聚乙烯树脂的分子量为 6000 ～ 9000，由于其分子链短、柔性小、容易脆性破裂，因此可形成微小的粉体，制得的粉化型消泡剂露置在空气中时，与空气中水分反应后粉化形成粉状产物，继续使用不影响加工和产品质量。

（2）本品将氧化钙粉采用表面处理剂和有机包覆剂进行改性，形成表面具有网状交联包覆结构的改性氧化钙，再将所述改性氧化钙、聚乙烯蜡和特定熔点及分子量的改性聚乙烯树脂共混，得到了吸水后可完全粉化的粉化型塑料消泡剂。所述粉化型塑料消泡剂与水分结合时不发生团聚和黏粘现象，可消除熔融塑料中的气泡，解决了塑料制品表面白点和加工设备滤网堵塞的问题。

配方 4　氟硅酮消泡剂

原料配比

<table>
<tr><th colspan="2" rowspan="2">原料</th><th colspan="2">配比（质量份）</th></tr>
<tr><th>1#</th><th>2#</th></tr>
<tr><td colspan="2">聚二甲基硅氧烷</td><td>15</td><td>25</td></tr>
<tr><td colspan="2">三氟丙基甲基环三硅氧烷</td><td>25</td><td>20</td></tr>
<tr><td colspan="2">八甲基环四硅氧烷</td><td>35</td><td>35</td></tr>
<tr><td colspan="2">催化剂</td><td>5</td><td>5</td></tr>
<tr><td rowspan="2">硬脂酸盐</td><td>硬脂酸钠和硬脂酸镁的混合物</td><td>5</td><td>—</td></tr>
<tr><td>硬脂酸钾</td><td>—</td><td>10</td></tr>
<tr><td rowspan="2">乳化剂</td><td>吐温 -60 和吐温 -80 的混合体</td><td>10</td><td>—</td></tr>
<tr><td>单硬脂酸甘油酯和吐温 -80 的混合体</td><td>—</td><td>5</td></tr>
<tr><td colspan="2">疏水改性剂</td><td>5</td><td>—</td></tr>
<tr><td rowspan="3">催化剂</td><td>浓硫酸</td><td>3</td><td>3</td></tr>
<tr><td>甲苯磺酸</td><td>2</td><td>—</td></tr>
<tr><td>三氟乙酸</td><td>—</td><td>1.5</td></tr>
</table>

制备方法

（1）首先将聚二甲基硅氧烷、三氟丙基甲基环三硅氧烷及八甲基环四硅氧烷同时加入反应釜中，加温至 70℃，并对其进行搅拌，持续 20 ～ 30min；

（2）随后先后加入硬脂酸盐、乳化剂、疏水改性剂，持续混合 30min；

（3）加入催化剂，并持续搅拌 10min，然后持续加温，至 120 ～ 130℃，反应 4 ～ 20h，得粗胚；

（4）反应结束后，将粗胚投入冷凝器中，进行降温，使其降温至室温，随后静置 3 ～ 5h；

（5）接着采用上清法进行提纯，得到精酿胚；

（6）将精酿胚投入均质机中，进行均质处理，而后进行过滤；

（7）最后，用水调至中性，最终得到氟硅酮消泡剂。

原料介绍　所述疏水改性剂为沉淀二氧化硅、气相二氧化硅、超细二氧化硅凝胶、粉末状合成硅酸铝和硅酸钙的混合体。

产品应用　本品作为消泡剂用于工业生产过程。

产品特性　本品是一种具有含氟烷基侧链的聚二甲基硅氧烷，即有机氟改性硅油，其独特的有机氟支链赋予了有机氟改性硅油优异的高低温性能、耐氧化和耐候性。此外，由于有机氟改性硅油的支链具有最低表面能的 CF_3 和 CF_2 基团，主链为柔顺性良好的硅氧链，使其可以利用主链的柔顺性把低表面能的 CF_3 和 CF_2 基团调整到最佳位置，从而在液体中表现为比二甲基硅油更低的表面张力和高化学惰性，且氟烃基难溶于油相体系，这使得氟改性硅油在油性体系中具有更好的消泡性能。另外，该方法配制出来的产品表面能低（最低可至 16.8mN/m），消泡速度快，单位用量少，同时化学稳定好，可以在较长时间内抑制泡沫的产生。

配方 5　改性有机硅消泡剂

原料配比

原料		配比（质量份）
透明的淡黄色或黄色液体 I	液体巯基硅油	89.57
	三乙胺	20.30
	二甲亚砜	89.57
	二硫化碳	10.24
	2- 溴代异丁酸甲酯	19.29
透明的淡黄色或黄色液体 I		15
甲基封端的烯丙基聚氧乙烯醚		3.45
甲基封端的烯丙基聚氧丙烯醚		13.80
偶氮二异丁腈		0.34
乙酸丁酯		32.25
无水硫酸镁和饱和氯化钠水溶液		适量
偶联剂和增稠剂		适量

制备方法

（1）将液体巯基硅油、三乙胺、二甲亚砜置于有 N_2 保护的四口烧瓶中，25℃下搅拌均匀后加入二硫化碳，10min 后加入 2- 溴代异丁酸甲酯，室温继续反应 16h，得到黄色或橙黄色的浑浊液体；

（2）将步骤（1）中所得液体用正己烷萃取，除去下层溶液，上层液用饱和氯化钠水溶液洗涤 1 次，水洗 3 次，水洗后加入无水硫酸镁干燥，抽滤，旋蒸，得到澄清透明的淡黄色或黄色液体 I（收率 86.3%）；

（3）将透明的淡黄色或黄色液体 I 与甲基封端的烯丙基聚氧乙烯醚、甲基封端的烯丙基聚氧丙烯醚、0.12 份偶氮二异丁腈、乙酸丁酯置于装有 N_2 保护、回流装置的四口烧瓶中，然后加入偶联剂和增稠剂于 75℃油浴下反应 1h，待反应后再补充加入 0.22 份的偶氮二异丁腈继续反应 7h；

（4）将步骤（3）所得液体减压蒸馏除去乙酸丁酯，得到淡黄或黄色液体（收率 91.8%），即为改性有机硅消泡剂。

原料介绍

所述液体巯基硅油制备方法如下。

（1）将 64.00 质量份八甲基环四硅氧烷、22.44 质量份巯丙基甲基二甲氧基硅烷、16.42 质量份六甲基二硅氧烷和 2.01 质量份水置于有 N_2 保护且有回流装置的四口烧瓶中，25℃搅拌 10min 后加入 1.68 质量份甲苯磺酸，于 70℃油浴中反应 10h；

（2）将步骤（1）所得待反应液冷却至室温，分液除去水层，有机层加入无水碳酸钠调至 pH 值到 7 左右，无水硫酸镁干燥，抽滤，得到澄清透明的液体巯基硅油，收率为 85.6%。

所述增稠剂为羟乙基纤维素、羟丙基纤维素中的一种或者两种。

所述偶联剂为异丙基二油酸酰氧基钛酸酯。

产品应用　本品作为消泡剂用于工业生产过程。

产品特性　本品具有良好的消泡性能和抑泡性能，与不同乳液有较强的相容性，在水性树脂体系中，其消泡性能和抑泡性能与聚醚类消泡剂相当，同时通过添加偶联剂可以实现消泡后稳定性更好，而且在中速搅拌中不容易起泡。同时本品制备方法简单易操作，易于推广。

配方 6　高浓缩粉末固体消泡剂

原料配比

原料		配比（质量份）			
		1#	2#	3#	4#
硅脂组合物		64	80	78	80
乳化剂	失水山梨醇脂肪酸酯	9	—	—	—
	蓖麻油聚氧乙烯醚	—	1	—	—
	脂肪醇聚氧乙烯醚	—	—	6	—
	油酸聚氧乙烯醚	—	—	—	10
再湿黏合剂水溶液	1% 的海藻酸钠和阿拉伯胶水溶液	5	1	—	—
	2% 的海藻酸钠水溶液	—	—	2	—
	3% 的海藻酸钠和糊精的水溶液	—	—	—	1
成型剂	酚醛树脂	10	—	—	—
	丙烯酸树脂	—	8	—	—
	丙烯酸树脂和聚乙烯醇的混合物	—	—	5	—
	聚乙烯醇	—	—	—	2
成型助剂		2	4	4	2
载体	小麦淀粉	10	—	—	—
	木薯淀粉	—	6	5	—
	玉米淀粉	—	—	—	5

制备方法

（1）将硅脂组合物和乳化剂混合搅拌，形成混合物 M；

（2）将再湿黏合剂水溶液、成型剂以及成型助剂、载体在 50 ～ 100℃条件下混合搅拌，形成混合物 N；

（3）将混合物 M 加入到混合物 N 中，在 50 ～ 100℃条件下混合搅拌均匀后，喷雾干燥后得到粉末消泡剂。

原料介绍

所述成型助剂为丙烯酸酯聚合物，丙烯酸酯聚合物由甲基 / 丙烯酸烷基酯、甲基 / 丙烯酸羟烷基酯、有机溶剂、引发剂通过溶液聚合方法制备而成。其中甲基 / 丙烯酸烷基酯的烷基数为 12 ～ 18，选自丙烯酸十二酯、丙烯酸十八酯、甲基丙烯酸十二酯、甲基丙烯酸十八酯，用量占成型助剂总质量的 30% ～ 50%；甲基 / 丙烯酸羟烷基酯选自丙烯酸羟烷基酯、甲基丙烯酸羟烷基酯，具体有但不局限于丙烯酸羟乙酯、丙烯酸羟丙酯、丙烯酸羟丁酯、甲基丙烯酸羟乙酯、甲基丙烯酸羟丙酯，用量占成型助剂总质量的 5% ～ 20%；有机溶剂选自聚乙二醇、聚丙二醇、聚丁二醇、脂肪醇聚氧乙烯醚、聚醚酯，用量占成型助剂总质量的 35% ～ 55%；引发剂为过氧化苯甲酰，用量占成型助剂总质量的 0.4% ～ 0.8%。所述成型助剂制备方法：将甲基 / 丙烯酸烷基酯、甲基 / 丙烯酸羟烷基酯、一半用量的引发剂用普通搅拌方法混合均匀，得到混合物 I；将有机溶剂和剩余一半用量的引发剂混合均匀，升温到 60 ～ 100℃，在搅拌状态下滴加混合物 I，控制滴加时间为 3 ～ 8h，滴加期间通过循环水方法或者冰浴方法保证温度在 60 ～ 100℃；滴加结束后，继续保温 0.5 ～ 2h，得到成型助剂丙烯酸聚合物。成型助剂用量为消泡剂总质量的 2% ～ 10%。

所述硅脂组合物是由技术领域内公知技术制备的，即先将黏度为 100 ～ 10000mPa · s 的聚硅氧烷、MQ 树脂［M∶Q＝（0.4 ～ 1.2）∶1.0］、催化剂（KOH 与甲基硅油混合制得）混合，升温至 80 ～ 200℃发生反应，后加入比表面积为 50 ～ 200m^2/g 的疏水白炭黑，控制反应体系温度在 80～150℃，保温 3 ～ 5h，最后在真空度为−0.08 ～−0.01MPa 下反应 1 ～ 2h，最后冷却至室温，制得黏度为 1000 ～ 50000mPa · s 的硅脂组合物。所述硅脂组合物用量为消泡剂总质量的 60% ～ 85%。

产品应用 本品是一种主要应用于非离子表面活性剂中的固体消泡剂。

产品特性 本品通过复配特殊的成型剂和成型助剂以提高消泡剂的固化成型效果，同时成型助剂可以提高消泡剂的消抑泡性能。本品具有消抑泡性能持久、不易吸潮结块、活性物含量高、方便客户使用等优点，从而大大降低运输储存成本，减小消泡剂对应用体系的副作用。

配方 7　高渗透消泡剂

原料配比

原料	配比（质量份）			
	1#	2#	3#	4#
甲基硅氢烷油	10	2	3	3.5
三聚磷酸钠	10	2	3	3.5
食盐	20	15	16	18
甘露醇	5	2	3	3.5
二氧化硅	4	2	3	4
壬基酚聚氧乙烯醚	10	5	6	6
聚氧乙烯醚	10	5	6	6
去离子水	适量	适量	适量	适量

制备方法

（1）将甲基硅氢烷油作为载体先与二氧化硅进行充分搅拌后，添加三聚磷酸钠、食盐、甘露醇进行充分混合，形成 A 液体。混合采用离心搅拌方式，且内部温度为恒温，搅拌时间为 30min，转动速度为 400r/min。

（2）将 A 液体进行冷却处理，冷却时间为 10min，冷却后，将 A 液体与壬基酚聚氧乙烯醚、聚氧乙烯醚混合并加入去离子水中进行搅拌混合，从而得到成品。

产品应用 本品主要用于工业生产过程。

产品特性 本品通过甲基硅氢烷油作为载体，可以加快物质的混合速度，有助于抑泡。本品性能稳定、使用方便，可以进行更好的抑泡与对于产品的渗透。

配方 8　高效消泡剂

原料配比

原料		配比（质量份）			
		1#	2#	3#	4#
改性有机硅		26	22	28	27
聚二甲基硅氧烷		14	18	12	14
高级醇	正三十二醇	15	11	10	13

续表

原料		配比（质量份）			
		1#	2#	3#	4#
聚醚		10	9	13	11
二氧化硅		4	3	4	5
乳化剂	司盘-60	3	—	2	—
	吐温-80	—	2	2	3
蒸馏水		50	42	58	55

制备方法 取改性有机硅、聚二甲基硅氧烷、高级醇和聚醚，升温至80～90℃，搅拌20～40min，加入二氧化硅，缓慢升温至110～130℃，搅拌1～3h；冷却至80～100℃后加入乳化剂进行高速搅拌，接着加入蒸馏水，10000～12000r/min搅拌条件下混合搅拌30～50min得到高效消泡剂。

原料介绍

所述高级醇含碳数为31～45。

所述的改性有机硅由柏木烯醇通过硅氢加成反应对低含氢硅油进行化学修饰制备得到；硅氢加成反应的转化率＞93.5%。所述低含氢硅油的含氢量为0.05%～0.30%。改性有机硅的具体制备方法：取柏木烯醇加入甲苯，再加入铂催化剂，氮气保护条件下，加热至75～85℃后开始滴加低含氢硅油的甲苯溶液，滴加完毕后，每隔一定时间测定Si—H含量，当该含量保持不变时即为反应的终点，之后减压蒸馏，加入正己烷/四氢呋喃混合液沉淀2～4次，旋蒸，75～85℃下真空干燥过夜得到改性有机硅。柏木烯醇与甲苯的质量比为1∶（35～50）；低含氢硅油的甲苯溶液的浓度为0.02～0.03g/mL；柏木烯醇与低含氢硅油的用量比为n（C═C）∶n（Si—H）=（1～1.2）∶1；铂催化剂用量为$30\times10^{-6}\sim45\times10^{-6}$（以Pt计）。正己烷/四氢呋喃混合液中正己烷与四氢呋喃的体积比为（18～22）∶1。

所述的聚醚为新型聚醚，分子量为1000～3000，由环氧乙烷、甲硫代环氧丙烷和1，4-双［（缩水甘油氧）甲基］环己烷聚合而得。新型聚醚的具体合成方法：取引发剂正丁醇、催化剂氢氧化钾混合，抽真空并用高纯氮气置换2～4次，同时脱水，加入混合均匀的环氧乙烷、甲硫代环氧丙烷和1，4-双［（缩水甘油氧）甲基］环己烷进行聚合，设置反应压力小于0.4MPa，反应温度为110～120℃，反应5～8h，然后加入中和剂中和至中性，再真空脱水、干燥、过滤得到新型聚醚。引发剂正丁醇的使用量为聚合单体总量的3.5%～5%；催化剂氢氧化钾的使用量为聚合单体总量的2‰～3‰；环氧乙烷、甲硫代环氧丙烷和1，4-双［（缩水甘油氧）甲基］环己烷的摩尔比为1∶（0.2～0.5）∶（0.2～0.4）。

产品应用 本品主要用作石化废水处理过程的消泡剂。

产品特性

（1）该高效消泡剂具有更佳的消泡和抑泡能力，且消泡、抑泡活性作用时间更长，消泡剂稳定性更高，同时能更明显抑制废水好氧活性污泥池的发泡趋势，具有广阔的应用范围。

（2）本品同时在有机硅链结构中引入极性基团和非活性烃基，结合在一起能够增强改性有机硅的稳定性。本品是一种综合性能优良、应用前景广阔的消泡剂，制备过程简便易于操作，更有利于工业化生产。

配方 9 含氟聚醚有机硅消泡剂

原料配比

原料			配比（质量份）			
			1#	2#	3#	4#
含氟有机硅消泡剂乳液			80	80	80	70
含氟聚醚	聚全氟甲基异丙基醚		10	10	—	2
	全氟聚醚（K 型）		—	—	10	—
含氟表面活性剂	季铵盐阳离子氟碳表面活性剂		0.2	0.2	—	1
	含氟磺酸盐型阴离子表面活性剂		—	—	0.2	—
两性离子表面活性剂	十四烷酰胺丙基羟丙基磺基甜菜碱		0.2	—	—	1
	十二烷基羟丙基磺基甜菜碱		—	0.2	—	—
	十二烷基乙氧基磺基甜菜碱		—	—	0.2	—
第一增稠剂	二十二烷基聚氧乙烯醚甲基丙烯酸酯		0.5	—	—	0.3
	十八烷基聚氧乙烯醚甲基丙烯酸酯		—	0.5	0.5	—
含氟有机硅消泡剂乳液	含氟硅膏		30	30	30	20
	乳化剂	司盘 -80	2	—	—	1
		壬基酚聚氧乙烯醚	—	2	—	—
		异构醇聚氧乙烯醚	—	—	2	—
		吐温 -80	2	2	—	1
		吐温 -60	—	—	2	—
	第二增稠剂	十八烷基聚氧乙烯醚甲基丙烯酸酯	0.5	0.5	—	0.2
		羧甲基纤维素钠	—	—	0.5	—
	水		150	150	150	120
含氟硅膏	含氟硅氧烷	三氟丙基甲基硅油	10	—	—	20
		全氟辛基乙基三硅氧烷	—	11	—	—
		聚（甲基 -3，3，3- 三氟丙基）硅氧烷	—	—	12	—
	白炭黑	疏水白炭黑（比表面积为 200m^2/g）	10	—	12	20
		疏水白炭黑（比表面积为 100m^2/g）	—	11	—	—
	二甲基硅油	二甲基硅油（黏度为 2000mPa.s）	80	—	80	50
		二甲基硅油（黏度为 3000mPa.s）	—	82	—	—

制备方法

（1）含氟硅膏的制备：于第一反应器中加入配方量的含氟硅氧烷、白炭黑和二甲基硅油，加热搅拌反应之后冷却至室温得到白色黏稠状含氟硅膏；加热温度为 130 ～ 160℃，搅拌时间为 3 ～ 5h。

（2）含氟有机硅消泡剂乳液的制备：将配方量的乳化剂和所述含氟硅膏加入到第二反应器中，加热搅拌乳化一定时间后，分步加入已加热的分散介质水反应后加入第二增稠剂搅拌得含氟有机硅消泡剂乳液；加热温度为 40 ～ 70℃，搅拌时间为 30 ～ 90min。所述分散介质水加热至 50 ～ 90℃。所述分散介质水分两步进行添加，且第一步的添加量为 20% ～ 50%。于加热条件下加入所述第二增稠剂，且搅拌 30 ～ 90min 后停止加热并继续搅拌 30 ～ 90min。

（3）制备含氟聚醚有机硅消泡剂：于所述含氟有机硅消泡剂乳液中加入配方量的含氟聚醚、含氟表面活性剂、两性离子表面活性剂和第一增稠剂，加热搅拌乳化后自然冷却。加热温度为 40 ～ 70℃，搅拌时间为 30 ～ 90min。

产品应用 本品可用于纺织、造纸、涂料、食品、发酵及石油等领域。

产品特性

（1）含氟聚醚具有耐热、低表面张力、抗静电等特性，使含氟有机硅消泡剂乳液更容易乳化，增加了本品中乳化体系的稳定性，使消泡剂易于在生泡体系中分散铺展，提高了消泡速度。增稠剂可以提高体系的黏度，防止硅油微滴凝聚，从而提高了稳定性。

（2）含氟硅膏的制备原料中二甲基硅油作为消泡剂的主要成分，具有消泡和抑泡性能。含氟硅氧烷有利于降低体系的表面张力，提高耐酸耐碱性能，且消泡活性更高。白炭黑能提高二甲基硅油的分散性，形成一种巨大的吸附气泡的作用力，与含氟硅氧烷一起攻击气泡，还可以增稠防沉，增加乳液稳定性。

（3）本品消泡性能较佳，且其制备工艺简单，便于工业化使用。

配方 10 环保型抄纸聚醚消泡剂

原料配比

原料	配比（质量份）		
	1#	2#	3#
二甲基硅油	10	12	14
聚乙二醇	3	5	7
聚醚	11	13	15
高级脂肪醇	1.2	1.4	1.6
增稠剂	0.3	0.4	0.5
催化剂	0.02	0.04	0.06
疏水气相白炭黑	0.6	0.8	1
分散剂	0.16	0.18	0.2
稳定剂	0.2	0.3	0.4
乳化剂	3	5	7
去离子水	加至 100	加至 100	加至 100

制备方法

（1）将二甲基硅油、聚乙二醇、聚醚、高级脂肪醇、疏水气相白炭黑混合搅拌得到黏稠状硅膏；

（2）将分散剂溶解在去离子水中，并依次加入催化剂和乳化剂，搅拌混合均匀得混合溶液；

（3）将所述黏稠状硅膏和增稠剂、稳定剂依次加入到所述混合溶液中，乳化搅拌后进行高剪切均质。

原料介绍

所述的高级脂肪醇为合成类脂肪醇 Nafol 20+、Nafol 1822、Nafol 2022、Nafol 22，天然类脂肪醇二十醇、二十二醇、二十四醇、二十六醇、二十八醇和三十醇中的任意一种或几种的混合物。

所述增稠剂为聚乙烯醚。

所述分散剂为亚甲基双萘磺酸钠。

所述稳定剂为环氧甘油三酸酯。

所述催化剂为氢氧化钠、氢氧化钾和复合碱中的一种。

所述乳化剂为脂肪酸皂、烷基硫酸盐、烷基苯磺酸盐和磷酸盐中的一种。

产品特性

（1）本品可以有效加大消泡力度，提高了消泡速度，反应过程中主链反应速度快、反应完全，支链反应数量少，副反应少，最终反应产物分子量高于传统产品，即影响消泡效果的小分子量产物少，因此，整个消泡剂消泡效率高，节能又环保。

（2）本品比传统聚醚酯消泡剂具有更低的表面张力、更高的消泡能力，同时通过使用高级脂肪醇为起始剂，具有更好的脱气和抑泡效果。

配方 11　可再生消泡剂

原料配比

原料		配比（质量份）			
		1#	2#	3#	4#
壳聚糖		100	100	100	100
溶剂	二甲苯	30	30	30	30
侧链含氢硅油	黏度 50Pa·s 的侧链含氢硅油（含氢量 0.5%）	15.3	—	—	—
	黏度 100Pa·s 的侧链含氢硅油（含氢量 0.18%）	—	22.4	—	23.8
	黏度 350Pa·s 的侧链含氢硅油（含氢量 0.18%）	—	—	22.4	—
端乙烯基硅油	黏度 350Pa·s 的端乙烯基硅油	9.2	—	—	—
	黏度 500Pa·s 的端乙烯基硅油	—	12.8	—	14.3
	黏度 1000Pa·s 的端乙烯基硅油	—	—	16.3	—
气相法白炭黑	比表面积 $200m^2/g$ 的疏水白炭黑	1.3	1.5	—	—
	比表面积 $300m^2/g$ 的疏水白炭黑	—	—	1.6	—
催化剂	四甲基氢氧化铵	适量	适量	适量	适量
	Karstedt 铂金催化剂	适量	适量	适量	适量

制备方法　将壳聚糖与溶剂二甲苯混合后加热到 92℃，等壳聚糖溶解后，加入侧链含氢硅油，再加入催化剂四甲基氢氧化铵，在 120℃条件下反应 4h，然后再加入端乙烯基硅油、Karstedt 铂金催化剂，在 120℃条件下反应 2h（也可加入疏水白炭黑，等疏水白炭黑吸附完成后，最后脱出溶剂二甲苯），得到可再生消泡剂。

产品应用　本品主要用于水处理领域。

产品特性

（1）本品使用的原材料源于水产加工厂废弃的虾壳和蟹壳，节能环保，且废物利用，减少了资源的浪费，且本品具有良好的生物降解性，大大降低了对环境的污染。

（2）本品在水处理中既可起到吸附絮凝作用，又可以起到控制泡沫作用。

（3）传统消泡剂随着处理水体的流失，消泡剂也会不断损耗，而本品可以大大降低损耗率，降低了生产成本。

配方 12　矿物油消泡剂（1）

原料配比

原料		配比（质量份）			
		1#	2#	3#	4#
矿物油	汽油	80	70	75	—
	白矿油	—	—	—	80

续表

原料		配比（质量份）			
		1 #	2#	3#	4#
阳离子乳化剂	十二烷基氯化铵	10	14	10	—
	十六烷基三甲基溴化铵	—	—	—	10
非离子乳化剂	失水山梨醇脂肪酸酯	5	7	5	—
	脂肪醇聚氧乙烯醚	—	—	—	5
改性硅聚醚		2	5	5	2
破泡剂	白炭黑	0.5	0.7	1	0.5
增稠稳定剂	改性蓖麻油	2.5	3.3	4	2.5

制备方法

（1）将配方量的矿物油、阳离子乳化剂、非离子乳化剂、破泡剂和改性硅聚醚依次加入到反应釜中，边搅拌边升高温度至 100 ～ 150℃，保温 1 ～ 5h得第一混合物；

（2）将所述第一混合物降温至 40 ～ 60℃，再加入增稠稳定剂，搅拌分散 1 ～ 2h得第二混合物；

（3）将所述第二混合物进行胶体磨、过滤，得到产品。

原料介绍

所述改性硅聚醚的分子结构中具有聚醚 - 硅氧烷 - 烷基结构。

所述矿物油选择汽油、煤油、柴油、润滑油、化工轻油、白矿油、溶剂油、石蜡、烷基苯和环烷油中的至少一种。

所述阳离子乳化剂为十二烷基氯化铵、十六烷基三甲基溴化铵、十六烷基溴化吡啶、含氮的吗啉环、含氮的吡啶环、含氮的咪唑环、含氮的哌嗪环、含氮的喹啉环化合物中的至少一种。

所述非离子乳化剂选择单硬脂酸甘油酯、失水山梨醇脂肪酸酯、失水山梨醇聚氧乙烯脂肪酸酯、聚氧乙烯硬脂醇醚、脂肪醇聚氧乙烯醚、烷基酚与环氧乙烷缩合物、脂肪醇与环氧乙烷缩合物和蓖麻油、氢化蓖麻油与环氧乙烷缩合物中的至少一种。

所述改性硅聚醚由鲸蜡基聚乙二醇、聚丙二醇和二甲基硅油制备而成。所述改性硅聚醚的 HLB 值为 4 ～ 6。

所述破泡剂为脂肪酸金属皂、白炭黑、氧化铝、氧化镁和氧化锌中的至少一种。

所述增稠稳定剂为改性蓖麻油及其衍生物和 / 或膨润土。膨润土可为有机膨润土或四烷基氨膨润土。

产品应用 本品主要用于涂料乳胶漆。

产品特性

（1）本品主要成分为矿物油，与有机体系的相容性较好，匹配性强，因而可用于涂料乳胶漆等涂装产品中，以避免形成缩孔等缺陷。同时，矿物油消泡剂制备原料中，选择阳离子乳化剂和非离子乳化剂作为复配乳化剂可提高消泡剂的乳化效果及稳定性。

（2）本品制备工艺简单，生产成本低，具有很大的市场应用价值。

配方 13　矿物油消泡剂（2）

原料配比

原料		配比（质量份）		
		1#	2#	3#
环烷油		54.3	54.3	54.3
32# 白油		208.3	208.3	208.3
组合白炭黑	白炭黑 6	3	5.4	9
	白炭黑 523	6	5.4	—
	白炭黑 4	11.4	—	11.4
硬脂酸		1.5	1.5	1.5
硬脂酸铝		6	6	6
N, *N′* - 亚乙基双硬脂酰胺（EBS 蜡）		3	3	3
酰胺蜡		0.6	0.6	0.6
乳化剂	油酸聚氧乙烯醚	21	16.4	21
	司盘 -60	—	1.6	—
	吐温 -60	—	3	—

制备方法

（1）将环烷油、32# 白油、组合白炭黑、硬脂酸、硬脂酸铝、EBS 蜡、酰胺蜡投入反应器中转动分散，然后减速搅拌并升温、保温。转动分散为在 360r/min 转速下分散 15min；所述减速搅拌并升温、保温具体为减速至 300r/min 搅拌并升温至 160 ～ 180℃，保温 25min。

（2）再增速均质，而后降温加入乳化剂均质，最后减速搅拌并冷却至室温即可。增速均质具体为在 7000r/min 转速下均质 10min；所述降温加入乳化剂均质具体为降温至 67 ～ 73℃，加入乳化剂，均质 10min；所述减速搅拌并冷却至室温具体为减速至 200r/min 搅拌并冷却至室温。

产品应用　本品用于工业生产过程。

产品特性　本品引入不同种类的白炭黑混合物，大大降低了成本。气相法白炭黑在矿物油体系中分散后，其表面的活性硅羟基易形成氢键，产生结构化效应，形成网状结构，在空间网状结构下能托住沉淀法白炭黑，通过相互之间组分比例的选择，使得本品消泡剂具有良好的稳定性和消泡效果。

配方 14　矿物油消泡剂（3）

原料配比

原料		配比（质量份）			
		1#	2#	3#	4#
消泡物质	硬脂酸镁	20	—	—	—
	硬脂酸锌和硬脂酸钙的混合物		5	—	—
	硬脂酸铝和二（十八烷酸）铝的混合物	—	—	10	—
	十五烷酸铝和二十烷酸铝的混合物	—	—	—	7

续表

原料		配比（质量份）			
		1#	2#	3#	4#
载体 1	白油	42	—	—	—
	煤油	—	59.5	—	—
	柴油	—	—	63	—
	烷基苯	—	—	—	50
消泡助剂	氧化聚乙烯蜡［酸值（以 KOH 计）为 11mg/g］	3	—	—	—
	氧化聚乙烯蜡［酸值（以 KOH 计）为 12mg/g］	—	5	—	—
	氧化聚乙烯蜡［酸值（以 KOH 计）为 13mg/g］	—	—	8	—
	氧化聚乙烯蜡［酸值（以 KOH 计）为 14mg/g］	—	—	—	8
载体 2	白油	18	—	—	—
	液蜡	—	25.5	7	—
	环烷油	—	—	—	15
乳化剂	脂肪醇聚氧乙烯醚	17	—	—	—
	油酸聚氧乙烯醚和蓖麻油聚氧乙烯醚的混合物	—	5	—	—
	吐温 -20 和司盘 -20 的混合物	—	—	12	—
	吐温 -40 和司盘 -60 的混合物	—	—	—	20

制备方法

（1）将消泡物质和载体 1 在密闭容器中混合，以消泡物质的熔点 B_{mp}（℃）为基准，将温度加热到 B_{mp}+（5 ～ 10）（℃），然后快速冷却降温至 50 ～ 70℃，控制降温速率≥ 5℃ / min，形成混合物 M；

（2）将消泡助剂和载体 2 在密闭容器中混合，以消泡助剂的熔点 C_{mp}（℃）为基准，将温度加热到 C_{mp}+（5 ～ 10）（℃），然后快速冷却降温至 50 ～ 70℃，控制降温速率≥ 5℃ / min，形成混合物 N；

（3）将混合物M、混合物N和乳化剂在常温状态下混合均匀，得到最终的矿物油消泡剂。

原料介绍

所述载体为液体有机烃，为煤油、柴油、机油、白油、液蜡、烷基苯、环烷油中的一种或多种。

所述消泡物质为脂肪酸金属皂，选择脂肪酸的镁盐、铝盐、钙盐、锌盐中的一种或多种。

所述消泡助剂为氧化聚乙烯蜡，氧化聚乙烯蜡的酸值（以 KOH 计）≥ 11mg/g。

所述的乳化剂为非离子表面活性剂，为脂肪醇聚氧乙烯醚、油酸聚氧乙烯醚、蓖麻油聚氧乙烯醚、聚氧乙烯脂肪胺化合物、聚氧乙烯失水山梨醇单月桂酸酯（吐温 -20）、聚氧乙烯失水山梨醇单棕榈酸酯（吐温 -40）、聚氧乙烯失水山梨醇单硬脂酸酯（吐温 -60）、聚氧乙烯失水山梨醇单油酸酯（吐温 -80）、聚氧乙烯失水山梨醇三油酸酯（吐温 -85）、失水山梨醇单月桂酸酯（司盘 -20）、失水山梨醇单棕榈酸酯（司盘 -40）、失水山梨醇单硬脂酸酯（司盘 -60）、失水山梨醇单油酸酯（司盘 -80）、失水山梨醇三油酸酯（司盘 -85）中的一种或多种。

产品应用 本品广泛用于各个行业。

产品特性 本品是一种消抑泡性能、稳定性和相容性兼具的矿物油消泡剂。

配方 15　耐高温污水处理用硅聚醚消泡剂

原料配比

原料	配比（质量份）	原料	配比（质量份）
羟基硅油	5 ～ 10	白炭黑	1 ～ 5
聚二甲基硅氧烷	40 ～ 50	氯铂酸催化剂	0.1 ～ 0.3
增稠剂	1 ～ 3	甲苯	0.015 ～ 0.035
司盘 -60	2 ～ 3	去离子水	50 ～ 70
吐温 -80	3 ～ 4	端烯丙基聚氧烯醚	30 ～ 60

制备方法

（1）将羟基硅油、聚二甲基硅氧烷和白炭黑混合，并在温度为 180 ～ 200℃的反应釜内反应 2 ～ 4h，反应后降至室温，得硅膏；

（2）向反应釜内加入司盘、吐温、去离子水和甲苯，并通过高速搅拌器与反应釜内的硅膏混合均匀，然后向反应釜内加入氯铂酸催化剂，搅拌 1 ～ 2h，降温至 50 ～ 80℃后，向反应釜内加入增稠剂，得到白色乳液状消泡剂；

（3）向反应釜内加入端烯丙基聚氧烯醚，将白色乳液状消泡剂与端烯丙基聚氧烯醚混合搅拌 0.5 ～ 1.5h，混合物经胶体磨研磨后得到耐高温污水处理用硅聚醚消泡剂。

原料介绍　所述端烯丙基聚氧烯醚的制备方法包括如下步骤：以聚氧丙烯氧乙烯甘油醚为起始剂，以聚氧丙烯醚为疏水基，并以聚氧乙烯醚为亲水基，协调 HLB 值，PO（环氧丙烷）：EO 比例值为 4：6 时加入催化剂进行嵌段共聚，得到羟值（以 KOH 计）为 50 ～ 60mg/g、黏度为 400 ～ 700mPa · s、分子量为 3000 ～ 5000 的端烯丙基聚氧烯醚。

产品特性

（1）本品在高浓度液体中能保持很好的消抑泡效果，和起泡介质能很好地相容，性价比高，质量稳定，是一款能够破坏泡沫表面活性、让泡沫稳定机制失效的消泡剂。本消泡剂可经浓缩液原液水稀释后缓慢进入到蒸发器中，不会造成二次污染及无任何副作用，进而大大降低了运行成本。

（2）本品的消泡、抑泡能力强，不影响起泡体系的基本性质，并且扩散性、渗透性、耐温性好、耐氧化性强。同时，能够在高温强酸强碱条件下抑泡消泡，水中溶解性强、不结块，是一种良性表面处理产品。

配方 16　羟基氟硅油改性的水性有机硅消泡剂

原料配比

原料		配比（质量份）			
		1#	2#	3#	4#
聚醚改性硅油	聚醚 $CH_2=CHCH_2O(CH_2CH_2O)_5(CHCH_3CH_2O)_3H$	250	660	120	100
	氯铂酸（含铂 0.5%）	1.4	1.4	—	0.3
	卡斯特催化剂（含铂 0.5%）	—	—	1.4	—
	含氢硅油（侧链含氢、端甲基，氢含量 0.40%）	100	100	100	120
聚二甲基硅氧烷	黏度 600mPa · s 的聚二甲基硅氧烷	90	—	—	—
	黏度 900mPa · s 的聚二甲基硅氧烷	—	90	—	—
	黏度 800mPa · s 的聚二甲基硅氧烷	—	—	90	—
	黏度 1000mPa · s 的聚二甲基硅氧烷	—	—	—	92
羟基氟硅油	α,ω - 二羟基聚三氟丙基甲基硅氧烷	5	5	5	3

续表

原料		配比（质量份）			
		1#	2#	3#	4#
白炭黑	气相白炭黑（比表面积 $200m^2/g$）	5	5	—	—
	超细白炭黑（比表面积 $240m^2/g$）	—	—	—	5
	疏水白炭黑（比表面积 $160m^2/g$）	—	—	5	—
聚醚改性聚硅氧烷		40	30	35	35
乳化剂	司盘-60与吐温-60的混合物	25	—	35	35
	司盘-60	—	35	—	—
增稠剂	羧甲基纤维素钠	2	—	4	—
	聚氧化乙烯	—	1	—	—
去离子水		250	660	660	660

制备方法 取聚二甲基硅氧烷、α，ω-二羟基聚三氟丙基甲基硅氧烷、白炭黑，于120～140℃下混合1～3h；降温至50～70℃，加入聚醚改性硅油、聚醚改性聚硅氧烷、乳化剂、增稠剂（也可不加）、去离子水，混合均匀，得到羟基氟硅油改性的水性有机硅消泡剂。

原料介绍

所述羟基氟硅油为含氟硅烷环体、去离子水在酸催化剂的作用下开环聚合而得的α，ω-二羟基聚含氟硅氧烷，与含氟硅烷环体、二甲基硅氧烷环体、去离子水在酸催化剂的作用下开环共聚合而得的α，ω-二羟基聚（含氟硅氧烷-二甲基硅氧烷）中的至少一种。所述含氟硅烷环体为三氟丙基甲基硅氧烷环体、九氟己基甲基硅氧烷环体中的任意一种；所述酸催化剂为质子酸。

所述聚醚改性硅油为单烯丙基封端聚醚与含氢硅油在铂催化剂的作用下硅氢加成而得。所述单烯丙基封端聚醚结构通式为$CH_2=CHCH_2O(CH_2CH_2O)_m(CHCH_3CH_2O)_nR$，其中，$m$为2～20，$n$为0～30，R为氢或$C_1$～$C_4$饱和烷基，$m$、$n$均为正整数。

产品应用 本品广泛应用于涂料、水处理、农化、日化等领域。

产品特性 本品利用羟基氟硅油与聚醚改性硅油进行原位化学键合，提高了消泡剂的稳定性，同时实现了在极低用量下的针对强起泡体系的良好消泡效果；通过调节羟基氟硅油的结构，可以调控氟元素的引入量，实现综合性价比的提升；同时实现较大范围内的白炭黑、聚醚改性硅油、乳化剂的适用性。

配方 17 润滑油用消泡剂

原料配比

原料		配比（质量份）			
		1#	2#	3#	4#
聚二甲基硅氧烷	300号聚二甲基硅氧烷	0.2	—	—	—
	800号聚二甲基硅氧烷	—	0.4	—	—
	1000号聚二甲基硅氧烷	—	—	0.8	—
	2000号聚二甲基硅氧烷	—	—	—	1.2
有机硅聚丙烯酸酯		1.2	0.8	0.6	0.4
甲基封端三氟丙基改性聚硅氧烷		0.6	0.8	0.6	0.4
聚二乙基硅氧烷		10	10	10	10
HV Ⅲ类基础油		加至100	加至100	加至100	加至100

制备方法

（1）将聚二甲基硅氧烷、有机硅聚丙烯酸酯、甲基封端三氟丙基改性聚硅氧烷和聚二乙基硅氧烷混合，得到基础液；混合的温度为 70 ～ 80℃。

（2）将所述基础油与 HV Ⅲ类基础油混合，得到消泡剂。混合的温度为 70 ～ 80℃；混合的方式为利用高速剪切装置进行剪切和分散。利用高速剪切装置进行剪切和分散的条件为：转速 10000 ～ 20000r/min，共剪切分散 3 ～ 5 次，每次处理 10 ～ 15min，每次处理之间间隔 2 ～ 5min。

原料介绍

所述聚二甲基硅氧烷选择 25℃运动黏度为 200 ～ 1000mm^2/s 的聚二甲基硅氧烷中的一种或几种。

所述甲基封端三氟丙基改性聚硅氧烷通过以下制备方法制得：将三氟丙基甲基环三硅氧烷、六甲基二硅醚和催化剂混合，升温至 80 ～ 120℃，在减压下进行平衡反应，2 ～ 5h 后反应产物逐渐澄清，然后再继续平衡反应 10h；之后，解除真空，在常压下升温至 180℃保持 1h 来分解催化剂，然后在 250℃脱除低沸物，再利用活性炭脱色，从而得到甲基封端三氟丙基改性聚硅氧烷产品。所述催化剂为四甲基氢氧化铵。

所述聚二乙基硅氧烷的 200℃运动黏度为 3mm^2/s。

产品应用 本品用作复杂基础油体系下的液压油或齿轮油的消泡剂。

产品特性 本品中聚二甲基硅氧烷、有机硅聚丙烯酸酯和甲基封端三氟丙基改性聚硅氧烷协同作用，聚二乙基硅氧烷能较好地溶解和稳定以上组分，HV Ⅲ类基础油对以上组分有较好的分散作用，上述特定组成的体系，产生优异的抗泡性。与传统消泡剂相比，本品具有优异的消泡效果和抗过滤特性。本品特别是对控制复杂基础油体系的泡沫特性具有极为明显的优势。

配方 18 生物发酵用的高效低毒性消泡剂

原料配比

原料			配比（质量份）			
			1#	2#	3#	4#
硅膏	二甲基硅油	黏度为 1000cSt	100	—	100	100
		黏度为 500cSt	—	100	—	—
	疏水二氧化硅		5	5	10	5
水相混合物	去离子水		40	40	20	40
	乳化剂		10	5	5	10
	增稠剂	山梨醇酐单月桂酸酯	1	1	0.5	0.9
		羟丙基甲基纤维素	—	—	1.5	0.1
	防腐剂	脱氧乙酸钠	0.5	0.5	0.5	0.5
油相混合物	硅膏		1	1.5	1.5	2
	聚醚	GP 型	1	—	—	1
		GPE 型	—	1	1	—
乳化剂	吐温 -60		1	1	1	1
	司盘 -60		9	9	9	9

制备方法

（1）将二甲基硅油和疏水性二氧化硅在 120 ～ 180℃下 300 ～ 500r/min 搅拌 240 ～ 360min，得到硅膏；

（2）将去离子水、乳化剂、增稠剂、防腐剂混合均匀，得到水相混合物；

（3）将硅膏、聚醚混合得到油相混合物，将油相混合物与水相混合物混合后于75～80℃下搅拌120～180min，静置90min，即得。

原料介绍

所述聚醚为聚氧丙烯甘油醚（GP）、聚氧丙烯氧化乙烯甘油醚（GPE）聚醚类消泡剂中的任意一种。

所述防腐剂选用对酵母损伤较小的脱氧乙酸钠。

产品应用 本品是一种适用于生物发酵赤藓糖醇的消泡剂。

该消泡剂可用水稀释使用，稀释比例在（1∶1）～（1∶3）之间不等。

产品特性

（1）该消泡剂发酵效率方面优于传统的消泡剂，且对菌株的毒性较小；同时，该复合型消泡剂具有耐高温、不易分层的优点，满足了纯种发酵及使用便捷的需求；在使用过程中，可以进行1∶3的大比例稀释，极大地降低了使用成本；在消泡剂单耗方面，可减少15%～20%的消耗，适用于糖醇的工业化生产。

（2）本品对解脂耶氏酵母发酵泡沫具有较好的消泡和抑泡性能，且毒性小，制备方法简单、条件温和，适合大规模的工业化生产。

配方 19 水性漆用消泡剂

原料配比

原料		配比（质量份）
聚醚改性MQ硅树脂		20
改性硅油	聚醚改性硅油	20
乳化剂	吐温	5
疏水颗粒	二氧化硅	1
增稠剂	聚丙烯酸钠	3
去离子水		60

制备方法 按比例将聚醚改性MQ硅树脂、改性硅油、乳化剂、疏水颗粒、增稠剂搅拌，利用高速搅拌机1000r/min高速搅拌混合1h，缓慢加入去离子水继续搅拌30min，即得水性漆用消泡剂。

原料介绍

所述的聚醚改性MQ硅树脂由聚醚化合物与MQ硅树脂为原料，在有机锡作催化剂的条件下，混合加热聚合而得，聚醚化合物与MQ硅树脂的质量比为100∶（3～5），反应温度为100～120℃，反应时间为4～6h。所述聚醚化合物为聚醚多元醇、脂肪醇聚醚、烯丙基聚醚、炔醇聚醚中的一种或几种。所述的聚醚多元醇可以为丙二醇或甘油作起始剂的聚醚，常见分子量为1000、2000、3000；脂肪醇聚醚可以为丁醇、辛醇、十二醇、十六醇、十八醇作起始剂的聚醚；烯丙基聚醚可以为烯丙醇作起始剂的聚醚；炔醇聚醚可以为丁炔二醇、葵炔二醇作起始剂的聚醚。所述的MQ硅树脂为MQ值为0.6～1.1的甲基硅树脂。

所述的改性硅油为烷基改性硅油、聚醚改性硅油、芳基改性硅油中的一种或几种。改性硅油可以由改性剂与低含氢硅油为原料，在100～120℃下，经过氯铂酸异丙醇溶液催化反应而得。

所述的疏水颗粒为二氧化硅、硬脂酸镁、硬脂酸铝、硬脂酸钙、固体石蜡中的一种或几种。

所述的增稠剂为聚丙烯酸钠、黄原胶、羧甲基纤维素钠中的一种或几种。

所述的乳化剂为司盘、吐温、脂肪醇聚氧乙烯醚、脂肪酸聚氧乙烯酯、卵磷脂中的一种或几种。

产品特性

（1）本品消抑泡效果好，不易引起鱼眼的问题，能有效消除水性漆中密集小泡，还能有效避免漆面火山口现象。

（2）本品包含聚醚改性 MQ 硅树脂，具有更好的透水性，同时与涂料体系有更好的相容性。MQ 硅树脂为交联立体结构，聚醚接枝 MQ 上的羟基后形成一个具有长链疏水的空间结构，由于较大的疏水分子结构，水分子会快速通过。

配方 20 稀土元素改性硅氧烷消泡剂

原料配比

原料		配比（质量份）		
		1#	2#	3#
改性烯丙基缩水甘油醚	壳聚糖	20	10	30
	体积分数为 1.8% 的醋酸水溶液	980	—	1470
	体积分数为 1.75% 的醋酸水溶液	—	490	—
	烯丙基缩水甘油醚	4	2	8
中间体	烯丙基聚氧乙烯聚氧丙烯甲基醚	232	120	470
	含氢硅油	780	400	1500
	甲苯	500（体积份）	500（体积份）	1000（体积份）
	Karstedt 催化剂	1.2	0.8	2.1
	改性烯丙基缩水甘油醚	12	6.5	20
	水	1（体积份）	0.5（体积份）	1（体积份）
中间体		20	20	20
硝酸镧		1.6	21	1.6
混合稀土		0.4	0.9	0.4
去离子水		100（体积份）	100（体积份）	100（体积份）
体积分数为 4% 的醋酸水溶液		100（体积份）	100（体积份）	100（体积份）
液体石蜡		100（体积份）	100（体积份）	100（体积份）
司盘 -80		30（体积份）	30（体积份）	30（体积份）
乙酸乙酯		40（体积份）	40（体积份）	—
35% 的甲醛溶液		45（体积份）	—	45（体积份）
38% 的甲醛溶液		—	40（体积份）	—
环氧氯丙烷		20（体积份）	20（体积份）	20（体积份）

制备方法

（1）将壳聚糖在酸性溶液中充分溶解，然后调节 pH 值为 2 ～ 5，滴加烯丙基缩水甘油醚进行充分反应，反应结束，沉淀、过滤、洗涤，制得改性烯丙基缩水甘油醚；

（2）将烯丙基聚氧乙烯聚氧丙烯甲基醚、含氢硅油、有机溶剂甲苯和水加入反应釜中，并加入含铂催化剂充分反应，然后加入步骤（1）制得的改性烯丙基缩水甘油醚继续反应，反应结束，抽滤、洗涤，制得中间体；

（3）将步骤（2）制得的中间体、硝酸镧、混合稀土进行混合后，加入去离子水，然后进行搅拌至充分反应；

（4）将步骤（3）反应后的体系置于醋酸水溶液中，然后进行充分搅拌至混合均匀后，常温下静置 20 ～ 40h，边搅拌边依次加入液体石蜡、乳化剂司盘 -80、乙酸乙酯后，加入甲醛溶液进行反应，反应 5 ～ 30min 后，调节反应体系的 pH 值为 7 ～ 9、温度为 50 ～ 80℃后，加入环氧氯丙烷，进行充分反应，反应结束，洗涤、抽滤，制得稀土元素改性硅氧烷消泡剂。

原料介绍

所述混合稀土中镧的含量为 60% ～ 75%、铈的含量为 20% ～ 39%、镨的含量为 0.15% ～ 5%、镥的含量为 0.001% ～ 0.005%、钕的含量为 0.05% ～ 0.25%。

所述含铂催化剂为 Karstedt 催化剂。

所述的烯丙基聚氧乙烯聚氧丙烯甲基醚的制备方法，包括以下步骤：

（1）将 110 质量份烯丙醇和 4 质量份氢氧化钠置入反应釜，室温下抽真空至压力达到 −0.095MPa 后，边搅拌边升温至 80℃，然后缓慢通入 812 质量份的环氧乙烷和 1085 质量份环氧丙烷，并控制温度在 120℃，反应至反应釜内为负压后，停止反应，制得烯丙基聚氧乙烯聚氧丙烯醚。

（2）将步骤（1）得到的烯丙基聚氧乙烯聚氧丙烯醚转入封端釜，加入 146 质量份的甲醇钠，边搅拌边控制温度为 70℃，搅拌 30min 后，脱除甲醇，反应釜升温至 75℃，继续搅拌 30min 后，通氮气置换后抽真空，压力达到 −0.095MPa 后，关闭真空阀，缓缓通入 110 质量份氯甲烷，釜温保持在 85℃，并控制压力≤ 0.5MPa，持续反应 1h，反应结束回收过量的氯甲烷，制得粗产品。

（3）将步骤（2）制得的粗产品转入分水器，加入 250 质量份纯净水，边搅拌边控制温度在 70℃，静置分层，分水后转入蒸馏釜，加入 50 质量份的硅酸镁搅拌，并保持釜温在 70℃左右，吸附 30min 后，开始升温，减压蒸馏，脱水，当温度升至 100℃时，开始鼓氮气，温度升至 105℃后结束操作，压滤，制得烯丙基聚氧乙烯聚氧丙烯甲基醚（分子量为 1060）；搅拌的速度为 80r/min。

所述的 Karstedt 催化剂的制备方法，包括以下步骤：将 450 体积份异丙醇、8 质量份氯铂酸和 180 质量份 1，3- 二乙烯基 -1，1，3，3- 四甲基二硅氧烷置入反应釜中进行回流反应，反应温度为 82℃，反应时间为 4h，反应结束，降至室温，并加入 11 质量份碳酸钠固体充分搅拌，然后过滤脱水，制得 Karstedt 催化剂。

产品应用 本品主要用于造纸、印染工业。

产品特性 本品离心稳定性好，即使在长时间放置后，仍有好的消泡性和抑泡性，且对金黄色葡萄珠菌和白色念珠菌具有高的抑制率，杀菌性好。

配方 21 酰胺类矿物油型消泡剂

原料配比

原料		配比（质量份）			
		1#	2#	3#	4#
矿物油 A1	白油	30	—	—	—
	煤油	—	28	—	—
	机油	—	—	24	—
	液蜡	—	—	—	20
消泡助剂		10	20	1	3
消泡物质 B1	亚乙基双硬脂酸酰胺	10	—	—	—
	亚乙基双月桂酸酰胺	—	5	—	—
	亚乙基双棕榈酸酰胺和亚乙基双肉豆蔻酸酰胺的混合物	—	—	3	—
	亚乙基双油酸酰胺和亚丙基双硬脂酸酰胺的混合物	—	—	—	8

续表

原料		配比（质量份）			
		1#	2#	3#	4#
消泡物质 B2	气相法疏水白炭黑（比表面积为 $200m^2/g$）	10	—	—	4
	沉淀法疏水白炭黑（比表面积为 $300m^2/g$）	—	—	0.5	—
	气相法疏水白炭黑（比表面积为 $500m^2/g$）	—	2	—	—
矿物油 A2	白油	30	—	56	—
	煤油	—	42	—	—
	烷基苯	—	—	—	45
乳化剂	脂肪醇聚氧乙烯醚	10	—	—	—
	脂肪酸聚氧乙烯醚和蓖麻油聚氧乙烯醚的混合物	—	3	—	—
	吐温 -20 和司盘 -20 的混合物	—	—	15.5	—
	吐温 -40 和司盘 -40 的混合物	—	—	—	20

制备方法

（1）将矿物油 A1、消泡助剂、消泡物质 B1 和消泡物质 B2 混合搅拌均匀，然后通过胶体磨研磨继续分散，形成混合物 X；

（2）将混合物 X 在密闭容器中加热，以消泡物质 B1 的熔点 B_1（℃）为基准，将温度升至 B_1+（5 ～ 10）（℃），搅拌一段时间后，将加热后的混合物 X 加入到矿物油 A2 中快速冷却，以消泡物质 B1 的凝析点 B_1（℃）为基准，降温至 B_1+（5 ～ 10）（℃），形成混合物 Y。

（3）继续向混合物 Y 中加入乳化剂，边搅拌边降至室温，得到所述的矿物油消泡剂。

原料介绍 所述的消泡助剂为聚醚。聚醚的结构通式为 RO（EO）$_x$（PO）$_y$H，其中下标 x 为 1 ～ 100 的整数，y 为 1 ～ 200 的整数；R 为烷基。所述的烷基为碳原子数为 4 ～ 20 的支链或直链烷基，包括丁基、异丁基、辛基、异辛基、十二烷基、十四碳烷基、十六碳烷基、十八碳烷基。

产品应用 本品主要用于涂料、油墨、造纸、胶黏剂等领域。

产品特性 本品首先将疏水白炭黑和脂肪酸酰胺在部分矿物油中混合并通过胶体磨研磨，避免脂肪酸酰胺后期大颗粒现象，提高消抑泡性能；然后将研磨后的分散液加热升温至脂肪酸酰胺熔点以上 5 ～ 10℃，再将分散液加入到矿物油中快速冷却（温度应降至脂肪酸酰胺凝析点以上 5 ～ 10℃，避免脂肪酸酰胺凝胶导致体系黏度上升分层，提高产品的稳定性）。

配方 22 水性漆用消泡剂

原料配比

原料	配比（质量份）			
	1#	2#	3#	4#
聚醚改性硅油	15	18	12	15
水凝胶聚丙烯酰胺	6	8	5	6
纳米高岭石粉	7	4	10	7
纤维素醚	6.5	4	8.5	6.5
阳离子淀粉	4.2	3	5.5	4.2
乳化剂	1	0.5	2	1

续表

原料		配比（质量份）			
		1#	2#	3#	4#
高分子分散剂		0.85	0.5	1.2	0.85
纤维素醚	羟丙基甲基纤维素	1	1	1	1
	纤维素烷基醚	1	1	1	1
	纤维素羟烷基醚	1	1	1	1

制备方法

（1）取聚醚改性硅油，加入水凝胶聚丙烯酰胺、纤维素醚和阳离子淀粉，混合均匀，得到初混物Ⅰ。

（2）向初混物Ⅰ中加入乳化剂和去离子水，加热，高速搅拌，得到黏稠状混合物Ⅱ；高速搅拌时，加热温度至115～150℃。控制高速搅拌器的转速为1800～3600r/min。

（3）趁热向混合物Ⅱ中加入纳米高岭石粉和高分子分散剂，均质搅匀，冷却至室温，得到消泡剂。

原料介绍

所述阳离子淀粉为接入季铵基的淀粉或经胺类化合物改性的淀粉。

所述乳化剂为脂肪醇聚氧乙烯醚、司盘-80、司盘-85、吐温-80或吐温-85中的任意一种或多种。

产品应用 本品主要应用于水性漆中，水性漆在喷涂或涂抹前，加入消泡剂和古法颜料，混匀后喷涂或涂抹于物体表面。古法颜料包括植物颜料、动物颜料和矿物颜料中的一种或多种。

产品特性 通过向消泡剂中引入纤维素醚、水凝胶聚丙烯酰胺等原料，并将制得的消泡剂添加进水性漆中，可使水性漆在被喷涂于物体表面后，通过消泡剂内的功效组分遇水膨胀等作用，来填补水性漆在成膜或使用过程中由于其中的水分蒸发而产生的孔隙，进而减少水性漆漆膜与物体表面之间存在的细密气泡；且通过高岭石粉末与上述原料结合使用，以避免吸水后体积膨胀过大而导致漆膜鼓包等。

配方23 用于微生物发酵的有机硅消泡剂

原料配比

原料		配比（质量份）			
		1#	2#	3#	4#
低黏度聚二甲基硅氧烷		20	10	15	20
赤藓糖醇		10	10	10	10
羟基硅油		15	25	20	—
疏水粒子	比表面积为300m^2/g的疏水气相白炭黑	8	—	—	—
	比表面积为200m^2/g的疏水气相白炭黑	—	—	—	8
	轻质碳酸钙	—	—	—	5
	硬脂酸铝	—	8	—	—
	硬脂酸酰胺	—	—	8	—
	硬脂酸皂	—	—	—	4
改性聚醚		10	10	10	10
二甲基硅氧烷混合环体		5	5	5	5

续表

原料		配比（质量份）			
		1#	2#	3#	4#
催化剂	乙烯基三氯硅烷	1	—	—	—
	铂催化剂	—	—	—	1
	氢氧化钾	—	1	1	—
硅树脂	MQ 型硅树脂	5	5	6	2.1
聚醚改性硅油		6	10	8	8
乳化剂	山梨醇酐三油酸酯	3	—	—	—
	山梨糖醇酐单硬脂酸酯	—	6	—	—
	聚氧乙烯失水山梨醇月桂酸酯	2	—	4	2
	鲸蜡硬脂醇醚 -21	—	4	—	—
分散增稠剂	海藻酸钠	0.2	—	—	—
	羧甲基纤维素	—	—	1	—
	角叉胶	—	—	—	0.2
	淀粉磷酸酯钠	—	—	—	0.8
	黄原胶	—	1	—	—
10% 氢氧化钠溶液		0.2	0.2	0.2	1
水		65	53	50	50

制备方法

（1）将低黏度聚二甲基硅氧烷、赤藓糖醇、二分之一质量份数的羟基硅油、疏水粒子、二甲基硅氧烷混合环体、催化剂和硅树脂加入加热罐中升温至 130 ～ 180℃，保温搅拌 1 ～ 3h，得硅脂；将所述硅脂、聚醚改性硅油、改性聚醚、剩余的羟基硅油和所述乳化剂在 90 ～ 92℃下搅拌混合均匀，得到油相混合物。

（2）将分散增稠剂在 50 ～ 55℃下溶于二分之一质量份数的水中，然后加入氢氧化钠溶液并搅拌均匀，得乳化增稠水；将所述乳化增稠水加入到所述油相混合物中，在 72 ～ 78℃下乳化搅拌 1 ～ 3h，得粗乳化物。

（3）将所述粗乳化物在 50 ～ 55℃下均质 0.5 ～ 1.5h，得细乳化物，将剩余质量份数的水加入所述细乳化物中，室温搅拌至混合均匀，得到有机硅消泡剂。

原料介绍

所述低黏度聚二甲基硅氧烷是 100 ～ 5000mPa · s 三甲基封端的聚二甲基硅氧烷，所述羟基硅油是 1000 ～ 60000mPa · s 的聚二甲基羟基硅氧烷，所述改性聚醚是异亮氨酸封端的改性聚醚。

所述硅树脂为 MQ 型硅树脂，所述 MQ 型硅树脂 n（M）/n（Q）的值为 0.1 ～ 1.0。

所述催化剂是氢氧化钾、硅烷偶联剂或铂金催化剂。所述硅烷偶联剂是乙烯基三氯硅烷、乙烯基三（*β*- 甲氧乙氧基）硅烷或 *N*-（*β*- 氨乙基）-*γ*- 氨丙基 - 甲基 - 三甲氧基硅烷。

所述乳化剂是硅聚醚、山梨醇酐三油酸酯、失水山梨醇油酸酯、山梨糖醇酐单硬脂酸酯、聚氧乙烯山梨糖醇酐三硬脂酸酯、聚氧乙烯失水山梨醇硬脂酸酯、聚氧乙烯山梨糖醇单油酸酯、聚氧乙烯失水山梨醇月桂酸酯、聚氧乙烯失水山梨醇油酸酯、聚氧乙烯（2）硬脂醇醚、异构脂肪醇聚氧乙烯醚、鲸蜡硬脂醇醚 -21 中的一种或两种以上的混合物。

所述分散增稠剂为天然的分散增稠剂和 / 或合成的分散增稠剂。所述天然的分散增稠剂为黄原胶、海藻酸钠、淀粉、果胶、琼脂、明胶、海藻脂、角叉胶、糊精、黄芪胶中的一种或两种以上的混合物；所述合成的分散增稠剂为羟丙基甲基纤维素、甲基纤维素、羧甲基纤维素、干酪素、聚丙烯酸钠、聚氧化乙烯、聚乙烯吡咯烷酮、聚乙烯醇、聚乙烯蜡、聚丙烯酰胺、淀粉磷酸酯钠中的一种或两种以上的混合物。

所述疏水粒子是脂肪酸金属皂、脂肪酸酰胺、硬脂酸酯、疏水气相白炭黑、碳酸钙中的一种或两种以上的混合物。所述硬脂酸金属皂为硬脂酸铝，所述脂肪酸酰胺为硬脂酸酰胺。所述疏水气相白炭黑是按照以下方法制得的：按质量分数将 91% 的亲水性白炭黑、4.5% 的六甲基二硅氮烷和 4.5% 的碳酸氢铵加入反应器中，升温至 105 ～ 115℃并保温 2 ～ 3h，然后降至常温出料，即得疏水气相白炭黑。

产品应用 本品适用于柠檬酸、谷氨酸、叶酸、维生素 B_{12}、维生素 C、阿维菌素、赖氨酸、苏氨酸、亮氨酸、青霉素、红霉素、黄霉素、金霉素、酒精、黄原胶等生物发酵过程中泡沫的消除和控制。

产品特性

（1）本品所有组分都选择食品级原料，使制得的消泡剂基本无生理毒性，甚至还促进微生物生长。本品针对微生物发酵过程具有较强的消泡和抑泡能力。

（2）本品将乳化剂加在油相混合物中，单独处理水相，再将水相加入油相，使油包水转变为水包油，从而使羟基硅油乳化效果更好，产品更加细腻、稳定，并且羟基硅油、疏水粒子、二甲基硅氧烷发生反应生成高黏度的硅脂，其作为主要活性成分生成的有机硅消泡剂具有较强的消泡和抑泡能力。

配方 24 有机硅消泡剂

原料配比

原料			配比（质量份）		
			1#	2#	3#
疏水性硅油	羟基硅油	羟基质量分数为 3% 的羟基硅油	100	—	—
		羟基质量分数为 8% 的羟基硅油	—	100	—
		羟基质量分数为 0.1% 的羟基硅油	—	—	100
	羟基氟硅油	羟基封端的甲基 -3，3，3- 三氟丙基硅氧烷	3	1	2
	催化剂	异辛酸锆	0.2	—	—
		铂催化剂	—	0.4	—
		月桂酸铋	—	—	1
	含氢硅油	氢质量分数为 1.55% 的含氢硅油	10	—	—
		氢质量分数为 0.6% 的含氢硅油	—	20	—
		氢质量分数为 0.8% 的含氢硅油	—	—	12
	含氢氟硅油	氢质量分数为 0.2% 的含氢氟硅油	1	—	—
		氢质量分数为 0.4% 的含氢氟硅油	—	1	—
		氢质量分数为 0.8% 的含氢氟硅油	—	—	2
硅膏	二甲基硅油		100	100	—
	疏水性硅油		25	25	25
	稀释剂	丙二醇甲醚醋酸酯	5	—	—
		乙二醇丁醚醋酸酯	—	—	10
		丙二醇甲醚	—	10	—
	活性粒子	气相二氧化硅	9	4	5
		纳米碳酸钙	—	6	—
		纳米二氧化钛	—	—	7
硅膏			100	100	100
乳化剂 A	司盘 -60		20	—	10
	司盘 -80		—	10	5

续表

原料		配比（质量份）		
		1#	2#	3#
乳化剂 B	吐温 -60	15	—	7
	吐温 -20	—	20	—
	吐温 -80	—	—	5
乳化剂 C	脂肪醇聚氧乙醚磷酸酯	5	3	—
	脂肪醇聚氧乙醚羧酸钠	—	—	4
蒸馏水		320	330	350

制备方法

（1）在 50℃下，将所述硅膏、乳化剂 A、乳化剂 B、乳化剂 C 混合，得到混合物。

（2）将所述混合物在 80℃下搅拌 1h，得到搅拌物。

（3）将所述搅拌物与蒸馏水混合后进行乳化、研磨，得到有机硅消泡剂。所述乳化的时间为 2h；研磨的搅拌转速大于 1500r/min。

原料介绍

所述硅膏的制备方法包括以下步骤：

（1）将所述二甲基硅油、疏水性硅油和稀释剂在 60℃下混合，再与活性粒子混合 1h，得到混合物；

（2）将所述混合物在 110℃下反应 5h，得到硅膏。

所述疏水性硅油的制备方法包括以下步骤：

（1）将所述羟基硅油、羟基氟硅油和催化剂在 90℃下混合 30min，得到混合物；

（2）将所述混合物与含氢硅油、含氢氟硅油在 100 ～ 110℃下反应 5h，得到疏水性硅油。

产品应用 本品在对 5% 的表面活性剂 NP-10 水溶液进行消泡处理时，抑泡更持久。

产品特性

（1）本品中，所述二甲基硅油具有良好的铺展性和低表面张力，可以很好地在水面上形成油膜；疏水性硅油用来提高疏水性，延长油膜在水面铺展的时间，从而提高抑泡作用；活性粒子则起到针刺的作用，快速破泡；稀释剂可降低产品的黏稠度，使产品易于在水中分散，实现更快的破泡。常规的是使用气相二氧化硅，添加纳米碳酸钙或纳米二氧化钛是为了降低成本。

（2）在本品中，所述羟基硅油是羟基封端的硅油，含氢硅油是氢键封端的硅油，羟基氟硅油和含氢氟硅油则是在羟基硅油和含氢硅油链段上引入含氟化合物，提高疏水疏油性和耐溶剂性能。羟基硅油、羟基氟硅油在催化剂作用下和含氢硅油、含氢氟硅油进行交联反应，进一步提高了其疏水性。疏水性在消泡剂配方中有较为重要的作用，在使用消泡剂时，产品的疏水性和低表面张力，可以使产品在水面铺展并且不易溶在水中或沉淀，从而提高了持久抑泡的能力。

配方 25 自乳化型聚醚改性有机硅消泡剂

原料配比

原料			配比（质量份）			
			1#	2#	3#	4#
聚醚多元醇	含有双键的醇类、胺类或脂肪酸类化合物	烯丙醇	120	—	—	120
		烯丙基改性的甘油聚醚多元醇	—	480	—	—
		烯丙基改性的山梨醇聚醚多元醇	—	—	440	—

续表

原料			配比（质量份）			
			1#	2#	3#	4#
聚醚多元醇	催化剂 A	氢氧化钾	3	3	—	—
		二甲胺水溶液	—	—	5	—
		氢氧化钠	—	—	—	3
	环氧化合物	环氧乙烷	460	420	460	760
		环氧丙烷	420	—	—	120
乳化剂	聚醚多元醇		560	560	550	560
	乙烯基硅油		360	360	350	360
	催化剂 B	过氧化苯甲酰	4.5	—	—	—
		过氧化二异丙苯	—	—	4.5	—
		偶氮二异丁腈	—	4	—	—
		2，5- 二甲基 -2，5- 二叔丁基过氧化乙烷	—	—	—	4.5
蒸馏水			200	200	200	200
乳化剂			180	170	180	180
稳定剂	有机膨润土		4	3	4	4
二甲基硅油			45	45	45	45
气相法白炭黑			10	10	10	10

制备方法

（1）聚醚多元醇的制备：将含有双键的醇类、胺类或脂肪酸类化合物和催化剂 A 加入到反应釜中，用高纯氮气置换，105 ～ 120℃下通入环氧化合物，制得聚醚多元醇。

（2）乳化剂的制备：将步骤（1）制备得到的聚醚多元醇加入反应釜内，用高纯氮气置换，保持压力 0.2 ～ 0.4MPa、温度 125 ～ 135℃，持续通入计量好的催化剂 B 和乙烯基硅油，反应完毕保持 2h。

（3）二甲基硅油和气相法白炭黑的乳化：在带加热和搅拌功能的反应装置中加入占产品总量 48% ～ 54% 的蒸馏水，并加热至 80℃，然后依次加入步骤（2）制备得到的乳化剂和稳定剂，完全溶解后得到混合溶液，向混合溶液中缓缓加入二甲基硅油和气相法白炭黑，乳化 0.5 ～ 1h 后停止加热。

（4）后处理：将乳化完毕的产物进行真空干燥，自然冷却至室温，得到白色黏稠乳液形态的具有自乳化性能的聚醚改性有机硅消泡剂。

原料介绍

所述含有双键的醇类、胺类或脂肪酸类化合物为烯丙醇、丙烯醇、烯丙基改性的甘油聚醚多元醇、季戊四醇、山梨醇聚醚多元醇、其他 C_2 ～ C_8 直链或支链的烯式不饱和胺和 C_2 ～ C_8 直链或支链的烯式不饱和酸中的一种或几种。

所述 C_2 ～ C_8 直链或支链的烯式不饱和胺是指碳链含有至少一个碳碳双键的不饱和胺；所述 C_2 ～ C_8 直链或支链的烯式不饱和酸是指碳链含有至少一个碳碳双键的不饱和酸。

所述乙烯基硅油乙烯基含量在 0.8% ～ 10%，黏度在 200 ～ 3000mPa · s。

产品应用 本品可用于强酸强碱环境下的生物发酵、抄纸、印染等常见生产过程的消泡。

产品特性 本品黏度为 2000 ～ 4000mPa · s，在 pH 值小于 6 和 pH 值大于 8、温度大于 200℃的环境中放置 48h 不分层，环保，不同批次稳定性好。本品具有消泡能力强、抑泡时间长、热稳定性强、化学稳定性强等特点，并具有成本低、消泡时间短、耐酸碱、添加量少等特点。

5 发泡剂

5.1 发泡剂定义

发泡剂就是使对象物质成孔的物质，有广义与狭义之分。这两个概念是有一定的差别的，它可以区分非应用性发泡剂与应用性发泡剂。

5.1.1 广义的发泡剂

广义的发泡剂是指所有其水溶液能在引入空气的情况下大量产生泡沫的表面活性剂或表面活性物质。大多数表面活性剂或表面活性物质均有大量起泡的能力，因此，广义的发泡剂包含了大多数表面活性剂或表面活性物质。因而，广义的发泡剂的范围很大，种类很多，其性能品质相差很大。

广义的发泡剂发泡倍数（产泡能力）、泡沫稳定性（可用性）等技术性能没有严格的要求，只是有一定的产生大量泡沫的能力，产生的泡沫能否有实际的用途则没有界定。

5.1.2 狭义的发泡剂

狭义的发泡剂是指那些不但能产生大量泡沫，而且泡沫具有优异性能，能满足各种产品发泡的技术要求，真正能用于生产实际的表面活性剂或表面活性物质。它与广义发泡剂的最大区别就是其应用价值，体现其应用价值的是其优异性能。其优异性能表现为发泡能力特别强、单位体积产泡量大、泡沫非常稳定、可长时间不消泡、泡沫细腻及和使用介质的相容性好等。

狭义的发泡剂就是工业实际应用的发泡剂，一般人们常说的发泡剂就是指这类狭义发泡剂。只有狭义的发泡剂才有研究和开发的价值。

5.2 发泡剂作用机理

发泡剂作用机理根据发泡剂的性质分为化学发泡与物理发泡。化学发泡剂是在高温下分解形成气态分解物（N_2、CO_2、NH_3 等）的有机物和无机物。这个分解过程通常是放热和不可逆的。物理发泡剂可以是液体，也可以是在正常情况下已汽化的物质。

化学发泡剂作用机理：受热分解或原料组分间发生化学反应而产生气体。化学发泡剂在加热时释放出的气体有二氧化碳、氮气、氨气等。

物理发泡剂作用机理：通过某一种物质的物理形态的变化，即通过压缩气体的膨胀、液体的挥发或固体的溶解而形成泡沫细孔。物理发泡剂包括脂肪族碳氢化合物（戊烷、己烷、癸烷等）、含氯碳氢化合物（一氯甲烷、二氯甲烷等）、氯 - 氟碳化合物（三氯一氟甲烷、二氯二氟甲烷等）、N_2、CO_2、稀有气体和空气。

5.3 发泡剂分类

发泡剂可分为化学发泡剂、物理发泡剂和表面活性剂三大类。化学发泡剂是那些经加热分解后能释放出二氧化碳和氮气等气体，并在聚合物中形成细孔的化合物；物理发泡剂泡沫细孔是通过某一种物质的物理形态的变化，即通过压缩气体的膨胀、液体的挥发或固体的溶解而形成的。发泡剂均具有较高的表面活性，能有效降低液体的表面张力，并在液膜表面双电子层排列而包围空气，形成气泡，再由单个气泡组成泡沫。

（1）化学发泡剂　又叫分解性发泡剂。固态的化学发泡剂被均匀地分散在塑料中，当塑料受热被熔融成液态时，发泡剂受热分解。分解后的发泡剂产生大量的气体，被均匀地分散在成型的塑料之中，冷却后成为泡沫体。

按结构分主要有偶氮化合物，如偶氮二甲酰胺（ADC）、偶氮二异丁腈等；*N*- 亚硝基化合物，如 *N*，*N*- 二亚硝基五次甲基四胺（DPT）；酰肼类化合物，如 4，4- 二磺酰肼二苯醚（OB-SH）、对苯磺酰肼等。

（2）物理发泡剂　又称挥发性发泡剂，发泡过程仅是物理形态发生了变化，化学组成没有发生变化。这类发泡剂包括惰性压缩气体（在压力消除以后体积膨胀，使熔融成型过程中的塑料产生气泡而成泡沫塑料）、可溶于被发泡物质的低沸点液体或易升华固体（在塑料受热熔融过程中，因受热而成为气体，在熔体塑料中成为泡沫）。可压缩气体的主要品种有空气、氮气、氦气、氢气及二氧化碳气体等，它们无毒、具有惰性、不燃，对大多数聚合物都具有穿透性，主要用于聚乙烯（PO）、聚氯乙烯（PVC）及聚苯乙烯（PS）等树脂中。低沸点挥发性液体是最常用的一类物理发泡剂，主要品种有：脂肪烃（主要为含 5 ～ 7 个碳的碳氢化合物）、卤（氟、氯）代烃、液态二氧化碳、液态水及其他低沸点的醇、醚、酮及芳烃等。

（3）第三类发泡剂——表面活性剂类发泡剂　在食品、洗化、建筑、采矿等行业，广泛应用表面活性剂来进行发泡，因此出现了第三类发泡剂——表面活性剂类发泡剂。表面活性剂因其表面活性，能有效降低液体的表面张力，并在液膜表面双电子层排列而包围空气形成气泡，再由单个气泡组成泡沫，因此这类发泡剂的实质就是表面活性剂的表面活性作用。没有表面活性作用，就不能发泡，也就不能成为发泡剂，表面活性是发泡的核心。表面活性剂种类多样，而它们对液体表面的影响又各不相同，所以并不是所有的表面活性剂均可用作发泡剂。表面活性剂的正确选择与合理搭配是发泡成功与否的关键。从这个意义上讲，表面活性剂种类成千上万，但真正能够用作发泡剂的却寥寥无几。

常用的表面活性剂类发泡剂有松香皂类发泡剂、动植物蛋白类发泡剂、K12（十二烷基硫酸钠）发泡剂、AES（脂肪醇聚氧乙烯醚硫酸钠）发泡剂、复配发泡剂等等。

5.4 发泡剂用途

在工业生产和日常民用中，发泡剂的用途千差万别，不同应用领域对发泡剂有不同的技术要求。例如，灭火器用发泡剂只要求其具有瞬时发泡量和对氧气的阻隔能力，而不要求其具有较高的稳定性和细腻性。再如矿业用浮选发泡剂，只要求它对目的物的吸附力强并有较好的起泡力，对发泡倍数和稳泡性要求不高。如此等等，不一一列举。发泡剂几乎应用到各个工业领域，用途十分广泛。各行业对发泡剂的性能要求显然是不一样的，一个行业能用的发泡剂到另一行业就不能使用或效果不好。

5.4.1 在建筑行业中的应用

水泥发泡剂，又名泡沫混凝土发泡剂，是指能够降低液体表面张力，产生大量均匀而稳定的泡沫，用以生产泡沫混凝土的外加剂。

泡沫混凝土所用发泡剂是针对混凝土发泡来提出技术要求的。它除了大泡沫生成能力外，特别注重泡沫的稳定性、泡沫的细腻性、泡沫和水泥等胶凝材料的适应性等。能满足这一要求的狭义发泡剂也是少之又少的，大多数发泡剂是不能用于泡沫混凝土实际生产的。因此，泡沫混凝土发泡剂必须是符合上述技术要求的少数表面活性剂或表面活性物质。

5.4.2 在塑料加工中的应用

塑料加工成型过程中，发泡剂能够放出气体从而形成泡沫孔结构，即为制造发泡塑料而添加的一类助剂。它们在特定的条件下，能产生大量气体，使塑料形成气固结构，成为一定形状的多孔结构件，从而降低制品的密度和硬度，增加隔热、隔音性，吸收外来冲击力。作为包装可保护内装物品的安全，使其不被损坏。

在塑料中加入一些填料，就可使塑料某些性能得到改进，使其更适合于某些专门用途。为了降低塑料的密度和硬度，或者增强它的隔热性或隔音性，最理想的填料就是空隙。含有空隙或泡孔的塑料，分类为泡沫塑料。随着发泡程度的增大，也就是空隙造成的泡沫的体积份额的增大，泡沫塑料的性能与基础塑料可能有相当大的差别。发泡剂是一种化学品，可加到塑料中，在加工过程的适当时间，它即会放出气体，使塑料中形成泡孔。

5.4.3 在橡胶加工中的应用

海绵橡胶或称微孔橡胶，有许多特殊性能，如质轻、隔热、缓冲防震性能良好，因而，在制鞋工业中获得广泛应用。海绵橡胶鞋底具有良好的弹性、减震、隔热等，一般采用天然胶、合成橡胶或再生胶加起泡剂制成。海绵橡胶鞋底是中档橡胶制品，要求成本低廉，有机和无机发泡剂并用，既能达到性能需求，还能降低生产成本。

用固体干胶制造微孔橡胶或海绵橡胶时，通常是在橡胶混炼过程中加入发泡剂及其他助剂，在较高的温度下进行化学反应分解出气体，使橡胶发泡膨胀。欲制得性能良好的海绵胶，发泡剂品种的选择、用量的确定、助发泡剂的配合是非常重要的。对橡胶发泡剂通常希望满足如下要求：

① 贮存时的稳定性良好、无毒性、无臭味、对产品无污染且不使产品变色。

② 在较短的时间内就能完成热分解，其发气量亦可进行控制。

③ 粉末状发泡剂粒度应细小而又均匀，在胶料中易于分均。

④ 不影响胶的硫化历程。

5.4.4 在纺织整理中的应用

泡沫整理技术是在纺织品整理液中加入适宜的发泡剂，通过一定的机械设备，将空气与整理液混合并使之转化为具有一定稳定性和粒径分布的泡沫，然后将该泡沫施加到被加工织物的表面并使整理液均匀渗透入织物内部。泡沫整理技术实质是用空气来代替大部分用于配制整理液的水，液体含量较传统浸轧法大为减少，因而实现了对织物的低给液。

5.4.5 在多孔泡沫金属中的应用

多孔泡沫金属由金属基体和大量孔隙组成，是一种在金属基体中均匀分布着大量连通或不连通孔洞的新型多功能材料。由于其多孔结构和金属特性，多孔泡沫金属具有多种优异的物理和力学性能，如质量轻、隔音、隔热、防震、耐冲击及优良的电学性能和可回收性等。作为新型的结构 - 功能一体材料，多孔泡沫金属在汽车、航空航天、机械制造、生物医学等多个领域有着广泛的应用。

根据多孔泡沫金属的金属相中气相的形成机制不同，泡沫金属制备方法分成添加发泡剂法、去除填料法、注入气体法和烧结法。添加发泡剂法是向基体材料中加入发泡剂，加热使发泡剂分解产生气体，气体膨胀使基体材料发泡，冷却后即得到多孔泡沫金属。根据所使用的混合材料的物理状态不同可分为熔体发泡法、粉体发泡法和浆料发泡法。熔体发泡法是将发泡剂直接加入金属熔液中使之发泡；粉体发泡法是将金属粉末和发泡剂粉末混合，加热到金属熔点以上使之发泡；浆料发泡法是将金属粉末、发泡剂和有机载体组成的混合溶液注入模具加热，烧结后干燥处理而制成泡沫金属。添加发泡剂法制备多孔泡沫金属的生产工艺简单、成本较低，适于制备尺寸较大试样，既适用于锌、铅等低熔点金属，又适用于较高熔点的金属。

5.4.6 在三次采油中的应用

许多油田应用注水开发，有些已进入开发的中、后期，由于储层的非均值性及油、水流度比不好，使得这些油田尽管含水率很高，但仍然残余一定的原油。泡沫驱作为一种环保、高效的采油方法在三次采油中发挥了很好的作用。运用泡沫提高采收率有独到之处，一方面是阻力系数很高，有利于流度控制，进一步提高采收率；另一方面，可节约化学药剂用量，降低成本。

5.4.7 在泡沫玻璃中的应用

泡沫玻璃是将碎玻璃、发泡剂、助熔剂和稳泡剂等外加剂粉磨、混合后，经高温熔化、发泡、退火而制成的一种内部充满无数微小均匀连通或封闭气孔的多孔无机非金属材料，具有不燃烧、不变形、力学强度高、隔热保温、热学性能稳定、无放射性、不吸水及易加工等优良性能。

泡沫玻璃板既是保冷材料又是保温材料，具有能适应深冷到较高温度范围等特点。同时它的重要价值不仅在于长年使用不会变质，而且其本身防火、防震。在低温深冷、地下工程、易燃易爆、潮湿以及化学侵蚀苛刻环境下使用时，不但安全可靠，而且经久耐用，被誉为“不须更换的永久性隔热材料”，所以被广泛应用于石油、化工、地下工程、造船、国防军工的隔热保温保冷和烟道内衬防腐工程。

5.5 发泡剂的选择

理想的化学发泡剂应满足下列要求：

① 分解产生气体的温度范围应当狭窄。

② 释放气体的速度应快，发气率应能控制。

③ 释放出来的气体应无毒、无腐蚀、不燃烧，以氮气为最好，二氧化碳也可以，还可以是二氧化氮，但二氧化氮气体有腐蚀性。

④ 化学发泡剂应容易分散均匀。

⑤ 价廉，存储稳定，无毒。

⑥ 分解后的残渣应无毒、无色、无臭，也不会影响被发泡体的化学性能以及力学性能，且呈化学惰性。

⑦ 分解时不应大量放热，不影响塑料熔融及固化。

⑧ 分解后的残渣同树脂相容性好，不发生残渣喷霜或渗析现象。

⑨ 发泡剂的分解温度同树脂的熔融温度应一致。

5.6 发泡剂配方与制备实例

配方1 低粉尘化学发泡剂

原料配比

原料		配比（质量份）		
		1#	2#	3#
发泡组分	偶氮二甲酰胺与4，4′-氧代双苯磺酰肼（OBSH）的混合物	95	—	—
	偶氮二甲酰胺、N，N-二亚硝基五亚甲基四胺与对甲苯磺酰氨基脲（RA）的混合物	—	99	—
	偶氮二甲酰胺（ADC）、4，4′-氧代双苯磺酰肼、N，N-二亚硝基五亚甲基四胺、对甲苯磺酰氨基脲的混合物	—	—	90
表面处理剂	聚乙二醇	5	—	—
	邻苯二甲酸酯	—	1	—
	低沸点石蜡烃	—	—	10

制备方法

（1）将90～99.8质量份的发泡组分加入高速混合机中，在发泡组分被混合机搅拌桨搅动的同时，通过上方的雾化喷嘴喷入0.2～10质量份的表面处理剂；

（2）所述表面处理剂完全喷入后，继续混合3～10min保证混合均匀，即可制得低粉尘化学发泡剂。

原料介绍

所述发泡组分为偶氮二甲酰胺、4，4′-氧代双苯磺酰肼、N，N-二亚硝基五亚甲基四胺与对甲苯磺酰氨基脲中至少两种以上的组合物。

所述表面处理剂为聚乙二醇、邻苯二甲酸酯、低沸点石蜡烃中的一种或多种的组合。

产品特性 本品抑尘效果明显，发泡倍率高，适用性强，可直接替代普通超细化学发泡剂；适用于各种材料的发泡体系，既解决发泡剂细小微粒飞扬问题，在加工后期还能帮助发泡剂粉末在加工体系快速分散，广泛应用在运动鞋、保温材料、汽车内饰、运动防护等产品中。

配方2 改性EVA发泡剂

原料配比

原料		配比（质量份）		
		1#	2#	3#
碳酸氢钠		80	60	70
羟丙基甲基纤维素		4	2	3
十二烷基三甲基氯化铵		8	5	6
改性起泡剂	改性脂肪醇聚氧乙烯醚硫酸钠	4	2	3
改性稳泡剂	改性聚丙烯酰胺	4	2	3

续表

原料		配比（质量份）		
		1#	2#	3#
硫酸钙		2	1	1.5
体积分数为 50% 的乙醇溶液		80	60	70
硬脂酸锌		2	1	1.5
改性聚丙烯酰胺	聚丙烯酰胺	1	1	1
	无水乙醇	5	5	5
	质量分数为 40% 的醋酸铜溶液	2	2	2
	聚乙烯吡咯烷酮	2	2	2
	体积分数为 70% 的联氨溶液	4	4	4
改性脂肪醇聚氧乙烯醚硫酸钠	脂肪醇聚氧乙烯醚硫酸钠	1	1	1
	钛酸丁酯	2	2	2
	无水乙醇	4	4	4
	聚环氧乙烷 - 聚环氧丙烷 - 聚环氧乙烷三嵌段共聚物	2	2	2
	体积分数为 40% 的盐酸溶液	4	4	4

制备方法

（1）将碳酸氢钠、羟丙基甲基纤维素、十二烷基三甲基氯化铵、硫酸钙和硬脂酸锌混合均匀后搅拌 1 ～ 2h。

（2）然后将体积分数为 50% 的乙醇溶液、改性稳泡剂和改性起泡剂加入到步骤（1）所得混合料中，经过搅拌、干燥，即得改性 EVA 发泡剂。干燥的温度为真空下 25 ～ 30℃，干燥的时间为 24 ～ 36h。

原料介绍

所述改性稳泡剂的制备具体包括以下步骤：

（1）将聚丙烯酰胺和无水乙醇混合，得混合液；

（2）将质量分数为 40% 的醋酸铜溶液和聚乙烯吡咯烷酮加入到步骤（1）所得混合液中，搅拌 20 ～ 30min，再加入体积分数为 70% 的联氨溶液，搅拌 20 ～ 30min，过滤得沉淀物，并于 50℃下真空干燥 4 ～ 6h，即得改性稳泡剂。

所述聚丙烯酰胺、无水乙醇、质量分数为 40% 的醋酸铜溶液、聚乙烯吡咯烷酮和体积分数为 70% 的联氨溶液的质量份比为 1∶5∶2∶2∶4。

所述改性起泡剂的制备具体包括以下步骤：

（1）将脂肪醇聚氧乙烯醚硫酸钠、钛酸丁酯、无水乙醇以及聚环氧乙烷 - 聚环氧丙烷 - 聚环氧乙烷三嵌段共聚物混合，搅拌 20 ～ 30min，得混合液；

（2）将体积分数为 40% 的盐酸溶液加入到步骤（1）所得混合液中，加热至 30 ～ 40℃，搅拌 20 ～ 30min 得凝胶溶液，于 50℃下干燥 12h，得改性起泡剂。

所述脂肪醇聚氧乙烯醚硫酸钠、钛酸丁酯、无水乙醇、聚环氧乙烷 - 聚环氧丙烷 - 聚环氧乙烷三嵌段共聚物和体积分数为 40% 的盐酸溶液的质量份比为 1∶2∶4∶2∶4。

产品特性

（1）本品通过改性聚丙烯酰胺形成的空心结构比表面积大、吸附性更好，与脂肪醇聚氧乙烯醚硫酸钠和碳酸氢钠的反应位点数增加，兼具助泡作用，同时较大的比表面积亦有助于调节孔径大小，稳定泡孔孔径结构并防止泡孔均匀性受到破坏，降低气泡长大过程中出现的合并、坍塌等现象，使得发泡倍率变大。

（2）本品中的脂肪醇聚氧乙烯醚硫酸钠经过改性后，形成介孔结构，具有较大的比表面积，吸附性好，在脂肪醇聚氧乙烯醚硫酸钠进行起泡时，以介孔二氧化钛为气泡的成核点，成核数量变多，可以有效减少应力集中，分散并缓冲碳酸氢钠产生的气体载荷作用，弥补部分发泡的载荷缺陷，同时介孔结构为碳酸氢钠提供更多附着空间，提高碳酸氢钠产生的气体的附着面，使碳酸氢钠产生的气体依附在表面，从而提高发泡倍率。

配方 3　高效 EVA 发泡剂

原料配比

<table>
<tr><th colspan="4" rowspan="2">原料</th><th colspan="2">配比（质量份）</th></tr>
<tr><th>1#</th><th>2#</th></tr>
<tr><td colspan="4">改性碳酸氢钠</td><td>80</td><td>70</td></tr>
<tr><td colspan="4">羟丙基甲基纤维素</td><td>4</td><td>3</td></tr>
<tr><td colspan="4">十二烷基三甲基氯化铵</td><td>8</td><td>6</td></tr>
<tr><td colspan="4">碳酸钙（起泡剂）</td><td>30</td><td>25</td></tr>
<tr><td colspan="4">硫酸钙</td><td>2</td><td>1.5</td></tr>
<tr><td colspan="4">体积分数为 50% 的乙醇溶液</td><td>80</td><td>70</td></tr>
<tr><td colspan="4">硬脂酸锌</td><td>2</td><td>1.5</td></tr>
<tr><td rowspan="10">改性碳酸氢钠</td><td rowspan="7">氧化铝 - 二氧化硅溶胶</td><td rowspan="4">氧化铝溶胶</td><td>六水合氯化铝</td><td>1</td><td>1</td></tr>
<tr><td>体积分数为 75% 的氨水</td><td>5</td><td>5</td></tr>
<tr><td>去离子水</td><td>10</td><td>10</td></tr>
<tr><td>体积分数为 75% 的乙醇溶液</td><td>15</td><td>15</td></tr>
<tr><td rowspan="3">二氧化硅溶胶</td><td>正硅酸乙酯</td><td>1</td><td>1</td></tr>
<tr><td>无水乙醇</td><td>10</td><td>10</td></tr>
<tr><td>体积分数为 30% 的硫酸溶液</td><td>3</td><td>3</td></tr>
<tr><td colspan="3">体积分数为 50% 的乙醇溶液</td><td>20</td><td>20</td></tr>
<tr><td colspan="3">碳酸氢钠</td><td>10</td><td>10</td></tr>
<tr><td colspan="3">氧化铝 - 二氧化硅溶胶</td><td>1</td><td>1</td></tr>
</table>

制备方法

（1）将羟丙基甲基纤维素、十二烷基三甲基氯化铵、硫酸钙、体积分数为 50% 的乙醇溶液和硬脂酸锌混合均匀后搅拌 20 ～ 30min；

（2）将改性碳酸氢钠和起泡剂碳酸钙加入到步骤（1）所得混合料中，经过搅拌、干燥，即得高效 EVA 发泡剂。干燥的温度为 25 ～ 30℃，干燥的时间为 24 ～ 36h。

原料介绍

所述改性碳酸氢钠的制备具体包括以下步骤：

（1）制备氧化铝 - 二氧化硅溶胶。

（2）将体积分数为 50% 的乙醇溶液和碳酸氢钠加入到步骤（1）所得氧化铝 - 二氧化硅溶胶中，搅拌 2 ～ 3h，老化处理 24 ～ 36h，于 40℃干燥 6 ～ 8h，即得改性碳酸氢钠。体积分数为 50% 的乙醇溶液、碳酸氢钠和氧化铝 - 二氧化硅溶胶的质量份比为 20：10：1。

所述氧化铝 - 二氧化硅溶胶的制备具体包括以下步骤：

（1）将六水合氯化铝、体积分数为 75% 的氨水、去离子水与体积分数为 75% 的乙醇溶液混合，于 80℃下加热搅拌 1 ～ 2h，得氧化铝溶胶；六水合氯化铝、体积分数为 75% 的氨水、去离子水与体积分数为 75% 的乙醇溶液的质量份比为 1：5：10：15。

（2）将正硅酸乙酯与无水乙醇混合得混合液，再将体积分数为 30% 的硫酸溶液加入到上述混合液中，调节 pH 值为 6 ～ 7，搅拌 1 ～ 2h，得二氧化硅溶胶；正硅酸乙酯、无水乙醇和体积分数为 30% 的硫酸溶液的质量份比为 1∶10∶3。

（3）将步骤（2）所得二氧化硅溶胶加入到步骤（1）所得氧化铝溶胶中，搅拌 12 ～ 14h，即得氧化铝 - 二氧化硅溶胶。

产品特性 本品由于凝胶的高压缩强度，保证了发泡成型的尺寸稳定性，进而稳定泡孔结构并防止泡孔均匀性受到破坏，使得泡孔密度均匀，同时碳酸氢钠包覆于凝胶表面使比表面积增加，在起泡剂进行起泡时，可以有效减少应力集中，分散并缓冲碳酸氢钠产生的气体载荷作用，弥补部分发泡的载荷缺陷，使凝胶体的界面增强，形成界面增强体，亦可提高碳酸氢钠产生的气体的附着力，使碳酸氢钠产生的气体依附在表面，从而提高发泡倍率。

配方 4 高性能微球发泡剂

原料配比

原料		配比（质量份）					
		1#	2#	3#	4#	5#	6#
4，4′ - 氧代双苯磺酰肼		40	60	50	50	50	50
N，*N*′ - 二亚硝基五亚甲基四胺		40	60	50	50	50	50
尿素	农业尿素	80	120	100	—	—	—
	多肽尿素	—	—	—	100	—	—
	改性车载尿素	—	—	—	—	—	100

制备方法 将 4，4′ - 氧代双苯磺酰肼和 *N*，*N*′ - 二亚硝基五亚甲基四胺混合搅拌，得到搅拌物；将尿素加入搅拌物中继续搅拌，烘干粉碎后研磨，得到所述发泡剂。所述搅拌物与尿素的搅拌速度为 650 ～ 750r/min。

原料介绍 所述尿素为车载尿素、多肽尿素和农业尿素中的一种。所述车载尿素为改性车载尿素，所述车载尿素的改性方法为：将 20 ～ 40 质量份 5- 羟甲基糠醛溶于 200 ～ 400 质量份水中，加入 10 ～ 20 质量份十六烷基三甲基溴化铵加热混合搅拌，再加入 4 ～ 8 质量份硼酸和 100 ～ 180 质量份车载尿素，超声振荡后抽滤干燥，得到改性车载尿素。加热的温度为 70 ～ 90℃。所述 5- 羟甲基糠醛、十六烷基三甲基溴化铵和车载尿素的质量份比为（2.1 ～ 2.4）∶（0.8 ～ 0.94）∶1。

产品应用 本品主要用作发泡橡胶的发泡剂。

产品特性 本品具有良好的温度适应性，可使橡胶内部发泡均匀，弹性良好，同时可以减少发泡成型过程中产生的刺激性气体。控制搅拌速度可以使尿素与搅拌物搅拌均匀，尿素可以与 4，4′ - 氧代双苯磺酰肼和 *N*，*N*′ - 二亚硝基五亚甲基四胺混合均匀，使发泡剂在加热的时候可以更好地适应不同的温度。在橡胶进行模压的过程中，发泡剂分解，橡胶硫化，此时橡胶熔体具有较高的强度，有利于锁住气体，提高了发泡剂的使用效率。

配方 5 硅藻土发泡剂

原料配比

原料	配比（质量份）			
	1#	2#	3#	4#
硅藻土	80	40	60	70
四羟基联苯 -3，3′- 二羧酸	10	20	10	10

续表

原料		配比（质量份）			
		1#	2#	3#	4#
腐殖酸衍生物	腐殖酸钙	1	—	—	—
	腐殖酸镁	—	40	—	—
	腐殖酸铁	—	—	30	—
	腐殖酸锌	—	—	—	20

制备方法 将硅藻土、四羟基联苯-3，3′-二羧酸和腐殖酸衍生物搅拌均匀后进行研磨，得到硅藻土发泡剂。搅拌时间为1～3h。研磨时间为1～3h。在搅拌机中进行搅拌。在研磨机中进行研磨。

产品应用 本品主要应用于装饰、建筑、消音降噪、净化空气等领域。

产品特性 本品所用原料为常见易得的工业级产品，设备简单，制备过程简便，重复性较好，有利于工业化大规模生产。另外，相比于现有技术，本品组成成分相对比较简单，不仅进一步降低了产品的成本，而且对人体、环境友好；产品发泡倍数高，发泡能力强，单位体积产泡量大，泡沫稳定性好、不易破碎，可长时间不消泡。发泡剂中，硅藻土具有多孔结构，质轻、孔隙度大，具有较强的物理吸附性和离子交换性，可以有效吸附、分解空气中的甲醛等有害物质。

配方6　化学敏化发泡剂

原料配比

原料			配比（质量份）		
			1#	2#	3#
A组分	敏化剂	亚硝酸钠	30	28	32
	稳泡剂	十二醇	2	—	—
		三乙醇胺	—	2	1.5
	增稠剂	羧甲基纤维素（CMC）	1.5	—	1
		羟乙基纤维素（HEC）	—	1.2	—
	水		66.2	68.4	65.3
	气泡微化剂	十二烷基硫酸钠（K12）	0.3	—	0.2
		直链烷基苯磺酸钠（LAS）	—	0.4	—
B组分	钙、镁、锌的氯化物或硫酸盐	氯化钙	25	—	—
		硫酸镁	—	20	—
		氯化锌	35	40	60
	稳泡剂	十二醇	1.5	—	—
		三乙醇胺	—	2	1.5
	增稠剂	羧甲基纤维素（CMC）	1.5	—	1
		羟乙基纤维素（HEC）	—	1.2	—
	水		33.7	33.9	33.8
	防冻剂	乙二醇	3	2.5	3.5
	气泡微化剂	十二烷基硫酸钠（K12）	0.3	—	0.2
		直链烷基苯磺酸钠（LAS）	—	0.4	—

续表

原料			配比（质量份）		
			1#	2#	3#
C 组分	铵盐	氯化铵	25	—	15
		硫酸铵	—	24	—
		碳酸铵	—	—	14
	硫氰酸盐	硫氰酸铵	30	30	25
	稳泡剂	十二醇	1.5	—	—
		三乙醇胺	—	2	1.5
	增稠剂	羧甲基纤维素（CMC）	1.5	—	1
		羟乙基纤维素（HEC）	—	1.3	—
	水		38.7	39.8	39.8
	防冻剂	乙二醇	3	2.5	3.5
	气泡微化剂	十二烷基硫酸钠（K12）	0.3	—	0.2
		直链烷基苯磺酸钠（LAS）	—	0.4	—

制备方法

（1）所述 A 组分的制备方法：按所述 A 组分的配方要求，先将计量好的水加入反应釜内，升温加热至 60 ～ 70℃后加入计量好的增稠剂，搅拌 30min，待其充分溶胀后，再加入计量好的敏化剂至溶液清澈后，最后加入计量好的气泡微化剂与稳泡剂，继续搅拌 10min 后出料，灌装。

（2）所述 B 组分的制备方法：按所述 B 组分的配方要求，先将计量好的水加入反应釜内，升温加热至 60 ～ 70℃后加入计量好的增稠剂，搅拌 30min，待其充分溶胀后，再加入计量好的钙、镁、锌的氯化物或硫酸盐至溶液清澈后，最后加入计量好的气泡微化剂、防冻剂与稳泡剂，继续搅拌 10min 后出料，灌装。

（3）所述 C 组分的制备方法：按所述 C 组分的配方要求，先将计量好的水加入反应釜内，升温加热至 60 ～ 70℃后加入计量好的增稠剂，搅拌 30min，待其充分溶胀后，再加入计量好的铵盐与硫氰酸盐至溶液清澈后，最后加入计量好的气泡微化剂、防冻剂与稳泡剂，继续搅拌 10min 后出料，灌装。

产品应用

所述化学敏化发泡剂在乳化炸药生产中的应用：

（1）将所述 A 组分与 B 组分按 3∶（2 ～ 2.5）的质量比倒入储罐内混合均匀，得到混合组分；

（2）将所述混合组分、C 组分和乳胶基质混合进行敏化。

所述混合组分的质量为乳胶基质的 0.5% ～ 0.55%，所述 C 组分的质量为乳胶基质的 0.2% ～ 0.25%。

产品特性

（1）本品无需酸的催化，亦无需在水相中添加酸性物质，杜绝了酸性物质对乳胶油膜的破坏与对设备的腐蚀，有利于炸药储存性能的稳定，延长了设备使用寿命。

（2）本品的原料成本低廉，可有效降低炸药生产成本。

配方 7　环保型低温发泡剂

原料配比

原料		配比（质量份）			
		1#	2#	3#	4#
偶氮二甲酰胺		700	750	800	600
锌盐		150	100	50	120
有机弱酸	柠檬酸	60	—	—	40
	草酸	—	100	10	—
分散剂	白炭黑	10	30	—	40
	硬脂酸钙	—	—	50	—
有机酸盐	甲酸锌	—	10	—	—
	乳酸锌	—	—	150	—
	草酸锌	—	—	—	50
锌盐	氧化锌	3	100	—	120
	硬脂酸锌	1	—	50	—

制备方法

（1）将分散剂与有机弱酸、有机酸盐（也可不加）和偶氮二甲酰胺进行混合包覆处理；

（2）将包覆处理后的物料与锌盐搅拌混合均匀，即得环保型低温发泡剂。

产品应用　本品主要用作橡胶和塑料 EVA 的发泡剂。

产品特性

（1）本品在制备过程中，采用具有分散效果的分散剂对偶氮二甲酰胺和有机弱酸分别进行包覆处理，避免在保存过程中偶氮二甲酰胺和有机弱酸发生反应。

（2）本品中的发泡剂既具有氧化性又具备还原性，配方中的锌盐作为还原剂，有机弱酸和有机酸盐作为氧化剂，羰基具有较高的活性，氧化偶氮二甲酰胺中的氮氮双键，氧化反应过程中产生大量的内热，加速发泡剂的分解，同时将偶氮二甲酰胺的熔点降至 140 ～ 160℃，并为橡胶及塑料加工过程提供所需要的热量，使得发泡剂更好地应用在橡胶和塑料 EVA 上。

配方 8　环保型聚氨酯发泡剂

原料配比

原料		配比（质量份）			
		1#	2#	3#	4#
聚醚多元醇	羟值（以 KOH 计）35mg/g，官能度 3	70	75	85	90
聚合物多元醇	羟值（以 KOH 计）25mg/g	10	15	25	30
水		0.2	0.3	0.5	0.6
交联剂	过氧化二异丙苯	1	—	—	—
	二乙三胺	—	2	3	—
	二叔丁基过氧化物	—	—	—	4
胺类催化剂	三乙烯二胺	1	1.2	—	—
	二甲基乙醇胺	—	—	1.4	1.5
有机硅氧烷表面活性剂		0.2	0.5	0.8	1
环保型发泡剂		5	6	8	9
异氰酸酯		22	24	26	28

续表

<table>
<tr><th colspan="3" rowspan="2">原料</th><th colspan="4">配比（质量份）</th></tr>
<tr><th>1#</th><th>2#</th><th>3#</th><th>4#</th></tr>
<tr><td rowspan="6">环保型发泡剂</td><td colspan="2">三氯甲烷</td><td>3</td><td>4</td><td>6</td><td>7</td></tr>
<tr><td colspan="2">全氟丙烯</td><td>3</td><td>4</td><td>6</td><td>7</td></tr>
<tr><td colspan="2">HF</td><td>10</td><td>12</td><td>14</td><td>16</td></tr>
<tr><td colspan="2">负载催化剂</td><td>0.1</td><td>0.4</td><td>0.8</td><td>1</td></tr>
<tr><td colspan="2">氯化铜</td><td>0.1</td><td>0.5</td><td>0.8</td><td>1</td></tr>
<tr><td colspan="2">氢气</td><td>15</td><td>16</td><td>17</td><td>18</td></tr>
<tr><td rowspan="9">负载催化剂</td><td colspan="2">干燥的二氯甲烷</td><td>100</td><td>105</td><td>115</td><td>120</td></tr>
<tr><td colspan="2">吡啶</td><td>6</td><td>8</td><td>10</td><td>12</td></tr>
<tr><td rowspan="4">两个或两个以上端氨基（—NH_2/NH）的化合物</td><td>哌嗪</td><td>0.5</td><td>—</td><td>—</td><td>—</td></tr>
<tr><td>N，N′-双（3-氨丙基）-1，3-丙二胺</td><td>—</td><td>1</td><td>—</td><td>—</td></tr>
<tr><td>双（3-氨基丙基）胺</td><td>—</td><td>—</td><td>1.5</td><td>—</td></tr>
<tr><td>N，N′-二（2-氨乙基）-1，3-丙二胺</td><td>—</td><td>—</td><td>—</td><td>2</td></tr>
<tr><td colspan="2">三氧化铬</td><td>5</td><td>7</td><td>8</td><td>10</td></tr>
<tr><td colspan="2">树脂碳</td><td>30</td><td>35</td><td>45</td><td>50</td></tr>
<tr><td colspan="2">1，1′-二氨基二茂铁</td><td>0.02</td><td>0.1</td><td>0.4</td><td>0.5</td></tr>
</table>

制备方法 按照质量份数，在反应器中加入 70 ～ 90 份聚醚多元醇、10 ～ 30 份聚合物多元醇、0.2 ～ 0.6 份水、1 ～ 4 份交联剂、1 ～ 1.5 份胺类催化剂、0.2 ～ 1 份有机硅氧烷表面活性剂、5 ～ 9 份环保型发泡剂，搅拌均匀后，加入 22 ～ 28 份异氰酸酯搅拌 5 ～ 10s，倒入模具熟化，取出。熟化时间为 3 ～ 6min。取出后放置时间为 20 ～ 28h。

原料介绍

所述的聚醚多元醇为聚醚多元醇 48000。

所述的聚合物多元醇为 3630 聚合物多元醇。

所述的环保型发泡剂的制备方法：

（1）按照质量份数，在反应器中加入 3 ～ 7 份三氯甲烷、3 ～ 7 份全氟丙烯，在反应温度为 275 ～ 290℃、压力为 500 ～ 1400kPa 的条件下反应 2 ～ 5h，反应完成后，进入分离器进行分离；

（2）加入 10 ～ 16 份 HF、0.1 ～ 1 份负载催化剂，在反应温度为 80 ～ 120℃、压力为 200 ～ 1200kPa 条件下反应 1 ～ 2h；

（3）加入 0.1 ～ 1 份氯化铜作为催化剂，在反应温度为 200 ～ 500℃、压力为 10 ～ 1000kPa 条件下反应 1 ～ 2h，反应完成后用氢氧化钠溶液调节为中性；

（4）通入 15 ～ 18 份氢气，温度为 70 ～ 90℃下反应 1 ～ 2h，得环保型发泡剂。

所述的负载催化剂制备方法：

（1）按质量份，在反应釜中加入 100 ～ 120 份干燥的二氯甲烷，磁力搅拌，加入 6 ～ 12 份吡啶、0.5 ～ 2 份两个或两个以上端氨基（—NH_2/NH）的化合物、5 ～ 10 份的磨碎三氧化铬，加入过程保持温度在 0 ～ 5℃，加毕，在 5 ～ 10℃下搅拌 30 ～ 100min，得到中间产物 1；

（2）将 30 ～ 50 份的树脂碳，0.02 ～ 0.5 份 1，1′-二氨基二茂铁，加入到步骤（1）的反应釜中，通入氮气，控温 80 ～ 90℃，搅拌反应 100 ～ 200min，过滤，烘干，得到树脂碳负载催化剂。

产品特性 本品臭氧消耗潜值为 0，符合当今世界范围内对于聚氨酯环保发泡剂的要求；发泡倍率高，可用于制作低密度产品；与聚醚相容性好，能有效降低聚醚黏度，改善体系流动性；比戊烷类发泡剂更安全，同时也非常适合与其他发泡剂共混；非常适合用于聚氨酯发泡体系。

配方 9　聚氨酯复合发泡剂

原料配比

原料	配比（质量份）					
	1#	2#	3#	4#	5#	6#
环戊烷	12	11.5	11	11.5	11.5	11.5
正丁烷 R600	1.5	1.5	1.5	1.8	1.5	1.5
反式 -1- 氯 -3，3，3- 三氟丙烯（LBA）	—	—	—	—	5	—
全氟烷（PF）	—	—	—	—	—	3
碳酸有机醇胺盐化合物	3	4	5	4	—	—

制备方法　将各组分原料混合均匀即可。

原料介绍

所述碳酸有机醇胺盐化合物为碳酸（单乙醇胺）（铵）盐、碳酸异丙醇胺盐、碳酸二（乙醇胺）盐、碳酸二（丙醇胺）盐、碳酸（乙醇胺）（丙醇胺）盐中的一种或多种。

所述全氟烷为全氟（4- 甲基 -2- 戊烯）、全氟 -2- 甲基 -2- 戊烯、全氟丁基乙烯和八氟环戊烯中的至少一种。

全氟烷的沸点、饱和蒸气压和气体热导率与环戊烷、正丁烷的匹配性更高，由所得聚氨酯复合发泡剂制备的聚氨酯机械性能和隔热性能更好，密度更低。

产品特性　本品在制备聚氨酯泡沫的过程中，不仅通过成分的调整，降低了所得聚氨酯泡沫的气相导热（例如 LBA）；碳酸有机醇胺盐化合物还可以参与聚氨酯泡沫的聚合反应，正丁烷、PF 等还可调节聚氨酯泡沫中的泡孔结构和分布，最终降低了固体导热和辐射导热。本品各成分之间相互协同，最终提升了由其作为发泡剂制备的聚氨酯泡沫的性能。

配方 10　用于聚氨酯泡沫的发泡剂

原料配比

原料		配比（质量份）	
		1 #	2#
环戊烷和异丁烷的混合物		20	15
丁烷		5	3
环戊烷和异丁烷的混合物	环戊烷	85	60
	异丁烷	15	40

制备方法

（1）环境温度保持在 14 ～ 18℃，按照配比将环戊烷和异丁烷的混合物注入到压力容器中，调节压力容器内部气压在 1 ～ 3bar（1bar=0.1MPa），充分搅拌混合 15 ～ 30min；搅拌速度为 40 ～ 60r/min。

（2）通入丁烷，搅拌混合 20 ～ 30min，灌装。搅拌速度为 40 ～ 60r/min。

原料介绍　所述环戊烷的纯度为 99%，液态异丁烷的纯度≥ 98%，含水量≤ 1.5×10^{-4}。

产品特性　本品发泡剂采用环戊烷、异丁烷和丁烷的混合物替代纯环戊烷，解决了环戊烷在聚醚多元醇中溶解性差的问题；该发泡剂制备的聚氨酯泡沫热导率较低，泡沫绝热保温性能良好，有利于降低制冷设备的能耗，并且聚氨酯泡沫的流动性好，密度分布均匀，表面平整，泡沫压缩强度、尺寸稳定性更好，使得聚氨酯泡沫的整体性能优良。

配方 11 埋弧发泡剂

原料配比

原料	配比（质量份）		
	1#	2#	3#
方解石	30	35	25
石灰石	30	25	35
白云石	20	15	18
水泥熟料	10	10	10
铝灰	10	15	12

制备方法

（1）材料加工：将上述材料进行破碎，破碎后先用 10mm 筛子筛分，之后再通过磨粉机磨到 100 目以下备用；

（2）称量配料：将上述材料严格按照配比准确计量；

（3）混合检验：将混合均匀后的原材料取样检验，合格后方能转入下道制球工序；

（4）制球干燥：用成球机制球，待球团干燥后按生产配方要求，用筛网进行分筛；

（5）干料烘干：将筛分成球的干料上炕烘干，水分< 0.6% 方可下炕；

（6）包装入库：将干燥合格的球及时包装入库，包装时内装入塑料内膜，外裹编织袋，要快速准确，以防受潮。

原料介绍

所述方解石的成分为：SiO_2 0.1% ～ 5%、CaO 50% ～ 55%、Fe_2O_3 0.5% ～ 1.5%、H_2O < 1%，余量为杂质组分。

所述石灰石的成分为：SiO_2 0.1% ～ 5%、CaO 45% ～ 53%、Fe_2O_3 0.5% ～ 1.5%、H_2O < 1%，余量为杂质组分。

所述白云石的成分为：SiO_2 0.1% ～ 5%、CaO 30% ～ 35%、MgO 15% ～ 22%、H_2O < 1%，余量为杂质组分。

所述水泥熟料的成分为：SiO_2 18% ～ 25%、CaO 60% ～ 68%、Al_2O_3 1% ～ 8%、H_2O < 1%，余量为杂质组分。

所述铝灰的成分为：SiO_2 1% ～ 7%、Al 20% ～ 30%、Al_2O_3 10% ～ 20%、H_2O < 1%，余量为杂质组分。

产品应用

使用方法：

（1）电炉、转炉炼钢及 LF 精炼炉上使用。

（2）在 LF 炉上使用，需在电弧加热前加入。

（3）耗量根据配入精炼辅料而定，一般吨钢耗量 2 ～ 3.5kg。

产品特性 本品埋弧发泡剂熔点≤ 1320℃、粒度为 1 ～ 5mm，能快速生成泡沫渣、缩短化渣时间、提高炼钢效率；确保发泡厚度、泡沫持续时间、有效埋弧、减少电弧的辐射热损失、提高热效率；同时减少炉衬的辐射侵蚀、提高炉衬寿命，而且不会对钢水增碳，还能提高脱硫、脱磷效果，提升钢水品质。

配方12 牛仔靛蓝泡沫染色用发泡剂

原料配比

<table>
<tr><th colspan="3" rowspan="2">原料</th><th colspan="3">配比（质量份）</th></tr>
<tr><th>1#</th><th>2#</th><th>3#</th></tr>
<tr><td rowspan="6">氧化海藻酸盐</td><td rowspan="2">海藻酸盐</td><td>海藻酸钙</td><td>1</td><td>—</td><td>—</td></tr>
<tr><td>海藻酸钠</td><td>—</td><td>1</td><td>1</td></tr>
<tr><td colspan="2">水</td><td>8</td><td>9</td><td>10</td></tr>
<tr><td rowspan="3">氧化剂</td><td>高碘酸钠</td><td>0.003</td><td>—</td><td>—</td></tr>
<tr><td>次氯酸钠</td><td>—</td><td>0.004</td><td>—</td></tr>
<tr><td>过碳酸钠</td><td>—</td><td>—</td><td>0.005</td></tr>
<tr><td rowspan="3">球形或类球形海泡石</td><td colspan="2">海泡石</td><td>1</td><td>1</td><td>1</td></tr>
<tr><td colspan="2">氧化海藻酸盐</td><td>0.05</td><td>0.08</td><td>0.1</td></tr>
<tr><td colspan="2">去离子水</td><td>0.1</td><td>0.24</td><td>0.4</td></tr>
<tr><td colspan="3">去离子水</td><td>800</td><td>900</td><td>1000</td></tr>
<tr><td colspan="3">等电点为6.0的明胶</td><td>0.6</td><td>—</td><td>—</td></tr>
<tr><td colspan="3">等电点为6.2的明胶</td><td>—</td><td>0.7</td><td>—</td></tr>
<tr><td colspan="3">等电点为6.5的明胶</td><td>—</td><td>—</td><td>0.8</td></tr>
<tr><td colspan="3">复配表面活性剂</td><td>4</td><td>6</td><td>10</td></tr>
<tr><td colspan="3">甘油</td><td>2.4</td><td>3.6</td><td>5</td></tr>
<tr><td colspan="3">乙二醇</td><td>2.4</td><td>3.6</td><td>5</td></tr>
<tr><td colspan="3">球形或类球形海泡石</td><td>0.8</td><td>1.8</td><td>3</td></tr>
<tr><td rowspan="4">复配表面活性剂</td><td colspan="2">十二烷基硫酸钠</td><td>1.5</td><td>1.6</td><td>2</td></tr>
<tr><td colspan="2">十二烷基苯磺酸钠</td><td>1.2</td><td>1.3</td><td>1.5</td></tr>
<tr><td colspan="2">十六烷基三甲基溴化铵</td><td>1.2</td><td>1.5</td><td>1.6</td></tr>
<tr><td colspan="2">甜菜碱BS-12</td><td>0.6</td><td>0.7</td><td>0.8</td></tr>
</table>

制备方法

（1）将海藻酸盐和水混合后，于室温条件下静置溶胀8h，随后于温度为85℃条件下，以400r/min转速搅拌溶解30min，再向溶解后的海藻酸盐溶液中，加入氧化剂，继续加热搅拌反应40min后，真空冷冻干燥，得氧化海藻酸盐。

（2）将海泡石、氧化海藻酸盐混合后，与去离子水混合，得海泡石匀浆，再将所得匀浆转移至喷雾干燥器中，于主盘转速为8000r/min、进风温度为110℃、出风温度为80℃条件下，喷雾造粒，并筛分出D_{50}为120nm的颗粒，得球形或类球形海泡石。

（3）先将明胶和去离子水混合后，于室温条件下静置溶胀12h，再于温度为90℃、搅拌转速为400r/min条件下，加热搅拌溶解10min，待自然冷却至室温后，再加入复配表面活性剂、甘油、乙二醇以及球形或类球形海泡石；待加入完毕后，继续用搅拌器以400r/min转速搅拌混合20min，并调节pH值至7.5，得发泡剂。

原料介绍 所述海藻酸盐为海藻酸钠和海藻酸钙中的任意一种。所述海藻酸盐的分子结构中，至少部分羟基基团被氧化形成醛基基团。

产品应用 本品具体发泡方法包括：将所述预还原靛蓝染色剂、渗透剂、发泡剂混合后，在氮气保护状态下，于转速为500～600r/min条件下，搅拌剪切10～20min，静置30～45s后，经泡沫发生器产生泡沫，得染色泡沫液；再通过泡沫施加器于无氧环境下，将染色泡沫液施加于牛仔纱线表面；将染色后的纱线依次经延迟氧化、氧化、水洗、烘干、上浆处理，即可。

产品特性

（1）本品通过采用海藻酸盐作为黏合剂，使海泡石总体呈球形或类球形结构，如此，可以在海泡石分散于水中的过程中，防止海泡石过度解离为絮状；尤其是，采用氧化后的海藻酸盐，其分子结构中部分羟基经高碘酸钠氧化后转变为醛基，在实际染色过程中，可以和体系中活性羟基发生羟醛缩合反应，从而使得染料可以良好固化于牛仔纱线表面，提升产品的染色效果。

（2）本品可以获得稳定的发泡效果。

配方 13　泡沫成型专用纤维分散发泡剂

原料配比

原料	配比（质量份）			
	1#	2#	3#	4#
羧基化纤维素纳米纤维（直径 6 ～ 10nm，长度 2 ～ 3μm）	0.02	0.04	0.06	0.08
去离子水	200	200	200	200
表面活性剂	6	6	6	6

制备方法

（1）配制纳米颗粒分散液：按配方将纳米颗粒加入到水中，搅拌，超声，得到纳米颗粒分散液；搅拌为先初步搅拌，再 20000 ～ 30000r/min 搅拌 10 ～ 20min ；超声时间为 5 ～ 10min。

（2）配制纤维分散发泡剂：在步骤（1）配制得到的分散液中加入表面活性剂，低速搅拌，超声，得到纤维分散发泡剂。超声时间为 5 ～ 10min。

原料介绍

所述纳米颗粒为羧基化纤维素纳米纤晶须、羧基化纤维素纳米纤维、磺化纤维素纳米晶须及纤维 素纳米纤晶须中的至少一种；所述纳米颗粒直径为 4 ～ 100nm，长度为 0.2 ～ 5μm。

所述表面活性剂为烷基糖苷 0810、十二烷基三甲基溴化铵、十二烷基二甲基氧化胺及椰油酰胺丙基甜菜碱中的至少一种。

产品应用

利用本品泡沫成型专用纤维分散发泡剂制备成纸的方法，包括如下步骤；

（1）在 700 ～ 800 质量份水中加入 3 ～ 12 质量份无机纤维、聚酯纤维、增稠剂，疏解 90 ～ 180s，疏解结束后，加入 200 ～ 300 质量份泡沫成型专用纤维分散发泡剂，三层三叶搅拌桨预搅拌、搅拌得到泡沫浆料；所述搅拌为在 1400 ～ 1500r/min 转速下搅拌 15 ～ 20min。

（2）将泡沫浆料倒入成型漏斗中，抽滤后得到湿纸幅，经烘干得到成纸。

所述无机纤维为石英纤维和氧化铝纤维中的至少一种，长度为 3 ～ 30mm。

所述聚酯纤维为 PET 纤维（聚对苯二甲酸乙二醇酯纤维）、PBT 纤维（聚对苯二甲酸丁二酯纤维）、PAC 纤维（聚阴离子纤维素）及 PTT 纤维（聚对苯甲酸 -1,3- 丙二醇酯纤维）中的至少一种，用量为无机纤维质量的 2% ～ 12%。

所述增稠剂为海藻酸钠、羧甲基纤维素钠、聚氧化乙烯及聚丙烯酸钠中的至少一种，用量为无机纤维质量的 0.5% ～ 4.0%。

所述成纸定量为 195 ～ 780g/cm^2。

泡沫成型是以水基泡沫代替水作为纤维分散介质的一种新型成型方法，在改善纤维分散效果方面优势明显。发泡形成的泡沫是一种热力学不稳定体系，随着时间的变化，泡沫会逐渐破裂。不管是维持泡沫状态还是消除泡沫，或是对成纸匀度及其他结构特性的要求，控制泡沫的稳定性尤为重要。泡沫成型适宜的泡沫半衰期在几百秒之间，半衰期时间过长或者过短都不符合实际的成纸要求。泡沫过于稳定（半衰期过长）会严重影响后续的消泡脱水，影响工程进度；泡沫易破裂（半衰期过短）会使纤维重新团聚，导致最后成纸匀度变差。

产品特性

（1）本品所用原料环保无污染、来源广泛，是一种绿色环保的材料，符合现代环境保护的趋势要求。

（2）本品充分发挥了纤维状纳米颗粒与表面活性剂的协同效应，使泡沫达到最佳的成型所需状态。

（3）发泡剂制备过程操作简单，适用于工业连续化生产。

配方 14　水泥发泡剂

原料配比

原料		配比（质量份）		
		1#	2#	3#
纯水		50	50	50
分散组分		28	28	28
分散组分	三乙醇胺	50	50	60
	棕榈酸	38	38	33
	硬脂酸	12	12	7
发泡组分		8	8	8
发泡组分	月桂醇聚醚 -23	31	37	31
	液化丁烷	27	23	27
	液化异丁烷	8	5	8
	月桂醇硫酸钠	12	14	12
	液化丙烷	22	21	22
抗氧化剂		1	1	1
抗氧化剂	丁羟甲苯	60	60	60
	丁基羟基茴香醚	40	40	40
	柠檬酸	20	20	20

制备方法　将各组分原料混合均匀即可。

产品应用　用于制备发泡水泥隔墙板，包括以下步骤：

（1）将水泥发泡剂加水稀释 15 ～ 25 倍。

（2）发泡：搅拌水泥发泡剂，并注入大量空气，产生大量泡沫。

（3）制备水泥砂浆基础配方：按照配比将水泥砂浆各组分混合，并搅拌均匀。

（4）混合：将水泥发泡剂和水泥砂浆基础配方混合，并搅拌均匀，得到水泥砂浆。

（5）成型：将水泥砂浆倒入模具中，并静置养护，放入 60 ～ 80℃蒸养房 11 ～ 14h，即可脱模，得到所述发泡水泥隔墙板。

产品特性　本品可以获得较好的浆料流平效果，同时减少分散剂对水泥水化反应的影响，产生的气泡均匀、稳定且不会在水泥初凝前破裂，减少了凝固阶段产品结构塌陷。本品不会对环境造成污染，无腐蚀性，不会产生易燃性气体，使用安全系数高。

配方 15 泡沫混凝土用发泡剂

原料配比

原料	配比（质量份）	
	1#	2#
十二烷基苯磺酸钠	4	1
二丁酸二辛酯磺酸钠	1.4	0.6
聚乙二醇	2	1
苯甲酸	5	2.5
聚丙烯酰胺	1	0.5
羟乙基纤维素	2	1
增稠剂	6	3
疏水剂	8	4
水	70	60

制备方法

（1）将十二烷基苯磺酸钠、二丁酸二辛酯磺酸钠、聚乙二醇、苯甲酸、聚丙烯酰胺、羟乙基纤维素放置于水热合成反应釜中反应 1 ～ 2h；水热合成反应釜的温度限定为 78 ～ 88℃。

（2）将反应制得的溶液冷却至室温后，再加入增稠剂、疏水剂，搅拌均匀后得到发泡剂。搅拌过程中，先控制转速在 160 ～ 180r/min、温度在 75℃持续搅拌 10min，倒入少量水分，再控制搅拌转速在 220 ～ 350r/min 持续搅拌 30min。

原料介绍 所述疏水剂为低 HLB 值疏水剂，且 HLB 值介于 0 ～ 6 之间。

产品应用 本品是一种泡沫混凝土用发泡剂。

产品特性 本品在具有泡沫稳定性的同时，不存在动物发泡剂的刺激性气味，符合道路路面用功能泡沫混凝土的性能要求，且多种分子量的集配，使发泡剂体系中分子的有序性降低，从而抑制了分子低温结晶析出，改善了发泡剂的低温析出性能。

配方 16 复合型高分子水泥专用发泡剂

原料配比

原料		配比（质量份）	
		1#	2#
纳米 SiO_2-NH_2 分散液	纳米二氧化硅	10	10
	无水乙醇	30（体积份）	20（体积份）
	KH-550	3（体积份）	2（体积份）
改性纳米二氧化硅	纳米 SiO_2-NH_2 分散液	50（体积份）	50（体积份）
	15% 改性溶液	100（体积份）	100（体积份）
预处理聚乙烯醇纤维	聚乙烯醇（PVA）纤维	10	10
	0.003mol/L $KMnO_4$ 溶液与 0.15mol/L H_2SO_4 的混合液	40（体积份）	40（体积份）
改性聚乙烯醇纤维	乙二胺四乙酸	12	8
	N，*N*- 二甲基甲酰胺	40（体积份）	30（体积份）
	预处理聚乙烯醇纤维	10	10
改性纳米二氧化硅		8	8

续表

原料	配比（质量份）	
	1#	2#
改性聚乙烯醇纤维	4	4
聚乙烯亚胺	12	12
羟丙基甲基纤维素	15	15
三乙醇胺	5	5
阴离子表面活性剂	15	15

制备方法 按质量份将改性纳米二氧化硅、改性聚乙烯醇纤维、聚乙烯亚胺、羟丙基甲基纤维素、三乙醇胺、阴离子表面活性剂搅拌混合均匀，得复合型高分子水泥专用发泡剂。

原料介绍

所述改性纳米二氧化硅的制备方法包括如下步骤：

（1）将纳米二氧化硅分散在无水乙醇中，然后加入KH-550，搅拌反应，将产物洗涤、离心、干燥，得到氨基化纳米二氧化硅，将氨基化纳米二氧化硅分散到*N*，*N*-二甲基甲酰胺中，得纳米SiO_2-NH_2分散液，备用；搅拌反应条件为室温下搅拌18～24h，洗涤为用水和乙醇分别洗涤三次。

（2）将十二烷基琥珀酸酐加入到*N*，*N*-二甲基甲酰胺中，搅拌均匀得到改性溶液，然后将纳米SiO_2-NH_2分散液滴入到改性溶液中，搅拌反应，将产物洗涤、过滤、干燥，得到改性纳米二氧化硅；纳米SiO_2-NH_2分散液中纳米SiO_2-NH_2的质量分数为20%～30%，改性溶液中十二烷基琥珀酸酐的浓度为10%～15%，纳米SiO_2-NH_2分散液与改性溶液的体积比为1∶（1～3）。纳米SiO_2-NH_2分散液1～2h滴加完毕，搅拌反应条件为60～80℃下反应8～12h。

所述改性聚乙烯醇纤维的制备方法包括如下步骤：

（1）将聚乙烯醇纤维加入到预处理液中，搅拌然后静置，然后将产物过滤、洗涤、烘干，得到预处理PVA纤维；所述预处理液为0.001～0.005mol/L $KMnO_4$溶液与0.1～0.2mol/L H_2SO_4的混合液；搅拌时间为3～6min，静置时间为15～30min。

（2）将乙二胺四乙酸加入到*N*，*N*-二甲基甲酰胺中，混合均匀后加入预处理PVA纤维，搅拌反应，将反应产物洗涤、过滤、烘干，得到改性聚乙烯醇纤维。搅拌反应为60～70℃下反应18～24h。

所述阴离子表面活性剂为十二烷基硫酸钠、月桂基硫酸三乙醇胺、仲烷基磺酸钠、十二烷基苯磺酸钠和脂肪醇聚氧乙烯醚硫酸钠中的一种或多种。

所述聚乙烯醇纤维单根直径为20～40μm，长度为8～12mm，密度为1.3kg/m^3，断裂伸长率为7%，抗拉强度为1200～1600MPa，杨氏模量为30～40GPa。

所述纳米二氧化硅粒径为30mm左右，纯度为99.5%，比表面积为（150±30）m^2/g，pH值为7～8。

产品应用 将所述发泡剂加水稀释200～400倍，得到发泡剂混合液，采用发泡剂设备打出泡沫，加入水泥浆料，制备得到泡沫混凝土。

产品特性 本品中改性纳米二氧化硅能够改善泡沫孔径大小，优化孔结构及密实度，使得泡沫不易塌陷；改性聚乙烯醇纤维能够改善气泡的稳定性，提高泡沫混凝土中气孔的强度；聚乙烯亚胺能够增强泡沫与水泥浆料的相容性；羟丙基甲基纤维素使发泡剂体系具有良好的增黏、耐温、耐盐、抗剪切等特性，可有效提高发泡剂的发泡性能和稳泡性能；三乙醇胺能够增加泡沫的稳定性，提高泡沫的强度和韧性。本品发泡倍数高、稳泡效果好、与混凝土基材相容性好，能有效减小泡沫混凝土在搅拌过程中气泡破裂、泌水等现象，有效改善了泡沫混凝土收缩下沉、塌陷、变形等问题，制备得到的泡沫混凝土抗裂性好，机械性能强。

配方 17 泡沫混凝土发泡剂

原料配比

原料		配比（质量份）			
		1#	2#	3#	4#
混合物 A	十二烷基苯磺酸钠	20	10	25	15
	亚甲基二萘磺酸钠	10	5	15	9
	水	55	50	60	50
混合物 B	脂肪醇聚氧乙烯醚	22.5	10	30	25
	三萜皂苷	15	10	20	15
	水	75	70	80	75
混合物 C	羟丙基甲基纤维素	3	2	5	5
	硝酸钙	3	1	4	4
	水	70	60	100	95

制备方法

（1）将阴离子发泡组分以及 50 ～ 60 份的水按配比混合均匀得到混合物 A；

（2）将非离子发泡组分与 70 ～ 80 份的水按配比在 50 ～ 70℃下搅拌 8 ～ 12min 得到混合物 B；

（3）将羟丙基甲基纤维素、硝酸钙以及水按配比在常温下搅拌 15min 得到混合物 C；

（4）将混合物 A 和混合物 B 加入到混合物 C 中混合均匀得到泡沫混凝土发泡剂。

原料介绍

所述的阴离子发泡组分由十二烷基苯磺酸钠和亚甲基二萘磺酸钠组成。

所述的非离子发泡组分由脂肪醇聚氧乙烯醚和三萜皂苷组成。

产品特性

（1）本品复合型发泡剂，既有阴离子发泡组分又有非离子发泡组分，二者充分发挥各自的优点，制备的泡沫稳定时间大幅度延长；

（2）本品各组分协同作用，使得制备的泡沫直径更小更均匀，使混凝土的可操作性提高、混泡更容易、流动性更好，避免了泌水、离析现象的发生，保证了产品品质。

配方 18 基于超声波的混凝土发泡剂

原料配比

原料	配比（质量份）	原料	配比（质量份）
硅酸钠	4	甲醇	6
硫酸铝	1	二甲苯	2
聚乙二醇	0.2	二甲基硅油	2
聚氨酯树脂	10	二异氰酸酯	7

制备方法

（1）将聚氨酯树脂、甲醇、二甲苯、二甲基硅油加入搅拌机中搅拌均匀。

（2）向步骤（1）搅拌机中分多次加入硅酸钠、硫酸铝、聚乙二醇和二异氰酸酯制得的混合物为基于超声波的混凝土发泡剂。

产品应用 本品用于制作轻质混凝土，制作方法包括以下步骤：

（1）将水和水泥混合搅拌均匀，得到均质的混凝土基料；

（2）将活性氧化铝粉、活性硅粉和硬脂酸加入混凝土基料中，继续搅拌均匀；

（3）将基于超声波的混凝土发泡剂加入混凝土基料中，继续搅拌均匀；

（4）使用超声波发泡器对混凝土基料进行发泡处理；

（5）在混凝土发泡处理结束后，将发泡混凝土倒入模具中进行固化，得到轻质混凝土制品。

所述超声波发泡器的超声波频率为 20 ～ 40kHz，处理时间为 5 ～ 20min。每份轻质混凝土含水 10 份、水泥 70 份、活性氧化铝粉 4 份、活性硅粉 2 份、硬脂酸 3 份、基于超声波的混凝土发泡剂 9 份。

产品特性

（1）成本低：本品采用的材料价格较低，能够有效降低混凝土生产成本。

（2）发泡稳定：本品采用的材料能够在混凝土硬化过程中稳定地产生气泡，从而保证混凝土的质量。

（3）无害环保：本品所采用的材料对环境无害，不会产生有害气体。

配方 19 生产泡沫混凝土的纳米发泡剂

原料配比

原料		配比（质量份）			
		1#	2#	3#	4#
表面活性剂	十六烷基苯磺酸钠	10	8	12	10
碱性激发剂	氢氧化钠	4	6	3	6
有机硅聚合物	二甲基硅氧烷聚合物	4.5	5	3	6
纳米颗粒	氢氧化铝纳米颗粒	2.5	3	2	1.5
溶剂	水	79	78	80	76.5

制备方法 将上述成分按照配比混合，加热搅拌 2 ～ 3h，所述加热的温度为 65 ～ 75℃，所述搅拌过程的转速为 500 ～ 1000r/min。

产品特性

（1）采用本品可以制备出泡孔更细小、更均匀的泡沫混凝土。

（2）由于发泡效果更好，所制备的泡沫混凝土密度更轻，可以减少建筑物自身负荷，降低建筑物内外温度差异，有利于节能。

（3）由于本品可以制备出更均匀、更细小的泡孔，所制备的泡沫混凝土强度更高，并且耐久性更好。

配方 20 用于泡沫混凝土的复合发泡剂

原料配比

原料		配比（质量份）			
		1#	2#	3#	4#
阴离子表面活性剂	α-烯基磺酸钠	8.4	4.1	6.4	4.8
	十二烷基硫酸钠	2	1	1.6	1.2
椰子油		3	4.8	3	3
松香液		2	3.2	2	2

续表

原料	配比（质量份）			
	1 #	2#	3#	4#
羟丙基甲基纤维素	0.7	0.4	0.8	0.6
蔗糖	4	3	4.5	6
黄原胶	3	7	7.5	10
水	1000	1000	1000	1000

制备方法

（1）将椰子油和松香液混合均匀后加入水中，并搅拌 30 ～ 35s，得到混合物 A；搅拌速率为 150 ～ 200r/min。

（2）将阴离子表面活性剂加入所述混合物 A 中，并搅拌 120 ～ 130s，得到混合物 B；搅拌速率为 150 ～ 200r/min。

（3）将羟丙基甲基纤维素、黄原胶、蔗糖一并加入混合物 B 中，并搅拌 60 ～ 65s，得到混合物 C；搅拌速率为 150 ～ 200r/min。

（4）将混合物 C 静置 4 ～ 5min，得到用于泡沫混凝土的复合发泡剂。

原料介绍

所述椰子油固含量为 35% ～ 45%，松香液质量分数为 55% ～ 70%。

所述羟丙基甲基纤维素的细度为 80 ～ 100 目。

所述黄原胶的黏度为 600 ～ 1000mPa·s。

产品应用 用所述发泡剂制备泡沫时，采用空气压缩法，压力范围为 0.4 ～ 0.6MPa。所述用于泡沫混凝土的复合发泡剂用于制备泡沫混凝土时，发泡倍数在 40 ～ 55 之间，1h 沉降距为 0mm，1h 泌水率为 0 ～ 15%，泡沫混凝土干密度为 275 ～ 636kg/m^3，泡沫混凝土 28d 抗压强度为 0.5 ～ 3.2MPa。

产品特性

（1）本品发泡能力强，泡沫稳定性好，可长时间不消泡，与水泥或其他胶凝材料相容性好。

（2）本品的制备工艺简单、易行，现用现配，对环境不产生污染，经济环保，非常适合工程应用。

（3）本品制备的泡沫混凝土干密度小、抗压强度高。

配方 21　食品发泡剂

原料配比

原料		配比（质量份）				
		1#	2#	3#	4#	5#
豆乳提取物	低温脱脂豆粕	3	3	3	3	3
	去离子水	21	21	21	21	21
豆乳提取物		100	100	100	100	100
中性蛋白酶		0.05	—	0.2	0.2	0.2
碱性蛋白酶		—	0.05	—	—	—
蔗糖脂肪酸酯		—	—	—	0.5	0.5
黄原胶		—	—	—	—	1
氢氧化钠溶液		适量	适量	适量	适量	适量
盐酸		适量	适量	适量	适量	适量

制备方法 称取低温脱脂豆粕，加入去离子水，加热至 50 ～ 55℃后使用 NaOH 溶液调节 pH 值至 7.5，恒温搅拌萃取 40min，混合物在 4000r/min 转速下离心 5min，分离去除不溶性豆渣纤维，得到豆乳提取物；调整 pH 值至 9.0 后 140℃下热处理 8s，将热处理豆乳冷却至 50 ～ 55℃，加入蛋白酶处理 30min；使用盐酸调节水解液 pH 值至 4.5，在 4000r/min 转速下离心 5min，分离去除不溶性物质；加入乳化剂以及泡沫稳定剂，搅拌均匀后进行 140℃、8s 杀菌闪蒸热处理，然后在真空度 −0.08MPa 下浓缩至固形物含量为 30%；进风温度 175℃、出风温度 75℃条件下进行喷雾干燥，得到大豆蛋白发泡复合物产品。

原料介绍

所述蛋白酶为中性蛋白酶、碱性蛋白酶和 / 或木瓜蛋白酶。

所述泡沫稳定剂为结冷胶、海藻酸钠、卡拉胶、黄原胶和 / 或阿拉伯树胶。

所述乳化剂为 HLB5、HLB7、HLB11 和 / 或 HLB15 的蔗糖脂肪酸酯。

所述豆乳提取物来源为大豆、豌豆、绿豆、红豆、黑豆、花豆、赤小豆、腰豆、花生和 / 或牡丹籽。

产品应用

所述食品发泡剂的使用方法是将所述食品发泡剂与配料混合后进行发泡。所述食品可以是蛋糕，其制备方法是将所述食品发泡剂制成 20% 的溶液后，与蛋清液、白砂糖和玉米淀粉混合，经烘焙制成蛋糕。

所述食品还包括饮料、饼干、泡芙、奶油和冰淇淋。所述饮料包括酒、茶水、牛奶、奶茶、咖啡、奶昔、酸奶和果汁。

产品特性

（1）针对膜分离技术制备大豆乳清蛋白能耗高、得率低、大豆分离蛋白仍需要后续酶解改性的二次加工方式来提升发泡性能等问题，本品以豆粕为原料，对萃取得到的豆乳提取物进行酶解，对豆乳提取物进行热处理使蛋白结构舒展，从而提高酶解效率，降低大豆蛋白分子量；通过离心去除不溶物，保留大豆乳清蛋白、大豆蛋白水解物以及大豆多糖；提升了大豆乳清蛋白和小分子量大豆蛋白水解物的起泡性，同时大豆多糖还提升了泡沫的稳定性；并使用喷雾干燥制备食品发泡剂，将乳清水变废为宝，符合低碳环保理念，适合工业化连续生产，有较好应用前景。

（2）本品具有能耗低、效果好、绿色可持续无污染等优点。

配方 22 疏油基复合发泡剂

原料配比

原料			配比（质量份）			
			1#	2#	3#	4#
发泡剂 A	水（15 ～ 25℃）		15	18	23	18
	食用胶	一级明胶	0.12	—	—	—
		黄原胶	—	0.14	—	0.14
		魔芋胶	—	—	0.13	—
	第一起泡剂	十二烷基硫酸钠	0.4	—	—	0.4
		十二烷基苯磺酸钠	—	0.5	—	—
		十二烷基二甲基氧化胺	—	—	0.6	—
发泡剂 B	常温水（15 ～ 25℃）		20	23	25	20
	热水（50 ～ 60℃）		5	7	9	8
	第二起泡剂	十二烷基硫酸钠	2	2.2	2.5	2
	稳泡剂	十二醇	1	1	1.2	1

制备方法

（1）发泡剂 A 的制备：准确称量各原料，将食用胶和第一起泡剂混合均匀，之后加入称量好的水中，得到发泡剂 A；

（2）发泡剂 B 的制备：准确称量各原料，将第二起泡剂加入常温水中，边加边搅拌，之后加入称量好的热水，搅拌均匀，加入称量好的稳泡剂，搅拌至溶解，冷却，得到发泡剂 B；

（3）将所述发泡剂 A 和所述发泡剂 B 混合，搅拌均匀，得到疏油基复合发泡剂。

产品应用 本品主要用作以粉煤灰、矿粉、偏高岭土等铝硅酸盐固体废弃物制作建筑保温隔热层、轻质复合墙体等的发泡剂。

应用方法：将疏油基复合发泡剂搅拌至轻微起泡，注入发泡机中，充入气体增大压强即可。

产品特性 本品起泡率高，与低聚物相容性好，泡沫稳定，泡沫寿命为 1100 ～ 1600min，泡沫的半衰期为 60 ～ 80min，泡壁厚且与油不相溶；制品体轻且强度高；性能稳定，原材料易取、成本低，工艺简单；无放射性、节能环保。

配方 23　热膨胀发泡剂

原料配比

原料			配比（质量份）			
			1#	2#	3#	4#
水相	水（自来水）		1000	1000	1000	1000
	工业盐	氯化钾	200	—	—	—
		硝酸钠	—	300	—	—
		氯化钠	—	—	250	—
		硝酸镁	—	—	—	240
	甲醇、乙醇和乙二醇的混合物		30	40	35	35
	二氧化硅胶体		80	160	120	120
	30% 盐酸		适量	适量	适量	适量
油相	氯丁烯		120	150	135	130
	甲基丙烯酸		40	50	45	43
	甲基丙烯酸甲酯		67	83	75	72
	苯乙烯		53	67	60	58
	聚乙烯醇		10	20	15	15
	异丙苯过氧化氢		6	8	7	8
	二亚乙基三胺		4	5	4.5	5
	异戊烷		120	150	135	130
	二甲硫醚		0.01	0.01	0.01	0.01
	异丁烷		53	67	60	58

制备方法

（1）水相配制：在水中（自来水）加入工业盐，加入质量分数为 30% 盐酸调节 pH 值至 2.0 ～ 3.5 后，加入甲醇、乙醇和乙二醇的混合物及二氧化硅胶体，200 ～ 300r/min 持续搅拌至混合均匀，获得水相。

（2）油相配制：在密闭容器中加入氯丁烯、甲基丙烯酸、甲基丙烯酸甲酯、苯乙烯、分散剂（聚乙烯醇）、引发剂（异丙苯过氧化氢）、交联剂（二亚乙基三胺）、第一发泡剂（异戊烷）、二甲硫醚；将密闭容器内物料搅拌（200 ～ 300r/min）溶解后，开始对密闭容器进行降温，降温至 –5 ～ 0℃之间；然后开始向密闭容器内充入氮气加压，加压至 0.5 ～ 0.7MPa；加压结束后，开始向密闭容器内通入第二发泡剂（异丁烷），获得油相。

（3）混合：步骤（2）向密闭容器内通入异丁烷结束后，将步骤（1）制得的水相打入密闭容器内，与油相混合，开启搅拌，转速 5000 ～ 8000r/min 搅拌 3 ～ 5min。

（4）聚合反应：步骤（3）搅拌结束后，开始聚合反应，反应时温度控制在 20 ～ 30℃之间，反应时间为 10 ～ 15h。

（5）洗涤干燥：步骤（4）反应结束后，开启密闭容器，将反应物进行过滤分离，然后使用鼓风机吹出的 20 ～ 25℃风对固相物料进行吹洗干燥，干燥结束得到产品热膨胀发泡剂。

原料介绍 所述的甲醇、乙醇和乙二醇混合物中各组分的质量比为 15：15：5。

产品应用 本品主要应用于热塑性树脂、橡胶等行业。

产品特性

（1）本品采用了甲醇、乙醇和乙二醇的混合物，其与第一发泡剂异戊烷和第二发泡剂异丁烷一起共混，降低了沸点，使微球更易在低温发泡。该微球起发温度为 40 ～ 45℃，最佳发泡温度为 60℃，可大大降低后续生产工艺所需的能耗。

（2）本品采用氯丁烯取代了丙烯腈，其所形成的壳体更加稳定，其聚合物延展性更好，发泡更稳定，不会存在发泡以后变黄的现象。

（3）本品生产工艺简单、安全、能耗低，能在低温或者常温下进行发泡，反应速度快，发泡效果好。

配方 24 液体双组分发泡剂

原料配比

原料	配比（质量份）			
	1#	2#	3#	4#
碳酸钾	1	1	1.5	1
十二烷基硫酸钠（K12）	0.5	0.5	0.5	0.5
乙二醇	10	10	10	10
二氯甲烷	3	3	3	—
胺类化合物	5	5	5	5
阻燃增塑剂 TCPP	10	—	10	10
阻燃增塑剂 DMMP	—	10	—	—
稳定剂 TMR2	—	—	—	2
二甲基硅油（聚氨酯硬泡硅油 8805）	3	3	3	—

制备方法

（1）首先把二氯甲烷、乙二醇投入到反应釜中，待反应釜升温至 45℃时加入十二烷基硫酸钠（K12）和碳酸钾，保持温度并搅拌 20 ～ 40min。

（2）投入胺类化合物、阻燃增塑剂，将反应釜升温至 55 ～ 65℃，继续搅拌 1 ～ 2h，随后自动降温至 20 ～ 30℃。

（3）加入硅油和稳定剂 TMR2，停止加温，继续搅拌 100 ～ 140min 即可。

原料介绍

所述胺类化合物为三乙醇胺、甲基二乙醇胺、二乙醇胺、一乙醇胺中的一种。

所述阻燃增塑剂为 TCPP[磷酸三（2- 氯丙基）酯]、DMMP（甲基膦酸二甲酯）、BDP[双酚 A，双（二苯基磷酸酯）]、(1- 甲基亚乙基）二 -4，1- 亚苯基四苯基磷酸酯中的一种或多种。

所述硅油为二甲基硅油，黏度在 5000 ～ 10000mm^2/s 之间。

产品应用 本品主要用于聚氨酯、酚醛、XPS 聚苯乙烯挤塑板的发泡。

用于聚氨酯发泡，所述液体双组分发泡剂和聚氨酯原料的质量份配比为：聚醚 50 份，聚氨酯 50 份，DMMP 12 ～ 16 份，复配催化剂 8 ～ 10 份，稳定助剂 AK8806 1 ～ 3 份，水 0 .2 ～ 1 份，所述液体双组分发泡剂 4 ～ 6 份，异氰酸酯 PM200（多亚甲基多苯基异氰酸酯）1 ～ 2 份。所述复配催化剂为 PC41、PC 8、PC9、乙酸钾中的两种或多种。

产品特性

（1）本品与多异氰酸酯发生化学与物理反应释放出二氧化碳和氮气等气体，并在聚合物中形成细离闭孔的化合物。发泡剂具有较高的表面活性，能有效降低液体的表面张力，并在液膜表面双电子层排列而包围空气，形成气泡，再由单个气泡组成泡沫。

（2）本发泡剂用于双组分泡沫，不燃、环保、节能、不含氟，泡孔细密，热导率低。

（3）液体双组分发泡剂用量少，无任何腐蚀性，泡孔均匀，密度高。

（4）本品安全可靠，不产生任何残留物。

配方 25 用于聚丙烯发泡的发泡剂

原料配比

原料	配比（质量份）	原料	配比（质量份）
偶氮二碳酸二异丙酯	4	氧化铜	0.4
偶氮二异丁腈	2	硬脂酸钠	0.8
$NaHCO_3$	1		

制备方法

（1）将偶氮二碳酸二异丙酯和 $NaHCO_3$ 混合，得到混合物 A；

（2）将偶氮二异丁腈和氧化铜在 50 ～ 55℃条件下混合，得到混合物 B；

（3）将混合物 A、混合物 B 与硬脂酸钠混合，进行搅拌，得到发泡剂。

产品应用

制备改性聚丙烯发泡材料的方法，包括如下步骤：

（1）将改性聚丙烯的各组分进行混合，得到预混料。

（2）将所述预混料进行挤出造粒，得到改性聚丙烯颗粒。采用双螺杆挤出机进行挤出造粒，机头温度为 185℃，螺杆转速为 350r/min。双螺杆挤出机的各区温度依次为：1 区温度为 150℃，2 区温度为 160℃，3 区温度为 170℃，4 区温度为 185℃，5 ～ 8 区温度均为 195℃。挤出量为 230 ～ 260kg/h。

（3）将所述改性聚丙烯颗粒冷却至 40 ～ 50℃，加入发泡剂进行搅拌，得到发泡物料。

（4）将所述发泡物料挤出成型，得到改性聚丙烯发泡材料。发泡物料挤出成型的挤出温度为 195℃，挤出速度为 55 ～ 60r/min。

所述改性聚丙烯包括如下质量份的组分：聚丙烯 60 ～ 70 份、低密度聚乙烯 15 ～ 20 份、乙烯 -1- 辛烯共聚物 5 ～ 10 份、滑石粉 5 ～ 10 份、云母粉 5 ～ 10 份、过氧化二异丙苯 0.2 份、三羟甲基丙烷三甲基丙烯酸酯 0.6 份、纳米氧化锌 1 份、防老剂 1010 0.2 ～ 0.4 份、氢氧化镁 5 ～ 10 份。所述乙烯 -1- 辛烯共聚物为 POE 牌号 8150。

所述聚丙烯发泡材料的弯曲模量在 1000 ～ 1500MPa，邵氏硬度在 45 ～ 55，OI 值为 25 ～ 35，密度为 0.36 ～ 0.4g/cm^3，热导率为 0.04 ～ 0.06W/（m · K）。

产品特性

（1）本品发泡剂在发泡数量大的同时还能保障发泡质量，泡孔均匀、密度小。用其发泡的改性聚丙烯发泡材料产品刚性好、弯曲模量大，防老化，且阻燃效果好。

（2）本品分散性好、分解温度低、分解速度快，非常适合聚丙烯（PP）低温发泡的特点。

（3）本品发泡的发泡材料可采用挤出发泡方式进行生产，挤出发泡生产工艺相较于注塑发泡的方式可以实现产品不间断连续生产，大大提高了生产效率。

6 抗静电剂

6.1 抗静电剂定义

抗静电剂是能增加电介质表面电导率与体积电导率、防止其产生静电的化学制剂。

任何物体本身都带有静电荷，这种电荷可以是负电荷也可以是正电荷，将聚集的有害电荷导引 / 消除使其不对生产 / 生活造成不便或危害的化学品称为抗静电剂。

6.2 抗静电剂作用机理

根据使用方式的不同，抗静电剂可以分为外涂型和内混型两种。外涂型抗静电剂是指涂在高分子材料表面的一类抗静电剂。一般使用前先用水或乙醇等将其调配成质量分数为 0.5% ～ 2.0% 的溶液，然后通过涂布、喷涂或浸渍等方法使之附着在高分子材料表面，再经过室温或热空气干燥而形成抗静电涂层。此种多为阳离子型抗静电剂，也有一些为两性型和阴离子型抗静电剂。内混型抗静电剂是指在制品的加工过程中添加到树脂内的一类抗静电剂。常将树脂和其质量 0.3% ～ 3.0% 的抗静电剂先机械混合后再加工成型。此种以非离子型和高分子永久型抗静电剂为主，阴、阳离子型在某些品种中也可以添加使用。各种抗静电剂分子可赋予高分子材料表面一定的润滑性、降低摩擦系数、抑制和减少静电荷产生，不同类型的抗静电剂不仅化学组成和使用方式不同，而且作用机理也不同。

（1）外涂型抗静电剂的作用机理　此类抗静电剂加到水里，抗静电剂分子中的亲水基就插入水里，而亲油基就伸向空气。当用此溶液浸渍高分子材料时，抗静电剂分子中的亲油基就会吸附于材料表面。浸渍完后干燥，脱出水分后的高分子材料表面上，抗静电剂分子中的亲水基都向着空气一侧排列，易吸收环境水分，或通过氢键与空气中的水分相结合，形成一个单分子导电层，使产生的静电荷迅速泄漏而达到抗静电目的。

（2）表面活性剂类内混型抗静电剂的作用机理　在高分子材料成型过程中，如果有足够浓度的抗静电剂，当混合物处于熔融状态时，抗静电剂分子就在树脂与空气或树脂与金属（机械或模具）的界面处形成最稠密的取向排列，其中亲油基伸向树脂内部，亲水基伸向树脂外部。待树脂固化后，抗静电剂分子上的亲水基都朝向空气一侧排列，形成一个单分子导电层。在加工和使用中，拉伸、摩擦和洗涤等会导致材料表面抗静电剂分子层缺损，抗静电性能也随之下降。但是不同于外涂敷型抗静电剂，经过一段时间之后，材料内部的抗静电剂分子又会不断向表面迁移，使缺损部位得以恢复，重新显示出抗静电效果。由于以上两种类型抗静电剂是通过吸收环境水分、降低材料表面电阻率达到抗静电目的，所以对环境湿度的依赖性较大。显然，环境湿度越高，抗静电剂分子的吸水性就越强，抗静电性能就越好。

（3）高分子永久型抗静电剂的作用机理　高分子永久型抗静电剂是近年来研究开发的一类新型抗静电剂，属亲水性聚合物。当其和高分子基体共混后，一方面由于其分子链的运动能力较强，分子间便于质子移动，通过离子导电来传导和释放产生的静电荷；另一方面，抗静电能力是通过其特殊的分散形态体现的。研究表明：高分子永久型抗静电剂主要是在制品表层呈微细的层状或筋状分布，构成导电性表层，而在中心部分几乎呈球状分布，形成所谓的“芯壳结构”，并以此为通路泄漏静电荷。因为高分子永久型抗静电剂是以降低材料体积电阻率来达到抗静电效果，不完全依赖表面吸水，所以受环境的湿度影响比较小。

6.3 抗静电剂分类

抗静电剂按其性质可分为吸湿型和表面活性型两类。吸湿型抗静电剂具有吸湿或保湿性质，能在电介质的表面上形成一层水膜；属于这类的有聚硅氧烷、多元醇胺、乙二醇、甘油、山梨糖醇和无机盐类（氯化钙、氯化锂、氯化镁）。表面活性型抗静电剂，它的分子中亲油部分牢固地附着于电介质表面，亲水部分从空气中吸收水分，从而在树脂表面形成薄薄的导电层，起消除静电的作用。

按照使用方法，抗静电剂可分为外用抗静电剂和内用抗静电剂。采矿、选矿和冶金工业中，为防止矿物粉末和金属粉末加工过程中产生静电效应，一般采用外用抗静电剂；合成纤维生产过程中使用的表面涂层抗静电剂也属外用的。在合成树脂薄膜及模塑品制造过程中加入的抗静电剂为内用抗静电剂。在物料表面喷涂（外用）抗静电剂的情况下，表面形成的导电层因摩擦或洗涤被除去后，抗静电效果会明显下降；而内用抗静电剂形成的表面导电层，虽然也可能失掉，但由于不久后又有新的抗静电剂分子从内部移至表面，仍能抗静电，故能长期保持抗静电效用。

外用抗静电剂有表面活性剂、硅化合物等。而内用抗静电剂除表面活性剂外，还有其他无机物，如在固体电介质中填充金属粉、炭黑等物质，可以提高其体积电导率达到抗静电目的。具有表面活性的抗静电剂按其离子形态可分为阳离子型、阴离子型、非离子型等。阴离子型抗静电剂的代表性产品有高级醇硫酸酯盐、脂肪族磺酸盐、高级醇磷酸酯盐。此类抗静电剂其平衡离子的阳离子部分，除使用钠离子、钾离子等金属离子外，还可使用三乙醇胺之类的烷基醇胺。阴离子型抗静电剂的特点是热稳定性良好。阳离子抗静电剂以具有 8 ～ 22 个碳的烷基季铵盐和烷基胺盐为代表，其阴离子部分的平衡离子除用卤素离子外，还可使用硝酸、硫酸、高氯酸等。这一类抗静电剂热稳定性略次于其他类型。非离子型抗静电剂，则有聚氯乙烯衍生物及多元醇的部分酯化产品，热稳定性好，可用作食品包装薄膜等的内用抗静电剂。此外，还有喷涂使用的高分子抗静电剂，其优点是耐用耐洗。

6.4 抗静电剂用途

（1）在纺织工业中的应用　在纺织纤维加工过程和纺织成品应用中常常产生静电荷积聚现象，静电的存在会影响染整加工的过程，甚至会影响纺织品的质量。纺织品产生静电的主要原因是纺织材料之间的相互摩擦，大部分的纺织材料是不良导体，比电阻较高，在生产过程中难免会因摩擦、压缩等因素的影响而产生静电。而抗静电剂的加入能够有效减少静电对纺织加工过程的影响，保证纺织品的质量。纺织品抗静电剂是纺织工业中用于消除或抑制纤维表面带电的物质，具有使纤维表面电阻率降低的作用。在纺织品生产过程中加入抗静电剂的目的是防止或减少由摩擦、吸附等作用产生的电荷积累在织物的表面上，以保护织物的柔软性、光泽和耐用性能。

（2）在塑料工业中的应用　大多数塑料及其他高分子材料都具有优良的绝缘性和耐水

性，这些宝贵性能使它们在电气和电子工业中获得了广泛应用。然而，高绝缘性也给塑料带来了静电危害问题。当塑料制品因摩擦而产生静电时，由于它们的电阻很高，加之吸水性又低，形成的静电不易消去。静电压和容量的聚集增大，使塑料制品容易吸附尘埃，影响其制品的透明性及表面洁净和美观，而且还可影响制品的使用性能。

近年来塑料制品应用愈来愈广泛，塑料制品电绝缘性优良，但是很难避免产生静电，在操作摩擦时会产生静电，在使用过程中由于电荷积累在制品表面，使塑料表面易积尘埃，降低了制品的质量，甚至容易引起放电而产生爆炸与燃烧，如煤矿用塑料制品，必须要求防静电，因此，就要添加能泄漏电荷的抗静电剂。聚氯乙烯为极性聚合物，它本身电绝缘性比聚烯烃低，所以产生的静电相对来说也小，对抗静电剂的要求也低些。聚氯乙烯塑料软制品产生的静电比硬质品小。常用的抗静电剂主要有阳离子型（如季铵盐）和非离子型（如烷基酰胺等）。

（3）在制浆造纸工业中的应用　抗静电剂在造纸工业中主要用在特殊加工纸生产上。一般来说使用量最多、性能最好的是阳离子型抗静电剂，如抗静电剂SN，它的主要成分是季铵盐，含量在55%～60%之间。在造一些特殊纸张的过程中，加入抗静电剂可以让纸张拥有抗静电的性能，不会被静电影响吸附在一起。

（4）在涂料方面的应用　抗静电涂料由于使用简单应用广泛，所以现在很流行直接使用抗静电剂涂料，在家具和装饰性涂料以及各类电子仪器的表面涂上抗静电剂的涂料后，产生的涂膜会产生低表面电阻，能使物体表面不附尘沾污。所以防静电涂料可用于汽车、电器配线系统、油罐、感光材料和航空等领域。

（5）在其他方面的应用　燃料油在管线中流动时，因湍流会产生大量静电，若加少量抗静电剂就能大幅度提高其导电性，从而消除静电。常用的抗静电剂有烷基水杨酸铬、C_{18}～C_{20}脂肪酸或其铬盐、环烷酸铬（或钴）、油酸铬或亚油酸铬等油溶性盐类。

在革制品（如服装革及鞋面革）生产或皮革表面加工中极易产生静电，会影响革薄层涂饰的均匀性，且易吸附灰尘，可用聚乙烯的胺类加成物、季铵化合物和磺酸酯类作抗静电剂。

6.5　影响抗静电效果的因素

6.5.1　分子结构和特征基团性质及添加量

抗静电剂的效果首先取决于它作为表面活性剂的基本特性——表面活性。表面活性与分子中亲水基种类、憎水基种类，分子的形状、分子量大小等有关。当抗静电剂分子在相界面作定向吸附时，就会降低相界面的自由能及水和塑料之间的临界接触角。这种吸附作用，不仅与基体的性质有关，而且还与表面活性剂的性质有关。根据极性相似规则，表面活性剂分子的碳氢链部分倾向于与高分子链段接触，极性基团部分倾向于与空气中的水接触。高分子材料作为疏水材料，抗静电剂在其表面的主要作用就是形成规则的面向空气中的水的亲水吸附层。

在空气湿度相同的情况下，亲水性好的抗静电剂会结合更多的水，使得聚合物表面吸附更多的水，离子电离的条件更充分，从而改善抗静电效果。

通过质子置换，也能发生电荷转移。含有羟基或氨基的抗静电剂，可以通过氢键连成链状，在较低的湿度下也能起作用。在干燥的空气环境中，若要求塑料制品成型之后立即发挥抗静电性，采用多元醇单硬脂酸酯抗静电剂非常有效。只有在相对湿度为50%的环境中贮存一段时间之后，聚丙烯中的羟乙基烷基胺才表现出抗静电效果，而且受湿度的影响非常大。

硬脂酸单甘油酯在加入之后立即产生抗静电效果且不受湿度的影响，但是随着贮存时间的延长，其作用效果明显下降。

添加型抗静电剂效果决定于添加剂向塑料制品表面的迁移速率。当塑料制品表面被一层连续的导电层覆盖时，电荷的衰减才达到最佳。

抗静电剂的分子量太高，不利于它向高聚物表面迁移；分子量太低，耐洗涤性和表面耐摩擦性不佳。通常抗静电剂的分子量比高聚物分子量小得多。加入低分子量物质可能会使高聚物材料的物理机械性能恶化。为了减少这种不良影响，抗静电剂的一般添加量为0.3% ～ 2.0%。抗静电剂的添加量还视制品用途而异。

CMC（临界胶束浓度）值是表面活性剂表面活性的一种量度。CMC 值越小，表面活性剂达到表面（界面）吸附的浓度越低，或形成胶束所需浓度越低，因此抗静电性的起效浓度也越低。不同结构的抗静电剂添加量不同，并且随制品形式的不同而不同。添加量有一个范围，过低抗静电效果不明显，过高会影响材料的物理机械性能。薄膜、片材等薄制品的添加量较少，厚制品的添加量则相对较多。

抗静电剂与聚合物的相容性遵循极性相近相容原理。高分子材料都具有长碳链结构，多属非极性树脂，有的具有极性端基，增强了极性。抗静电剂同时具有憎水基（非极性）和亲水基（极性）。一般憎水基碳链越长，与聚合物的相容性越好。亲水基若极性很强，则与聚合物的相容性不好；若极性较弱，则亲水吸附性较差。相容性太好，抗静电剂不易迁出，达不到抗静电效果；相容性不好，迁出太快，持效期太短，影响长期使用。因此在设计和使用抗静电剂时需要考虑上述因素，通过实验筛选抗静电剂的品种及使用量。

6.5.2 其他添加剂

高聚物材料加工时，往往要添加一些稳定剂、颜料、增塑剂、润滑剂、分散剂或阻燃剂等助剂。这些添加剂与抗静电剂的相互作用也会对抗静电效果产生很大影响。例如阴离子型稳定剂会与阳离子型抗静电剂形成复合物，从而降低各自的效果。润滑剂通常能很快迁移到高聚物表面上，抑制了抗静电剂的转移。若润滑剂分子层覆盖在抗静电剂分子层上，会使抗静电剂表面浓度降低，显著影响抗静电效果；有时由于润滑剂的影响，也会促进抗静电剂向表面转移。增塑剂会增加大分子链间的距离，使分子运动更为容易，提高了高聚物的孔隙率，有利于抗静电剂向制品表面迁移发挥抗静电作用。有些增塑剂会降低高聚物的玻璃化温度，也可使抗静电剂的作用增大。抗静电剂与各种添加剂的影响大小，事先很难预测，目前大多数是通过实验来选用最合适的抗静电剂和用量。分散剂、稳定剂及颜料等无机添加剂，一般都有较强的吸附能力，使抗静电剂难以迁移到表面上，对抗静电剂的扩散迁移具有反作用，抗静电效果会变差。大多数无机添加剂都是细小的微粒，具有较大的表面积，易吸附抗静电剂，使其不能有效地发挥抗静电作用。颜料微粒则容易富集在抗静电剂周围，影响其向外扩散。例如，相同抗静电剂浓度的 ABS 中加入二氧化钛后，抗静电作用降低。不同无机填料的吸附性不同，对抗静电效果发挥的影响也不一样。

此外，高聚物组分中的弹性体也会使抗静电剂的效能变差。例如在聚丙烯与橡胶的复合材料中，发现抗静电剂富集在橡胶组分周围，使其难以迁移到表面。

6.5.3 加工过程

聚合物制品的加工方式最终会影响制品中高分子链的规整程度、结晶度、结晶形态及有序化程度。若高聚物在熔融状态下成型后，立即在低于其玻璃化温度的室温下进行冷却，抗静电剂就很难扩散到制品表面，从而没有好的抗静电效果。若制品在高于玻璃化温度的温度下冷却，由于大分子链段运动有助于抗静电剂扩散，这样不仅制品能呈现出好的抗静电效果，而且即使用摩擦或水洗除去表面上的抗静电剂，也能较迅速恢复其抗静电效果。

6.6 抗静电剂配方与制备实例

配方 1 PEO 基永久抗静电剂

原料配比

原料	配比（质量份）		
	1#	2#	3#
聚环氧乙烷（PEO）	35	30	30
己内酰胺（CL）	12	12	12
聚四氢呋喃（PTMG）	10	10	12
己二酸	1	1	1
浓硫酸	5	5	5
三氧化二锑（Sb_2O_3）	10	10	10
抗氧剂	3	3	3
去离子水	50	50	50

制备方法

（1）取 CL、PEO、PTMG、Sb_2O_3、去离子水、浓硫酸、己二酸、抗氧剂一次性加入反应釜中，升温反应 5h。浓硫酸应在去离子水加入之后，用玻璃棒缓慢导入反应釜中，并均匀搅拌。须升温至 220℃，升温前须用氮气置换釜内空气 3 ～ 4 次。

（2）对反应釜抽真空，继续反应 3h 出料，得到 PEO 基抗静电剂。抽真空时，真空度不能大于 800Pa。抽真空前反应釜须降温至 80℃。

原料介绍 所述抗氧剂为巴斯夫抗氧剂 168，主要成分为亚磷酸酯。

产品应用 本品主要用作 ABS 材料的抗静电剂。

产品特性 采用与 ABS 具有良好相容性的己内酰胺和 PEO 为主要原料，制备出的抗静电剂对 ABS 具有增强作用；PEO 和己内酰胺中的酰胺键能够吸附水蒸气，使材料表面产生的静电荷迅速泄露，因此制品具有良好的抗静电性；本品还具有生产简便、成本不高等特点。

配方 2 半硬质 PVC 地板用抗静电剂

原料配比

原料		配比（质量份）			
		1#	2#	3#	4#
椰子油二乙醇酰胺		50	55	57	60
有机离子液体	氯化 1- 丁基 -3- 甲基咪唑盐	20	—	13	—
	1- 丁基 -3- 甲基咪唑双三氟甲磺酰亚胺盐	—	15	—	10
分散剂	邻苯二甲酸二丁酯	30	—	30	—
	邻苯二甲酸二辛酯	—	30	—	30

制备方法 将椰子油二乙醇酰胺和有机离子液体混匀，再加入分散剂混合均匀。

产品应用 本品添加量为 0.5% ～ 2%。

产品特性 本品抗静电剂，抗静电性能佳、添加量低、耐热性高、与 PVC 相容性好，可广泛应用到半硬质 PVC 地板中。

配方 3 材料成型加工用抗静电剂

原料配比

原料			配比（质量份）				
			1#	2#	3#	4#	5#
聚醚酰胺			90	92	93	95	95
改性石墨烯			5	4	3	3	2
功能助剂			3	3	2	1	2.5
润滑剂			2	1	2	1	0.5
改性石墨烯	活化氮化硼纳米片	氮化硼纳米片	1	1	1	1	1
		尿素	1.5	2	2	2.5	3
		4- 羟基丁胺	5	6	5	6.5	8
	分散液	无水乙醇溶剂	100（体积份）	100（体积份）	100（体积份）	100（体积份）	100（体积份）
		石墨烯	0.1	0.2	0.4	0.4	0.5
		偶氮二异丁腈	0.001	0.0015	0.002	0.002	0.003
		乙烯基三（2- 甲氧基乙氧基）硅烷	0.01	0.02	0.04	0.04	0.05
	活化氮化硼纳米片		1	1	1	1	1
	石墨烯		1	2	3	3	4
功能助剂	十二烷基磺酸钠		1	1	—	—	—
	十四烷基磺酸钠		—	—	1	1	1
	1- 乙基 -3- 甲基咪唑三氟甲基硫酸盐		10	12	15	18	20
润滑剂	聚乙烯蜡		1	1	1	1	1
	环氧大豆油		1	1	1	1	1

制备方法 按质量份将各原料通过高速搅拌机混合均匀后，再加入至双螺杆挤出机中，经挤出造粒，即制得所述抗静电剂。所述双螺杆挤出机的各区段加热温度为第一段 170 ～ 180℃、第二段 185 ～ 195℃、第三段 200 ～ 215℃、第四段 220 ～ 230℃、第五段 210 ～ 220℃。

原料介绍

所述改性石墨烯为经活化氮化硼纳米片改性的石墨烯，其制备方法如下：

（1）室温下，于氮气氛围中，将石墨烯通过超声破碎分散于无水乙醇溶剂中，边搅拌边加入偶氮二异丁腈、乙烯基三（2- 甲氧基乙氧基）硅烷，制得分散液；每 100 体积份的无水乙醇溶剂中加入 0.1 ～ 0.5 质量份的石墨烯、0.001 ～ 0.003 质量份的偶氮二异丁腈、0.01 ～ 0.05 质量份的乙烯基三（2- 甲氧基乙氧基）硅烷。

（2）将分散液加热至 60 ～ 70℃，调节分散液的 pH 值为 6，边搅拌边加入活化氮化硼纳米片，待加入完毕后，继续加热恒温回流 2 ～ 6h，随后自然冷却至室温，经离心分离，去除上层溶剂，保留固体，采用去离子水反复洗涤至中性，经真空干燥，即制得改性石墨烯。所述活化氮化硼纳米片与石墨烯的质量比为 1∶（1 ～ 4）。

所述活化氮化硼纳米片的制备方法为：将氮化硼纳米片、尿素加入 4- 羟基丁胺中，超声分散 30min，然后于 145 ～ 160℃下反应 12h，待反应结束后，过滤，并用无水乙醇洗涤至中性，经真空干燥，制得活化氮化硼纳米片。

产品应用 本品主要应用于电子电气、精密仪器、石油、化工、煤矿、地下空间作业等领域中。

产品特性 本品制备工艺简单，易操作，可实现稳定的工艺生产，不仅具有透明度好、硬度低、抗静电性持久的特点，还具有良好的水汽、氧气阻隔性，成型加工稳定性好。

配方 4 纺丝油剂用纳米 ATO 改性抗静电剂

原料配比

原料	配比（质量份）			
	1#	2#	3#	4#
烷基聚氧乙烷基氧丙烷基醇	169.2	169.2	169.2	169.2
五氧化二磷粉末	4.58	4.73	4.43	4.68
用硅烷偶联剂［3-（2，3- 环氧丙氧）丙基三甲氧基硅烷］处理的纳米 ATO（掺锑二氧化锡）分散液	9.45	9.1	9.58	9.02
pH 调节剂	适量	适量	适量	适量

制备方法

（1）向反应容器中投入烷基聚氧乙烷基氧丙烷基醇，然后加入三分之一的五氧化二磷粉末，搅拌 5 ～ 15min 后，分 4 次加入其余的五氧化二磷粉末，每次加入的五氧化二磷粉末均为余下总量的四分之一，时间间隔为 5 ～ 15min，在加完五氧化二磷粉末后，搅拌 5 ～ 15min，然后将反应体系升温至 60 ～ 70℃，反应 3h。

（2）向所述步骤（1）所得反应产物中加入用硅烷偶联剂处理的纳米 ATO 分散液，先搅拌 5 ～ 15min 后，升温到 70 ～ 90℃，继续反应 8 ～ 12h。

（3）向步骤（2）所得反应产物中加入 pH 调节剂调整为中性，得到纺丝油剂用纳米 ATO 改性抗静电剂。

原料介绍

所述烷基聚氧乙烷基氧丙烷基醇的结构式为 R—（EO）$_x$—（PO）$_y$—OH，其中，R 为十二碳原子直链烷基，EO 为—CH_2CH_2O—，PO 为—$CH_2CH(CH_3)O$—，x、y 分别为 EO 和 PO 基团与 R 的比例（其中 $x=3\sim5$，$y=3\sim5$）。

所述用硅烷偶联剂处理的纳米 ATO 分散液中的纳米 ATO 粒径为 8 ～ 50nm，为经过超声的纳米 ATO 分散液，超声时间为 30 ～ 60min，超声波发生器的超声波频率为 20 ～ 60kHz，超声波强度为 0.8 ～ 1.5W/cm^2，并且在超声结束后放置时间不超过 2h。所述硅烷偶联剂为 3-（2，3- 环氧丙氧）丙基三甲氧基硅烷、3-（2，3- 环氧丙氧）丙基三乙氧基硅烷和 3- 缩水甘油丙基（二甲氧基）甲基硅烷中的一种或多种。

所述 pH 调节剂为质量分数为 40% ～ 50%的氢氧化钾溶液或氢氧化钠溶液。

产品特性 本品将烷基聚氧乙烷基氧丙烷基醇和五氧化二磷粉末混合，因此在抗菌剂中引入聚醚链段，可以增加抗菌剂与纺丝油剂中其他组分（平滑剂、表面活性剂等）的相容性，而且聚醚链段可以赋予纤维较低的表面张力，可以增加使用了本品的纺丝油剂与纤维基体的相容性和渗透性，改善纤维的平滑性和集束性。另外通过化学反应，在分子结构中引入了有良好导电性能的纳米 ATO（纳米 ATO 为掺锑二氧化锡，它具有耐高温、耐腐蚀、分散性好等特点，是一种半导体材料，与传统的抗静电材料相比，纳米 ATO 导电粉体具有明显的优势，主要表现在良好的导电性、浅色透明性、良好的耐候性和稳定性以及低的红外发射率等方面），并且本品引入的纳米 ATO 是经过硅烷偶联剂处理的，因此纳米 ATO 在产物中分布均匀，不会存在团聚的问题，从而提高了产物的抗静电性。

配方 5　纺织品用阳离子抗静电剂

原料配比

<table>
<tr><th colspan="2" rowspan="2">原料</th><th colspan="3">配比（质量份）</th></tr>
<tr><th>1#</th><th>2#</th><th>3#</th></tr>
<tr><td rowspan="3">脂肪酸</td><td>油酸</td><td>650</td><td>—</td><td>—</td></tr>
<tr><td>椰油酸</td><td>—</td><td>700</td><td>—</td></tr>
<tr><td>月桂酸</td><td>—</td><td>—</td><td>600</td></tr>
<tr><td colspan="2">三乙醇胺</td><td>125</td><td>150</td><td>100</td></tr>
<tr><td>催化剂</td><td>60% 的稀硫酸溶液</td><td>5</td><td>8</td><td>4</td></tr>
<tr><td colspan="2">硫酸二甲酯</td><td>8</td><td>10</td><td>7</td></tr>
<tr><td colspan="2">异丙醇</td><td>125</td><td>150</td><td>110</td></tr>
</table>

制备方法

（1）在带搅拌、机械密封的不锈钢反应釜中加入脂肪酸、三乙醇胺、催化剂，关闭釜盖，在反应釜中通入氮气 5min 后，开启搅拌，加热升温，温度上升至 155 ～ 165℃时，开启真空系统，调整釜内压力为负压状态，压力控制在－ 0.02 ～－ 0.01MPa，保持负压加成反应 5 ～ 7h，待冷凝器视镜中无液体回流时，停止加温，关闭氮气，加成反应完成；

（2）冷却反应釜内物料至 45 ～ 55℃，慢慢滴加硫酸二甲酯，并控制反应釜物料温度在 70 ～ 80℃，季铵化反应 2 ～ 3h，最后冷却反应釜内物料至 55 ～ 60℃，加入异丙醇，搅拌 1 ～ 2h，继续降温至 35 ～ 45℃，取样检测，出料包装，即得纺织品用阳离子抗静电剂产品。

产品特性　该阳离子抗静电剂具有优良的抗静电性、柔软性、平滑亲水性，同时具有耐水洗、韧性强、相容性高的特点。另外，本品安全风险小，不污染周围环境，符合绿色安全生产要求。

配方 6　复配抗静电剂

原料配比

<table>
<tr><th colspan="3" rowspan="2">原料</th><th colspan="4">配比（质量份）</th></tr>
<tr><th>1#</th><th>2#</th><th>3#</th><th>4#</th></tr>
<tr><td>A 组分</td><td>长效抗静电剂</td><td>聚醚胺</td><td>4</td><td>0.3</td><td>5</td><td>4</td></tr>
<tr><td>B 组分</td><td colspan="2">吸水性抗静电协效剂</td><td>6.2</td><td>8.3</td><td>2.3</td><td>6.2</td></tr>
<tr><td rowspan="3">B 组分</td><td colspan="2">聚丙烯酰胺</td><td>3.5</td><td>3.5</td><td>3.5</td><td>4</td></tr>
<tr><td colspan="2">酚醛树脂</td><td>1.8</td><td>1.8</td><td>1.8</td><td>1.3</td></tr>
<tr><td>交联剂</td><td>六水合三氯化铁</td><td>0.6</td><td>0.6</td><td>0.6</td><td>0.8</td></tr>
</table>

制备方法

（1）将聚丙烯酰胺、酚醛树脂、交联剂混合均匀，得到吸水性抗静电协效剂；

（2）将长效抗静电剂和吸水性抗静电协效剂混合，得到复配抗静电剂。

产品应用　本品主要用作塑料制品的抗静电剂。

产品特性　本品通过长效抗静电剂和吸水性抗静电协效剂的优化协同作用即可大大降低表面电阻，并且具有持久稳定的抗静电效果。

配方 7　复配型抗静电剂

原料配比

原料		配比（质量份）			
		1#	2#	3#	4#
长效抗静电组分	聚氨酯丙烯酸酯	3.5	3.8	4	4.2
	多元醇	0.5	0.8	0.9	1
	单硬脂酸甘油酯	1	0.8	0.5	0.6
	引发剂过硫酸钠	0.1	—	0.07	—
	引发剂过硫酸钾	0.05	0.05	—	0.08
	去离子水	28	32	31	30
吸水性抗静电组分	去离子水	40	42	43	44
	聚酯聚醚类嵌段共聚物	6	5	4	5
	PEG-400	0.4	0.5	0.5	0.6
吸水性抗静电组分		1	1	1	1
长效抗静电组分		1	1	1	1

制备方法

（1）长效抗静电组分的制备

① 将聚氨酯丙烯酸酯、多元醇以及单硬脂酸甘油酯混合搅拌，并升温；加入引发剂，超声均质。升温至 75 ～ 85℃；超声均质 15 ～ 25min。

② 搅拌并加入去离子水，制得长效抗静电组分。

（2）吸水性抗静电组分的制备

① 加热去离子水，加入聚酯聚醚类嵌段共聚物以及 PEG-400，搅拌至完全溶解；加热去离子水至 80℃时，加入聚酯聚醚类嵌段共聚物以及 PEG-400，并且在搅拌过程中保持温度不低于 80℃。

② 冷却至 40℃，取样检测合格后得到吸水性抗静电组分。

（3）复配型抗静电剂制备

① 将制备得到的吸水性抗静电组分加热至 50 ～ 60℃；

② 缓慢加入长效抗静电组分，并保温（温度不低于 40℃）混合搅拌，直至混合均匀；

③ 冷却至室温，得到复配型抗静电剂。

产品应用　本品主要用作纺织领域的抗静电剂。

产品特性

（1）通过将长效抗静电组分与吸水性抗静电组分复配形成的复配型抗静电剂，在抗静电效果以及抗静电时效方面有很好的均衡性。

（2）本品吸水性抗静电组分在后期使用中因磨损导致部分残缺时，长效抗静电组分能够很好地将剩下的吸水性抗静电组分连接起来，仍然具备抗静电作用。

（3）本品复配型抗静电剂与纺织物有很好的相容性，与纺织物的结合力度大，从而提高了纺织物的抗静电时效。

配方 8　高分子涤纶抗静电剂

原料配比

<table>
<tr><th colspan="3" rowspan="2">原料</th><th colspan="3">配比（质量份）</th></tr>
<tr><th>1#</th><th>2#</th><th>3#</th></tr>
<tr><td colspan="3">己二酸</td><td>29.2</td><td>36.4</td><td>43.8</td></tr>
<tr><td rowspan="3">金属氧化物</td><td colspan="2">氧化锌</td><td>8.1</td><td>—</td><td>—</td></tr>
<tr><td colspan="2">氧化铜</td><td>—</td><td>10.2</td><td>—</td></tr>
<tr><td colspan="2">氧化钙</td><td>—</td><td>—</td><td>12.3</td></tr>
<tr><td colspan="3">丙酮</td><td>80</td><td>100</td><td>120</td></tr>
<tr><td colspan="3">磺酸基改性的聚醚二元醇</td><td>220</td><td>100</td><td>2000</td></tr>
<tr><td rowspan="2">催化剂</td><td colspan="2">醋酸镁</td><td>0.5</td><td>—</td><td>—</td></tr>
<tr><td colspan="2">醋酸钙</td><td>—</td><td>1.2</td><td>1.6</td></tr>
<tr><td colspan="3">含苯基的多异氰酸酯</td><td>18.2</td><td>20.4</td><td>22.8</td></tr>
<tr><td rowspan="3">抗氧剂</td><td colspan="2">双（3，5-三级丁基-4-羟基苯基）硫醚</td><td>0.2</td><td>—</td><td>—</td></tr>
<tr><td colspan="2">四［β-（3，5-三级丁基-4-羟基苯基）丙酸］季戊四醇酯</td><td>—</td><td>0.4</td><td>—</td></tr>
<tr><td colspan="2">亚磷酸三辛酯</td><td>—</td><td>—</td><td>0.6</td></tr>
<tr><td rowspan="6">磺酸基改性的聚醚二元醇</td><td colspan="2">5-磺酸基间苯二甲酸</td><td>24.6</td><td>28.6</td><td>32.4</td></tr>
<tr><td rowspan="3">聚醚二元醇</td><td>分子量为 1000</td><td>200</td><td>—</td><td>—</td></tr>
<tr><td>分子量为 500</td><td>—</td><td>1000</td><td>—</td></tr>
<tr><td>分子量为 10000</td><td>—</td><td>—</td><td>2000</td></tr>
<tr><td colspan="2">甲烷磺酸</td><td>0.8</td><td>1.6</td><td>2.6</td></tr>
<tr><td colspan="2">碳酸钠</td><td>1.2</td><td>2.2</td><td>3.2</td></tr>
<tr><td rowspan="11">含苯基的多异氰酸酯</td><td rowspan="5">含苯基的异氰酸酯中间物</td><td>4，4′-二苯基甲烷二异氰酸酯</td><td>30</td><td>15</td><td>20</td></tr>
<tr><td>丙酮</td><td>60</td><td>20</td><td>40</td></tr>
<tr><td>氨乙基氨丙基聚二甲基硅氧烷</td><td>10</td><td>5</td><td>7</td></tr>
<tr><td>4-羟基苯乙烯</td><td>1</td><td>5</td><td>3</td></tr>
<tr><td>丙烯酸羟乙酯</td><td>5</td><td>1</td><td>4</td></tr>
<tr><td colspan="2">含苯基的异氰酸酯中间物</td><td>10</td><td>30</td><td>20</td></tr>
<tr><td colspan="2">二甲苯</td><td>30</td><td>50</td><td>40</td></tr>
<tr><td rowspan="3">含氢硅油</td><td>分子量为 1000，氢含量为 1%</td><td>15</td><td>—</td><td>—</td></tr>
<tr><td>分子量为 1000，氢含量为 3%</td><td>—</td><td>5</td><td>—</td></tr>
<tr><td>分子量为 1200，氢含量为 2%</td><td>—</td><td>—</td><td>9</td></tr>
<tr><td colspan="2">氯铂酸</td><td>0.05</td><td>0.01</td><td>0.03</td></tr>
</table>

制备方法　按照质量份数，将己二酸、金属氧化物加入到丙酮中，控温至 30 ～ 45℃，回流反应 40 ～ 120min，完成后过滤，洗涤干燥后得到含盐二元酸；将得到的含盐二元酸与磺酸基改性的聚醚二元醇混合均匀后加入催化剂，在氮气保护下升温到 130 ～ 160℃，恒温反应 4 ～ 8h，完成后加入含苯基的多异氰酸酯和抗氧剂，搅拌混合均匀后控温到 150 ～ 180℃，反应 120 ～ 180min，然后减压反应 30 ～ 60min，反应结束后出料，冷却到室温后将物料粉碎，在 60 ～ 80℃的水浴中洗涤 30 ～ 60min，过滤，干燥后即可得到高分子涤

纶抗静电剂。

原料介绍

所述的磺酸基改性的聚醚二元醇的制备方法为：按照质量份数，在干燥的反应釜中，将5-磺酸基间苯二甲酸、聚醚二元醇和甲烷磺酸加入到反应釜中，在氮气保护下搅拌混合均匀，然后升温到110～130℃，搅拌反应1～5h，然后加入碳酸钠，搅拌反应30～60min后将产物加入到乙醇中沉析，搅拌10～20min后过滤，洗涤后干燥，即可得到所述的磺酸基改性的聚醚二元醇。

所述的含苯基的多异氰酸酯的制备方法为：

（1）在密闭反应釜中加入4，4′-二苯基甲烷二异氰酸酯和丙酮，保持在25～55℃，搅拌分散10～30min，缓慢滴加氨乙基氨丙基聚二甲基硅氧烷，0.5～1.5h滴加完毕后反应1～3h，然后加入4-羟基苯乙烯、丙烯酸羟乙酯，保持在45～55℃反应2～4h，结束后60℃减压蒸馏，得到含苯基的异氰酸酯中间物；

（2）在密闭反应釜中加入步骤（1）得到的含苯基的异氰酸酯中间物和二甲苯、含氢硅油，加入氯铂酸，升温至70～90℃反应8～24h，然后130℃减压蒸馏，过滤得到所述的含苯基的多异氰酸酯。

产品特性　先制备了一种含盐二元酸，然后用这种二元酸与磺酸基改性的聚醚二元醇反应生成含有金属离子的聚醚酯大分子，然后与多异氰酸酯扩链反应，制备出具有苯环结构的高分子抗静电剂。该种抗静电剂能够借助聚醚酯和金属离子的双重导电作用而提高抗静电性，而且磺酸基改性的聚醚二元醇中含有磺酸基团，能进一步加强其抗静电效果。本品的聚醚酯大分子是一种含有金属盐的嵌段聚合物，具有很好的抗静电效果，而且具有良好的持久性、耐热性和洗涤稳定性，与涤纶材料具有很好的相容性和可加工性。本品由于多异氰酸酯类扩链剂的扩链作用，形成以该扩链剂为核、聚醚酯分子为壳的壳核结构，在增加相容性的同时也能够以此为电荷通道。

配方9　高分子量亲水两性离子型抗静电剂

原料配比

原料		配比（质量份）			
		1#	2#	3#	4#
甲基丙烯酸二甲氨基乙酯		2	2	2	2
11-溴十一烷基酸（溴代烷基酸）		4	6	6	6
丙烯酰胺		75	75	60	40
碘化钾		0.04	0.05	0.05	0.06
水溶性偶氮类引发剂	偶氮二异丁咪唑啉盐酸盐（VA-044引发剂）	0.02	0.05	—	—
	偶氮二异丁基脒盐酸盐（V-50引发剂）	—	—	0.05	0.02
乳化剂		10	10	10	6
无水乙醇		80	80	80	80

制备方法

（1）按比例向反应器中加入甲基丙烯酸二甲氨基乙酯和溴代烷基酸，再加入无水乙醇、碘化钾，向反应器中通入氮气除去氧气；

（2）在氮气保护下，50～70℃恒温水浴并磁力搅拌反应24～72h；

（3）将步骤（2）所得产物过滤、烘干，干燥后的粗产物加水溶解，用乙醚萃取，得到的水相进行冷冻干燥，得到两性单体（2- 甲基丙烯酰氧基）乙基二甲基烷基酸溴化铵；

（4）向步骤（3）所得两性单体中加入丙烯酰胺和乳化剂，加入蒸馏水搅拌使之完全溶解，室温下通氮气除氧后，加入水溶性偶氮类引发剂，继续通氮气除氧，恒温水浴反应，反应温度为 40 ～ 80℃，反应时间为 24 ～ 48h；

（5）将产物浸入丙酮中除去未反应完的单体，然后真空干燥，破碎研磨成粉末，即得亲水两性离子型抗静电剂。

原料介绍 所述的乳化剂为十二烷基硫酸钠、十六烷基三甲基溴化铵、烷基酚聚氧乙烯醚中的一种或多种。

产品应用 本品主要用作热塑性弹性体中的抗静电剂。

产品特性

（1）本品以水作介质，避免了使用昂贵溶剂以及回收溶剂的麻烦，具有环保性，且该方法操作简单，易于大规模生产。

（2）本品抗静电剂与高分子材料的相容性较好，在高分子材料中形成的网络结构更稳固，抗静电效果更好。另外，本品的碳碳长链和弹性体的橡胶基分子链相互缠结在一起，具有良好相容性；亲水聚合物不仅能释放材料表面的电荷，还能释放材料内部的电荷，因此能同时降低材料的表面电阻和体积电阻。

配方 10 高分子永久性抗静电剂

原料配比

原料			配比（质量份）			
			1#	2#	3#	4#
二甲基羟乙基烯丙基氯化铵	溶剂	丙酮	14（体积份）	10（体积份）	—	—
		乙醇	—	—	15（体积份）	—
		水	—	—	—	11（体积份）
	N，*N*- 二甲基乙醇胺		5	2.5	5	4.3
	烯丙基氯		6	3	5	5
异戊烯醇聚氧乙烯醚 -b- 马来酸酐共聚物水溶液（TPEG-b-MAH 共聚物水溶液）	溶液 A	异戊烯醇聚氧乙烯醚（TPEG）	5	2.5	5	5
		马来酸酐（MAH）	3	1.5	4	2.2
		1% 过氧化氢溶液	1（体积份）	0.5（体积份）	0.8（体积份）	0.9（体积份）
		水	适量	适量	适量	适量
	溶液 B	氯化亚铁	0.035	—	0.03	0.0305
		维生素 C	—	0.0175	—	—
		水	适量	适量	适量	适量
二甲基羟乙基烯丙基氯化铵			5	2.5	13.5	6.75
对甲苯磺酸水合物			0.04	0.02	0.09	0.055

制备方法

（1）将异戊烯醇聚氧乙烯醚（TPEG）、马来酸酐（MAH）、氧化剂加入至水中，经超声分散后通 N_2 15 ～ 25min 得到浓度为 0.35 ～ 0.6g/mL 的溶液 A；

（2）将还原剂加入至水中，经超声分散后得到浓度为 0.01 ～ 0.025g/mL 的溶液 B；

（3）制备异戊烯醇聚氧乙烯醚 -b- 马来酸酐共聚物水溶液：将溶液 B 缓慢滴加至溶液

A 中，随后再通入 N_2 3 ～ 5min 密封，在 30 ～ 40℃、转速为 150 ～ 250r/min 的磁力搅拌条件下反应 5 ～ 8h，得到质量分数为 40% 的异戊烯醇聚氧乙烯醚 -b- 马来酸酐共聚物水溶液；

（4）制备高分子永久性抗静电剂：在异戊烯醇聚氧乙烯醚 -b- 马来酸酐共聚物水溶液加入二甲基羟乙基烯丙基氯化铵、对甲苯磺酸水合物，于 80 ～ 120℃下磁力搅拌反应 8 ～ 24h，产物经减压蒸馏、真空干燥后打碎成颗粒即得高分子永久性抗静电剂。

原料介绍

所述氧化剂是指过硫酸铵、过硫酸钾、次氯酸钠和过氧化氢中的一种。

所述还原剂是指氯化亚铁、硫酸亚铁和维生素 C 中的一种。

所述二甲基羟乙基烯丙基氯化铵的合成方法是指在冷凝条件下，在溶剂中先加入 *N*，*N*- 二甲基乙醇胺，再滴加烯丙基氯，于转速为 150 ～ 350r/min、反应温度为 35 ～ 45℃的条件下反应 8 ～ 12h，得到粗产物；该粗产物经旋蒸、真空干燥至恒重即得。

所述溶剂是指甲醇、乙醇、异丙醇、丙酮、水、甲乙酮、环己酮、四氢呋喃、1，4- 二氧六环、*N*，*N*- 二甲基甲酰胺、丁酮、乙酸乙酯、乙醚、乙酸丁酯、甲基乙基酮、环己烷和二甲基亚砜中的一种或一种以上。

产品应用 本品主要用作高分子聚合物的抗静电剂。

产品特性

（1）本品抗静电剂外挂聚醚、酯基、季铵盐亲水基团，聚合主链为疏水基团，外挂聚醚基团亲水的同时又具有一定疏水性，结构上具有抗静电剂的特征。

（2）本品聚醚基与季铵盐基团结合，能有效吸附水分子且兼具与高分子材料的相容性。

（3）将本品加入高分子聚合物内部后，与高聚物基体相容性良好，不会发生相分离现象，可有效减少聚合物产生静电的概率，同时不损伤力学性能。本品可应用于外包装、纺织纤维、印刷板材等。相较于表面活性剂型抗静电剂，具有效果持久、不影响制品外观、提升制品力学性能等特点。

（4）本品合成工艺简单，聚合体系采用氧化还原反应引发，引发温度低；以水为溶剂，避免使用昂贵溶剂以及回收的麻烦，环保、易操作、成本低廉。

配方 11　高稳定性表面活性剂型复合抗静电剂

原料配比

原料	配比（质量份）			
	1#	2#	3#	4#
乙氧基化烷基胺	10	20	12	18
聚乙二醇环氧甘油醚	5	15	8	14
聚碳酸酯	6	12	7	11
聚醚酯酰胺	4	10	6	9
碳纳米管	3	9	4	8
石墨烯	2	6	3	5
柠檬酸钠	5	12	6	10
硅藻土	4	12	5	10
氧化聚乙烯蜡	7	14	8	13
抗菌剂	2	4	3	3

制备方法

（1）将乙氧基化烷基胺、聚乙二醇环氧甘油醚、聚碳酸酯、聚醚酯酰胺混合后加入搅拌罐中低速搅拌，得到混合液 A；搅拌速率为 200 ～ 400r/min，时间为 20 ～ 40min。

（2）将碳纳米管、石墨烯、柠檬酸钠、硅藻土、氧化聚乙烯蜡混合后加入搅拌釜中加热搅拌，得到混合液 B；搅拌温度为 80 ～ 90℃，搅拌速率为 1000 ～ 1400r/min、时间为 30 ～ 40min。

（3）将混合液 A 和混合液 B 混合后加入加热罐中加热反应，得到混合液 C；加热温度为 40 ～ 60℃，时间为 10 ～ 20min。

（4）在混合液 C 中加入抗菌剂，在常温下充分搅拌混合，即得到抗静电剂。

原料介绍 所述抗菌剂由 30% 十二烷基二甲基苄基氯化铵、20% 微晶高岭石粉、20% 氟硅烷偶联剂、15% 介孔纳米二氧化钛、15% 介孔纳米三氧化二铝制成。

产品应用 本品主要用作涤纶织物的抗静电剂。

产品特性 本品制备方法简单，无毒无害，具有优异的抗静电和导电性能，而且还具有优异的抑菌和抗菌性能，使用后不但能显著提高涤纶织物的抗静电性能，抗静电作用持久，而且对皮肤无刺激，健康安全。

配方 12 高效复合型聚氨酯安全鞋材用抗静电剂

原料配比

原料	配比（质量份）	
	1#	2#
乙氧基化烷基胺	28	25
醋酸锌	5	5
乙二醇	6	6
甘油	3	5
丙酮	8	10
阳离子活性剂	10	15
去离子水	40	34

制备方法

（1）将乙二醇、甘油和丙酮加入搅拌机中，加热至 30 ～ 35℃，在 20 ～ 30r/min 速率下均匀搅拌 20 ～ 25min，得到混合物料。

（2）将去离子水在搅拌状态下缓慢添加到混合物料中形成乳浊液；缓慢添加为连续性添加，为使用漏斗进行添加，控制流量为 20 ～ 30mL/s。

（3）将乳浊液加热至 60 ～ 70℃，加入乙氧基化烷基胺、醋酸锌和阳离子活性剂，封闭状态下保温，并均匀搅拌 60 ～ 80min，形成保温物料。

（4）将保温物料静置冷却至室温，形成分层物料。

（5）对分层物料进行过滤，去除上层水分，得到底部分层物料；过滤方式为先倾倒出上层多余水分，然后将吸水纸浸入到留存液体中吸取水分，得到底部分层物料。

（6）将底部分层物料进行干燥浓缩，形成浓缩液体，即可完成抗静电剂的加工。干燥浓缩方式为将底部分层物料置于冷冻环境中，在 −30 ～ −20℃条件下，冷冻干燥至含水量为 2% ～ 5%。

原料介绍

所述乙氧基化烷基胺由烷基多胺与环氧乙烷在碱催化下反应制成，且提取纯度为

90% ～ 95%。

所述阳离子活性剂为烷基季铵盐。

产品特性 本品采用多作用相容性物料作为原料，利于控制温度和环境来进行混合制备，保证结合的效率和稳定性，并且在不同工艺流程中采用不同的温度条件，利于生产控制，最后形成浓缩的物料，利于均匀分散到聚氨酯材料中，方便直接添加进行混合，保证抗静电原料在聚氨酯中迁移的均匀性和覆盖广泛性，可有效提高抗静电效果，延长保护时间，利于生产制备，方便推广使用。

配方 13 高效抗静电剂

原料配比

原料		配比（质量份）				
		1#	2#	3#	4#	5#
对苯二甲酸二甲酯		100	110	100	100	100
乙二醇		65	70	65	65	65
聚乙二醇	PEG-6000	34	40	40	34	—
	PEG-4000	—	—	—	—	34
季铵盐	双十八烷基二甲基 - 多胺 - 双季铵盐	25	30	25	—	25
	双十二烷基二甲基 - 多胺 - 双季铵盐	—	—	—	25	—
催化剂		3	5	3	3	3
热稳定剂	亚磷酸三苯酯	3	5	3	3	3
溶剂	异丙酮	7	10	7	7	7
非离子表面活性剂	脂肪醇聚氧乙烯醚	30	40	30	30	30
交联剂	六亚甲基二异氰酸酯	2	3	2	2	2
聚乙烯醇		1	15	1	1	1
pH 调节剂	三乙醇胺	7	10	7	7	7
催化剂	醋酸锌	3	3	3	3	3
	三氧化二锑	1	1	1	1	1

制备方法

（1）将对苯二甲酸二甲酯、乙二醇、聚乙二醇、催化剂、溶剂混合均匀，在 N_2 保护下升温至 185 ～ 200℃，恒温反应 3 ～ 5h，得到混合物 A；

（2）向混合物 A 中加入热稳定剂和季铵盐，升温至 260 ～ 290℃，在 N_2 保护下继续恒温反应 2.5 ～ 3.5h，得到混合物 B；

（3）向混合物 B 中加入非离子表面活性剂和交联剂搅拌混合均匀后，升温至 175 ～ 190℃，反应 0.5 ～ 1.5h，停止加热，加入聚乙烯醇和 pH 调节剂，混合搅拌均匀，冷却出料得到抗静电剂。

产品应用 本品适用于各种织物的抗静电整理。

产品特性

（1）本品优选多种类型表面活性剂进行复配，不仅纤维摩擦系数小，而且耐久性和耐洗性好。

（2）本品耐黄变性好，色变影响小，手感影响小，平滑性和柔软性好。

（3）本品具有优异的抗菌性能，而且稳定、耐温宽。

（4）本品抗静电剂不仅具有优异的抗静电性，而且能赋予织物一定的柔顺性。

配方 14　含离子液体抗静电剂

原料配比

原料		配比（质量份）			
		1#	2#	3#	4#
椰子油二乙醇酰胺		20	20	20	20
增溶剂	一缩二乙二醇	20	—	—	—
	三乙二醇	—	25	—	—
	聚乙二醇 400	—	—	30	—
	聚乙二醇 600	—	—	—	35
无机盐离子化合物	醋酸钠	5	—	—	—
	硫氰酸钠	—	10	—	—
	氯化钾	—	—	15	—
	高氯酸钾	—	—	—	20
有机离子液体	氯化 1- 丁基 -3- 甲基咪唑盐	15	—	—	—
	1- 丁基 -3- 甲基咪唑高氯酸盐	—	10	—	—
	1- 丁基 -3- 甲基咪唑双三氟甲磺酰亚胺盐	—	—	5	—
	1- 丁基 -3- 甲基咪唑六氟磷酸盐	—	—	—	5
增塑剂	邻苯二甲酸二乙酯	40	35	30	20

制备方法　将椰子油二乙醇酰胺和增溶剂混匀，升温至 70 ～ 120℃，在搅拌的情况下加入无机盐离子化合物，继续搅拌直至无机盐离子化合物完全溶解，再降温至 60℃，加入有机离子液体和增塑剂，搅拌至澄清即可。

产品应用　本品主要用作 PVC 卷材的抗静电剂。

产品特性

（1）本品解决了无机盐离子化合物作为抗静电剂的溶解性问题。

（2）本品抗静电性能佳、有良好加工性能、耐热稳定性高、与 PVC 相容性好。

（3）本品抗静电剂成本低，适合推广使用。

配方 15　环保持久的织物抗静电剂

原料配比

原料		配比（质量份）		
		1#	2#	3#
丙烯酸聚氧乙烯醚	平均分子量为 2000	24	—	—
	平均分子量为 5000	—	32	—
	平均分子量为 8000	—	—	36
环氧氯丙烷		5.2	7.2	8.6
氢氧化钾		0.6	1.2	1.8
四丁基溴化铵		0.1	0.3	0.5
有机溶剂	二氯甲烷	50	—	—
	氯仿	—	60	—
	甲苯	—	—	80

续表

原料				配比（质量份）		
				1#	2#	3#
丙酮				60	80	100
咪唑				2.4	4.8	6.2
含氢硅氧烷				14	18	22
氯铂酸				0.01	0.3	0.05
改性聚烯烃蜡				2.8	4.2	6.7
环氧基硅氧烷	1,1,3,3-四甲基-1,3-二[3-(环氧乙基甲氧基)丙基]二硅氧烷			0.2	—	—
	缩水甘油丙基（二甲氧基）甲基硅烷			—	0.6	—
	3-缩水甘油醚氧基丙基三乙氧基硅烷			—	—	0.8
催化剂	乙醇钠			0.01	—	—
	氢氧化钾			—	0.04	0.04
改性聚烯烃蜡	羧化聚烯烃蜡	聚烯烃蜡	聚乙烯蜡	20	—	25
			聚丙烯蜡	—	35	—
		甲苯		120	80	100
		丙烯酸		12.8	5.6	7.5
		4-乙烯基苯甲酸		3.6	1.2	2.4
		乙烯基苯基砜		0.5	0.1	0.3
		4-乙烯基吡啶-镍		0.01	0.05	0.03
		过氧化苯甲酰		0.7	0.2	0.4
		甲苯		25	15	20
	羧化聚烯烃蜡			50	30	40
	乙醇			50	30	40
	氢氧化钠			10	2	7

制备方法

（1）将丙烯酸聚氧乙烯醚、环氧氯丙烷、氢氧化钾和四丁基溴化铵加入到有机溶剂中，控温至40～100℃，反应5～10h，完成后过滤，减压蒸馏除去小分子后加入到丙酮中，混合均匀后加入咪唑，加热到40～60℃，反应120～180min，蒸去溶剂后得到环氧丙烯酸聚氧乙烯醚；

（2）将得到的环氧丙烯酸聚氧乙烯醚与含氢硅氧烷混合均匀后控温至60～100℃，搅拌反应30～120min，然后加入氯铂酸，继续搅拌反应1～5h，然后加入改性聚烯烃蜡、环氧基硅氧烷和催化剂，在氮气保护下反应30～60min，即可得到所述的环保持久的织物抗静电剂。

原料介绍

所述的改性聚烯烃蜡，其制备方法为：

（1）将聚烯烃蜡加入到甲苯中，混合搅拌均匀后在氮气保护下升温到85～100℃；然后将丙烯酸、4-乙烯基苯甲酸、乙烯基苯基砜、4-乙烯基吡啶-镍和过氧化苯甲酰与甲苯混合均匀，再将30%～50%的混合物加入到反应釜中；将剩余的混合物控制在60～120min内缓慢地加入反应釜中，继续反应60～180min后降温，减压蒸馏40～60min后得到羧化聚烯烃蜡。

（2）将羧化聚烯烃蜡加入乙醇中高速分散30～50min，然后加入氢氧化钠，控温至

60 ～ 75℃，搅拌反应 10 ～ 30min，将溶剂蒸出，将剩余产物在丙酮中沉析，过滤后洗涤，干燥即可得到所述的改性聚烯烃蜡。

所述的改性聚烯烃蜡其主要反应为聚烯烃蜡与含有不饱和键的烯基酸等发生自由基加成，得到接枝后羧化的聚烯烃蜡，然后其与醇碱发生羧基盐化反应生成羧酸钠。

所述的丙烯酸聚氧乙烯醚平均分子量为 2000 ～ 8000。

产品应用 本品使用方法为：按照质量份将抗静电剂配制成 0.5% ～ 2.5% 的水溶液整理剂，然后将织物在整理剂中浸扎处理，在 60 ～ 100℃下烘 5 ～ 10min，干燥后在紫外光下照射 5 ～ 10s，即可完成抗静电处理。

产品特性 在丙烯酸聚氧乙烯醚分子末端引入高吸湿性的咪唑后接枝于含氢硅氧烷上，制备得到了亲水性的聚醚硅油，与此同时与接枝了极性基团丙烯酸钠的聚烯烃蜡在偶联剂的作用下发生交联，具备了极性基团和亲水基团的高分子持久性抗静电剂，在烘烤和紫外光的作用下于织物表面形成化学键，形成牢固的结合。本品具备很多优异的性能，如抗静电性能佳、抗静电效果持久、耐水洗、韧性好、不受环境湿度的影响、对基体材料性能的影响小等特点。

配方 16 聚醚酯酰胺抗静电剂

原料配比

原料		配比（质量份）	
		1#	2#
环内酰胺	己内酰胺	15	28
	十二内酰胺	28	15
脂肪族二元酸	戊二酸	7	7
去离子水		2	2
聚醚	聚乙二醇	48	—
	聚四氢呋喃二醇	—	48
催化剂	乙酸锌	0.2	—
	乙酸铁	—	0.2
	对甲苯磺酸	0.2	0.2

制备方法

（1）向反应釜中依次加入配方量的环内酰胺、脂肪族二元酸和去离子水，保护气体氮气置换釜内空气，加压至 1 ～ 1.5MPa，开启搅拌至转速为 30 ～ 60r/min，在预定反应温度下反应 2 ～ 4h，得到双端羧基聚酰胺预聚体；反应温度为 190 ～ 250℃。

（2）保持搅拌转速为 30 ～ 60r/min，升温至预定反应温度，向反应釜中加入配方量的聚醚和催化剂，再次保护气体置换釜内空气，反应 2 ～ 4h，然后缓慢提高反应釜内真空度至体系压力为 0.07MPa 以下，继续反应 2 ～ 4h；反应温度为 210 ～ 270℃。

（3）向反应釜内充入保护气体至压力为 0.3 ～ 1MPa，停止搅拌，打开反应釜底阀，放料，真空干燥得到聚醚酯酰胺嵌段共聚物（即聚醚酯酰胺抗静电剂）。

产品应用 本品主要用作高分子材料的抗静电剂。

产品特性 本品通过水解开环 - 酯化缩聚二步法反应制备而成，其中引入的十二内酰胺单体，可降低聚醚酯酰胺抗静电剂熔点；加工温度范围广，柔韧性好。采用乙酸盐类与对甲苯磺酸复合催化剂，可提高酯化反应速率，缩短反应时间。产品外观颜色更浅，更易于应用。

配方 17　EVA 鞋底用抗静电剂

原料配比

原料		配比（质量份）			
		1#	2#	3#	4#
季铵类抗静电剂	胆碱	30	30	—	—
	甜菜碱	—	—	35	30
阴离子表面活性剂	十二烷基磺酸钠	30	—	—	—
	十二烷基苯磺酸钠	—	30	—	—
	十二烷基硫酸钠	—	—	30	40
无机填料	二氧化硅	40	—	—	—
	硅藻土	—	35	—	—
	硫酸钡	—	—	35	—
	滑石粉	—	—	—	30

制备方法　将阴离子表面活性剂与季铵类抗静电剂在常温下混匀，再加入无机填料混匀即可。

产品应用　本品主要用作 EVA 轻量高回弹鞋底的抗静电剂。抗静电剂的添加量为 EVA 质量的 1% ～ 3%。

产品特性　本品热稳定性高、添加量低、抗静电性能佳、成本低、与基体相容性好。

配方 18　可聚合低共熔溶剂型抗静电剂

原料配比

原料		配比（质量份）			
		1#	2#	3#	4#
氢键受体化合物	氯化胆碱	27.926	13.963	—	—
	甜菜碱	—	—	11.715	—
	十六烷基三甲基溴化铵	—	—	—	36.446
氢键供体化合物	马来酸	11.607	—	—	—
	衣康酸	—	13.01	—	—
	丙烯酸	—	—	14.412	—
	乳酸	—	—	—	9.008
交联剂	*N*- 羟甲基丙烯酰胺	5.055	—	—	—
	N- 异丙基丙烯酰胺	—	2.7	—	—
	丙烯酰胺	—	—	3.92	—
	N, *N*- 二甲基丙烯酰胺	—	—	—	6.82
引发剂	二苯基乙酮	0.134	—	—	—
	过硫酸铵	—	0.1	—	—
	α- 羟烷基苯酮	—	—	0.15	—
	过硫酸钾	—	—	—	0.3

制备方法

（1）氢键供体化合物与氢键受体化合物经 60 ～ 80℃干燥，按照配比混合，于 60 ～

100℃下恒温加热，搅拌反应直至形成透明澄清的液体，冷却至室温，制得无色透明的低共熔溶剂。搅拌方式为磁力搅拌或机械搅拌，搅拌速率为 100 ～ 1000r/min。

（2）加入交联剂、引发剂至低共熔溶剂中混合均匀形成混合溶液，制得可聚合低共熔溶剂型抗静电剂。

产品应用 本品主要应用于 UV（紫外线）固化抗静电丙烯酸涂料和抗静电装饰浸渍胶膜纸的制备。

应用于 UV 固化丙烯酸涂料的制备，具体步骤如下：将所制得的可聚合低共熔溶剂型抗静电剂，加入 UV 固化丙烯酸涂料中，即得 UV 固化抗静电丙烯酸涂料，其中可聚合低共熔溶剂型抗静电剂与 UV 丙烯酸涂料的质量比为（1∶4）～（1∶20）；

所述 UV 固化抗静电丙烯酸涂料用于实木地板 / 墙板或实木复合地板 / 墙板表面和次表面，为辊涂涂装，总涂布量不少于 $16g/m^2$。

应用于抗静电装饰浸渍胶膜纸的制备，具体步骤如下：

（1）将所制得的可聚合低共熔溶剂型抗静电剂加入三聚氰胺浸渍胶中，即得抗静电三聚氰胺浸渍胶，其中可聚合低共熔溶剂型抗静电剂与三聚氰胺浸渍胶的质量比为（1∶4）～（1∶25）；

（2）将抗静电三聚氰胺浸渍胶浸渍装饰纸，得到抗静电装饰浸渍胶膜纸。

所述的抗静电三聚氰胺浸渍胶浸渍装饰纸，浸渍量为原纸重的 0.6 ～ 1.6 倍；经两次干燥后（第一次干燥温度 100 ～ 120℃；第二次干燥温度 130 ～ 180℃）冷却获得；贴于基材表面，即得三聚氰胺浸渍胶膜纸饰面抗静电木地板 / 墙板。

产品特性

（1）本品在基体中形成导电高聚物网络，具有抗静电性能优良、静电防护持久以及受环境湿度影响较小等特点，可直接用于地板 / 墙板封边，实现板材间低电阻连接，减少导电条的使用。

（2）本品无需使用额外的溶剂溶解就可以稳定地聚合，避免了高沸点有毒有机溶剂的使用，同时合成工艺简单，生产流程易掌握，生产成本及原料成本相对低廉。

配方 19 皮革用抗静电剂

原料配比

原料		配比（质量份）
丙烯酸树脂（T_g 为 −40 ～ −20℃）		55
水		25
表面活性剂	十二烷基磺酸钠	15
非离子乳化油		4
阴离子蜡乳液	乳化 58 号半精炼石蜡乳液	4
有机硅手感剂	八甲基环四硅氧烷	4

制备方法

（1）在搅拌条件下将丙烯酸树脂加入水中，分散均匀得到第一分散液；搅拌转速为 300 ～ 400r/min，搅拌分散时间为 20 ～ 30min。

（2）向所述第一分散液中加入表面活性剂，分散均匀得到第二分散液；搅拌转速为 300 ～ 400r/min，搅拌分散时间为 30 ～ 50min。

（3）向所述第二分散液中依次加入非离子乳化油、阴离子蜡乳液和有机硅手感剂，分散均匀得到所述抗静电剂。搅拌转速为 300 ～ 400r/min，搅拌分散时间为 20 ～ 30min。

原料介绍 所述非离子乳化油为乳化牛蹄油、乳化蓖麻油、乳化菜籽油中的至少一种。

产品应用 使用时，通过雾化喷涂工艺将抗静电剂喷涂在皮革表面，喷涂量为 1 ～ 3g/ft^2（1ft=0.3048m）。

产品特性 本品通过将表面活性剂与丙烯酸树脂进行复配得到皮革用抗静电剂，通过雾化喷涂工艺将该抗静电剂喷涂在皮革表层或背面，可以形成一层轻薄的膜。相比传统纺织领域的抗静电剂采用水浴浸渍的方式附着在织物表面，本品采用丙烯酸树脂作为载体和成膜剂，使得抗静电剂在涂层中更为牢固，能够有效提高皮革持久抗静电性和耐水洗性等性能。同时，通过在配方中加入非离子乳化油、阴离子蜡乳液和有机硅手感剂可调节涂层的手感，使涂层除满足抗静电需要外，还具备良好的软度和手感，不影响真皮皮感。

配方 20　轻质燃料油专用抗静电剂

原料配比

原料		配比（质量份）
咪唑啉中间体	多碳烯酸	280
	多亚乙烯多胺	150
	二甲苯	10
咪唑啉嵌段聚醚中间体	咪唑啉中间体	100
	氢氧化钾	0.1
	环氧丙烷或环氧乙烷	100 ～ 120
抗静电剂主剂	咪唑啉嵌段聚醚中间体	450
	醇	10
	氯乙酸钠	95
抗静电剂主剂		60
T551 金属减活剂		1
异辛醇稳定增效剂		5
溶剂油		34

制备方法

（1）咪唑啉中间体的制备：称取多碳烯酸，加入多亚乙烯多胺、分水剂，在 130 ～ 140℃下反应 4 ～ 6h 后，升温至 220 ～ 240℃反应 4 ～ 6h，制备得到咪唑啉中间体；本步采用阶梯升温，以保证两步反应顺利进行，第一步是酰胺化反应，第二步是生成咪唑啉环的反应。

（2）咪唑啉嵌段聚醚中间体的制备：称取咪唑啉中间体加入高压反应釜内，加入氢氧化钾，通入环氧丙烷或环氧乙烷加成反应制备得到咪唑啉嵌段聚醚中间体（当通入环氧丙烷时，制备得到咪唑啉聚氧丙烯醚中间体；当通入环氧乙烷时，制备得到咪唑啉聚氧乙烯醚中间体）；高压反应釜内压力小于 0.3MPa，温度为 120 ～ 130℃。

（3）抗静电剂主剂的制备：称取咪唑啉嵌段聚醚中间体，加入醇、氯乙酸钠，80 ～ 100℃下反应 4 ～ 6h 后得到抗静电剂主剂。

（4）抗静电剂成品的制备：称取抗静电剂主剂，加入 T551 金属减活剂、稳定增效剂、溶剂油得到轻质燃料油专用抗静电剂。

原料介绍

所述多碳烯酸为十八碳烯酸和 / 或十六碳烯酸。

所述多亚乙烯多胺为三乙烯四胺、二乙烯三胺和四乙烯五胺中的一种或多种的混合。

所述分水剂为二甲苯和 / 或甲苯。

所述醇为乙醇、甲醇和脂肪醇中的一种或多种的混合，所述脂肪醇包括但不限于异辛醇。

所述溶剂油为脱芳烃溶剂油 120 号、160 号、180 号和 200 号中的一种或多种的混合。

产品特性

（1）该产品不含金属离子，符合绿色环保要求，与油品具有良好的互溶性和分散性，添加后油品稳定性好。

（2）将本品燃料油抗静电剂加入到燃料油中后，可以提高燃料油电导性，消除过多的累积静电。本品生产工艺简单，无三废排放，成本低廉。与油品具有良好的互溶性和分散性，添加后油品稳定性好。加入本品后，随着燃料油存放时间增加，电导率损失不明显。

配方 21　阳离子抗静电剂

原料配比

原料		配比（质量份）		
		1#	2#	3#
阳离子多元醇聚醚	阳离子十二烷基甲基胺聚氧乙烯醚（分子量 1500）	75	—	—
	阳离子十八烷基苄基胺聚氧乙烯醚（分子量 4500）	—	360	—
	阳离子十二烷基甲基胺聚氧乙烯醚（分子量 8500）	—	—	425
乙二醇		3.1	1.24	3.1
二元直链含苯基的异氰酸酯	对苯二异氰酸酯（PPDI）	16	—	—
	二苯基甲烷二异氰酸酯（MDI）	—	25	—
	对苯二亚甲基二异氰酸酯（XDI）	—	—	25

制备方法

（1）在反应容器内加入阳离子多元醇聚醚、乙二醇，将反应容器升温至 98 ～ 102℃后进行减压脱水操作，减压脱水的操作时长为 0.5 ～ 1h；减压脱水操作后，降温至 30 ～ 50℃，制得所述预反应液。

（2）在预反应液内加入异氰酸酯后，搅拌均匀并加热至 30 ～ 95℃，保温反应 1 ～ 3h。

（3）反应结束后降温，即制得阳离子抗静电剂。

产品应用　本品主要应用于涤纶织物的抗静电整理。

产品特性

（1）涤纶结构为聚对苯二甲酸乙二醇酯，制得的阳离子抗静电剂中，结构上含有高度对称的刚性直链苯环结构，与涤纶的分子结构相似，可高度结合在涤纶面料上，使之拥有持久抗静电效果。

（2）本品应用于涤纶织物后，织物的亲水性、表面电阻、抗静电性、耐洗性优异，并且制备工艺安全简单，节能环保，无任何副产物，具有较好的应用价值。

配方 22　易溶解型抗静电剂

原料配比

原料		配比（质量份）		
		1#	2#	3#
GO（氧化石墨烯）		5	5	5
聚乙烯醇		1.5	1.5	1.5
表面活性剂		5	—	5
表面活性剂	*O*,*O*′-二（苯基）二硫代磷酸-*N*,*N*-二乙铵	1	5	—
	α-烯基磺酸钠	1	—	1
	糖苷基季铵盐	1	—	1
水性聚氨酯		25	25	25
去离子水		适量	适量	适量

制备方法

（1）在适量去离子水中加入 GO，经常规的超声分散后，加入聚乙烯醇，经水热反应（95℃、25h）处理，得到预处理物，经预处理物经常规的洗涤、离心、烘干处理后，得到改性 GO；

（2）将改性 GO、适量去离子水、表面活性剂经超声分散，得到预处理物；

（3）向预处理物中加入水性聚氨酯，继续搅拌分散，得到成品。

产品应用 本品主要用作化纤织物的抗静电剂。

产品特性 本品将聚乙烯醇与 GO 表面的多活位点结合，再将其引入水性聚氨酯内，利用 GO 的纳米效应及功能性，从而达到提升导电性能的目的；通过将 GO 与聚乙烯醇进行水热处理而进行组装，GO 表面的含氧基团，使其具有可修饰的活性位点，能够与聚乙烯醇进一步提升结合强度。同时表面活性剂中的 *α*- 烯基磺酸盐提供的磺酸基通过氢键能够与 GO 表面的羟基相互作用，从而增强了 GO 与体系的相容性，进而提升了 GO 的分散性，从而减少了其沉淀。通过阴阳离子的复配，能够表现出很好的协同增效能力。此外，*O*,*O*′- 二（苯基）二硫代磷酸 -*N*,*N*- 二乙铵具有高表面活性，将其与其他原料进行复配，能够进一步提升体系的稳定性。

配方 23　永久性抗静电剂

原料配比

原料	配比（质量份）		
	1#	2#	3#
对苯二甲酸二甲酯	10	20	40
乙二醇	30	60	120
十二烷基胺	45	90	180
羟基硅油	15	30	60
催化剂	0.5	1	2
阳离子表面活性剂	54	108	216

制备方法

（1）取对苯二甲酸二甲酯、乙二醇，加入到四口烧瓶中进行加热搅拌，同时通入氮气进行吹扫，升温至 100℃后保温 2h，随后升温至 120℃继续反应 2h，再升温至 150℃反应 1h；

（2）将经步骤（1）处理后的反应体系降温至 90℃，向反应系统中加入十二烷基胺、羟基硅油和催化剂继续反应 30min 同时控制温度在 90℃左右，随后降温至 70℃，再向其中添加阳离子表面活性剂继续反应 4h；

（3）将经步骤（2）处理后的反应体系，关闭氮气，打开水源使冷凝管进行回流，打开真空泵抽真空 30min，同时保持反应体系温度在 70℃，随后关闭真空泵、水源以及温度控制器，将所得产物倒出即得目标产物。

原料介绍 所述的阳离子表面活性剂为季铵盐。所述季铵盐为含杂原子的季铵盐。所述含杂原子的季铵盐为硫酸二甲酯。

所述的催化剂为固体酸催化剂。

产品应用 本品主要用于聚酯、纺织纤维、聚合材料等制品中作为抗静电剂。

产品特性 本品可以在处理聚酯、纺织纤维、聚合材料柔性以及非柔性成型结构的基材时达到抗静电效果，在经历水洗数次后其性能依旧十分优异。

配方 24　用于涂层的抗静电剂

原料配比

原料		配比（质量份）		
		1#	2#	3#
烷基季铵盐	十二烷基二甲基苄基氯化铵	2	4	6
	十六烷基三甲基氯化铵	10	8	5
	十八烷基三甲基氯化铵	10	12	15
多元醇	丁醇	2	4	6
	异丙醇	10	8	5
二羟乙基脂肪胺		10	10	10
盐酸		2	4	5
烷基季铵盐		20	18	14
丙烯酸聚乙二醇酯		5	8	12
多元醇		1.2	0.8	0.5

制备方法

（1）向二羟乙基脂肪胺中加入盐酸、烷基季铵盐、丙烯酸聚乙二醇酯和多元醇，在 100 ～ 110℃温度下搅拌 1 ～ 1.5h；

（2）将反应釜温度降到 75 ～ 80℃后趁热进行出料，冷却后得到用于涂层的抗静电剂。

原料介绍　所述二羟乙基脂肪胺由脂肪胺和环氧乙烷制得。所述脂肪胺为十二胺或十八胺。

产品应用　本品主要用作塑料加工模塑制品的抗静电剂。

产品特性　本品主要通过亲水基团吸附空气中的水分，在产品表面形成具有导电作用的水膜，从而消除静电荷的积累。本品中制得的脂肪烷基二羟乙基铵盐中具有多个亲水基团，相比其他抗静电剂能够在产品表面形成更为致密的液膜，具有更为优异的导电性能和抗静电效果，可提高本品用于涂层抗静电剂的抗静电性能，从而延长抗静电剂的有效时间。

配方 25　紫外光固化抗静电剂

原料配比

原料			配比（质量份）			
			1#	2#	3#	4#
改性单壁碳纳米管	单壁碳纳米管	管长为 0.5μm、管直径为 1nm 的单壁碳纳米管	10	—	—	—
		管长为 2μm、管直径为 2nm 的单壁碳纳米管	—	20	15	—
		管长为 1.25μm、管直径为 1.5nm 的单壁碳纳米管	—	—	—	15
	乙醇①		50	60	50	55
	偶联剂	钛酸四正丁酯	3	—	—	—
		钛酸四异丙酯	—	—	—	4
		硅烷偶联剂 KH-570	—	5	—	—
		硅烷偶联剂 KH-550	—	—	4	—
	乙醇②		15	37	30	26
改性单壁碳纳米管			10	10	10	10
UV 预聚体 A	嵩达新材料 SD-1221B		40	—	—	—
	SD-1326B		—	70	—	—
	润奥化工 R-7162		—	—	50	60

续表

原料		配比（质量份）			
		1#	2#	3#	4#
分散剂	Efka-4800	0.3	—	—	—
	Tego-710	—	0.5	—	—
	BYK-105	—	—	0.5	0.4
UV 预聚体 B	UT53896	30	—	—	—
	叁漆新材料 L-6604	—	60	50	45
活性稀释剂	丙烯酸异冰片酯	20	—	35	30
	甲基丙烯酸异冰片酯	—	40	—	—
流平剂	BYK-333	0.3	—	—	—
	Tego-100	—	0.5	0.5	0.4
光引发剂		3	6	6	4.5
光引发剂	ITX	3	—	6	—
	BDK	—	3	—	—
	907	—	—	—	3
	TPO	1	1	1	1
溶剂	正丙醇	50	200	—	—
	异丙醇	—	—	100	125

制备方法

（1）在密闭容器中将单壁碳纳米管加入到乙醇①中，超声振动分散 20 ～ 30min，再转移至搅拌釜中，开启搅拌机，速度设置为 120 ～ 200r/min。

（2）将偶联剂与乙醇②预混后滴加到所述搅拌釜中，5 ～ 10min 滴加完毕，再将所述搅拌釜继续搅拌 30 ～ 60min。

（3）所述搅拌釜停止搅拌，将所述搅拌釜加热至 60 ～ 90℃，烘 2 ～ 3h。

（4）将得到的疏松的块状物体磨碎成粉末状，用 1000 目筛网过滤，制得改性单壁碳纳米管。

（5）将改性单壁碳纳米管、UV 预聚体 A 和分散剂加入高速搅拌机中充分混合，搅拌速度为 500 ～ 1000r/min，搅拌时间为 20 ～ 30min。

（6）将步骤（5）搅拌后所得的混合物转移到超细砂磨机中，以 800 ～ 1200r/min 的转速研磨 15 ～ 25min，得到单壁碳纳米管浓缩浆料。

（7）将所述单壁碳纳米管浓缩浆料加入到反应釜中，避光条件下搅拌速度 300 ～ 500r/min，然后向所述反应釜中依次加入 UV 预聚体 B、活性稀释剂、流平剂、光引发剂、溶剂，搅拌 30 ～ 50min，制得紫外固化抗静电剂。

产品应用 本品主要用作高分子薄膜或塑胶制品的抗静电剂。

产品特性

（1）本品对单壁碳纳米管进行表面改性处理，有利于无机材料在高分子树脂中均匀分散、不会出现团聚，且改性处理运用的材料和工艺都比较简单，利于大规模生产和成本控制。

（2）本品解决了单壁碳纳米管在光固化涂料中容易团聚的问题，并且工艺流程简单。制成的光固化抗静电剂固化效率高，不仅适合在汞灯条件下固化，而且在 LED（发光二极管）灯条件下仍然可以实现有氧固化，方便使用且扩大了应用范围。涂了本抗静电剂的塑胶或薄膜，其表面抗静电效果可以长久保持，并且可以耐高温高湿，对实际应用具有重要意义。

7 柔软剂

7.1 柔软剂定义

柔软剂是一类能改变纤维静、动摩擦系数的化学物质。当改变静摩擦系数时，手触摸有平滑感，易于在纤维或织物上移动；当改变动摩擦系数时，纤维与纤维之间的微细结构易于相互移动，也就是纤维或者织物易于变形。二者的综合感觉就是柔软。柔软剂除能使织物柔软外，往往还兼有抗静电、防再污染、提高平滑性、撕破强力和提高缝制性等效果。

7.2 柔软剂作用机理

柔软剂的化学结构主要由疏水基团和亲水基团两部分组成。柔软整理的目的是使织物表面平滑柔软，改变纤维的动摩擦系数和静摩擦系数，从而降低纤维间或纤维与人体间的摩擦阻力。当手接触到织物时只要稍用力，就可以使纤维间产生滑动变形而有柔软的感觉，其作用机理体现在如下两个方面。

（1）降低纤维表面张力，使织物具有蓬松柔软感　柔软整理能降低纤维的表面张力，使织物产生蓬松、丰满的手感。纺织纤维是由线性高分子构成的比表面很大的物质，形状十分细长，分子链的柔顺性也较好。

吸附表面活性剂（柔软剂）之后，表面张力降低，纤维表面变得容易扩张，伸展其长度，从而织物变得蓬松、丰满，产生了柔软手感。而根据热力学的理论，最能降低纤维表面张力的物质在纤维表面的吸附作用最强，形成的吸附膜强度也最大。同时降低纤维的摩擦系数，纤维更容易在织物中伸展。

（2）降低纤维之间的摩擦系数，使织物具有滑爽感　织物经柔软处理后纤维与纤维之间、纤维与人体之间的摩擦阻力都有一定程度的降低，也就是在柔软整理中降低动、静摩擦系数，特别是降低静摩擦系数才能使织物获得良好的柔软手感，因为摩擦系数在很大程度上影响着织物的弯曲和压缩等性质，而弯曲模量和压缩力的大小又直接影响织物的手感，而且摩擦系数的降低使织物在受到外力时，纱线便于滑动，从而使应力分散，撕破强度得到提高，加工过程中受到强力的纤维也容易恢复到松弛状态。

7.3 柔软剂分类

柔软剂主要分为两大类。

7.3.1 脂肪族型（非硅）

以阳离子型为主，还有非离子型、阴离子型和阴阳两性离子型。其中阳离子型柔软剂的柔软性能最优，商品外观一般为乳液状、厚浆状、高浓软油精和蜡状软片软珠等。

（1）阴离子型柔软剂　阴离子型柔软剂应用较早，通常是硫酸酯或磺酸盐化合物。例如植物油的硫酸化物、脂肪酸硫酸酯盐或硫酸化物、琥珀酸酯磺酸盐等。阴离子型柔软剂具有良好的润湿性和热稳定性，能与荧光增白剂同浴使用，作为特白织物的柔软剂，织物无色变现象。与非离子型柔软剂复配用于漂白织物有独特的滑爽感。代表性品种为双十八烷基琥珀酸磺酸盐，商品名为柔软剂 MA-700。由于纤维在水中带负电荷，因此这类柔软剂不易被纤维吸附，导致柔软效果不好，同时对电解质敏感，通常用于棉、黏胶、丝绸等。

（2）非离子型柔软剂　此类柔软剂的配伍性能良好，对电解质稳定，无泛黄的缺点，但它们对纤维的吸附性不好，耐久性低，主要应用于纤维素纤维的后整理和合纤油剂。

脂肪酸多元醇酯、季戊四醇脂肪酸酯和甘油单脂肪酸酯以及失水山梨醇脂肪酸酯是多元醇型非离子柔软剂中的主要品种。此类柔软剂降低纤维静摩擦系数的效果优良，是一种通用型柔软剂，在合纤纺纱油剂中应用较为广泛。

（3）阳离子型柔软剂　这类柔软剂品种较多，是目前使用最普遍的柔软剂。主要是由于大多数纤维在水中带有负电荷，阳离子型柔软剂容易吸附在纤维表面，和各种纤维结合能力强，可使织物获得优良的柔软效果且耐久性强、耐洗涤，能改进织物的抗静电效果、耐磨强度和撕裂强度。缺点是对荧光增白剂有抑制作用，对人体也有一定的刺激性。因此被广泛用于棉、锦纶、腈纶等织物，有的也适用于丝绸。但部分阳离子型柔软剂在高温时易引起黄变，并伴有耐光色牢度的下降。阳离子型柔软剂一般是十八胺（或二甲基十八胺）的衍生物或硬脂酸与多乙烯多胺的缩合物。根据其结构又可分为叔胺类柔软剂、季铵盐类柔软剂，咪唑啉季铵盐类柔软剂、双烷基二甲基季铵盐类柔软剂等。

7.3.2　有机硅型

第一代甲基硅油乳液，因为无活性基不能自身交联，也不能与纤维交联，耐久性不好。

第二代 D4 硅油乳液，亦称羟乳，由于有了两个端羟基而具有较高的活性。

第三代 D4 硅油与偶联剂本体聚合，再乳化，商品有乳液状（称聚乳）、透明液状（称微乳）、高浓缩硅油（50% ～ 80%）等等。

有机硅中的甲基定向排列，犹如直链饱和烷烃，有机硅分子量大，能赋予织物较好的平滑、柔和的手感。有机硅可以改性也可以复配，还可以与非硅柔软剂复配，能取得更为理想的手感。由于氨基硅易黄变、不亲水、耐洗性差，近年又发展了亲水、柔软、不沾辊、可复染且耐洗不黄变或低黄变新一代改性硅油。

7.4　柔软剂用途

柔软整理是印染加工中的重要后整理工序。纺织品在加工过程中，经多次处理后手感会变得粗糙。为了使织物具有柔软、滑爽、舒适的手感，就需要对其进行整理，应用广泛的是柔软剂。在纺织印染助剂中，柔软剂是整理助剂中的一个大类，品种多，产量大。从化学纤维的纺丝、拉伸、卷筒、编织或纤维素纤维的制条、纺纱、织造到纺织品的染色整理等各项工序都要使用柔软平滑剂。织物阶段前统称为油剂，织物阶段后统称为柔软剂。各种油剂（包括和毛油）能确保纺丝、拉伸、卷筒、制条、纺纱、编织（织布）等各项工序的顺利进行，各种柔软剂其主要功能是满足各种纺织品的不同手感，不同风格和要求。棉花、纤维、散毛以及各种混纤维染色后，要上柔软剂来改善手感，消除静电，增加纤维间抱合力，提高纤维的可纺性、可织造性，保证纺纱织布正常进行；绞纱、筒子纱、缝纫线等染色后，要上柔软剂提高织造性能；缝纫线要光洁、耐高温、高速缝纫时不断头，得上柔软剂；梭织布、针织布染色印花后，要上柔软剂，给消费者一种舒适美丽的感觉，要求柔软、滑爽、蓬松；加工好的成衣，有的要求耐久定形，形态记忆整理，如免烫、防水、防污、阻燃、抗菌卫生、抗紫外线、防辐射等，整理后要上柔软剂，确保成衣有良好的手感。此外，柔软剂也被用在起毛、防皱、缝纫及丝的卷绕等加工过程中。柔软剂的作用如下。

① 获得需要的柔软性，通常可以被描述为：柔滑、顺从、超软、弹性、干爽、润滑；

② 增加技术性能，如抗静电、亲水、弹性、缝纫性、摩擦牢度等；

③ 赋予合成纤维某种天然触感，通过提升纤维的二次效果（吸湿调节、平整度）来提高服用舒适性。

7.5 对柔软剂的要求

① 具有优良的柔软性、平滑性、蓬松性。

② 对纤维或织物的白度或染色牢度影响小。

③ 在各种柔软加工条件（浸渍、浸轧、温度、pH 变化等）下，工作液要有相当的稳定性。

④ 柔软整理后的纤维或织物不易受热变色，在贮藏中不应产生色泽、气味、手感的变化。

⑤ 柔软剂若是乳液，其乳液稳定性要好不破乳。

⑥ 人体皮肤接触后无不良影响，符合环保要求。

⑦ 按不同的处理要求，能具有适当的吸水性、拒水性、防静电性等性能。

由于纺织品种类繁多，使用纤维各异，且织物规格不同，织物用途不同，整理的要求也不同，因此选用柔软剂不能一概而论，应在各类柔软剂柔软机理和功能的基础上，选择符合要求的柔软剂。另外，每一种柔软剂所具有的性能总是有限的，要获得多项性能都好的效果，可以将两种或更多种柔软剂复合使用（或复配成一种新的柔软剂产品）。如有机硅柔软剂和长链脂肪族类柔软剂复配应用，能获得手感柔软、丰满、滑爽的较好效果，也能将柔软剂的应用与机械柔软整理结合，往往可以获得很好的效果。

7.6 柔软剂配方与制备实例

配方 1 改性硅油柔软剂

原料配比

原料			配比（质量份）			
			1#	2#	3#	4#
A 组分	乙烯基硅油	乙烯基硅油（黏度为 9000mPa · s）	80	—	—	60
		乙烯基硅油（黏度为 10000mPa · s）	—	90	—	—
		乙烯基硅油（黏度为 9500mPa · s）	—	—	100	—
	含氢量为 0.15% 的端基含氢硅油		50	—	—	—
	含氢量为 0.2% 的端基含氢硅油		—	80	80	70
	含氢量为 0.15% ～ 0.2% 的端基含氢硅油	八甲基环四硅氧烷	250	300	300	300
		浓硫酸	7	10	10	10
		四甲基二硅氧烷	20	22.5	22.5	22.5

续表

原料			配比（质量份）			
			1#	2#	3#	4#
B组分	氨基硅油		90	100	100	110
	C_{10} ～ C_{20} 的高级脂肪酸	十一碳酸	11	10	—	—
		油酸	—	—	13	14
		月桂酸	—	5	—	—
	蔗糖聚酯乳液		12	18	23	20
A组分			1	1	1	1
B组分			1	2	1.5	1

制备方法 将A组分和B组分按配比进行搅拌混合，并在转速为5000～8000r/min条件下均质10～15min，即得所述改性硅油柔软剂。

原料介绍

所述含氢量为0.15%～0.2%的端基含氢硅油由如下方法制备得到：

（1）称取八甲基环四硅氧烷置于容器中，边搅拌边缓慢加入浓硫酸，加热至50～55℃，保温反应1～2h，再往容器中加入四甲基二硅氧烷，继续反应5～6h，得反应液。

（2）待所述反应液冷却后进行静置分层，分离得上层硅油。

（3）调节所述上层硅油的pH值至5.5～6，搅拌，静置沉降，过滤，减压抽除所述上层硅油中的低聚物，得到澄清的所述含氢量为0.15%～0.2%的端基含氢硅油。

所述蔗糖聚酯乳液由如下方法制备得到：在恒温条件下，将复合乳化剂和蔗糖聚酯搅拌混合均匀，得油相；边搅拌边缓慢向所述油相中加入去离子水，在转速为8000～10000r/min下搅拌10～20min，得到水包油型的蔗糖聚酯乳液。所述的复合乳化剂为硬脂酸甘油酯、脂肪醇聚氧乙烯醚和吐温按照质量比为2∶5∶3混合的混合物。蔗糖聚酯采用美国宝洁公司提供的蔗糖聚酯原油。

所述B组分由如下步骤制备得到：

（1）将氨基硅油与C_{10}～C_{20}的高级脂肪酸在惰性气体的保护下，于室温下搅拌1.5～2h，得反应产物。所述C_{10}～C_{20}的高级脂肪酸为十一碳酸、月桂酸、油酸和硬脂酸中的任意一种或多种。

（2）首先采用聚醚将反应产物调配成高黏度体系，再加入去离子水将该体系调成黏度为2000～3000mPa·s的乳液。

（3）向所述乳液中加入上述制得的蔗糖聚酯乳液，搅拌混合均匀，即得所述B组分。

产品应用 本品主要用作纺织工业织物柔软剂。

产品特性 本品不仅具有优异的亲水、耐黄变性能，而且将其应用于高档纺织物或浅色系列的纺织物后整理，可以赋予整理后的纺织物更加爽滑、亲肤的质感，并提升织物的耐洗性和回弹性。

配方2 高稳定低溶剂棉用柔软剂

原料配比

原料		配比（质量份）		
		1#	2#	3#
嵌段硅油	分子量为10000的端氢硅油	1000	1000	1000
	分子量为500的烯丙基环氧聚醚	105	108	110

续表

原料		配比（质量份）		
		1#	2#	3#
嵌段硅油	端双金属铂钯催化剂	0.1	0.1	0.1
	异丙醇	100	100	100
	三乙烯四胺	30.7	30.7	30.7
嵌段硅油乳液	嵌段硅油	100	100	100
	脂肪醇聚氧乙烯醚（1310）	10	10	10
	两性离子表面活性剂烷基糖苷	10	10	10
	质量分数为1%的冰醋酸水溶液	380	380	380
嵌段硅油乳液		100	100	100
甘油		2	2	2
分散剂AT-800		1	1	1
阴离子表面活性剂	脂肪醇聚氧乙烯醚羧酸盐	3	3	3

制备方法

（1）在真空状态下，将端氢硅油、烯丙基环氧聚醚混合，升温搅拌至50～60℃时加入催化剂，继续升温至80℃，保温反应2h后降温至50～60℃，加入三乙烯四胺和异丙醇，升温至81℃，搅拌保温5～6h，降温至50～55℃再放料，得到嵌段硅油；

（2）将步骤（1）得到的嵌段硅油与非离子表面活性剂脂肪醇聚氧乙烯醚（1310）、两性离子表面活性剂按一定比例混合均匀，边搅拌边缓缓加入冰醋酸水溶液，得到嵌段硅油乳液；

（3）将步骤（2）得到的嵌段硅油乳液与甘油、脂肪醇聚氧乙烯醚分散剂AT-800、脂肪醇聚氧乙烯醚羧酸盐混合均匀，即得到高稳定低溶剂的棉用柔软剂。

产品特性　本品耐碱、耐盐、耐阴离子，且溶剂含量低。

配方3　高稳定性浴中润滑柔软剂

原料配比

原料		配比（质量份）			
		1#	2#	3#	4#
丙烯酸酯类聚合物		16	22	16	16
硅油		12	15	12	12
阴离子表面活性剂	双十八烷基琥珀酸磺酸盐	5	8	—	5
	脂肪醇硫酸酯单乙醇胺盐	—	—	5	—
乳化剂		12	15	12	12
季铵盐类抗菌剂		0.3	0.3	0.3	0.3
pH调节剂20%的NaOH溶液		0.2～0.4	0.2～0.4	0.2～0.4	0.2～0.4
水		加至100	加至100	加至100	加至100
硅油	八甲基环四硅氧烷	8	10	8	8
	N-（*β*-氨乙基-*γ*-氨丙基）甲基二甲氧基硅烷	4	5	4	4

续表

原料			配比（质量份）			
			1#	2#	3#	4#
乳化剂	脂肪醇聚氧乙烯醚		9	10	9	9
	聚氧乙烯硬脂酸酯		3	5	3	3
丙烯酸酯类聚合物	丙烯酸		60	60	60	60
	丙烯酸酯类单体	丙烯酸正丁酯	20	20	20	—
		丙烯酸正辛酯	—	—	—	10
		丙烯酸癸酯	—	—	—	10
	马来酸酐		2	2	2	2
	分散剂		3	3	3	3
	双氧水		3	3	3	3
	水		100	100	100	100
	分散剂	脂肪醇聚氧乙烯醚	1	1	1	—
		聚乙二醇	—	—	—	1
		聚氧乙烯硬脂酸酯	2	2	2	2

制备方法

（1）将硅油与 pH 调节剂、水混合均匀，在 70 ～ 80℃下搅拌反应 1 ～ 5h，得到硅油混合物，保温；搅拌速率为 100 ～ 200r/min。

（2）将硅油混合物与乳化剂保温混合均匀，得到硅油 - 乳液混合物。

（3）将硅油 - 乳液混合物降温至 45 ～ 60℃，与丙烯酸酯类聚合物搅拌反应 1 ～ 5h，得到混合物 1，保温；搅拌速率为 100 ～ 200r/min。

（4）将混合物 1 与阴离子表面活性剂搅拌均匀，均质乳化后，自然降温至室温，与抗菌剂混合，得到柔软剂。

原料介绍

所述丙烯酸酯类聚合物的制备方法，包括如下步骤：

（1）将丙烯酸加水配制成 50% ～ 80% 的溶液，与丙烯酸酯类单体混合均匀，得到混合物 1；

（2）将分散剂与剩余的水充分搅拌分散，与马来酸酐充分混匀，得到分散体溶液；

（3）将混合物 1 和分散体溶液混合，升温至 60 ～ 80℃后，逐滴滴加双氧水，滴加完毕后，保温反应 2 ～ 3h 得到丙烯酸酯类聚合物。所述升温的速率为 2 ～ 3℃ /min，升温至 65 ～ 75℃。滴加的速度为 0.5 ～ 3mL/s，在 3h 内滴加完。

所述抗菌剂是指具有抗菌和 / 或抑制细菌生长作用的物质，包括但不限于甲壳素抗菌剂、银离子抗菌剂、季铵盐类抗菌剂、氯苯咪唑类抗菌剂。

产品应用 本品是一种高稳定性浴中润滑织物柔软剂。

产品特性 丙烯酸酯类聚合物在硅油、表面活性剂和乳化剂相互配合作用下，所制备的柔软剂具有极佳的耐洗性能，水洗后仍能保持很好的手感；不会影响染色织物的色光、牢度；对织物还具有极佳的耐剪切、耐高温、耐盐碱性能，与固色剂共浴稳定，不影响染色织物的牢度。

配方 4 硅油柔软剂

原料配比

原料		配比（质量份）		
		1#	2#	3#
硅油基料		30	35	40
癸基葡糖苷		7.5	8.5	9
异丙醇		8	10	12
氢氧化钠		0.35	0.5	0.7
氯乙酸		0.06	0.1	0.15
水		46	46	46
硅油基料	α,ω- 二羟基聚二甲基硅氧烷	1.1	1.3	1.5
	5,5- 二甲基 -1,3- 二（环氧乙烷基甲基）咪唑烷 -2,4- 二酮	1	1	1
	四辛基氯化铵	0.005	0.008	0.01
	三氧化二钴	0.0015	0.0032	0.005
	碳酸钾	0.2	0.25	0.3
	碳酸二甲酯	7	8	9

制备方法

（1）将 α,ω- 二羟基聚二甲基硅氧烷与 5,5- 二甲基 -1,3- 二（环氧乙烷基甲基）咪唑烷 -2,4- 二酮混合，形成预混物；

（2）往预混物中加入四辛基氯化铵、三氧化二钴、碳酸钾和碳酸二甲酯，形成混合物；

（3）加热混合物至 40 ～ 60℃，反应 3 ～ 8h，即得硅油基料；

（4）将硅油基料与非离子表面活性剂癸基葡糖苷混合，搅拌均匀，然后缓慢加入，氢氧化钠，获得第一混合物；

（5）在第一混合物中缓慢加入稀释剂异丙醇，搅拌均匀，获得第二混合物；

（6）将氯乙酸加入第二混合物中，使得第二混合物的 pH 值为 6 ～ 8，获得硅油柔软剂。

产品应用 本品是一种织物柔软剂。

产品特性 由于反应后硅油基料的分子链中醚键的数量与咪唑环中氮原子的数量的比例较佳，使得柔软剂与织物表面形成了很好的取向度以及牢固的定向吸附，从而使得织物保持较佳的柔软性和平滑性。

配方 5 基于有机硅的织物柔软剂

原料配比

原料		配比（质量份）		
		1#	2#	3#
改性有机硅	甲基硅烷改性的杂氮硅三环	18	11	—
	硅烷改性聚醚	—	7	18
乳化剂	十二烷基烯丙基琥珀酸钠	1.5	1.5	1.5
偶联剂 KH-792		1	1	1
渗透剂 AEP		0.8	0.8	0.8
去离子水		100	100	100

制备方法

（1）制备甲基硅烷改性的杂氮硅三环，按比例称取各组分备用；

（2）将所述改性有机硅、所述乳化剂与部分去离子水混合，快速搅拌乳化得到乳液；

（3）将偶联剂、渗透剂以余量去离子水溶解后加入到步骤（2）制得的乳液中，充分混合搅拌至均匀状态，制得。

原料介绍

所述甲基硅烷改性的杂氮硅三环的制备方法包括以下步骤：分别称取1-乙烯基杂氮硅三环和1,1,1,3,5,5,5-七甲基三硅氧烷并混合，加入催化剂，在保护气氛下，升温至50～60℃并保温，搅拌回流反应1～2h，再升温至70～80℃，继续搅拌回流反应3～4h，反应结束后自冷至室温，制得所述甲基硅烷改性的杂氮硅三环。所述1-乙烯基杂氮硅三环与所述1,1,1,3,5,5,5-七甲基三硅氧烷、所述催化剂的摩尔比为（1.1～1.2）∶1∶0.001。所述催化剂为钌催化剂、钯催化剂、铑催化剂、镍催化剂、钴催化剂、铱催化剂、铁催化剂或卡斯特催化剂。

所述硅烷改性聚醚的制备方法包括以下步骤：在保护气氛下，称取三甲氧基硅烷封端聚醚并加入到四乙二醇二甲醚中，在常温下搅拌反应1～2h，加入双（三氟甲烷磺酰）亚胺钠，继续搅拌反应1～2h，加入有机锡催化剂，继续搅拌反应0.5～1h，反应完成后制得。

所述三甲氧基硅烷封端聚醚的重均分子量在10000～15000，所述三甲氧基硅烷封端聚醚与所述四乙二醇二甲醚、所述双（三氟甲基磺酰）亚胺钠、所述有机锡催化剂的质量比为（7～8）∶10∶（0.1～0.5）∶（0.1～0.2）。

产品应用

应用方法：将待处理织物浸入前处理剂中进行前处理，取出干燥后再浸入到所述织物柔软剂中，取出后在100～120℃和紫外光辐照条件下干燥，最后漂洗洗去未反应的乳液组分，制得柔软整理的织物。

所述前处理剂的制备方法包括以下步骤：称取聚乙烯醇并溶解在二甲基甲酰胺溶剂中，搅拌升温至30～40℃溶解完全，加入甲基丙烯酸3-（三甲氧基甲硅烷基）丙酯和安息香二甲醚，在避光条件下充分搅拌混合，静置消泡后制得。所述聚乙烯醇与所述二甲基甲酰胺、所述甲基丙烯酸3-(三甲氧基甲硅烷基)丙酯和所述安息香二甲醚的质量比为10∶(40～50)∶(1.4～1.7)∶(0.04～0.05)。

产品特性 本品在甲基硅烷的基础上引入杂氮硅三环，提高其与织物间的亲和性，进而增强织物的长效柔软整理效果和耐洗度；本品还通过复配硅烷改性聚醚进一步提高其柔软整理效果，通过对整理织物进行前处理，进一步提高纤维的整理牢度。

配方6 锦纶柔软剂

原料配比

<table>
<tr><th colspan="3" rowspan="2">原料</th><th colspan="4">配比（质量份）</th></tr>
<tr><th>1#</th><th>2#</th><th>3#</th><th>4#</th></tr>
<tr><td rowspan="5">锦纶硅油</td><td colspan="2">端环氧硅油</td><td>50</td><td>50</td><td>50</td><td>50</td></tr>
<tr><td colspan="2">异丙醇</td><td>47</td><td>47</td><td>47</td><td>47</td></tr>
<tr><td rowspan="3">有机胺</td><td>1,6-己二胺</td><td>3</td><td>—</td><td>—</td><td>3</td></tr>
<tr><td>1,5-戊二胺</td><td>—</td><td>3</td><td>—</td><td>—</td></tr>
<tr><td>1,7-庚二胺</td><td>—</td><td>—</td><td>3</td><td>—</td></tr>
<tr><td colspan="3">锦纶硅油</td><td>20</td><td>20</td><td>20</td><td>20</td></tr>
<tr><td colspan="3">去离子水</td><td>10</td><td>10</td><td>10</td><td>10</td></tr>
</table>

续表

原料		配比（质量份）			
		1#	2#	3#	4#
pH 调节剂		1	1	1	1
pH 调节剂	醋酸	5	5	5	5
	二乙醇胺	1	1	1	1
	三乙醇胺	1	1	1	1
去离子水		68	68	68	68
抗凝聚剂		1	1	1	1
抗凝聚剂	碳链长度为 C_{10} 的异构醇聚氧乙烯醚硅烷	1	1	1	1
	碳链长度为 C_{13} 的异构醇聚氧乙烯醚硅烷	1	1	1	

制备方法　向反应釜 A 内持续通氮气 5 ～ 10min，用氮气对反应釜 A 内原有的空气进行替换，使反应釜 A 内处于氮气环境；关闭氮气管路后，按质量份数计算，将端环氧硅油、异丙醇以及有机胺投入反应釜 A 中，持续搅拌并进行加热，在 1 ～ 2h 内使反应釜 A 以及反应釜 A 内的物料缓慢升温至 78 ～ 82℃后，继续搅拌并使反应釜 A 内的温度维持在 78 ～ 82℃下 1 ～ 2h，待反应釜 A 内的物料转化为透明流体后，继续使反应釜 A 维持在 78 ～ 82℃下保温 6 ～ 8h，得到锦纶硅油；取锦纶硅油投入反应釜 B 中，持续搅拌 5 ～ 10min，使用 10 份去离子水和 pH 调节剂混合均匀，将 pH 调节剂和去离子水的混合物投入反应釜 B 中，继续向反应釜 B 内缓慢滴加余量的去离子水，滴加时间为 1 ～ 2h，待去离子水滴加完毕后，向反应釜 B 内加入抗凝聚剂并持续搅拌 10 ～ 20min，得到锦纶柔软剂。

产品特性

（1）锦纶纤维等电点的 pH 值为 5.0 ～ 6.0，当溶液 pH 值低于等电点 pH 值时，锦纶纤维带正电荷，由于锦纶硅油也带正电荷，同电荷相斥，使得锦纶硅油和锦纶纤维之间只能以范德瓦耳斯力或氢键等分子间吸引力的方式结合，结合力较弱，从而降低锦纶硅油对锦纶纤维的柔软效果；当溶液 pH 值高于锦纶纤维等电点的 pH 值时，锦纶硅油不易乳化，且后续的储存稳定性差。因此，通过向锦纶硅油内加入 pH 调节剂，使得本锦纶柔软剂的 pH 值维持在锦纶纤维等电点的 pH 值附近，从而使得本品在拥有较好柔软效果的同时，还方便储存。

（2）本品符合市场要求，且随着用量的增加，手感也能逐步提高。使用异构醇聚氧乙烯醚硅烷来代替传统的异构醇聚氧乙烯醚作为抗凝聚剂，可以显著提高锦纶柔软剂的柔软性能、分散性以及稳定性。

配方 7　可贴胶亲水柔软剂

原料配比

原料		配比（质量份）			
		1#	2#	3#	4#
亲水嵌段硅油	分子量 M=5000 的双端含氢硅油	500	500	—	—
	分子量 M=6000 的双端含氢硅油	—	—	600	600
	M=1500 的烯丙基聚氧乙烯缩水甘油醚	300	—	300	400
	M=2000 的烯丙基聚氧乙烯缩水甘油醚	—	400	—	—
	异丙醇	200	225	225	250
	1%的氯铂酸 - 异丙醇催化剂	1.5	1.5	1.5	1.5
	四甲基己二胺	25.8	25.8	19.5	19.5
	冰醋酸	9	9	9	9

续表

原料		配比（质量份）			
		1#	2#	3#	4#
亲水嵌段硅油		20	20	20	20
聚乙烯亚胺		10	10	10	10
聚醚硅油		10	10	10	10
聚酯 / 聚醚类嵌段共聚物		5	5	5	5
非离子水性聚氨酯乳液		8	8	7	7
乳化剂		5	5	5	5
交联固化剂	水性封闭异氰酸酯固化剂	2	2	3	3
水		40	40	40	40
乳化剂	异构十醇聚氧乙烯醚化合物（XL-90）	2	2	2	2
	异构十三醇聚氧乙烯醚化合物（TO-8）	3	3	3	3

制备方法

（1）将亲水嵌段硅油、聚乙烯亚胺、聚醚硅油、聚酯 / 聚醚类嵌段共聚物和乳化剂加入乳化分散釜中，快速搅拌乳化均匀得到混合物 A；

（2）向所述混合物 A 中加入非离子水性聚氨酯乳液和交联固化剂，搅拌乳化 10 ～ 15min 得到混合物 B；

（3）向所述混合物 B 中加入水，搅拌至均匀状态，得到所述可贴胶亲水柔软剂。

原料介绍

所采用的聚乙烯亚胺可选自巴斯夫的 Lupasol PN50、Lupasol PN60、Lupasol PN70、Lupasol PN80 等中的至少一种。所述非离子水性聚氨酯乳液可选自北京凯科瑞化学的 JA-701、JA-702 等中的至少一种。

所述乳化剂为脂肪醇聚氧乙烯醚化合物、异构十醇聚氧乙烯醚化合物和异构十三醇聚氧乙烯醚化合物中的至少一种。所述乳化剂中聚氧乙烯的聚合度≥ 8。

所述脂肪醇聚氧乙烯醚化合物可选择 AEO-9。所述异构十醇聚氧乙烯醚化合物可选择 XP-90、XL-90 中的至少一种。所述异构十三醇聚氧乙烯醚化合物可选择 TO-8、TO-10 中的至少一种。

所述交联固化剂为水性封闭异氰酸酯固化剂。所述水性封闭异氰酸酯固化剂可选择广州冠志新材料的 BL-8128。

所述亲水嵌段硅油的制备方法包括以下步骤：

（1）将双端含氢硅油和烯丙基聚氧乙烯缩水甘油醚加入有机溶剂异丙醇中，以 1% 的氯铂酸 - 异丙醇为催化剂，反应得到三元嵌段硅油中间体，即亲水性双端环氧聚醚硅油；

（2）所述亲水性双端环氧聚醚硅油与四甲基二胺类物质和 / 或双二甲胺基聚醚，在有机酸条件下 70 ～ 130℃反应 6 ～ 12h 后得到所述亲水嵌段硅油。

所述的有机溶剂为异丙醇、乙二醇单丁醚、二乙二醇单丁醚和 2- 甲基 -2,4- 戊二醇中的至少一种。

产品应用 本品用于锦纶面料。

应用方法为：将可贴胶亲水柔软剂配制成处理液，采用浸轧法对锦纶面料进行烘干定型。

产品特性 本品克服了传统亲水柔软剂的油性太强、亲水性衰退快，从而导致不可贴胶或贴胶不牢的缺陷。本品的稳定性佳，具有优异的耐剪切性能，手感柔软舒适，处理后的织物亲水性能衰退慢，满足可贴胶的要求。

配方 8　毛料纺织用柔软剂

原料配比

原料	配比（质量份）		
	1#	2#	3#
烯丙基聚氧乙烯聚氧丙烯环氧醚	12	18	14
烯丙基聚氧乙烯聚氧丙烯醚	16	12	14
十二烷基氨基丙酸	8	12	11
十二烷基磺丙基甜菜碱	7	11	8
聚醚聚酯	7	11	8
丙烯酸羟丙酯	5	9	6
柠檬酸	5	9	6
次磷酸钠	16	11	12
乙酸丙酯	16	11	12
三氟乙酸	4	2	3
异丙醇	4	2	3
去离子水	加至 100	加至 100	加至 100

制备方法

（1）将烯丙基聚氧乙烯聚氧丙烯环氧醚、烯丙基聚氧乙烯聚氧丙烯醚、十二烷基氨基丙酸、十二烷基磺丙基甜菜碱按配比置于反应釜内，并于 20 ～ 30℃的反应温度下搅拌 30min，并在搅拌过程中将反应温度逐渐升至 55 ～ 60℃；

（2）将聚醚聚酯、丙烯酸羟丙酯、柠檬酸、次磷酸钠、乙酸丙酯、三氟乙酸、异丙醇、去离子水按照配比置入所述反应釜内，并于 55 ～ 60℃的反应温度下搅拌 20min，得到所述毛料纺织用柔软剂。

产品特性　本品对部分特殊面料（例如毛料等）进行整理时能显著改善其效果。

配方 9　毛呢防尘柔软剂

原料配比

<table>
<tr><th colspan="2" rowspan="2">原料</th><th colspan="2">配比（质量份）</th></tr>
<tr><th>1#</th><th>2#</th></tr>
<tr><td colspan="2">季铵盐硅油</td><td>100</td><td>100</td></tr>
<tr><td colspan="2">气相白炭黑改性物</td><td>0.5</td><td>3</td></tr>
<tr><td rowspan="6">季铵盐硅油</td><td>低含氢硅油</td><td>200</td><td>200</td></tr>
<tr><td>烯丙基聚氧乙烯缩水甘油醚</td><td>25</td><td>225</td></tr>
<tr><td>二乙醇胺</td><td>5.25</td><td>15.77</td></tr>
<tr><td>油酸</td><td>14.1</td><td>42.3</td></tr>
<tr><td>异丙醇</td><td>56</td><td>110</td></tr>
<tr><td>氯铂酸</td><td>2×10^{-5}</td><td>2×10^{-5}</td></tr>
<tr><td rowspan="2">气相白炭黑改性物</td><td>亲水性气相白炭黑</td><td>100</td><td>100</td></tr>
<tr><td>道康宁 DC5700</td><td>3</td><td>5</td></tr>
</table>

制备方法

（1）取低含氢硅油、烯丙基聚氧乙烯缩水甘油醚以及异丙醇投入到加成专用反应釜中，开启搅拌，升温到 50 ～ 70℃，加入氯铂酸，在 80 ～ 120℃下反应 4 ～ 8h；将反应产物全部投入另一个干净的带有加热装置的反应釜中，开启搅拌，逐步加入二乙醇胺，在 70 ～ 85℃下反应 2h 以上，然后保持温度不变，加入油酸，再在 70 ～ 85℃的条件下反应 1 ～ 3h，得到无色或者淡黄色黏稠液体，即为产物季铵盐硅油。

（2）取亲水性气相白炭黑投入到带有双螺带搅拌器和喷淋头的反应釜中，将亲水性气相白炭黑的温度升高到 60 ～ 100℃，然后取 DC5700，通过喷淋头喷料到反应釜中与亲水性气相白炭黑充分接触，然后保温搅拌 2 ～ 5h，让亲水性气相白炭黑上的羟基和 DC5700 中的甲氧基发生反应，制得气相白炭黑改性物。

（3）取上述制得的季铵盐硅油与气相白炭黑改性物，搅拌混合均匀，然后通过高剪切机分散乳化为含有纳米材料的分散液。

产品特性

（1）本品的组分都是亲水性的结构，能有效吸收空气的一些水分，使之有较好的导电性，不易产生静电。

（2）由于季铵盐的存在，其带正电荷的亲水面与细菌细胞膜中带负电荷的磷脂头部基团通过正负电荷相互作用结合，破坏细胞膜的屏障功能，最终裂解细胞膜，所以本产品还具有杀菌的功能。

配方 10 咪唑啉季铵盐阳离子型纸张柔软剂

原料配比

原料			配比（质量份）			
			1#	2#	3#	4#
植物油酸环状咪唑啉	植物油酸	棉籽油酸	170	—	—	—
		棕榈油酸	—	120	—	—
		月桂酸	—	—	150	—
		亚麻油酸	—	—	—	180
	二乙烯三胺		36	25	15	37
植物油酸环状咪唑啉季铵盐	植物油酸环状咪唑啉		100	50	100	50
	第二有机溶剂	二乙二醇与甘油的混合物	40	—	—	—
		二乙二醇	—	25	—	—
		三乙二醇单丁醚	—	—	—	25
		异丙醇	—	—	50	—
	硫酸二甲酯		50	25	50	25
植物油酸环状咪唑啉季铵盐			80	100	85	100
乳化剂	过十二烷基氯化铵		25	28	—	—
	十六烷基三甲基氯化铵		—	—	25	30
去离子水			20	15	20	20
第一有机溶剂	二乙二醇与甘油的混合物		45	55	—	—
	异丙醇		—	—	60	—
	三乙二醇单丁醚		—	—	—	60

制备方法

（1）制备植物油酸环状咪唑啉：将植物油酸和二乙烯三胺添加至反应瓶中，不断搅拌使反应物混合，在氮气保护下升高温度至 100℃；在 0.09kPa 低压下将反应物逐渐升温至 200 ～ 240℃，保持温度反应约 2.5 ～ 3h；停止加热使其中间产物自然冷却至 100 ～ 120℃，趁热将产物倒入容器继续冷却至凝结成淡黄色固体即得。

（2）将植物油酸环状咪唑啉放入烧瓶中，加入第二有机溶剂；加热搅拌后将硫酸二甲酯分次滴加到烧瓶中，反应 5 ～ 6h，将生成物减压蒸馏去除多余的水和未反应的硫酸二甲酯，得到植物油酸环状咪唑啉季铵盐。

（3）将植物油酸环状咪唑啉季铵盐转入乳化器中，添加乳化剂、去离子水以及第一有机溶剂，在 45 ～ 60℃下进行乳化，将产物冷却得成品。

产品特性 本品使用植物油酸作为柔软剂中的憎水基，将柔软剂加入纸浆后，亲水基吸附在纤维上，憎水基向外侧排列，纤维被植物油酸基包覆，并获得丰满、滑爽的手感；并且该柔软剂作为阳离子型柔软剂，自身带有正电荷，对纤维有极高的亲和力，使得柔软剂更容易被吸附；而植物油酸中包含饱和酸以及不饱和酸，因此，本柔顺剂在给纸张提供平滑的手感的同时，也赋予了纸张弹性及发暖的手感。

配方 11 棉用无黄变松软高稳定性柔软剂

原料配比

原料		配比（质量份）		
		1#	2#	3#
改性硅油		40	20	30
阴离子表面活性剂		10	20	15
非离子表面活性剂		10	20	15
抗菌剂		0.4	0.4	0.4
pH 调节剂		5	4	3
水		150	100	150
改性硅油	甲基环四硅氧烷	50	60	65
	3- 氨丙基甲基二甲氧基硅烷	65	78	84.5
	环己基甲基二甲氧基硅烷	55	66	71.5
	催化剂四甲基氢氧化铵	20	20	20
	二甲基亚砜（DMSO）	40	45	60
	封端剂六甲基二硅氧烷	20	20	20
	异丙醇	40	40	45
	双环氧基封端的聚醚	10	10	10
	十二烷基二甲基叔胺	10	10	10

制备方法 按配方称取原料，将非离子表面活性剂、阴离子表面活性剂混合并搅拌均匀，加入改性硅油，在 100 ～ 200r/min 转速下搅拌 5 ～ 10min，再提高转速至 800 ～ 1500r/min，在 20 ～ 40min 内分多次缓慢滴加水和 pH 调节剂的混合液，当所有水全部滴完后，加入抗菌剂，提高转速至 2500 ～ 3000r/min 继续搅拌 20 ～ 30min，即得棉用无黄变松软高稳定性柔软剂。

原料介绍

所述的阴离子表面活性剂选择 SDS（十二烷基硫酸钠）和 / 或高级脂肪酸钠。

所述的非离子表面活性剂为聚氧乙烯醚类表面活性剂，如 AEO-9。

所述的抗菌剂选择无机抗菌剂、有机抗菌剂和天然抗菌剂中的一种或多种，可以选用盐酸聚六亚甲基双胍。

所述的 pH 调节剂可以为冰醋酸。

所述改性硅油的制备方法：

（1）制备氨基硅油：将甲基环四硅氧烷、3-氨丙基甲基二甲氧基硅烷、环己基甲基二甲氧基硅烷依次加入装有冷凝管、分液漏斗、温度计、氮气保护装置的四口烧瓶中，密封装置后通氮气并升温至 70 ～ 100℃，保温 1 ～ 2h 后加入催化剂四甲基氢氧化铵和溶剂，搅拌升温至 90 ～ 120℃反应 5 ～ 9h 后加入封端剂六甲基二硅氧烷，继续反应 1 ～ 2h，升温至 135 ～ 155℃使催化剂四甲基氢氧化铵高温分解，降温后，减压蒸馏除去小分子低沸物，得到氨基硅油。所述的溶剂可为任何本领域常见的溶剂，如 DMSO 和 / 或异丙醇。

（2）制备含环氧基的改性氨基硅油：将异丙醇、双环氧基封端的聚醚混合后滴入装有氨基硅油的三口烧瓶中，采用氮气保护，搅拌升温反应；反应温度为 40 ～ 80℃，反应时间为 3 ～ 7h。所述的双环氧基封端的聚醚的分子量为 2000 ～ 4000。

（3）将十二烷基二甲基叔胺加入到步骤（2）装有含环氧基的改性氨基硅油的三口烧瓶中，继续搅拌反应 4 ～ 8h，降温后，减压蒸馏除去小分子低沸物，得到改性硅油。反应温度为 40 ～ 80℃，反应时间为 4 ～ 8h。

产品特性 本品赋予织物极佳的柔软、蓬松、爽滑手感，其中柔软、蓬松的手感尤为突出。本品具有低黄变甚至无黄变特性，在白 / 浅色织物上也能使用；极佳的亲水性能，处理后织物亲水效果极佳；极佳的耐洗性能，多次水洗后仍能保持很好的手感；与一般纺织助剂的相容性极佳，如阳离子柔软剂等；不会影响染色织物的色光、牢度；极佳的稳定性，使用安全。

配方 12 棉织物纺织面料用柔软剂

原料配比

原料	配比（质量份）		
	1#	2#	3#
二甲基二硅氧烷	14	22	18
酯基季铵盐	16	12	14
聚磷酸盐	8	14	11
氢氧化钠	4	9	6
磷酸氢钙	9	4	6
聚氨酯乳液	14	8	11
聚醚硅油	7	2	4
玉米油	2	7	4
甘油	2	7	4
苹果酸	3	1	2
草酸	3	1	2
去离子水	加至 100	加至 100	加至 100

制备方法

（1）将聚氨酯乳液、聚醚硅油、玉米油、甘油按配比置于反应釜内，并于 35 ～ 45℃的反应温度下搅拌 10min，得到第一混合物；

（2）将二甲基二硅氧烷、酯基季铵盐、聚磷酸盐、氢氧化钠、磷酸氢钙、苹果酸、草酸按配比置入所述反应釜内，在 55 ～ 65℃的反应温度下与第一混合物混合搅拌 20min，得到棉织物纺织面料用柔软剂。

产品特性 本品对部分特殊面料（例如棉织物等）进行整理时可显著改善其效果。

配方 13　配伍性好的棉用亲水柔软剂

原料配比

原料			配比（质量份）			
			1#	2#	3#	4#
有机硅乳液	氨基硅油	HD-104（*N*- 环己基 -*γ*- 氨丙基甲基二甲氧基硅烷）	2.5	2.5	2.5	2.5
		水	0.25	0.25	0.25	0.25
		GP-108（3- 哌嗪基丙基甲基二甲氧基硅烷）	1.5	1.5	1.5	1.5
		水	0.15	0.15	0.15	0.15
		D4（八甲基环四硅氧烷）	100	100	100	100
		乙基纤维素	3	3	3	3
		氢氧化锂	0.02	0.02	0.02	0.02
	氨基硅油		20	20	20	20
	XP-30		3.6	3.6	3.6	3.6
	XP-70		4.4	4.4	4.4	4.4
	羟乙基乙二胺		2	2	2	2
	混合了冰醋酸的去离子水		72	72	72	72
有机硅乳液			70	80	75	85
十八烷基二甲基胺乙内酯			2	2	3	2.5
水			28	18	22	17.5

制备方法

（1）将 *N*- 环己基 -*γ*- 氨丙基甲基二甲氧基硅烷和 3- 哌嗪基丙基甲基二甲氧基硅烷分别加入水搅拌均匀水解 15 ～ 25min 后混合，在混合液中加入八甲基环四硅氧烷、乙基纤维素，升温到 60 ～ 70℃，加入催化剂，继续升温至 120 ～ 130℃，保温反应 3 ～ 4h，抽真空脱去低分子物质，然后降温可得氨基硅油。

（2）在步骤（1）制得的氨基硅油中加入乳化剂、羟乙基乙二胺，混合均匀后缓缓加入混合了冰醋酸的去离子水，边加边高速搅拌均匀，最终得到透明带微微蓝光的有机硅乳液。

（3）将步骤（2）制得的有机硅乳液、十八烷基二甲基胺乙内酯、水混合均匀即可。

原料介绍

所述催化剂为氢氧化锂。

所述乳化剂为异构十醇聚氧乙烯醚 XP-30 和异构十醇聚氧乙烯醚 XP-70 的混合物。

产品特性　本品手感、亲水性俱佳，且能够与阴离子色浆共浴不产生絮状物，具备良好的配伍性，能够满足机织棉在后整理工艺中的使用需求。

配方 14　亲水蓬松有机硅柔软剂

原料配比

原料			配比（质量份）			
			1#	2#	3#	4#
亲水蓬松硅油	改性环氧硅油	分子量为 5000 的改性环氧硅油	100	—	—	—
		分子量为 20000 的改性环氧硅油	—	100	—	—
		分子量为 10000 的改性环氧硅油	—	—	100	—
		分子量为 12000 的改性环氧硅油	—	—	—	100

续表

原料			配比（质量份）			
			1#	2#	3#	4#
亲水蓬松硅油	溶剂	异丙醇	50	—	—	—
		一缩二丙二醇	—	200	—	—
		乙二醇单丁醚	—	—	80	—
		二乙二醇单丁醚	—	—	—	100
	叔胺化聚醚胺	分子量为600的叔胺化聚醚胺	4.94	—	—	—
		分子量为2000的叔胺化聚醚胺	—	16	—	—
		分子量为900的叔胺化聚醚胺	—	—	7.5	—
		分子量为1100的叔胺化聚醚胺	—	—	—	8.73
	醋酸		0.49	0.96	0.83	0.68
	多元环胺	环庚胺	1.33	—	—	—
		环辛胺	—	0.25	—	0.5
		环十二胺	—	—	1.53	—
亲水蓬松硅油			100	100	100	100
乳化剂	异构十三碳醇聚氧乙烯醚	TO-9	8	—	—	—
		TO-5	—	—	—	12
		TO-10	—	—	—	8
	脂肪醇聚氧乙烯醚	AEO-5	—	20	—	—
		AEO-8	—	20	—	—
	异构十碳醇聚氧乙烯醚	XL-40	—	—	5	—
		XL-90	—	—	8	—
醋酸			0.5	3	1	1.5
甘油			—	180	60	120
去离子水			150	550	150	350

制备方法

（1）亲水蓬松硅油的制备：将改性环氧硅油、溶剂、叔胺化聚醚胺和醋酸加入反应釜中，在室温下搅拌 5 ～ 20min，升温至 80 ～ 120℃，保温反应 1 ～ 3h，然后加入多元环胺，继续保温反应 6 ～ 40h，最后升温至 130 ～ 150℃抽真空脱除溶剂，得到亲水蓬松硅油。

（2）亲水蓬松有机硅柔软剂的制备：将亲水蓬松硅油和乳化剂加入乳化釜中，搅拌 10 ～ 40min，然后加入甘油（也可不加）、醋酸和去离子水继续搅拌 2 ～ 9h，制得亲水蓬松有机硅柔软剂。

产品特性 本品处理的织布亲水效果好，亲水时间小于 3s，具有优异的蓬松手感，并且本品耐碱、耐硫化碱、耐电解质和耐硬水的稳定性好，综合性能优异。

配方 15 柔软剂（1）

原料配比

原料	配比（质量份）			
	1#	2#	3#	4#
水	100	120	110	110
聚乙烯醇	10	12	11	12

续表

原料	配比（质量份）			
	1#	2#	3#	4#
鲸蜡醇	4	7	5	6
脂肪醇聚氧乙烯醚	6	9	7	8
六偏磷酸钠	5	6	6	6
脱氢乙酸	14	16	15	15
环氧大豆油丙烯酸酯	11	17	13	16
月桂酰二乙醇胺	8	11	9	10
三元共聚嵌段硅油	20	24	22	23

制备方法 将各组分原料混合均匀即可。

产品应用 本品主要用作高柔软度皮革的柔软剂。

产品特性

（1）本品采用脂肪醇聚氧乙烯醚作为活性剂，和六偏磷酸钠、环氧大豆油丙烯酸酯混合使用，能有效提高皮革的柔软度，且利用鲸蜡醇和月桂酰二乙醇胺的渗透作用、聚乙烯醇的分散作用，使得柔软剂更好地渗透进皮料纤维，提高其柔软效果。为了防止霉菌对柔软度的影响，还采用了脱氢乙酸作为抑菌剂，进一步为柔软皮革的制备清除障碍。

（2）用本品制得的高柔软度皮革，柔软度高；拉力强度高，达到横向 30MPa、纵向 37MPa；摩擦褪色达到 4 级，耐摩擦性能优异。

配方 16 柔软剂（2）

原料配比

原料		配比（质量份）			
		1#	2#	3#	4#
反应产物	十四碳二元酸	1（mol）	1（mol）	1（mol）	1（mol）
	聚醚胺	1（mol）	—	2（mol）	3（mol）
	二乙烯三胺	—	2（mol）	—	—
	异丙醇	适量	适量	适量	适量
反应产物		13.7	15.6	33.1	10.76
长链脂肪酸	硬脂酸	247.3	251.3	236.7	263.4
催化剂	次亚磷酸	0.52	0.54	0.42	0.45
液体胺	二乙烯三胺	47.71	50	48.67	50.15
季铵化试剂	硫酸二甲酯	52.49	55.01	53.55	55.19

制备方法

（1）将十四碳二元酸、异丙醇加入到三口瓶中，加热升温至 70℃，然后缓慢滴加聚醚胺或二乙烯三胺，滴加结束后，控制反应温度为 80℃，待温度稳定后保温反应 5h，制得反应产物。

（2）将上述制备的反应产物与硬脂酸、次亚磷酸加入到三口瓶中，常压下加热升温至 80℃，然后缓慢滴加二乙烯三胺，滴加结束后控制反应温度为 150℃，待温度稳定后保温脱水反应 6h，得到中间体产物。取样测定中间体产物体系的酸值，当酸值（以 KOH 计）小于 5mg/g 后降温至 80℃并维持该温度不变，滴加硫酸二甲酯（滴加时间控制在 60min），滴加结束后升温至 90℃，保温反应 4h，得到柔软剂。

产品应用 本品用于整理织物。

产品特性 采用本品制备方法整理织物能够有效提升织物的柔软度和亲水度，进而可使织物同时具有优异的手感、耐黄变性能以及亲水性能。

配方 17 无纺布柔软剂

原料配比

原料			配比（质量份）		
			1#	2#	3#
混合溶剂	氯仿		1（体积份）	1（体积份）	1（体积份）
	二氯甲烷		1（体积份）	1（体积份）	1（体积份）
	丁二酸		3（体积份）	2（体积份）	1（体积份）
混合料	马来酸酐		9	9	9
	丁二酸酐		5	4	2
混合氨基酸	丝氨酸		3	3	3
	酪氨酸		5	4	2
复合料	偶氮二异丁腈		1	1	1
	乙烯基三乙氧基硅烷		20	15	10
干燥物	混合溶剂		140	130	120
	混合料		60	55	50
	聚乙二醇		40	35	30
	混合氨基酸		25	23	20
	催化剂	五氧化二磷 / 三氧化二铝	5	4	3
	缩合剂	1- 乙基 -（3- 二甲基氨基丙基）碳酰二亚胺盐酸盐	3	2	1
冷冻干燥物	干燥物		4	4	4
	复合料		6	5	3
	N- 羟基琥珀酰亚胺		0.5	0.5	0.5
	二氯甲烷		18	17	15
水			110	105	100
冷冻干燥物			50	45	40
柠檬酸			11	9	7
烷基三甲基季铵盐			7	5	3
三钛酸钠			1.1	0.8	0.5

制备方法

（1）取混合溶剂、混合料、聚乙二醇、混合氨基酸、催化剂及缩合剂，首先将混合溶剂、混合料、混合氨基酸混合均匀，预热。

（2）待预热结束后，加入缩合剂，氮气保护，升温，搅拌，加入催化剂，搅拌反应，静置，冷却，过滤，烘干，收集干燥物。

（3）将干燥物、复合料、*N*- 羟基琥珀酰亚胺及二氯甲烷放入反应器中，升温，搅拌，冷却，静置；待静置结束后，冷冻干燥，收集冷冻干燥物。

（4）按质量份数计，取 100 ～ 110 份水、40 ～ 50 份冷冻干燥物、7 ～ 11 份柠檬酸、3 ～ 7 份烷基三甲基季铵盐、0.5 ～ 1.1 份三钛酸钠，混合均匀，即得无纺布柔软剂。

产品应用 本品是一种无纺布柔软剂。

产品特性 本品以混合氨基酸作为基础原料，在催化剂、缩合剂等作用下，与马来酸酐、丁二酸酐的混合料进行反应。混合氨基酸与丁二酸酐进行反应，形成了酰胺类物质，通过后续加入的三钛酸钠的作用，可以很好地与无纺布进行化学键的结合，提高了柔软剂效果；通过马来酸酐的改性，可更好地降低纤维的静电和纤维间的摩擦，提高纤维的舒展性，进一步提高柔软效果；再通过复合料对产品进行改性，一是提高耐水性，二是增加与纤维的结合力，提高柔软效果；同时，本品具有良好的生物降解性能，且对环境及人无伤害，绿色环保。

配方 18 无氟拒水柔软剂

原料配比

原料		配比（质量份）			
		1#	2#	3#	4#
乳化剂	脂肪醇聚氧乙烯醚	9	8	8	8
有机硅单体（DMC）		28	29	27	27
水		60	59	59.5	59.9
催化剂	氢氧化钠	0.01	0.01	0.01	0.01
氨基硅烷偶联剂	γ- 氨丙基三乙氧基硅烷	2.5	—	1	1
	γ- 氨丙基三甲氧基硅烷	—	3	—	—
	氨乙基氨丙基三甲氧基硅烷	—	—	3	—
pH 调节剂		0.5	0.5	0.5	0.5

制备方法

（1）将有机硅单体与乳化剂混合均匀，得到第一混合物；将第一混合物与水加入高压均质机进行均质，均质至液体泛蓝光，得到第一乳液。所述第一乳液的粒径小于 100nm。

（2）将第一乳液升温至 60 ～ 80℃，然后加入催化剂，再升温至 80 ～ 90℃，保温反应 7 ～ 8h，得到第一产物。

（3）在温度为 130 ～ 150℃、真空度为 −0.08 ～ −0.1MPa、时间为 10 ～ 12h 的条件下去除第一产物中的低沸物得到第二产物。

（4）停止抽真空后，向第二产物中加入氨基硅烷偶联剂，保温反应 3 ～ 8h，得到第三产物。

（5）将第三产物降温后加入 pH 调节剂，混合均匀后得到产物。

产品特性 本品的分子链两端具有活性基团羟基，而且链段中还具有氨基，羟基与氨基均可以与纤维中的极性基团形成化学键，使得分子链牢固结合在织物表面，经过高温定性烘干后能够形成致密的硅氧烷膜，其具有优异的拒水效果。本品不含氟类物质，环保性好，应用在织物上具有滑爽的手感，也能够改善织物的触感。

配方 19 无溶剂自乳化的耐水洗型柔软剂

原料配比

原料		配比（质量份）			
		1#	2#	3#	4#
聚醚多元醇	PEG（分子量 2000）	107.1	—	—	—
	PEG（分子量 8000）	—	95.3	—	—
	PEG（分子量 1000）	—	—	80.4	—
	PEG（分子量 1500）	—	—	—	58.4

续表

原料		配比（质量份）			
		1#	2#	3#	4#
有机硅油	羟基硅油（羟基含量 1.7%）	19.5	42.3	20.1	58.4
二异氰酸酯	异佛尔酮二异氰酸酯	19.5	9.3	34	20.5
催化剂	新癸酸铋	0.09	0.05	0.12	0.13
扩链剂	乙二胺	0.7	0.3	0.6	0.4
封闭剂	甲乙酮肟	3.2	2.8	15.4	12.2
去离子水		350	350	350	350

制备方法

（1）向反应烧瓶中加入聚醚多元醇和含活泼氢基团的有机硅油，升温至 120℃，抽真空除水；

（2）将步骤（1）所得物料降温至 50 ～ 100℃，加入二异氰酸酯反应，反应温度为 50 ～ 80℃，反应时间为 1 ～ 4h；

（3）向步骤（2）所得物料中加入催化剂反应，反应温度为 50 ～ 80℃，反应时间为 1 ～ 4h；

（4）向步骤（3）所得物料中加入扩链剂反应，反应温度为 50 ～ 80℃，反应时间为 1 ～ 4h，制备获得活性中间体；

（5）向步骤（4）所得物料中加入封闭剂反应，反应温度为 70 ～ 90℃，反应时间为 1 ～ 4h；

（6）向步骤（5）所得物料中加入去离子水进行自乳化，乳化温度为 20 ～ 60℃，乳化时间为 1 ～ 4h。

产品应用 本品应用于织物后整理、皮革、造纸领域。

产品特性

（1）具有良好的耐洗性。本品具有活性反应基团，在织物、皮革、造纸等后处理烘干高温段（一般为 100 ～ 200℃），—NCO 活性基团会解封，通过与织物纤维上的羟基进行化学反应，从而牢牢地固定在其表面，而不容易被清洗掉，极大地提升了织物的手感。

（2）适用范围广。由于可与纤维羟基反应，因此适用于各种纤维制品。

配方 20 羊毛毛条用环保无味亲水型有机硅柔软剂

原料配比

原料	配比（质量份）		
	1#	2#	3#
端氢硅油	100	200	150
烯丙基环氧聚醚	200	400	300
催化剂	0.1	1	0.6
氨基硅烷偶联剂	60	90	88.6
环保性溶剂	350	450	400
冰醋酸水溶液	5	20	10
水	6	25	12

制备方法

（1）制备组分Ⅰ：取端氢硅油、烯丙基环氧聚醚投入到反应釜中，开启氮气瓶，调节流量，将物料温度升高至 35 ～ 45℃，加入催化剂，然后将温度升高到 110 ～ 130℃，在该温度下保温 4 ～ 5h，得到组分Ⅰ。

（2）制备组分Ⅱ：保温结束后，向得到的组分Ⅰ中加入氨基硅烷偶联剂，在 110 ～ 130℃下继续恒温反应 4 ～ 6h，得到组分Ⅱ。此过程在氮气保护环境下进行。

（3）制备组分Ⅲ：向得到的组分Ⅱ中加入无色无味的环保性溶剂，继续搅拌 25 ～ 35min，得到组分Ⅲ。此过程也在氮气保护环境下进行。

（4）最终产物：将组分Ⅲ加入带挂边及分散盘的乳化釜中，慢慢加入适量水，搅拌分散至有较好流动性后，加入冰醋酸水溶液继续搅拌 10 ～ 20min，然后将剩余的水慢慢地加入到搅拌釜中，等消泡后过滤放料，得到的透明无色或透明淡蓝光乳液即为羊毛毛条用环保无味亲水型有机硅柔软剂。此过程在真空环境下进行。

原料介绍

所述的催化剂为氯铂酸络合物。所述的氯铂酸络合物中含有异丙醇稀释液，异丙醇稀释液用量为总投料量的 0.00001 ～ 0.00015。

所述的环保性溶剂为乙二醇、1,2- 丙二醇、1,3- 丙二醇、二乙二醇、乙二醇叔丁醚、丙三醇中的一种或多种的混合物。

所述的冰醋酸水溶液中冰醋酸占 50%。

产品特性 为了实现产品使用性能，采用小分子量端含氢硅油（分子量为 1000 ～ 6000 之间）与大分子量烯丙基环氧聚醚（分子量为 1000 ～ 3000）进行加成反应制得聚醚链段含量在 50% ～ 70% 左右的端环氧硅油，保持大量的聚醚链段，有利于使聚硅氧烷自分散于水中；由于聚醚的分散乳化作用，可以使聚硅氧烷形成纳米级（粒径在 10 ～ 30nm）的微乳液，可以更好地渗透于羊毛纤维皮质层内部；由于聚醚自身特有的亲水特性，以及聚醚链段在分子结构中的膨化作用使得羊毛纤维皮质层细胞的空隙加大，进一步有利于水分通过孔道进入纤维内部，从而形成良好的亲水特性。为了使亲水性能够持久保持，可以对聚硅氧烷主链中的环氧基用特殊结构的氨基硅烷偶联剂进行改性，利用氨基硅烷结构中的多官能团水解后形成的多羟基结构与蛋白质纤维中反应性基团进行交联反应，结合氨基硅烷中的氨基与蛋白纤维中羧基的反应，使氨基聚醚聚硅氧烷与羊毛纤维形成了聚醚链段的内部填充及外部氨基反应键合的包覆作用，从而使羊毛纤维的亲水性得以持久保持。

配方 21 有机硅弹性体预聚体乳液柔软剂

原料配比

原料		配比（质量份）			
		1#	2#	3#	4#
聚醚胺	聚醚胺 D-400	2	—	—	—
	聚醚胺 ED-900	—	—	4	—
	聚醚胺 D-230	—	—	—	1.54
端环氧硅油	分子量 8000 左右的端环氧硅油	80	—	—	—
	分子量 25000 左右的端环氧硅油	—	80	—	—
	分子量 6000 左右的端环氧硅油	—	—	80	80
溶剂	异丙醇	8	—	—	—
	二甲基 -2,4 戊二醇	—	—	2.52	—
氨基硅烷偶联剂	硅烷偶联剂 KH-602	0.82	—	—	—
	硅烷偶联剂 KH-603	—	6.4	—	0.82
	硅烷偶联剂 GP-108	—	—	3.2	—

续表

原料		配比（质量份）			
		1#	2#	3#	4#
助乳化剂	山梨醇（70%）	40	—	6.16	—
	甘油	—	80	20	80
乳化剂	TO-5	4	6	2	4
	TO-7	4.2	2.2	5.2	2.7
酸	冰醋酸	2.4	—	1.2	1.2
	柠檬酸	—	2.4	—	—
水		127.98	111	151.91	104.28

制备方法

（1）将聚醚胺与端环氧硅油按照比例加入至烧瓶中，再加入溶剂，搅拌均匀后，升温至70～110℃反应3～6h，制得混合液；

（2）向所述混合液中加入氨基硅烷偶联剂进行预反应，反应时间为0.5～1h，再加入助乳化剂、乳化剂搅拌均匀后，缓慢加酸和水的混合物进行乳化，最后过滤出料备用。

原料介绍

所述聚醚胺为市售商品如亨斯曼的D-230、D-400、ED-600、ED-900等系列产品中的一种。

所述的端环氧硅油分子量控制在6000～25000。

所述乳化剂为异构十三醇聚氧乙烯醚类表面活性剂，可为巴斯夫产品TO-5、TO-7中的一种或多种的混合物。

产品应用 本品用于处理纺织面料。

产品特性 本品稳定性好、适用性广，经其处理后的纺织面料亲水性可以调控，手感柔软、平滑性能好，关键是其肉弹感明显优于一般的有机硅柔软剂。

配方 22 有机硅改性片状织物柔软剂

原料配比

原料		配比（质量份）		
		1#	2#	3#
氢化油		710	730	750
二乙醇胺		80	75	90
三乙醇胺		75	70	60
硅烷偶联剂	γ-二乙烯三胺丙基甲基二甲氧基硅烷	70	—	—
	N-（β-氨乙基）-γ-氨丙基甲基二甲氧基硅烷	—	75	—
	γ-哌嗪基丙基甲基二甲氧基硅烷	—	—	60
端环氧硅油	双端环氧硅油（分子量4000）	35	—	—
	端环氧聚醚硅油（分子量10000）	—	30	—
	端环氧聚醚硅油（分子量15000）	—	—	40
冰醋酸		30	25	20
乳化剂	异构十三醇聚氧乙烯醚	10	15	20
消泡剂		3	2.5	1

制备方法

（1）将氢化油加入到反应釜中，真空条件下，升温至90～95℃进行化料；反应釜的真空度控制在 0.075 ～ 0.085MPa。

（2）化料完全后，关闭真空，开启氮气保护，将二乙醇胺、三乙醇胺依次加入反应釜中，1.5 ～ 2h 内升温至 135 ～ 140℃，保温反应 3 ～ 4h。

（3）降温至 85 ～ 90℃，加入硅烷偶联剂，1 ～ 1.5h 内升温至 135 ～ 140℃，保温反应 6 ～ 7h；硅烷偶联剂的加料速度控制为 1.0 ～ 1.4m^3/h。

（4）降温至 90 ～ 95℃，加入端环氧硅油，1 ～ 1.5h 内升温至 155 ～ 160℃，保温反应 2.5 ～ 3h。

（5）降温至 85 ～ 90℃，加入冰醋酸、乳化剂、消泡剂，保温 85 ～ 90℃反应 40 ～ 60min。

（6）控制反应釜内温度为 80 ～ 85℃，放料切片，即得所述的有机硅改性片状织物柔软剂。

原料介绍 所述消泡剂为聚醚型消泡剂。

产品特性 本品兼具脂肪酰胺和有机硅结构柔软剂的特性，加入本品的织物棉质感强，并具有柔软、滑爽、回弹、蓬松的手感。本品溶液稳定，无分层或表面絮凝的隐患，可有效避免软斑、硅油斑或色点问题的产生。

配方 23 有机硅柔软剂（1）

原料配比

原料		配比（质量份）		
		1#	2#	3#
端氢基硅油	含氢值为 0.04，型号为 IOTA616	32	30	34
环氧聚醚	分子量为 110	74	60	80
1,3- 双（3- 氨基丙基）四甲基二硅氧烷		65	50	70
有机溶剂	异丙醇	50	—	—
	乙二醇丁醚	—	48	—
	二甲基甲酰胺	—	—	52
有机硅乳液	氨基硅油乳液	2.5	—	—
	羟基丙烯酸乳液	—	1.5	—
	聚二甲基硅氧烷乳液	—	—	1.5
非离子型表面活性剂	失水山梨醇脂肪酸酯	4	—	—
	季戊四醇脂肪酸酯	—	3	—
	甘油单脂肪酸酯	—	—	5

制备方法

（1）将端氢基硅油、环氧聚醚和有机溶剂按配比加入反应器中，搅拌混合均匀，在 78 ～ 95℃下反应 12 ～ 15h；

（2）在步骤（1）所得混合物中加入 1,3- 双（3- 氨基丙基）四甲基二硅氧烷，搅拌混合均匀，升温至 100 ～ 110℃，反应 2 ～ 3h；

（3）在步骤（2）所得混合物中加入有机硅乳液和非离子表面活性剂，搅拌混合均匀，在 60 ～ 70℃的条件下反应 1 ～ 3h。

产品应用 本品主要应用于纺织品后整理领域。

产品特性

（1）用本品整理织物后，织物会具有良好的柔软性、极佳的触感和亲肤性。

（2）本品整理后的织物具有良好的亲水性，使穿着者感到舒爽透气，也更便于洗涤。

（3）本品使用了有机硅油，又特异性地与非离子表面活性剂复配，可以避免织物整理后发黄变色，使织物保持较长时间的稳定性。

配方 24　有机硅柔软剂（2）

原料配比

原料	配比（质量份）	原料	配比（质量份）
八甲基环四硅氧烷	1000	正丁醇	40
四甲基二氢基二硅氧烷	10	蒸馏水①	10
三氟甲磺酸	0.1	蒸馏水②	20
烯丙基缩水甘油醚	2.5	阳离子柔软剂	10
含铂催化剂	0.0013	乳化剂	适量
聚醚胺	10		

制备方法

（1）端含氢硅油的制备：在玻璃烧瓶中加入八甲基环四硅氧烷和四甲基二氢基二硅氧烷，搅拌 20min，再加入三氟甲磺酸，温度升至 42℃，聚合反应 3.5h，再搅拌 2h 后用布氏漏斗过滤，得到端含氢硅油。

（2）环氧硅油的制备：取制备的端含氢硅油加入玻璃烧瓶中，再加入烯丙基缩水甘油醚，温度升至 60℃，搅拌 20min，搅拌时加入含铂催化剂 0.0013g，继续升温进行硅氢加成反应，冷却得到环氧硅油；硅氢加成反应温度为 75℃，反应时间为 8h。

（3）将聚醚胺、正丁醇加入到步骤（2）的烧瓶中，在 82℃下保温回流 8h，得到端环氧硅油。

（4）有机硅柔软剂的制备：取步骤（3）制备的端环氧硅油加入玻璃烧瓶中，添加乳化剂，搅拌 30min，加入蒸馏水①，搅拌 5min，分 10 次添加蒸馏水②和阳离子柔软剂，每次搅拌 4min，每次间隔 2min；静放至全部澄清，过滤后得到浅黄色透明有机硅柔软剂。

原料介绍

所述含铂催化剂的配制方法：称取氯铂酸 1 份后溶解于 99 份的正丁醇中配制成 1%含量的氯铂酸 - 正丁醇溶液，即为含铂催化剂。

所述乳化剂为市售产品，型号为 NP-10。

所述聚醚胺为市售产品，型号为 ED-900。

所述阳离子柔软剂为市售产品，型号为 8812。

产品特性　本品具有环保、安全、易分解，且性能稳定、可直接套染等优点。

配方 25　有机硅柔软剂（3）

原料配比

原料		配比（质量份）			
		1#	2#	3#	4#
复配型增深原油		100	100	100	100
复配型乳化剂		20	25	30	30
聚乙二醇 - 聚丙二醇复配物		30	35	40	50
冰醋酸		2	2	2	2
去离子水		250	240	230	215
复配型增深原油	羟基封端二甲基硅氧烷复配物	30	40	25	20
	亲水增深硅油	70	60	75	80

续表

原料			配比（质量份）			
			1#	2#	3#	4#
复配型乳化剂	异构十碳醇聚氧乙烯醚	XL-40	1	—	2	—
		XL-50	—	1	—	2
		XP-50	1	—	—	—
		XP-70	—	1	1	—
		XP-80	—	—	—	1
	脂肪醇聚氧乙烯聚氧丙烯醚	Marlox K 158	—	1	—	1
		AEO5-80	1	—	1	—
羟基封端二甲基硅氧烷复配物	羟基封端二甲基硅氧烷	羟基封端二甲基硅氧烷（在25℃下的黏度为2000mPa・s）	80	—	—	—
		羟基封端二甲基硅氧烷（在25℃下的黏度为1500mPa・s）	—	70	—	—
		羟基封端二甲基硅氧烷（在25℃下的黏度为1000mPa・s）	—	—	70	—
		羟基封端二甲基硅氧烷（在25℃下的黏度为750mPa・s）	—	—	—	75
	烷偶联剂	硅烷偶联剂 KH-550	5	5	—	—
		硅烷偶联剂 KH-560	—	—	5	5
	二甲基硅油	二甲基硅油（在25℃下的黏度为500mPa・s）	15	25	—	—
		二甲基硅油（在25℃下的黏度为350mPa・s）	—	—	25	20
亲水增深硅油	端环氧聚醚硅油	分子量为12000的端环氧聚醚硅油	1（mol）	—	—	—
		分子量为14000的端环氧聚醚硅油	—	1（mol）	—	—
		分子量为16000的端环氧聚醚硅油	—	—	1（mol）	—
		分子量为21000的端环氧聚醚硅油	—	—	—	1（mol）
	一乙醇胺		2（mol）	—	—	2（mol）
	2-氨基乙醇		—	2（mol）	2（mol）	—
	异丙醇		15	10	10	15

制备方法 将复配型增深原油和复配型乳化剂混合后，搅拌乳化15～30min，继续加入聚乙二醇-聚丙二醇复配物，搅拌乳化15～30min，之后加入冰醋酸和去离子水，继续搅拌1～3h，得到所述有机硅柔软剂。

原料介绍

所述亲水增深硅油的制备方法包括以下步骤：将端环氧聚醚硅油和醇胺类化合物按照摩尔比为1∶(1.5～2)的比例溶解于有机溶剂中，搅拌均匀后升温至70～130℃，保温6～18h，得所述亲水增深硅油。

所述异构十碳醇聚氧乙烯醚可选择巴斯夫的XL-40、XL-50、XL-60、XL-70、XL-80、XL-90、XP-30、XP-50、XP-70和XP-80中的至少一种；所述脂肪醇聚氧乙烯聚氧丙烯醚可选择沙索化学的AEO5-80和Marlox K 158中的至少一种。

所述聚乙二醇-聚丙二醇复配物中的聚乙二醇为PEG-200、PEG-400和PEG-600中的至少一种，聚丙二醇为PPG-200、PPG-400和PPG-600中的至少一种。

产品应用 本品主要用作深色面料后整理的有机硅柔软剂。所述深色面料采用硫化黑或活性黑为染料。

产品特性

（1）通过本品后整理使织物表面折射率降低，达到增深效果，同时使织物的手感柔软，即织物的手感整理和色泽的增深同时进行，既节能环保又节省染料降低成本；

（2）本品的制备工艺简便易行，易于实现工业化生产。

8 流平剂

8.1 流平剂定义

流平剂是一些可以改变流体流变性（如从牛顿流体改变为塑性 / 假塑性流体，或者反过来）的助剂。这些助剂可以是高分子、自然增稠剂，无机、有机溶剂，或各种各样的有机、无机电解质或分散剂。

8.2 流平剂作用机理

涂料的流平包含两个阶段。第一阶段为展布，涂料在基材表面展布至完全覆盖基材表面。第二阶段为流平，在表面张力的推动下，湿漆膜表面由起伏不平逐渐流平至光滑表面形成。

展布阶段可用接触角模型来描述，此阶段的进行依赖于涂料润湿底材的能力，流平剂通过介入液固界面降低涂料与底材间的界面张力，改善或加速涂料的展布。流平初期，溶剂挥发较少，体系黏度较小，漆膜较厚，漆膜表面各处的表面张力值差别不大，表面张力梯度未成主要因素。此时可用涂料由不平整表面向平整表面流动的正弦波模型来描述漆膜在表面张力推动下的流动。此过程，流平剂通过减缓溶剂的挥发提高表面张力分布的均匀性来延长流平时间。流平中后期，随着溶剂的不均匀挥发和由于成膜树脂体系自身的原因，漆膜表面张力梯度的形成不可避免，漆膜中形成了极小范围的流动 - 贝纳德旋涡，这对于流平是不利的。此过程，流平剂通过在涂料表面形成单分子膜，降低表面张力梯度，抑制贝纳德旋涡的形成，或形成逆向的贝纳德旋涡抵消其对流平性的不良影响。

8.3 流平剂分类

涂料所用流平剂一般分为混合溶剂类、丙烯酸类、有机硅类、氟碳聚合物类以及醋酸丁酸纤维素类。由于其低表面张力的特性，流平剂除能够帮助涂料流平亦能造成诸多的负面影响。在使用过程中主要考虑流平剂对涂料重涂性、抗缩孔的不利影响，需要通过试验对选用的流平剂进行相容性测试。

（1）混合溶剂类流平剂　它基本是以高沸点的芳香烃类溶剂、酮类、脂类（或多种官能团的优良溶剂）、高沸点溶剂混合物为主要组成。在配制使用时注意其挥发速率、挥发平衡及溶解力，使涂料在干燥过程中具有平均的溶剂挥发速率及溶解力，如果挥发速率过低，长时间保留在漆膜内释放不出来，会影响漆膜的硬度。这类流平剂仅适用于改善涂膜因溶剂干燥太快和基料溶解性不良而产生的流平缺陷（如缩孔、发白、光泽不好）。用量一般为全漆量的 2% ～ 7%。它会延长涂膜的干燥时间，对于在立面上涂装容易产生流挂的常温干燥涂料（如硝基漆），不仅对流平有帮助而且有助于提高光泽。在干燥过程中能防止溶剂蒸发过快导致的溶剂爆泡和针孔。尤其在高温高湿气候条件下使用，能防止漆膜表面过早地表干，提供均匀的溶剂挥发曲线，防止硝基漆白雾现象的出现。这类流平剂一般配合其他流平剂协同使用。

（2）丙烯酸类流平剂　这类流平剂多是丙烯酸酯类的共聚物。其特点为：①丙烯酸的烷基酯起提供基本表面活性的作用。②—COOH、—OH、—NR，能帮助上面的结构调整相容性。③分子量大小与最终的展布性能直接相关。具有临界的相容性以及聚丙烯酸酯的链构型都是成为合适流平剂的必要条件。其可能的流平机理主要表现在后期。④此类流平剂在许多体系都表现出抑泡和消泡性能。⑤只要流平剂中有少部分的作用基团，诸如—OH、—COOH，对重涂的影响就几乎感觉不到，但仍有影响重涂的可能性。⑥这类流平剂也有匹配极性和相容性的问题，同样需要试验选择。

（3）有机硅类流平剂　有机硅类是指以硅氧键链（Si—O—Si）为骨架，硅原子上接有机基团的一类聚合物。绝大多数有机硅化合物都带有低表面能的侧链，因此有机硅分子有很低的表面能和很低的表面张力。最常用到的聚有机硅氧烷类助剂是聚二甲基硅氧烷，也称作甲基硅油。其最主要的用途是作为消泡剂，低分子量型号具有促进流平的效果，但由于严重的相容性问题，其容易导致涂料缩孔和不能重涂。因此聚二甲基硅氧烷必须经过改性才能被安全有效地使用于涂层。改性的方式主要有：聚醚改性有机硅、烷基和其他侧基改性有机硅、聚酯改性有机硅、聚丙烯酸酯改性有机硅、氟改性有机硅。聚二甲基硅氧烷的改性方法众多，但均以改善其与涂料的相容性为目的。这类流平剂通常兼具流平和消泡的双重效果，使用前应通过试验确定其与涂料的相容性。

8.4　流平剂用途

流平剂是粉末涂料中最重要的助剂品种之一，在粉末涂料配方中，对于要求得到平整光滑的涂抹时，无论是高光、有光、半光、亚光还是无光粉末涂料，都必须添加流平剂。流平剂的作用是粉末涂料熔融流平时，在熔融涂料表面形成极薄的单分子层，以提供均匀的表面张力，同时也使涂料与被涂物（工件）之间具有良好的润湿性，从而克服涂膜表面由于局部表面张力不均匀而形成针孔、缩孔等涂膜弊病。

涂料的主要功能是装饰和防护，如果出现流动和流平缺陷，不仅影响外观，同时也有损防护功能。如形成缩孔会造成漆膜厚度不够、形成针孔会导致漆膜的不连续性，这些都会降低漆膜的防护性。涂料在施工和成膜过程中，会发生一些物理、化学变化，这些变化及涂料本身的性质，将显著影响涂料的流动和流平。

涂料施工后，会出现新的界面，一般情况下为涂料与底材之间的液 / 固界面和涂料与空气之间的液 / 气界面。如果涂料与底材之间液 / 固界面的界面张力高于底材的临界表面张力，涂料就无法在底材上铺展，自然就会产生鱼眼、缩孔等流平缺陷。

漆膜干燥过程中溶剂的挥发会导致在漆膜表面与内部之间产生温度、密度和表面张力差，这些差异进而导致产生漆膜内部的湍流运动，形成所谓 Benard 旋涡。Benard 旋涡会导致产生“橘皮”；在含不止一种颜料的体系中，如果颜料粒子的运动性存在一定差异，Benard 旋涡还很可能导致浮色和发花，垂直面施工会导致丝纹。

漆膜的干燥过程中有时会产生一些不溶性的胶粒，不溶性胶粒的产生会导致形成表面张力梯度，在漆膜中经常导致缩孔的产生。例如，在交联固化型体系中，配方含有不止一种树脂，在漆膜的干燥过程中，随着溶剂的挥发，溶解性较差的树脂就可能形成不溶性胶粒。另外，在含有表面活性剂的配方中，如果表面活性剂与体系不相容，或在干燥过程中随着溶剂的挥发，其浓度发生变化导致溶解性发生变化，形成不相容的液滴，也会形成表面张力差。

这些都可能会导致缩孔的产生。

涂料在施工和成膜过程中，如果存在外界的污染物，也可能会导致缩孔、鱼眼等流平缺陷。这些污染物通常是来自空气、施工工具和底材的油污、尘埃、漆雾、水汽等。涂料本身的性质，如施工黏度、干燥时间等，也会对漆膜的最终流平产生显著影响。过高的施工黏度和过短的干燥时间，通常会产生流平不良的表面。

因此，必须通过添加流平剂，通过在涂料施工和成膜过程中发生一些变化及对涂料性质进行调整，帮助涂料获得良好的流平。

8.5 流平剂的选择

对于一个确定的配方体系，应根据配方的性质和所需性能，来选择合适的流平剂品种。

8.5.1 溶剂型涂料体系

在底漆和中层漆配方中，通常采用丙烯酸流平剂。如果需要脱气性和底材润湿性，宜选择中等分子量或高分子量丙烯酸流平剂。在底漆中，如果需要更强的底材润湿性，可考虑选用能显著降低表面张力的有机硅流平剂和改性丙烯酸流平剂（如氟改性丙烯酸流平剂和磷酸酯改性丙烯酸流平剂），如果有机硅流平剂和氟改性丙烯酸流平剂出现稳泡、影响层间附着力等副作用，应采用磷酸酯改性丙烯酸流平剂。

在面漆和透明漆配方中，对漆膜外观要求相对较高，一般可选用低分子量丙烯酸流平剂，这样将获得良好的流平性，在漆膜中也不易产生雾影。交联固化型体系，选用含反应性官能团的丙烯酸流平剂常常获得更好的流平性，同时提高了漆膜的物理化学性能。如果需要漆膜具有更好的流动性或需要滑爽性和抗刮伤性，有机硅流平剂是必需的，这种情况下最好是有机硅流平剂和丙烯酸流平剂配伍使用。

应当指出的是，在垂直面施工时，有机硅流平剂提供流平性能的同时，可有效降低涂层的流挂倾向。另外，在金属闪光漆配方中，应慎用有机硅流平剂，因为可能导致片状铝颜料的不均匀排列而出现漆膜颜色不均。

8.5.2 粉末涂料体系

粉末涂料的流平过程分为两个阶段。第一个阶段是粉末粒子的熔化，第二个阶段是粉末粒子熔化后流动成为平整的漆膜。粉末涂料不含溶剂，在成膜过程中不会产生表面张力梯度，流平更多的是与底材润湿有关。

粉末涂料常采用丙烯酸流平剂。如果流平剂呈液态，一般要预先制成母料才能使用。也有制成粉体的丙烯酸流平剂，专门用于粉末涂料，这类产品是将液态的丙烯酸流平剂吸附在二氧化硅粉体上，一些低档流平剂用碳酸钙吸附。

如果粉末涂料需要滑爽性和抗刮伤性，就要采用有机硅流平剂，已有制成粉体的专门用于粉末涂料的有机硅流平剂。使用有机硅流平剂时要留意避免形成缩孔。

8.5.3 水性涂料体系

水性涂料体系分为水溶性体系和乳胶体系。

在水溶性体系中，需要大大降低体系的表面张力，最常用的是有机硅流平剂和氟碳化合物类流平剂，所起作用与它们应用于溶剂型涂料体系相同。当然如果需要真正平整的表面，用于水性体系的丙烯酸流平剂是必需的。

而对于乳胶体系，成膜机理则完全不同，黏度也不随溶剂的挥发而改变。配方中采用流平剂会提高涂料的底材润湿性，丙烯酸流平剂可以提高漆膜平整度，但涂料的主要流动性能更多的是通过添加流变控制剂来进行控制和调整。

8.6 流平剂配方与制备实例

配方 1 丙烯酸改性超支化星形聚酯流平剂

原料配比

原料		配比（质量份）
超支化星形聚酯多元醇	ε- 己内酯	6（mol）
	双季戊四醇	1（mol）
	辛酸亚锡催化剂	适量
丙烯酸封端超支化聚酯	超支化星形聚酯多元醇	1
	丙烯酸	6
	强溶剂	0.6
	对苯二酚	0.01
	对羟基苯甲醚	0.05
	对甲苯磺酸	0.1
酮类强溶剂		适量
甲基丙烯酸丁酯		20
丙烯酸月桂酯		15
甲基丙烯酸六氟丁酯		7
甲基丙烯酸十二氟庚酯		4
引发剂偶氮二异丁腈		3

制备方法

（1）超支化星形聚酯多元醇的制备：将 ε- 己内酯真空脱水，然后将 ε- 己内酯和双季戊四醇按摩尔比 6∶1 的比例的单体、ε- 己内酯和双季戊四醇单体总质量 0.08% ～ 0.12% 的辛酸亚锡催化剂混合，在惰性气体保护下升温至 160 ～ 170℃保温反应 7 ～ 9h，得到超支化星形聚酯多元醇。

（2）丙烯酸封端超支化聚酯的制备：将超支化星形聚酯多元醇、丙烯酸、强溶剂、对苯二酚、对羟基苯甲醚和对甲苯磺酸进行混合，然后通入空气，升温至 80 ～ 90℃回流反应 4 ～ 6h，至酸值（以 KOH 计）为 10mg/g 以下，抽真空脱除强溶剂，得到丙烯酸封端超支化聚酯。

（3）丙烯酸改性超支化星形聚酯流平剂的制备：

① 在步骤（2）得到的丙烯酸封端超支化聚酯中，加入酮类强溶剂混合均匀，升温至 95 ～ 105℃，得到混合料Ⅰ。

② 将甲基丙烯酸丁酯、丙烯酸月桂酯、甲基丙烯酸六氟丁酯、甲基丙烯酸十二氟庚酯、引发剂混合均匀，得到混合料Ⅱ；保温条件下，将混合料Ⅱ于 3h 内加入混合料Ⅰ中，然后升温至 115 ～ 125℃，反应 3.5 ～ 5h，冷却，去除溶剂，得到丙烯酸改性超支化星形聚酯流平剂。

产品应用 本品主要用作卷铝涂料的流平剂。

产品特性

（1）本品制备的卷铝涂料耐冲击性和耐水性均合格，铅笔硬度均在 2 ～ 3H 之间，附着力均可达到 2 级以上。同时，其耐磨性均合格。

（2）本品制备的卷铝涂料表面流平性均达到了一级且具有较优异的鲜映性和光泽度。

配方 2　醇酸树脂粉末涂料超薄涂层用流平剂

原料配比

原料		配比（质量份）	
		1#	2#
改性聚氧化乙烯	聚氧化乙烯	2	1
	月桂醇磺基琥珀酸酯二钠	0.3	0.3
	二茂铁	0.05	0.05
改性粉煤灰		2	3
聚二季戊四醇六丙烯酸酯		1	1
聚乙烯醇缩丁醛		0.5	0.5
聚天门冬氨酸 / 聚乙二醇单甲醚		20	20
预胶化淀粉		0.5	0.5
聚天门冬氨酸 / 聚乙二醇单甲醚	聚天门冬氨酸	5	10
	聚乙二醇单甲醚	10	15
	水解聚马来酸酐	0.5	1
	N- 羟甲基丙烯酰胺	0.3	0.5
改性粉煤灰	粉煤灰	5	10
	水	25	50
	硅溶胶	0.5	0.5
	六羟甲基三聚氰胺六甲醚	0.3	0.5

制备方法

（1）向聚氧化乙烯中加入月桂醇磺基琥珀酸酯二钠和二茂铁，充分混合后升温至 125 ～ 130℃保温研磨 15 ～ 30min，即得改性聚氧化乙烯；

（2）向改性粉煤灰中加入聚二季戊四醇六丙烯酸酯和聚乙烯醇缩丁醛，充分混合后于 5 ～ 10℃环境中密封静置 15 ～ 30min，再升温至 115 ～ 120℃保温研磨 10 ～ 15min，然后加入聚天门冬氨酸 / 聚乙二醇单甲醚、改性聚氧化乙烯和预胶化淀粉，继续在 115 ～ 120℃下保温研磨 15 ～ 30min，待自然冷却至 55 ～ 60℃后将所得混合物利用超微粉碎机制成微粉，即得流平剂。

原料介绍

所述聚天门冬氨酸 / 聚乙二醇单甲醚是由聚天门冬氨酸与聚乙二醇单甲醚经酯化后再经化学改性而成，其制备方法为：将聚天门冬氨酸与聚乙二醇单甲醚混合后升温至 130 ～ 140℃保温研磨 3 ～ 5h，再加入水解聚马来酸酐和 *N*- 羟甲基丙烯酰胺，继续在 130 ～ 140℃下保温研磨 1 ～ 2h，然后置于 0 ～ 5℃环境中密封静置 1 ～ 2h，并自然恢复至室温，最后经超微粉碎机制成微粉，即得聚天门冬氨酸 / 聚乙二醇单甲醚。

所述改性粉煤灰是由粉煤灰经物理改性而成，其制备方法为：将粉煤灰加入 3 ～ 5 倍质量水中，充分分散后浸泡 10 ～ 15min，再加入硅溶胶和六羟甲基三聚氰胺六甲醚，充分混合后于微波频率 2450MHz、输出功率 700W 下微波回流处理 5 ～ 10min，静置 10 ～ 15min

后再次微波处理 5 ～ 10min，将所得混合物送入喷雾干燥机中，干燥所得颗粒经超微粉碎机制成微粉，即得改性粉煤灰。

产品特性 本品能有效降低粉末涂料的熔融黏度，增加涂料熔融状态时的流动性，使涂层表面张力更加均匀，膜厚达到 35 ～ 40μm，边角覆盖情况好，喷涂面积达到 15 ～ 20 m^2/kg，使所制粉末涂料在达到与溶剂型涂料接近的膜厚条件下减少涂料的单位面积喷涂用量，从而降低喷涂成本，避免使用溶剂型涂料存在的环境污染问题。

配方 3 低剂量的粉末涂料流平剂

原料配比

原料			配比（质量份）		
			1#	2#	3#
预聚体	溶剂	乙氧基乙醇	500（体积份）	500（体积份）	500（体积份）
	合成单体		50	50	50
	催化剂	偶氮二异丁腈	1	1	1
	分子量调节剂	链转移剂 TPMS(2,4- 二苯基 -4- 甲基 -1- 戊烯)	1	1	1
	合成单体	丙烯酸丁酯	3	1	5
		丙烯酸异辛酯	2	2	2
		丙烯酸羟乙酯	0.5	0.5	2
		丙烯酸羟丙酯	1	1	2
		丙烯酸甲酯	0.7	0.7	0.7
		丙烯酸乙酯	0.7	0.7	0.7
预聚体			62	62	62
吸附载体白炭黑			38	38	38

制备方法

（1）容器 1 中加入溶剂，惰性气体置换并加热。

（2）容器 2 中加入合成单体、催化剂、分子量调节剂，混合均匀，得到混合物。

（3）将混合物滴加到热的溶剂中并保温，降温后脱除溶剂，得到预聚体；滴加的时间为 3 ～ 6h。

（4）向预聚体中加入吸附载体，搅拌均匀，即得流平剂。

原料介绍 所述吸附载体的填充密度为 40 ～ 60g/L，比表面积为（320000±25）cm^2/g。

产品应用 本品添加量为粉末涂料总量的 1% ～ 20%。

产品特性

（1）本品引入丙烯酸异辛酯能够减少流平剂的使用剂量，或是在相同用量下的流平效果更佳，还可以降低流平剂的气味，让生产环节及使用过程更为环保。

（2）本品制备工艺简单、原料易得、制备成本低，适合大规模生产。

配方 4 多元羧酸改性的聚丙烯酸酯流平剂

原料配比

原料		配比（质量份）		
		1#	2#	3#
溶剂	甲乙酮	1000	—	—
	丙二醇甲醚	—	1000	—
	醋酸丁酯	—	—	180

续表

原料		配比（质量份）		
		1#	2#	3#
引发剂Ⅰ	过氧化二苯甲酰	4.5	—	19
	偶氮二异丁腈	—	9.5	—
单体混合物	马来酸	50	100	—
	衣康酸	—	—	200
	丙烯酸乙酯	700	—	—
	丙烯酸甲酯	—	—	150
	丙烯酸异辛酯	—	300	250
	丙烯酸丁酯	—	300	—
	甲基丙烯酸异辛酯	—	—	200
	甲基丙烯酸乙酯	250	—	200
	甲基丙烯酸月桂酯	—	300	—
引发剂Ⅱ	过氧化二苯甲酰	0.5	—	1
	偶氮二异丁腈	—	0.5	—

制备方法

（1）在带有回流冷凝管、温度计、搅拌器及滴液漏斗的四口烧瓶中加入溶剂，启动搅拌器，充氮保护，升温至溶剂回流（约 80℃）；

（2）回流温度下将单体混合物和引发剂Ⅰ滴加到烧瓶中，6h 滴完；

（3）将引发剂Ⅱ补加到烧瓶中，10min 加完，然后保温回流反应 1.5h；

（4）减压蒸馏脱去溶剂，放料冷却得到聚丙烯酸酯流平剂，经检测其数均分子量为 11100，玻璃化温度 T_g 为 3.3℃。

产品应用 本品用作具有金属镀层效果的粉末涂料用流平剂。

产品特性 本品对金属颜料具有极好的黏结定向、均匀分散的有益效果，可以更加均匀有效地黏结金属颜料粒子，并使金属颜料粒子向涂层表面定向迁移，使涂层表面达到高光泽、高流平的金属镀层效果，满足涂装外观审美需求。

配方 5 粉末涂料流平剂（1）

原料配比

原料	配比（质量份）	
	1#	2#
三氧化二铝 / 纳米二氧化钛复合物	10	15
陶瓷粉	5	7
十二烷基硫酸钠	5	7
二甲基硅油	10	15
聚乙二醇	5	10
淀粉糊精	5	7
碳酸钙粉末	5	10
去离子水	30	40

制备方法

（1）取去离子水，加入淀粉糊精，混合后倒入超声波水浴振荡器中，加热至 40 ～ 50℃，然后再加入聚乙二醇、十二烷基硫酸钠、二甲基硅油，混合后进行振荡搅拌，振荡功率为 300 ～ 400W，振荡时间为 10 ～ 20min；

（2）待振荡结束后再加入三氧化二铝 / 纳米二氧化钛复合物、陶瓷粉、碳酸钙粉末，将温度提升至 50 ～ 80℃，继续进行振荡，功率为 500 ～ 800W，振荡时间为 30 ～ 50min；

（3）将振荡后的产物取出，放入真空容器中进行干燥，待干燥结束后进行研磨，过 100 ～ 200 目筛，即可制得粉末涂料流平剂。

原料介绍 三氧化二铝 / 纳米二氧化钛复合物制备方法如下。

（1）取钛酸乙酯 5 ～ 10 份、无水乙醇 20 ～ 30 份，混合搅拌后，再滴加由 20 ～ 30 份 40% ～ 60% 乙醇和 15 ～ 25 份 30% 盐酸组成的混合液，滴加速度为 0.5 ～ 1 份 /min；为了防止团聚，再加入 15 ～ 20 份羟乙基纤维素，充分搅拌后形成一种溶胶，经过 5 ～ 6d 凝胶过程完成后，将湿凝胶真空干燥 2 ～ 3h，将得到的干凝胶研磨成粉末状，过 100 目筛，备用。

（2）取三氧化二铝 10 ～ 20 份，放入马弗炉中进行煅烧，温度设置为 600 ～ 800℃，煅烧 2 ～ 3h；然后将温度降低至 400 ～ 500℃，加入步骤（1）所得凝胶粉末，继续煅烧 1 ～ 2h，待煅烧结束后，取出产物冷却备用。

（3）取蒸馏水 25 ～ 40 份，加入蔗糖 5 ～ 15 份，超声波振荡 5 ～ 10min，功率为 200 ～ 400W；待溶液透明后加入聚四氟乙烯 3 ～ 5 份，混合后倒入反应釜中进行加热，加热温度为 150 ～ 200℃，加热时间 2 ～ 3h；冷却至室温后，离心、过滤，取滤液备用。

（4）取聚乙二醇 5 ～ 10 份、丁醇 1 ～ 3 份和步骤（3）所得滤液，混合后再加入步骤（2）所得产物，超声波振荡 5 ～ 15min，功率为 300 ～ 500W；待振荡结束后加入 15% ～ 20% 的稀盐酸，调节 pH 值为 5 ～ 6，加入 50% ～ 70% 的乙醇 30 ～ 50 份，混合后再缓慢滴加正硅酸乙酯 5 ～ 10 份（滴加速度为 0.2 ～ 0.5 份 /min），在滴加过程中进行搅拌，转速为 150 ～ 200r/min，搅拌时间 1 ～ 2h。

（5）待搅拌结束后，静置 1 ～ 2h，去除上清液，将固相产物用 50% ～ 60% 的乙醇洗涤至溶液呈中性，然后放入 100 ～ 120℃的真空容器中进行干燥，待干燥结束后放入马弗炉中进行煅烧（温度为 500 ～ 600℃，煅烧时间 2 ～ 3h），即可得到三氧化二铝 / 纳米二氧化钛复合物。

产品特性 本品中添加的三氧化二铝 / 纳米二氧化钛复合物是一种空心微球镀层晶体结构，具有比表面积大、密度低、稳定性好的特点，由于其内部的空心结构，可以容纳大量的十二烷基硫酸钠分子，形成一种“包裹”效应，提高十二烷基硫酸钠的亲水基团在溶液表面的定向排列，促进涂饰液表面张力显著下降，提高其流平性和均匀性，同时还可以提高涂饰液的渗透性，有效减少涂刷时产生的斑点和斑痕，增加覆盖性，使成膜自然、均匀。

配方 6 粉末涂料流平剂（2）

原料配比

原料		配比（质量份）			
		1#	2#	3#	4#
丙烯酸烷基酯	丙烯酸丁酯	80	72	78	71
	丙烯酸异辛酯	10	10	10	10
	聚乙二醇单丙烯酸酯	2	5	2	5
甲基丙烯酸羟烷基酯	甲基丙烯酸羟乙酯	3	5	3	5
丙烯酸硅烷酯	3- 三甲氧基硅烷丙烯酸丙酯	3	4	5	5

续表

原料		配比（质量份）			
		1#	2#	3#	4#
苯乙烯基单体	苯乙烯	2	4	2	4
第一引发剂	2,2′-偶氮二异丁腈	4	4	4	4
第二引发剂	2,2′-偶氮二异丁腈	0.2	0.2	0.2	0.2
分子量调节剂	十二烷基硫醇	1	0.7	0.5	0.5
溶剂	甲苯	适量	适量	适量	适量

制备方法

（1）将丙烯酸丁酯、丙烯酸异辛酯、聚乙二醇单丙烯酸酯、甲基丙烯酸羟乙酯、3-三甲氧基硅烷丙烯酸丙酯、苯乙烯加入混合容器中，搅拌至混合均匀后，加入第一引发剂2,2′-偶氮二异丁腈和十二烷基硫醇继续搅拌至混合均匀，制得单体混合物。

（2）将溶剂甲苯加入反应釜中，加热至甲苯呈回流状态，缓慢滴加步骤（1）制得的单体混合物，滴加时间为3h；滴加完毕后，保温回流搅拌反应1h后，加入第二引发剂2,2′-偶氮二异丁腈，继续保温回流搅拌反应1h，制得混合物。

（3）将步骤（2）制得的混合物在温度为160℃的条件下蒸馏脱除溶剂后，冷却至室温，制得粉末涂料流平剂。

产品特性 本品中带有羟基和硅烷结构，可以有效改善涂料组合物间的相容性和对底材的润湿性，且改善了粉末涂料组合物的重涂附着力，同时可以产生增光效果。

配方7 粉末涂料用改性丙烯酸酯类流平剂

原料配比

原料		配比（质量份）		
		1#	2#	3#
聚合溶剂	二甲苯	350	—	—
	丙二醇甲醚	—	550	—
	醋酸丁酯	—	—	800
引发剂①	过氧化二苯甲酰	9.5	—	—
	偶氮二异丁腈	—	9.5	—
	氧化苯甲酸叔丁基酯	—	—	9.5
丙烯酸酯类单体	丙烯酸羟乙酯	100	—	—
	丙烯酸丁酯	450	—	—
	丙烯酸乙酯	150	—	—
	甲基丙烯酸-β-羟乙酯	—	500	—
	甲基丙烯酸异辛酯	—	300	—
	甲基丙烯酸乙酯	—	200	—
	甲基丙烯酸-β-羟丙酯	—	—	400
	甲基丙烯酸月桂酯	—	—	300
	甲基丙烯酸十八酯	—	—	300
引发剂②	过氧化二苯甲酰	0.5	—	—
	偶氮二异丁腈	—	0.5	—
	氧化苯甲酸叔丁基酯	—	—	0.5

续表

原料		配比（质量份）		
		1#	2#	3#
有机多元羧酸	柠檬酸	50	—	—
	庚二酸	—	65	—
	均苯四甲酸	—	—	75

制备方法

（1）聚合反应：在反应釜中加入聚合溶剂，充氮气、搅拌升温至回流温度，将引发剂①和丙烯酸酯类单体混合均匀后，向反应釜中滴加，在 2 ～ 6h 内滴完，滴加过程保持溶剂回流，滴完后补加引发剂②，10 ～ 60min 内补加完毕，再保温回流反应 0.5 ～ 1.5h；

（2）丙烯酸酯的改性：回流反应结束后对得到的混合物进行保温，加入有机多元羧酸，加完后再保温回流反应 2 ～ 4.5h，然后减压脱去溶剂，放料冷却得到改性丙烯酸酯类流平剂。

产品特性　本品将有机多元羧酸以化学结合的方式引入到丙烯酸酯类流平剂中，经共聚得到改性丙烯酸酯类流平剂。改性后的丙烯酸酯类流平剂数均分子量为 9000 ～ 11000 之间，使其与涂料中其他组分具有良好的相容性，T_g 为 −20℃以下，具有良好的流平性，同时低 T_g 聚合物的良好的熔融流动性和润湿分散性，使其应用于粉末涂料中，可以明显改善粉末涂料在玻璃、金属等底材上的附着力。

配方 8　粉末涂料用固体流平剂

原料配比

原料	配比（质量份）		
	1#	2#	3#
无机物沉淀法白炭黑	70	50	40
液体丙烯酸酯均聚物	70	60	50
湿润促进剂乙烯基双硬脂酰胺	10	40	70

制备方法

（1）将无机物沉淀法白炭黑、液体丙烯酸酯均聚物依次投入带高速破碎功能的混合机中。

（2）启动带高速破碎功能混合机的混合电机和高速破碎电机进行混合高速粉碎，至液体丙烯酸酯均聚物全部被无机物沉淀法白炭黑吸附，形成固体混合物；混合并高速粉碎 10 ～ 30min。

（3）向步骤（2）得到的固体混合物中加入湿润促进剂乙烯基双硬脂酰胺，混合高速粉碎，得到所述粉末涂料用固体流平剂；混合并高速粉碎 5 ～ 10min。

原料介绍

所述无机物沉淀法白炭黑是指以硫酸、盐酸、CO_2 与水玻璃为基本原料以沉淀法生产的二氧化硅，平均粒径为 4.5 ～ 5.5μm，吸油量≥ 280mL/100g。

所述液体丙烯酸酯均聚物是由丙烯酸丁酯（70%）、丙烯酸甲酯（24.5%）、丙烯酸 β- 羟丙酯（5%）、引发剂 BPPD［过氧化二碳酸二（2- 苯氧乙基）酯，0.5%］在甲苯回流状态下进行反应所得的共聚物，其黏度为 5000 ～ 7500mPa · s（50℃）。

所述湿润促进剂乙烯基双硬脂酰胺的粒径为 0.1 ～ 0.5mm，熔点为 140 ～ 146.5℃。

产品特性　本品即使在夏天的高温天气也不结团块，方便了粉末涂料的生产，提高了产品质量；制造出的粉末涂料有着优良的流平性，避免了涂膜表面鱼眼、缩孔缺陷，涂膜表面特别是深色涂膜产品表面色彩清晰鲜明，提高了粉末涂料的装饰性，且原料成本低廉，制备步骤简单。

配方 9　粉末涂料用流平剂

原料配比

<table>
<tr><th colspan="2" rowspan="2">原料</th><th colspan="3">配比（质量份）</th></tr>
<tr><th>1#</th><th>2#</th><th>3#</th></tr>
<tr><td colspan="2">丙烯酸丁酯</td><td>950</td><td>920</td><td>920</td></tr>
<tr><td colspan="2">丙烯酸甲酯</td><td>50</td><td>35</td><td>20</td></tr>
<tr><td rowspan="2">羟基丙烯酸树脂</td><td>丙烯酸羟基乙酯</td><td>25</td><td>—</td><td>—</td></tr>
<tr><td>丙烯酸羟基丙酯</td><td>—</td><td>30</td><td>35</td></tr>
<tr><td colspan="2">顺丁烯二酸酐</td><td>20</td><td>20</td><td>20</td></tr>
<tr><td colspan="2">全氟改性聚丙烯酸酯</td><td>40</td><td>30</td><td>20</td></tr>
<tr><td colspan="2">过氧化苯甲酰</td><td>20</td><td>20</td><td>20</td></tr>
<tr><td colspan="2">硫醇</td><td>5</td><td>5</td><td>5</td></tr>
<tr><td>溶剂</td><td>甲苯</td><td>1000</td><td>1200</td><td>1200</td></tr>
</table>

制备方法

（1）将溶剂和丙烯酸丁酯加入反应釜内，启动搅拌和加热回流；溶剂的加入量为溶剂总质量的 1/2 ～ 2/3。

（2）将剩余溶剂、丙烯酸甲酯、羟基丙烯酸树脂、顺丁烯二酸酐、全氟改性聚丙烯酸酯、过氧化苯甲酰和硫醇加入滴加罐混合均匀，滴加至步骤（1）的反应釜中；滴加温度大于 100℃，滴加时间为 2h。

（3）然后保温，减压蒸馏抽出溶剂，得到流平剂。保温温度为 110 ～ 115℃，保温时间为 3 ～ 6h。

产品特性　本品在丙烯酸酯类流平剂中添加全氟改性聚丙烯酸酯，由于氟碳键键长小、键能大、氟原子极化率低，含氟聚合物的引入提高了流平剂的热稳定性、化学稳定性、光泽度、低表面能、耐化学腐蚀性等，使本品优于市场丙烯酸同类产品。在粉末涂料中有很好的表面润湿性、流平性、光泽性和耐腐蚀性，适用于各种环氧、聚酯、环氧聚酯粉末涂料。

配方 10　粉末涂料专用复合流平剂

原料配比

<table>
<tr><th colspan="3" rowspan="2">原料</th><th colspan="4">配比（质量份）</th></tr>
<tr><th>1#</th><th>2#</th><th>3#</th><th>4#</th></tr>
<tr><td rowspan="5">石墨烯负载的丙烯酸类树脂</td><td>丙烯酸酯类单体</td><td>丙烯酸丁酯</td><td>400</td><td>450</td><td>450</td><td>400</td></tr>
<tr><td colspan="2">丙烯酸羟烷基酯</td><td>300</td><td>400</td><td>350</td><td>400</td></tr>
<tr><td colspan="2">石墨烯</td><td>32</td><td>50</td><td>40</td><td>35</td></tr>
<tr><td rowspan="2">引发剂</td><td>过氧化苯甲酰</td><td>10</td><td>—</td><td>—</td><td>20</td></tr>
<tr><td>偶氮二异丁腈</td><td>—</td><td>30</td><td>20</td><td>—</td></tr>
<tr><td colspan="3">石墨烯负载的丙烯酸类树脂</td><td>500</td><td>800</td><td>800</td><td>500</td></tr>
<tr><td colspan="3">全氟改性聚丙烯酸</td><td>110</td><td>200</td><td>250</td><td>110</td></tr>
<tr><td colspan="3">熔点为 30℃的镓铟锡合金的液态金属</td><td>55</td><td>110</td><td>55</td><td>55</td></tr>
</table>

制备方法

（1）将丙烯酸酯类单体、丙烯酸羟烷基酯、石墨烯、引发剂混合后搅拌同时加热发生反应，分散均匀后得到石墨烯负载的丙烯酸类树脂；加热的温度为 70 ～ 80℃，搅拌的速度控制在 100 ～ 150r/min。

（2）将步骤（1）得到的石墨烯负载的丙烯酸类树脂与全氟改性聚丙烯酸、镓铟锡合金的液态金属复合，得到粉末涂料专用复合流平剂；镓铟锡合金的液态金属的熔点为 30℃。

产品应用 本品适合在环氧树脂、聚酯类热固性粉末涂料中添加使用。

产品特性

（1）本品将丙烯酸酯类单体、丙烯酸羟烷基酯、石墨烯、引发剂超分散后引发反应，通过石墨烯负载丙烯酸类树脂，使丙烯酸树脂的耐温性得到提高，从而在粉末涂料高温固化时丙烯酸树脂的流平性得到发挥。

（2）通过复合全氟改性聚丙烯酸、镓铟锡合金的液态金属，使得粉末涂料具有良好的舒展性以及在金属表面的浸润性、流平性，可有效消除粉末涂料涂层表面橘皮、缩孔、针孔等现象。

配方 11　硅酮乙二醇类流平剂

原料配比

原料			配比（质量份）		
			1#	2#	3#
改性剂		三羟甲基丙烷单烯丙基醚	200	200	200
		二氯甲烷	1000	1000	2000
		吡啶	40	40	80
		辛酰氯	360	360	680
		10% 的碳酸氢钠和氢氧化钠的混合溶液	120	120	220
流平剂 B	含氢硅油	2,4,6,8- 四甲基环四硅氧烷	25	50	25
		八甲基环四硅氧烷	20	40	20
		六甲基二硅氧烷	0.8	1.6	0.8
		粒径为 0.6mm、氢离子的质量摩尔浓度为 6mmol/g 的强酸性阳离子交换树脂 NKC-9 催化剂	3	6	3
		浓盐酸	适量	适量	适量
		98% 硫酸	适量	适量	适量
		含氢硅油	9	9	9
		烯丙基聚醚	4	4	4
		改性剂	3	3	3
		三氟乙酸和异丁酸	适量	适量	适量
流平剂 A	混合体系	多羟基丙烯树脂	200	200	200
		聚酯树脂	50	50	50
		钛白粉	20	20	20
		去离子水	400	400	400
	引发液	偶氮二异丁腈	200	200	200
		异丙醇	100	100	100
		2,2,4- 三甲基 -1,3- 戊二醇	100	100	100
		引发液	2	2	2
		混合体系	1	1	1
流平剂 A			300	300	300
流平剂 B			600	300	600
氢氧化钠和氢氧化钙的混合物			27	18	27

续表

原料		配比（质量份）		
		1#	2#	3#
助剂	十二烷基二苯醚二磺酸钠	15	10	15
	甘油	20	15	20
	丙酮	40	30	40
	正己烷	3	2	3
	对甲苯磺酸	4	3	4

制备方法 分别制备获得流平剂A和流平剂B，按比例将流平剂A和流平剂B混合并加入氢氧化钠和氢氧化钙的混合物，充分搅拌后升温至60～70℃并进行恒温加热，向体系中加入助剂，降温至常温并搅拌，减压蒸馏后得到复合流平剂。

原料介绍

所述改性剂由以下工艺步骤制备得到：将三羟甲基丙烷单烯丙基醚与二氯甲烷搅拌并混合，得到混合体系，再向混合体系中加入吡啶并充分搅拌，然后再滴加辛酰氯到混合体系中，滴加过程中不断搅拌，反应充分后过滤，得到滤液，向滤液滴加碳酸氢钠和氢氧化钠的混合溶液，减压蒸馏后得到改性剂。

所述流平剂B由以下工艺步骤制备得到：

（1）催化剂预处理：用浓盐酸浸泡NKC-9阳离子交换树脂18h，接着用去离子水冲洗3次，然后用去离子水浸泡24h，最后取出在100℃下烘干即可。

（2）在搅拌速度为300r/min的条件下，依次加入2,4,6,8-四甲基环四硅氧烷、八甲基环四硅氧烷，六甲基二硅氧烷以及粒径为0.6mm、氢离子的质量摩尔浓度为6mmol/g的强酸性阳离子交换树脂NKC-9催化剂，其中酸性环境采用98%的硫酸进行调整，加热升温至80℃开始搅拌反应，反应6h后停止搅拌和加热，冷却后用滤网滤除阳离子交换树脂，将滤液减压蒸馏，脱除低沸物，得到含氢硅油。

（3）取含氢硅油加入烯丙基聚醚和改性剂，再加入含氢硅油质量4%的三氟乙酸和异丁酸，通入氮气保护，控制温度为110℃恒温搅拌混合5h，减压蒸馏，即得流平剂B。

所述流平剂A由以下工艺步骤制备得到：将多羟基丙烯树脂、聚酯树脂、钛白粉和去离子水混合并充分搅拌得到混合体系；将偶氮二异丁腈、异丙醇和2,2,4-三甲基-1,3-戊二醇混合并搅拌后通过滴加的方式加入到混合体系中，加热至85～95℃并进行恒温反应，充分反应后浓缩蒸发得到流平剂A。

产品应用 本品主要用作涂料助剂。

产品特性 本品流平剂A和流平剂B中含有羟基等亲水基团，流平剂A的分子链上存在仲羟基，进而使得复合流平剂体系失水活性降低，使得流平剂在使用时不易挥发，提高了流平剂的润湿性能；另外，硅氧键的高键能能够提高流平剂体系的抗划伤性和稳定性，进而使得流平剂体系使用时减少缩孔等缺陷问题。

配方12 含硅的聚丙烯酸酯流平剂

原料配比

原料		配比（质量份）			
		1#	2#	3#	4#
丙烯酸酯类单体	丙烯酸丁酯	44	40	44	50
	丙烯酸羟丙酯	—	—	—	4

续表

原料		配比（质量份）			
		1#	2#	3#	4#
丙烯酸酯类单体	苯乙烯	1	3	3	—
	甲基丙烯酸甲酯	2	—	2	—
	丙烯酸异辛酯	—	8	—	2
	丙烯酸	1	0.8	—	—
氢化硅油		1	1.3	3	2.5
引发剂	过氧化苯甲酸叔丁酯（TBPB）	0.6	2.1	—	1
	过氧化苯甲酰（BPO）	—	—	1.1	—
催化剂	铂催化剂（$H_2PtC_{16}\cdot 6H_2O$）	0.4	0.8	—	—
	铑催化剂［$RhCl_3(PPh_3)_3$］	—	—	0.9	—
	铱催化剂［$Ir(CO)_2I_2$］	—	—	—	0.5
溶剂	二甲苯	50	—	46	40
	甲苯	—	44	—	—

制备方法

（1）称取总量三分之一的丙烯酸酯类单体、总量80%的二甲苯或甲苯溶剂放入带搅拌器的反应器中，启动搅拌，并升温至100～110℃。

（2）称取剩余三分之二的丙烯酸酯类单体、全部的引发剂，匀速滴加到反应器中，滴加时间为3～3.5h，恒温反应1h，然后升温至100～110℃，继续恒温反应1h；结束后继续恒温反应1h，然后降温至50～60℃。

（3）在反应器中加入全部的催化剂，搅拌均匀，开始滴加氢化硅油单体，滴加时间为30～40min，滴加结束后继续恒温搅拌。

（4）待体系透明，减压蒸馏，抽出游离单体，补加剩余20%的二甲苯或甲苯溶剂和体系中蒸馏减少的溶剂，降温，待温度降至50℃左右，过滤、出料，即得含硅的聚丙烯酸流平剂。

产品特性

（1）本品具有聚丙烯酸酯和有机硅的双重优良特性，与其他树脂的相容性好。

（2）本品可以重涂，其抗缩孔能力和消泡能力都比较强。

配方13　含磷聚醚改性有机硅流平剂

原料配比

原料			配比（质量份）
改性含氢硅油	八甲基环四硅氧烷		204
	六甲基二硅氧烷		12
	含氢硅油（含氢量1.55%）		24
	浓硫酸催化剂		20
聚醚改性有机硅母液	烯丙基聚氧乙烯聚氧丙烯醚		52
	改性含氢硅油		30
	第二催化剂氯铂酸/异丙醇溶液		0.2
	第二催化剂	氯铂酸	1
		异丙醇	50

续表

原料		配比（质量份）
含磷聚醚改性有机硅	聚醚改性有机硅母液	112
	三氯氧磷	6
	去离子水	250
含磷聚醚改性有机硅		1
聚醚改性有机硅母液		4

制备方法 将含磷聚醚改性有机硅和聚醚改性有机硅母液混合均匀即可。

原料介绍

所述的含磷聚醚改性有机硅的制备方法，包括以下步骤：

（1）使八甲基环四硅氧烷、六甲基二硅氧烷与含氢硅油在酸性催化剂作用下反应，得到改性含氢硅油；反应温度为 60 ～ 80℃。

（2）在惰性气体保护下，将步骤（1）所制得的改性含氢硅油与烯丙基聚氧乙烯聚氧丙烯醚在第二催化剂存在下反应，得到聚醚改性有机硅母液；反应温度为 110 ～ 140℃。

（3）在惰性气体保护下，将步骤（2）所制得的聚醚改性有机硅母液与三氯氧磷反应，然后加去离子水水解，得到所述含磷聚醚改性有机硅；反应温度为 50 ～ 80℃。

所述酸性催化剂为硫酸、含氟羧酸、三氯化磷或三氟甲基磺酸。

所述第二催化剂由镍、铂以及它们的化合物中的一种或者多种与溶剂组成；所述的溶剂为苯、甲苯、乙二醇、丙二醇甲醚、丙二醇乙醚、异丙醇中的一种或多种的组合。

产品应用 本品是一种亲水性好、具有分散作用的含磷聚醚改性有机硅流平剂。

产品特性 该有机硅流平剂包含磷聚醚改性有机硅，具有良好的流平性及水溶性，在鲜映性、光泽及滑爽度方面与进口产品接近，具有良好的应用前景。

配方 14 具有底材高润湿性粉末涂料流平剂

原料配比

原料	配比（质量份）		
	1#	2#	3#
丙烯酸丁酯	920	900	950
丙烯酸甲酯	50	10	50
丙烯酸羟基酯	25	10	50
顺丁烯二酸酐	20	10	30
有机改性聚硅氧烷 TR-9323	20	10	40
过氧化苯甲酰	20	10	40
硫醇	5	10	20
溶剂甲苯	1000	1500	1200

制备方法

（1）将溶剂用量的 1/2 ～ 2/3 和丙烯酸丁酯加入反应釜内，启动搅拌和加热回流，回流温度为 110 ～ 120℃；

（2）将剩余溶剂、丙烯酸甲酯、丙烯酸羟基酯、顺丁烯二酸酐、有机改性聚硅氧烷、过氧化苯甲酰和硫醇加入至滴加罐中混合，然后向反应釜中匀速滴加，1.5 ～ 2h 滴完；

（3）在 110 ～ 120℃、−0.5 ～ −0.1MPa 下保持 3 ～ 6h，减压蒸馏抽出溶剂，得到所述

的流平剂。

原料介绍 所述丙烯酸羟基酯为丙烯酸羟基乙酯或丙烯酸羟基丙酯。

产品应用 本品用于环氧、聚酯和环氧聚酯等粉末涂料。

产品特性 本品通过各原料的相互协同作用，降低了粉末涂料表面张力，有效提高了粉末涂料的润湿性，进而提高了粉末涂料与基材的结合性能，扩大了应用范围且提高了使用寿命。

配方 15 聚醚改性聚丙烯酸酯流平剂

原料配比

<table>
<tr><th colspan="2" rowspan="2">原料</th><th colspan="3">配比（质量份）</th></tr>
<tr><th>1#</th><th>2#</th><th>3#</th></tr>
<tr><td colspan="2">功能性单体</td><td>10</td><td>20</td><td>30</td></tr>
<tr><td>单体</td><td>甲基丙烯酸单体</td><td>25</td><td>40</td><td>75</td></tr>
<tr><td colspan="2">乳化剂</td><td>1</td><td>5</td><td>10</td></tr>
<tr><td rowspan="3">引发剂</td><td>过硫酸钠</td><td>0.1</td><td>—</td><td>—</td></tr>
<tr><td>过硫酸铵</td><td>—</td><td>2.5</td><td>—</td></tr>
<tr><td>过硫酸钾</td><td>—</td><td>—</td><td>5</td></tr>
<tr><td rowspan="3">助溶剂</td><td>乙二醇丁醚</td><td>10</td><td>—</td><td>—</td></tr>
<tr><td>二丙二醇甲醚、二丙二醇丁醚</td><td>—</td><td>30</td><td>—</td></tr>
<tr><td>丙二醇丁醚</td><td>—</td><td>—</td><td>50</td></tr>
<tr><td colspan="2">去离子水</td><td>50</td><td>65</td><td>80</td></tr>
<tr><td rowspan="2">功能性单体</td><td>丙烯基聚乙二醇甲酯</td><td>18</td><td>19</td><td>20</td></tr>
<tr><td>丙烯基聚丙二醇乙酯</td><td>1</td><td>1</td><td>1</td></tr>
<tr><td rowspan="2">甲基丙烯酸单体</td><td>甲基丙烯酸</td><td>1</td><td>1</td><td>1</td></tr>
<tr><td>甲基丙烯酸乙酯</td><td>7</td><td>8.5</td><td>10</td></tr>
<tr><td rowspan="2">乳化剂</td><td>吐温 -80</td><td>0.8</td><td>1</td><td>1.2</td></tr>
<tr><td>司盘 -60</td><td>1</td><td>1</td><td>1</td></tr>
</table>

制备方法

（1）预乳液的制备：将乳化剂溶于占去离子水总量 40% ～ 80% 的去离子水中，在 400 ～ 800r/min 转速下，搅拌均匀后，加入功能性单体和单体乳化 10 ～ 60min，得到预乳液；

（2）引发剂溶液的制备：将引发剂用去离子水溶解并配制成质量分数为 5% ～ 10% 的引发剂溶液；

（3）预聚物的制备：将剩余的去离子水和占引发剂溶液总量 30% ～ 80% 的引发剂溶液加入反应釜中，在 400 ～ 800r/min 转速下升温至 75 ～ 80℃，滴加占预乳液总量 10% ～ 15% 的预乳液，滴加 20 ～ 40min，滴加完毕之后，恒温预聚 0.5 ～ 1.5h，得到预聚物；

（4）聚醚改性聚丙烯酸酯流平剂的制备：向预聚物中滴加余下的预乳液，预乳液 1.5 ～ 4.0h 匀速滴加完毕，同时滴加余下的引发剂溶液，引发剂溶液 2.0 ～ 4.5h 匀速滴加完毕，滴加过程中保持转速为 400 ～ 800r/min、温度为 75 ～ 80℃，所有物料滴加完毕之后保持温度在 75 ～ 85℃保温 0.5 ～ 2.0h，再升温至 85 ～ 95℃保温 0.5 ～ 3.0h，然后冷却至 40 ～ 50℃后过滤，再在转速为 500 ～ 800r/min 搅拌状态下加入助溶剂进行相转变，制得聚醚改性聚丙烯酸酯流平剂。

产品特性

（1）本品使用简单，在水性涂料体系中添加 0.2% ～ 3% 即可以得到极佳的流平效果，并且涂膜表面张力能够提升 3 ～ 4 达因，可以解决涂层之间的附着和重涂的问题。

（2）本品制备方法简单，操作控制方便，质量稳定，生产效率高，生产成本低，可工业化生产。

配方 16　聚酯改性有机硅涂料流平剂

原料配比

原料		配比（质量份）	
		1#	2#
溶剂①	甲苯	20	—
	二甲苯	—	20
催化剂①	偶氮二异丁腈	0.5	—
	过氧化苯甲酰	—	0.5
助剂		0.1	0.15
甲基丙烯酸甲酯		15	20
丙烯酸甲酯		10	15
丙烯酸乙酯		15	10
丙烯酸丁酯		3	1
丙烯酸月桂酯		1.5	—
硅油单体		3	5
环氧基单体		—	3
溶剂②	甲苯	25	—
	二甲苯	—	25
催化剂②	偶氮二异丁腈	0.5	—
	过氧化苯甲酰		0.5
催化剂溶液	偶氮二异丁腈	0.5	—
	过氧化苯甲酰	—	0.5
	乙酸丁酯	10	10

制备方法　在反应釜中加入溶剂①、催化剂①与助剂，向装有搅拌装置的高位槽中加入甲基丙烯酸甲酯、丙烯酸甲酯、丙烯酸乙酯、丙烯酸丁酯、丙烯酸月桂酯、硅油单体、环氧基单体、溶剂②及催化剂②，控温条件下将高位槽中的混合物滴加到反应釜中，滴加完毕后，继续通过高位槽向反应釜中滴加催化剂溶液，反应毕经硅藻土压滤即可得到无色透明的聚醚改性有机硅成品，该成品无需蒸出溶剂直接使用。

产品特性　该聚酯改性有机硅流平剂兼具固化剂和分散剂的功能，可替代进口产品。

配方 17　可改善涂料复涂性能的有机硅流平剂

原料配比

原料	配比（质量份）		
	1#	2#	3#
含氢硅油	20	20	20
功能单体	9.8	6.5	8
铂铑络合物	0.005	0.002	0.004
丙酮和乙酸乙酯混合溶剂	120（体积份）	120（体积份）	120（体积份）

续表

原料		配比（质量份）		
		1#	2#	3#
丙酮和乙酸乙酯混合溶剂	丙酮	3（体积份）	3（体积份）	3（体积份）
	乙酸乙酯	2（体积份）	2（体积份）	2（体积份）

制备方法　将含氢硅油、功能单体和配合金属催化剂加入到反应釜中，加入混合溶剂搅拌溶解，并在60℃下反应2～4h，出料即得。

原料介绍

所述含氢硅油的氢含量为0.05%～1.2%。

所述络合金属催化剂为铂铑络合物。

所述的功能单体可以选用氟代丙烯酸酯类化合物，例如全氟烷基乙基丙烯酸酯、甲基丙烯酸三氟乙酯、异丁烯酸1,1-二甲基丁基酯等，也可以选用含有不饱和双键、酯基和环氧基团的功能单体，如甲基丙烯酸缩水甘油酯、2-甲基-2-丙烯-1-基2-环氧乙烷羧酸酯等。

产品应用　本品主要用作底漆、中间漆、面漆等的流平剂。

产品特性　该有机硅流平剂具有很好的流平性能，可以使各类涂料在短时间内流平，缩短施工时间，提高效率，还能够使涂料具有显著的复涂效果，适用于刷涂底漆、中间漆、面漆等多层涂刷工艺。

配方18　阴极电泳涂料用流平剂

原料配比

原料		配比（质量份）			
		1#	2#	3#	4#
二异氰酸酯	TDI（甲苯二异氰酸酯）	8.7	8.7	—	—
	HDI（六亚甲基二异氰酸酯）	—	—	8.7	—
	MDI（二苯基甲烷二异氰酸酯）	—	—	—	8.7
醇醚类化合物	三乙二醇丁醚	10.3	10.3	10.3	10.3
溶剂①	甲基异丁基酮①	0.6	0.6	0.6	0.6
含羧基二硫化物	二硫代二丁酸	6	6	6	6
有机锡化合物	二月桂酸二丁基锡	0.05	0.05	0.05	0.05
伯胺类化合物	苄胺	0.15	0.15	0.15	0.15
溶剂②	甲基异丁基酮②	0.8	0.8	0.8	0.8
一元酸	乳酸	1.8	—	1.8	1.8
	氨基磺酸	—	1.8	—	—
纯水		71.6	71.6	71.6	71.6

制备方法

（1）在反应瓶Ⅰ中加入二异氰酸酯，升温至65℃；在3h内匀速滴加三乙二醇丁醚，滴加时控制温度在65℃，滴加完成后在80℃下保温反应1h，制得半封闭型多异氰酸酯。

（2）在反应瓶Ⅰ保温反应的同时，向反应瓶Ⅱ中加入甲基异丁基酮溶剂①，升温至100℃，加入二硫代二丁酸，升温至115℃，保温15min，溶解至溶液均匀无颗粒，制得二硫化物溶液。

（3）当反应瓶Ⅰ保温反应结束后，在反应瓶Ⅰ中加入二月桂酸二丁基锡、苄胺和甲基异丁基酮②，把反应瓶Ⅱ中的二硫化物溶液在1h内匀速滴加到反应瓶Ⅰ中，滴加时控制温度在70℃，滴加完成后90℃保温反应2h。

（4）反应瓶Ⅰ 2h后反应结束，降温至70℃，加入乳酸或氨基磺酸，中和反应1h。中和反应结束后，停止加热，自然冷却，加入纯水，常温（25℃）搅拌2h，制得流平剂。

产品应用 本品主要用作阴极电泳涂料的流平剂。

产品特性 本品助剂溶剂含量低，有机挥发物少；流平剂本身参与漆膜固化，提高了原子利用率，更加符合可持续发展的绿色环保要求；流平剂用量少，效果显著，使用成本较低，具有较高经济价值。

配方 19 耐高温多组分环氧树脂流平剂

原料配比

原料		配比（质量份）			
		1#	2#	3#	4#
丙烯酸丁酯		40	50	60	65
丙烯酸羟丙酯		1	1.5	2	2.5
甲基丙烯酸月桂酯		1	1.5	2	2.5
甲基丙烯酸十八酯		1	1.5	2	2.5
2-（全氟辛基）乙基甲基丙烯酸酯		11	12	13	14
甲基丙烯醇		7	8	9	10
10-羟基-2-癸烯酸		8	11	14	17
顺丁烯二酸酐		1	1.5	2	2.5
引发剂	过氧化二苯甲酰	1	—	—	—
	偶氮二异丁腈	—	2	—	—
	偶氮二异戊腈	—	—	2.5	3
有机溶剂	甲苯	15	—	—	—
	异丙醇	—	18	—	—
	甲乙酮	—	—	20	—
	丙二醇甲醚	—	—	—	25

制备方法

（1）准确称取丙烯酸丁酯加入反应器并加热至回流状态；

（2）准确称取丙烯酸羟丙酯、甲基丙烯酸月桂酯、甲基丙烯酸十八酯、2-（全氟辛基）乙基甲基丙烯酸酯、甲基丙烯醇、10-羟基-2-癸烯酸、顺丁烯二酸酐、引发剂、有机溶剂并充分混合得到混合溶液；

（3）在110～140℃条件下，将所述混合溶液滴加入丙烯酸丁酯的回流液中，滴加过程在2～3h内完成；

（4）继续反应3～6h；

（5）减压蒸馏至无馏出物，将得到的蒸馏物冷却即得。

产品特性

（1）本品中同时带有羟基和羧基，大大提高了与环氧树脂的相容性，无论是表观流平性，还是光泽度，都有很大提高；由于活性基团羧基参与固化反应，提高了涂层的致密性，从而提高了涂膜的耐腐蚀性能，适合于各种环氧粉末涂料。

（2）流平剂中的酸酐等极性基团，能够提高与粉末涂料中环氧树脂的相容性和涂料与底材的润湿性，改善涂层的流平效果。

配方 20　透明固体流平剂

原料配比

原料		配比（质量份）
硬单体	甲基丙烯酸甲酯	20 ～ 20.6
	丙烯酸叔丁酯	50 ～ 75
	苯乙烯	10.2 ～ 11
	甲基丙烯酸正丁酯	1.2 ～ 1.3
功能单体	甲基丙烯酸 β- 羟乙酯	3.1 ～ 5.5
	甲基丙烯酸缩水甘油酯	0.1 ～ 0.6
	乙烯基三甲氧基硅烷	1 ～ 1.3
引发剂	偶氮二异丁腈	0.4 ～ 1.4
分子量调节剂	过氧化苯甲酸叔丁酯	0.1 ～ 0.8
溶剂	二甲苯	适量

制备方法

（1）在真空状态下按原料总质量∶溶剂为 1kg∶(0.8 ～ 0.95)L 的比例向反应釜抽入溶剂，充入氮气保护，启动搅拌器，同时在 30 ～ 60min 之内缓慢升温至 80 ～ 125℃，维持温度和全程充氮气保护。

（2）将总质量 85% ～ 95% 的引发剂、全部的硬单体、功能单体、分子量调节剂混合均匀，得混合物料，将其存放待用，存放温度不超过 25℃。

（3）反应釜中溶剂温度维持在 80 ～ 125℃，将步骤（2）所得混合物料向反应釜中滴加，控制滴加速度和反应釜温（在 80 ～ 125℃范围内），2 ～ 3h 内滴完，滴完后保温 20 ～ 30min；按原料总质量∶溶剂为 1kg∶(0.05 ～ 0.2) L 的比例取溶剂，将溶剂与剩余的引发剂混合，混匀后得引发剂混合物；保温完毕后，向反应釜中补滴加总质量 3/5 的引发剂混合物，间隔 20 ～ 30min 后再补滴余下的引发剂混合物，继续保温 2 ～ 3h。

（4）蒸溶剂：将反应釜温度提升到 140 ～ 150℃，蒸馏出溶剂，然后在 0.04 ～ 0.085MPa、30 ～ 60min 条件下，继续蒸出溶剂，逐渐提升负压，直到负压维持在 0.09 ～ 0.095MPa 且没有溶剂继续蒸出为止。

（5）取样检测，当不挥发分含量≥ 99% 时，撤出真空，降温到 140℃ ±5℃，放料、压片、冷却、包装，即得透明固体流平剂。

产品应用　本品主要用于粉末涂料，尤其适用于透明粉末涂料，普通室内型、室外型粉末涂料的流平助剂。

产品特性　本品具有极低的表面张力和合适的玻璃化温度，常温下是透明固体状态，用于粉末涂料作为流平剂使用。该流平剂配以其他物料制成的热固性粉末涂料，具有优异的流平性能、良好的表面硬度和高光泽性、耐久性和装饰性能；可用于室内或室外金属型材或建筑材料，尤其适合作透明罩光涂层专用流平剂。

配方 21　涂料流平剂（1）

原料配比

原料	配比（质量份）	
	1#	2#
丙烯酸丁酯	2	5
聚醚改性聚硅氧烷	5	7
焦磷酸四钠	12	18
竹粉	12	20
低温固化聚酯树脂	2	10
环氧树脂	3	5
碳酸钙	10	20
有机硅树脂	10	20
脂肪醇聚氧乙烯醚	5	10

制备方法　将各组分原料混合均匀即可。

产品特性　本品加速并平衡溶剂的挥发，同时增强涂料的闪光效果，可减少涂料生产过程中对灰尘的吸附，提高涂层溶剂的释放能力，抑制涂层间的溶解作用，使涂料不易黄变，增进流平及手感。

配方 22　涂料流平剂（2）

原料配比

原料		配比（质量份）	
		1#	2#
减压蒸馏物 a	硅油基体物	50	90
	烯丙基聚醚	20	40
	三氟乙酸	适量	适量
减压蒸馏物 a		80	100
改性活性剂		5	10
降黏活性剂		3	5
除泡活性剂		10	15

制备方法　取硅油基体物按配比加入烯丙基聚醚，再加入硅油基体物质量 1% ～ 4% 的三氟乙酸，通入氮气保护，搅拌混合，减压蒸馏，得减压蒸馏物 a；按质量份数计，取减压蒸馏物 a、改性活性剂、降黏活性剂、除泡活性剂搅拌混合，即得涂料流平剂。

原料介绍

所述硅油基体物的制备方法为：取八甲基环四硅氧烷按质量比（5 ～ 8）∶（3 ～ 5）加入 1,3,5,7- 四甲基四氢环四硅氧烷，再加入八甲基环四硅氧烷质量 30% ～ 50% 的六甲基二硅氧烷，于 30 ～ 40℃下搅拌混合 20 ～ 30min，得混合物；取混合物按质量比（90 ～ 100）∶（1 ～ 3）加入 98% 硫酸于 50 ～ 60℃下搅拌混合 2 ～ 4h，冷却至室温，得冷却物；取氢氧化钙按质量比（2 ～ 5）∶（100 ～ 110）加入冷却物，调节 pH 值至 6 ～ 7，抽滤，取抽滤液减压蒸馏，即得硅油基体物。

所述改性活性剂的制备方法为：取三羟甲基丙烷单烯丙基醚按质量比（2 ～ 5）∶（10 ～ 20）

加入二氯甲烷，搅拌混合 20 ～ 30min，加入二氯甲烷质量 3% ～ 5% 的吡啶，于 −4 ～ 1℃下搅拌混合 30 ～ 50min，得搅拌混合物；取辛酰氯按质量比（3 ～ 5）∶（10 ～ 15）滴加至搅拌混合物中，控制滴加时间在 30 ～ 60min，于 −5 ～ 0℃下搅拌混合 3 ～ 6h，过滤，取滤液按质量比（5 ～ 10）∶（3 ～ 7）加入 10% 碳酸氢钠溶液搅拌混合 20 ～ 40min，减压蒸馏，即得改性活性剂。

所述降黏活性剂的制备方法为：取 1,6- 己二醇按质量比（2 ～ 5）∶（1 ～ 3）加入酸添加剂混合，再加入 1,6- 己二醇质量 3% ～ 8% 的三氧化二锑，通入氮气保护，升温至 220 ～ 230℃搅拌混合物 2 ～ 5h，得混合物 a；取混合物 a 按质量比（10 ～ 20）∶（3 ～ 7）加入 1,12- 十二烷二甲酸，再加入混合物 a 质量 5% ～ 10% 的三羟甲基丙烷，于 220 ～ 230℃下真空保持 1 ～ 3h，冷却至 200 ～ 210℃，得冷却物；取冷却物按质量比（80 ～ 100）∶（2 ～ 5）加入辅助添加剂搅拌混合 30 ～ 60min，冷却至室温，即得降黏活性剂。

所述酸添加剂为取对苯二甲酸按质量比（1 ～ 3）∶（2 ～ 4）加入间苯二甲酸混合制得。所述辅助添加剂为取 β-（3,5- 二叔丁基 -4- 羟基苯基）丙酸正十八碳醇酯按质量比（2 ～ 5）∶（1 ～ 5）加入三氟化硼胺混合制得。

所述除泡活性剂的制备方法为：

（1）取甘油按质量比（4 ～ 7）∶（10 ～ 15）加入丙酮，加入甘油质量 3% ～ 6% 的正己烷，再加入甘油质量 3% ～ 5% 的对甲苯磺酸，升温至 60 ～ 70℃搅拌混合物 2 ～ 4h，得混合物 b；取混合物 b 按质量比（20 ～ 30）∶（3 ～ 8）加入酸原料，升温至 80 ～ 100℃搅拌混合物 1 ～ 3h，减压蒸馏，得减压蒸馏物；取减压蒸馏物按质量比（4 ～ 9）∶（10 ～ 20）加入 2mol/L 盐酸，搅拌混合 40 ～ 60min，过滤，取滤渣经蒸馏水洗涤干燥，得干燥物。所述的酸原料为取硬脂酸按质量比（3 ～ 9）∶（2 ～ 5）加入月桂酸混合制得。

（2）按质量份数计，取 5 ～ 15 份干燥物、5 ～ 10 份十四醇、3 ～ 7 份正辛醇、5 ～ 9 份液体石蜡、1 ～ 3 份乳化剂，于 50 ～ 60℃下搅拌混合 30 ～ 50min，得基体物；取蒸馏水按质量比（3 ～ 5）∶（5 ～ 10）滴加至基体物中，于 70 ～ 80℃下搅拌混合 1 ～ 3h，冷却至室温，即得除泡活性剂。所述的乳化剂为取十二烷基二苯醚二磺酸钠按质量比（4 ～ 9）∶（3 ～ 5）∶（2 ～ 4）加入乳化剂 MOA-4、司盘 -80 混合制得。

产品特性 本品以硅油基体物作为流平剂的先驱体，引入活性硅氧烷较好的润滑、流平的性能，经改性活性剂的改性使得形成的流平层具有耐高温和乳化稳定性能，并通过降黏活性剂形成的低分子量物质降低流动黏度，使得流平剂均匀分布，最后通过除泡活性剂增加组分间相容性能，并消除流平过程中产生的气泡，形成光滑表面，增强了流平效果。

配方 23 阴极电泳涂料丙烯酸流平剂

原料配比

原料			配比（质量份）		
			1#	2#	3#
半封闭二异氰酸酯	二异氰酸酯		10	20	15.6
	聚醚二元醇		5	10	7.6
改性丙烯酸树脂	酮类溶剂	环己酮	40	50	44.9
	丙烯酸酯		15	30	22.1
	含胺丙烯酸酯		10	15	12.3
	引发剂①	过氧化苯甲酰	0.05	0.1	0.076
	含羟基丙烯酸酯		10	20	15.4
	引发剂②	过氧化苯甲酰	0.05	0.1	0.075
醇醚类溶剂	乙二醇丁醚		30	40	32.1

制备方法 在90℃下，向改性丙烯酸树脂中滴加半封闭二异氰酸酯，反应完全后，加入醇醚类溶剂稀释，脱除多余溶剂，即得。

原料介绍

所述半封闭二异氰酸酯的制备步骤如下：将二异氰酸酯升温到40～60℃后，开始滴加聚醚二元醇，在30～40min内滴加完毕，然后反应30min，随后将温度升高到65～70℃，在这个温度下保温1～3h，最后得到半封闭二异氰酸酯。

所述改性丙烯酸树脂采用微凝胶制备的方法制备，具体制备步骤如下：在温度为110℃下，在酮类溶剂中滴加丙烯酸酯、含胺丙烯酸酯和引发剂①，保温1h，再次滴加含羟基丙烯酸酯和引发剂②的混合液，最后得到改性丙烯酸树脂。

产品特性

（1）通过设计改性丙烯酸树脂，使流平剂封端含有氨基、支链中含有羟基，因此流平剂同时具有亲水性和亲油性，使流平性增强。

（2）采用本制备方法得到的流平剂不易焦化，从而延长了电泳涂料的储存期限。电泳涂料中的流平剂能包裹不溶于水的固体杂质、减小镀件表面镀漆时掺入杂质的可能性，且能消泡。

配方24 用于超高性能纤维混凝土的液体流平剂

原料配比

<table>
<tr><th colspan="2" rowspan="2">原料</th><th colspan="3">配比（质量份）</th></tr>
<tr><th>1#</th><th>2#</th><th>3#</th></tr>
<tr><td>第一组分</td><td>30%的改性羧甲基纤维素钠聚合物溶液</td><td>39</td><td>36</td><td>36</td></tr>
<tr><td colspan="2">第二组分</td><td>21</td><td>19</td><td>23</td></tr>
<tr><td colspan="2">第三组分</td><td>17</td><td>15</td><td>19</td></tr>
<tr><td rowspan="3">第四组分</td><td>质量分数为3%的马来酰亚胺水溶液</td><td>—</td><td>10</td><td>—</td></tr>
<tr><td>质量分数为5%的马来酰亚胺水溶液</td><td>10</td><td>—</td><td>—</td></tr>
<tr><td>质量分数为8%的马来酰亚胺水溶液</td><td>—</td><td>—</td><td>10</td></tr>
<tr><td rowspan="3">第二组分</td><td>单硬脂酸甘油酯</td><td>10</td><td>8</td><td>12</td></tr>
<tr><td>硫铝酸钙</td><td>8</td><td>10</td><td>6</td></tr>
<tr><td>烷基糖苷</td><td>3</td><td>1</td><td>5</td></tr>
<tr><td rowspan="4">第三组分</td><td>淀粉醚</td><td>2</td><td>3</td><td>1</td></tr>
<tr><td>硬脂酸</td><td>6</td><td>4</td><td>8</td></tr>
<tr><td>聚乙烯醇</td><td>3</td><td>4</td><td>2</td></tr>
<tr><td>十二烷基苯磺酸钠</td><td>6</td><td>4</td><td>8</td></tr>
<tr><td colspan="2">氢氧化钠</td><td>适量</td><td>适量</td><td>适量</td></tr>
<tr><td colspan="2">水</td><td>适量</td><td>适量</td><td>适量</td></tr>
</table>

制备方法

（1）所述30%的改性羧甲基纤维素钠聚合物溶液的合成方法为：将4份羧甲基纤维素钠和30份水混合得羧甲基纤维素钠水溶液，加入0.1份过硫酸氢钠和1份对苯乙烯磺酸钠反应一段时间，再加入0.1份过硫酸氢钠，并同时滴加1份甲基烯丙基聚氧乙烯醚，反应得到。所述羧甲基纤维素钠水溶液的温度为65～75℃；所述反应一段时间的时间为25～40min；所述甲基烯丙基聚氧乙烯醚滴加30min后保温1h。

（2）按相应配比混合单硬脂酸甘油酯、硫铝酸钙、烷基糖苷得到第二组分。

（3）按相应配比混合淀粉醚、硬脂酸、聚乙烯醇、十二烷基苯磺酸钠得到第三组分。

（4）将第三组分与水混合置于装有温度计、搅拌器、冷凝装置、滴液漏斗、氮气保护装置的三口瓶中，加热至75℃；一边滴加第一组分，另一边滴加第二组分，均匀添加5h滴完；再滴加第四组分，90min滴完；保温2.5h，冷却，最后用氢氧化钠中和至pH值为7，得到用于超高性能纤维混凝土的液体流平剂。

产品特性

（1）本品针对超高性能纤维混凝土的性能特点进行设计，可以有效降低混凝土的黏度，调节水化速度，极大优化纤维的分散排序，使各项性能远超生产施工设计要求。

（2）本品能增加混凝土的流动度，具有显著的流平和增加流速作用，可改善和易性和抗水淘洗性。

（3）本品能减少坍落度损失，增加泵送混凝土的可泵性，延缓混凝土初期水化热，降低大体积混凝土的温升速度，减少裂缝产生。

（4）本品能提高强度，增加抗冻性、抗渗性、抗磨性、耐腐蚀性。

配方 25　用于阳离子电沉积涂料的流平剂

原料配比

原料		配比（质量份）		
		1#	2#	3#
二缩水甘油基醚	新戊二醇二缩水甘油醚（EEW=140～150）	200	200	—
	聚乙二醇二缩水甘油醚（EEW=295～310）	—	—	300
芳族二醇	双酚A	120	120	75
反应催化剂	二甲基苄胺	0.8	0.8	0.8
乙二醇单丁醚		40	52	60
胺	聚二醇胺H-1631	40.6	—	—
	聚醚胺M-6002	—	149	160
酸	乳酸	20	22	28
纯水		693	878	1026

制备方法　在装有温度计、搅拌器和回流冷凝管的反应瓶中，依次加入配方量的二缩水甘油基醚、芳族二醇、乙二醇单丁醚，加料完毕后，开搅拌将反应体系升温至100℃后加入二甲基苄胺催化剂，加完后先升温至150～170℃反应120min，当体系环氧当量达到850～950后，降低温度至70～75℃，快速加入胺，加完后升温至110～120℃反应2h；反应结束后降温至60～65℃，加入乳酸，50～60℃反应30min后，加入纯水并降温至25℃以下，最后制备出固体含量为33%～34%的流平剂。

产品特性　本品能使电泳漆具有更优的基材润湿能力，漆膜表面不易产生流平异常、缩孔等缺陷，即使在合金化金属基材上也同样表现良好，同时漆膜保持良好的重涂性，底漆与面漆的结合力优异；另外，本品与环氧树脂有良好的相容性，可提高电泳槽槽液的稳定性。

9 增稠剂

9.1 增稠剂定义

增稠剂又称胶凝剂，是一种能增加胶乳、液体黏度的物质，用于食品时又称糊料。大多数增稠剂兼具乳化作用。

增稠剂实质上是一种流变助剂，加入增稠剂后能调节流变性，使溶液增稠，使物系保持均匀稳定的悬浮状态或乳浊状态，防止填料沉淀，赋予物系良好的物理机械稳定性，控制施工过程的流变性（施胶时不流挂、不滴淌、不飞液），还能起降低成本的作用。增稠剂有水性和油性之分，尤其是水性增稠剂应用更为普遍。

9.2 增稠剂作用机理

① 纤维素类增稠剂的增稠机理：纤维素疏水主链与周围水分子通过氢键缔合，提高了聚合物本身的流体体积，减少了颗粒自由活动的空间，从而提高了体系黏度。也可以通过分子链的缠绕实现黏度的提高，表现为在静态和低剪切时有高黏度，在高剪切下为低黏度。这是因为静态或低剪切速度时，纤维素分子链处于无序状态而使体系呈现高黏性，而在高剪切速度时，分子平行于流动方向作有序排列，易于相互滑动，所以体系黏度下降。

② 聚丙烯酸类增稠剂的增稠机理：增稠剂溶于水中，通过羧酸根离子的同性静电斥力，分子链由螺旋状伸展为棒状，从而提高了水相的黏度。另外它还通过在乳胶粒与颜料之间架桥形成网状结构，增加体系的黏度。

③ 缔合型聚氨酯类增稠剂的增稠机理：这类增稠剂的分子结构中引入了亲水基团和疏水基团，使其呈现出一定的表面活性剂的性质。当它的水溶液浓度超过某一特定浓度时，形成胶束，胶束和聚合物粒子缔合形成网状结构，使体系黏度增加。另外一个分子带几个胶束，降低了水分子的迁移性，使水相黏度也提高。这类增稠剂不仅对涂料的流变性产生影响，而且与相邻的乳胶粒子间存在相互作用，如果这种作用太强的话，容易引起乳胶分层。

④ 无机增稠剂的增稠机理：用无机盐来作增稠剂的体系一般是表面活性剂水溶液体系，表面活性剂在水溶液中形成胶束，电解质的存在使胶束的缔合数增加，导致球形胶束向棒状胶束转化，使运动阻力增大，从而使体系的黏稠度增加。但当电解质过量时会影响胶束结构，降低运动阻力，从而使体系黏稠度降低，这就是所说的“盐析”。因此电解质一般加入 1% ～ 2%（质量分数），而且和其他类型的增稠剂共同作用，使体系更加稳定。

⑤ 天然胶增稠剂的增稠机理：通过聚多糖中糖单元含有的 3 个羟基与水分子相互作用形成三维水化网络结构，从而达到增稠的效果。

9.3 增稠剂分类

能够作为增稠剂的物质很多，最常使用的增稠剂约有40余种。其分类有以下多种方式。

按增稠剂的化学结构和组成分类，可将其分为多糖和多肽两大类。其中多糖类增稠剂包括淀粉类、纤维素类、果胶类、海藻酸类等，该类物质广泛分布于自然界中。多肽类增稠剂主要有明胶、酪蛋白酸钠等，这类物质来源有限，价格偏高，应用较少。

按增稠剂的离子性质也可将其分为两大类，即离子型增稠剂，如海藻酸、羧甲基纤维素钠和淀粉等；非离子型增稠剂，如丙二醇海藻酸钠、羟丙基淀粉等。

按增稠剂的来源可分为天然增稠剂和合成增稠剂两大类。其中，天然增稠剂还可进一步分为动物性增稠剂（明胶、酪蛋白酸钠等）、植物性增稠剂（瓜儿豆胶、阿拉伯胶、果胶、琼脂、卡拉胶等）、微生物增稠剂（黄原胶、结冷胶等）及酶处理增稠剂（酶水解瓜儿豆胶、酶处理淀粉等）四大类。合成增稠剂主要为改性淀粉、改性纤维素、丙二醇海藻酸酯和黄原胶等。

按增稠剂分子量分类，有低分子增稠剂和高分子增稠剂。其中，低分子增稠剂和高分子增稠剂还可进一步按其分子中所含功能基团分类，主要有无机增稠剂、纤维素类、脂肪醇、脂肪酸类、醚类、聚丙烯酸酯和缔合型聚氨酯增稠剂类等。下面按分子量对增稠剂逐一进行介绍。

9.3.1 低分子增稠剂

① 无机盐类增稠剂：用无机盐（如氯化钠、氯化钾、氯化铵、单乙醇胺氯化物、二乙醇胺氯化物、硫酸钠、磷酸钠、磷酸二钠和三磷酸五钠等）作增稠剂的体系，一般是表面活性剂水溶液体系，最常用的无机盐增稠剂是氯化钠，增稠效果明显。

② 脂肪醇、脂肪酸类增稠剂：脂肪醇、脂肪酸（如月桂醇、肉豆蔻醇、癸醇、己醇、辛醇、鲸蜡醇、硬脂醇、山嵛醇、月桂酸、亚油酸、亚麻酸、肉豆蔻酸、硬脂酸等）是极性有机物，可以把它们看成非离子表面活性剂，它们既有亲油基团，又有亲水基团。少量该类有机物的存在对表面活性剂的表面张力等性质有显著影响，其作用大小是随碳链加长而增大，一般来说呈线性变化关系。

③ 烷醇酰胺类增稠剂：烷醇酰胺能在电解质存在下进行增稠并且能达到最佳效果。各种不同的烷醇酰胺在性能上有很大差异，最常用的是椰油二乙醇酰胺。在单独使用和复配使用时效果不一样。这类增稠剂的缺点是杂质中有游离胺，是亚硝胺的潜在来源。

④ 醚类增稠剂：这类增稠剂属于非离子增稠剂，一般以脂肪醇聚氧乙烯醚硫酸盐（AES）为主，通常情况下，仅用无机盐即能调至合适的黏度。另外其增稠效果与产物中所含未反应的醇及同系物的分布宽窄有很大关系。同系物的分布愈窄，其增稠效果愈好。

⑤ 酯类增稠剂：这类增稠剂也属于非离子增稠剂，主要用于表面活性剂水溶液体系中。其优点是不容易水解，在宽的pH值和温度范围内黏度稳定。目前最常用的是PEG-150二硬脂酸酯。

⑥ 氧化胺增稠剂：氧化胺是极性的非离子表面活性剂，具有增稠作用。其特征表现为：在中性或碱性条件下，氧化胺在水溶液中以不电离的水化物形式存在，显示非离子性；在酸性溶液中，它显示弱的阳离子性。当溶液pH值<3时，氧化胺的阳离子性尤为明显。因此它可以在不同的条件下与阳离子、阴离子、非离子和两性离子等表面活性剂很好配伍并显示协同效应。氧化胺常用于化妆品方面的增稠。

⑦ 其他增稠剂：少数甜菜碱和皂类也能作增稠剂，皂类可用于棒状化妆品的增稠，甜菜碱主要用于表面活性剂水体系中。

9.3.2 高分子增稠剂

① 无机增稠剂：无机增稠剂是一类吸水膨胀而产生触变性的凝胶矿物。主要有膨润土、凹凸棒土、硅酸铝等，其中膨润土最为常用。现在人们正在研究用无机物和其他物质复合合成增稠剂，如MChtourou等人正在研究用铵盐的有机衍生物和类属蒙脱石的突尼斯黏土合成增稠剂，并且有了很大的进展。

② 纤维素类增稠剂：纤维素类增稠剂的使用历史较长，品种也很多，有甲基纤维素、羧甲基纤维素、羟乙基纤维素、羟丙基甲基纤维素等，广泛应用于各种领域。纤维素类增稠剂通过水合膨胀的长链增稠，其体系表现明显的假塑性流变形态。

③ 聚丙烯酸类增稠剂：聚丙烯酸类增稠剂属阴离子型增稠剂，是目前应用比较广泛的合成增稠剂，尤其在印染方面。一般由3种或更多的单体聚合而成，主单体一般为羧酸类单体，如丙烯酸、马来酸或马来酸酐、甲基丙烯酸等；第二单体一般为丙烯酸酯或苯乙烯；第三单体是具有交联作用的单体，例如*N*,*N*-亚甲基双丙烯酰胺、双丙烯酸丁二酯或邻苯二甲酸二丙烯酯等。

④ 聚氨酯类增稠剂：聚氨酯全称为聚氨基甲酸酯，是分子结构中含有—NHCOO—单元的高分子化合物，可通过二异氰酸酯和聚乙二醇在封端剂的存在下合成。聚氨酯类增稠剂是近年来新开发的缔合型增稠剂，是分子量相对较低的水溶性增稠剂。分子结构中既有亲水部分也有亲油部分，呈现出一定的表面活性。

⑤ 天然胶增稠剂：天然胶主要有胶原蛋白类和聚多糖类，但是作为增稠剂的天然胶主要是聚多糖类。

⑥ 聚氧乙烯类增稠剂：一般把分子量＞2.5×10^4的产品称作聚氧乙烯，而将分子量＜2.5×10^4的称作聚乙二醇。增稠机理主要与高分子聚合物链有关。聚氧乙烯的水溶液在紫外线、强酸和过渡金属离子（特别是Fe^{3+}、Cr^{3+}和Ni^{2+}）作用下会自动氧化降解，失去其黏度。

⑦ 其他增稠剂：PVM/MA癸二烯交联聚合物（聚乙烯甲基醚/丙烯酸甲酯与癸二烯的交联聚合物）是新的一族增稠剂，能配制成透明定型凝胶、喷发胶和乳胶，可用于增稠醇类溶液、甘油和其他非水体系。

9.4 增稠剂用途

增稠剂广泛用于食品（如在调味酱、果酱、冰淇淋、罐头等中添加提高食品黏度或形成凝胶的食品添加剂）、化妆品、洗涤剂、乳胶、印染、医药、橡胶、涂料、采油、造纸、皮革加工等行业中。

9.4.1 在食品加工中的应用

迄今世界上用于食品工业的食品增稠剂已有60余种，主要用来改善和稳定食品的物理性质或形态、增加食品的黏度、赋予食品黏滑适口的口感，并起到增稠、稳定、均质、乳化凝胶、掩蔽、矫味、增香、增甜等作用。增稠剂种类很多，分天然增稠剂和化学合成增稠剂两类。天然增稠剂主要从动植物中获取，化学合成的增稠剂有CMC-Na、藻酸丙二酯等。

食品增稠剂是食品工业中最重要的辅料之一，它在食品加工中主要起稳定食品形态的作用，如保持悬浮浆液稳定、光洁程度稳定、乳化体系稳定等。此外，它可以改善食品的触感及加工食品的色、香、味以及料液等状态的稳定性。

（1）增稠、分散和稳定作用　食用增稠剂都是亲水性的高分子物质。溶于水中有很大的黏度，使体系具有稠厚感。黏度增加后，体系中的分散相不容易聚集和凝聚，因而可以使分散体系稳定。大多增稠剂具有表面活性剂的功能，可以吸附于分散相的表面，使其具有一定的亲水性而易于在水系中分散。增稠剂的分子量分布、浓度、溶液的温度、pH 值及剪切速率都会对溶液的黏度产生影响。

（2）胶凝作用　有些增稠剂，如明胶、琼脂等溶液，在温热条件下为黏稠流体，当温度降低时，溶液分子连接成网状结构，溶剂和其他分散介质全部被包含在网状结构之中，整个体系成了没有流动性的半固体，即凝胶。很多食品的加工恰是利用了增稠剂的这个特性，如果冻、奶冻等。有些离子型的水溶性高分子增稠剂，如海藻酸钠，在有高价离子的存在下可以形成凝胶，而与温度没有关系。这为许多特色食品的加工带来了方便和帮助。值得关注的是，并不是所有的食品增稠剂都能形成凝胶，且它们的凝胶性应用于食品体系中也是不能互相代替的，原因在于各种增稠剂的成胶模式、质量、稳定性、口感及可接受性等特性并不完全相同。

（3）凝聚澄清作用　大多增稠剂属于高分子物质，在一定条件下，可同时吸附多个分散介质使其聚集和被分离，而达到纯化或净化的目的，如在果汁中加入少量的明胶，就可以得到澄清的果汁。

（4）保水作用　持水性增稠剂都是亲水性高分子，本身有较强的吸水性，将其添加于食品后，可以使食品保持一定的水分含量，从而使产品保持良好的口感。增稠剂的亲水作用，在肉制品、面制品中能起到很好的改良品质作用。如在面类食品中，增稠剂可以改善面团的吸水性，调制面团时，增稠剂可以加速水分向蛋白质分子和淀粉颗粒渗透的速度，有利于调粉过程。增稠剂能吸收几十倍乃至上百倍于其量的水分，并有持水性，这个特性可以提高面团的吸水量，从而提高产品质量。由于增稠剂有凝胶特性，使面制品黏弹性增强、淀粉 α 化程度提高、不易老化和变干。

（5）控制结晶　使用增稠剂可赋予食品较高的黏度，从而使许多过饱和溶液或体系中不出现结晶析出或使结晶达到细化效果。如用于糖果、冷冻食品可提高膨胀度，降低冰晶析出的可能性，使产品口感细腻；控制糖浆制品的返砂现象，抑制冰淇淋食品中冰晶的出现或使加工过程中生成的冰晶细微化，并包含大量微小气泡，使结构细腻均匀、口感光滑、外观整洁。

（6）成膜、保鲜作用　食用增稠剂可以在食品表面形成一层非常光滑的保护性薄膜，保护食品不受氧气、微生物的作用。与食品表面活性剂并用，可用于水果、蔬菜的保鲜，并有抛光作用。还可以防止冰冻食品、固体粉末食品的表面吸湿而导致质量下降。作被膜用的食品增稠剂有醇溶性蛋白、明胶、琼脂、海藻酸等。

（7）起泡作用和稳定泡沫作用　增稠剂可以发泡，形成网络结构。它的溶液在搅拌时如同肥皂泡一样，可包含大量气体和液泡，使加工食品的表面黏性增加而使食品稳定。蛋糕、面包、冰淇淋等使用鹿角藻胶、槐豆胶、海藻酸钠、明胶等作起泡剂时，增稠剂可以提高泡沫量及泡沫的稳定性。如啤酒泡沫及瓶壁产生“连鬓子”均是使用了增稠剂的缘故。

（8）黏合作用　香肠中使用槐豆胶、鹿角藻胶的目的是使产品成为一个集聚体，均质后组织结构稳定、润滑，并利用胶的强力保水性防止香肠在贮存中失重。阿拉伯胶可以作为片、粒状产品的结合剂，在粉末食品的颗粒化、食品用香料的颗粒化和其他用途中使用。

（9）用于保健、低热食品的生产　许多增稠剂基本为天然胶质类大分子物质，在人体内几乎不被消化，而通过代谢过程排泄。所以在食品中用增稠剂代替部分糖浆、蛋白质后，很容易降低食物的热值。这种方法已应用在果酱、果浆、调料、点心、饼干、布丁等加工食品中，并向更广泛的方面继续发展。1961 年，研究者发现果胶可以降低血中胆固醇浓度，而且海藻酸钠也有这种作用。天然胶的疗效作用使它成为保健食品的重要原料。

（10）掩蔽与缓释作用　有些增稠剂对某些原料自身的不良气味具有吸附和掩蔽作用，以达到脱味、除腥的效果，如利用环状糊精进行的除味应用，而对有些挥发较快的香气和不稳定的营养成分具有缓释作用。

9.4.2 在印染纺织中的应用

纺织品及涂料印花要获得良好的印制效果和质量，很大程度上取决于印花色浆的性能，其中增稠剂的性能起着至关重要的作用。加入增稠剂可使印花产品给色量高，印花轮廓清晰，色泽鲜艳饱满，还可提高产品的透网性和触变性，给印染企业创造更大的利润空间，如研究者常对真丝织物进行上浆预处理，即在其表面均匀地覆盖一层糊料，通过阻塞纤维的缝隙来解决渗化问题，已取得一定的成效。印花色浆的增稠剂过去多用天然淀粉或海藻酸钠，由于天然淀粉成糊困难、海藻酸钠价格较贵等原因，现在逐渐被丙烯酸型印染增稠剂所代替。而阴离子型聚丙烯酸类是增稠效果最好的，也是目前应用范围最广的增稠剂，但是这类增稠剂仍然存在缺陷，如耐电解质性能、色浆触变性、印花时得色量等均不十分理想。改进的方法是在其亲水主链上引入少量疏水性基团，从而合成缔合型增稠剂。目前国内市场中的印花增稠剂根据原料和制备方法不同，可分为天然增稠剂、乳化增稠剂和合成增稠剂，其中合成增稠剂中的反相聚合产品占目前国内市场的大多数，因为其固含量可以高于 50%，增稠效果非常好。

9.4.3 在水性涂料中的应用

涂料的主要功能是装饰及保护被涂物。适当地加入增稠剂，可以有效地改变涂料体系的流体特性，使之具有触变性，从而赋予涂料良好的贮存稳定性和施工性。好的增稠剂要达到如下要求：贮存时提高涂料黏度、抑制涂料的分离，高速涂装时要降低黏度，涂装后提高涂膜的黏度、防止流挂现象的发生等。传统的增稠经常使用水溶性的聚合物，例如，纤维素衍生物中的高分子羟乙基纤维素（HEC）等。扫描电子显微镜（SEM）资料显示聚合增稠剂还可在纸制品涂膜过程中控制水分的保留，增稠剂的存在可使涂料纸表面光滑和均匀。尤其是溶胀型乳液（HASE）增稠剂，有优异的抗飞溅能力，可以和其他种类增稠剂联合使用，大大减轻涂料纸表面的粗糙度。

例如乳胶漆在生产、运输、贮存、施工过程中经常会遇到分水的问题，虽然可以通过提高乳胶漆的黏度及提高分散性来延缓分水，但是这样的调节作用往往有限，更重要的还是通过增稠剂的选择及其配用来解决这个问题。

9.4.4 在日化行业中的应用

目前使用于日化行业的增稠剂达 200 多种，主要有无机盐类、表面活性剂类、水溶性高分子类和脂肪醇及脂肪酸类等。在日用品方面，用于洗洁精，可使产品透明、稳定、泡沫丰富、手感细腻、易于漂洗，另外还常应用于化妆品、牙膏等中。

9.4.5 在石油开采中的应用

石油开采中，为了获得高产而借用某种液体的传导力（如水力等）压裂流体层，该液体叫压裂液体或者压裂液。压裂的目的是在地层中形成具有一定尺寸和导流能力的裂缝，其成功与否与所用压裂液的性能有很大关系。压裂液包括水基压裂液、油基压裂液、醇基压裂液、乳化压裂液及泡沫压裂液等。其中水基压裂液具有成本低、安全性较高等优点，目前使用最广泛。

增稠剂是水基压裂液中的主要添加剂，其发展经历了近半个世纪，但获得性能更好的压裂液增稠剂一直是国内外学者研究的方向。目前使用的水基压裂液聚合物增稠剂品种繁多，可分为天然聚多糖及其衍生物与合成聚合物两大类。随着石油开采技术的不断发展和开采难度的增加，人们对压裂液提出了更新更高的要求。由于比天然聚多糖类更能适应复杂的地层环境，合成聚合物增稠剂在高温深井压裂方面将发挥更大作用。

9.5 增稠剂配方与制备实例

配方 1 凹土复合阳离子增稠剂

原料配比

原料			配比（质量份）			
			1#	2#	3#	4#
水相	阳离子单体	丙烯酰氧乙基三甲基氯化铵	50	—	—	—
		甲基丙烯酰氧乙基三甲基氯化铵	—	70	—	—
		丙烯酰胺丙基三甲基氯化铵	—	—	60	—
		甲基丙烯酰胺丙基三甲基氯化铵	—	—	—	55
	非离子单体	丙烯酸羟丙酯	35	—	—	—
		4- 羟基丁基丙烯酸酯	—	5	1	—
		N- 羟甲基丙烯酰胺	—	—	15	—
		双丙酮丙烯酰胺	—	—	—	25
	交联剂	二甲基丙烯酸乙二醇酯	0.5	—	1	—
		二甲基丙烯酸三乙二醇酯	—	2	—	1.5
	去离子水		50	30	40	35
油相	溶剂油	煤油	35	—	—	40
		汽油	—	55	—	—
		白油	—	—	45	—
	油包水型乳化剂	司盘 -80	5	—	—	—
		司盘 -60	—	15	—	12
		司盘 -40	—	—	10	—
	改性凹土		2	5	3	4
水相			100	100	100	100
水包油型乳化剂	平平加 O		3	—	—	—
	平平加 O-10		—	5	—	—
	平平加 O-25		—	—	4	—
	AEO-9		—	—	—	3.5
引发剂溶液	偶氮二异丁脒盐酸盐		5	—	8	—
	偶氮二异丁咪唑啉盐酸盐		—	10	—	6
	去离子水		50	30	40	35

制备方法

（1）搅拌条件下，将阳离子单体、非离子单体以及交联剂溶于去离子水，配制成水相。

（2）搅拌条件下，在四口烧瓶中加入溶剂油、油包水型乳化剂、改性凹土制成油相。

（3）1000 ～ 1500r/min 高速搅拌下，将步骤（1）所得的水相加入步骤（2）所得油相中，乳化 20 ～ 40min，再用均质机均质 2 ～ 5min，然后在 300 ～ 450r/min 搅拌条件下，滴加引发剂溶液，同时将混合乳液水浴加热至 65 ～ 75℃；滴加结束后，保温 1 ～ 3h，再升温至 80 ～ 85℃，反应 30 ～ 45min，反应结束后，冷却出料，然后加入水包油型乳化剂，搅拌均匀即得成品。

原料介绍 所述改性凹土的制备方法为：准确称取 5 质量份凹土置于 100mL 的玛瑙球磨罐中；称取 2 ～ 5 质量份阳离子表面活性剂溶于 20 ～ 40 体积份去离子水中得表面活性剂溶液，将该表面活性剂溶液滴加到装有凹土的玛瑙球磨罐中，充分混合后，装入直径 20mm 玛瑙球 1 颗、直径 10mm 玛瑙球 8 颗、直径 6mm 玛瑙球 25 颗，然后将玛瑙球磨罐装入 PM 型行星式球磨机中，在主盘频率 50Hz 条件下球磨 30 ～ 60min 后离心分离，沉淀用去离子水洗涤 3 ～ 5 次后，在 60 ～ 80℃真空干燥箱中干燥 12 ～ 24h，研磨过筛，得改性凹土。所述的阳离子表面活性剂为十八烷基二甲基烯丙基氯化铵、十六烷基二甲基烯丙基氯化铵、十二烷基二甲基烯丙基氯化铵中的一种。

产品应用 本品主要用作纺织印花色浆的增稠剂。

产品特性

（1）本品利用凹凸棒石棒晶表面存在可交换阳离子的特性，采用可聚合阳离子表面活性剂同时借助湿法球磨对凹土进行表面改性处理，实现凹土疏水改性，吸附在凹土表面的表面活性剂可参与聚合；选用阳离子引发剂引发单体聚合，避免阴离子引发剂与阳离子表面活性剂结合对反应的影响。

（2）借助湿法球磨实现凹土的阳离子表面活性剂改性，改善其与有机物的相容性。

（3）单体聚合时选用阳离子引发剂，引发效率高。

配方 2 丙烯酸共聚物增稠剂

原料配比

原料			配比（质量份）			
			1#	2#	3#	4#
多丙烯酸酯交联剂	聚氧乙烯脱水山梨醇单脂肪酸酯	聚氧乙烯脱水山梨醇单月桂酸酯（吐温 -20）	122.6	—	—	—
		聚氧乙烯脱水山梨醇单棕榈酸酯（吐温 -40）	—	128.4	—	—
		聚氧乙烯脱水山梨醇醚硬脂酸酯（吐温 -60）	—	—	131.1	—
		聚氧乙烯脱水山梨醇油酸酯（吐温 -80）	—	—	—	131
	有机溶剂	环己烷	122.6	—	—	—
		苯	—	128.4	—	—
		甲苯	—	—	131.1	131
	烯烃	丙烯酸	21.6	—	—	—
		甲基丙烯酸	—	25.8	25.8	25.8
	对甲苯磺酸		1.23	1.28	1.31	1.31
	对苯二酚		0.73	0.77	0.79	0.79
碳酸氢钠			0.15	0.18	0.2	0.25
环己烷			80（体积份）	80（体积份）	80（体积份）	80（体积份）
甲基丙烯酸			15	15	15	15
丙烯酸羟乙酯			0.18	0.21	0.25	0.3
多丙烯酸酯交联剂			1.05	1.5	2	3
分散剂	司盘 -80		0.1	0.12	0.13	0.15
引发剂	偶氮二异丁腈		0.08	0.09	0.1	0.15
链转移剂	正辛醇		0.5	0.7	0.8	1
乙酸乙酯			60（体积份）	60（体积份）	60（体积份）	60（体积份）

制备方法

(1) 称取碳酸氢钠加入三口烧瓶中，将环己烷注入三口烧瓶，开启加热。

(2) 在烧杯中加入甲基丙烯酸、丙烯酸羟乙酯、多丙烯酸酯交联剂、司盘-80、偶氮二异丁腈、正辛醇，加入乙酸乙酯，充分混合溶解后，加入三口烧瓶中。

(3) 通入 N_2 除氧 20min 后塞上胶塞，在反应体系密封性良好的条件下，开动搅拌，并开始加热，使得水浴温度升至 75℃，搅拌速率随着反应体系黏度的变化而改变，反应 4h 停止加热。

(4) 反应产物经洗涤、抽滤后，于真空干燥箱 65℃下干燥至恒重，得到白色、细腻、轻质、松散的丙烯酸共聚物增稠剂粉末。

原料介绍

所述多丙烯酸酯交联组分的制备：

将聚氧乙烯脱水山梨醇单脂肪酸酯和有机溶剂加入三口烧瓶，油浴加热至回流，除去聚氧乙烯脱水山梨醇脂肪酸酯中的水，然后冷却到 70℃，加入烯烃、对甲苯磺酸和对苯二酚，加热至回流，恒温反应 3.5h，除去 95%理论水量，真空蒸馏除去溶剂，产物冷却，得白色膏状物。

所述聚氧乙烯脱水山梨醇单脂肪酸酯为聚氧乙烯脱水山梨醇单月桂酸酯（吐温-20）、聚氧乙烯脱水山梨醇单棕榈酸酯（吐温-40）、聚氧乙烯脱水山梨醇醚硬脂酸酯（吐温-60）、聚氧乙烯脱水山梨醇油酸酯（吐温-80）中的任意一种或多种的组合。

所述的烯烃选自丙烯酸或甲基丙烯酸。

所述有机溶剂选用环己烷、苯、甲苯、二甲苯中的一种或多种的组合。

产品应用 本品主要应用于石油钻井、印染、涂料、胶黏剂、化妆品、医药、电池等领域。

产品特性

(1) 本品的交联剂兼具疏水性和亲水性，用于丙烯酸共聚物增稠剂的制备，不仅提高了丙烯酸共聚物的增稠能力，而且提高了其制备工艺的可控性。本品具有制备工艺简单、过程可控、增稠能力高的特点。

(2) 本品方法简单易行，成本低，适合推广使用。

配方 3　复合钡基增稠剂

原料配比

原料	配比（质量份）		
	1#	2#	3#
氢氧化钡	30	20	40
12-羟基硬脂酸	25	20	30
壬二酸	6	4	8
癸二酸	6	4	8
改性多孔微碳球	1.5	1	2
矿物基础油	7	5	10

制备方法

(1) 将壬二酸、癸二酸和改性多孔微碳球混合后得到 A 组分。

(2) 将氢氧化钡、12-羟基硬脂酸和矿物基础油混合皂化后逐步升温并加入 A 组分，保持恒温得到复合钡基增稠剂。皂化温度为 140 ～ 160℃，皂化时间为 1 ～ 3h，所述皂化在反应釜中进行。加入 A 组分的方式为每升温 10℃加入 1/3 的 A 组分。升温速率为 1 ～ 3℃ /min。保持恒温的时间为 3 ～ 6h，恒温温度为 170 ～ 190℃。

原料介绍

所述改性多孔微碳球的制备方法为：将多孔微碳球通过超声分散在油酸溶液中，再经过离心、洗涤和干燥后得到改性多孔微碳球。所述多孔微碳球的粒径为 50 ～ 150nm。所述油酸溶液质量分数为 2% ～ 5%。

所述氢氧化钡为氢氧化钡粉末或者氢氧化钡水溶液。

产品应用 本品主要用作润滑脂的增稠剂，加入量为润滑脂质量的 20% ～ 30%。

产品特性 本品对基础油的吸附力强，明显提高了润滑脂的滴点，具有较好的润滑性和抗极压耐磨性，而且与基础油炼制的工艺简单，方便快捷。

配方 4 干热岩压裂用增稠剂

原料配比

<table>
<tr><th colspan="3" rowspan="2">原料</th><th colspan="4">配比（质量份）</th></tr>
<tr><th>1#</th><th>2#</th><th>3#</th><th>4#</th></tr>
<tr><td rowspan="5">水相</td><td colspan="2">丙烯酰胺</td><td>15</td><td>18</td><td>20</td><td>17</td></tr>
<tr><td colspan="2">N- 异丙基丙烯酰胺</td><td>8</td><td>10</td><td>11</td><td>12</td></tr>
<tr><td colspan="2">4- 丙烯酰氨基十六烷氧基苯</td><td>5</td><td>8</td><td>5</td><td>10</td></tr>
<tr><td colspan="2">二甲基十六烷基烯丙基氯化铵</td><td>4</td><td>5</td><td>7</td><td>6</td></tr>
<tr><td colspan="2">水</td><td>100</td><td>100</td><td>100</td><td>100</td></tr>
<tr><td rowspan="4">油相</td><td colspan="2">乳化剂</td><td>4</td><td>6</td><td>5</td><td>5</td></tr>
<tr><td colspan="2">白油</td><td>30</td><td>40</td><td>35</td><td>45</td></tr>
<tr><td rowspan="2">乳化剂</td><td>十二烷基硫酸钠（SDS）</td><td>1</td><td>1</td><td>1</td><td>1</td></tr>
<tr><td>TX-4</td><td>0.9</td><td>1</td><td>1.1</td><td>1.1</td></tr>
<tr><td colspan="3">引发剂 V50（偶氮二异丁脒盐酸盐）</td><td>适量</td><td>适量</td><td>适量</td><td>适量</td></tr>
</table>

制备方法

（1）将如下各组分搅拌均匀以配制水相：丙烯酰胺、*N*- 异丙基丙烯酰胺、4- 丙烯酰氨基十六烷氧基苯、二甲基十六烷基烯丙基氯化铵、水；

（2）将如下各组分搅拌均匀以配制油相：乳化剂、白油；

（3）将水相和油相混合，搅拌（搅拌的同时向混合液中通入氮气除氧），加热至 40 ～ 60℃，加入引发剂，继续反应 3 ～ 5h，冷却至室温，得到增稠剂。

原料介绍 所述引发剂的用量占水相中溶质（丙烯酰胺、*N*- 异丙基丙烯酰胺、4- 丙烯酰氨基十六烷氧基苯和二甲基十六烷基烯丙基氯化铵）质量的 0.008%～ 0.012%。

产品应用 本品主要用作干热岩压裂用增稠剂。

产品特性

（1）本品耐温性能强，能够在干热岩储层温度较高的具体工作环境中正常使用而不会因温度过高失效；

（2）本品具有良好的降阻性能和变黏性能，可减小地层漏失，可有效解决干热岩压裂施工压力高、漏失严重、裂缝延伸受限等难题。

配方 5　高透光高黏度聚丙烯酸增稠剂

原料配比

原料		配比（质量份）		
		1#	2#	3#
丙烯酸		100	100	100
（甲基）丙烯酸烷基酯疏水单体	（甲基）丙烯酸十二烷基酯疏水单体	5	—	—
	（甲基）丙烯酸十八烷基酯疏水单体	—	2	10
第一交联剂	三烯丙基异氰脲酸酯	0.2	0.1	0.5
环己烷和乙酸乙酯的混合溶剂		400	300	500
引发剂溶液	过氧化苯甲酰的乙酸乙酯溶液	0.05	—	—
	偶氮二异丁腈的乙酸乙酯溶液	—	0.03	—
	偶氮二异丁酸二甲酯的乙酸乙酯溶液	—	—	0.1
第二交联剂	双马来酰亚胺聚乙二醇（MAL-PEG-MAL）	0.4	0.5	1

制备方法　将丙烯酸、（甲基）丙烯酸烷基酯疏水单体、第一交联剂三烯丙基异氰脲酸酯和环己烷和乙酸乙酯的混合溶剂加入到反应器中，氮气保护下升温至 55 ～ 65℃，然后滴加引发剂溶液，引发剂溶液滴加完毕后升温至 60 ～ 75℃，再加入第二交联剂双马来酰亚胺聚乙二醇（MAL-PEG-MAL）保温反应，反应结束后真空干燥去除有机溶剂，得到高透光高黏度聚丙烯酸增稠剂。所述引发剂溶液的滴加时间为 0.5 ～ 3h。所述保温反应的时间为 1 ～ 4h。

产品特性

（1）本品采用特定结构的三烯丙基异氰脲酸酯作为第一交联剂，可以显著改善聚丙烯酸中和凝胶的透明性和分散性。

（2）本品通过加入第二交联剂双马来酰亚胺聚乙二醇（MAL-PEG-MAL）配合第一交联剂使用，可以进一步增强水凝胶黏度、透明性和改善中和凝胶的光滑细腻度。

配方 6　高性能涂料印花增稠剂

原料配比

原料		配比（质量份）		
		1#	2#	3#
不饱和酸性单体	丙烯酸	10	—	12
	甲基丙烯酸	—	20	—
	衣康酸	—	—	4
去离子水		59.8	16.9	47.75
中和剂		15	30	21
亚甲基双丙烯酰胺		0.1	0.5	0.3
烯丙基聚氧乙烯醚		2	6	4.2
过硫酸钠		0.1	0.6	0.35
无味煤油		8	15	12
司盘 -80		3	6	4.8
吐温 -80		2	5	3.6

制备方法

（1）中和液的制备：将称量好的不饱和酸性单体、去离子水加入中和罐中，在 20 ～ 25Hz 搅拌条件下缓慢加入称量好的中和剂，控制中和温度小于 35℃；

（2）水相液的制备：在上述降温至 25℃的中和液中加入称量好的亚甲基双丙烯酰胺、烯丙基聚氧乙烯醚、过硫酸钠搅拌均匀得到水相液；

（3）乳化液的制备：在乳化罐中加入称量好的无味煤油、司盘 -80，快速搅拌下加入水相液，乳化 20 ～ 40min，控制乳化温度小于 35℃；

（4）高性能涂料印花增稠剂的制备：将乳化液加入反应釜中，在 10 ～ 15Hz 搅拌条件下缓慢加入质量分数为 3% 的亚硫酸氢钠水溶液至无明显放热，控制反应温度小于 50℃，反应 2 ～ 3h，升温至 80℃，反应 1 ～ 2h，反应结束，降温至 60 ～ 65℃，加入吐温 -80，继续搅拌 10 ～ 20min，停止搅拌，过滤收料，得到所述高性能涂料印花增稠剂。

原料介绍 所述的中和剂为质量分数为 24% 的氨水。

产品特性

（1）本品通过烯丙基聚氧乙烯醚接枝改性聚丙烯酸，结合聚丙烯酸盐和侧链聚乙二醇共同作用，提高产品的增稠能力；

（2）利用侧链聚乙二醇的保护作用，提高聚丙烯酸增稠剂的耐电解质性能；

（3）通过聚合物链段引入非离子聚乙二醇，印花色浆具有优异的保水性能，印花后的图案更清晰、不渗化。

配方 7 含硅氧烷链段超支化聚酯超临界二氧化碳增稠剂

原料配比

原料			配比（质量份）			
			1#	2#	3#	4#
产物 P1	单羟基多元酸类物质	3- 羟基戊二酸	4.44	—	—	—
		3- 羟基 -3- 甲基谷氨酸	—	4.86	—	—
		苹果酸	—	—	4.02	—
		柠檬酸	—	—	—	5.76
	草酰氯单烯丙酯		4.46	4.46	4.46	4.46
	溶剂	二氯甲烷	100（体积份）	100（体积份）	100（体积份）	100（体积份）
产物 P2	产物 P1		4.68	4.94	4.93	5.42
	单羟基多元酸类物质	3- 羟基戊二酸	16	—	—	—
		3- 羟基 -3- 甲基谷氨酸	—	17.51	—	—
		苹果酸	—	—	14.48	—
		柠檬酸	—	—	—	20.75
	对甲苯磺酸		0.1	0.1	0.1	0.2
带双键的超支化聚酯	产物 P2		11.24	11.84	11.61	12.1
	溶剂①	1，4- 二氧六环	150（体积份）	150（体积份）	100（体积份）	100（体积份）
	对甲苯磺酸		0.15	0.15	0.15	0.2
	单羟基酯类物质	3- 羟基戊二酸二乙酯	17.56	—	—	17.56
		乳酸丁酯	—	12.57	—	—
		3- 羟基己酸乙酯	—	—	13.78	—
	溶剂②	1，4- 二氧六环	100（体积份）	100（体积份）	100（体积份）	100（体积份）

续表

<table>
<tr><th colspan="3" rowspan="2">原料</th><th colspan="4">配比（质量份）</th></tr>
<tr><th>1#</th><th>2#</th><th>3#</th><th>4#</th></tr>
<tr><td rowspan="9">具有一定链长的硅氢封端聚苯基硅氧烷</td><td rowspan="3">含硅氢键苯基硅氧烷</td><td>1,1,5,5- 四甲基 -3,3- 二苯基三硅氧烷</td><td>9.98</td><td>—</td><td>—</td><td>9.98</td></tr>
<tr><td>1,3- 二苯基 -1,3- 二甲基二硅氧烷</td><td>—</td><td>7.75</td><td>—</td><td>—</td></tr>
<tr><td>1,1,3,3- 四苯基 -1,3- 二乙烯基二硅氧烷</td><td>—</td><td>—</td><td>8.69</td><td>—</td></tr>
<tr><td colspan="2">氯铂酸</td><td>4×10^{-5}</td><td>4×10^{-5}</td><td>4×10^{-5}</td><td>4×10^{-5}</td></tr>
<tr><td>溶剂①</td><td>甲苯</td><td>100（体积份）</td><td>100（体积份）</td><td>100（体积份）</td><td>100（体积份）</td></tr>
<tr><td rowspan="3">乙烯基苯基硅氧烷类物质</td><td>1,5- 二乙烯基 -1,1,3,5,5- 五甲基 -3- 苯基三硅氧烷</td><td>6.45</td><td>—</td><td>—</td><td>6.45</td></tr>
<tr><td>1,3- 二乙烯基 -1,3- 二甲基 -1,3- 二苯基二硅氧烷</td><td>—</td><td>6.21</td><td>—</td><td>—</td></tr>
<tr><td>3- 苯基 -1,1,3,5,5- 五甲基三硅氧烷</td><td>—</td><td>—</td><td>8.12</td><td>—</td></tr>
<tr><td>溶剂②</td><td>甲苯</td><td>50（体积份）</td><td>50（体积份）</td><td>60（体积份）</td><td>50（体积份）</td></tr>
<tr><td colspan="3">带双键的超支化聚酯</td><td>17.76</td><td>14.67</td><td>14.72</td><td>17.49</td></tr>
<tr><td colspan="3">铂催化剂</td><td>5×10^{-5}</td><td>4×10^{-5}</td><td>4.5×10^{-5}</td><td>4.56×10^{-4}</td></tr>
<tr><td>溶剂</td><td colspan="2">甲苯</td><td>250（体积份）</td><td>200（体积份）</td><td>250（体积份）</td><td>250（体积份）</td></tr>
<tr><td colspan="3">具有一定链长的硅氢封端聚苯基硅氧烷</td><td>9.85</td><td>8.37</td><td>10.09</td><td>9.85</td></tr>
</table>

制备方法

（1）在 25℃下，将单羟基多元酸类物质和草酰氯单烯丙酯先后加入盛有二氯甲烷的三颈烧瓶中，25℃搅拌反应 2h，反应完成后旋转蒸发、提纯，得到含一个双键和多个羧基的产物 P1，备用；将所得产物 P1、单羟基多元酸类物质和对甲苯磺酸加入到四口烧瓶中，在 108℃、磁力搅拌、氮气氛围下，回流反应 5h，然后在负压 0.075MPa 下继续反应 3h，反应完成后冷却、洗涤、抽滤、干燥，得到产物 P2，为带双键的超支化聚酯多元酸；然后，将产物 P2、溶剂① 1,4- 二氧六环和对甲苯磺酸先后加入到反应器中搅拌混合，在 90℃、搅拌条件下，滴加由单羟基酯类物质和溶剂② 1,4- 二氧六环混合形成的溶液，反应 7h，洗涤、提纯，得到带双键的超支化聚酯。

（2）将含硅氢键苯基硅氧烷、氯铂酸、溶剂①甲苯加入到三颈烧瓶中，搅拌混合，在 70℃、搅拌条件下，滴加由乙烯基苯基硅氧烷类物质和溶剂②甲苯混合而成的溶液，在 40min 之内滴加完成；升温至 90℃，反应 4h，反应完成后洗涤、提纯，得到具有一定链长的硅氢封端聚苯基硅氧烷。

（3）取带双键的超支化聚酯、铂催化剂和甲苯加入到反应容器中，25℃下搅拌 15min，升温至 90℃，加入具有一定链长的硅氢封端聚苯基硅氧烷，反应 4h；反应完成后洗涤、提纯得到含硅氧烷链段的超支化聚酯，即为超临界二氧化碳增稠剂。

产品应用 本品用于油田钻屑处理技术领域。

产品特性

（1）本品包含超支化聚酯和聚硅氧烷链段两部分，酯基能与二氧化碳相互作用，增加其在超临界二氧化碳中溶解能力；硅氧烷具备良好的链柔性，对超临界二氧化碳起到很好的增稠效果，引入苯基以及产物的超支化结构，也可以提升增稠效果。

（2）本品制备方法简单，不需要特殊的实验仪器，制备方法稳定可靠。

（3）本品所涉及的产品无毒无害，对环境无污染。

（4）本品价格低廉，生产工艺简单，可实现规模化应用。

配方 8　混合封端聚氨酯缔合型增稠剂

原料配比

原料		配比（质量份）			
		1#	2#	3#	4#
聚乙二醇	聚乙二醇 4000	200	—	—	250
	聚乙二醇 6000	—	300	300	—
异氰酸酯	异佛尔酮二异氰酸酯	20	21	25	18
助剂	二月桂酸二丁基锡	3	—	2	2
	乙基己酸铋	—	4.5	2	2
烷基醇封端剂	十六烷基醇	12.5	—	—	22.5
	异十六烷基醇	—	—	16.5	—
	正癸醇	—	10	—	—
	异戊四醇	—	—	—	0.5
烷基醚	十六烷醇聚氧乙烯醚	20	25	10	—
	乙二醇单丁醚	100	—	—	120
	二乙二醇单丁醚	—	150	170	—
去离子水		300	280	380	240

制备方法

（1）将聚乙二醇投入到反应釜中，用氮气吹扫反应釜并开始加热，开启真空泵，对聚乙二醇进行抽真空脱水处理至水分检验合格。反应釜的加热温度为 80 ～ 150℃，反应釜的真空压力为 0 ～ 0.1bar，脱水后的水分含量为 0 ～ 0.1%。

（2）打开夹套冷却水对步骤（1）的反应釜降温，加入助剂和异氰酸酯，在该温度下反应 0.5 ～ 5h；异氰酸酯的加料时长为 0.5 ～ 2h。

（3）向步骤（2）的反应体系中依次加入烷基醇封端剂、烷基醚，继续保温反应。加料的顺序为：长脂肪链一元醇—短脂肪链一元醇。每次向反应釜中加入醇类化合物后均进行保温操作，保温时间为 0.5 ～ 5h。

（4）对步骤（3）的反应体系进行降温，并加去离子水进行稀释，合格后放料包装。加入去离子水后，聚氨酯缔合增稠剂的固含量为 10% ～ 80%。

原料介绍　所述聚乙二醇的分子量为 1000 ～ 12000、聚合度 n=16 ～ 200，或分子量为 3000 ～ 8000、聚合度 n=50 ～ 150。

产品应用　本品可用于水性聚氨酯乳液、水性丙烯酸酯乳液及水性环氧树脂乳液等产品的增稠。

产品特性

（1）本品成本较低、综合性能优异、黏度可调、应用场景广泛。

（2）本品增稠效率高、储存稳定性好。

配方 9　活性染料印花增稠剂

原料配比

原料		配比（质量份）			
		1#	2#	3#	4#
聚醚多元醇	甘油聚氧乙烯醚 G-18	25	—	25	—
	葡萄糖苷聚氧乙烯醚 E-20	—	26	—	—
	山梨醇糖苷聚氧乙烯醚	—	—	—	25

续表

原料		配比（质量份）			
		1#	2#	3#	4#
聚乙二醇	PEG-2000	30	—	—	—
	PEG-1200	—	35	—	—
	PEG-4000	—	—	36	—
	PEG-1400	—	—	—	33
端羟基硅油混合物	端羟基硅油（分子量 1500）	15	—	—	—
	线性体（道康宁 PMX-0156）	—	18	—	—
	端羟基硅油（分子量 800）	—	—	12	—
	线性体（瓦克 WS-62M）	—	—	—	12
二异氰酸酯	异佛尔酮二异氰酸酯	22	—	22	—
	二苯基甲烷二异氰酸酯	—	20	—	—
	二环己基甲烷二异氰酸酯（HMDI）	—	—	—	20
催化剂	二月桂酸二丁基锡	0.1	0.15	0.12	0.15
乳化剂	脂肪醇聚氧乙烯醚 -9	8	—	—	—
	十三碳异构醇聚氧乙烯醚 -8	—	6	—	—
	脂肪醇聚氧乙烯醚 -7	—	—	8.5	—
	异构十三醇聚氧乙烯醚（8EO）	—	—	—	6.2

制备方法 将聚醚多元醇、聚乙二醇、端羟基硅油混合物混合，第一次升温，在真空条件下进行脱水；第一次降温后，加入二异氰酸酯和催化剂，第二次升温，进行反应；第二次降温后，加入乳化剂进行乳化，得所述活性染料印花增稠剂。第一次升温至 105 ～ 120℃，脱水的时间为 1 ～ 3h。第一次降温至 70℃以下，第二次升温至 80 ～ 100℃，反应的时间为 1 ～ 4h。第二次降温至 80 ～ 90℃，反应的时间为 2 ～ 3h。

产品特性

（1）本品通过亲水链段聚醚多元醇和聚乙二醇与疏水链段端羟基硅油、异氰酸酯链段聚合后，在水体形成网状交联结构，发生溶液膨胀，以获得良好的增稠效果；同时聚乙二醇和聚醚多元醇结构在水体通过氢键缔合，盐类等电解质可促进缔合键形成，赋予了增稠剂的耐电解质性能。

（2）本品分子中含有硅氧烷结构，这类结构的硅氧键可以围绕硅原子转动，从而产生柔软、滑移的效果，使得印花织物使用后可产生较好的柔软手感，后整理过程中也可以减少柔软剂的使用。

（3）本品应用于活性染料印花，可实现白浆黏度为 45698 ～ 56097mPa · s，黏度保留率为 50.7% ～ 56.8%，织物的表观得色量 *K/S* 为 16.8 ～ 18.4，手感可达 4 ～ 4.5 级。

配方 10 活性染料用环保柔软性增稠剂

原料配比

原料		配比（质量份）			
		1#	2#	3#	4#
预乳液	去离子水	130	132	134	136
	十三烷醇聚醚硫酸酯钠盐	5	6	7	8
	醇醚磺基琥珀酸单酯二钠盐	0.5	0.6	0.7	0.8
	丙烯酸丁酯	90	94	98	102
	丙烯酸	15	17	19	21

续表

原料		配比（质量份）			
		1#	2#	3#	4#
预乳液	甲基丙烯酸	45	47	49	51
	邻苯二甲酸二烯丙酯	1.5	1.7	1.9	2.1
	烷氧基聚乙二醇甲基丙烯酸酯	1.5	1.7	1.9	2.1
	3- 缩水甘油醚氧基丙基甲基二乙氧基硅烷	2	2.4	2.8	3.2
过硫酸铵水溶液	过硫酸铵	0.5	0.6	0.7	0.8
	去离子水	20	21	22	23
去离子水		130	132	134	136
预乳液		35	36	37	38
过硫酸铵水溶液		3	3.4	3.8	4.2

制备方法

（1）将去离子水、十三烷醇聚醚硫酸酯钠盐和醇醚磺基琥珀酸单酯二钠盐加入到预乳釜中，充分搅拌溶解；再将丙烯酸丁酯、丙烯酸、甲基丙烯酸、邻苯二甲酸二烯丙酯、烷氧基聚乙二醇甲基丙烯酸酯、3- 缩水甘油醚氧基丙基甲基二乙氧基硅烷加入预乳釜中，充分搅拌乳化，得预乳液。

（2）将过硫酸铵溶于去离子水中，得过硫酸铵水溶液。

（3）反应釜中加入去离子水，再加入预乳液，升温到 80 ～ 82℃，加入过硫酸铵水溶液总量的 80%，引发反应；当乳液出现蓝光并且温度不再升高时，滴加剩余的预乳液和剩余的过硫酸铵水溶液，反应温度控制在 80 ～ 90℃，2.5 ～ 3h 滴加完毕。

（4）在 85 ～ 90℃继续熟化 0.5 ～ 1h，降温到 40℃以下，用去离子水调节乳液的固含量，得活性染料用环保柔软性增稠剂。

产品特性 本增稠剂制浆容易、增稠能力强、流平性和抱水性好、易脱糊、防渗化、得色鲜艳。

配方 11 基于油相乳化剂的反相乳化增稠剂

原料配比

原料	配比（质量份）		
	1#	2#	3#
丙烯酸	18	18	18
甲基丙烯酸	3	3	3
丙烯酰胺	3	3	3
3# 白矿油	20	20	20
司盘 -80	2.1	2	2
乙氧基醇醚	0.06	0.2	0.1
油脂酸二乙醇酰胺	0.04	0.2	0.1
液碱	21.5	21.5	21.5
过硫酸铵	0.12	0.12	0.12
过硫酸钾	0.06	0.06	0.06
AEO-9	3.1	3.1	3.1
去离子水	29	29	29
亚硫酸氢钠	0.2	0.2	0.2
N,*N*- 亚甲基双丙烯酰胺	0.016	0.016	0.016

制备方法

（1）水相物制备：将丙烯酸和甲基丙烯酸混合后溶于一定量的去离子水，用液碱调节 pH 值在 6.0 ～ 6.3 之间，并保持温度不高于 40℃，完成后加丙烯酰胺、过硫酸铵、过硫酸钾和 *N*,*N*- 亚甲基双丙烯酰胺混合均匀得到水相物；

（2）油相物制备：向 3# 白矿油中加入司盘 -80、乙氧基醇醚、油脂酸二乙醇酰胺搅拌均匀得到油相物；

（3）两相乳化：在高速分散的状态下，将步骤（1）得到的水相物慢慢加入步骤（2）得到的油相物中乳化 30 ～ 40min；

（4）加成反应：乳化完成后，慢慢加入亚硫酸氢钠，引发丙烯酸、甲基丙烯酸、丙烯酰胺和 *N*,*N*- 亚甲基双丙烯酰胺之间的加成反应，过程中控制反应温度为 70 ～ 100℃，反应时间为 3 ～ 3.5h；

（5）产品制备：反应完成后，保温 2h 以上，再缓慢降温到 50℃以下，加入反相乳化剂 AEO-9，搅拌 15 ～ 30min，即可得到产品增稠剂。

产品应用　本品应用于以海藻纤维为原料制备的各种纺织品布料的印染场合。

产品特性　本品通过乙氧基醇醚和油脂酸二乙醇酰胺两种乳化剂对司盘 -80 HLB 值的辅助扩充，提高产品的增稠效果，使生产稳定性和产品的质量得到较大的改善和提高，反应过程更加稳定，无论高温、低温情况下产品更加稳定，大大降低了凝胶颗粒的出现；其总体工艺过程简单，操作条件可控，产品质量好，应用范围广，应用环境友好。

配方 12　极性溶剂中聚合物增稠剂

原料配比

<table>
<tr><th colspan="3" rowspan="2">原料</th><th colspan="4">配比（质量份）</th></tr>
<tr><th>1#</th><th>2#</th><th>3#</th><th>4#</th></tr>
<tr><td colspan="3">极性与非极性有机溶剂的混合溶剂</td><td>1000</td><td>500</td><td>1000</td><td>1000</td></tr>
<tr><td rowspan="8">极性与非极性有机溶剂的混合溶剂</td><td rowspan="4">极性溶剂</td><td>乙酸</td><td>35</td><td>—</td><td>—</td><td>—</td></tr>
<tr><td>丙酸</td><td>—</td><td>65</td><td>—</td><td>—</td></tr>
<tr><td>N,N- 二甲基甲酰胺</td><td>—</td><td>—</td><td>40</td><td>—</td></tr>
<tr><td>乙酸乙酯</td><td>—</td><td>—</td><td>—</td><td>50</td></tr>
<tr><td rowspan="4">非极性溶剂</td><td>二氯甲烷</td><td>65</td><td>—</td><td>—</td><td>—</td></tr>
<tr><td>环己烷</td><td>—</td><td>35</td><td>—</td><td>—</td></tr>
<tr><td>己烷</td><td>—</td><td>—</td><td>60</td><td>—</td></tr>
<tr><td>苯</td><td>—</td><td>—</td><td>—</td><td>50</td></tr>
<tr><td rowspan="6">α,β- 不饱和单体</td><td colspan="2">甲基丙烯酸</td><td>10</td><td>—</td><td>—</td><td>—</td></tr>
<tr><td colspan="2">丙烯酸</td><td>—</td><td>125</td><td>—</td><td>—</td></tr>
<tr><td colspan="2">丁烯酸</td><td>—</td><td>125</td><td>—</td><td>50</td></tr>
<tr><td colspan="2">顺丁烯二酸</td><td>—</td><td>—</td><td>50</td><td>—</td></tr>
<tr><td colspan="2">丙烯酰胺</td><td>—</td><td>—</td><td>50</td><td>—</td></tr>
<tr><td colspan="2">甲基丙烯酰胺</td><td>—</td><td>—</td><td>—</td><td>50</td></tr>
<tr><td rowspan="4">疏水单体</td><td colspan="2">甲基丙烯酸甲酯</td><td>10</td><td>—</td><td>—</td><td>—</td></tr>
<tr><td colspan="2">丙烯酸甲酯</td><td>—</td><td>150</td><td>—</td><td>—</td></tr>
<tr><td colspan="2">丙烯酸硬脂酸酯</td><td>—</td><td>—</td><td>—</td><td>100</td></tr>
<tr><td colspan="2">丙烯酸叔丁酯</td><td>—</td><td>—</td><td>100</td><td>—</td></tr>
<tr><td rowspan="3">分散剂</td><td colspan="2">甲基纤维素</td><td>12</td><td>—</td><td>—</td><td>—</td></tr>
<tr><td colspan="2">失水山梨醇月桂酸酯</td><td>—</td><td>2</td><td>2</td><td>—</td></tr>
<tr><td colspan="2">聚氧乙烯失水山梨醇月桂酸酯</td><td>—</td><td>—</td><td>—</td><td>4</td></tr>
</table>

续表

原料		配比（质量份）			
		1#	2#	3#	4#
引发剂	偶氮二异庚腈	1	—	—	—
	偶氮二异丁腈	—	—	—	0.1
	过氧化苯甲酰叔丁酯	—	0.2	—	—
	过氧化苯甲酰	—	—	1	—
	极性与非极性有机溶剂的混合溶剂	19	39.8	19	9.9
交联剂	二甲基丙烯酸乙二醇酯	1	—	—	—
	烯丙基蔗糖醚	—	0.4	—	—
	戊四醇三烯丙基醚	—	—	2	—
	三烯丙基异氰脲酸酯	—	—	—	2
	极性与非极性有机溶剂的混合溶剂	19	79.6	19	19

制备方法

（1）在氮气环境下，向反应容器中加入极性与非极性有机溶剂的混合溶剂及 α,β- 不饱和单体、疏水单体和分散剂；反应温度为 50 ～ 80℃，反应时间为 2h。

（2）待步骤（1）的溶液反应稳定后滴加引发剂；反应温度为 50 ～ 80℃。

（3）待步骤（2）滴加结束后再滴加交联剂；反应温度为 50 ～ 80℃。

（4）滴加结束后升温并维持温度至沉淀物粒径分布在 20 ～ 50μm，结束反应，过滤、干燥后得到产物；滴加结束后升温，升温后的反应温度为 60 ～ 90℃。

产品应用 本品是一种极性溶剂中使用的增稠剂，可实现在水、甲醇、乙醇、异丙醇、正丁醇等不同极性溶剂中快速分散并保持较好的黏度与透光率，具有一定普适性。

产品特性

（1）本品引入疏水单体，极大缩短了共聚物增稠剂在极性分散体系中的分散时间，节约了生产成本；从一定程度上增加了聚合物缔合增稠能力，从而使其具备耐电解质的能力。

（2）本品使用分段滴加工艺，得到粒径可控且分布均一的聚合物产物；提高了增稠剂在极性溶剂中的透光率，同时也实现了聚合物分子量增大，在极性溶剂中黏度进一步得以增大。

配方 13 具有表面活性的增稠剂

原料配比

原料			配比（质量份）			
			1#	2#	3#	4#
中间产物	脂肪醇聚氧乙烯醚（AEO-9）		116.8	116.8	116.8	116.8
	丙烯酸		17.5	21.6	14.4	17.5
	催化剂	对甲苯磺酸	4.64	—	—	—
		磷钨酸	—	4.71	—	—
		浓盐酸	—	—	6.56	—
		浓硫酸	—	—	—	4.64
	阻聚剂	氢醌	0.5	—	—	—
		吩噻嗪	—	0.65	—	—
		丙酸铜	—	—	0.7	—
		氢醌单甲醚	—	—	—	0.7
中间产物			30	30	30	30

续表

原料		配比（质量份）			
		1#	2#	3#	4#
去离子水		60	120	180	120
引发剂	过硫酸铵	0.6	—	—	0.5
	溴代乙酸乙酯	—	0.3	—	—
	过硫酸铵 - 亚硫酸氢钠	—	—	1	—

制备方法 将脂肪醇聚氧乙烯醚（AEO-9）和丙烯酸（AA）加入装有机械搅拌器、温度计和球形冷凝回流管的三口圆底烧瓶中，搅拌均匀后加入催化剂和阻聚剂反应。待酸值以KOH计低于65mg/g后结束反应，反应结束后减压蒸馏出未反应的丙烯酸单体和反应生成的水，得到中间产物。取中间产物和去离子水加入装有机械搅拌器、温度计和恒压滴液漏斗的三口圆底烧瓶中，将引发剂加到反应体系中，升温反应。反应结束后，冷却、静置，得到液态产物，即为具有表面活性的聚合物增稠剂。两步反应的温度均为80～150℃。第一步酯化反应时间为2～8h，第二步聚合反应时间为1～5h。反应过程中搅拌速度为100～500r/min。

产品特性 本品以脂肪醇聚氧乙烯醚为原料，通过反应性基团双键的嫁接、聚合得到。一方面引入了具有表面活性的支链，使该聚合物增稠剂具有较好的表面活性；另一方面加长了支链，使该聚合物增稠剂在体系中的网状结构延伸更广，以期达到更好的增稠效果。

配方 14 抗剪切碱溶胀缔合型增稠剂

原料配比

原料		配比（质量份）	
		1#	2#
单体预乳化液	去离子水	25	25
	十二烷基苯磺酸钠（20%）	3	3
	MOA-7	0.2	0.2
	丙烯酸	15	10
	甲基丙烯酸	15	25
	衣康酸	15	5
	丙烯酸乙酯	38.98	48.98
	丙烯酸正丁酯	10	10
	乙二醇二甲基丙烯酸酯	0.02	0.02
	粉体丙烯酰胺	4	3
	HPM-100 功能单体	2	3
滴加用引发剂溶液	过硫酸钾	0.1	0.1
	去离子水	20	20
种子引发用引发剂溶液	过硫酸钾	0.1	0.08
	去离子水	2	2
去离子水		100	100
十二烷基苯磺酸钠（20%）		3	3
MOA-7		0.2	0.2

制备方法

（1）单体预乳化液的制备：在反应釜内加入去离子水，并在搅拌状态下依次加入乳化剂、含羧基丙烯酸酯单体、丙烯酸C_1～C_4烷基酯单体、双官能度不饱和乙烯基交联单体、功能单体和丙烯酰胺类单体，搅拌至预乳液稳定；

（2）引发剂溶液的制备：称取引发剂使其溶解于去离子水中，分别制得种子引发用引发剂溶液和滴加用引发剂溶液；

（3）反应过程：向反应釜内加入去离子水和乳化剂，开启搅拌升温之后加入一定量的单体预乳化液和种子引发用引发剂溶液进行预聚合得到种子乳液；待乳液泛蓝光后向种子乳液中同步滴加剩余的单体预乳化液和滴加用引发剂进行聚合反应；之后保温后降温过滤出料。聚合反应中聚合反应温度为 82 ～ 86℃，种子乳液的滴加时间为 90 ～ 150min。

原料介绍

所述含羧基丙烯酸酯单体为甲基丙烯酸、丙烯酸、马来酸和衣康酸中的一种或几种。

所述丙烯酸 C_1 ～ C_4 烷基酯单体为丙烯酸甲酯、丙烯酸乙酯、丙烯酸正丁酯和丙烯酸异丁酯中的一种或几种。

所述双官能度不饱和乙烯基交联单体为含有两个不饱和乙烯基的丙烯酸酯类单体，为乙二醇二甲基丙烯酸酯、甲基丙烯酸丙酯、对苯二甲酸二烯丙酯、丁二醇二丙烯酸酯和乙二醇二乙烯基醚中的一种或几种。

所述功能单体为缔合丙烯酸酯类单体，所述缔合丙烯酸酯类单体为具有如下结构的单体：$CH_2{=\!=}C(R)CO_2(CH_2CH_2O)_n(CHR^1CH_2O)_mR^2$，R 为 H 或 CH_3，R^1 为 C_1 ～ C_2 烷基，R^2 为 C_8 ～ C_{20} 烷基、C_8 ～ C_{16} 烷基苯基或 C_{13} ～ C_{36} 烷基苯基，n 为 6 ～ 100 的整数，m 为 0 ～ 50 的整数。

所述丙烯酰胺类单体为丙烯酰胺和甲基丙烯酰胺中的一种或两种。

所述乳化剂为 C_{11} ～ C_{13} 烷基苯磺酸钠、C_{11} ～ C_{13} 烷基硫酸钠、十二烷基苯磺酸钠、十二烷基硫酸钠和脂肪醇聚氧乙烯醚（MOA-7，HLB 值为 8 ～ 18）中的一种或几种。

产品特性　本品的引发剂在一定温度下分解产生活性自由基，活性自由基引发单体发生自由基聚合反应，得到一定结构与粒径的稳定增稠剂乳液，其具有可以同时兼顾增稠效率与低触变性的特点，而且应用后体系受离子影响小、体系黏度稳定性好，尤其是后增稠现象较弱。

配方 15　快分散型聚合物增稠剂

原料配比

原料		配比（质量份）			
		1#	2#	3#	4#
极性有机溶剂 A	乙酸	200	—	—	—
	N, *N*- 二甲基甲酰胺	—	400	—	—
	N, *N*- 二甲基亚砜	—	—	500	—
	丙酮	—	—	—	800
非极性有机溶剂 A	甲苯	800	—	—	—
	环己烷	—	600	—	—
	二氯甲烷	—	—	500	200
α,*β*- 不饱和单体	甲基丙烯酸	50	—	—	—
	丙烯酸	—	300	—	—
	顺丁烯二酸	—	—	200	—
	N- 乙烯基吡咯烷酮	—	—	—	100
无机物分散剂	碳酸钾	2.5	—	—	—
	碳酸钠	—	0.3	—	—
	碳酸钙	—	—	2	—
	氯化钠	—	—	—	3

续表

原料		配比（质量份）			
		1#	2#	3#	4#
有机物分散剂	失水山梨醇月桂酸酯	2.5	—	—	—
	失水山梨醇单油酸酯	—	0.3	—	—
	聚氧乙烯失水山梨醇月桂酸酯	—	—	3	—
	羟乙基纤维素	—	—	—	3
引发剂 A	过氧化十二酰	1.5	—	—	—
	过氧化苯甲酰	—	0.3	—	—
	偶氮二异庚腈	—	—	2	—
	偶氮二异丁腈	—	—	—	2
交联剂	烯丙基蔗糖醚	2.5	—	—	—
	二甲基丙烯酸乙二醇酯	—	0.3	—	—
	季戊四醇三丙烯酸酯	—	—	3	6
极性有机溶剂 B	乙酸	200	—	—	—
	N,*N*- 二甲基甲酰胺	—	400	—	—
	N,*N*- 二甲基亚砜	—	—	500	—
	丙酮	—	—	—	800
非极性有机溶剂 B	甲苯	800	—	—	—
	环己烷	—	600	—	—
	二氯甲烷	—	—	500	200
引发剂 B	过氧化十二酰	1.5	—	—	—
	过氧化苯甲酰	—	0.3	—	—
	偶氮二异庚腈	—	—	2	—
	偶氮二异丁腈	—	—	—	2

制备方法

（1）在惰性气氛保护下向反应容器中加入极性有机溶剂 A、非极性有机溶剂 A、α,β- 不饱和单体、无机物分散剂、有机物分散剂、交联剂和引发剂 A 进行反应；

（2）向反应体系内补加极性有机溶剂 B、非极性有机溶剂 B 进行稀释；

（3）向稀释后的反应体系中补加引发剂 B，继续反应；

（4）反应结束后，通过喷雾干燥得到粗产物；

（5）所述粗产物经粉碎、球磨、筛分后得到目标粒径产物。

产品特性

（1）本品在聚合过程中经混合有机溶剂稀释，使大分子链增长速率相对缓慢，减小了产物粒径，增大了堆积密度。

（2）本品的制备方法未使用其他疏水性单体或其他黏合剂造粒，未引入其他物料，不会对原本聚合物增稠剂性能造成影响，节省了生产成本。

（3）本品产物粒径小，粒径分布均一，堆积密度大，在水中可实现快速分散。

配方 16　耐盐型增稠剂

原料配比

原料	配比（质量份）		
	1#	2#	3#
混合溶剂 A 液	120（体积份）	60（体积份）	70（体积份）

续表

原料		配比（质量份）		
		1#	2#	3#
混合溶剂 A 液	正己烷	1（体积份）	1（体积份）	1（体积份）
	乙酸甲酯	1（体积份）	1（体积份）	1（体积份）
	乙酸乙酯	1（体积份）	1（体积份）	1（体积份）
混合溶液 B 液		40（体积份）	30（体积份）	20（体积份）
混合溶液 B 液	丙烯酸	200	200	200
	甲基丙烯酸十八烷基酯	5	5	5
	丙烯酰胺	6	6	6
	烯丙基聚氧乙烯醚	10	10	10
	2- 丙烯酰氨基 -2- 甲基丙磺酸	6	6	6
	顺丁烯二酸酐	2	2	2
季戊四醇三烯丙基醚		0.5（体积份）	3（体积份）	5（体积份）
单硬脂酸甘油酯		0.1	4	3
偶氮二异庚腈（ABVN）		0.08	3	2

制备方法

（1）在 50℃水浴下将由正己烷、乙酸甲酯、乙酸乙酯组成的混合溶剂 A 液加入到带搅拌器和回流装置的三口烧瓶中，电动搅拌下回流 8 ～ 12min；

（2）加入由丙烯酸、甲基丙烯酸十八烷基酯、丙烯酰胺、烯丙基聚氧乙烯醚、2- 丙烯酰氨基 -2- 甲基丙磺酸、顺丁烯二酸酐组成的混合溶液 B 液，反应 15min；

（3）将水浴温度升 60℃，再加入季戊四醇三烯丙基醚、单硬脂酸甘油酯和偶氮二异庚腈，反应体系变为乳白色后再反应 40min，冷却至室温，抽滤，将产物在 40℃下真空干燥至恒重，粉碎后得到松散的白色固体粉末。

产品应用 本品主要应用于医疗卫生、食品、化妆品、电池、涂料、橡胶、采油等作增稠剂。

产品特性 本品在提高水体系黏度方面具有增稠效果明显、用量少等特点，具有很好的耐盐性，应用广泛。

配方 17 凝脂冰淇淋复配乳化增稠剂

原料配比

原料	配比（质量份）			
	1#	2#	3#	4#
单双甘油脂肪酸酯	30	30	30	30
山梨醇酐单硬脂酸酯	10	12	20	2
决明胶	20	20	20	22
K 型卡拉胶	2	2	2	2
刺槐豆胶	10	10	10	10
羟丙基甲基纤维素	28	26	24	22

制备方法 按配比称取各原料，搅拌混合即得所述复配乳化增稠剂。

产品应用

本品使用方法：

（1）按 4% ～ 6% 的用量将增稠剂添加到常规冰淇淋配方中。

（2）混料、加热、搅拌、高压均质、杀菌、冷却、老化、凝冻，得到所述凝脂冰淇淋。高压均质采用超声波二段式均质方法。超声波二段式均质方法具体为：加热至 70 ～ 75℃开始均质，第一段均质压力为 15 ～ 18MPa，第二段均质压力为 3.0 ～ 5.0MPa。

（3）将所述步骤（2）所得的凝脂冰淇淋切片后夹在热菠萝包中。

产品特性 本品乳化剂分子内具有亲水基和亲油基，易在水和油的界面形成吸附层，属于表面活性剂的一种，冰淇淋中的非脂乳固体是具有极性结构基团的亲水粒子，油脂、非脂乳固体和水结合在一起，在凝冻机机腔中机械搅拌，混合空气，脂肪颗粒和非脂乳固体颗粒包裹在气泡周围，经过超声波破碎的超细脂肪颗粒，包裹在蛋白表面，形成一种隔热膜，从而提高成型性能和抗融性能。增稠剂支撑产品结构，保持产品不变形。

配方 18 农药制剂专用防沉分散增稠剂

原料配比

原料		配比（质量份）			
		1#	2#	3#	4#
酸	丙烯酸	200	250	250	250
丙烯酰胺	*N*- 十二烷基丙烯酰胺	50	50	50	—
	N- 辛基丙烯酰胺	—	—	—	50
引发剂	过硫酸铵	10	10	—	—
	偶氮二异丁腈	—	—	10	10
分散剂	脂肪醇聚氧乙烯醚硫酸酯盐	10	10	10	15
丁酮		200	200	200	200
反应单体	季戊四醇三烯丙基醚	10	10	10	10
氢氧化钠		50	50	50	50
水		200	200	200	200

制备方法 将酸、丙烯酰胺、引发剂、分散剂、丁酮和水加入到反应釜中，进行氮气保护，搅拌升温至 50 ～ 70℃，反应 0.5 ～ 1h；在此温度范围内，滴加反应单体，滴加 2 ～ 3h；随后升温至 80 ～ 90℃，保温 3h；降温加入中和剂氢氧化钠，蒸馏抽出溶剂，得到产品分散增稠剂。

产品特性 本品采用丙烯酰胺作为功能性单体，在引入疏水基团的同时也引入了酰胺键，疏水基团能带来疏水缔合作用，此种缔合作用是由于疏水基团间因憎水作用而发生聚集，从而产生分子内和分子间的缔合作用；丙烯酰胺单体的引入不仅提高了聚合的亲水性，还提供了大量的氢键供体和受体。疏水缔合和氢键作用使聚合物分子内和分子间形成了更高级的交联网络结构，此种结构对外界离子不敏感，能有效抵抗原药表面凝胶失水和黏度降低等效应；同时此种结构能提高聚合物凝胶的内聚力，宏观上赋予聚合物凝胶适中的弹性和延展性，易黏附在原药上，使其有很好的分散和增稠作用。

配方 19 水溶性浓缩压裂用增稠剂

原料配比

原料		配比（质量份）			
		1#	2#	3#	4#
水溶性浓缩增稠剂外相溶剂	聚乙二醇 2000	1	5	2	1
	司盘 -80	1	4	1.5	1
	吐温 -60	1	2	4	1

续表

原料		配比（质量份）			
		1#	2#	3#	4#
水溶性浓缩增稠剂外相溶剂	丙三醇	93	84	84	88
	甲醇	1	2	4	1
	乙酸	1	1	0.5	2
	消泡剂 DT-1050	1	1	2	1
	无水乙醇	1	1	2	5
高分子聚合物		70	80	72	74
水溶性浓缩增稠剂外相溶剂		100	110	102	104

制备方法

（1）制备水溶性浓缩增稠剂外相溶剂：

① 按质量分数称取以下组分：1% ～ 5% 的聚乙二醇 2000、1% ～ 4% 的司盘 -80、1% ～ 4% 的吐温 -60、84% ～ 93% 的丙三醇、1% ～ 4% 的甲醇、1% ～ 5% 的无水乙醇、0.5% ～ 2% 的乙酸、0.8% ～ 2% 的消泡剂 DT-1050。上述组分的质量分数之和为 100%。

② 将步骤①称取的聚乙二醇 2000、司盘 -80、吐温 -60、丙三醇、甲醇、乙酸、消泡剂 DT-1050 加入烧杯中，在磁力搅拌条件下使样品加热到 60 ～ 90℃，持续搅拌使样品分散均匀。

③ 将步骤②得到的样品静置降温后，加入步骤①称取的无水乙醇，配制成水溶性浓缩增稠剂外相溶剂。

（2）将高分子聚合物过筛，筛子目数为 100 ～ 120 目，收集筛出的高分子聚合物作为水溶性浓缩增稠剂内相分散剂；持续搅拌时长为 5 ～ 10min。高分子聚合物过筛目数为 100 ～ 120 目。

（3）称取 70 ～ 80 份步骤（2）得到的高分子聚合物加入到 100 ～ 110 份步骤（1）得到的水溶性浓缩增稠剂外相溶剂中，用搅拌棒搅拌均匀后装入高速搅拌器样品桶中，在 9000 ～ 11000r/min 的转速下搅拌 4 ～ 8min，配制成浓缩增稠剂悬浮液体系。

（4）将高速搅拌器转速调至 200 ～ 500r/min 搅拌步骤（3）得到的浓缩增稠剂悬浮液体系，外加水浴锅降温，水浴锅温度设定为 20 ～ 25℃，当悬浮液温度降至 20 ～ 25℃时，收集悬浮液样品，密封保存。

原料介绍 所述高分子聚合物为胍胶、黄原胶、聚合物 HPAM 或超分子聚合物 YS101N 中的一种。

产品应用 本品主要用于油气田储层改造可回收压裂液体。

产品特性 本品克服了缔合类稠化剂稠化时间长、返排液泡沫多的缺点，减轻了乳液类增稠剂地层污染严重，耐盐、耐温抗剪切能力差的问题。

配方 20 透明性增稠剂

原料配比

原料		配比（质量份）		
		1#	2#	3#
第一混合物	二硬脂酸酯	12.5	20	28
	水	15	18	22
	羊毛脂	2	3.5	4
	氨基酸	0.2	0.3	0.5

续表

原料		配比（质量份）		
		1#	2#	3#
第二混合物	透明质酸钠	0.4	0.7	1
	透明质酸	0.4	0.7	1
	维生素 B_{12}	0.5	0.5	1.5
	水解蚕丝	1	2	2
	水解胶原	1	2	2
	甜菜碱	0.5	0.7	1
	聚谷氨酸	0.3	0.3	0.5
	乙酰基六肽-8	0.2	0.3	0.5
	水	23	18	13
	甘油	43	33	23

制备方法

（1）将二硬脂酸酯、水、羊毛脂和氨基酸混合，制得第一混合物；控制搅拌速率为50～200r/min，搅拌时间为10～20min。

（2）先将水升温至85～90℃，继续加入透明质酸钠、透明质酸、维生素 B_{12}、水解蚕丝、水解胶原、甜菜碱、聚谷氨酸、乙酰基六肽-8和甘油搅拌，并控制温度为60℃，制得所述第二混合物。控制搅拌速率为50～200r/min，搅拌时间为10～20min。

（3）将所述第二混合物投入步骤（1）的锅中继续搅拌，控制搅拌速率为50～200r/min，搅拌时间为10min。

产品应用 本品主要用于日化产品中。

产品特性 本品为白色透明性液体，耐光照、高温不变色、低温不果冻；吸附过滤物质像毛孔、毛囊、表皮层吸附营养物质，具有小分子肽类型。该增稠剂具有优异的增稠作用，能够有效降低透明质酸增稠剂的使用成本，无刺激性且安全性较高；同时该透明性增稠剂能够用于补充人体头发、头皮和毛囊的营养物质。本品制备方法简单，产品稳定易保存，易于工业化生产。

配方 21 无溶剂丙烯酸类增稠剂

原料配比

原料		配比（质量份）			
		1#	2#	3#	4#
丙烯酸类单体	丙烯酸	60	100	50	45
	丙烯酸乙酯	80	40	30	—
	丙烯酸异辛酯	—	—	—	40
	甲基丙烯酸甲酯	—	—	60	55
交联剂	邻苯二甲酸二烯丙酯	0.16	0.2	—	—
	N,*N'*-亚甲基双丙烯酰胺	—	—	0.2	0.2
引发剂	过硫酸铵	0.04	—	—	—
	偶氮二异丁腈	—	0.08	0.1	0.08
有机溶剂	乙酸乙酯	57	—	—	60
	正己烷	—	57	60	—

制备方法 将丙烯酸类单体、交联剂、引发剂和有机溶剂加入到反应器中，进行聚合反

应，得到无溶剂丙烯酸类增稠剂。反应温度为 60 ～ 65℃，反应时间为 8 ～ 10h。将所述无溶剂丙烯酸类增稠剂进行粉碎处理，得到粉末状无溶剂丙烯酸类增稠剂。

产品应用 本品主要用于涂料、日化产品、油墨、纺织助剂等产品中。

产品特性

（1）由于本品在固体状态时分子链是卷曲的，丙烯酸分子链互相缠绕在一起，当分散在溶液中时，无溶剂丙烯酸类增稠剂主链上的羧酸基团发生电离，形成带负电的羧酸根，使得丙烯酸类增稠剂分子链上的羧酸根产生相互库仑斥力，使丙烯酸类增稠剂的分子链开始伸展。在丙烯酸类增稠剂粒子膨胀的基础上，疏水基团通过胶束缔合作用，形成物理网络结构，双重作用使无溶剂丙烯酸类增稠剂的增稠效果优异，从而可以提高产品的耐热性、耐磨性、保温性、抗老化性等化学性能。

（2）本品具有优异的增稠效果和成膜效果，可以改善产品的抗拉强度、抗剪切强度、黏结强度及附着力。

配方 22 液态增稠剂

原料配比

原料	配比（质量份）			
	1#	2#	3#	4#
丙烯酰胺	40	38	42	42
2- 丙烯酰氨基 -2- 甲基丙磺酸	7	6	8	6
丙烯酸	8	7	8	7
十二烷基硫酸钠	2	2	1	1
疏水单体	0.2	0.1	0.3	0.3
碳酰胺	0.03	0.4	0.04	0.03
偶氮二异丁脒盐酸盐	0.4	0.5	0.5	0.4
黏土稳定剂	0.6	0.5	0.5	0.5
增效剂	0.2	0.3	0.1	0.3
有机硼交联剂	28	30	25	26
蒸馏水	适量	适量	适量	适量
氢氧化钠	适量	适量	适量	适量

制备方法

（1）将丙烯酰胺、2- 丙烯酰氨基 -2- 甲基丙磺酸、丙烯酸、疏水单体溶于蒸馏水中，配制固含量为 30% 的溶液，备用；

（2）将碳酰胺、十二烷基硫酸钠加入步骤（1）的溶液中，用磁力搅拌器搅拌成均匀的水溶液，加入适量的 NaOH 将溶液调至中性，冷却；

（3）向步骤（2）配制好的溶液中加入偶氮二异丁脒盐酸盐，密封通氮气 15min;

（4）加入黏土稳定剂、增效剂搅拌至溶液变黏，停止通氮气，并隔绝空气放置 8h 左右，得到具有黏弹性的聚合物胶块，用绞肉机将胶块搅碎，即得到基础增稠剂；

（5）将有机硼交联剂加入基础增稠剂中，同时利用高速搅拌机以 300r/min 转速高速剪切 2min，即得到液态增稠剂。

原料介绍

所述疏水单体为丙烯酸酯单体。

所述黏土稳定剂为阳离子聚丙烯酰胺。

所述增效剂密度为 0.9 ～ 1.1g/cm^3，pH 值为 6 ～ 7。

产品特性 本品耐高温，在高温下不易被分解破坏，可显著提高采收率。

配方 23 应用于改性沥青生产的增稠剂

原料配比

原料	配比（质量份）		
	1#	2#	3#
聚醚型聚氨酯	30	40	50
黏土	40	60	70
聚丙烯酸钠	1	2	3
海藻酸钠	5	8	10
聚乙烯醇	1	2	3
聚丙烯酰胺	2	3	4
硅凝胶	5	10	15
羟甲基纤维素	2	3	4
羟乙基纤维素	2	3	4
硅粉	20	50	60

制备方法

（1）将海藻酸钠投入搅拌机中，在 50 ～ 60℃下加入去离子水进行搅拌，搅拌后在 100 ～ 120℃下进行蒸发，直至蒸干水分成熔融状物。

（2）将熔融状物放入灭菌锅中进行灭菌，灭菌完成后，待其冷却到常温，然后过 100 ～ 140 目筛，去除其中的残留块状物，获得胶质。

（3）将黏土、聚醚型聚氨酯、硅凝胶和硅粉混合，利用超声波发生器均质处理 3 ～ 5min，并控制超声波发生器压强为 1.12 ～ 1.15MPa，获得基体。

（4）将胶质、基体加热混合，升温至 110 ～ 140℃，保温反应 1 ～ 3h，反应的压力为 −0.98 ～ −0.95MPa；然后向其中加入聚丙烯酸钠、聚乙烯醇、聚丙烯酰胺、羟甲基纤维素和羟乙基纤维素进行混合，升温至 110 ～ 145℃，保温 2 ～ 6h，并在常压下通入惰性气体。

（5）对混合物进行超声波均质，利用超声波分散器均质处理 5 ～ 8min，并控制超声波分散器内压强为 1.15 ～ 1.18MPa，然后在 −0.7 ～ −0.3MPa 的真空作用下冷却，获得成品。

产品特性

（1）本品利用黏土、聚醚型聚氨酯、硅凝胶和硅粉混合构成基体，利用海藻酸钠制成的胶质作为主要粘接物，利用黏土、硅粉的特性，增强沥青的强度，配合胶质、硅凝胶的粘接性能，提高沥青的稠度，配合聚醚型聚氨酯提高沥青的耐水性、耐碱性。综上，在增加沥青稠度的同时，全方位提升其耐压性能，使其不易开裂损坏。

（2）本品主要利用胶质作为增稠原料，配合小比例的聚丙烯酸钠、聚乙烯醇、聚丙烯酰胺、羟甲基纤维素和羟乙基纤维素辅助，以天然原料为主，以小比例化学成分为辅，污染更小，使用安全。

配方 24 用于粗砂混凝土的增稠剂

原料配比

原料	配比（质量份）			
	1#	2#	3#	4#
保水剂	40	50	60	45
引气剂	2	3	5	5

续表

原料			配比（质量份）			
			1#	2#	3#	4#
分散剂			20	25	25	30
水			38	22	10	20
保水剂	混合物A	2-丙烯酰氨基-2-甲基丙磺酸	1	2	1.5	1.5
		丙烯酰胺	25	35	30	30
		丙烯酸	10	15	12	12
		去离子水	220	220	220	220
	混合物B	过硫酸铵	0.4	0.8	0.6	0.6
		抗坏血酸	0.08	0.1	0.09	0.09
	水		900	900	900	900
引气剂	水		40	60	50	50
	松香引气剂		25	35	30	30
	丙烯酸类单体	甲基丙烯酸甲酯	15	—	—	—
		甲基丙烯酸酐	—	20	—	18
		丙烯酸酐	—	—	18	—
	多元醇丙烯酸酯	1,4-丁二醇二甲基丙烯酸酯	0.3	—	0.4	—
		1,3-丁二醇二甲基丙烯酸酯	—	0.5	—	0.4
	乳化剂聚氧乙烯失水山梨醇脂肪酸酯		2	4	3	3
	引发剂硫酸铈铵		0.2	0.5	0.4	0.4
分散剂	组分a	丙烯酸	1200	1300	1250	1250
		2-丙烯酰胺基-2-甲基丙磺酸	200	250	200	220
		去离子水	200	250	220	220
	组分b	过硫酸铵	20	22	21	21
		去离子水	80	80	80	80
	组分c	次磷酸钠	30	40	35	35
		去离子水	90	90	90	90
	水		700	800	750	750

制备方法 将保水剂、引气剂、分散剂、水混合后得到增稠剂。

原料介绍

所述保水剂的制备方法为：

（1）将2-丙烯酰氨基-2-甲基丙磺酸、丙烯酰胺、丙烯酸和去离子水混合均匀后，调节pH值为8.5～9.5，得到混合物A。

（2）向混合物A中加入引发剂、还原剂进行反应，得到混合物B；反应温度为60～70℃，反应时间为3～5h。所述引发剂为过硫酸铵。所述的还原剂为抗坏血酸。

（3）将混合物B加入到水中，溶胀9～15h后搅拌1.5～2.5h，得到保水剂。

所述引气剂的制备方法为：

（1）将松香引气剂、丙烯酸类单体、多元醇丙烯酸酯、乳化剂、引发剂和水超声分散后，得到乳液。超声温度为50～70℃，超声时间为10min。松香引气剂、丙烯酸类单体、多元醇丙烯酸酯、乳化剂、引发剂和水的质量比为（25～35）∶（15～20）∶（0.3～0.5）∶（2～4）∶（0.2～0.5）∶（40～60）。所述丙烯酸类单体为丙烯酸酐、甲基丙烯酸酐、甲基丙烯酸甲酯中的一种或多种。所述多元醇丙烯酸酯为1,4-丁二醇二甲基丙烯酸酯、1,3-丁二醇二甲基丙烯酸酯、1,3-丙二醇二甲基丙烯酸酯中的一种或多种。

（2）将乳液在氮气气氛下进行反应，得到引气剂。反应温度为 85 ～ 95℃，反应时间为 5 ～ 7h。

所述分散剂为以丙烯酸、2- 丙烯酰氨基 -2- 甲基丙磺酸为单体在引发剂过硫酸铵和还原剂次磷酸钠的作用下反应得到。所述的分散剂的制备方法为：

（1）将丙烯酸、2- 丙烯酰氨基 -2- 甲基丙磺酸、去离子水混合，得到组分 a；

（2）将过硫酸铵和去离子水混合，得到组分 b；

（3）将次磷酸钠和去离子水混合，得到组分 c；

（4）在装有搅拌器、滴加装置和加热装置的反应器中加入水，加热升温至 80℃，同时滴加组分 a、组分 b、组分 c，滴加 1h，滴加完毕后继续反应 1h 后降温至 25℃，调节 pH 值为 7，调整固含量为 40%，得到分散剂。

产品特性

（1）本品应用到混凝土中，混凝土的浆体更加富裕，坍落度和扩展度得到显著提升，泌水得到明显改善，混凝土和易性也得到显著改善。

（2）对于低标 C30 混凝土而言，加入本品可以有效地解决泌水、离析、露石等以及浆体不足的问题；对于高标 C50 混凝土，掺入本品可以有效改善浆体的柔和度和提高混凝土的流动度，提高混凝土的抗压强度。

配方 25　丙烯酸聚合物增稠剂

原料配比

原料		配比（质量份）		
		1#	2#	3#
混合溶剂		700	700	700
混合溶剂	乙酸乙酯	1（体积份）	2（体积份）	1（体积份）
	环己烷	1（体积份）	1（体积份）	2（体积份）
丙烯酸		100	100	100
交联剂	季戊四醇烯丙基醚	2	2	2
分散剂		3	3	3
分散剂	聚乙二醇硬脂酸酯	3	3	3
	硬脂酸甘油酯	1	1	1
引发剂	偶氮二异丁腈	0.5	0.5	0.5

制备方法

（1）将交联剂、丙烯酸、混合溶剂、分散剂和引发剂加入容器中进行反应。

（2）反应完成后进行后处理，即得增稠剂丙烯酸聚合物。所述后处理包括抽滤和干燥。干燥在真空干燥箱中进行，干燥温度为 30 ～ 60℃，干燥时间为 10 ～ 30h。

产品特性

（1）本品为粉末状小颗粒，且具有较高黏度，质量分数为 0.2% 的丙烯酸聚合物水溶液黏度为 11000 ～ 30000mPa・s，质量分数为 0.5% 的丙烯酸聚合物水溶液黏度为 38000 ～ 70000mPa・s；

（2）本品所述制备方法简单易行，适合工业化生产。

10 增塑剂

10.1 增塑剂定义

增塑剂，又称塑化剂、可塑剂，是一种增加材料的柔软性或使材料液化的添加剂。其添加对象包含塑胶、混凝土、干壁材料、水泥与石膏等等。同一种塑化剂常常使用在不同的对象上，其效果往往并不相同。

10.2 增塑剂作用机理

增塑剂的作用机理是增塑剂分子插入到聚合物分子链之间，削弱了聚合物分子链间的应力，结果增加了聚合物分子链的移动性、降低了聚合物分子链的结晶度，从而使聚合物的塑性增加。对抗塑化作用的主要因素是聚合物分子链间的应力和聚合物分子链的结晶度，而它们则取决于聚合物的化学结构和物理结构。

当把增塑剂加入到聚合物中，增塑剂分子相互之间、增塑剂与聚合物分子相互之间的作用力很重要。所有这些相互作用（增塑剂与增塑剂之间、增塑剂与聚合物之间、聚合物与聚合物之间）都是同样大小时，才可能没有增塑作用和反增塑作用。

（1）范德瓦耳斯力　范德瓦耳斯力是物质的聚集态中分子与分子间存在着的一种较弱的引力。范德瓦耳斯力包括色散力、诱导力和取向力。范德瓦耳斯力的作用只有几埃。

① 色散力：色散力存在于所有极性或非极性分子之间，是由于微小的瞬时偶极的相互作用使挨近的偶极处于异极相邻状态而产生的一种引力。但是只有在非极性体系中，如苯、聚乙烯或聚苯乙烯中，色散力才占较主要的地位。

② 诱导力：当一个具有固定偶极的分子在相邻的一个非极性分子中诱导出一个诱导偶极时，诱导偶极和固有偶极之间的引力叫作诱导力。芳香族化合物因为 π 电子能高度极化所以影响特别强，如低分子量的酯与聚苯乙烯之间或苯与聚醋酸乙烯之间主要是诱导力。

③ 取向力：当极性分子相互靠近时，由于固有偶极的取向而引起分子间的一种作用力叫作取向力，如酯类增塑剂与 PVC 或与硝酸纤维素的相互作用就是代表性的例子。

（2）氢键　含有—OH 基或—NH—基团的分子，如聚酰胺、聚乙烯醇、纤维素等，在分子间有时在分子内部都能形成氢键。氢键是一种比较强的相互作用键，它们妨碍增塑剂分子插入聚合物分子间，氢键沿聚合物分子链分布越密，相应地对抗增塑剂插入的作用也越强。因此要求增塑剂与聚合物分子也能产生类似的强的作用。另外随着温度的升高，分子间的吸引作用由于氢键的减少而显著削弱，这是因为分子的热运动妨碍了聚合物分子的取向。

（3）空间　有规结构聚合物的分子链适当的条件下能够结晶，即链状分子从卷的和杂乱的状态变成紧密折叠成行的有规则状态。在一般条件下，工业生产的聚合物不可能是完全结晶的，而往往是由结晶区域散插在无定形区域构成的。

显然，增塑剂的分子插入结晶区域要比插入无定形区域困难得多，因为在结晶区聚合物与链之间的自由空间最小。如果增塑剂的分子仅能插入部分结晶的聚合物的无定形区域，则此增塑剂便是非溶剂型增塑剂，也就是所谓的辅助增塑剂。如果增塑剂的分子既能插入聚合物的无定形区域同时又能插入结晶区域，则此增塑剂便是溶剂型增塑剂，即所谓的主增塑剂。

10.3 增塑剂分类

增塑剂按其作用方式可以分为两大类型，即内增塑剂和外增塑剂。

10.3.1 内增塑剂

内增塑剂实际上是聚合物的一部分。一般内增塑剂是在聚合物的聚合过程中所引入的第二单体。第二单体共聚在聚合物的分子结构中，降低了聚合物分子链的有规度，即降低了聚合物分子链的结晶度，例如氯乙烯 - 酯酸乙烯共聚物比氯乙烯均聚物更加柔软。内增塑剂的使用温度范围比较窄，而且必须在聚合过程中加入，因此内增塑剂用得较少。

10.3.2 外增塑剂

外增塑剂是一种低分子量的化合物或聚合物，把它添加在需要增塑的聚合物内，可增加聚合物的塑性。外增塑剂一般是一种高沸点的较难挥发的液体或低熔点的固体，而且绝大多数都是酯类有机化合物。通常它们不与聚合物起化学反应，和聚合物的相互作用主要是在升高温度时的溶胀作用，与聚合物形成一种固体溶液。外增塑剂性能比较全面且生产和使用方便，应用很广。现在人们一般说的增塑剂都是指外增塑剂。

增塑剂按照化学结构划分为以下几类：

① 苯二甲酸酯类（包括邻苯二甲酸酯、对苯二甲酸酯、间苯二甲酸酯）。

② 脂肪族二元酸酯类（包括己二酸酯、壬二酸酯、癸二酸酯）。

③ 磷酸酯类（包括磷酸脂肪醇酯、磷酸酚酯和含氯磷酸酯）。

④ 多元醇酯类（包括甘油三醋酸酯、一缩二乙二醇苯甲酸酯等）。

⑤ 苯多酸酯类（包括偏苯三酸三辛酯、偏苯三酸三己酯、均苯四酸四酯）。

⑥ 柠檬酸酯类［包括柠檬酸三乙酯、乙酰柠檬酸三乙酯、柠檬酸三丁酯、乙酰柠檬酸三（2- 乙基己）酯等］。

⑦ 聚酯类（包括己二酸丙二醇聚酯、癸二酸丙二醇聚酯、邻苯二甲酸聚酯等）。

⑧ 环氧类（包括环氧大豆油、环氧亚麻子油、环氧油酸丁酯、环氧硬脂酸辛酯、环氧化甘油三酸酯、环氧四氢邻苯二甲酸二辛酯等）。

⑨ 含氯类（包括氯化石蜡、五氯硬脂酸甲酯）。

⑩ 反应性增塑剂（包括顺丁烯二酸二丁酯、马来酸二辛酯、丙烯酸 / 甲基丙烯酸多元醇酯、富马酸酯、衣康酸酯、不饱和聚酯树脂等）。

10.4 增塑剂用途

10.4.1 在塑胶行业的应用

塑胶添加增塑剂依据使用的功能、环境不同，制造成拥有各种韧性的软硬度、光泽不同的成品，其中愈软的塑胶成品所需添加的塑化剂愈多。一般常使用的保鲜膜，一种是无添加剂的 PE（聚乙烯）材料，但其黏性较差；另一种广泛被使用的是 PVC（聚氯乙烯）保鲜膜，有大量的塑化剂，以让 PVC 材质变得柔软且黏度增加，非常适合生鲜食品的包装。

① PVC 塑料增塑剂：在 PVC 塑料中，一般会添加低分子量增塑剂，以增强塑料的可塑性和柔软性。常用的增塑剂包括醋酸盐增塑剂、磷酸酯增塑剂等。

② PE 塑料增塑剂：在 PE 塑料中，增塑剂可以提高塑料的伸缩性和韧性。常用的增塑剂包括聚酯增塑剂、聚醚增塑剂等。

③ PS 塑料增塑剂：在 PS 塑料中，弹性体增塑剂和橡胶增塑剂被广泛应用。这些增塑剂可以增强 PS 塑料的抗冲击性和韧性。

10.4.2 在混凝土行业的应用

混凝土使用的增塑剂也称为减水剂、高效减水剂或超级塑化剂，可以增加混合物的工作性，使其方便施工、不易产生蜂窝，从而可减少含水比例，增加强度。在墙壁材料中加入塑化剂可以增加混合物的液化程度，如此便不用添加太多水分，可减少干燥墙面所需时间。

一般混凝土的含水量越高，其流动性及加工性越好。但在混凝土有足够的水分时，混凝土凝固后的强度和含水量恰成反比。因此若要混凝土有高强度，混凝土的水量不能过多。水量过多加工性就会变差，增塑剂可以在不影响混凝土加工性的条件下减少其含水量（因此称为减水剂），同时也提升混凝土的强度。若混凝土中加入了火山灰时，也会加入增塑剂来提升强度。生产高强度混凝土或纤维强化混凝土时，常用此方式来提升强度。

一般在混凝土中加入其质量 1% ～ 2% 的增塑剂就可以发挥效果。太多增塑剂会使得混凝土过度分离，因此一般不建议增塑剂过量。因混凝土中成分不同，太多增塑剂也可能会起缓凝作用。

10.4.3 在石膏干壁中的应用

石膏干壁中使用的增塑剂也称为分散剂，可增加石膏凝固之前的加工性。为了减少使干壁干燥所需的能量，在制作时会加入较少的水，此时的加工性就会变差，加入增塑剂可以改善其加工性。

10.4.4 在含能材料中的应用

含能材料及烟火药剂一般会使用增塑剂，一方面可以改善推进剂本身或其黏合剂的物理性质，另一方面也可以当成辅助燃料，提升单位质量燃料所提供的推进力（即比冲）。在固体火箭推进剂及无烟火药中特别需要增塑剂改善物理性质或提升比冲。可提升比冲的增塑剂一般称为含能增塑剂。其优点是可减少推进剂的质量，增加火箭载荷或提升其最大速度。

10.5 增塑剂的选择

增塑剂通常是难挥发的高沸点酯类，少数是低熔点固体，它们一般不与被增塑物质发生化学反应。增塑剂的使用条件是与树脂有良好的相容性，价格低廉，增塑效率高，增塑速度快，耐久性好（挥发性低、迁移性小、耐抽出性高），环境稳定性好（耐光、耐热、耐菌、耐化学药品和阻燃性好），卫生性好（对人、畜和农作物无毒，无污染、无味），电绝缘性好，黏度稳定性好。但是没有一种增塑剂能满足所有条件。在实际使用时，多数是两种或多种并用以取长补短，获得最佳的增塑效果并达到完善的性能要求。增塑剂在一个配方中要使制品的所有性能都达到最佳值是不可能的，因此，选用增塑剂时首先要保证主要的性能要求。

除这些要求外，增塑剂的选用还应着重考虑增塑剂的溶解度参数，其与树脂的溶解度参数越接近，两者相容性越好。介电常数是分子极性的函数，它受偶极矩和氢键的影响很大。介电常数可用来作为判断增塑剂相容性的参数。根据 PVC 的溶解度参数，增塑剂的溶解度参数一般为 8.4 ～ 11.4，介电常数为 4 ～ 8。

增塑剂中邻苯二甲酸酯类增塑剂用量最大，约占增塑剂总产量的 80%，我国该类增塑剂主要以邻苯二甲酸二辛酯（DOP）和邻苯二甲酸二丁酯（DBP）为主。由于受到原料醇来源的限制，邻苯二甲酸二庚酯（DHP）、邻苯二甲酸二异癸酯（DIDP）、邻苯二甲酸二异辛酯（DIOP）等性能优良的品种产量不大。

10.6 增塑剂配方与制备实例

配方 1 2,5-噻吩二甲酸酯类增塑剂

原料配比

原料		配比（质量份）			
		1#	2#	3#	4#
2,5- 噻吩二甲酸		8.8	8.8	8.8	8.8
饱和一元脂肪醇	正丁醇	46.2（体积份）	—	—	—
	正己醇	—	76.8（体积份）	—	—
	2- 乙基丁醇	—	—	75.4（体积份）	—
	正辛醇	—	—	—	127.7（体积份）
催化剂	对甲苯磺酸	2	—	—	—
	对甲苯磺酸一水合物	—	2	2	2
带水剂	环己烷	60（体积份）	60（体积份）	60（体积份）	60（体积份）
三氯甲烷		适量	适量	适量	适量

制备方法 将 2,5-噻吩二甲酸和饱和一元脂肪醇加入装有温度计、分水器和回流冷凝管的三口烧瓶中，随后加入催化剂和带水剂，搅拌并加热到第一滴环己烷开始回流后继续回流 6h。停止反应，待体系冷却至室温后，用去离子水将反应产物洗涤至中性。用旋转蒸发仪在 70℃下除去环己烷和过量的正丁醇，得到乳白色的混合液。将该混合液用三氯甲烷溶解后离心，取上层清液并再次通过旋转蒸发仪除去三氯甲烷后，最终得到淡黄色黏稠状产物增塑剂。

产品应用 本品主要用于对卫生要求较高的领域，如食品包装、医疗器械和儿童玩具等塑料制品的增塑。

产品特性

（1）以可再生资源 2,5-噻吩二甲酸为原料制备 2,5-噻吩二甲酸酯类增塑剂，解决了传统的邻苯二甲酸酯类增塑剂具有潜在生殖毒性、对石油资源依赖性强以及在合成原料来源上不可持续等问题，且本品制备方法流程简单，操作方便。

（2）本品的综合性能优异，可应用于对卫生要求较高的领域，如食品包装、医疗器械和儿童玩具等，尤其适用于聚氯乙烯和聚乳酸树脂的增塑。

配方 2 超支化可生物降解聚酯增塑剂

原料配比

原料		配比（质量份）			
		1#	2#	3#	4#
乳酸单体	L- 乳酸	80	90	90	100
多元醇	木糖醇	2	5	—	—
	山梨醇	—	—	5	—
多元醇酸	柠檬酸	—	—	—	5
催化剂	氯化亚锡	0.4	—	0.5	—
	辛酸亚锡	—	0.5	—	0.4
	对甲苯磺酸	0.4	0.5	0.5	0.4

制备方法

（1）向反应容器中加入所述配比的原料，并在加入原料的过程中不断地通入氮气；

（2）在反应温度 100 ～ 120℃、真空度 5 ～ 10kPa 条件下反应 2h，使乳酸单体反应生成乳酸预聚物，完成一阶段反应；

（3）将温度升至 130 ～ 150℃、真空度降至 1 ～ 5kPa 后继续进行二阶段反应，反应 2 ～ 6h，二阶段反应完成后即可得到超支化可生物降解聚酯增塑剂。

原料介绍 所述乳酸单体为 L- 乳酸，其中乳酸需进行低压蒸馏，以除去原料中的水。

产品特性

（1）本品采用了多元醇或酸作为核心分子，聚合生成超支化聚乳酸，由于其多臂结构在增塑 PVC 时可以有效地增大 PVC 分子链间的距离；相比传统的直链增塑剂，其增塑效率更高，又由于其分子量相比传统邻苯类增塑剂分子量高，使得其具有优异的耐迁移性和耐挥发性。

（2）该合成方法相对简单，生产效率高，为软质 PVC 制品的生物可降解性、环保性以及高效率增塑提供了有力的技术支持。

配方 3 反应性聚合物树脂增塑剂

原料配比

原料		配比（质量份）			
		1#	2#	3#	4#
乙烯基树脂 A	甲基丙烯酸羟乙酯	80	70	—	90
	丙烯酸羟丁酯	—	—	70	—
甲苯		50	50	50	50
增韧剂 B	己内酯	88	77	—	100
	己二酸丁二酯	—	—	106	—
辛酸亚锡		2×10^{-4}	2×10^{-4}	2×10^{-4}	2×10^{-4}
对羟基苯甲醚		10^{-3}	10^{-3}	10^{-3}	10^{-3}
酸或酸酐类化合物 C	邻苯二甲酸酐	91	80	—	102
	顺丁烯二酸酐	—	—	48	—
环氧化合物 D	1,4- 丁二醇缩水甘油醚	124	—	—	—
	双酚 A 环氧树脂	—	183	—	—
	双酚 F 环氧树脂	—	—	165	—
	甲基丙烯酸羟乙酯	—	—	—	90
三苯基膦		2×10^{-4}	2×10^{-4}	2×10^{-4}	—

制备方法

方法一：在反应容器中加入乙烯基树脂 A、甲苯和增韧剂 B，在 70～110℃下搅拌溶解；加入辛酸亚锡、对羟基苯甲醚，保温 4h 后加入酸或酸酐类化合物 C，保温 3h 后当酸值降低一半时加入环氧化合物 D 和三苯基膦（也可不加），保温 6h 当环氧值降到特定值时减压蒸出溶剂甲苯，经过压滤机压滤得到反应性聚合物树脂增塑剂。

方法二：在反应容器中加入乙烯基树脂 A、甲苯和增韧剂 B，在 70～110℃下搅拌溶解；加入辛酸亚锡、对羟基苯甲醚，保温 4h 后加入酸或酸酐类化合物 C，保温 6h 当酸值降到特定值时减压蒸出溶剂甲苯，经过压滤机压滤得到反应性聚合物树脂增塑剂。

产品应用 本品主要用于液晶封装密封剂。

液晶封装密封剂的制备方法，具体为：在双行星搅拌仪中加入固化性树脂，再加入反应性聚合物树脂增塑剂、填料、光引发剂，真空搅拌 20min，等待温度降到 25℃ 以后加入固化剂，再次真空搅拌 20min；最后通过三辊研磨机、压滤机得到液晶封装密封剂。

所述固化性树脂为环氧丙烯酸酯 Uvacure 1561。

所述固化剂为大塚化学 ADH、SDH、DDH、IDH、SAH、MDH，味之素 PN-23、MY-25 中的一种或多种。

所述填料为滑石、石棉、二氧化硅、硅藻土、绿土（smectite）、膨润土、碳酸钙、碳酸镁、氧化铝、蒙脱石、氧化锌、氧化铁、氧化镁、氧化锡、氧化钛、氢氧化镁、氢氧化铝、玻璃珠、氮化硅、硫酸钡、石膏、硅酸钙、绢云母、活性白土、氮化铝、聚酯微粒、聚氨酯微粒、乙烯基聚合物微粒、丙烯酸类聚合物微粒中的一种或多种。

所述光引发剂为 IGM 369、IGM 651 中的至少一种。

产品特性 本品能够根据所需的玻璃化转化温度的要求通过配方调整使得液晶密封剂达到合适的柔韧性，从而达到高粘接强度；而且该反应性聚合物树脂增塑剂含有活性基团环氧基团或碳碳双键，因此该树脂增塑剂能够与主链树脂交联成网达到较高的交联密度，从而使得液晶封装密封剂获得优良的透湿性能。

配方 4 复合增塑剂

原料配比

<table>
<tr><th colspan="4" rowspan="2">原料</th><th colspan="2">配比（质量份）</th></tr>
<tr><th>1#</th><th>2#</th></tr>
<tr><td colspan="4">第一增塑剂</td><td>1</td><td>1</td></tr>
<tr><td colspan="4">第二增塑剂</td><td>2</td><td>2</td></tr>
<tr><td rowspan="12">第一增塑剂</td><td rowspan="7">磺酰基保护的二醇化合物</td><td colspan="2">三羟甲基乙烷</td><td>8.54</td><td>8.54</td></tr>
<tr><td colspan="2">对甲苯磺酸</td><td>1.22</td><td>1.22</td></tr>
<tr><td colspan="2">环戊烷甲醛</td><td>10（体积份）</td><td>10（体积份）</td></tr>
<tr><td colspan="2">甲苯</td><td>100（体积份）</td><td>100（体积份）</td></tr>
<tr><td colspan="2">混合液</td><td>300（体积份）</td><td>300（体积份）</td></tr>
<tr><td rowspan="2">混合液</td><td>乙醚</td><td>2（体积份）</td><td>2（体积份）</td></tr>
<tr><td>水</td><td>3（体积份）</td><td>3（体积份）</td></tr>
<tr><td rowspan="5">脱保护的二醇化合物</td><td colspan="2">磺酰基保护的二醇化合物</td><td>8.25</td><td>8.25</td></tr>
<tr><td colspan="2">二氯甲烷</td><td>200（体积份）</td><td>200（体积份）</td></tr>
<tr><td colspan="2">17% 二异丁基氢化铝的甲苯溶液</td><td>50（体积份）</td><td>50（体积份）</td></tr>
<tr><td colspan="2">无水甲醇</td><td>80（体积份）</td><td>80（体积份）</td></tr>
<tr><td colspan="2">饱和酒石酸钾钠溶液</td><td>100（体积份）</td><td>100（体积份）</td></tr>
</table>

续表

原料				配比（质量份）	
				1#	2#
第一增塑剂	脱保护的二醇化合物	混合液		300（体积份）	300（体积份）
		混合液	乙醚	2（体积份）	2（体积份）
			水	3（体积份）	3（体积份）
	脱保护的二醇化合物			2.58	2.58
	四氢呋喃			200（体积份）	200（体积份）
	甲酸乙酯			5（体积份）	5（体积份）
	三乙胺			5（体积份）	5（体积份）
	1mol/L 盐酸			20（体积份）	20（体积份）
	混合液			200（体积份）	200（体积份）
	混合液	二氯甲烷		1（体积份）	1（体积份）
		水		1（体积份）	1（体积份）
第二增塑剂	棕榈油甘油酯	棕榈油		10	10
		1mol/L 氢氧化钠水溶液		100（体积份）	100（体积份）
		甘油		2.6	2.6
		20% 碳酸氢钠水溶液		20（体积份）	20（体积份）
	脱质子的棕榈油甘油酯	棕榈油甘油酯		10	10
		甲醇钾		6.5	6.5
		无水甲醇		50（体积份）	50（体积份）
	缩水甘油			6.3	6.3
	无水乙醇			200（体积份）	200（体积份）
	乙酸酐			23.5	23.5
	9，10- 二氢 -9- 氧杂 -10- 磷杂菲 -10- 氧化物（DOPO）			18.8	—
	1mol/L 氢氧化钠水溶液			50（体积份）	50（体积份）
	水			50（体积份）	50（体积份）

制备方法 将第一增塑剂和第二增塑剂混合均匀即可。

原料介绍

所述的第一增塑剂为多元酯化合物，其合成是以柠檬酸为原料，先用磺酰基对两个羟基进行保护，剩余的羟基和磺酰基保护的取代基偶联，然后对两个羟基进行脱保护，再通过碳酸化反应合成其制备方法包括如下步骤：

（1）在氮气气氛下，将 6 ～ 10 质量份三羟甲基乙烷、1 ～ 1.5 质量份对甲苯磺酸、10 ～ 15 体积份环戊烷甲醛、100 ～ 200 体积份甲苯混合，加热至 100 ～ 120℃，在 600 ～ 800r/min 转速下搅拌反应 3 ～ 5h，反应完成后冷却至室温，减压蒸除溶剂后，剩余物用 200 ～ 500 体积份乙醚和水体积比为（2 ～ 3）∶（3 ～ 5）的混合液萃取 2 ～ 3 次，合并有机相，有机相用无水硫酸镁干燥后过滤，将滤液减压蒸除溶剂后得到磺酰基保护的二醇化合物；

（2）在氮气氛围下，将 7 ～ 12 质量份上述磺酰基保护的二醇化合物加入 150 ～ 250 体积份二氯甲烷中，在 0 ～ 5℃、1 ～ 2 滴 /s 的滴加速度下滴加 50 ～ 60 体积份的 15% ～ 20% 二异丁基氢化铝的甲苯溶液，滴加完毕后在室温下反应 20 ～ 24h 后冷却至 0 ～ 5℃，在转速为 2000 ～ 4000r/min 下以 1 ～ 2 滴 /s 的速度滴加 50 ～ 100 体积份无水甲醇，待甲醇滴加完毕后，继续搅拌 20 ～ 30min，然后加入 80 ～ 120 体积份饱和酒石酸钾钠溶液，在室温下搅拌 5 ～ 10min 后用 200 ～ 500 体积份乙醚和水体积比为（2 ～ 3）∶（3 ～ 5）的混合液萃取 2 ～ 3 次，合并有机相并加入无水硫酸镁干燥 8 ～ 10h，过滤，将滤液减压蒸除溶剂后得到脱保护的二醇化合物；

（3）在氮气气氛下，将 2 ～ 3 质量份上述脱保护的二醇化合物加入 150 ～ 250 体积份四氢呋喃中，再加入 5 ～ 10 体积份甲酸乙酯，将体系温度调整至 0 ～ 5℃，然后以 1 ～ 2 滴 /s 的速度滴加 5 ～ 8 体积份三乙胺，滴加完毕后，在 0 ～ 5℃下继续反应 8 ～ 10h，加入 20 ～ 30 体积份的 0.5 ～ 1mol/L 盐酸淬灭反应，然后用 150 ～ 250 体积份二氯甲烷和水体积比为（1 ～ 2）∶（1 ～ 2）的混合液萃取，合并有机相，有机相用无水硫酸镁干燥后过滤，将滤液减压蒸除溶剂后得到多元酯衍生物。

所述第二增塑剂为缩水甘油酯的树枝状化合物，其制备方法包括如下步骤：

（1）在氮气气氛下，将 8 ～ 15 质量份棕榈油和 80 ～ 120 体积份 0.5 ～ 1mol/L 氢氧化钠水溶液混合，在室温、600 ～ 800r/min 转速下搅拌 10 ～ 20min，然后加入 2 ～ 4 质量份甘油，在 160 ～ 200℃下反应 2 ～ 3h，反应完成后冷却至室温，加入 10 ～ 30 体积份的 15% ～ 25% 碳酸氢钠水溶液，在室温下搅拌 20 ～ 30min 后，加入无水硫酸钠干燥 10 ～ 12h，过滤，将滤液减压蒸除溶剂后得到棕榈油甘油酯。

（2）将 9 ～ 12 质量份上述棕榈油甘油酯、5 ～ 8 质量份甲醇钾、30 ～ 50 体积份无水甲醇混合，加热至 60 ～ 80℃反应 2 ～ 3h 后，冷却至室温，减压蒸除溶剂得到脱质子的棕榈油甘油酯。

（3）在氮气气氛下，将上述脱质子的棕榈油甘油酯加入到 150 ～ 250mL 无水乙醇中，加热至 80 ～ 100℃，以 1 ～ 2 滴 /s 的速度滴加 6 ～ 8 质量份缩水甘油，滴加完毕后反应 3 ～ 5h，反应完成后冷却至室温得到反应液；将上述反应液倒入 100 ～ 200 体积份无水甲醇中，得到棕色黏状物；将 20 ～ 25 质量份乙酸酐、15 ～ 20 质量份 9,10- 二氢 -9- 氧杂 -10- 磷杂菲 -10- 氧化物（DOPO，也可不加）与上述棕色黏状物混合，在 120 ～ 150℃下反应 2 ～ 4h，反应完成后冷却至室温，加入 50 ～ 80 体积份的 0.5 ～ 1mol/L 氢氧化钠水溶液、50 ～ 60 体积份水搅拌 20 ～ 30min，然后加入无水硫酸镁干燥，过滤，将滤液减压蒸除溶剂后得到产物。

产品应用 本品主要用于电器塑料外壳中，具体方法为：向树脂材料中添加所述复合增塑剂共混后熔融挤出，最后经注塑成型。所述树脂材料为聚氯乙烯树脂、ABS 树脂、聚乙烯树脂、聚丙烯树脂中的一种或多种；双螺杆挤出机的各区温度设为 120 ～ 150℃、160 ～ 180℃、180 ～ 200℃、180 ～ 200℃、180 ～ 200℃。

产品特性

（1）在树枝状增塑剂上接枝了具有阻燃性质的 DOPO 基团，由于分子中刚性结构共轭苯环的存在，进一步提升了增塑剂的力学性能和热稳定性，增强了材料的耐久性，并且在材料基体燃烧时，可形成聚磷酸、亚磷酸、磷酸使材料表面脱水形成炭层，阻止氧气和燃烧产生的热量向材料内部传递，同时产生难燃气体，稀释可燃气体浓度，实现凝聚相和气相阻燃。

（2）本品能生物降解，通过将多元酯衍生物和缩水甘油酯的树枝状化合物复配使用，克服了传统增塑剂增塑性能差、易迁出的缺陷；通过对缩水甘油酯的树枝状化合物接枝 DOPO，使得增塑剂还具有一定的阻燃性能。本品能提高 PVC 树脂的柔性、耐久性及耐迁出性等。

配方 5　改性腰果油橡胶增塑剂

原料配比

原料		配比（质量份）		
		1#	2#	3#
腰果油		300	300	300
环状碳酸酯	碳酸丁烯酯	30	—	—
	碳酸丙烯酯	—	60	—
	碳酸乙烯酯	—	—	90

续表

原料		配比（质量份）		
		1#	2#	3#
催化剂	四丁基溴化铵	0.6	—	—
	四丁基碘化铵	—	1.5	—
	四苄基三乙基氯化铵	—	—	3

制备方法 将腰果油与环状碳酸酯混合，加入催化剂，140～200℃下反应3～5h，减压蒸馏除去未反应完的碳酸乙烯酯，得到所述改性腰果油或所述腰果油橡胶增塑剂。

产品应用 本品主要用于轮胎橡胶加工。

产品特性

（1）本品将腰果油的酚羟基转换为醇羟基，通过在化学结构中提供一个或多个醇羟基的方式提高其与无机填料的相容性，显著改善了焦烧、增强胶料的加工安全性。

（2）本品在减量的情况下显著降低门尼黏度、软化力强，可以降低胶料的混炼、压延、挤出、注射和模压硫化等加工工艺的难度，减少工业能耗，同时缩短胶料混炼时间，提高生产效率，节约工艺成本，也赋予硫化胶良好的应用性能。

（3）本品原料为植物油，成本低、污染小、毒性低、可再生，实现了增塑剂的环保化，成分不含多环芳烃，且制备工艺简单，对环境友好。

配方6 改性脂肪酸酯类增塑剂

原料配比

原料		配比（质量份）			
		1#	2#	3#	4#
油酸甲酯		296 .5	296 .5	—	—
棕榈油酸甲酯		—	—	268	268
三乙二醇单甲醚		196.8	—	213.5	—
三乙二醇		—	82.6	—	97.6
催化剂	K_2CO_3	14	11.3	13	11
浓盐酸		100（体积份）	100（体积份）	100（体积份）	100（体积份）
300目的硅胶粉		50	50	50	50
10%的纯碱水溶液		适量	适量	适量	适量
10%的NaCl溶液		适量	适量	适量	适量

制备方法 将油酸甲酯（或棕榈油酸甲酯）、三乙二醇单甲醚（或三乙二醇）、催化剂混合投入四口烧瓶中，再将其置于电加热套中，空气加热至180℃，通入N_2，冷凝流出甲醇，通过气相色谱和流出液质量检测判断反应终点。到达反应终点后，停止加热与搅拌。冷却至常温后，加入浓盐酸待液面不再有气体产生后，加入300目的硅胶粉，在室温下搅拌24h，通过测碘值判断反应终点，减压过滤除掉硅胶粉，先用10%的纯碱水溶液洗涤至反应液呈中性，再用10%的NaCl溶液洗涤三遍，而后减压蒸馏除去水分，最后减压过滤得到目标产物，产物为浅黄色澄清液体。

产品应用 本品是一种塑料增塑剂。

产品特性 本品具有无毒环保、容易降解、与塑料相容性好、增塑效率高等优点，而且生产工艺简单，成本低廉。

配方 7　高性能环保聚酯增塑剂

原料配比

原料	配比（质量份）		
	1#	2#	3#
己二酸	20	30	40
二元醇	30	45	60
苯酚钠	10	15	20
催化剂	2	3	5
带水剂	5	8	10

制备方法

（1）将己二酸、二元醇和苯酚钠加入到酯化反应器中，加入催化剂，再加入带水剂，然后将其加热，使温度缓慢上升至 200 ～ 240℃，同时在常压下搅拌，便于己二酸、二元醇和苯酚钠发生缩聚反应；

（2）通入高纯氮气保护反应体系不被氧化和避免各种副反应，促使己二酸、二元醇和苯酚钠持续进行缩聚反应，直到反应体系停止出水；

（3）每 1 小时跟踪测定体系的酸值，当体系中的酸值维持不变且降到以 KOH 计为 1mg/g 以下时，关闭酯化反应器停止反应，同时在氮气保护下冷却到室温；

（4）改换减压汽提装置，控制汽提温度为 150 ～ 180℃、汽提时间为 2 ～ 3h，将过量的醇、带水剂及低沸点的小分子产物在水蒸气的作用下带出，即得到环保聚酯增塑剂。

原料介绍

所述催化剂为钛酸四正丁酯和钛酸四异丙酯的混合物，且钛酸四正丁酯和钛酸四异丙酯的比例为 1∶2。

所述的带水剂为甲苯。

产品应用　本品是一种高性能环保聚酯增塑剂。

产品特性

（1）本品黏度为（3000±500）mPa · s，与聚合物具有良好的相容性和可加工性，可塑化效率高，具有耐抽出、耐高温和迁移性小等特点；

（2）本品性能优良，特别是耐迁移性明显改善。由于苯酚钠苯环上甲氧基团等的引入，在提高增塑剂耐迁移性的同时提高了增塑剂的闪点。

配方 8　含磷氮蓖麻油基阻燃增塑剂

原料配比

原料			配比（质量份）			
			1#	2#	3#	4#
端羧基乙烯基蓖麻油	蓖麻油		400	400	400	400
	含双键二酸酐	四氢苯酐	195	—	—	—
		降冰片烯二酸酐	—	211	—	—
		外 -3，6- 环氧 -1，2，3，6- 四氢邻苯二甲酸酐	—	—	213	—
		甲基四氢邻苯二甲酸酐	—	—	—	213
	溶剂		适量	适量	适量	适量
	胺类催化剂	三乙胺	6	—	—	—
		N，*N*- 二甲基环己胺	—	6	6	6

续表

原料		配比（质量份）			
		1#	2#	3#	4#
环氧端羧基蓖麻油	端羧基乙烯基蓖麻油	100	110	115	120
	冰乙酸	15	14	16	14
	30% 双氧水	80	90	85	90
	85% 磷酸	0.09	0.1	0.11	0.1
含磷端羧基蓖麻油	环氧端羧基蓖麻油	292	300	301	301
	DOPO	87	87	87	87
	85% 磷酸	0.3	0.3	0.3	0.3
	溶剂	适量	适量	适量	适量
胺类化合物	丙胺	29	—	—	—
	乙二胺	—	30	—	30
	苯胺	—	—	47	—
溶剂		适量	适量	适量	适量

制备方法

（1）蓖麻油与含双键二酸酐在溶剂（四氢呋喃、二氯甲烷、三氯甲烷、丙酮中的任一种）中混匀后加入胺类催化剂，反应温度为 25 ～ 60℃、氮气保护条件下反应 3 ～ 5h，反应结束经纯化后得端羧基乙烯基蓖麻油；

（2）将步骤（1）得到的端羧基乙烯基蓖麻油、冰乙酸、30% 双氧水以及 85% 磷酸混合均匀，在 55 ～ 65℃下反应 3 ～ 6h，反应完成后降温至 50 ～ 55℃后进行抽真空除水得到环氧端羧基蓖麻油；

（3）将步骤（2）得到的环氧端羧基蓖麻油和 DOPO 在溶剂（四氢呋喃、二氯甲烷、三氯甲烷、丙酮中的任一种）中混匀后加入 85% 的磷酸溶液，温度为 130 ～ 170℃、氮气保护下反应 3 ～ 6h，反应结束经纯化后得含磷端羧基蓖麻油；

（4）将含磷端羧基蓖麻油与胺类化合物在溶剂（四氢呋喃、二氯甲烷、三氯甲烷、丙酮中的任一种）中混匀，反应温度为 50 ～ 70℃、氮气保护下反应 4 ～ 7h，反应完成后升至 90 ～ 100℃并减压蒸馏不少于 2h，即得到含磷氮蓖麻油基阻燃增塑剂。

产品应用 本品用于制备聚氯乙烯胶料。

产品特性

（1）本品具有优异的阻燃性能和热稳定性，可以用于制备聚氯乙烯胶料并且能使聚氯乙烯胶料满足 VW-1 燃烧等级和 −20 ～ 80℃的耐温等级。

（2）本品接触高温发生燃烧时，会生成不容易挥发的磷酸或聚磷酸，可以在表面形成高黏度的熔融玻璃质和致密的炭化层，炭化层可以将基质与热和氧隔绝。

配方 9 环保防水增塑剂

原料配比

原料			配比（质量份）			
			1#	2#	3#	4#
改性氯化石蜡	2- 巯基苯胺	甲醇	10	10	10	10
		硫氢化钠	1	1	1	1
		2- 氯苯胺	1	1	1	1

<table>
<tr><th colspan="3" rowspan="2">原料</th><th colspan="4">配比（质量份）</th></tr>
<tr><th>1#</th><th>2#</th><th>3#</th><th>4#</th></tr>
<tr><td rowspan="10">改性氯化石蜡</td><td rowspan="3">中间体 1</td><td>2- 巯基苯胺</td><td>0.5</td><td>0.5</td><td>0.5</td><td>0.5</td></tr>
<tr><td>环氧丙酸</td><td>1</td><td>1</td><td>1</td><td>1</td></tr>
<tr><td>氢氧化钾</td><td>0.2</td><td>0.2</td><td>0.2</td><td>0.2</td></tr>
<tr><td rowspan="5">中间体 2</td><td>丙酮</td><td>10</td><td>10</td><td>10</td><td>10</td></tr>
<tr><td>氯化石蜡</td><td>1</td><td>1</td><td>1</td><td>1</td></tr>
<tr><td>中间体 1</td><td>1</td><td>1</td><td>1</td><td>1</td></tr>
<tr><td>氢氧化钾</td><td>2</td><td>2</td><td>2</td><td>2</td></tr>
<tr><td>四氢呋喃</td><td>10</td><td>10</td><td>10</td><td>10</td></tr>
<tr><td colspan="2">中间体 2</td><td>1</td><td>1</td><td>1</td><td>1</td></tr>
<tr><td colspan="2">2- 羟基戊酸</td><td>5</td><td>5</td><td>5</td><td>5</td></tr>
<tr><td colspan="3">改性氯化石蜡</td><td>30</td><td>40</td><td>50</td><td>60</td></tr>
<tr><td colspan="3">高效复合稳定剂</td><td>3</td><td>4</td><td>6</td><td>3</td></tr>
<tr><td colspan="3">白油</td><td>10</td><td>14</td><td>17</td><td>10</td></tr>
<tr><td colspan="3">基础油</td><td>30</td><td>35</td><td>40</td><td>30</td></tr>
<tr><td rowspan="2">高效复合稳定剂</td><td colspan="2">硬脂酸钙</td><td>1</td><td>1</td><td>1</td><td>1</td></tr>
<tr><td colspan="2">硫醇丁基锡</td><td>0.5</td><td>0.5</td><td>0.5</td><td>0.5</td></tr>
<tr><td rowspan="3">基础油</td><td colspan="2">环氧大豆油</td><td>1</td><td>—</td><td>1</td><td>1</td></tr>
<tr><td colspan="2">亚麻油</td><td>1</td><td>1</td><td>—</td><td>1</td></tr>
<tr><td colspan="2">葵花籽油</td><td>—</td><td>1</td><td>1</td><td>—</td></tr>
</table>

制备方法 将改性氯化石蜡、高效复合稳定剂、白油和基础油加入缓冲搅拌机，搅拌混合均匀即得一种环保防水增塑剂。

原料介绍

所述改性氯化石蜡由以下方法制备：

（1）在反应器中加入甲醇和硫氢化钠，升温至 50℃后，加入 2- 氯苯胺，在氮气保护下反应 12h，待反应结束后，在 100℃下真空干燥 2h，倒入乙醇中萃取，100℃下真空干燥 2h，得到 2- 巯基苯胺。2- 氯苯胺和硫氢化钠发生亲核取代反应，将巯基引入苯环，为后续取代氯化石蜡中的氯原子提供取代基。

（2）将步骤（1）所得 2- 巯基苯胺、环氧丙酸和氢氧化钾在 40℃下混合搅拌 6h，反应结束后，倒入乙醇中萃取，100℃下真空干燥 2h，得到中间体 1。2- 巯基苯胺中的氨基和环氧丙酸中环氧基发生开环反应，将羟基和羧基引入体系，为后续酯化反应提供反应条件。

（3）在反应器中加入丙酮和氯化石蜡，搅拌 30min 后，加入步骤（2）所得中间体 1 和氢氧化钾，在氮气保护、60℃条件下反应 12h，反应结束后，用乙醇进行萃取，100℃下真空干燥 2h，再倒入四氢呋喃中，调节 pH 值至 4，倒入乙醇中萃取，100℃下真空干燥 2h，得到中间体 2。

（4）在反应器中加入步骤（3）所得中间体 2，再加入 2- 羟基戊酸，在氮气保护、130℃下反应 4h，反应结束后用乙醇进行萃取，100℃下真空干燥 2h，得到改性氯化石蜡。

产品应用 本品主要用于橡胶、塑料、涂料等生产领域。

产品特性

（1）本品所述改性氯化石蜡先利用苯环上的巯基取代氯化石蜡中的氯原子，使含有苯环的结构被引入氯化石蜡支链中，这一改性方式改变了氯化石蜡的结构，促使增塑剂分子间范德瓦耳斯力下降，外场作用下分散介质的渗透能力进一步提高，体系黏度下降；再利用酯化反应，在体系中引入酯基，由于酯基的非极性部分可有效遮蔽聚氯乙烯的极性基团，促使部分相邻的聚氯乙烯分子链极性基团不发生作用，破坏原本聚合物的极性联结，从而短时间内可完成塑化，并通过增加酯基中烷烃链碳原子数量来改善增塑剂的力学性能、拉伸强度以及增塑效率。

（2）本品能够缩短塑料加工时间和塑化时间，制品表面平滑光亮、力学稳定，能够改善制品的柔韧性和黏合性，增塑效率高，相容性好，并且使制品具有优异的阻燃能力和防水性能。本品生产工艺简单，生产条件温和，反应产率高，所选用的原料和试剂低廉且容易获取，具有较好的应用前景。

配方 10　环氧乙酰丙酸缩酮酯增塑剂

原料配比

<table>
<tr><th colspan="3" rowspan="2">原料</th><th colspan="3">配比（质量份）</th></tr>
<tr><th>1#</th><th>2#</th><th>3#</th></tr>
<tr><td rowspan="10">乙酰丙酸 3- 烯丙氧基 -1，2- 丙二醇缩酮乙酯</td><td colspan="2">3- 烯丙氧基 -1，2- 丙二醇</td><td>8</td><td>8</td><td>8</td></tr>
<tr><td colspan="2">二氯甲烷</td><td>100</td><td>100</td><td>100</td></tr>
<tr><td rowspan="3">乙酰丙酸及其衍生酯</td><td>乙酰丙酸乙酯</td><td>7</td><td>—</td><td>—</td></tr>
<tr><td>乙酰丙酸丁酯</td><td>—</td><td>9</td><td>—</td></tr>
<tr><td>乙酰丙酸甲酯</td><td>—</td><td>—</td><td>6.5</td></tr>
<tr><td rowspan="3">催化剂</td><td>对甲苯磺酸</td><td>0.4</td><td>—</td><td>—</td></tr>
<tr><td>浓硫酸</td><td>—</td><td>0.15</td><td>—</td></tr>
<tr><td>离子液体催化剂</td><td>—</td><td>—</td><td>0.6</td></tr>
<tr><td colspan="2">K_2CO_3</td><td>适量</td><td>适量</td><td>适量</td></tr>
<tr><td colspan="2">二氯乙烷</td><td>适量</td><td>适量</td><td>适量</td></tr>
<tr><td colspan="3">乙酰丙酸 3- 烯丙氧基 -1，2- 丙二醇缩酮乙酯</td><td>26</td><td>29</td><td>27</td></tr>
<tr><td colspan="3">3- 氯过氧苯甲酸</td><td>27</td><td>28</td><td>27</td></tr>
<tr><td colspan="3">二氯甲烷</td><td>100</td><td>100</td><td>100</td></tr>
</table>

制备方法

（1）将 3- 烯丙氧基 -1，2- 丙二醇溶于二氯甲烷并加入反应釜中，再加入乙酰丙酸及其衍生酯和催化剂，开启搅拌并升温至 84℃，回流反应 4h；待冷却至室温，用 K_2CO_3 中和，过滤，滤饼用二氯乙烷洗涤，再将滤液经减压蒸馏即得中间产物乙酰丙酸 3- 烯丙氧基 -1，2- 丙二醇缩酮乙酯。

（2）将乙酰丙酸 3- 烯丙氧基 -1，2- 丙二醇缩酮乙酯加入反应釜中，搅拌回流；再将 3- 氯过氧苯甲酸和二氯甲烷的混合溶液滴加至反应釜中（确保反应釜不骤然升温），滴完后在 30℃下搅拌回流反应 3h，再经滤洗、蒸馏即可得到环氧乙酰丙酸 1，2- 丙二醇缩酮乙酯增塑剂产品。

产品应用　本品主要用作塑料增塑剂。

产品特性　本品因具有酯基、环氧基等极性基团与 PVC 等极性高分子材料具有较好的相容性和抗氧化特性，可有效改善相应制品的可加工性。

配方 11　环氧异山梨醇酯增塑剂（1）

原料配比

<table>
<tr><th colspan="2" rowspan="2">原料</th><th colspan="3">配比（质量份）</th></tr>
<tr><th>1#</th><th>2#</th><th>3#</th></tr>
<tr><td rowspan="2">脂肪酸异山梨醇酯</td><td>异山梨醇酯</td><td>1mol</td><td>1mol</td><td>1mol</td></tr>
<tr><td>亚麻油酸（GLA）</td><td>2.1mol</td><td>—</td><td>—</td></tr>
</table>

续表

原料		配比（质量份）		
		1#	2#	3#
脂肪酸异山梨醇酯	亚油酸（LA）	—	2.1mol	—
	油酸（OA）	—	—	2.1mol
	酯化催化剂（1-丙基磺酸-3-甲基咪唑硫酸氢盐）	0.1mol	0.1mol	0.1mol
	甲苯	80mL	80mL	80mL
脂肪酸异山梨醇酯		100mmol	100mmol	100mmol
H_2SO_4（98%）		1mol	1mol	1mol
冰醋酸		300 mmol	300 mmol	300 mmol
H_2O_2（30%）		2 mmol	2 mmol	2 mmol
乙酸乙酯		适量	适量	适量
去离子水		适量	适量	适量

制备方法

（1）将异山梨醇酯加入到一个500mL带磁力搅拌器的三颈烧瓶中，该烧瓶与Dean-Stark仪器和一个回流冷凝器相连接。将异山梨醇酯在80℃下完全融化，然后依次加入亚麻油酸（或油酸）、酯化催化剂和甲苯（带水剂）。将该混合物在氮气环境中于120℃持续搅拌。随着酯化反应的进行，通过1h测量一次酸值来判断反应是否完成（反应过程中产生的水与甲苯共沸，并由Dean-Stark装置收集，而甲苯则不断返回三颈烧瓶中。5h后，酸值稳定，不再有水生成，说明酯化反应已经完成）。自然冷却后，有机相和催化剂通过布氏漏斗分离。接着，对有机相进行真空蒸馏，以除去剩余的甲苯，得到脂肪酸异山梨醇酯。

（2）将步骤（1）制得的脂肪酸异山梨醇酯与H_2SO_4（98%）混合并加热到65℃，然后滴加冰醋酸和H_2O_2（30%）的混合物，并将混合溶液在65℃下磁力搅拌6h。用薄层色谱法（TLC）来监测反应的进展。在反应结束时，用乙酸乙酯提取所得产物。合并有机相，用去离子水洗三次，用无水$MgSO_4$干燥，减压除去溶剂，得到环氧异山梨醇酯增塑剂。

产品应用 本品主要用于PVC增塑。

产品特性 本品成功地避免了分子量和相容性之间的制约关系，除了表现出卓越的增塑效率外，还表现出了高热稳定性和高抗迁移性。用本品增塑的PVC薄膜的出色性能归功于其具有多个环氧基团的C_{18}烷基链，这些环氧化烷基链增加了增塑剂的分子量，提高了与PVC的相容性，并改善了PVC的热稳定性。用本品增塑的PVC整体性能（机械性能、热稳定性和抗迁移性）都优于DOTP增塑的PVC。

配方12 环氧异山梨醇酯增塑剂（2）

原料配比

原料		配比（质量份）			
		1#	2#	3#	4#
异山梨醇		120	125	135	140
有机酸	异戊酸	270	—	—	—
	异辛酸	—	290	—	—
	亚麻油酸	—	—	300	—
	异壬酸	—	—	—	320
催化剂		2	3	4	5
溶剂	苯	300	—	—	—
	甲苯	—	340	—	—

续表

原料			配比（质量份）			
			1#	2#	3#	4#
溶剂	二甲苯		—	—	380	—
	四氯化碳		—	—	—	400
硫酸			0.5	1	2	3
冰醋酸			150	160	180	200
碳酸氢钠			适量	适量	适量	适量
氧化剂	过氧化脲		0.5	—	—	—
	过氧乙酸		—	1	—	—
	过氧化氢		—	—	2	—
	过氧化二苯甲酮		—	—	—	3
催化剂	异丙烯基稀土	氯化稀土	4	6	8	10
		无水 Na_2CO_3	2	3	4	5
		乙酸异丙烯	10	14	19	22
	异丙烯基稀土		15	20	25	30
	1- 丙烯基甲基二氯硅烷		25	30	45	50
	烯丙基环氧聚醚		0.5	1	3	3.6
	甲苯		2500	2600	2800	3000
	氯铂酸异丙醇溶液		0.1	1	1.5	2
	干基 D006 苯乙烯系大孔磺酸树脂		300	350	450	500
	过氧化苯甲酰		1	2	3	4

制备方法

（1）称取异山梨醇，加入至反应釜中，加热至 65 ～ 80℃，搅拌，继续加入有机酸、催化剂和溶剂，继续升温反应；反应温度为 90 ～ 120℃，时间为 1 ～ 3h。

（2）反应结束后，减压蒸馏除去溶剂，加入固体碳酸氢钠中和催化剂，减压除水后，减压蒸馏，收集馏分，得到异山梨醇酯；减压蒸馏的压力为 120 ～ 150Pa，温度为 140 ～ 180℃。

（3）向异山梨醇酯中加入硫酸，混合均匀后，继续加入冰醋酸、氧化剂，搅拌，加热，反应结束后，得到环氧异山梨醇酯增塑剂；反应温度为 60 ～ 90℃，时间为 5 ～ 8h。

原料介绍

所述催化剂为树脂负载稀土催化剂，通过异丙烯基稀土、1- 丙烯基甲基二氯硅烷、烯丙基环氧聚醚分别进行硅氢加成反应，负载到苯乙烯系大孔磺酸树脂上得到。所述树脂负载稀土催化剂的制备方法为：

（1）按配比，加入 4 ～ 10 份氯化稀土、2 ～ 5 份无水 Na_2CO_3，再加入 10 ～ 22 份乙酸异丙烯，加热至无气泡生成为止，冷却后，抽滤除去溶剂，得异丙烯基稀土；

（2）按配比，将 15 ～ 30 份异丙烯基稀土、25 ～ 50 份 1- 丙烯基甲基二氯硅烷、0.5 ～ 3.6 份烯丙基环氧聚醚、2500 ～ 3000 份甲苯加入到反应釜中，使用高纯氮气保护，将 0.1 ～ 2 份氯铂酸异丙醇溶液滴加到反应釜中，控温至 60 ～ 70℃，搅拌 2 ～ 5h，再加入 300 ～ 500 份干基 D006 苯乙烯系大孔磺酸树脂、1 ～ 4 份过氧化苯甲酰，60 ～ 70℃搅拌 10 ～ 20h，过滤，烘干，得到树脂负载稀土催化剂。氯铂酸异丙醇溶液的质量分数为 2% ～ 8%。

产品特性

（1）本品制备工艺简单，操作条件温和，工艺绿色环保，可用于工业化生产。

（2）本品使用树脂负载稀土催化剂，催化剂可简单分离，不会浸入产物中，且催化活性成分不易流失，可长期使用。

配方 13 环氧增塑剂

原料配比

原料		配比（质量份）			
		1#	2#	3#	4#
环氧脂肪酸酯	环氧脂肪酸甲酯	190.11	250	190.11	190.11
醇醚	三乙二醇单甲醚	109.82	66.08	109.82	109.82
酯交换催化剂	K_2CO_3	9	—	—	—
	二丁基氧化锡	—	2.53	—	—
	CH_3ONa	—	—	3	—
	Lewatit K1221 离子交换树脂催化剂	—	—	—	9

制备方法 环氧脂肪酸酯、醇醚和酯交换催化剂在 90 ～ 200℃、常压或减压至 −101.325 ～ 0kPa 条件下反应后，洗涤、干燥，得到环氧增塑剂。

原料介绍 所述环氧脂肪酸酯为环氧 C_{10} ～ C_{22} 脂肪酸 C_1 ～ C_8 烷基酯中的一种或多种，环氧基个数为 1 ～ 3 个。

产品应用 本品主要用于 PVC 薄膜、PVC 人造革、PVC 手套、PVC 管材、PVC 发泡材料等多个领域。

产品特性

（1）本品几乎可代替 DOP，且无毒环保、可降解、相容性好、增塑效率高、生产工艺简单。

（2）本品通过合适的催化剂和反应温度进行酯交换反应，并控制环氧脂肪酸酯和醇的结构，促进反应的顺利进行，得到高产率的产物，且过量的醇等容易除去，后处理简单，得到的产物具有较低色度。

配方 14 焦谷氨酸改性增塑剂

原料配比

原料		配比（质量份）			
		1#	2#	3#	4#
焦谷氨酸		7.74	15	15	11.61
含有活性官能团的增塑剂	聚乙二醇	10	—	—	—
	1，5- 戊二硫醇	—	31.63	—	—
	柠檬酸三丁酯	—	—	41.86	—
	甘油	—	—	—	5.34
催化剂	三氟甲基磺酸钪	0.023	—	—	—
	辛酸亚锡	—	0.095	0.045	—
	对甲苯磺酸	—	—	—	0.035

制备方法

（1）将谷氨酸加入至带有冷凝装置的 250mL 圆底烧瓶，抽换氮气 30min 后 N_2 保护，180℃搅拌加热 5h 后反应结束，得到焦谷氨酸。

（2）称取焦谷氨酸、含有活性官能团的增塑剂、催化剂加入到 250mL 圆底烧瓶，抽换氮气 30min 后 N_2 保护。180℃搅拌加热 3h，升温至 200℃反应 2h，抽真空 30min 后反应结束，得到焦谷氨酸改性增塑剂。

产品应用 本品主要用于增塑聚乳酸、聚对苯二甲酸乙二醇酯、聚乙丙交酯、聚碳酸酯、聚乙交酯、聚乳酸 - 羟基乙酸共聚物、聚甲醛、聚对苯二甲酸丁二醇酯或聚苯醚。

产品特性

（1）本品利用谷氨酸作为原始材料，成本低廉，将其转化为焦谷氨酸并对增塑剂进行改性，提高了谷氨酸的产品附加值，为谷氨酸提供了新的应用方向。

（2）本品在保留了原始增塑剂对基底材料增塑性能的同时，还大幅度降低了增塑剂在基底材料中的迁移速率，提高了材料的耐老化性能。

配方 15 聚酯增塑剂

原料配比

原料		配比（质量份）		
		1#	2#	3#
二元酸	己二酸	36	38	33
直链二醇	乙二醇	25	25	—
	二甘醇	—	—	26
支链醇	新戊二醇	22	—	25
	2- 丙基庚醇	—	21	—
	异辛醇	15	15	15
稳定剂	磷酸三苯酯	0.8	0.4	0.5
酯化催化剂	草酸亚锡	0.4	0.2	0.2
缩聚催化剂	钛酸四异丙酯	0.8	0.4	0.3

制备方法 将二元酸、直链二醇、支链醇和稳定剂、酯化催化剂在 150 ～ 180℃下混合脱水 1.5 ～ 3h 后，加入缩聚催化剂在 190 ～ 210℃下反应 4 ～ 7h，脱醇，得到所述增塑剂。所述增塑剂的平均分子量为 2000 ～ 5000，酸值以 KOH 计≤ 1mg/g，25℃黏度为 1500 ～ 3500mPa·s。

产品应用 本品主要用于 PVC、聚烯烃、橡胶的加工。

产品特性 本品相比于广泛使用的 DOP 等增塑剂，具有安全无污染的性能，且耐温性能和耐迁移性能好，当用于 PVC 等高分子时，在提高 PVC 加工性能的同时，得到的薄膜等成品的断裂伸长率提高的同时，得到合适的拉伸强度和弹性模量，减少加热时收缩等现象。

配方 16 抗裂早强型湿拌砂浆增塑剂

原料配比

原料		配比（质量份）			
		1#	2#	3#	4#
保水剂	丙烯酸	5	6	4	5.5
	水	95	95	95	95
	5% 的氢氧化钠溶液	44.4	45	36.5	48.5
	丙烯酰胺	10	8	12	10
	2- 丙烯酰氨基 -2- 甲基丙磺酸	3	3	2	2.5
	海藻酸钠	1.5	2.5	2.5	2.5

续表

原料		配比（质量份）			
		1#	2#	3#	4#
保水剂	双氧水	0.4	0.5	0.3	0.45
	1% 的甲醛次硫酸氢钠水溶液	26	30	23	28
减水剂	丙烯酸	1.4	1.55	1.8	1.7
	烯丙基磺酸钠	0.3	0.3	0.2	0.3
	丙烯酰胺	0.3	0.5	0.3	0.5
	2- 丙烯酰氨基 -2- 甲基丙磺酸	0.2	0.1	0.2	0.2
	去离子水①	3	3	3	3
	巯基丙酸	0.06	0.07	0.08	0.08
	抗坏血酸	0.02	0.025	0.025	0.025
	去离子水②	4	4	4	4
	异戊烯醇聚氧乙烯醚（分子量 2400）	14	15	18	16
	去离子水③	13	13	13	13
	双氧水	0.13	0.16	0.15	0.15
引气剂	三萜皂苷	0.3	—	—	0.2
	脂肪醇聚氧乙烯醚	—	0.6	—	—
	α- 烯基磺酸钠	—	—	0.18	0.4
保水剂		1	2	1.5	2
减水剂		3	5	2	5
增强剂		1	2.5	2	3
抗裂剂	可再分散性乳胶粉	0.1	0.2	0.2	0.1
	黄原胶	—	0.15	0.1	0.2
减缩剂	聚乙二醇	0.15	—	0.35	0.4
	聚丙烯酸钠	—	0.2	—	—
水		94.45	89.35	93.05	88.7

制备方法 按照配比称取各原料，将保水剂、减水剂、增强剂、抗裂剂、减缩剂和水混合均匀，随后加入引气剂，搅拌均匀后得到所述抗裂早强型湿拌砂浆增塑剂。

原料介绍

所述增强剂为二乙醇胺和/或硫酸锂。其中混合物中二乙醇胺占硫酸锂质量的10%～20%。

所述保水剂采用下述方法制备：向三口烧瓶加入丙烯酸和水，搅拌过程中向其中匀速滴加 5% 的氢氧化钠溶液，滴加时间为 30min，随后向上述中和液中依次加入丙烯酰胺、2- 丙烯酰氨基 -2- 甲基丙磺酸和海藻酸钠，待全部溶解后再加入双氧水，搅拌 5～10min，随后用蠕动泵在 1.0h 内匀速滴加 1% 的甲醛次硫酸氢钠水溶液，反应结束后保温 30min，加水稀释至 3% 固体含量，最终得到保水剂。

所述减水剂采用下述方法制备：

（1）配制滴加料 A: 将丙烯酸、烯丙基磺酸钠、丙烯酰胺、2- 丙烯酰氨基 -2- 甲基丙磺酸溶于去离子水①中；

（2）配制滴加料 B: 将巯基丙酸、抗坏血酸溶于去离子水②中；

（3）将异戊烯醇聚氧乙烯醚（分子量 2400）溶于去离子水③中，升温至 45℃，随后加入双氧水，5～10min 后同时滴加料 A、B，滴加时间为 3.0h，滴加完成后保温 1.0h，随后加水稀释至 50% 固体含量，得到减水剂。

产品应用 本品主要用于水泥建筑材料领域。

产品特性

（1）本品各组成协同作用，改善砂浆的和易性，有利于抑制砂浆的泌水和分层；保水剂保水率高，能够大大提升砂浆的保水能力，减小砂浆出现空鼓、开裂的风险；减水剂对水泥砂浆中的水泥颗粒有分散作用，能够有效改善湿拌砂浆的施工性、耐久性，同时可以提高砂浆的早期强度；抗裂剂和减缩剂的加入能够显著改善水泥浆体与基体的黏结强度，可以有效控制砂浆塑性收缩产生的裂纹；增强剂能提高砂浆的早期和后期强度。

（2）本品通过合理配置各原料，组分之间协同作用，可使产品状态稳定，流动性好，能够有效提高砂浆的保水率，使砂浆具有较高的早期强度，能够有效减少空鼓、开裂问题，同时还具有优异的施工性能和耐久性能。

配方 17　抹灰砂浆增塑剂

原料配比

原料	配比（质量份）	原料	配比（质量份）
VAE 乳液（醋酸乙烯 - 乙烯共聚乳液）	9	液体石蜡	6
木质素	9	聚氧乙烯脂肪醇醚	0.2
纤维素	2	马来酸酐	0.4
羧基丁苯乳液	2	5% 的阿拉伯溶胶水溶液	适量
表面活性剂十二烷基磺酸钠	1	5% 的明胶水溶液	适量
聚醚改性有机硅消泡剂	2	磷脂	适量
松香	3		

制备方法

（1）松香与液体石蜡共同研磨 10 ～ 15min，加入一半量的马来酸酐保温搅拌反应 10 ～ 20min，再加入聚氧乙烯脂肪醇醚升温至 90 ～ 100℃，25r/min 转速搅拌反应 15 ～ 20min，得混合乳液 A。

（2）VAE 乳液、羧基丁苯乳液 80 ～ 90℃下混合均匀，再加入另一半量的马来酸酐，升温至 120 ～ 130℃，25r/min 转速搅拌反应 30 ～ 40min，降温至 80 ～ 85℃得混合乳液 B。

（3）混合乳液 A 降温至 80 ～ 85℃后加入混合乳液 B、消泡剂共同混合均匀后，调节 pH 值至 7，得第一处理物。

（4）第一处理物与 5% 的阿拉伯溶胶水溶液混合均匀，再加入 5% 的明胶水溶液和磷脂混合移至捣碎机中乳化 10 ～ 20s，调节 pH 值至 3 ～ 4，以 10000 ～ 14000r/min 转速、温度 50 ～ 60℃下高速分散 10 ～ 30min，再降温至 30℃以下，同时调节 pH 值至 7，继续高速分散 10 ～ 20min，待微囊沉降，以去离子水清洗至中性，冷冻干燥后得第二处理物；第一处理物、5% 的阿拉伯溶胶水溶液、5% 的明胶水溶液、磷脂的质量比为 10∶1∶1∶(0.2 ～ 0.5)。

（5）第二处理物与上述剩余原料共混，得该增塑剂。

原料介绍

所述木质素的制备方法，包括如下步骤：

（1）用 0.5 ～ 1.5mol/L 的氢氧化钠溶液溶解木质素，调节溶液 pH 值至 10 ～ 12，水浴加热到达 40 ～ 50℃后加入苯酚，反应 2 ～ 4h 后冷却，用 10% ～ 15% 质量分数的盐酸调节溶液 pH 值至 6，得第一反应物。

（2）第一反应物水浴加热至 60 ～ 90℃后加入一半量的氯乙酸，保温反应 1 ～ 2h，再加入另一半量氯乙酸保温反应 1 ～ 2h，自然降温，调节 pH 值至 7，离心、将析出物去除杂质，将所得物在 5℃以下干燥，得该木质素；氯乙酸的加入量为木质素质量的 20% ～ 50%。

所述纤维素的制备方法，包括如下步骤：

（1）海藻酸钠溶于去离子水得溶液 A（海藻酸钠质量分数保持为 5% ～ 10%）；

（2）60 ～ 90℃下加入纤维素（纤维素质量分数保持为 5% ～ 6%），搅拌至完全溶解加入溶液 A 体系内，混合得溶液 B；

（3）向溶液 B 内加入海藻酸钠质量 0.01% ～ 0.1% 的螯合剂，2500r/min 转速搅拌状态下向 10% 的钙盐溶液中滴入添加了螯合剂的溶液B，保持转速反应2 ～ 3h后，降温至5℃以下，放置 5 ～ 12h，抽滤、以 5℃以下的去离子水清洗至中性，得到纤维素前驱体；

（4）以质量比 1∶（0.2 ～ 0.5）将质量分数 20% 的盐酸水溶液与纤维素前驱体混合，加入纤维素前驱体物质的量 10% ～ 50% 的高碘酸钠，调节 pH 值至 6 ～ 7，30 ～ 40℃下避光搅拌反应 12 ～ 15h，加入至析出量的乙醇静待析出，抽滤，得到该纤维素。

产品应用 本品主要用于建筑领域。增塑剂掺量为水泥质量的 5%。

产品特性 本品将松香加入 VAE 乳液的体系内，仅作为增稠剂为 VAE 乳液体系内增稠使用，因此先将松香、马来酸酐、聚氧乙烯脂肪醇醚先行复配，而枝接与乳化改进后会与砂浆发生强烈的水合反应，会增加抹灰砂浆孔隙率，导致砂浆强度下降，因此将改进松香先行与 VAE 乳液、羧基丁苯乳液、消泡剂复配，以减弱其水合性，但 VAE 乳液溶解其表面会产生羟基的亲水基团，与改性的松香复配时会产生分离状态，且由于松香的黏性较大与 VAE 粒子混合后产生胶黏，导致体系的稳定性下降，因此，将 VAE 乳液、羧基丁苯乳液复配后与马来酸酐反应，改变 VAE 乳液表面亲水基团，使其便于与改性后的松香复配，制粒成型的颗粒体系稳定性佳，且能够同时发生水合反应，使得内里的 VAE 乳液材料、羧基丁苯乳液材料在松香的作用下与砂浆的易和性增加，从而使砂浆拌和后整体稳定性增加，同时增加砂浆的稠度、抗折强度、粘黏强度及保水性。

配方 18 改性环氧大豆油高分子增塑剂

原料配比

原料	配比（质量份）			
	1#	2#	3#	4#
松香	22.68	18	16.5	18.8
环氧大豆油	20	15.5	15	16.55
三乙氧基苄基氯化铵	0.05	0.04	0.045	0.055
乙二醇二缩水甘油醚	10.45	9	10	8.88

制备方法 将松香、环氧大豆油和三乙氧基苄基氯化铵装入四口烧瓶中混合均匀，氮气氛围下搅拌升温至 115℃后反应 2h，得到产物 1（环氧大豆油松香酯），然后加入乙二醇二缩水甘油醚在 115℃下反应 2h，得到柔性高分子型改性环氧大豆油高分子增塑剂。

产品应用 本品主要用作聚氯乙烯增塑剂。

产品特性

（1）本品引入了更多的酯基，通过增塑剂的酯基与聚氯乙烯分子的极性部位发生的交互作用及聚氯乙烯分子链与高分子增塑剂形成互穿网络结构，使得聚氯乙烯链段距离增加，同时不易发生迁移。

（2）本品合成工艺简单，制备时无需任何溶剂，原料活性高，可实现约 100% 转化，无需提纯净化等处理，且原料来源广泛、成本低廉、可再生，没有生物毒性和环境污染等问题，符合可持续发展理念；对聚氯乙烯增塑性能良好，用量少，增塑效果好。

配方 19　生物基增塑剂

原料配比

原料			配比（质量份）			
			1#	2#	3#	4#
产物 a	环氧脂肪酸酯	环氧脂肪酸甲酯（环氧值 4%）	100	—	—	100
		环氧脂肪酸甲酯（环氧值 4.2%）	—	100	—	—
		环氧脂肪酸丁酯（环氧值 3.5%）	—	—	100	—
	羟基化合物	三乙二醇单甲醚	54	—	46.5	—
		三乙二醇单丁醚	—	67	—	—
		二甘醇	—	—	—	18
	第一催化剂	二丁基氧化锡	0.7	—	0.62	—
		碳酸钾	—	1	—	—
		甲醇钠	—	—	—	0.7
产物 a			100	100	100	100
羧基化合物	苯甲酸		15.3	—	—	5.3
	己二酸		—	8.5	—	—
	对苯二甲酸		—	—	9.4	—
第二催化剂	四丁基氯化铵		0.2	—	—	0.2
	四丁基溴化铵		—	0.2	—	—
	三苯基膦		—	—	0.2	—

制备方法

（1）称取环氧脂肪酸酯、羟基化合物、第一催化剂于反应瓶中，−0.1 ～ −0.08MPa 下，逐渐从 80℃升温至 130 ～ 160℃，每 1h 升温 8 ～ 10℃，达到最高温后保温反应 2 ～ 4h，待冷却后水洗、脱水、抽滤即得产物 a；

（2）称取产物 a、羧基化合物、第二催化剂于反应瓶中，90 ～ 170℃下反应 5 ～ 8h，测酸值（以 KOH 计）低于 0.5mg/g，即得所述生物基增塑剂。

产品特性　本品其分子结构中含有酯基团和苯环，可以与聚合物分子链相互作用，从而带来更好的兼容性，脂肪链可以在聚合物分子链之间穿插，增加了分子链的移动性，使聚合物的柔韧性得到提升；较高的分子量可以降低挥发性，减少加工成型时的损失，同时具有较好的耐迁移性，避免使用过程中出现析出现象。

配方 20　水泥抹面砂浆增塑剂

原料配比

原料		配比（质量份）			
		1#	2#	3#	4#
柠檬酸酯	柠檬酸三丁酯	53	—	—	—
	乙酰柠檬酸三乙酯		48	56	—
	柠檬酸三乙酯	—	—	—	58
改性环氧树脂粉末		18	20	17	10
改性玻璃纤维		8	10	5	8
淀粉醚	瓜耳胶醚	17	—	—	—
	木薯改性淀粉醚 ExcelCon T500	—	16.5	—	—

续表

原料		配比（质量份）			
		1#	2#	3#	4#
淀粉醚	马铃薯改性淀粉醚 S301	—	—	18	—
	Amitrolit 8860 玉米改性淀粉醚	—	—	—	18.5
纤维素醚	甲基羟丙基纤维素醚	2	—	—	2.5
	甲基羟乙基纤维素醚	—	2.5	—	—
	甲基纤维素醚	—	—	1.5	—
黄原胶		2	3	2.5	3
乙醇		适量	适量	适量	适量
水		适量	适量	适量	适量

制备方法 将所述柠檬酸酯加入到乙醇中混合均匀得到混合物 A，将所述淀粉醚、纤维素醚和黄原胶加入水中混合均匀得到混合物 B；将所述改性环氧树脂粉末加热至熔融状态，加入到所述混合物 A 中，再将所述混合物 B 和所述改性玻璃纤维加入混合物 A 中，混合均匀，得到增塑剂。柠檬酸酯与乙醇的体积比为 1∶6；所述淀粉醚、纤维素醚和黄原胶的总质量与水的质量比为 1∶3。

原料介绍

所述改性玻璃纤维的制备方法包括以下步骤：将玻璃纤维浸泡到固含量为 13% ～ 18% 的 EVA 乳液中，在 500 ～ 600W 功率下超声处理 15 ～ 20min；然后分离出玻璃纤维在空气中静置 1 ～ 1.5h，最后干燥得到改性玻璃纤维；所述玻璃纤维的长度为 0.5 ～ 0.8mm，干燥温度为 105℃。

所述改性环氧树脂粉末的**制备方法**包括以下步骤：

（1）将环氧树脂与超支化聚硅氧烷按质量比（10 ～ 16）∶1 混合，在室温下搅拌 15 ～ 20min；加入酸酐类固化剂，搅拌 5 ～ 10min。所述酸酐类固化剂为甲基四氢邻苯二甲酸酐、甲基六氢邻苯二甲酸酐、正十二烷基丁二酸酐、十二烯基丁二酸酐中的至少一种。

（2）将步骤（1）得到的混合物倒入已预热的模具中，真空干燥，除去气泡。

（3）将步骤（2）除泡后的混合物加热至 100 ～ 120℃保持 3 ～ 4h，再继续升温至 150 ～ 170℃保持 2 ～ 3h，冷却，脱模，再加热至 180 ～ 200℃保持 3 ～ 5h，粉碎，过 150 目筛，即得到改性环氧树脂粉末。

产品应用 将本品用于配制水泥抹面砂浆，掺量为胶凝材料的 0.3% ～ 3%。

产品特性 本品采用超支化聚硅氧烷对环氧树脂进行改性，能够提高环氧树脂的韧性；在保持环氧树脂原有功能的同时还可以改善环氧树脂塑性不足、脆性过大的缺点。采用 EVA 乳液对玻璃纤维进行改性，可以保护纤维不受酸碱环境侵蚀，在强碱性的水泥环境中能够长时间保持完好状态从而增强砂浆的强度和抗裂性能。将淀粉醚、纤维素醚和黄原胶配合使用，可使砂浆具有较强的保水增稠能力。所有原料均环保无毒，各种原料之间相互配合，充分发挥每种原料的优势作用，使增塑剂能够显著提高砂浆的保水性、和易性和抗压强度。

配方 21 环保增塑剂

原料配比

原料	配比（质量份）	
	1#	2#
对苯二甲酸	8.3	16.6
间苯二甲酸	8.3	—

续表

原料	配比（质量份）	
	1#	2#
二甘醇	—	5.3
催化剂浓硫酸	166	—
对甲苯磺酸	166	25
硅钨酸	83	20
正丁醇	20	—
异丁醇	—	20

制备方法 将对苯二甲酸、间苯二甲酸 / 二甘醇以及催化剂浓硫酸、对甲苯磺酸、硅钨酸投入反应釜中，再投正丁醇 / 异丁醇于釜中，开启搅拌，升温至 150℃进行酯化反应，反应至酸值（以 KOH 计）小于 1mg/g 时酯化结束，反应完后，待体系温度降至 80℃左右时，向其中加适量碱中和至溶液为中性，然后脱除体系中水，降温至 80℃左右时进压滤机压滤得到产物。

产品应用 本品是一种无邻苯环保增塑剂。

产品特性 本品应用于塑料制备时，具有很好的拉伸强度和较高的开口闪点，同时与 PVC 相容性良好，可以替代邻苯二甲酸酯类增塑剂使用、环保无毒。

配方 22 异山梨醇异辛酸酯生物基增塑剂

原料配比

原料	配比（质量份）	原料	配比（质量份）
异山梨醇	146	2-乙基己酰氯	325
三乙胺	300（体积份）	溶剂二氯甲烷	适量

制备方法 将异山梨醇溶于丙酮或二氯甲烷溶剂中，加入缚酸剂三乙胺，在 0 ～ 10℃下缓慢加入 2- 乙基己酰氯，搅拌 1 ～ 4h，升温至 20 ～ 50℃反应 1 ～ 4h，经过滤、洗涤和减压蒸馏得到异山梨醇异辛酸酯增塑剂。

产品应用 在改性聚乳酸薄膜制备中的应用：将本品与聚乳酸溶液共混后于 22℃下烘干得到聚乳酸薄膜。

产品特性 本品增塑效果优异，这是因为异山梨醇酯具有刚性五元环结构，和苯二甲酸酯类增塑剂的化学结构相似，且异山梨醇异辛酸酯烷基链上的高分支度增加了与聚乳酸的相容性，降低了增塑剂的迁移率；本品制备条件简单，制备过程中不需要高温高压、强酸、催化剂等苛刻条件。

配方 23 植物基环保耐寒增塑剂

原料配比

原料	配比（质量份）	
	1#	2#
己二酸	40	45
植物基直链混合醇 C810	60	55
催化剂钛酸四异丙酯	0.12	0.13

制备方法 按配方投料，先投加液体原料，再投加固体原料。在搅拌作用下，缓慢升温（以每 20min 升高 10℃的速率升温）至 180℃，加入催化剂，随后再在 0.5h 内升温至 220℃，测定反应系统的酸值变化，当反应体系的酸值（以 KOH 计）< 0.2mg/g 时，终止反应。填料塔的馏头温度控制在 100℃，及时将反应体系生成的水排出，排出水的过程中带出的原料醇通过回流返回至反应器内，以促使反应正向进行。反应结束后，通过真空减压脱醇（温度为 190℃，全真空状态），加碱中和水洗并脱水，经过滤器进行净化处理，最终得到增塑剂产品。

产品应用 本品主要用于制备耐寒电线、耐寒电缆料、耐寒人造革、耐寒薄膜、耐寒板材（或耐寒片材）。

产品特性 本品与 PVC 兼容性好，具有较优的耐低温性能、耐老化性能、热稳定性能和电气绝缘性能，挥发性低，增塑效率高，耐候性好，原料容易获取，价格适中，符合环保要求，可制备具有较佳耐寒性能的 PVC 制品。

配方 24 植物油基增塑剂

原料配比

原料		配比（质量份）			
		1#	2#	3#	4#
聚醚羧酸	聚氧乙烯月桂醚羧酸	24	128	240	—
	聚乙二醇羧甲基醚	—	—	—	240
环氧植物油基原料		160	160	160	160
催化剂酸性无机盐	亚硫酸氢钠	0.2	—	—	—
	高氯酸锌	—	8.6	—	—
催化剂有机酸	对甲苯磺酸	—	—	6	6

制备方法 将环氧植物油基原料与聚醚羧酸、无机盐（或有机酸）混合，于 60 ～ 140℃下加热搅拌反应 3 ～ 9h，即得改性环氧植物油基增塑剂。

原料介绍 所述的环氧植物油基原料选自植物基油脂的全部或部分环氧化产物，为大豆油、棕榈油、蓖麻子油、玉米油等植物基油脂的全部或部分环氧化产物，高级脂肪酸酯的部分或全部环氧化产物等中的一种或多种。

产品应用 本品主要用于橡胶加工技术领域。

产品特性 通过化学手段对环氧植物油进行改性，聚醚类柔性链的存在有利于降低炼胶过程中的能耗，在植物油结构中引入羟基和聚醚链段也使其与无机填料的相容性得到改善，进而赋予橡胶良好的低滚阻性能；所制备的改性环氧植物油基增塑剂成本低，污染小，可再生，制备工艺简单，克服了石油系增塑剂对人体的毒害和对环境的污染问题，有利于工业化推广，解决了环氧植物油在橡胶配方中存在的滚阻较差等问题，即在保证增塑效果的同时赋予橡胶良好的低滚阻性能。

配方 25 阻燃增塑剂

原料配比

原料		配比（质量份）			
		1#	2#	3#	4#
乙酰化聚甘油不饱和脂肪酸酯	聚合甘油	20	20	20	20
	2- 十二烯酸	120	120	115	110
	钛酸四丁酯	0.05	0.05	0.05	0.03

续表

原料		配比（质量份）			
		1#	2#	3#	4#
乙酰化聚甘油不饱和脂肪酸酯	醋酸酐	18	18	18	18
2- 巯基乙酰氨基苯基次磷酸	巯基乙胺	6	6	6	6
	2- 羧乙基苯基次磷酸	13	13	14	12
	三乙胺	4	4	4	3.5
	二环己基碳二亚胺	20	20	20	20
	二氯甲烷	适量	适量	适量	适量
	无水乙醇	适量	适量	适量	适量
乙酰化聚甘油不饱和脂肪酸酯		80	80	80	80
2- 巯基乙酰氨基苯基次磷酸		20	80	80	8
安息香二甲醚		0.2	0.2	0.3	4
乙醇		适量	适量	适量	适量

制备方法

（1）将巯基乙胺、2- 羧乙基苯基次磷酸、二氯甲烷、三乙胺置于烧瓶中，混合均匀，再向其中加入二环己基碳二亚胺，升温至 50 ～ 70℃，回流 20 ～ 30h，反应结束后无水乙醇洗涤 4 ～ 6 次，真空干燥，得到 2- 巯基乙酰胺基苯基次磷酸。

（2）将乙酰化聚甘油不饱和脂肪酸酯、2- 巯基乙酰氨基苯基次磷酸、安息香二甲醚放入装有乙醇的烧瓶中，在 365mm 的紫外光下，反应 30 ～ 40min，干燥，得到阻燃增塑剂。

原料介绍

所述乙酰化聚甘油不饱和脂肪酸酯的制备方法如下：将聚合甘油、2- 十二烯酸加入至烧瓶中，搅拌溶解，升温至 160 ～ 180℃，向其中加入钛酸四丁酯，继续升温至 220 ～ 240℃，反应 5 ～ 10h，冷却至 90 ～ 110℃，加入醋酸酐，酯化反应 1 ～ 3h，减压蒸馏，碱洗、水洗、干燥，得到乙酰化聚甘油不饱和脂肪酸酯。

所述聚合甘油的制备方法：在氮气氛围下，将 200 质量份干燥的丙三醇、3 质量份氢氧化钠催化剂置于烧瓶中，在 260℃下搅拌反应 150min，冷却至室温，乙酸乙酯洗涤，离心、真空干燥，得到聚合甘油。

产品特性 本品与 PVC 材料有着较好的相容性，能够扩散在材料内部，并且可以与 PVC 材料形成较强的分子间相互作用，代替 PVC 分子链间的极性连接作用，改善 PVC 大分子之间的相互缠结作用，使 PVC 分子自由体积增加，分子间链段相对滑移作用增加，进而增强材料的增塑性能。此外，本品应用到 PVC 材料中具有较好的阻燃效果，其中的磷元素受热产生酸性物质，使得材料脱水成炭，形成一层致密炭层，随着温度升高，进一步形成一层玻璃态保护层，既能够阻挡热量传递，又能够阻挡物质的传递，并且，其中的氮元素受热能够形成不燃气体，具有稀释可燃性气体的作用，两者相互辅助，提升 PVC 材料的阻燃性能。

11 热稳定剂

11.1 热稳定剂定义

热稳定剂是一种用于提高能发生非链断裂热降解的聚合材料热稳定性的物质。

高分子材料在受热情况下，会发生物理和化学变化，如晶型转变、熔化、汽化、分解、交联、燃烧、爆炸等。要避免这样的情况发生，可以采取一定的方法。

在高分子材料中加入少量某种物质，使得这些材料和物质在加工和使用过程中不因受热而发生化学变化，或延缓这些变化以达到延长其使用寿命的目的。这种少量的物质就称作某种材料的热稳定剂。

11.2 热稳定剂作用机理

要防止热氧老化，一是，消除高分子材料中热降解的引发源，如 PVC（聚氯乙烯）中存在的烯丙基氯结构和某些情况下分子所存在的不饱和键；二是，消除所有对非链断裂热降解反应具有催化作用的物质，如 PVC 上解脱下来的氯化氢等，只有这样，才能阻止或延缓材料热降解。

热稳定剂的作用机理是：

① 置换高分子链中存在的活泼原子，以得到更稳定的化学键和减小引发脱氢反应的可能性。

② 迅速结合脱落下来的氯化氢，抑制其自动催化作用。

③ 与自由基反应，中止自由基的传递。有机锡类和亚磷酸酯类按此机理作用。

④ 与共轭双键加成作用，抑制共轭链的增长。有机锡类和环氧类按此机理作用。

⑤ 分解氢过氧化物，减少自由基的数目。有机锡和亚磷酸酯类按此机理作用。

⑥ 钝化有催化脱 HCl 作用的金属离子。

同一种稳定剂可按几种不同的机理实现热稳定目的。

11.3 热稳定剂分类

目前塑料工业中广泛使用的热稳定剂按化学组成和所起的作用可分为铅稳定剂、金属皂类稳定剂、有机锡稳定剂、锑稳定剂、混合金属盐稳定剂、液体复合稳定剂、非金属稳定剂、辅助稳定剂八类。

11.3.1 铅稳定剂

铅稳定剂属 HCl 的接受体，能够捕捉 PVC 热降解脱出的 HCl 而生成 $PbCl_2$，而 $PbCl_2$ 无脱除 PVC 中 HCl 的作用，故铅稳定剂稳定性高。

铅化合物是历史最悠久而效果好的热稳定剂，在 PVC 管材、绝缘电缆料中使用。碱式铅盐是目前应用最广泛的铅稳定剂。铅稳定剂耐热性良好，特别是长期热稳定性良好；电气绝缘性优良；具有白色颜料的性能，覆盖力大，耐候性也良好；可作发泡剂的活性剂且价格低廉。

铅稳定剂的缺点有：所得制品不透明；毒性大；有初期着色性；相容性和分散性差；没有润滑性，须与金属皂、硬脂酸等润滑剂并用，容易产生硫化污染。

11.3.2 金属皂类稳定剂

金属皂类大部分为硬脂酸和月桂酸的盐类，其他如苯甲酸、水杨酸、环烷酸、烷基酚等的金属盐类虽然不是“皂”，但习惯上仍把它们和金属皂相提并论。金属皂类与 PVC 中不稳定氯原子发生酯化反应，从而抑制其脱 HCl 的反应。从静态耐热性来看，硬脂酸铅和硬脂酸镉效果最好。但从动态耐热性考虑，以二碱式硬脂酸铅和硬脂酸钡为好。不同酸根对金属皂类热稳定性的影响也很大，以镉皂为例，硬脂酸镉和蓖麻油酸镉的效果最好；环烷酸镉和月桂酸镉次之；苯甲酸镉和辛酸镉更次之。一般地说，脂肪酸根中碳数多的，其热稳定性和加工性都比较好，但与 PVC 的相容性则较差，容易出现喷霜现象，使 PVC 制品的印刷性和热合性下降。另外，耐水和溶剂的抽出性也随着碳数的增加而减少。在碳数相同情况下，分子中含有羟基、环氧基者，虽然稳定性有所提高，但耐水和溶剂的抽出性则有下降的趋势。

11.3.3 有机锡稳定剂

有机锡化合物是高效的热稳定剂，特别适用于要求高度透明性和高度耐热性的硬制品。它们常起到光化学、力化学和生物化学稳定剂、增塑剂等的功能，被广泛应用并代替其他热稳定剂。但其价格较高，一定程度上限制了它们的应用，人们力图以低价锡来代替其他热稳定剂，以适应价格与性能的需要。有机锡化合物对 PVC 是最有效的热稳定剂，其稳定作用同时包含预防性和补救性。市场上有机锡稳定剂划分为含硫有机锡和无硫有机锡两大类。有机锡稳定剂在加工时常因相容性差而有渗出倾向，需专门选择润滑剂，而且多数情况下析出带异味的挥发产物，对加工造成一定的困难，因此作为商品的锡稳定剂，一般很少使用纯品，大都是添加了稳定化助剂的复合物。

11.3.4 锑稳定剂

锑稳定剂通常是由 Sb_2O_3 或 $SbCl_3$ 与硫醇盐反应制得的。在相同的温度时，它和有机锡一样，可提供良好的色泽稳定性和较低的熔融黏度，其透明性不如有机锡，但因其价廉，人们都在着手研究改善其缺点，使之能扩大应用领域，尤其是有机锡价格不断上涨时，发展锑稳定剂比较有利。已经商品化的产品有三（十二硫醇）锑和三巯基醋酸异辛酯锑，其中三巯基醋酸异辛酯锑被推荐作为烷基硫醇锡或巯基醋酸异辛酯烷基锡较为便宜而又等效的替代物。

11.3.5 混合金属盐稳定剂

混合金属盐稳定剂是稳定剂中的一大类，主要是由两种或多种有机金属盐加上某些经选择的纯有机物所组成的复合物。它在使用数量、配方和应用的多样性上都居于首位，是目前最通用的一类稳定剂。

由于协同效应，该类稳定剂价廉效能高，可作主稳定剂使用，但它和其他类型稳定剂不同，在组成上变化相当大，难以用固定的通式来表示，一般是以一定比例有协同作用的碱金属、碱土金属或重金属盐为基础作主稳定剂，再加上一定比例的辅助稳定剂复配而成。

11.3.6 液体复合稳定剂

液体复合稳定剂是有机金属盐类、亚磷酸酯、多元醇、抗氧剂和溶剂等多组分的复合物。其中，金属盐类是复合稳定剂的主体成分。按金属配合划分为Ba/Cd（通用型）、Ca/Zn（耐硫化污染型）、Ca/Zn（无毒型）以及Ca/Sn和Ba/Sn复合物等类型。有机酸的种类有辛酸、油酸、环烷酸、合成脂肪酸、树脂酸、苯甲酸、水杨酸、亚磷酸等。亚磷酸酯为亚磷酸三苯酯、亚磷酸一苯二异辛酯、亚磷酸三异辛酯等。抗氧剂习惯用双酚A。溶剂一般可用矿物油、高级醇、液体石蜡或增塑剂等。因生产厂家采用的原料和制造方法不同，液体复合稳定剂的组成、性能和用途存在较大的差异。

液体复合稳定剂与树脂和增塑剂的相容性好，透明性好，不易析出，用量较少，使用方便。用于软质透明制品比用有机锡稳定剂便宜，没有初期着色，耐候性好。用于增塑糊黏度稳定性高。其主要缺点是润滑性较差，降低制品的软化点，长期贮存会变质等。因此，液体复合稳定剂主要用于软质制品。

11.3.7 非金属稳定剂

非金属稳定剂主要指起主稳定剂作用的纯有机化合物。几乎所有的非金属稳定剂都是以低碱性为其特点的含氮化合物。近年来，由于注意到铅、镉等金属稳定剂的毒性和污染问题比较严重，因此，非金属稳定剂又重新引起人们的重视，力图研究出高效无毒的新品种。

研究与开发较多的是β-氨基巴豆酸类化合物，已被德国、法国、英国等批准作为食品级无毒稳定剂使用。其他有机物如原甲酸酯、原苯甲酸酯和β-二酮类等作为稳定剂均有报道。

11.3.8 辅助稳定剂

辅助稳定剂本身不具有热稳定作用，但它能改进热稳定体系的效能。属于此类的有：有机亚磷酸酯类、环氧化合物、抗氧剂、多元醇等。有机亚磷酸酯种类很多，包括三芳基酯、三烷基酯、烷基芳基混合酯、三硫代烷基酯和双亚磷酸酯及聚合型亚磷酸酯等。为了取得良好效果，往往和环氧化合物并用。有机亚磷酸酯与金属稳定剂并用能整合金属离子，防止金属氧化物的催化降解作用，从而提高了络合物的耐热性和耐候性，保持了透明性。

作为辅助稳定剂使用的环氧化合物主要有环氧大豆油、环氧硬脂酸酯、环氧四氢邻苯二甲酸酯和缩水甘油醚。环氧化合物单独使用时，其耐候性和耐热性一般，但与金属稳定剂并用有良好的协同作用。作为热稳定剂也应当有抗氧化的效能。绝大多数商品热稳定剂中已含有抗氧剂。多元醇是能增加PVC热稳定性的稳定剂，与钙皂或锌皂并用的多元醇有季戊四醇、三羟甲基丙烷、山梨糖醇等。

11.4 热稳定剂用途

（1）在塑料制品加工中的应用　作为一种化工辅料，热稳定剂是塑料制品生产中必备的一种物质。热稳定剂能够提高塑料制品的机械性能、耐热性能和化学稳定性等，为塑料制品的应用提供了更广阔的发展前景。

（2）在橡胶制品加工中的应用　热稳定剂也广泛应用于橡胶制品生产中。热稳定剂能够提高橡胶制品的稳定性和耐热性能，从而提高产品的使用寿命和性能。

（3）在油漆和涂料中的应用　热稳定剂还被广泛用于油漆和涂料的制造中，能够有效地提高油漆和涂料的抗氧化性和耐久性，避免涂层因高温而剥落和碎裂。

综合来看，热稳定剂在现代化工生产及包括塑料、橡胶、涂料在内的众多行业中起着举足轻重的作用。而伴随着人们对健康和环境的重视，热稳定剂的应用也将更加广泛和具有前瞻性。

11.5　热稳定剂配方与制备实例

配方 1　PVC 聚合用热稳定剂乳液

原料配比

原料	配比（质量份）		
	1#	2#	3#
癸二酸钙	20	30	25
12- 羟基硬脂酸锌	30	40	35
硫代二丙酰乙醇胺	40	50	45
去离子水	500	500	500
山梨醇酐单棕榈酸酯	3	5	4
聚氧乙烯脱水山梨醇单油酸酯	6	10	8
辛基酚聚氧乙烯醚	3	5	4

制备方法

（1）按配比称取癸二酸钙、12- 羟基硬脂酸锌、硫代二丙酰乙醇胺，加入到去离子水中；

（2）向步骤（1）所得溶液中加入称量好的山梨醇酐单棕榈酸酯、聚氧乙烯脱水山梨醇单油酸酯、辛基酚聚氧乙烯醚，加热至 80 ～ 95℃，剪切乳化 20 ～ 30min，然后边冷却边剪切乳化，温度达到 50℃以下停止剪切乳化，得到所述的 PVC 聚合用热稳定剂乳液。

产品应用　在制备 PVC 中的应用，包括以下步骤：向反应釜中加入脱盐水、聚乙烯醇水溶液、羟丙基甲基纤维素水溶液、引发剂；反应釜抽真空，加入氯乙烯单体，先常温后升温搅拌；当釜内压力降值达到 0.20MPa 时，向釜内加注终止剂和复合热稳定剂乳；继续搅拌，回收聚合釜内未反应的氯乙烯单体，将所得浆料进行离心脱水后干燥，得到 PVC 树脂粉末。

产品特性　本品可以使 PVC 树脂在加热老化过程中减少乙烯双键的生成，从而提高树脂的老化白度，并且可以减缓树脂在高温条件下脱 HCl 的速度，从而大大延长了 PVC 树脂的刚果红热稳定时间，使树脂的总体热稳定性得到明显提升。

配方 2　PVC 用固体钙锌复合热稳定剂

原料配比

原料		配比（质量份）			
		1#	2#	3#	4#
钙单体	硬脂酸钙	26	13	—	26
	乙酰丙酮钙	—	13	26	—
锌单体	硬脂酸锌	10	5	—	10
	乙酰丙酮锌	—	5	10	—
β- 二酮	二苯甲酰甲烷	13	13	13	6
	硬脂酰苯甲酰甲烷	—	—	—	7

续表

原料		配比（质量份）			
		1#	2#	3#	4#
多元醇	三（α- 羟乙基）异氰尿酸酯	1	1	1	1
有机含氮化合物	异氰尿酸三缩水甘油酯	15	15	15	15
水滑石		33	33	33	33
润滑剂	亚乙基双硬脂酰胺	1	1	1	1
抗氧剂	四 [β-（3，5- 二叔丁基 -4- 羟基苯基）丙酸] 季戊四醇酯	1	1	1	1

制备方法 将各组分原料混合均匀即可。

产品特性

（1）本品以钙盐和锌盐作为主稳定剂，钙盐对氯化氢具有很好的吸收能力，且生成的氯化钙不具催化作用，与水滑石配合使用，长期热稳定性好。同时，锌盐可吸收氯化氢并抑制 PVC 碳链的分解，起效快，具有优良的初期着色效果，但是生成的氯化锌会催化加速 PVC 的降解，引起“锌烧”现象。故通过加入了 β- 二酮、多元醇和有机含氮化合物辅助热稳定剂，不仅可以吸收氯化氢起稳定剂作用，还可以有效阻止由于锌盐加入引起的“锌烧”现象。

（2）本品中主稳定剂和辅助热稳定剂具有很好的协同作用，使所得钙锌复合热稳定剂初期着色好、透明性和长期耐热性优良、生产工艺简单且成本低，在环保要求高的 PVC 透明制品领域具有很好的应用前景。

配方 3 PVC 有机复合热稳定剂

原料配比

原料		配比（质量份）			
		1#	2#	3#	4#
稳定剂 A	四羟烷基甘脲	30	35	35	40
稳定剂 B	硬脂酸锌	25	20	15	10
稳定剂 C	二氢吡啶酯	10	10	15	15
稳定剂 D	硬脂酸钙	10	10	10	10
稳定剂 E	ACR 树脂	3	3	3	3
季戊四醇酯	单硬脂酸季戊四醇酯	5	5	5	5
三（2- 羟乙基）异氰尿酸酯		12	12	12	12
抗氧剂	抗氧剂 1010	5	5	5	5

制备方法 在 200 ～ 600r/min 的高速搅拌机中，温度 80 ～ 90℃下加入稳定剂 A、稳定剂 B、稳定剂 C、稳定剂 D、稳定剂 E、季戊四醇酯、三（2- 羟乙基）异氰尿酸酯和抗氧剂，混合 10 ～ 30min，待混合均匀即得所述 PVC 有机复合热稳定剂。

原料介绍

所述四羟烷基甘脲是由十二醛和甘脲在催化剂对甲苯磺酸的作用下于 120 ～ 190℃下合成得到，制备方法具体包括如下步骤：

（1）将乙酰乙酸乙酯和硬脂醇混合于 120 ～ 190℃下发生酯交换反应，得到乙酰乙酸十八酯；乙酰乙酸乙酯和硬脂醇的摩尔比为（1.2 ～ 1.8）∶1，反应时间为 2 ～ 5h。

（2）在步骤（1）得到的乙酰乙酸十八酯中加入醋酸至弱酸性，随后加入醋酸铵和相转移催化剂十四烷基三甲基氯化铵加热，并于搅拌下缓慢加入乌洛托品水溶液反应，待反应结束后降温，经抽滤、洗涤、烘干后得到所述二氢吡啶酯。乙酰乙酸十八酯和乌洛托品的摩尔比为（4 ～ 6）∶1，乙酰乙酸十八酯和醋酸铵的摩尔比为（1 ～ 1.5）∶1，乙酰乙酸十八酯和十四烷基三甲基氯化铵的质量比为 1000∶（1 ～ 5）。反应温度为 125 ～ 135℃，反应时间为 2 ～ 8h。

产品特性

（1）本品中的四羟烷基甘脲作为主稳定剂，具有提高 PVC 长期热稳定性的作用，其搭配二氢吡啶酯、硬脂酸锌、三（2- 羟乙基）异氰尿酸酯等成分，产生良好的协同效应，有效络合氯化锌，缓解 PVC“锌烧”的现象，且可以大量吸收 HCl，使得 PVC 长期热稳定性和耐候性得到大大的提高。

（2）本品因含有强极性物质，可以使 PVC 快速塑化，塑化效果与有机锡接近，且长期热稳定性与有机锡的接近，可以替换有机锡稳定剂产品。

（3）本品因主要是大分子的有机物而与 PVC 树脂的相容性很好，可以有效防止析出的问题。

（4）本品不含重金属，无毒环保，无气味。

配方 4　多羟基复合盐热稳定剂

原料配比

<table>
<tr><th colspan="3" rowspan="2">原料</th><th colspan="4">配比（质量份）</th></tr>
<tr><th>1#</th><th>2#</th><th>3#</th><th>4#</th></tr>
<tr><td rowspan="8">多羟基脂肪酸</td><td rowspan="4">酸酐</td><td>马来酸酐</td><td>9.806</td><td>—</td><td>—</td><td>—</td></tr>
<tr><td>邻苯二甲酸酐</td><td>—</td><td>—</td><td>14.811</td><td>—</td></tr>
<tr><td>丁二酸酐</td><td>—</td><td>10.007</td><td>—</td><td>—</td></tr>
<tr><td>戊二酸酐</td><td>—</td><td>—</td><td>—</td><td>11.410</td></tr>
<tr><td rowspan="4">多元醇</td><td>季戊四醇</td><td>13.615</td><td>—</td><td>—</td><td>—</td></tr>
<tr><td>双季戊四醇</td><td>—</td><td>26.699</td><td>—</td><td>—</td></tr>
<tr><td>三羟甲基乙烷</td><td>—</td><td>—</td><td>11.414</td><td>—</td></tr>
<tr><td>三羟甲基丙烷</td><td>—</td><td>—</td><td>—</td><td>14.088</td></tr>
<tr><td rowspan="3">多羟基酯钙 / 锌盐</td><td colspan="2">多羟基脂肪酸</td><td>23.421</td><td>35.435</td><td>2.683</td><td>2.483</td></tr>
<tr><td rowspan="2">钙 / 锌氧化物或氢氧化物</td><td>氧化钙</td><td>2.804</td><td>3.084</td><td>2.524</td><td>3.084</td></tr>
<tr><td>氧化锌</td><td>4.069</td><td>4.476</td><td>3.662</td><td>4.476</td></tr>
<tr><td colspan="3">多羟基酯钙</td><td>5.064</td><td>7.468</td><td>5.746</td><td>5.306</td></tr>
<tr><td colspan="3">硬脂酸钙</td><td>6.070</td><td>12.140</td><td>5.767</td><td>5.767</td></tr>
<tr><td colspan="3">多羟基酯锌盐</td><td>5.317</td><td>7.72</td><td>5.999</td><td>5.559</td></tr>
<tr><td colspan="3">硬脂酸锌</td><td>6.323</td><td>12.646</td><td>6.007</td><td>6.007</td></tr>
</table>

制备方法

（1）将酸酐加入至密闭反应容器中，加入多元醇，升温至 80 ～ 130℃，恒温反应 4 ～ 6h，得到多羟基酯酸。

（2）将多羟基脂肪酸加入到反应容器中，加入钙 / 锌氧化物或氢氧化物，升温至 70 ～ 130℃，恒温反应 5 ～ 8h，得到多羟基酯钙 / 锌盐。

（3）将多羟基酯钙 / 锌盐和相应的硬脂酸钙 / 锌混合，在 120 ～ 160℃下恒温反应 5 ～ 8h，获得所述多羟基复合盐热稳定剂。

产品应用　本品用作 PVC 硬制品和软制品的主稳定剂或辅助稳定剂。

产品特性

（1）本品能够显著提高多羟基金属盐与 PVC 的相容性，具有良好的加工性，解决了多羟基金属盐热稳定剂在使用过程中的黏辊问题。

（2）本品既能吸收氯化氢和取代不稳定氯原子，又能络合 $ZnCl_2$ 以有效地抑制 PVC 加工过程中的“锌烧”现象，表现出优异的初期和长期热稳定性。

（3）本品具有无毒、无味、无重金属、加工性良好等特点，是兼具主热稳定作用和辅助热稳定作用的 PVC 热稳定剂。

配方 5　二氢吡啶 PVC 复合热稳定剂

原料配比

原料	配比（质量份）		
	1#	2#	3#
二氢吡啶	20	25	30
改性分子筛	30	30	30
抗氧剂	5	5	5
增塑剂	10	10	10
硬脂酸锌	20	20	20
硬脂酸钙	5	10	10

制备方法　在高速混合机中加入二氢吡啶，升温到 80 ～ 90℃，继续加入改性分子筛 120℃下保温持续搅拌，加入抗氧剂、增塑剂、硬脂酸钙以及硬脂酸锌，物料搅拌均匀后，把物料放出，得到产品。

原料介绍

所述的改性分子筛是按照以下方法制备的：将 4A 型分子筛在工业用微波炉中进行除水处理，取出后将其与高氯酸盐进行混合，冷却至室温后充分研磨，得到改性分子筛。烘干温度为 350 ～ 400℃，烘干时间为 3h。混合时间为 20min。高氯酸盐与烘干后的 4A 型分子筛的质量比为 2∶3。

所述的增塑剂为邻苯二甲酸二正辛酯。

所述的抗氧剂为抗氧剂 1076。

所述二氢吡啶的制备方法：乙酰乙酸乙酯和乌洛托品在醋酸铵的乙醇溶液中共热（1h），将所得液体冷却至析出结晶体后过滤并用乙醇洗涤，在空气中干燥可得淡黄色粉末状的二氢吡啶。

产品特性

（1）本品具备优良的协同效应及润滑效应，可延长 PVC 制品的热稳定性时间，防止析出、喷霜现象出现，提高后期耐候性，降低生产成本。

（2）本品具有较出色的初期白度，具有较好的热稳定性能。使用本品可以使 PVC 塑料的塑化能力增强，动态热稳定时间明显延长。

配方 6　复合改性水铝钙石基 PVC 热稳定剂

原料配比

原料	配比（质量份）		
	1#	2#	3#
Na_2CO_3	2.12	2.55	1.7
水	150（体积份）	200（体积份）	200（体积份）
氢氧化钙	6.23	6.85	5.92
氢氧化铝	3.12	3.12	3.12
环氧大豆油	0.2	0.45	0.6
硬脂酸	0.6	0.45	0.2

制备方法

（1）将碳酸钠溶于水中，加入氢氧化钙、氢氧化铝、环氧大豆油和硬脂酸，升温至70～100℃，搅拌反应0.3～3h；

（2）在70～100℃陈化10～30h后，将反应得到的固体物脱水干燥，得到复合改性水铝钙石PVC热稳定剂。

产品特性 本品以环氧大豆油和硬脂酸钠为复合改性剂，通过水热反应制备复合改性水铝钙石。环氧大豆油可吸附在水铝钙石晶核表面，既能抑制水铝钙石粒子聚集，避免粒径过度增大，又能通过分子结构中的环氧基团与水铝钙石表面丰富的羟基相互作用，对水铝钙石起表面改性的作用。然而，环氧大豆油是一种油状液体，在水中不易分散。随后加入的硬脂酸与碳酸钠反应可生成具有乳化作用的硬脂酸钠，从而促进环氧大豆油在反应体系中的分散。此外，硬脂酸钠也可附着在水铝钙石表面，提高水铝钙石与PVC之间的相容性，防止水铝钙石从PVC中析出。通过环氧大豆油和硬脂酸钠的复合改性作用制备的复合改性水铝钙石对PVC热稳定性能的贡献显著大于传统的未改性或单一改性水铝钙石。

配方7 复合钙锌热稳定剂

原料配比

原料		配比（质量份）			
		1#	2#	3#	4#
钙锌热稳定剂		10	10	10	10
改性气相二氧化硅		1	1	1	1
端羟基己二酸季戊四醇酯	酸值（以KOH计）为0.2mg/g，羟值（以KOH计）为90mg/g	—	1	1	—
	酸值（以KOH计）为0.35mg/g，羟值（以KOH计）为70mg/g	—	—	—	1
	酸值（以KOH计）为0.25mg/g，羟值（以KOH计）为86mg/g	1	—	—	—
钙锌热稳定剂	硬脂酸钙	20	15	30	20
	硬脂酸锌	12	20	10	12
改性气相二氧化硅	气相二氧化硅	50	50	50	50
	硅烷偶联剂KH-570	20	20	20	20
	有机溶剂	适量	适量	适量	适量

制备方法 将钙锌热稳定剂、改性气相二氧化硅和端羟基己二酸季戊四醇酯混合均匀，即得所述复合钙锌热稳定剂。

原料介绍

所述端羟基己二酸季戊四醇酯是由端羟基己二酸与季戊四醇通过酯化反应得到。所述端羟基己二酸与季戊四醇的摩尔比为（1～1.5）∶2。所述端羟基己二酸季戊四醇酯的酸值（以KOH计）≤0.5mg/g，羟值（以KOH计）为70～90mg/g。所述的端羟基己二酸为2-羟基己二酸。

所述改性气相二氧化硅的制备方法为：将气相二氧化硅和硅烷偶联剂分散于有机溶剂中，在60～80℃下回流反应2～4h，经后处理，即得到所述改性气相二氧化硅。所述有机溶剂为丙酮、甲醇、乙醇、乙酸乙酯中的一种或几种。所述改性气相二氧化硅的比表面积为250～350m^2/g。

产品特性 本品通过改性气相二氧化硅、端羟基己二酸季戊四醇酯与钙锌热稳定剂的协同增效作用，对PVC材料具有长效热稳定效果。

配方 8 复合热稳定剂

原料配比

原料		配比（质量份）	原料		配比（质量份）
稳定剂		24	增塑剂	己二酸二正辛酯	8
增塑剂		54		戊二酸二丁酯	8
协调稳定剂		26		琥珀酸二丁酯	4
助剂		5		己二酸丁酯	1
稳定剂	有机锌化合物	7	协调稳定剂	三异辛基亚磷酸酯	15
	有机锡	1		磷酸异癸基二苯酯	10
增塑剂	邻苯二甲酸二正辛酯	7		亚磷酸一苯二异辛酯	1
	对苯二甲酸二（2-乙基己基）酯	17	助剂	羟基苯	1
	氯代脂肪酸甲酯	9		2-乙基-1-己醇	1.5

制备方法 将各组分原料混合均匀即可。

原料介绍

所述有机锌化合物包括但不限于油酸锌、硬脂酸锌、锌肉豆蔻酸盐、对甲苯甲酸锌、2-乙基己酸锌等。

所述有机锡包括但不限于二巯基乙酸异辛酯二甲基锡、二（异辛基巯基乙酸）二丁基锡、三（2-乙基己基硫代甘醇酸）单甲基锡等。

产品应用 本品应用于 PVC 材料中。

产品特性 加入本品的 PVC 树脂材料具有优异的光、热稳定性，可以在高温、光照等环境下长期存放，而不发生老化降解，使用寿命较长。此外，通过对改性剂、脱模剂等组分以及配比的优化调控，在不适合用大量的增塑剂、补强剂、防老剂等的前提下，本品依然显著地改善了聚氯乙烯材料的稳定性和使用寿命。

配方 9 复合型 PVC 热稳定剂

原料配比

原料		配比（质量份）			
		1#	2#	3#	4#
硬脂酸钙		40	40	30	50
硬脂酸锌		30	30	20	40
辅助稳定剂	6-巯基己醇	8	8	5	10
	二巯基丙烷磺酸钠	5	5	3	7
	水滑石	—	10	5	12
增容剂	硅烷偶联剂改性蒙脱土	7	7	6	8
内润滑剂	环氧大豆油	2	2	—	2
	甘油硬脂酸酯	3	3	5	2
	色拉油	—	—	—	1
交联剂	叔丁基过氧化氢（有机过氧化物）	—	4	3	5
交联助剂	三烯丙基异三聚氰酸酯	—	2	—	—
	三羟甲基丙烷三丙烯酸酯	—	—	1	—
	三羟甲基丙烷三甲基丙烯酸酯	—	—	—	3

制备方法

（1）将硬脂酸钙、硬脂酸锌、交联剂（也可不加）与交联助剂（也可不加）混合均匀，制得第一预混物；

（2）在搅拌条件下，将内润滑剂加热至 80 ～ 100℃，然后冷却至 50 ～ 60℃，加入辅助稳定剂与增容剂充分搅拌，制得第二预混物；

（3）将第一预混物与第二预混物混合均匀，制得复合型 PVC 热稳定剂。

原料介绍 所述改性蒙脱土按照如下方法制得：将平均粒径为 50 ～ 100mm 的蒙脱土颗粒与硅烷偶联剂按照（2 ～ 3）∶1 的质量比混合均匀，得到改性蒙脱土。

产品特性

（1）本品中的 6- 巯基己醇与二巯基丙烷磺酸钠，能够抑制 PVC 中 HCl 与锌盐的产生，有效减少了“锌烧”现象，提高了热稳定剂的热稳定性，从而使得 PVC 材料在加热环境下不易变色发黑。

（2）本品中采用交联剂与交联助剂，促使 PVC 树脂交联产生三维网络结构，从而抑制 6- 巯基己醇与二巯基丙烷磺酸钠等组分向 PVC 材料表面迁移，使得 PVC 材料不易发生“喷霜”现象。

配方 10 含有聚醚多元醇磷酸酯的液体钙锌热稳定剂

原料配比

原料		配比（质量份）
聚醚多元醇磷酸酯	起始剂乙二醇	20
	粉体氢氧化钾	0.8
	水	0.8
	环氧乙烷	85.3
	环氧丙烷	450
	磷酸	3.9
	五氧化二磷	55
液体有机酸锌盐		15
液体有机酸钙盐		30
亚磷酸酯		20
抗氧剂	1010	2
聚醚多元醇磷酸酯		10
溶剂	白油	23
液体有机酸锌盐	油酸锌	5
	异辛酸锌	3
	对叔丁基苯甲酸锌	2
	D80 溶剂油	10
液体有机酸钙盐	油酸钙	1
	异辛酸钙	1
	D80 溶剂油	2

制备方法 取液体有机酸锌盐、液体有机酸钙盐、亚磷酸酯、抗氧剂、聚醚多元醇磷酸酯、溶剂于 105℃下搅拌 0.5h，冷却包装，即可制备得到液体钙锌热稳定剂。

原料介绍 所述聚醚多元醇磷酸酯的制备方法：

（1）在反应容器中加入起始剂和催化剂（粉体氢氧化钾）水溶液，开启搅拌桨，升温至 105℃后进行真空脱水；脱水的时间为 2h，使得溶液中水含量小于 0.05%。

（2）在反应器中通入纯净的氮气，升温至140℃，持续缓慢滴加环氧乙烷和环氧丙烷的混合物，控制反应器温度为125～135℃、压力为0.08～0.3MPa，环氧乙烷与环氧丙烷持续开环聚合，生成聚醚多元醇。滴加环氧乙烷和环氧丙烷混合物的时间为1.5h。环氧乙烷和环氧丙烷混合物的物质的量总量为起始剂物质的量总量的30倍，环氧乙烷和环氧丙烷的摩尔比为1∶(3～5)。控制反应器温度为130℃。放热反应，应当注意容器内温度的变化，反应完成后，打开真空装置，负压0.5h，脱除溶液中残留的环氧乙烷和/或环氧丙烷。

（3）关闭真空装置，将少量的磷酸或稀硫酸投入到步骤（2）的产物中，调节目标产物的pH值为6～7，打开真空装置脱水，进一步过滤、冷却，待用；脱水的条件为105℃脱水1h。磷酸或稀硫酸的物质的量为催化剂物质的量的1.8～2倍。

（4）冷却至常温后，开启高速搅拌，搅拌速度为1200～1500r/min，分批缓慢加入五氧化二磷，缓慢升温至70～80℃，经过水解、碱洗至pH值为6～8，即可得到聚醚多元醇磷酸酯。五氧化二磷物质的量为起始剂用量的1.2～1.8倍。

产品应用 用于制备保鲜膜的应用：在保鲜膜生产时，直接添加本品热稳定剂，无需额外添加其他防雾剂，即可制备得到防雾保鲜膜。

产品特性

（1）本品通过环氧乙烷-环氧丙烷混合嵌段的方式，增加了链长，既可提升与PVC树脂的相容性，又保持一定的亲水性；通过链端引入磷酸酯的方式，增强了润湿分散效果，提升防雾性能。

（2）本品可在PVC薄膜加工时直接成型，相比喷涂法，附着力更强，不易流失，防雾性能更稳定；相比母粒添加法，添加量更少、使用更便捷。

配方11 具有氧桥分子结构的双马来酸醇酯热稳定剂

原料配比

原料		配比（质量份）			
		1#	2#	3#	4#
马来酸酐		9.8	9.8	9.8	9.8
二元醇	二乙二醇	5.3	—	—	—
	三乙二醇	—	7.5	—	—
	乙二醇	—	—	3.1	—
环氧氯丙烷		10	10	10	20
催化剂苄基三乙基氯化铵		0.2	0.2	0.2	0.2
碱NaOH		2	2	2.2	2

制备方法

（1）在反应容器中加入马来酸酐，升温使其液化后滴加二元醇，在80～120℃下反应2～5h，即得到双马来酸醇酯。反应过程中测反应体系酸值判断反应进程，达到理论酸值时停止反应。所述理论酸值为371.3mg/g。

（2）将步骤（1）得到的双马来酸醇酯升温到100℃以上，加入过量环氧氯丙烷，并在催化剂条件下进行开环反应，反应结束后，反应体系降温至40～80℃，加入一定量的碱，保持温度进行闭环反应，反应结束后水洗，有机相经减压蒸馏、干燥得到具有氧桥分子结构的双马来酸醇酯热稳定剂。所述环氧氯丙烷须过量。开环反应温度为100～150℃，开环反应时间为1～5h，闭环反应过程中碱与双马来酸醇酯的物质的量之比为（1∶1）～（2∶1），闭环反应温度为40～80℃，闭环反应时间为1～5h。

产品应用 本品主要用于工业产品、农业用品、建筑材料、包装产品、电子电器及生活日用品。

产品特性 本品结合了马来酸酐、多元醇和环氧基团，和钙锌热稳定剂复配具有良好的协同增效作用，初期和长期热稳定性能优异。

配方 12 聚丙烯塑料用热稳定剂

原料配比

原料	配比（质量份）			
	1#	2#	3#	4#
甲苯①	35（体积份）	38（体积份）	40（体积份）	50（体积份）
硬脂酸	3	3.2	3.5	4
油脂类	2	2.1	2.3	2.5
三氧化二磷	0.1	0.12	0.1 ～ 0.2	0.2
甲苯②	12（体积份）	13（体积份）	14（体积份）	15（体积份）
氢氧化钠	0.2mol	0.25mol	0.3mol	0.4mol
α- 氯代铜	0.12mol	0.14mol	0.15mol	0.16mol
甲基丙烯酸甲酯单体	4（体积份）	4.2（体积份）	4.3（体积份）	4.5（体积份）
3- 甲基丙烯酰氧基丙基三甲氧基硅烷	0.32（体积份）	0.35（体积份）	0.36（体积份）	0.38（体积份）
水	25（体积份）	26（体积份）	28（体积份）	30（体积份）
引发剂溶液	2（体积份）	2.2（体积份）	2.5（体积份）	3（体积份）
3- 巯丙基三甲氧基硅烷	0.3（体积份）	0.33（体积份）	0.35（体积份）	0.4（体积份）

制备方法

（1）将甲苯①添加到反应釜中，添加硬脂酸，搅拌混合均匀，得到混合液；搅拌混合为在常温下进行搅拌处理，搅拌的转速为 150r/min。

（2）将油脂类、三氧化二磷添加到甲苯②中，调节温度至 1 ～ 3℃，保温搅拌 20min，然后再添加氢氧化钠和 α- 氯代铜，继续搅拌反应 10h，再进行超声波处理，得到混合物；将上述得到的混合物在乙醇中进行重结晶，然后经过过滤分离，得到助剂。超声波处理的时间为 3min。

（3）将甲基丙烯酸甲酯单体、3- 甲基丙烯酰氧基丙基三甲氧基硅烷和助剂添加到水中，缓慢搅拌 10min，然后再添加引发剂溶液，在惰性气氛保护下加热搅拌反应 2h，然后再添加上述制备得到的混合液，继续搅拌反应 4 ～ 6h，再添加 3- 巯丙基三甲氧基硅烷，继续恒温搅拌反应 1 ～ 1.5h，然后再进行旋转蒸发处理，得到反应料；对反应料进行清洗，再进行真空干燥，得到所述热稳定剂。缓慢搅拌的转速为 50r/min。真空干燥温度为 50℃。

原料介绍

所述油脂类为聚甘油 -2 三异硬脂酸酯。

所述的引发剂溶液为过硫酸钾溶液。所述过硫酸钾溶液浓度为 3.52mol/L。

所述惰性气氛为氮气气氛。

产品特性

（1）本品与聚丙烯混合时，二者之间的亲和性相对较高，界面相容性好，因此，能够达到分子级别扩散混合，分散更加均匀，能够形成均一相，大幅度地改善了现有的热稳定剂由于与聚丙烯之间的相容性较差导致引入的热稳定剂极易出现析出现象的缺点。

（2）本品还具有一定的清除自由基的功能，聚丙烯塑料在光氧化下产生的自由基能够被本品中活性基团捕获而形成稳定的自由基或分子，从而延缓聚丙烯塑料老化过程，延长了聚丙烯塑料的使用寿命。

配方 13　聚氯乙烯热稳定剂

原料配比

原料			配比（质量份）		
			1#	2#	3#
多羟基酰胺酸	酸酐	马来酸酐	53.93	—	53.93
		丁二酸酐	—	55.04	—
	溶剂 A	丙酮	50	50	—
		苯	—	—	50
	三羟甲基氨基甲烷		60	60	60
多羟基酰胺酸			50.09	50.09	50.09
氧化锌			11.03	11.03	11.03
氧化钙			7.59	7.59	7.59

制备方法

（1）取酸酐溶解于溶剂 A 后加入至反应容器中，加入三羟甲基氨基甲烷，恒温（室温至 50℃）反应 1 ～ 5h。通过旋转蒸发仪除去溶剂，将产物干燥至恒重，得到多羟基酰胺酸。

（2）将多羟基酰胺酸加入到反应容器中，升温至 70 ～ 130℃；加入钙 / 锌氧化物或氢氧化物，恒温反应 5 ～ 10h，得到多羟基酰胺钙 / 锌热稳定剂。

产品应用　本品用作 PVC 硬制品和软制品的主稳定剂或辅助稳定剂。

产品特性　本品综合了传统含锌热稳定剂和多元醇类辅助热稳定剂的优点，羟基与锌离子的距离大大缩短，使羟基可以迅速地络合稳定过程中产生的 $ZnCl_2$ 中的锌离子，抑制 PVC 发生“锌烧”，显著地提高 PVC 的长期热稳定性。本品中引入了酰氨基和双键，酰氨基可以吸收 HCl，双键可以与 PVC 降解产生的共轭结构进行加成反应，阻止共轭链的增长，显著地抑制 PVC 的变色。本品具有无毒、无味、无重金属等特点，是一种兼具主热稳定作用和辅助热稳定作用的 PVC 热稳定剂。

配方 14　耐高温耐热氧老化的聚酰胺热稳定剂

原料配比

原料		配比（质量份）			
		1#	2#	3#	4#
聚酰胺树脂	PA-66	100	100	100	—
	PA-6	—	—	—	100
抗氧剂	亚磷酸三（2，4- 二叔丁基苯基）酯	1	0.2	0.6	0.5
加工助剂	硅酮粉	4	2	2.5	6
热稳定剂	三苯基膦	25	5	6	—
	碘化钾	15	—	—	—
	碘化亚铜	—	5	—	—
	氯化亚铜	—	—	6	—
	双季戊四醇	—	—	—	38

制备方法　对聚酰胺树脂进行干燥处理；按照质量份称取各组分原料，将各组分原料和干燥完成的聚酰胺树脂依次加入高速搅拌机中进行混合；混合均匀后，从双螺杆挤出机主喂料

口进行喂料，经过熔融挤出、造粒，获得耐高温耐热氧老化的聚酰胺热稳定剂母粒。所述双螺杆挤出机的温度为 210 ～ 280℃，真空度为 −0.07 ～ −0.03MPa，转速为 250 ～ 500r/min。

产品特性

（1）本品主要针对聚酰胺材料在 150℃及以上应用场合中耐高温耐热氧老化稳定性差的问题，对传统的热稳定剂和抗氧剂配方进行优化，开发出全新的配方设计。本品成本低廉、工艺简单、过程易控、添加便捷、实用性强的方案，满足聚酰胺改性过程及制品性能需求。

（2）用所述母粒对聚酰胺进行加工生产，具有相容性好、易于添加、制备方法简便、成本相对低廉等优势，且制得的聚酰胺制品耐高温、耐热氧老化性能优异。

配方 15　用于 PVC 树脂改性的热稳定剂

原料配比

原料	配比（质量份）		
	1#	2#	3#
2，6- 二甲基 -3，5- 二乙酯基 -1，4- 二氢吡啶	40	80	60
双（2，2，6，6- 四甲基 -4- 哌啶基）癸二酸酯	30	60	45
去离子水	500	500	500
失水山梨醇三油酸酯	4	6	5
聚氧乙烯脱水山梨醇单油酸酯	5	9	7
壬基酚聚氧乙烯醚	2	6	4

制备方法　将 2，6- 二甲基 -3，5- 二乙酯基 -1，4- 二氢吡啶和双（2，2，6，6- 四甲基 -4- 哌啶基）癸二酸酯加入到去离子水中后，加入失水山梨醇三油酸酯、聚氧乙烯脱水山梨醇单油酸酯、壬基酚聚氧乙烯醚，加热至 80 ～ 100℃，保温剪切乳化 15 ～ 25min 后降温剪切乳化至 25 ～ 35℃，得到热稳定剂。

产品应用　本品主要用于 PVC 树脂改性。

产品特性　本品在氯乙烯聚合过程中能够均匀地分散在 PVC 分子链中及 PVC 颗粒内部，既可防止树脂浆料在离心过程中热稳定组分随着水相流失，又可以有效防止含有热稳定组分的树脂粉在汽提、干燥过程中热稳定组分与 PVC 树脂粉分离，有效提高了热稳定组分与 PVC 树脂的结合力，从而可有效提高 PVC 树脂在高温、高剪切条件下的热稳定性，降低软质透明 PVC 制品的黄色指数，尤其是钙锌稳定体系的 PVC 透明制品；配合壬基酚聚氧乙烯醚、失水山梨醇三油酸酯与聚氧乙烯脱水山梨醇单油酸酯能够赋予上述热稳定剂良好的均匀稳定性和分散性，在氯乙烯聚合过程中添加能有效提高 PVC 制品的透明性与耐老化黄变能力。

配方 16　软质 PVC 发泡用钙锌热稳定剂

原料配比

原料		配比（质量份）	原料	配比（质量份）
纳米氧化锌负载吸附剂	水	200	硬脂酸锌	20
	乙醇	600	硬脂酸钙	5
	十二烷基苯磺酸钠	4	镁铝水滑石	25
	七水硫酸锌	32	季戊四醇酯	2
	多孔硅酸镁	100	三羟乙基异氰尿酸酯	5
	氨水溶液	适量	苯乙烯 - 丙烯腈 - 甲基丙烯酸月桂酯共聚物	20
纳米氧化锌负载吸附剂		15	聚乙烯蜡	5

制备方法

（1）将水与乙醇混合后得到乙醇溶液，加入表面活性剂十二烷基苯磺酸钠。

（2）继续加入水溶性锌盐，搅拌成微乳状液。

（3）继续加入多孔吸附剂，然后缓慢滴入氨水溶液，直至 pH 值为 7 ～ 8。

（4）将步骤（3）得到的混合溶液过滤出沉淀物，洗涤风干后，经烤箱脱水烘干，得到纳米氧化锌负载吸附剂；烤箱温度设置为 180 ～ 200℃，脱水烘干的时间为 2h。

（5）取步骤（4）得到的纳米氧化锌负载吸附剂、硬脂酸锌、硬脂酸钙、镁铝水滑石、季戊四醇酯、三羟乙基异氰尿酸酯、苯乙烯 - 丙烯腈 - 甲基丙烯酸月桂酯共聚物、聚乙烯蜡，经搅拌混合包装，即可制备得到钙锌热稳定剂。

原料介绍

所述水溶性锌盐包括但不限于硫酸锌、硝酸锌。

所述多孔吸附剂为多孔硅酸镁、多孔硅酸铝、分子筛、人造沸石中的一种或多种。

所述氨水溶液的浓度为 20%。

产品应用 将本品直接与树脂、增塑剂、重质碳酸钙混合，混炼均匀后，经裁剪、烘烤即可制备得到发泡材料。

产品特性

（1）本品与 AC（偶氮二甲酰胺）发泡剂不会产生明显显色反应，对发泡制品的颜色无影响；

（2）本品相比传统钾锌发泡稳定剂，发泡制品的白度更高；

（3）本品中含有负载纳米氧化锌的吸附剂，通过控制氧化锌颗粒的大小和分散性，在制品均匀起发的同时，提高氧化锌活化效率，减少 AC 发泡剂残留，有效提升发泡制品白度。

配方 17 三元复合有机酸稀土热稳定剂

原料配比

原料	配比（质量份）		
	1#	2#	3#
月桂酸 - 己二酸 - 氰尿酸三元复合有机酸稀土镧盐	35	40	52
硬脂酸钙	28	22	20
硬脂酸锌	7	6	5
季戊四醇	20	20	15
β- 二酮	10	12	8

制备方法 将各组分原料混合均匀即可。

原料介绍

所述三元复合有机酸稀土盐的制备步骤包括：

（1）精确称取稀土化合物，溶于去离子水中；称取月桂酸、二元有机酸、三元有机酸混合并溶于乙醇水溶液中，制得混合酸溶液；再将一定量的氢氧化钠溶于去离子水，得到所需浓度的 NaOH 溶液。所述的稀土化合物为硝酸镧、硝酸钐、硝酸铈、硝酸钕中的一种或几种的混合物。所述的二元有机酸为苹果酸、己二酸、十二烷二酸、十四烷二酸中的一种或几种。所述的三元有机酸为柠檬酸、氰尿酸中的一种或两种。

（2）将稀土化合物溶液和混合酸溶液置于反应容器中，控制反应温度为 70 ～ 80℃，磁力搅拌，用滴液漏斗缓慢滴加氢氧化钠溶液至反应容器中，反应 50 ～ 70min，然后继续加热搅拌 30min。

（3）停止反应后冷却至室温，用热的乙醇和蒸馏水分别洗涤 2 ～ 3 次，把所得沉淀放置在恒温干燥箱中，在 80℃下干燥 4h 后，充分研磨得白色粉末，制得三元复合有机酸稀土盐。

产品特性

（1）本品具有热稳定性能优异、无毒环保、与 PVC 相容性好等优点；

（2）本品制备方法简单，成本低，可广泛应用于各种 PVC 制品加工中。

配方 18　搪塑制品用粉体环保热稳定剂

原料配比

原料	配比（质量份）		
	1#	2#	3#
粉末状硬脂酸锌	15	25	20
硬脂酸钙	10	20	15
吸酸剂	15	25	20
抗氧剂	1	5	3
辅助稳定剂	5	10	7
偶联剂	5	10	7
填充剂	10	20	15

制备方法　称取粉末状硬脂酸锌、硬脂酸钙、吸酸剂、抗氧剂、辅助稳定剂、偶联剂、填充剂依次倒入高速搅拌机中，投料完成后开启搅拌，转速保持在 800 ～ 1000r/min，料温控制在 45℃以下，待混合 10 ～ 20min 后，将物料放出，冷却至常温即可。

原料介绍

所述吸酸剂是水滑石、氢氧化钙、氢氧化镁和改性沸石中的一种或若干种的混合物。

所述抗氧剂是抗氧剂 1010、1076、168 中的一种或若干种的混合物。

所述辅助稳定剂是 DBM（二苯甲酰甲烷）、SBM（硬脂酰苯甲酰甲烷）、亚磷酸酯和季戊四醇酯中的一种或若干种的混合物。

所述偶联剂是硬脂酸、铝酸酯、钛酸酯和硅烷偶联剂中的一种或若干种的混合物。

产品特性

（1）本品能够更好地与 PVC 树脂、增塑剂融合，降低树脂熔体黏度；分散性强。

（2）本品杜绝了大量挥发性溶剂油的引入，确保 PVC 搪塑制品无刺激性气味。

（3）本品相较于传统的液体稳定剂，与 PVC 糊树脂、增塑剂的相容能力相当，对胶体黏度影响不大。

配方 19　桐油源 PVC 辅助热稳定剂

原料配比

原料	配比（质量份）			
	1#	2#	3#	4#
桐油酸酐	29	—	—	—
桐马酸酐	—	37	38	39
乙酸	200（体积份）	200（体积份）	200（体积份）	200（体积份）
苯肼	10.8	9.5	10	10.8
乙酸酐	200（体积份）	200（体积份）	200（体积份）	200（体积份）

制备方法　按比例，将酸酐（所述酸酐为桐马酸酐或桐油酸酐）溶解在乙酸中，完全溶

解后加入苯肼，在封闭条件下 35 ～ 45℃反应 24 ～ 30h，将反应体系中的乙酸通过减压蒸馏蒸出，制成苯肼与酸酐的加成物；然后将苯肼与酸酐的加成物溶解在乙酸酐中，室温条件下，保持体系封闭状态反应 12 ～ 16h；随后将乙酸酐通过减压蒸馏蒸出得到含有 *N*- 马来酰亚胺结构的桐油源 PVC 辅助热稳定剂。

产品特性

（1）利用桐油的分子特性，设计合成新型的含有 *N*- 马来酰亚胺结构的桐油源 PVC 辅助热稳定剂产品，其分子中的 *N*- 马来酰亚胺结构，可有效改善 PVC 制品的热稳定性。该产品可延缓传统的钙 / 锌热稳定剂“锌烧”，与传统的硬脂酸钙 / 锌热稳定剂间具有良好的协同稳定效果。

（2）选用我国特产油——桐油的衍生物为原料制备高品质 PVC 辅助热稳定剂，有利于推动绿色可再生资源的高附加值利用，顺应了绿色环保与可持续发展的要求。

配方 20　透明 PVC 用双阴离子型锌盐热稳定剂

原料配比

原料		配比（质量份）			
		1#	2#	3#	4#
苯甲酸锌		6.15	6.15	6.15	6.15
混合溶剂		100（体积份）	100（体积份）	100（体积份）	100（体积份）
混合溶剂	水	3	2	1	1
	乙醇	1	1	1	2
0.2mol/L 精氨酸水溶液		100（体积份）	—	—	—
0.3mol/L 精氨酸水溶液		—	100（体积份）	—	100（体积份）
0.4mol/L 精氨酸水溶液		—	—	100（体积份）	—
醋酸		适量	适量	适量	适量

制备方法　将苯甲酸锌溶解于水 - 乙醇混合溶剂中，在 40 ～ 90℃下搅拌 5 ～ 10min，接着滴加精氨酸水溶液，用醋酸调节反应体系至 pH ＝ 5 ～ 10，保温油浴 4 ～ 24h，之后将反应体系烘干得到块状固体，将其粉碎、洗涤、烘干，即得。所述精氨酸水溶液的滴加时间为 1 ～ 8h。所述洗涤的试剂为乙醇、乙醚、氯仿等中的一种或两种的混合物，优选乙醇、乙醚混合洗涤。

产品应用　本品可应用于 PVC 复合材料。所述 PVC 复合材料的制备方法为：按照质量份，取 PVC 树脂 100 份，增塑剂 40 ～ 60 份，双阴离子型锌盐热稳定剂 3 份，抗冲剂 5 ～ 10 份，润滑剂 0.2 份，抗氧剂 0.2 份。将各原料混合均匀，在 150 ～ 170℃的双辊开炼机上开炼 3min，之后在全自动压片机上压制（压制温度为 150 ～ 170℃，压强为 80 ～ 130bar），得到 PVC 复合材料。

产品特性　本品以具有取代不稳定氯原子功能的苯甲酸锌和具有吸收 HCl、络合 $ZnCl_2$ 功能的精氨酸合成，利用该热稳定剂制备的 PVC 制品不仅具有优异的初期白度和长期热稳定性，还具有良好的透明性能。

配方 21　有机锌盐 PVC 复配热稳定剂

原料配比

原料			配比（质量份）			
			1#	2#	3#	4#
瓜氨酸锌	瓜氨酸	L- 瓜氨酸	2.6	3.5	5.3	7

续表

原料			配比（质量份）			
			1#	2#	3#	4#
瓜氨酸锌	去离子水		150（体积份）	150（体积份）	150（体积份）	150（体积份）
	锌盐	硝酸锌	1.9	—	—	—
		硫酸锌	—	1.9	—	—
		氯化锌	—	—	1.9	—
		醋酸锌	—	—	—	1.9
	缚酸剂	碳酸钠	0.05	—	—	—
		碳酸氢钠	—	0.05	—	—
		氢氧化钾	—	—	0.5	—
		氢氧化钠	—	—	—	0.5
瓜氨酸锌			75	75	75	75
硬脂酸锌			20	20	20	20
磷酸三苯酯			20	20	20	20
抗氧剂			10	10	10	10
抗氧剂	抗氧剂 1010		3	3	3	3
	抗氧剂 168		1	1	1	1
润滑剂			4	4	4	4
润滑剂	聚乙烯蜡		1	1	1	1
	硬脂酸甘油酯		1	1	1	1

制备方法 按照配方，将各组分在高速混合机中混合均匀后，即得所述的瓜氨酸锌复配热稳定剂。

原料介绍 所述瓜氨酸锌按如下方法制备得到：将瓜氨酸溶解于去离子水中，然后加入锌盐超声溶解，接着加入缚酸剂，在 55 ～ 85℃下反应 1 ～ 4h，之后过滤，洗涤，干燥，得到瓜氨酸锌。

产品应用 本品可应用于 PVC 产品中，应用的方法为：将 PVC 粉末、本品瓜氨酸锌复配热稳定剂、增塑剂搅拌均匀后，置于 170 ～ 185℃的双辊开炼机上混合 2 ～ 5min，随后在 170 ～ 185℃全自动热压机中 100 ～ 110bar 下压制 1min，得到 PVC 产品；所述 PVC 粉末、瓜氨酸锌复配热稳定剂、增塑剂的质量比为 100∶(1 ～ 5)∶(0 ～ 30)。所述增塑剂选自邻苯二甲酸二辛酯（DOP）、邻苯二甲酸二异辛酯（DIOP）和对苯二甲酸二辛酯（DOTP）。

产品特性 本品在瓜氨酸的基础上引入锌离子，得到瓜氨酸锌。因为瓜氨酸自身含有较多的氨基，具有吸收 HCl 的能力，在引入锌离子之后能够取代 PVC 链上的不稳定氯原子。因此本品不仅具有较好的长期热稳定性能，同时也具有较好的初期白度。

配方 22 应用于 CPE 材料的水滑石复合热稳定剂

原料配比

原料		配比（质量份）		
		1#	2#	3#
水滑石	干法表面活化改性的水滑石材料	20	25	20
锌皂	硬脂酸锌	5	5	5.5
钙皂	硬脂酸钙	5	5	5.5
协效剂	β- 二酮	2	2	2
	亚磷酸酯	2	2	2

续表

原料		配比（质量份）		
		1#	2#	3#
协效剂	环氧大豆油	3	4	3
稳定剂	稀土稳定剂	10	—	8
	钙锌稳定剂	—	12	—
润滑剂	硬脂酸	8	10	9
	聚乙烯蜡	3	3	3
	石蜡	3	3	3
抗氧剂	四［β-（3,5- 二叔丁基 -4- 羟基苯基）丙酸］季戊四醇酯（1010）	2	2	2
	三（2,4- 二叔丁基苯基）亚磷酸酯	2	2	2
填充剂	滑石粉	10	10	10

制备方法　将水滑石和锌皂、钙皂、协效剂加入高速混料机中进行高速搅拌，搅拌 4 ～ 6min，温度达到约 45 ～ 55℃时，停止搅拌，再加入稳定剂、润滑剂、抗氧剂和填充剂，继续高速搅拌 4 ～ 6min，此时温度大约为 60 ～ 75℃，放出混合料，得到水滑石复合热稳定剂。

原料介绍　干法活化水滑石的方法：首先将高速混合机预加热，锅外壁温度约为 50℃时，将干燥（烘箱温度 100℃、干燥 2h）后的 1000g 水滑石加入已经预热的 10L 高速混合机中，关掉外加热，将 20g 硬脂酸和 20g 钛酸酯偶联剂［或者 40g 硬脂酸（或者 40g 硬脂酸钠）］加入高速混料机中，继续低速搅拌，混合 15min，此时料温升高至 65 ～ 70℃，出料，冷却，得到活化水滑石材料。

产品应用　本品用于 CPE 挤出、注塑等加工领域。

产品特性　本品具有与 CPE（氯化聚乙烯）相容性更好、分散性更优、无毒性、无腐蚀性等特点，使 CPE 材料的热稳定性优异，同时具有一定的阻燃效果，并且在生产和使用过程中均无有害物质排放，对环境污染程度低或者无污染。本品降低了 CPE 的扭矩，改善了 CPE 复合材料的流动性，有利于挤出成型加工。

配方 23　用于高透 PVC 制品的稀土热稳定剂

原料配比

原料		配比（质量份）	
		1#	2#
稀土盐溶液和锡盐的混合溶液	稀土离子的浓度为 1.25mol/L	40	—
	稀土离子的浓度为 2.00mol/L	—	25
沉淀剂溶液	氢氧化钠溶液	0.01	0.01
蓖麻油酸镧		35	40
硬脂酸钙		80	40
硬脂酸锌		22	40
季戊四醇		12	10
β- 二酮		14	8
分散剂	十二烷基硫酸钠	0.01	0.01

制备方法

（1）以稀土盐溶液和锡盐为原料，配成稀土离子的浓度为 0.05 ～ 2.00mol/L 的混合溶液，向混合溶液中加入分散剂；

（2）将沉淀剂溶液滴加到步骤（1）配制的混合溶液中，在滴加过程中保持反应体系温度为 50 ～ 90℃，持续搅拌直至反应完毕；

（3）将步骤（2）反应制得的沉淀物经洗涤分离后干燥处理，得到锡掺杂的金属氧化物；

（4）将步骤（3）制得的锡掺杂的金属氧化物与蓖麻油酸镧、硬脂酸钙、硬脂酸锌、β- 二酮按照配比放入恒温水浴坩埚中，缓慢滴加季戊四醇，温度为 60 ～ 80℃下反应 20 ～ 50min，得到成品。

原料介绍 所述稀土盐溶液和锡盐的混合溶液中稀土盐溶液为稀土盐经水溶后的硝酸盐溶液、硫酸盐溶液、乙酸盐溶液和盐酸盐溶液中的一种。所述稀土盐溶液和锡盐的混合溶液中稀土为钪、钇中的一种或两种。

产品特性

（1）本品稀土与钙锌稳定剂相互补充，能极大地提高稳定作用。

（2）本品中钪、钇等高价的稀土离子与氯离子生成络合物的能力比三价的镧要强，它们与氯离子配体能生成稳定的负络离子，解决了三价镧与氯离子生成的正络合物稳定性差的问题，进一步提高了稳定作用。

（3）本品的制备过程多数为物理方法，操作简便，耗时少，耗能少，且采用一次缓慢添加季戊四醇代替了传统皂化法中分阶段添加溶剂的方法，简化了工艺步骤，降低了生产成本。

配方 24 用于高透明度 PVC 制品的液体钡锌复合热稳定剂

原料配比

原料	配比（质量份）	原料	配比（质量份）
混合有机酸	18 ～ 23	螯合剂	8 ～ 10
一水氢氧化钡	22 ～ 27	抗氧剂	1 ～ 2
氧化锌	10 ～ 13	防析出剂	1 ～ 2
复合亚磷酸酯	5 ～ 10	溶剂	20 ～ 25
添加剂	8 ～ 10		

制备方法 将各组分原料混合均匀即可。

原料介绍

所述混合有机酸为油酸、异辛酸、对叔丁基苯甲酸、苯甲酸的混合溶剂。

所述复合亚磷酸酯为亚磷酸 - 苯二异辛酯和无毒亚磷酸酯组成的混合物，其中亚磷酸 - 苯二异辛酯和无毒亚磷酸酯的摩尔比为 1.3∶2.7。

所述添加剂为硬脂酸钙。

所述螯合剂为冰乙酸。

所述抗氧剂为抗氧剂 1010。

所述溶剂为无味煤油、氧化植物油、变压器油中的一种或一种以上按任意比例混合的混合物。

产品特性

（1）本品通过添加亚磷酸 - 苯二异辛酯、无毒亚磷酸酯和硬脂酸钙对一水氢氧化钡和氧化锌进行化学改性，使得一水氢氧化钡和氧化锌中的钡单体和锌单体与钙离子、氢氧根离子络合后形成稳定的分子结构，同时，通过冰乙酸对钡单体和锌单体进行催化，提高三者的络合能力，使三者形成稳定的高分子螯合物，使得其内分子结构趋于稳定，从根本上解决钡和锌易产生沉淀或析出的问题，再通过添加抗氧剂和防析出剂，进一步提高其稳定性，保证了PVC制品的透明度。

（2）本品中合成材料组分简洁，来源广泛，易于大规模生产，且各组分材料可进行灵活调整，配方灵活性强。整个钡锌稳定剂无毒无害，符合绿色发展要求。

配方 25　用于加工软质透明 PVC 的热稳定剂

原料配比

原料		配比（质量份）		
		1#	2#	3#
油酸锌		30	25	20
氨基金属有机骨架化合物		15	18	20
辅助热稳定剂	脲嘧啶	10	10	10
	β-二酮	5	—	—
	季戊四醇	—	5	—
	粉体亚磷酸酯	—	—	5
增塑剂	环己烷1,2-二甲酸二异壬基酯	10	—	12
	环氧大豆油	—	10	—
润滑剂	聚乙烯蜡（AC-6A）	4	6	8
抗氧剂	抗氧剂 618	1	—	—
	抗氧剂 1076	—	—	1
	抗氧剂 1010	—	1	—
紫外线吸收剂	UV531	1	—	—
	UV326	—	1	—
	UV328	—	—	1
氨基金属有机骨架化合物	有机配体	1	1	1
	金属盐	1	1	1

制备方法

（1）将油酸锌、氨基金属有机骨架化合物、辅助热稳定剂、润滑剂、抗氧剂和紫外线吸收剂混合，得第一混合物，加热所述第一混合物；加热的温度为60～90℃。

（2）向加热后的所述第一混合物中加入增塑剂，得第二混合物，对所述第二混合物依次加热、搅拌、造粒，得用于加工软质透明PVC的热稳定剂；加热的温度为100～120℃。

原料介绍　所述氨基金属有机骨架化合物包含有机配体和金属盐。所述有机配体和金属盐的质量比为1∶1；所述有机配体为氨基对苯二甲酸、氨基萘二甲酸或2-氨基咪唑。

产品特性

（1）本品中，氨基金属有机骨架能置换PVC的叔碳基和烯丙基结合，阻止HCl的脱除，金属有机骨架化合物的多孔结构能和氨基及加工时释放的HCl及时结合，阻止其与油酸锌结合生成$ZnCl_2$，能减少“锌烧”的现象，对PVC的长期稳定性有利。

（2）本品以油酸锌和氨基金属有机骨架化合物为主要稳定剂，并配以必要的辅助稳定剂，与传统的硬脂酸锌相比，同时兼具优良的透明度、初期着色性，适用于透明PVC制品。

12 抗氧剂

12.1 抗氧剂定义

抗氧剂是指能延缓或抑制氧化反应的发生，保证物料在贮存时不变质、加工时顺利、使用寿命增长的一类物质。

12.2 抗氧剂作用机理

12.2.1 酚类抗氧剂的作用机理

大多数酚类抗氧剂的结构中都含有一种位阻酚，它有一个烷基长链，就像有一个独特的分子“臂”。这个分子“臂”可以改进溶解性或提高活性。酚类化合物可提供氢原子给烷氧自由基、碳自由基和过氧化自由基。这个反应中产生的酚类自由基处于稳定共振态，反应活性极小。所生成的已“失活”的化合物，包括烃类和醇类，这些都是在聚丙烯或聚乙烯中形成的。酚化合物的苄基碳原子上有第二个氢原子，它可以被夺去而生成一个自由基，可再进行二聚。所形成的高共轭醌有颜色，在聚合物薄膜中可观测到黄色的色调。可以采取措施来降低颜色的影响，但还要加入其他添加剂，如亚磷酸酯。

12.2.2 胺类抗氧剂的作用机理

胺类抗氧剂如同酚类抗氧剂一样，也是氢原子提供者。和氮原子相连的氢原子是最活泼的，胺类抗氧剂给出氢原子后所形成的自由基可以与其他自由基或聚合物本身上的活性点进一步反应，其特征之一是胺自由基与过氧基结合。它有两种结合途径，胺自由基可在芳环的对位上与过氧基结合，生成过氧化醌类，或者是氮被氧化成硝酰基，再与其他自由基反应，最终导致链终止反应。

12.2.3 抗氧剂之间的相互作用

（1）协同效应　胺类或酚类抗氧剂与过氧化物分解剂相互配合，提高了材料的抗热、抗氧化和抗老化性能，这是众所周知的协同效应。协同作用包括分子间的协同和分子内的协同作用，专家提出了分子间协同的均匀协同效应和非均匀协同效应的概念。均匀协同效应是具有相同机理但活性不同的 2 个化合物之间的协同效应；非均匀协同效应是 2 个或几个不同机理抗氧剂之间的协同效应。分子内的协同称为自协同作用，它是一种稳定剂含有多个官能团，彼此间有协同作用。

当酚类抗氧剂和硫类抗氧剂并用时，比酚类抗氧剂单独使用时有更好的长期防止氧化的效果。磷系抗氧剂可以分解过氧化氢，主要作为加工时的抗氧剂使用。由于加工温度的不同，加工稳定性有差异。在通常的加工温度（200℃附近）下磷系抗氧剂被使用；在高温情况下，磷系抗氧剂和酚类抗氧剂并用，酚类抗氧剂可以捕捉过氧化氢，使得磷系抗氧剂更加稳定，从而表现出协同效应。例如，在阻聚型酚类抗氧剂中并用有机磷酸酯，其自由基的捕捉数大大增加。

（2）对抗效应　有些抗氧剂配合在一起时，会产生有害的作用，这称为抗氧剂的对抗效应。受阻胺由于呈碱性而和硫代二丙酸酯不相容，呈现对抗效应。硫化橡胶中的多硫化物和某些防老剂间也有对抗效应。仲芳胺和受阻烷基酚是有效的复合型抗氧剂，但当它们被加到含有炭黑（紫外光屏蔽剂）的聚乙烯中时，就比没有添加炭黑的聚乙烯抗氧化效能差，其原因是炭黑表面对胺类或酚类抗氧剂有催化氧化作用。

12.3　抗氧剂分类

常用的抗氧剂以其作用方式可分为链终止型抗氧剂（主抗氧剂）和预防型抗氧剂（辅助抗氧剂）；按分子结构和作用机理一般分为 4 类：受阻酚类、亚磷酸酯类、含硫类及复合类。

（1）受阻酚类抗氧剂　受阻酚类抗氧剂是塑料材料的主抗氧剂，按分子结构分为单酚、双酚、多酚、氮杂环多酚等品种。单酚和双酚抗氧剂，如 BHT、2246、双酚 A 等产品，因分子量较低，挥发性和迁移性较大，易使塑料制品着色，近年来在塑料中的消费量大幅度降低。

（2）亚磷酸酯类抗氧剂　亚磷酸酯类抗氧剂和含硫类抗氧剂同为辅助抗氧剂，可分解过氧化物、螯合金属和路易斯酸，与其他抗氧剂有很好的协同效应，同时赋予塑料热稳定性和光稳定性，钝化有害金属，减缓聚合物的聚合。

（3）含硫类抗氧剂　国内生产的含硫类抗氧剂按分子结构可分为硫代酯抗氧剂、硫代双酚抗氧剂和硫醚型酚类抗氧剂 3 个品种。

（4）复合类抗氧剂　不同类型主、辅抗氧剂或同一类型不同分子结构的抗氧剂，功能和应用效果存在差异，各有所长。复合类抗氧剂由 2 种（或 2 种以上）不同类型或同类型不同品种的抗氧剂复配而成，在塑料材料中可取长补短，以最小加入量、最低成本达到最佳抗热氧老化效果。

复合类抗氧剂按作用不同可分为 3 类，即主抗氧剂、辅助抗氧剂、碳自由基捕捉剂。

① 主抗氧剂：通常主抗氧剂能捕捉在聚合物老化中生成的含氧自由基（·OH、RO·、ROO·）和碳自由基（但效果差），从而终止或减缓热氧老化化合物的产生。

② 辅助抗氧剂：它是一类能够将热氧老化链反应中生成的聚合物分解，使之生成失去活性的化合物而不是具有活性的自由基，从而终止或减缓热氧老化的产生的抗氧剂。由于它与主抗氧剂常有协同效应，并只在与抗氧剂并用时才能发挥最好效果，故通称辅助抗氧剂。

③ 碳自由基捕捉剂：它可以将聚合物热氧老化的链反应终止在萌芽状态，故有很好的抗热氧老化效果，特别是在与传统的自由基捕捉剂并用时效果更好。

12.4　抗氧剂用途

高分子材料（包括塑料、橡胶、纤维、涂料等）在加工、贮存和使用过程中，往往会发生性能变坏现象。如塑料变黄、脆化、裂化，橡胶发黏、变硬、龟裂、绝缘性能下降，纤维制品强度降低、褪色、断裂等等，这些现象的产生，绝大多数是由于高分子材料与氧发生反应，导致降解或交联。尤其是在热加工和受日光照射时，氧化速度更快。高聚物的氧化是一种自由基连锁反应，抗氧剂则能捕获活性的自由基，生成非活性的自由基，从而使连锁反应终止；或者将氧化降解的产物分解为非自由基产物，中断连锁反应。总之，抗氧剂的作用在于延缓高分子材料的氧化过程，保证它们能够顺利进行加工并延长其使用寿命。抗氧剂是稳定化助剂的主体，广泛应用于天然胶、合成胶、聚烯烃塑料和纤维等高分子材料中。在石油工业中，抗氧剂可以防止油田中烃（尤其烯烃）的自动氧化，贮存中变色和胶状物质的生成。抗氧剂还可以用于脂肪性食品的加工。在橡胶工业中抗氧剂通称为防老剂。

12.4.1 在塑料加工中的应用

（1）在聚丙烯中的应用　聚丙烯（PP）的分子结构中含有大量的叔碳原子，因此聚丙烯对于氧化作用是非常敏感的。为此，在加工之前必须进行稳定化处理，至少在聚合阶段就要添加适量的抗氧剂。在造粒中再添加适量抗氧剂。

PP 的加工温度一般为 220 ～ 280℃，若不加抗氧剂，在加工温度下就会产生热降解，使其熔体指数增大。

PP 的抗氧化体系常将含磷化合物与受阻酚类抗氧剂并用，以获得良好的协同作用。而对于加工稳定性要求不高的，单独使用高分子量的酚类抗氧剂即可。含磷化合物具有良好的耐抽出性，同时还具有抑制色污的功能。

（2）在聚乙烯中的应用　与 PP 相比，聚乙烯（PE）对氧作用的敏感性要差一些，所以添加抗氧剂的量可以相对少些。一般加入量在 0.01% ～ 0.1% 之间，PE 的加工温度在 180～280℃，如吹塑用颗粒状的PE树脂，加工时只需添加0.01%～0.05%的264或DLTP（硫代二丙酸双十二烷酯）即可。对于通信、动力用的电缆等对稳定性要求较高的制品，应选择低挥发性、高分子量的受阻酚。

LDPE（线型低密度聚乙烯）主要用于吹塑薄膜，加工温度在 200℃左右，加工时受氧化作用影响分子会发生交联，进而生成凝胶状物停留于薄膜之中便成为肉眼可见的聚集体，通常称为“鱼眼”。

吹塑用的抗氧剂务必要求相容性好，相容性再好的抗氧剂还是难以百分之百分散，为防止薄膜被吹破或出现“喷霜”现象，添加剂加入量不能超过 0.1%。

（3）在苯乙烯系塑料中的应用　PS 在惰性环境中受热会产生分解，并生成苯乙烯单体和低聚物等。未改性的 PS 属于比较稳定的高聚物，因此有些领域的产品可以不加抗氧剂。而重复加工，易导致 PS 变质，在这种情况下，需添加抗氧剂。

（4）在 ABS 树脂中的应用　ABS 含有丁二烯不饱和双键，所以对氧化作用也很敏感。而且它所含的不饱和双键数高于改性的 PS 约 20%，所以添加抗氧剂尤为必要。

12.4.2 在化妆品领域的应用

对于化妆品来说，抗氧化剂可以分为两大类，物理抗氧化剂和活性抗氧化剂。

物理抗氧化剂是用于稳定产品基质，抑制基质中一些活性成分氧化的抗氧化剂。这些抗氧化剂包括 BHT、BHA、没食子酸等等。

活性抗氧化剂是指通过产品基质作为载体，渗透到皮肤或头发中，抵抗化学氧化、自由基攻击、生物氧化酶反应及紫外光对细胞和细胞间质生命大分子的破坏的一类活性抗氧化剂，通常包括SOD（超氧化物歧化酶），谷胱甘肽，维生素C、维生素E、维生素A，EGCG（表没食子儿茶素没食子酸酯），辅酶Q-10等等。

在这些抗氧化剂中，有三类比较有特点的植物提取物，它们是多酚类、类黄酮类和类胡萝卜素类。多酚类是指具有多个酚羟基基团的有机物，类黄酮类是指具有二苯基色原酮母体结构的一类物质，而类胡萝卜素类则是指具有β-胡萝卜素样结构的一类有机物。

12.4.3 在医药领域的应用

抗氧剂是药物辅料的一个重要组成部分，主要用于防止药物及其制剂的氧化变质，以及由氧化所导致的变色，产生沉淀及其他方面的不稳定性。药物的氧化反应是引起药物不稳定的主要因素之一。大多数药物的氧化降解是自由基的自氧化过程，在这一过程中仅有很少的氧就能引起反应。而空气中的氧气占21%（体积分数），在如此多氧的存在下，药物不需要其他氧化剂的参与，室温下就能自发引起自氧化反应。药物氧化的结果，不仅使有效物含量降低，而且有可能改变自身颜色或出现沉淀，甚至产生有毒物质影响制剂的质量。因此，为了抑制氧化反应，就有必要加入抗氧剂。

12.4.4 在石油工业中的应用

为了防止汽油、喷气燃料、柴油在贮存过程中氧化生成胶质沉淀以及在使用过程中溶解在燃料中的胶质因燃料汽化、雾化而沉积于油箱、吸入系统、汽化器、喷嘴等处堵死导管和汽化器喷嘴并且在进气阀门杆上积聚成黏稠的黑色胶质将进气门堵塞中断供油，需加入抗氧剂。

抗氧剂广泛应用于透平油、变压器油、液压油、导热油、刹车油、锭子油及精密机械油、石蜡的抗氧防胶剂。可直接加入或调成母液加入制品中，以提高产品的抗氧性能，延长其使用寿命。

抗氧剂能防止润滑油、燃料油酸值和黏度的上升。

12.4.5 在食品工业中的应用

氧化不仅会使食品中的油脂变质，而且还会使食品褪色、变色和破坏维生素等，从而降低食品的感官质量和营养价值，甚至产生有害物质，引起食物中毒。抗氧剂作为食品添加剂能延迟食物的酸败。

抗氧化剂一般都是直接添加到脂肪和油中，也可以采用喷雾的方法来添加抗氧化剂，比如把抗氧化剂溶解后喷在食品上。

此外，抗氧剂还可应用于油墨、黏合剂、皮革、铸造、印染、涂料和电子工业中。

12.5 抗氧剂选择的原则

（1）变色及污染性要低　选择抗氧剂时，要注意到抗氧剂本身的变色性和污染性。如酚类抗氧剂，无色或浅色，属不污染性抗氧剂，可用于无色或浅色的塑料制品中；芳胺类抗氧剂，具有较强的变色性和污染性，它不适宜用于浅色塑料制品。对于聚氨酯、聚碳酸酯和聚苯乙烯等制品，使用有变色性抗氧剂时，其基质变色更加严重。对于许多类型的变色均可通过添加某种亚磷酸酯或硫醚的办法予以克服。

（2）挥发性要小　抗氧剂挥发性大小，影响到抗氧剂从聚合物中的损失量。

抗氧剂的挥发性同其分子结构、分子量大小有关，分子量大的，挥发性较小，但分子类型比分子量影响更大。挥发性还和环境温度、空气流动与否、制品比表面大小有关，受阻酚和某些胺的衍生物挥发性较大，受阻多元酚耐高温性能较好。

（3）溶解性要好　理想的抗氧剂在聚合物中的溶解度高，而在其他介质中溶解度要低。相容性取决于抗氧剂的化学结构、聚合物种类、温度等因素。相容性小是指在没有“喷霜”的情况下，只有少量的抗氧剂被溶解。某些高聚物如低密度聚乙烯和聚氨酯，经常出现“喷霜”现象。

（4）稳定性高　这是为了保持抗氧剂的长效性。

抗氧剂对光、热、氧、水的稳定性非常重要，如二烷基对苯二胺短期氧化就会被破坏；烷基芳基对苯二胺及二芳基对苯二胺持久性较好；受阻酚类抗氧剂在酸性物质存在下加热会发生脱烃反应，抗氧效率下降；亚磷酸酯类抗氧剂的水解稳定性较差，分子量高的，水解速度会小些。

（5）其他　抗氧剂的物理状态也是应该考虑的因素之一。应该优先选用液态的、易乳化的抗氧剂。如果以液态形式添加抗氧剂，可用辅助抗氧剂作其溶剂。如果在聚合物合成阶段添加抗氧剂，也可以溶解于单体或聚合物溶剂的形式进行添加。

抗氧剂的毒性也是一个重要因素，特别是对于与食品等接触的塑料制品，必须选择符合卫生标准的抗氧剂品种。

12.6 抗氧剂配方与制备实例

配方 1 PVC 用抗氧剂

原料配比

原料		配比（质量份）		
		1#	2#	3#
亚磷酸酯	亚磷酸三乙酯	20	20	20
混合醇	十二十四醇	60	—	60
	十六十八醇	—	60	—
催化剂	三乙醇胺	2	2	—
	三正丙胺	—	—	2

制备方法

（1）关闭四口反应烧瓶中恒压漏斗的三通活塞，将亚磷酸酯加入到恒压漏斗中；

（2）将催化剂和混合醇加入四口反应烧瓶，升温至 130 ～ 160℃，在滴加亚磷酸三乙酯的同时采出馏分，观察出馏情况，反应 6 ～ 8h，若无出馏则反应结束，降温至室温，过滤得到 PVC 用抗氧剂。

产品特性

（1）本品能够分解大分子氢过氧化物，将其变为羟基化合物，从而使其稳定，进而终止链式反应。同时，该 PVC 用抗氧剂能够抑制和缓解增塑剂氧化，降低了 PVC 的黄化。

（2）本品制备方法简单，且采用的原料无毒无害。

（3）本品与光稳定剂有良好的协同作用，同时，能够提高聚合物 PVC 等的加工温度，降低成型时的加工黏度。

配方 2　防腐蚀涡轮机油抗氧剂

原料配比

原料		配比（质量份）			
		1#	2#	3#	4#
氨基改性高岭土	200 目的高岭土粉	40	40	40	40
	偏硼酸铵	1	1	1	1
	15mol/L 的盐酸溶液	80	80	80	80
	乙二胺	6	6	6	6
	无水乙醇	80	80	80	80
氨基改性高岭土		5	5	5	5
植酸		5	30	5	30
二烷基二硫代磷酸盐		5	5	10	10

制备方法　将氨基改性高岭土和二烷基二硫代磷酸盐搅拌混合，然后加入植酸，搅拌混合，即得。

原料介绍　所述氨基改性高岭土通过如下步骤制成：将高岭土粉与偏磷酸铵混合，加入盐酸溶液，混合搅拌，过滤，水洗，将水洗后的沉淀与乙二胺混合，加入无水乙醇反应，蒸馏，即得。将高岭土和偏磷酸铵混合前，在 500 ～ 600℃下对高岭土进行煅烧处理。所述高岭土为纳米高岭土。

产品特性

（1）本品加入润滑油中使用时，金属表面形成一层保护膜，从而对金属进行有效保护，改善了机械部件的腐蚀情况。

（2）本品中植酸和氨基改性高岭土共同作用，在金属表面形成分子膜，对金属和氧化物质进行阻隔，有效改善了金属的腐蚀，提高了对金属的保护效果，同时，植酸、高岭土和二烷基二硫代磷酸盐均具有较好的抗氧化性能，有效延长了酸性物质的形成周期，从而减少了酸性物质的累积量，进一步提高了产品的抗氧化性能。

配方 3　复合抗氧剂

原料配比

原料		配比（质量份）			
		1#	2#	3#	4#
二氧化锆	粒径为 50nm	30	38.5	50	37.7
氧化亚铁		5	5.5	6	6.3
没食子酸丙酯		15	20	25	20
改性剂		4	6	8	6
乙醇溶液	质量分数为 55%	80	90	100	90
改性剂	HD-M8372 氨基硅烷偶联剂	1	1	1	1
	马来酸酐	20	22	24	22

制备方法

（1）按质量份计，称取原料二氧化锆、氧化亚铁、没食子酸丙酯、改性剂和乙醇溶液，并将乙醇溶液等分为 5 等份备用。

（2）先取4等份乙醇溶液加改性剂常温搅拌溶解，然后加二氧化锆，控制超声频率为40～60kHz，超声预处理20～30min，最后加没食子酸丙酯继续超声处理1～2h，得改性二氧化锆混悬液。

（3）将氧化亚铁与剩余的1等份乙醇溶液以400～500r/min的转速搅拌预分散10～20min后加入到改性二氧化锆混悬液中，继续搅拌混合10～20min后静置陈化3～5h，以1000～1200r/min的转速离心5～8min收集沉淀物，沉淀物置于100～120℃的真空干燥箱中烘2～3h，研磨烘干物至D_{50}粒径≤50mm，即得所需复合抗氧剂。

产品应用 本品用作润滑油添加剂，添加量为润滑油总质量的0.1%～0.3%。

产品特性

（1）本品能够有效吸附、中和润滑油中的自由基，防止润滑油在高温高压下的氧化和热分解，显著提高润滑油的抗氧化性能。具有添加量少，抗氧化效果显著、持久等优点。

（2）本品具有突出的高温稳定性，可适用于高温、高压、高摩擦等恶劣工况下，用于润滑油保护，抗氧化效果显著，可有效防止润滑油氧化变质，改善润滑油沉积问题。

（3）本品无毒无臭、热氧化安定性好，耐腐蚀性好，可稳定分散于润滑油中，吸附不溶物质，抑制沉积物生成，有效改善润滑油质量，延长润滑油的使用寿命，有效保证了机械设备的正常运转，提高机械设备性能，进一步延长机械设备的使用寿命。

配方4 高熔点耐高温抗氧剂

原料配比

原料		配比（质量份）		
		1#	2#	3#
亚磷酸酯类反应物Ⅰ	亚磷酸三乙酯	75	75	75
反应物Ⅱ	季戊四醇	15	15	15
溶剂	150#溶剂油	150	150	150
催化剂	三乙醇胺	5	—	7.5
	二丁基氧化锡	—	5	—
脂肪醇	C_{18}～C_{22}脂肪醇	54	54	54

制备方法

（1）将亚磷酸酯类反应物Ⅰ、反应物Ⅱ、溶剂、催化剂加入四口反应烧瓶中，升温至回流，反应至物料变为无色透明；反应温度为140～150℃。

（2）蒸馏出未反应完的反应物Ⅱ，得到中间体。

（3）将脂肪醇加入中间体中，升温，观察反应产物是否出馏，反应一段时间后，出料降温，粉碎后即得；反应温度为160～170℃，反应时间为3～5h。

原料介绍

所述亚磷酸酯类反应物Ⅰ选择亚磷酸三乙酯、亚磷酸三苯酯、亚磷酸一苯二异辛酯、亚磷酸三异辛酯、亚磷酸三月桂酸酯中的一种或几种的组合。

所述溶剂选择溶剂油和二甲苯中的一种，所述溶剂油为高沸点的溶剂油。

所述催化剂选择二正丁胺、三乙醇胺、乌洛托品、三乙胺、吡啶、硫代乙酰胺、DMF中的一种或几种的组合。

所述脂肪醇为长直链脂肪醇，为C_{18}～C_{22}脂肪醇。选择辛醇、月桂醇、十六醇、十八醇、十二羟基硬脂醇中的一种或几种的组合。

产品应用 本品主要用于烯烃聚合物加工中。

产品特性

（1）本品具有优良的高温稳定性和高温下低挥发性，在加工过程中可以有效地保护聚烯烃材料，减少聚烯烃老化。

（2）本品具有较高的熔点，用于聚烯烃 ABS/SAN 材料多次加工挤出过程中，可以有效地保护聚合物，增加聚合物的稳定性，避免聚合物老化变色。

（3）本品为粉末状或块状，熔点大于 100℃，在夏季室温使用、存储、运输时，也不会出现熔化相变的问题，操作使用方便，使用时不易结块，分散性好。

配方 5　高效合成抗氧剂 245

原料配比

原料	配比（质量份）	
	1#	2#
β-（3- 叔丁基 -4- 羟基 -5- 甲基苯基）丙酸甲酯（简称中间体 250）	58.3	26.2
二缩三乙二醇	11.6	—
1,6- 己二胺	—	5.3
催化剂	0.4	0.166
90% 的甲醇水溶液	140（体积份）	62（体积份）

制备方法

（1）准备原料中间体 250 和二缩三乙二醇、1,6- 己二胺，准备催化剂，准备 90% 的甲醇水溶液。

（2）向带有回流冷凝装置的反应罐内导入原料中间体 250、二缩三乙二醇、1,6- 己二胺和催化剂，通入氮气排出罐内空气，开始搅拌，罐内抽负压并保持，加热至 120℃；反应罐内保持负压为 −0.095 ～ −0.09MPa。

（3）保持搅拌，罐内缓慢升温 2h，从 120℃升温到 140℃，然后快速升温至 170℃，保温反应 1h，继续升温至 180℃，保温反应 4h；反应罐内保持负压为 −0.095 ～ −0.09MPa。

（4）将罐内溶液温度降至 70℃，加入总量 1/2 的甲醇，进行回流冷凝；反应罐内保持负压为 −0.095 ～ −0.09MPa。

（5）缓慢降温至室温，导出反应罐内溶液，静置开始有晶体析出时，降温至低温环境，搅拌 2h；低温环境为 0 ～ 5℃。

（6）结晶完全后，抽滤，液体备用，晶体导入剩余的甲醇内，加热至 70℃搅拌至完全溶解，冷却至室温，静置开始有晶体析出时，降温至低温环境，搅拌 2h；低温环境为 0 ～ 5℃。

（7）结晶完全后，抽滤，液体与步骤（6）抽滤液体合并，通过减压蒸馏，分离出甲醇，回收利用，结晶产物离心烘干研磨，得到目标产品抗氧剂 245。

原料介绍　所述的催化剂为对甲苯磺酸、杂多酸、硫酸中的任意一种或几种的混合物。

产品应用　抗氧剂 245，即三缩二乙二醇双 -β-（3- 叔丁基 -4- 羟基 -5- 甲基苯基）丙酸酯，是半受阻烷基多酚类抗氧剂，属于不对称受阻酚类抗氧剂中的一种。作为抗氧剂用于苯乙烯聚合物、工程塑料以及聚氨酯的加工和长期热稳定性的改进，同时还可以作为有效的链终止剂用于 PVC（聚氯乙烯）聚合工艺中。抗氧剂 245 还可以与其他助剂混合使用，如辅助抗氧剂、光稳定剂和抗静电剂。抗氧剂 245 具有无味、挥发性低、色牢性高和抗萃取性高等优点，而且，抗氧剂 245 已得到很多国家认可，适合用于食品包装材料中，属于环境友好型抗氧剂。

产品特性

（1）本品采用酯交换反应，应用设备少，对设备要求低，操作简单，生产周期短，生产效率高，能耗少，产品性能优良质量好；

（2）本品采用的原料少，产生的废物少，溶剂可回收循环利用，降低成本，后期处理容易，对环境无污染；

（3）本品收率高，经济效益好，市场需求高。

配方 6　高选择性合成双酚单丙烯酸酯类抗氧剂 AO-3052

原料配比

原料	配比（质量份）			
	1#	2#	3#	4#
N,N- 二异丙基乙胺	0.03	0.028	0.03	0.0425
抗氧剂 2246	0.025	0.025	0.025	0.025
有机溶剂①	50（体积份）	60（体积份）	60（体积份）	60（体积份）
丙烯酰氯	0.028	0.028	0.026	0.0375
有机溶剂②	30（体积份）	20（体积份）	20（体积份）	50（体积份）

制备方法　将 *N,N*- 二异丙基乙胺和抗氧剂 2246 在有机溶剂①中分散，温度维持在 0 ～ 10℃，然后滴加丙烯酰氯和有机溶剂②的混合溶液，滴加时间为 1 ～ 3h；在 10 ～ 50℃下保温反应，保温时间为 0.5 ～ 2h；反应结束后，过滤得到的白色固体是 *N,N*- 二异丙基乙胺的盐酸盐，滤液经过减压蒸馏，得到抗氧剂 AO-3052 的浓缩液，冷却结晶，过滤所得滤饼即是抗氧剂 AO-3052。

原料介绍　所述有机溶剂为甲苯、二甲苯、苯、己烷、庚烷、石油醚中的一种或几种。

产品特性

（1）本品以 *N,N*- 二异丙基乙胺作为催化剂和缚酸剂，由于 *N,N*- 二异丙基乙胺的催化活性弱于三乙胺，因此反应的选择性提高、双酯化副产物的生成减少，同时产品颜色浅。

（2）由于副产物少、反应选择性高，因此不需要用醇类溶剂进行重结晶，使得物料损耗减少，三废减少，产品收率提高。

（3）由于 *N,N*- 二异丙基乙胺的碱性强于吡啶，所以抗氧剂 2246 的转化率更高，产品收率高。

配方 7　基于抗氧剂 3114 的反应型抗氧剂

原料配比

原料	配比（质量份）		
	1#	2#	3#
马来酸酐	50	55	60
有机溶剂①	800	800	800
有机溶剂②	1000	1000	1000
抗氧剂 3114	363	363	363
催化剂	10	10	10
去离子水	1800	1800	1800
有机溶剂③	1800	1800	1800

制备方法

（1）将马来酸酐预先溶解到有机溶剂①中备用。

（2）将有机溶剂②、抗氧剂 3114 和催化剂加入到装有搅拌器和温度计的反应容器中，搅拌使抗氧剂 3114 和催化剂充分溶解。

（3）氮气保护状态下，将反应容器内溶液温度降低至 −10℃，向反应容器中缓慢滴入步骤（1）所得马来酸酐和有机溶剂①的混合溶液，使抗氧剂 3114 和马来酸酐进行酰化反应；滴加时间为 2h，反应时间为 15h。

（4）反应结束后，将反应容器内溶液温度升高至 0 ～ 10℃，向步骤（3）得到的混合液中滴入去离子水进行淬灭，时间为 0.5h。

（5）静置后分出有机相，剩余水相再加入有机溶剂③萃取，合并两次有机相后减压浓缩蒸馏出有机溶剂，降温至 0 ～ 10℃，结晶析出，过滤；滤饼用有机溶剂再次洗涤，干燥后得到最终产物。

原料介绍

所述的催化剂为 4- 二甲氨基吡啶。

所述的有机溶剂为氯仿或者甲苯。

产品应用 本品主要用于高分子材料的聚合物体系中。

产品特性 本品制备工艺简单有效，分子结构保留了两个酚羟基，仍然具有很强的抗氧活性；马来酸酐保留了双键和一个羧基，双键可以通过聚合反应参与到橡塑制品的高分子结构中，将抗氧剂结构键合到高分子链中。这样可以有效降低普通受阻酚抗氧剂小分子的迁移性、挥发性和不耐抽出性，使抗氧剂可以长久发挥抗氧作用。

配方 8 兼具抗烧芯和抗黄的抗氧剂复合物

原料配比

原料	配比（质量份）			
	1#	2#	3#	4#
抗氧剂 1135	60	55	30	60
抗氧剂 245	15	20	7.5	15
抗氧剂 508T	50	50	50	20
紫外吸收剂 UV-1	60	60	60	60
光稳定剂 292	20	20	20	20

制备方法

（1）采用氮气惰化配制釜；

（2）将所述抗氧剂复合物的各组分依据所需用量添加至所述配制釜中；

（3）搅拌混合并加热至 80 ～ 85℃，使各组分充分熔融，混合均匀；

（4）适当降温后，取样分析，合格后灌装，即得所述抗氧剂复合物。

产品应用 本品添加入聚醚中用于制备海绵，所述聚醚中抗氧剂复合物的添加量为 $3\times10^{-3}\sim4\times10^{-3}$。

产品特性

（1）本品中，抗氧剂 245 具有更佳的耐热性、抗色变能力，抗氧剂 1135 不仅具有抗焦烧的能力，同时具有极佳的相容性，可以将各种组分相互融合，二者之间存在协同效应，将二者复配使用能够明显提高抗氧剂复合物的抗烧芯和抗黄变能力，复配使用时比单独使用能使海绵具有更高的起始氧化温度，同时光照和气熏的抗黄变性能也更好。

（2）本品中的紫外吸收剂和受阻胺类光稳定剂为光稳定剂体系，光稳定剂体系通过与抗氧剂复合物中的受阻酚类抗氧剂和亚磷酸酯类抗氧剂相互配合，能使该抗氧剂复合物平衡兼顾抗烧芯和抗黄能力，进而使得将该抗氧剂复合物一次添加即可一次性解决海绵发泡的焦烧问题和海绵成型后的黄变问题。

配方 9　含受阻酚的耐着色抗氧剂组合物

原料配比

原料	配比（质量份）	原料	配比（质量份）
主抗氧剂	50	阻色剂	10
辅抗氧剂	30	催化剂	5
碳自由基捕获剂	6		

制备方法　将各组分原料混合均匀即可。

原料介绍

所述主抗氧剂为 2,6- 二叔丁基 -4- 甲基苯酚、四［β-（3,5- 二叔丁基 -4- 羟基苯基）丙酸］季戊四醇酯、β-（3,5- 二叔丁基 -4- 羟基苯基）丙酸正十八碳醇酯、1,3,5- 三甲基 -2,4,6- 三（3,5- 二叔丁基 -4- 羟基苄基）苯、1,3,5- 三（3,5- 二叔丁基 -4- 羟基苄基）异氰尿酸、三乙二醇 - 二（3- 叔丁基 -4- 羟基 -5- 甲基苯基）丙酸酯、β-（3,5- 二叔丁基 -4- 羟基苯基）丙酸异辛醇酯、N,N'- 双 -［3-（3,5- 二叔丁基 -4- 羟基苯基）丙酰基］己二胺和 2,2′- 硫代二乙基双［3-（3,5- 二叔丁基 -4- 羟基苯基）丙烯酸］中的至少一种。

所述辅抗氧剂为三（2,4- 二叔丁基苯基）亚磷酸酯、双（2,4- 二叔丁基苯酚）季戊四醇二亚磷酸酯、双［2- 甲基 -4,6- 二（1,1′- 二甲基乙基）苯酚］磷酸乙基酯、四（2,4- 二叔丁基八烷氧基 -4,4′- 联苯基）磷酸酯、四（2,4- 二叔丁基苯基 -4,4′- 联苯基）双磷酸酯和 2,2′- 亚乙基双（4,6- 二叔丁基苯基）氟代亚磷酸酯中的至少一种。

所述碳自由基捕获剂为 N,N- 双（十八烷基）羟胺、N,N- 双（正十六烷基）羟胺、N,N- 双（正十四烷基）羟胺、N,N- 双月桂基羟胺、N- 十六烷基 -N- 十八烷基羟胺、N- 十七烷基 -N- 十八烷羟胺 -2-［1-（2- 羟基 -3,5- 二叔丁基苯基）- 甲基］-4,6- 二叔丁基苯基丙烯酸酯、5,7- 二叔丁基 -3-（3,4- 二甲基）苯并呋喃 -2（3H）- 酮和 5,7- 二叔丁基 -3-（3,4- 二甲苯基）苯并呋喃 -2（3H）- 酮中的至少一种。

所述催化剂为乙酰丙酮铝和三（五氟苯）硼烷中的一种。

所述阻色剂为巯基苯类化合物。所述巯基苯类化合物的制备步骤（物质的量可等比例放大或缩小）如下：

（1）在氮气保护下，将 33.2g 3-（4- 羟基苯基）丙酸、38.7g 二甲氨基硫代甲酰氯、45.5g 三乙胺及 2.4g 4- 二甲氨基吡啶溶解于 400mL 1,4- 二氧六环中，然后在 105℃下反应 48h。反应结束后，过滤收集沉淀，用 1,4- 二氧六环进行洗涤（100mL×2），随后将产物溶于二氯甲烷中并用饱和食盐水进行洗涤（100mL×3），再由无水 $MgSO_4$ 进行除水干燥，最后以二氯甲烷为淋洗剂，通过硅胶色谱柱对产物进行进一步纯化，得到中间体Ⅰ。

（2）在氩气保护下，将 35g 中间体Ⅰ溶于 350mL 十六烷中，随后在 235℃下反应 4.5h。反应结束后，过滤收集沉淀并用正己烷进行洗涤，然后以苯为淋洗剂，通过硅胶色谱柱进行进一步纯化，得到中间体Ⅱ。

（3）在 0℃下，将 35g 中间体Ⅱ溶于 300mL 四氢呋喃中，随后在室温条件下向体系中滴加 50g 85% 氢氧化钾的甲醇溶液，保持搅拌反应 10h。反应结束后，向体系中加入乙醚和水，随后在 0℃下缓慢滴加浓盐酸并快速搅拌进行酸化处理，分离水相和有机相，其中水相用二氯甲烷进行萃取（50mL×3），随后合并有机相并对其进行水洗（100mL×3），再由无水硫酸镁进行干燥脱水，真空脱除溶剂后得到粗产物，再经过硅胶色谱柱进一步纯化，得到中间体Ⅲ。

（4）在冰浴条件下，将 5g 1,4- 丁二醇与 30.5g 二氯亚砜混合并搅拌 10min，随后加入 28g 中间体Ⅲ，并在室温条件下搅拌反应 10h。反应结束后，通过旋转蒸发仪脱除二氯亚砜，随后向体系中加入水和饱和碳酸氢钠溶液，再用乙酸乙酯进行萃取（80mL×3）。萃取液经由饱和食盐水洗涤，并由无水硫酸钠进行除水脱水，通过旋转蒸发仪脱除有机溶剂后再用正己烷进行多次洗涤（50mL×3），再经过硅胶色谱柱进一步纯化，最后真空干燥，得到丁烷 -1,4- 二［3-（4 巯基苯基）丙酸酯］（MBDE）。

产品应用 本品主要用作聚合物的抗氧剂。

产品特性 引入碳自由基捕获剂，其能够有效地与受阻酚产生的甲基苯醌碳自由基结合，抑制亚甲基苯醌化合物生成，抑制着色物质生成；而巯基苯化合物在催化剂作用下可与亚甲基苯醌结构进行反应，能够消除发色基团，防止深色物质产生。二者与受阻酚复配能够有效地提高抗氧剂的色泽稳定性，防止或抑制受阻酚抗氧化过程中造成的聚合物材料着色。

配方 10 抗氧剂 44PD

原料配比

<table>
<tr><th colspan="3" rowspan="2">原料</th><th colspan="3">配比（质量份）</th></tr>
<tr><th>1#</th><th>2#</th><th>3#</th></tr>
<tr><td rowspan="8">催化剂</td><td rowspan="2">活性炭载体</td><td>活性炭</td><td>10</td><td>20</td><td>10</td></tr>
<tr><td>5% 过氧化氢溶液</td><td>100（体积份）</td><td>200（体积份）</td><td>100（体积份）</td></tr>
<tr><td rowspan="3">Pt 催化剂</td><td>活性炭载体</td><td>10</td><td>20</td><td>10</td></tr>
<tr><td>3% 氯铂酸溶液</td><td>10</td><td>20</td><td>10</td></tr>
<tr><td>水</td><td>200（体积份）</td><td>400（体积份）</td><td>200（体积份）</td></tr>
<tr><td colspan="2">Pt 催化剂</td><td>10</td><td>20</td><td>10</td></tr>
<tr><td colspan="2">六水合硝酸镍</td><td>2.4</td><td>4.8</td><td>2.4</td></tr>
<tr><td colspan="2">三水合硝酸铜</td><td>2</td><td>4</td><td>2</td></tr>
<tr><td colspan="3">去离子水</td><td>适量</td><td>适量</td><td>适量</td></tr>
<tr><td colspan="3">对硝基苯胺</td><td>10</td><td>20</td><td>20</td></tr>
<tr><td colspan="3">丁酮</td><td>40</td><td>80</td><td>80</td></tr>
<tr><td colspan="3">催化剂</td><td>5</td><td>10</td><td>5</td></tr>
</table>

制备方法 将对硝基苯胺、丁酮与催化剂放入干燥的反应釜中，将反应釜密封，通入氮气连续置换 3 遍，再用氢气置换 2 遍，然后在反应釜中通入氢气至釜内压力为 5MPa，加热升温到 170℃并保持 500r/min 匀速搅拌，在此条件下反应 10h，反应结束后，冷却至室温，过滤出催化剂，常压蒸馏除去过量的丁酮和生成的仲丁醇，得到抗氧剂 44PD。

原料介绍 所述催化剂为 Pt-Ni-Cu 催化剂，通过如下步骤制备：

（1）将活性炭放入具塞磨口锥形瓶中，加入 5% 过氧化氢溶液，将锥形瓶放入 50℃恒温水浴振荡器中振荡 3h 后取出，过滤，并用去离子水冲洗，放入 100℃干燥箱内烘 4h，得到活性炭载体；活性炭、5% 过氧化氢溶液的用量之比为 1g∶10mL。

（2）将活性炭载体和 3% 氯铂酸溶液加入锥形瓶中，加水稀释，持续搅拌 3h，将浸渍完的溶液过滤，固体放入 70℃干燥箱中干燥 3h，然后放入高温管式炉中，通入 H_2 与 N_2 体积比为 1∶10 的混合气，流量控制在 0.5L/min，升温至 280℃，加热 2h，完成后降温至室温，取出后用去离子水洗涤，放入70℃干燥箱干燥3h，得到Pt催化剂；活性炭载体、3%氯铂酸溶液、水的用量之比为1g∶1g∶20mL。

（3）将Pt催化剂、六水合硝酸镍、三水合硝酸铜置于去离子水中，搅拌30min得到分散均匀的溶液，静置3h，过滤，用去离子水洗涤至中性，将洗涤后的样品转移至70℃干燥箱内进行干燥处理，将干燥后的固体研磨成粉在600℃下煅烧4h得到Pt-Ni-Cu催化剂。

产品应用 抗氧剂44PD是一种应用广泛且性能优良的液体胺类抗氧剂，全称为*N,N'*-二仲丁基对苯二胺，属于性能优良的胺类抗氧剂，特别适合用作裂解或热裂解法汽油添加剂，汽油中加入极少量可以非常有效地阻止烯烃氧化，抑制胶状物的形成。

产品特性

（1）本品以活性炭作为催化剂载体，其耐酸、碱性质稳定，具有发达的孔隙结构、巨大的比表面积和优良的吸附性能，另外负载在活性炭上的贵金属铂、镍通过炭载体的燃烧较易回收。经过氧化预处理可以增加金属负载率，增加反应速率和选择性。

（2）催化剂中负载铂、镍、铜三种金属活性成分，铂具有催化活性高、选择性强、使用量少等优点，与镍和铜复配使用，可以优化催化性能，而且铂、镍、铜形成固溶体，可以限制铜催化剂脱落，避免发生“铜害”及对抗氧剂性能和汽油橡胶等造成不利影响。镍、铂原子之间的协同效应，可以改变铂原子的电子环境和d带中心位置，提高铂的氧化电位，制约了铂团聚和脱落，有益于铂的催化、反复使用和回收。

配方11 抗氧剂168

原料配比

<table>
<tr><th colspan="3" rowspan="2">原料</th><th colspan="3">配比（质量份）</th></tr>
<tr><th>1#</th><th>2#</th><th>3#</th></tr>
<tr><td rowspan="7">Boc（叔丁氧羰基）保护的催化剂A</td><td colspan="2">催化剂A</td><td>100mmol</td><td>100mmol</td><td>100mmol</td></tr>
<tr><td colspan="2">二碳酸二叔丁酯</td><td>100mmol</td><td>200mmol</td><td>200mmol</td></tr>
<tr><td colspan="2">二氯甲烷</td><td>300</td><td>300</td><td>300</td></tr>
<tr><td colspan="2">水</td><td>150（体积份）</td><td>150（体积份）</td><td>150（体积份）</td></tr>
<tr><td rowspan="3">硅胶柱层</td><td>石油醚</td><td>8</td><td>8</td><td>8</td></tr>
<tr><td>乙酸乙酯</td><td>1</td><td>1</td><td>1</td></tr>
<tr><td>二氯甲烷</td><td>1</td><td>1</td><td>1</td></tr>
<tr><td colspan="3">2,4-二叔丁基苯酚</td><td>320</td><td>330</td><td>330</td></tr>
<tr><td colspan="3">Boc保护的催化剂A</td><td>4</td><td>6</td><td>5</td></tr>
<tr><td colspan="3">二甲苯</td><td>400</td><td>400</td><td>400</td></tr>
<tr><td colspan="3">三氯化磷</td><td>68.65</td><td>68.65</td><td>68.65</td></tr>
</table>

制备方法 将2,4-二叔丁基苯酚、Boc保护的催化剂A和溶剂二甲苯混合，混合后升温至45～60℃，然后将三氯化磷滴加到上述混合液中，升温至150～160℃，并在150～160℃下继续反应2～5h，反应结束后过滤，滤液减压蒸馏，蒸馏后得到的粗产品进行结晶，过滤，干燥，得到所述抗氧剂168。所述三氯化磷滴加过程在氮气保护下进行，滴加时间为2～4h。所述结晶步骤采用甲醇进行，所述干燥温度为85～90℃，干燥时间为3～6h。

原料介绍 所述Boc保护的催化剂A的制备方法包括如下步骤：将催化剂A、二碳酸二叔丁酯和二氯甲烷混合，室温下搅拌反应3～6h，反应结束后加入水，用乙酸乙酯萃取，有机相干燥后减压浓缩，柱色谱分离纯化，得到Boc保护的催化剂A。所述有机相采用无水硫酸钠进行干燥。

产品应用 抗氧剂168是一种亚磷酸酯类抗氧剂，其性能优异、耐水解性好，将其与酚类抗氧剂复合使用，可充分发挥协同效应；广泛用于聚烯烃、苯乙烯单聚和共聚物、弹性体、胶黏剂、工程塑料等高分子材料中。

产品特性 本品以2,4-二叔丁基苯酚和三氯化磷为原料，采用Boc保护的催化剂A作为催化剂。催化剂A具有对称分布的苯三酰胺结构，并在酰胺基团的一端分别键连有吡啶结构，通过吡啶和酰胺的协同配合可高效催化2,4-二叔丁基苯酚和三氯化磷反应生成产品抗氧剂168。同时本品对催化剂A中的酰胺结构进行部分Boc保护，在生成抗氧剂168的同时会产生氯化氢酸，氯化氢酸会使催化剂A上的氨基逐步脱保护，使催化剂A可以持续高效地催化反应。本配方可以获得高收率和高纯度的抗氧剂168产品，同时采用的催化剂用量较少，具有较好的应用前景。

配方12 抗氧剂1076

原料配比

原料		配比（质量份）			
		1#	2#	3#	4#
二氯甲烷		278	278	278	278
3-（3,5-二叔丁基-4-羟基苯基）丙酸		55.6	55.6	55.6	55.6
硬脂醇		56.7	59.4	62.1	64.8
酸活化剂		46	46	46	46
催化剂		24	24	24	24
去离子水		278	278	278	278
混合液	正庚烷	9	9	9	9
	乙酸乙酯	1	1	1	1

制备方法

（1）将二氯甲烷加入到带有回流装置、温度计的反应容器中，再依次加入3-（3,5-二叔丁基-4-羟基苯基）丙酸、硬脂醇、酸活化剂，室温搅拌混合20min。

（2）向以上混合液中加入催化剂，搅拌状态下升温至40℃后进行酯化反应；酯化反应时间为6～8h。

（3）反应结束后，向步骤（2）混合液中加入去离子水洗10min，水洗结束后静置将水相分出；向有机相中加入无水硫酸钠搅拌30min，过滤，对滤液进行浓缩。

（4）浓缩液上样到正庚烷冲洗过的硅胶柱，使用正庚烷和乙酸乙酯的混合液洗脱硅胶柱，收集洗脱液。

（5）浓缩洗脱液，向浓缩后的洗脱液中加入正庚烷，降温结晶，过滤，滤饼干燥后得到抗氧剂1076。降温结晶温度为0～5℃。

原料介绍

所述酸活化剂为1-（3-二甲氨基丙基）-3-乙基碳二亚胺盐酸盐。

所述催化剂为4-二甲氨基吡啶。

产品应用 抗氧剂1076是一种非污染型无毒受阻酚类抗氧剂，外观为白色或微黄固体粉末，具有挥发性低、耐水抽提、相容性好、抗氧化效能高的优点，广泛用于橡塑制品中防止制品热氧化降解。

产品特性 本品的反应在40℃的中温条件下进行，反应条件温和，工艺容易控制，节约能源。催化剂的催化效率高，无重金属残留，收率达到98%以上，反应产物的纯度也较高，达到99%以上。本品制备方法与传统的酯交换反应工艺相比，更加高效。

配方 13　抗氧剂 3052

原料配比

原料		配比（质量份）			
		1#	2#	3#	4#
2- 叔丁基 -4- 甲基苯酚①		86.1	82	90.2	82
溶剂	甲苯	200（体积份）	200（体积份）	—	—
	高沸点石油醚	—	—	200（体积份）	200（体积份）
浓硫酸①		8.6	0.82	4.5	6.5
丙烯酸酐		63	63	63	63
甲缩醛		79.8	114	83.6	83.6
浓硫酸②		4.3	0.41	2.5	4.1
二氧化钛 SO_4^{2-}/TiO_2 固体酸催化剂		4.3	0.41	2.5	4.1
2- 叔丁基 -4- 甲基苯酚②		86.1	82	90.2	82
甲醇		适量	适量	适量	适量

制备方法

（1）在氮气保护下，向反应器中加入 2- 叔丁基 -4- 甲基苯酚①、甲苯（高沸点石油醚）和浓硫酸①，加热至 60℃，搅拌，然后向反应器中缓慢滴加丙烯酸酐，滴加完毕，60℃保温反应 1.5h 后，反应结束；

（2）在氮气保护下，向步骤（1）的反应器中加入甲缩醛、浓硫酸②和二氧化钛 SO_4^{2-}/TiO_2 固体酸催化剂，搅拌条件下向反应器中缓慢滴加 2- 叔丁基 -4- 甲基苯酚②，保温反应 2.5h（反应过程中液相跟踪反应进程），反应结束后，过滤分离出固体酸催化剂，然后减压蒸馏脱除溶剂得到熔融物料，使用甲醇对熔融物料进行重结晶，干燥，得到抗氧剂 3052 产品。

产品应用　抗氧剂 3052 是一种多功能型主抗氧化剂，同传统的酚类抗氧剂作用机理相比，抗氧剂 3052 可通过自身的双官能团稳定机理，捕获大分子自由基后迅速稳定为酚氧自由基。因其具有突出的增效作用，并能稳定地降低树脂的老化，在生产橡胶、合成树脂过程中起到更加突出的作用，使高分子材料更加持久耐用。抗氧剂 3052 最大的特点是其在高温下的抗热氧能力，其是高分子材料添加剂中必要的成分，特别是在氧气含量较低的条件下可以发挥更大作用。

产品特性

（1）本品制备过程中无需使用酰氯等腐蚀性的危险物料，原料均比较安全，更便于操作，而且工业化生产可以降低设备要求，减少设备成本。

（2）本品所述制备方法中，不会有三乙胺盐酸盐等固废的产生，工业化生产过程三废产生少，可以有效降低环保处理成本。

（3）本品整个制备过程无需高温、高压条件，反应过程条件温和，后处理简单，操作成本低，通过本品所述制备方法可以得到高收率的抗氧剂 3052 产品。

配方 14　硫代二丙酸双十二醇酯抗氧剂

原料配比

原料			配比（质量份）		
			1#	2#	3#
疏水改性聚丙烯酰胺颗粒	改性分散液	氯化铵	1	1	1

续表

原料			配比（质量份）		
			1#	2#	3#
疏水改性聚丙烯酰胺颗粒	改性分散液	十二醇	2	2	2
	丙烯酰胺		60	60	60
	亚甲基双丙烯酰胺		140	140	140
	偶氮二异丁腈		1	1	1
	改性分散液		1	1	1
抗氧剂本体	硫代二丙酸双十二醇酯		95	90	100
成型剂			5	4	6
成型剂	2,6- 二叔丁基对甲酚		3	2	4
	疏水改性聚丙烯酰胺颗粒		1	1	1

制备方法 将抗氧剂本体中加入成型剂后，再进入滴板造粒机中进行造粒成型，得到硫代二丙酸双十二醇酯颗粒。

原料介绍

所述疏水改性聚丙烯酰胺颗粒的粒径为 30 ～ 50nm，其制备方法如下：

（1）将氯化铵放入十二醇中进行分散（氯化铵与十二醇的质量比为 1∶2），得到改性分散液；

（2）将丙烯酰胺、亚甲基双丙烯酰胺、偶氮二异丁腈和改性分散液按照质量比为（50 ～ 70）∶（130 ～ 150）∶1∶1 的比例，超声分散均匀后，加热至 55 ～ 65℃反应 4 ～ 6h，待反应完成后抽滤、洗涤、干燥、破碎得到疏水改性聚丙烯酰胺颗粒。

产品应用 硫代二丙酸双十二醇酯是一种典型的硫代酯类辅助抗氧剂，广泛应用于聚丙烯、聚乙烯等合成材料中，其与主抗氧剂并用时，能够有效延长合成材料的使用寿命。

产品特性

（1）硫代二丙酸双十二醇酯和 2,6- 二叔丁基对甲酚两者共混成型后得到的颗粒，具有良好的成型性能。2,6- 二叔丁基对甲酚和聚丙烯酰胺树脂的存在降低了单一的硫代二丙酸双十二醇酯颗粒与外界环境的接触面积，减少结块现象的产生。并且 2,6- 二叔丁基对甲酚自身是一种受阻酚类抗氧剂，两者共同应用到合成材料中时具有良好的抗氧化性，不会对硫代二丙酸双十二醇酯抗氧剂自身的抗氧化性能造成不利影响。

（2）本品优选疏水改性聚丙烯酰胺颗粒，在通过一步法合成聚丙烯酰胺的过程中加入氯化铵作改性剂，由于聚丙烯酰胺具有吸湿性，加入改性剂后，由于氯化铵本身不吸水，降低了聚丙烯酰胺的吸湿性能。如果聚丙烯酰胺还保留了一部分吸湿能力，交联在聚丙烯酰胺内的氯化铵遇水会变冷，使改性聚丙烯酰胺能够降低硫代二丙酸双十二醇酯的温度，减少硫代二丙酸双十二醇酯颗粒表面因为受热发生结块甚至熔化的情况，保证抗氧剂颗粒的成型性能。

配方 15 耐高温热压抗氧剂

原料配比

原料		配比（质量份）			
		1#	2#	3#	4#
聚氨酯预聚体	聚四氢呋喃	4.5	3	1.5	2.19
	异佛尔酮二异氰酸酯	6	6	7.5	6.54
	聚氧化丙烯三元醇	—	1.5	5	1.77

续表

原料		配比（质量份）			
		1#	2#	3#	4#
偶联剂接枝受阻酚类抗氧剂	3,5- 双（叔丁基）-4- 羟基苯丙酰氯	3	3	3	3
	二甲苯溶液	6	6	6	6
	3- 氨丙基三乙氧基硅烷	3	3	3	3
改性受阻酚类抗氧剂	偶联剂接枝受阻酚类抗氧剂	2	2	2	2
	聚氨酯预聚体	4	4	4	4
	水	1	1	1	1
改性受阻酚类抗氧剂		2	2	2	2
亚磷酸酯类抗氧剂		1	1	1	1

制备方法 将改性受阻酚类抗氧剂和亚磷酸酯类抗氧剂混合搅拌 30min、研磨 3 遍、升温至 100℃，搅拌 30min，得到耐高温热压抗氧剂。

原料介绍 所述改性受阻酚类抗氧剂的制备方法，包括如下步骤：

（1）偶联剂接枝：将含酰氯基团的受阻酚类抗氧剂与氨基硅烷偶联剂按照质量比为 1∶（1 ～ 5）反应，得到偶联剂接枝受阻酚类抗氧剂。

（2）聚氨酯预聚体接枝：将偶联剂接枝受阻酚类抗氧剂与聚氨酯预聚体及水混合反应，得到改性受阻酚类抗氧剂。所述聚氨酯预聚体为星型聚氨酯预聚体。所述星形聚氨酯预聚体由聚四氢呋喃、聚氧化丙烯三元醇和二异氰酸酯按照质量比为 1∶（0.5 ～ 1）∶（2 ～ 5）反应制得。

产品应用 本品主要用作普通软泡聚醚生产胸围绵过程中的抗氧剂，生产胸围绵过程中会有高温热压定型这一步骤，一般在 190 ～ 200℃下热压 3 ～ 5min 即可完成定型。在此温度下，胸围绵容易粉化、变色，为了使得胸围绵在高温下依然保持原色，通常在胸围绵的原料中加入抗氧剂。

产品特性 改性受阻酚类抗氧剂能够消除自由基，减轻亚磷酸酯类抗氧剂的负担，亚磷酸酯类抗氧剂能够分解氢过氧化物，补充改性受阻酚类抗氧剂消除自由基时失去的氢自由基。此外，亚磷酸酯类抗氧剂具有突出的耐热性，两者配合使用时，其作用互相补充，可达到理想的协同作用，从而得到耐高温性能较佳的抗氧剂，使其在 220℃的高温下仍具有良好的抗氧化性能。将此抗氧剂加入聚醚胸围绵中，能够解决胸围绵在 220℃的高温下容易变色的问题。受阻胺类抗氧剂作为烷基自由基去除剂，与改性受阻酚类抗氧剂和亚磷酸酯类抗氧剂复配，三者相互作用，进一步提高抗氧剂在高温下的抗氧化性能，使得胸围绵在高温下依然能保持原色。

配方 16 耐高温润滑油抗氧剂

原料配比

原料		配比（质量份）		
		1#	2#	3#
酚型抗氧剂	四［β-（3,5- 二叔丁基 -4- 羟基苯基）丙酸］季戊四醇酯	10	5	15
胺型抗氧剂	4,4′- 双（α,α- 二甲基苄基）二苯胺	25	15	30
多元杂环抗氧剂	三嗪 - 哌啶缩合物抗氧剂	30	25	35
有机磷化合物	三（2,4- 二叔丁基苯基）亚磷酸酯	30	25	35

制备方法 将所述制备原料按比例混合，开启搅拌，加热至180～185℃，搅拌30～60min后，即得。

原料介绍

所述酚型抗氧剂为烷基受阻酚、硫醚受阻酚、多环受阻酚、烷基硫代受阻酚、硫代双酚、屏蔽酚抗氧剂中的一种或几种的组合。所述屏蔽酚抗氧剂为四［*β*-（3,5-二叔丁基-4-羟基苯基）丙酸］季戊四醇酯。

所述胺型抗氧剂为苯二胺类抗氧剂、二苯胺类抗氧剂、苯基-*α*-萘胺类抗氧剂、吩噻嗪类抗氧剂中的一种或几种的组合。所述烷基二苯胺类抗氧剂为二烷基二苯胺、二胺基甲苯衍生物、二烷基苯基二苯胺、二烷基苄基二苯胺中的一种或几种的组合，具体可为二烷基苄基二苯胺，即4,4′-双（*α*,*α*-二甲基苄基）二苯胺等。

所述多元杂环抗氧剂为含氮杂环化合物，所述含氮杂环化合物为苯并三氮唑、烷基取代咪唑啉、2-巯基苯并噻唑、三嗪-哌啶缩合物中的一种或几种的组合。

所述有机磷化合物为亚磷酸三丁酯、亚磷酸三苯酯、亚磷酸烷基酯、烷基亚磷酸酯、烷基苯基亚磷酸酯中的一种或几种的组合。所述烷基苯基亚磷酸酯为双（2,4,6-三叔丁基苯基）季戊四醇二亚磷酸酯、四（2,4-二叔丁基酚）4,4′-联苯二亚磷酸酯、二壬基苯基亚磷酸酯、双（2,4-二叔丁基苯基）季戊四醇二亚磷酸酯、三（2,4-二叔丁基苯基）亚磷酸酯中的一种或几种的组合。

产品应用 本品主要用作高温链条油、润滑脂领域的耐高温润滑油抗氧剂。

产品特性

（1）本品通过胺型抗氧剂与多元杂环抗氧剂的协同作用，使高温链条油在高温240℃的条件下氧化诱导期大大延长，极大地提高了高温链条油的抗氧化能力。

（2）本品具有较好的高温抗氧化能力，能减少链条油在高温环境下的氧化变色，并且在链条油、润滑脂中具有良好的分散效果，使其具有好的储存稳定性。

配方17 乳液型高效抗氧剂

原料配比

原料			配比（质量份）			
			1#	2#	3#	4#
内相	主抗氧剂	*β*-（3,5-二叔丁基-4-羟基苯基）丙酸十八醇酯	12	12	33.4	6
		三乙二醇醚-二（3-叔丁基-4-羟基-5-甲基苯基）丙酸酯	14	12	27.6	6
	辅抗氧剂	硫代二丙酸双月桂酯	24	24	66.8	40
	低级一元醇	甲醇	5	5	6.4	5
外相	去离子水		76	76	72.75	76
	聚乙烯醇	碱化度为78.5%（摩尔分数）的聚乙烯醇	2	—	—	—
		碱化度为86.0%（摩尔分数）的聚乙烯醇	2	4	—	—
		碱化度为69.0%（摩尔分数）的聚乙烯醇	—	—	2.25	—
		碱化度为89.0%（摩尔分数）的聚乙烯醇	—	—	—	4
去离子水			100	100	50	100

制备方法

（1）内相制备：将主抗氧剂熔化，一次降温加入辅抗氧剂熔化，二次降温加入低级一元醇，得到内相；主抗氧剂熔化温度为80～120℃，一次降温至60～75℃，二次降温至60～68℃。

（2）外相制备：将聚乙烯醇加入去离子水中，搅拌溶解，得到外相。

（3）转相乳化：将外相升温后以细流形式加入内相中，恒温搅拌，再加入去离子水，得到初乳液。

（4）冷却出料：搅拌初乳液，冷却至室温，得到乳液型高效抗氧剂。

产品应用 本品主要用作 PVC 树脂产品的抗氧剂。

产品特性

（1）本品通过主抗氧剂与辅抗氧剂复配产生协同效应，在提升产品性能、增强抗氧效果的前提下，同步实现降低成本。乳液型高效抗氧剂克服了固体粉末型抗氧剂分散性差、抗氧效率低等问题，乳液粒径分布窄，稳定性高，黏度适中，便于泵送加入，与聚合反应体系相容性高，能有效防止高分子聚合物热氧化；并且采用复合乳化剂体系，制备时保证产品的乳化和分散效果，从而提高乳液稳定性。

（2）本品为反应型抗氧剂，能与单体共同参与体系反应，将受阻酚基团接枝到聚合物链上，成为 PVC 树脂的一部分，解决了抗氧剂挥发、抽出、迁移等问题。

（3）本品具有较好的稳定性，可以提高聚合物的氧化性。

配方 18　润滑油高温抗氧剂

原料配比

原料		配比（质量份）					
		1#	2#	3#	4#	5#	6#
二异辛基二苯胺 Irganox L01		10	30	50	10	10	10
硫醚改性酚类抗氧剂 Irganox L115		40	35	25	40	40	40
亚磷酸酯	双（2,4- 二叔丁基苯酚）季戊四醇二亚磷酸酯 ST-626	50	35	25	—	—	—
	三（2,4- 二叔丁基苯基）亚磷酸酯 ST-168	—	—	—	20	—	—
	双（2,4- 二枯基苯基）季戊四醇二亚磷酸酯 ST-9228	—	—	—	—	50	20
受阻酚型抗氧剂	四［β-（3,5- 二叔丁基 -4- 羟基苯基）丙酸］季戊四醇酯 ST-1010	—	—	—	30	—	25
	N,*N*- 双 -［3-（3,5- 二叔丁基 -4- 羟基苯基）丙酰基］己二胺 ST-1098	—	—	—	—	—	5

制备方法 将各组分加入到混料机内，搅拌混合 45min，得到。

产品应用 本品抗氧剂的加入量为 1.2% ～ 1.8%。

产品特性 本品采用硫醚酚类、胺类作为抗氧剂主剂，发挥主要的抗氧效果，同时将受阻酚型抗氧剂、亚磷酸酯抗氧剂或二者的复配物作为助抗氧剂，进一步增强抗氧功效；通过上述复配，抗氧剂成分之间协同生效，使得本品抗氧剂兼具优异的抗氧性能，以及突出的热稳定性，延长氧化诱导期、减少润滑油在高温下的蒸发损失。本品抗氧剂性能与高端抗氧剂性能相近，但各成分更为简单易得。

配方 19　受阻酚类抗氧剂

原料配比

原料		配比（质量份）
3,5- 二叔丁基 -4- 羟基苯甲醇	多聚甲醛	8.73
	2,6- 二叔丁基苯酚	10
	叔丁醇钾	0.3
	叔丁醇	60（体积份）
3,5- 二叔丁基 -4- 羟基苯甲醇		5

续表

原料	配比（质量份）
甲基丙烯酸	10
阻聚剂对苯二酚	0.02
对甲苯磺酸	0.5
有机溶剂苯	60（体积份）

制备方法

（1）将2,6-二叔丁基苯酚、多聚甲醛和醇类溶剂混合，所得溶解液在叔丁醇钾条件下进行加成反应，得到3,5-二叔丁基-4-羟基苯甲醇；加成反应的温度为50～60℃，反应时间为2～3h。

（2）将3,5-二叔丁基-4-羟基苯甲醇、甲基丙烯酸、阻聚剂和有机溶剂混合，在苯磺酸类催化剂条件下，进行酯化反应，得到所述受阻酚类抗氧剂；酯化反应的温度为75～85℃，反应时间为2.5～3.5h。

产品应用 本品主要用于ABS树脂的生产。ABS树脂和受阻酚类抗氧化剂的质量比为100∶(0.2～0.5)。

产品特性 因邻位的斥电子基团作用，结构中含有的—OH官能团上的氢极为活跃，致使抗氧剂可以和R·、ROO·等自由基反应，阻止自由基对ABS树脂的破坏，提高ABS树脂的抗氧化性。

配方20 无酚型亚磷酸酯抗氧剂TTDP

原料配比

原料		配比（质量份）			
		1#	2#	3#	4#
亚磷酸三烷基酯		50	50	50	50
异构十三醇		10	10	10	10
烷氧基铝		0.35	0.35	0.35	0.35
吸附剂（4A分子筛）		适量	适量	适量	适量
亚磷酸三烷基酯	亚磷酸三乙酯	50	150	250	300
	异构十三醇	10	50	90	120
	三乙氧基铝	0.35	0.35	0.35	0.35

制备方法

（1）常压下，将亚磷酸三烷基酯、异构十三醇、烷氧基铝的混合液分段升温至110～120℃，保温反应0.8～1.2h；分段升温的具体步骤为：一段升温，即将混合液升温至50～60℃，反应15～20min；二段升温，即将混合液升温至85～95℃，反应20～30min；三段升温，即将混合液升温至110～120℃，反应15～20min。

（2）在5～6h的时间内，缓慢升温至190～200℃，并缓慢减压至绝压，排出反应生成的气体，保温反应0.8～1.2h，去掉馏出液，得到反应液。

（3）将反应液降温至110～130℃，加入吸附剂搅拌混合，降温至85～90℃，过滤去除杂质，即得。吸附剂与烷氧基铝的质量比为（9～11）∶1。

原料介绍

所述的亚磷酸三烷基酯为亚磷酸三甲酯、亚磷酸三乙酯、亚磷酸三丁酯、亚磷酸三烯丙酯、亚磷酸三异丙酯、亚磷酸三苯酯中的一种。

所述的烷氧基铝为三乙氧基铝、三丙氧基铝、三异丙氧基铝、三丁氧基铝、三异丁氧基铝、三仲丁氧基铝、三叔丁氧基铝、乙氧基二乙基铝、乙氧基二丙基铝、乙氧基二异丙基铝、乙氧基二丁基铝、乙氧基二异丁基铝、乙氧基二仲丁基铝和乙氧基二叔丁氧基铝中的一种或多种组成的混合物。

产品应用 本品作为抗氧剂主要用于聚合物材料加工中。

产品特性

（1）本品的合成工艺，通过使用烷氧基铝催化亚磷酸三烷基酯与异构十三醇的反应，相较于如碳酸钾等其他催化剂，烷氧基铝使得 TTDP 的有效含量得以大幅度提升，纯度高达 99.25% 及以上，显著提高了反应进程，大幅度提高了抗氧剂 TTDP 的合成效率，有利于工业化大规模制备 TTDP；

（2）本品通过分段升温，以促使新生的醇被蒸发得较为完全、有效含量高，保障亚磷酸三烷基酯、异构十三醇反应的正常进行，保障其具有较高的收率和纯度。

配方 21 无卤阻燃有机铜盐抗氧剂

原料配比

原料	配比（质量份）		
	1#	2#	3#
有机次膦酸钠	1.44	1.58	1.73
有机溶剂	100（体积份）	100（体积份）	100（体积份）
一价铜盐	1.91	1.91	1.91

制备方法 将一价铜盐、有机次膦酸钠溶解于有机溶剂中（先溶解有机次膦酸钠，再加入一价铜盐），30 ～ 150℃回流反应 4 ～ 36h，得到混合液。将所述混合液过滤，所得滤饼烘干，研磨，得到所述有机次膦酸亚铜盐。

原料介绍

所述一价铜盐是碘化亚铜、氯化亚铜、硫酸亚铜、氧化亚铜中的一种或两种以上的混合物。

所述有机次膦酸钠是二乙基次膦酸钠、二甲基次膦酸钠、二芳基次膦酸钠、二异丁基次膦酸钠、二苯基次膦酸钠、二正丙基次膦酸钠、二叔丁基次膦酸钠、二正戊基次膦酸钠、二异丙基次膦酸钠中的一种或两种以上的混合物。

所述的有机溶剂为甲醇、乙醇、乙腈、四氢呋喃、*N*,*N*- 二甲基甲酰胺、*N*,*N*- 二甲基乙酰胺、二甲基亚砜中的一种或两种以上的混合物。

产品应用 本品是一种能够同时实现尼龙无卤阻燃及抗氧的有机铜盐。

通过下列之一的方式添加到尼龙中：

（1）将组方量的有机次膦酸亚铜盐与尼龙用转矩流变仪混合均匀后，置于 230℃的平板硫化机制备所需产品；

（2）将组方量的尼龙和有机次膦酸亚铜盐在双螺杆挤出机上进行熔融挤出造粒，将挤出的粒料在真空烘箱（110℃）中烘 4 ～ 16h，随后注塑成所需产品。

产品特性

（1）本品同时具有阻燃和抗氧作用，缓解了铜盐类稳定剂对加工设备的腐蚀，解决了无机铜盐类抗氧剂与聚酰胺基体相容性差的问题。

（2）本品可作为尼龙基体的抗氧剂和阻燃剂，可有效提高尼龙的长期热氧稳定性和阻燃性能。

配方 22 延长润滑油诱导期的复合抗氧剂

原料配比

<table>
<tr><th colspan="3" rowspan="2">原料</th><th colspan="3">配比（质量份）</th></tr>
<tr><th>1#</th><th>2#</th><th>3#</th></tr>
<tr><td rowspan="6">抗氧改性助剂</td><td rowspan="2">混合液</td><td>2,6- 二叔丁基对硝基苯酚</td><td>1</td><td>1</td><td>1</td></tr>
<tr><td>无水乙醇</td><td>20</td><td>15</td><td>25</td></tr>
<tr><td colspan="2">混合液</td><td>1</td><td>1</td><td>1</td></tr>
<tr><td colspan="2">改性处理剂</td><td>1.35</td><td>1.2</td><td>1.5</td></tr>
<tr><td rowspan="2">改性处理剂</td><td>氯化钙溶液</td><td>12.5</td><td>10</td><td>15</td></tr>
<tr><td>锌粉</td><td>1</td><td>1</td><td>1</td></tr>
<tr><td>有机磷化合物</td><td colspan="2">亚磷酸酯</td><td>25</td><td>10</td><td>40</td></tr>
<tr><td colspan="3">特丁基对二苯酚</td><td>7.5</td><td>5</td><td>10</td></tr>
<tr><td>胺类抗氧剂</td><td colspan="2">二烷基二苯胺</td><td>7.5</td><td>10</td><td>5</td></tr>
<tr><td colspan="3">二烷基二硫代磷酸锌</td><td>7.5</td><td>10</td><td>5</td></tr>
<tr><td colspan="3">苯并三氮唑</td><td>5.5</td><td>10</td><td>1</td></tr>
<tr><td>分散剂</td><td colspan="2">丁二酰亚胺</td><td>8.5</td><td>5</td><td>12</td></tr>
<tr><td colspan="3">抗氧改性助剂</td><td>1.5</td><td>0.5</td><td>2.5</td></tr>
</table>

制备方法 将有机磷化合物、特丁基对二苯酚、胺类抗氧剂、二烷基二硫代磷酸锌和苯并二氮唑混合，常压下加热至 40 ～ 60℃，保温搅拌均匀，再加入分散剂和抗氧改性助剂，继续保温搅拌均匀，即可得到延长润滑油诱导期的复合抗氧剂。

原料介绍 所述抗氧改性助剂由如下步骤制备获得：

（1）将 2,6- 二叔丁基对硝基苯酚和无水乙醇按质量比为 1∶（15 ～ 25）混合均匀，得到混合液。

（2）加入混合液 1.2 ～ 1.5 倍量的改性处理剂，然后升温至 60 ～ 80℃，回流 6 ～ 8h，得到反应混合物；改性处理剂由氯化钙溶液和锌粉按质量比为（10 ～ 15）∶1 组成。

（3）将反应混合物冷却降温后，负压过滤，得到固体产物，再用去离子水洗涤，真空干燥，即可得到抗氧改性助剂。

产品特性

（1）本品各组分相互之间配合，能够形成优异稳定的抗氧基质，应用于润滑油中能够发挥出优异的抗氧化作用。

（2）本品具有优良的抗氧化抗腐蚀能力，抗结焦效果良好，在润滑油中使用能够很好地阻止油泥的形成，进而保证润滑油具有较长的使用寿命。

（3）本品制备步骤较少，工艺简单，便于进行大规模生产。

配方 23 液体受阻酚抗氧剂

原料配比

原料	配比（质量份）			
	1#	2#	3#	4#
3-（3,5- 二叔丁基 -4- 羟基苯基）丙酸甲酯	200	200	200	200
脂肪醇	133.6	151.4	178.1	151.4
催化剂	2	2	2	2

制备方法

（1）将3-（3,5-二叔丁基-4-羟基苯基）丙酸甲酯、脂肪醇、催化剂按比例投入反应烧瓶中。

（2）反应烧瓶抽真空通氮气进行氮气置换，升温至一定温度后常压保温反应至无副产甲醇蒸出；所述保温反应温度为150～180℃。

（3）−0.05MPa低真空减压保温反应6h。

（4）高真空−0.1MPa减压蒸出过量脂肪醇，无明显脂肪醇蒸出后物料经齿轮泵连续泵入蒸发器中高真空减压下进一步脱除残留脂肪醇，降温得到液体受阻酚抗氧剂产品。所述蒸发器为薄膜蒸发器或短程蒸馏器。

原料介绍

所述催化剂选自C_2～C_{20}的脂肪酸锌盐。所述C_2～C_{20}的脂肪酸锌盐为乙酸锌、异辛酸锌、异癸酸锌、异十三酸锌、异构十八酸锌、油酸锌中的任一种。

所述脂肪醇为异辛醇。

产品应用 本品广泛用于PE、PP、PS、聚酰胺、聚甲醛、ABS树脂、PVC、聚氨酯、合成橡胶等高分子材料中。

产品特性 本品中，选用异辛酸锌作催化剂的优点：催化量的催化剂可以均相溶解在最终产品中，不容易水解导致产品浑浊；异辛酸锌作催化剂毒性小，人体接触基本无影响，而且对下游应用无明显影响；最终产品无需水洗去除催化剂，省去了水洗的工序，减少了废水的产生，适用于工业化生产。

配方24 有机过渡金属化合物型抗氧剂

原料配比

原料	配比（质量份）	原料	配比（质量份）
二茂铁甲醇	2.5	乙醇	适量
五硫化二磷	1.03	三氯甲烷	1000（体积份）

制备方法 将二茂铁甲醇溶解到溶剂三氯甲烷中，然后滴入五硫化二磷，加热至预设温度，惰性气体保护下搅拌反应，反应完毕后，去除其中的溶剂，用乙醇洗涤、干燥得到目标物。反应温度在50～55℃。惰性气体采用氮气或氩气。

产品应用 本品主要用作润滑油调和过程中的抗氧剂。

产品特性 本品不仅具有优异的抗氧化效果，而且制备方法简单，易于工业化实施。

配方25 增韧型抗氧剂

原料配比

<table>
<tr><th colspan="3">原料</th><th>配比（质量份）</th></tr>
<tr><td rowspan="8">3-（3,5-二叔丁基-4-羟基苯基）丙酸2-丙烯酰氨基乙酯</td><td colspan="2">*N*-（2-羟乙基）丙烯酰胺</td><td>0.8625</td></tr>
<tr><td colspan="2">3,5-二叔丁基-4-羟基苯基丙酸</td><td>2.088</td></tr>
<tr><td colspan="2">二氯甲烷</td><td>20（体积份）</td></tr>
<tr><td colspan="2">*N*,*N*′-二环己基碳二亚胺</td><td>2.3175</td></tr>
<tr><td colspan="2">二氯甲烷</td><td>10（体积份）</td></tr>
<tr><td colspan="2">4-二甲氨基吡啶</td><td>0.0916</td></tr>
<tr><td rowspan="2">淋洗剂</td><td>乙酸乙酯</td><td>1</td></tr>
<tr><td>环己烷</td><td>1</td></tr>
<tr><td colspan="3">3-（3,5-二叔丁基-4-羟基苯基）丙酸2-丙烯酰氨基乙酯</td><td>1.876</td></tr>
</table>

续表

原料	配比（质量份）
N- 苯基马来酰亚胺	0.52
环己酮	20（体积份）
偶氮二异丁腈	0.657
石油醚①	100（体积份）
乙醇	20（体积份）
石油醚②	100（体积份）

制备方法

（1）冷却水浴锅至 0 ～ 5℃，将 *N*-（2- 羟乙基）丙烯酰胺和 3,5- 二叔丁基 -4- 羟基苯基丙酸的二氯甲烷溶液加入反应器中，通入氮气，并在此温度下搅拌 15 ～ 30min；

（2）逐滴加入 *N*, *N'* - 二环己基碳二亚胺的二氯甲烷溶液，滴加时间为 15 ～ 30min；

（3）加入 4- 二甲氨基吡啶，搅拌、加热至 10 ～ 30℃，反应 12 ～ 24h，得到粗产物；

（4）将粗产物用乙酸乙酯∶环己烷 =1∶（1 ～ 9）的淋洗剂提纯，减压蒸发淋洗剂，将得到的产物于 40 ～ 100℃真空干燥 4 ～ 24h，得到黄色黏稠油样品，即为小分子抗氧剂 3-（3,5- 二叔丁基 -4- 羟基苯基）丙酸 2- 丙烯酰氨基乙酯（AMBHP）；

（5）加热油浴锅至 50 ～ 100℃，将 3-（3,5- 二叔丁基 -4- 羟基苯基）丙酸 2- 丙烯酰氨基乙酯和 *N*- 苯基马来酰亚胺溶解于环己酮中，加入反应器，并在此温度下搅拌 20 ～ 60min，通入 N_2，搅拌、加入引发剂偶氮二异丁腈，加热至 90 ～ 130℃反应 5 ～ 10h；

（6）趁热将反应液倒入石油醚①中，搅拌，得到粗产物；

（7）将粗产物溶于乙醇，用石油醚②重沉淀；

（8）将得到的产物于 60 ～ 100℃下真空干燥 4 ～ 24h，得到粉状二元共聚物样品，即增韧型抗氧剂 PAS。

产品应用 本品主要用作尼龙制品的抗氧剂。

产品特性 本品具有良好的抗热氧老化性能和增韧性能，可以作为 PA-6、PA-56 等工程塑料的抗热氧老化剂且效果良好。

13 防老剂

13.1 防老剂定义

防老剂指能防止或抑制诸如氧、热、光、臭氧、机械应力、重金属离子等因素破坏制品性能，延长制品贮存和使用寿命的配合剂。

橡胶及其制品在长期贮存和使用过程中，由于受到热、氧、臭氧、变价金属离子、机械应力、光、高能射线的作用，以及其他化学物质和霉菌等的侵蚀，会逐渐发黏、变硬发脆或龟裂。这种物理机械性能随时间而下降、弹性降低的现象叫作老化。随着老化过程的进行和发展，橡胶及其制品性能会逐渐降低以致完全丧失使用价值。为此，需在橡胶及其制品中加入某些化学物质来提高它对上述各种破坏作用的抵抗能力，延缓或抑制老化过程，从而延长橡胶及其制品的贮存期和使用寿命，这类物质叫作防老剂。

13.2 防老剂作用机理

橡胶老化主要是自由基反应所致，因此橡胶中若没有自由基就可防止老化。

13.2.1 链引发阻止剂

（1）光稳定剂　主要分为紫外线吸收剂、紫外线消除剂和HALS。其中，紫外线吸收剂有苯并三唑类、二苯甲酮类和氰基丙烯酸酯类化合物；紫外线消除剂有有机镍类化合物；HALS有受阻胺类化合物。

（2）有害金属抑制剂　包括胺类、苯酚类、有机硫类和有机磷类化合物。若细分下去，胺类有对苯二胺类、二氢喹啉类化合物；苯酚类有双酚类化合物；有机硫类有咪唑类、三嗪硫代类化合物；有机磷类有磷酸酯类化合物。

13.2.2 链反应终止剂（自由基抑制剂）

在老化反应中，如果没有ROO·和R·自由基，就会终止链增长反应。

① 胺类及苯酚类链终止剂（AH）。要使AH具有防老化作用，自由基A·的活性必须低于自由基R·的活性且不继续进行连锁反应。其反应式如下：

$$R\cdot + AH \longrightarrow RH + A\cdot$$

$$ROO\cdot + AH \longrightarrow ROOH + A\cdot$$

$$A\cdot + A\cdot \longrightarrow A\text{—}A$$

$$ROO\cdot + A\cdot \longrightarrow ROOA$$

② 金属离子也有将自由基分散成非自由基的作用。其反应式如下：

$$ROO\cdot + Me^{n+1} \longrightarrow R^{+} + O_2 + Me^{n+}$$

$$ROO\cdot + Me^{n+1} \longrightarrow ROO^{-} + Me^{(n+1)+}$$

③ 链终止反应。其反应式如下：

$$R\cdot + R\cdot \longrightarrow R—R\text{（交联）}$$

$$R\cdot + RO\cdot \longrightarrow ROR\text{（交联）}$$

$$ROO\cdot + ROO\cdot \longrightarrow \text{惰性化合物}$$

$$ROO\cdot + R\cdot \longrightarrow \text{惰性化合物}$$

13.2.3 过氧化物分解剂

在老化过程中，橡胶中积存的氢过氧化物在光、热等的作用下被分解成自由基，继而发生链增长反应。因此，预先使氢过氧化物变成稳定的化合物，即可抑制橡胶老化。

但是，一般过氧化物分解剂不具有消灭橡胶中自由基的能力，单独使用几乎无防老效果，自由基阻止剂作为第一防老剂与第二防老剂并用才有效果。

13.3 防老剂分类

防老剂的种类繁多，作用各一。根据防老剂的主要作用可以分为抗热氧老化防老剂、抗臭氧老化防老剂、有害金属离子作用抑制剂、抗疲劳防老剂、抗紫外线辐射防老剂等，但是每一种作用往往不是某一种防老剂所专有。大多数防老剂多少都具有上述作用只是程度不同而已。所以只能按其主要作用进行分类，如按防老剂的化学结构分类，可分为如下几类：胺类、酚类、杂环类、亚磷酸酯类及其他类。

（1）胺类防老剂　仲芳胺类防老剂能够提供氢原子，使活性自由基终止。

① 二芳基仲胺类防老剂：二芳基仲胺类防老剂有苯基萘胺和取代二苯胺类。

② 酮胺类防老剂：酮胺类防老剂是指酮与苯胺、对位取代的苯胺或者与二芳基仲胺的缩合产物。酮胺类也是极为重要的防老剂类别，代表性的品种有防老剂 RD、防老剂 AW、防老剂 BLE、防老剂 DD 等。

③ 对苯二胺类防老剂：对苯二胺类防老剂是指以对苯二胺为母体的一类防老剂。根据对苯二胺母核上相连基团的不同，可将对苯二胺类防老剂分为：

二烷基对苯二胺类，如防老剂 288、防老剂 4030、防老剂 U-5；

二芳基对苯二胺类，如防老剂 H、防老剂 DNP、防老剂 PPD-A、防老剂 PPD-B；

烷基芳基对苯二胺类，如防老剂 4010、防老剂 4010NA、防老剂 4020、防老剂 4040。

对苯二胺衍生物的防护作用很广，对热、氧、臭氧、机械疲劳、有害金属均有很好的防护作用。正因为如此，对苯二胺类已成长为防老剂家族中最重要的一类。

④ 醛胺类防老剂：醛胺类防老剂是脂肪醛与伯芳胺反应的产物，是防老剂中最老的类别。代表性的品种有防老剂 AH 和 AP。

（2）受阻酚类防老剂　受阻酚抗氧剂含有—OH 官能团，比较容易供出氢原子，使活性自由基终止，同时本身生成较稳定的自由基，从而终止链的传递。

① 烃化单核酚：单酚类抗氧剂分子内部只有一个受阻酚单元，具有极佳的不变色、不污染性，但没有抗臭氧性能，同时，因分子量小，挥发和抽出损失比较大，因此抗老化能力弱，仅适用于使用要求不苛刻的领域。工业上使用的代表性的单酚抗氧剂有 BHT（264）、抗氧剂 1076、抗氧剂 SP，除此之外还有抗氧剂 246、抗氧剂 BBHT、抗氧剂 54、抗氧剂 703、抗氧剂 BHA 等。

② 烃化双核酚：双酚抗氧剂是指亚烷基或硫键直接连接两个受阻酚单元的酚类抗氧剂。双酚的挥发和抽出损失比较小，热稳定性高，因而防老化效果较好，许多品种防老化性甚至优于二芳基仲胺类防老剂。代表性的双酚有抗氧剂 2246、抗氧剂 2246-S、抗氧剂 300、抗氧剂 BBM。

③ 烃化多核酚：多元酚是指分子结构中含有两个或两个以上受阻酚单元的酚类抗氧剂。它是高分子抗氧剂的典型类别，主要特点是功能性基团多，抗氧化效能高；因分子量高，挥发性低，抽出损失小。缺点是与聚合物的相容性差、分散性欠佳。代表性的多元酚有抗氧剂 1010、抗氧剂 330 等。

（3）杂环类防老剂（含硫类型） α- 巯基苯并咪唑（防老剂 MB）及其锌盐——防老剂 MBZ 是其最主要的种类。

（4）亚磷酸酯类防老剂　亚磷酸酯系氢过氧化物分解剂和游离基捕捉剂，在聚合物体系中起辅助抗氧剂作用，多与受阻酚并用，极少单独使用。

（5）其他类防老剂　其他类防老剂有长效性防老剂、镍盐类、蜡类等。

13.4　防老剂用途

（1）在天然橡胶、丁苯橡胶和顺丁橡胶中的应用　选择耐热防老剂 TMDQ 与抗屈挠、抗臭氧剂 IPPD（或 MIBPD）及石蜡并用，基本可以满足防老化要求。脲类防老剂作为抗臭氧剂使用虽然效果优异，但会使胶料的焦烧加剧。防老剂 IPPD、防老剂 TMDQ 与防老剂 MBI 并用，可进一步改善硫化胶的耐热性，但对硫化有影响，因此在配方设计时要注意。

（2）在氯丁橡胶中的应用　众所周知，防老剂对氯丁橡胶胶料容易产生焦烧现象，特别是防老剂 TMDQ 和防老剂 IPPD。对于氯丁橡胶来说，焦烧性小的防老剂有二苯胺类防老剂和防老剂 DPPD、APPD、DAPD、ETMDQ 等。单官能团防老剂基本无需担心焦烧问题。苯胺类防老剂 DCDPA 和防老剂 DOD-PA 的耐热老化效果特别优异。对于严酷条件（高湿长时间老化）下使用的氯丁橡胶制品，分子量大的防老剂 DCDPA 的效果较优异。

（3）在丁腈橡胶中的应用　二苯胺类防老剂的耐热效果特别优异，但作为耐油性橡胶的防老剂，最好选择相对于矿物油溶解性小的防老剂 ADPAL 和防老剂 DCDPA。此外，防老剂 DNPD 的耐热老化性也很好，但它与橡胶的相容性差，因此用量不宜多。防老剂 ADPAL、DCDPA 与防老剂 MBI（第二防老剂）并用，可有效地抑制溶剂对防老剂的抽出，它是丁腈橡胶等耐油橡胶的有效防老配合体系。另外，防老剂 MBI 的焦烧速度快，具有使压缩永久变形变差的倾向。溶剂抽出后的老化试验显示，反应性防老剂具有良好的效果，若与 MBI 并用则效果更显著。

（4）在丙烯酸酯橡胶中的应用　丙烯酸酯橡胶的热老化行为依品种而各异，有的初期表现为软化型老化，但一般表现为热硬化型老化。作为初期表现为热硬化型的防老剂，只有二苯胺类防老剂有效果。此外，若考虑丙烯酸酯橡胶制品的用途，选择对矿物油溶解性小的、分子量大的防老剂 DCDPA 比较理想。

（5）在氯磺化聚乙烯胶料中的应用　氯磺化聚乙烯的主链不含双键，无须担心臭氧老化，而且其耐热性也很优异，因此基本无需添加防老剂，耐热效果特性优异的只有防老剂 NBC。

（6）在氯醚橡胶胶料中的应用　氯醚橡胶会产生热软化型老化，防老剂 MBI 和防老剂 TMDQ 虽可抑制这种软化老化，但硫化胶的扯断伸长率降低较大。防老剂 NBC 对控制氯醚橡胶硫化胶的拉伸强度变化率效果优异，二苯胺类防老剂控制扯断伸长率变化率效果优异。

对于氯醚橡胶来说，作为二烯类橡胶有效抗氧剂的对苯二胺类等防老剂，其抗臭氧老化效果差，但可通过与防老剂NBC或防老剂MBI并用加以改善。但防老剂“喷霜”严重，防老剂MBI用量过多时扯断伸长率会有较大幅度降低，因此在配方设计时要注意。此外，与烯丙基缩水甘油醚共聚的改良型氯醚橡胶则可表现出硬化型老化，因此防老剂MBI会使热老化后的扯断伸长率降低，并使硬度急剧提高。

（7）在丁基橡胶中的应用　丁基橡胶主链含双键少，耐热、耐臭氧性均优异，但防老剂仍是不可缺少的。就耐热性而言，二苯胺类和TMDQ类防老剂效果优异；对于耐臭氧性来说，对苯二胺类和TMDQ类防老剂效果优异。石蜡可赋予丁基橡胶硫化胶优异的抗臭氧老化性，但它存在着阻碍黏合的问题，配方设计时也要注意。

13.5　防老剂的选择

防老剂具有加和性，因此一般将几种具有不同性能的防老剂进行并用。

① 耐热性：橡胶的热老化是由自由基引起的一种氧化老化，胺类或酚类自由基阻止剂对防止这种老化效果较好。

② 耐屈挠龟裂性：屈挠龟裂是由于自由基反应使制品表面产生氧化老化的现象。为防止这种形式的老化，选择胺类或酚类抗臭氧剂（自由基抑制剂）有一定作用。其中表面迁移性大的效果优异。

③ 耐臭氧性：抗臭氧剂有对苯二胺类、TMDQ类、硫脲类和防护蜡等，一般将有污染性的对苯二胺类化合物与无污染性的硫脲类化合物和石蜡进行并用，可获得优异的效果。此外，臭氧老化系产生于制品表面，因此表面迁移性大的抗臭氧剂效果优异。

④ 抗有害金属老化性：抗有害金属老化剂可分为金属离子封闭剂和金属表面惰性剂。前者效果优异的有对苯二胺类和双酚类化合物，后者有硫醇类化合物（如防老剂MB）和三嗪类化合物。

⑤ 抗光龟裂老化性：炭黑是优异的紫外线吸收剂。因此，抗光老化剂对于炭黑配合来说是不必要的，而对于浅色制品（炭黑仅作着色剂用）它是不可缺少的。对于抗光老化配合，一般采取第一防老剂和第二防老剂并用。在防老剂中，对苯二胺类防老剂抗光老化效果特别优异，但存在严重污染性。在非污染性抗光老化剂中，效果优异的有苯酚类、受阻胺类防老剂及石蜡。

⑥ 石蜡的选择：配入胶料中的石蜡在硫化后喷出于制品表面，形成一层物理保护膜，有效地防止制品的臭氧龟裂。石蜡喷出于制品表面的状态，依其组成、所用橡胶配方（橡胶和添加剂种类）、温度而各异。因此，选择符合使用条件的石蜡是很重要的。

由于每一种防老剂的防护作用都有其局限性，而橡胶制品在实际使用过程中，其老化因素十分繁多复杂，单一的防老剂难以满足橡胶制品的防护要求，所以实际使用时一般都是两种或两种以上的防老剂并用才会发挥良好的防护效能。在选择防老剂时有许多应注意的事项：

① 由于每种防老剂特点不同，且不同胶料配方的老化性能不同，导致对某一橡料最有效的防老剂，可能对另一橡料无效甚至有害。所以，对防老剂必须根据各种橡料的老化性能、防老化要求以及各种防老剂的特性统筹考虑、合理选择。

② 当一种防老剂难以满足要求时，应采用两种或多种防老剂并用，使其产生协同作用，来确保防老化效果。

③ 有些防老剂对橡皮有着色作用和污染现象。一般来说，酚类防老剂防护作用差，但

不污染或污染极小。防护作用较高的胺类防老剂，都会使橡皮污染，变色严重。这些矛盾在选用时需要统筹考虑。

④ 防老剂用量不可以超过在橡胶中的溶解度，以防止“喷霜”，污染橡皮表面。

⑤ 胺类防老剂对橡料焦烧有不良影响，酚类防老剂能延迟硫化，在选用时应当注意。

⑥ 防老剂本身会因氧化变色而失效或者带入杂色。

13.6 防老剂配方与制备实例

配方 1 TMQ 防老剂

原料配比

原料		配比（质量份）
TMQ 缩聚反应液 1	苯胺	620
	30% 盐酸	48.8
	丙酮	1348
TMQ 缩聚反应液 2	苯胺	420
	TMQ 缩聚反应液 1	200
	30% 盐酸	48.8
	丙酮	1348
液碱		65

制备方法

（1）向反应器中加入苯胺、30% 盐酸，在 120℃下搅拌 2h，脱除盐酸中的水，得到苯胺盐酸盐溶液；之后在 130℃搅拌条件下，加入丙酮进行缩聚反应，维持 0.5h，得到 TMQ 缩聚反应液 1。

（2）向反应器中加入苯胺、步骤（1）得到的 TMQ 缩聚反应液 1、30% 盐酸，在 120℃下搅拌 2h，脱除盐酸中的水，得到苯胺盐酸盐溶液；之后在 130℃搅拌条件下，加入丙酮进行缩聚反应，维持 0.5h，得到 TMQ 缩聚反应液 2。

（3）在得到的 TMQ 缩聚反应液 2 中加入液碱中和，分去水相，−0.098MPa 真空下蒸馏有机相（釜温 250℃），得到 TMQ 防老剂成品。

产品应用 TMQ 防老剂，是 2,2,4- 三甲基 -1,2- 二氢化喹啉的二、三、四聚合体，又名防老剂 RD，主要用作橡胶和橡胶制品的抗氧剂，适用于天然橡胶、合成橡胶和乳胶，对铜、锰等有害金属离子的催化氧化有较强的抑制作用，同橡胶相容性好，挥发性低，喷霜性小，耐抽出性高。被国内外橡胶加工业广泛使用，无论是普通轮胎，还是子午线轮胎、其他橡胶制品，均需添加，用以达到较好的防护效果。

产品特性

（1）本品制备过程中，对部分缩聚反应液进行套用，间接地增大了催化剂的催化效果，保障产品有效体含量的同时，提高了产品中高聚物的含量从而提高了产品的软化点，实现了产品质量的提升，为产品防结块、为保障产品运输和储存提供了有利的条件。

（2）本品 TMQ 防老剂有效体含量≥ 45%，软化点 90 ～ 100℃，其他指标符合国标优等品要求。

配方 2　大分子抗析出耐热防老剂

原料配比

原料				配比（质量份）		
				1#	2#	3#
大分子纳米材料	预产物	乙二胺		9	10	12
		无水乙醇		90	130	150
		丙烯酸甲酯		77	80	82
	预产物			100	100	100
	乙二胺			1	3	5
羧基化大分子纳米材料	溶液 A	大分子纳米材料		1	2	3
		二甲基亚砜		30（体积份）	40（体积份）	50（体积份）
	溶液 B	丁二酸酐		0.25	0.35	0.55
		二甲基亚砜		15（体积份）	20（体积份）	28（体积份）
羧基化大分子纳米材料				1	2	3
二甲基亚砜				50（体积份）	70（体积份）	80（体积份）
4- 二甲氨基吡啶				0.3	0.5	0.6
N, *N*- 二环己基碳二亚胺				0.1	0.3	0.4
改性多孔介质负载防老剂				0.9	1.3	1.5
改性多孔介质负载防老剂	反应液	聚乙烯醇溶液	去离子水	30（体积份）	40（体积份）	50（体积份）
			聚乙烯醇	1	3	5
		油相	液体石蜡	100（体积份）	120（体积份）	130（体积份）
			司盘 -80	5（体积份）	6（体积份）	7（体积份）
	反应液			100	100	100
	25% 的戊二醛溶液			0.5	—	—
	27% 的戊二醛溶液			—	0.7	—
	28% 的戊二醛溶液			—	—	0.8
	1.0mol/L 的盐酸溶液			0.2	—	—
	1.3mol/L 的盐酸溶液			—	0.3	—
	1.5mol/L 的盐酸溶液			—	—	0.4
	多孔介质负载防老剂			0.1	0.2	0.3
多孔介质负载防老剂	固体产物	十六烷基三甲基溴化铵		3.4	4.5	5.6
		去离子水		800（体积份）	1000（体积份）	1300（体积份）
		25% 的氨水		24（体积份）	—	—
		26% 的氨水		—	30（体积份）	—
		28% 的氨水		—	—	35（体积份）
		正硅酸乙酯		15（体积份）	20（体积份）	23（体积份）
		无水乙醇		200（体积份）	260（体积份）	300（体积份）
		3- 巯丙基三甲氧基硅烷		7.4（体积份）	8.2（体积份）	8.9（体积份）
	介孔载体	固体产物		1	1	1
		酸性乙醇溶液		60（体积份）	80（体积份）	100（体积份）
		酸性乙醇溶液	稀盐酸	1（体积份）	1（体积份）	1（体积份）
			乙醇	6（体积份）	6.5（体积份）	7（体积份）
	介孔载体			1	1	1
	100mg/mL 防老剂的丙酮溶液			50（体积份）	70（体积份）	80（体积份）

制备方法

（1）将乙二胺和无水乙醇加入到容器中，在冰水浴中搅拌 1 ～ 3h，缓慢滴加丙烯酸甲酯，升至室温，连续反应 24 ～ 28h，将反应液减压蒸馏，收集预产物，然后再次加入乙二胺，继续反应 3 ～ 6h，减压蒸馏后收集产物，烘干后得到大分子纳米材料；所述减压蒸馏的温度为 50 ～ 60℃。

（2）将大分子纳米材料溶于二甲基亚砜中，得到溶液 A，将丁二酸酐溶于二甲基亚砜中，得到溶液 B，在 1000 ～ 1500r/min 转速搅拌下，将溶液 B 缓慢加入到溶液 A 中，室温下反应 23 ～ 28h，将反应液装入透析袋中用足量水透析 45 ～ 50h，过滤后冻干，得到羧基化大分子纳米材料。

（3）将羧基化大分子纳米材料溶于二甲基亚砜中，加入 4- 二甲氨基吡啶和 *N*,*N*- 二环己基碳二亚胺以及改性多孔介质负载防老剂，室温下搅拌反应 12 ～ 16h 后滤去不溶物，经离心后收集清液，装入透析袋中用足量水透析 45 ～ 50h，过滤后冻干即得到产品。

原料介绍

所述改性多孔介质负载防老剂的制备方法如下：

（1）量取去离子水置于容器中，于水浴锅中加热至 50 ～ 60℃，向容器中加入聚乙烯醇，搅拌使其完全溶解，得到聚乙烯醇溶液；向液体石蜡中加入司盘 -80，充分混匀后形成油相；将聚乙烯醇溶液加入到油相中，在 65 ～ 68℃下搅拌 30 ～ 50min，混匀后得到反应液。

（2）向反应液中滴加戊二醛溶液和盐酸溶液，在 65 ～ 70℃下反应 6 ～ 10h，待反应结束后，再加入多孔介质负载防老剂，经搅拌和超声分散后，抽滤并放入真空干燥箱中烘干即可。所述搅拌和超声分散的操作如下：以 800 ～ 1000r/min 转速搅拌 3 ～ 6h 后再经 300 ～ 500W 超声处理 30 ～ 50min。

所述多孔介质负载防老剂的制备方法如下：

（1）在室温下，将十六烷基三甲基溴化铵加入到去离子水中，待溶解后加入氨水并不断搅拌，待澄清后逐滴加入正硅酸乙酯，继续搅拌 20 ～ 26h，将得到的产物过滤后分散在无水乙醇中，之后缓慢滴加 3- 巯丙基三甲氧基硅烷并继续搅拌 10 ～ 15h，待反应完全后进行离心，得到固体产物备用；

（2）将固体产物分散到酸性乙醇溶液中，并在 70 ～ 75℃的油浴条件下回流 6 ～ 10h，离心并收集固体，用乙醇反复洗涤后烘干，得到介孔载体，再将介孔载体分散到防老剂的丙酮溶液中，在室温下搅拌 2 ～ 5h，充分混合后抽真空 30 ～ 50min，并在此之后通大气 10 ～ 30min，重复抽真空 - 通大气操作 3 ～ 5 次，将产物用乙醇和去离子水反复洗涤后烘干并研磨，得到多孔介质负载防老剂。

所述防老剂的丙酮溶液的浓度为 100 ～ 150mg/mL；所述防老剂为防老剂 4010、防老剂 4020、防老剂 4010NA、防老剂 DPPD 中的至少一种。

产品应用 本品主要用作塑料、橡胶的耐热防老剂。

产品特性

（1）通过多孔介质负载防老剂进行改性处理，并与乙二胺和丙烯酸甲酯的合成产物键合，极大地增大了防老剂与基体材料中各组分的界面接触面积，增强了结合强度，使得防老剂在后期的塑炼、混炼过程中，高温下在基体材料中的热运动受到限制，使得防老剂具有高温下的稳定性，从而抑制了防老剂在基材材料中析出，并且该大分子抗析出耐热防老剂通过相互连接，在基体材料中构架形成的多层次防老剂层，可以分层次地对外界各种因素的侵蚀进行抵抗，从而可以有效地延缓基体材料的老化进程，从而延长基体材料的贮存期和使用寿命。

（2）本品不仅具有很好的防老化效果，而且可以稳定存在于基体材料中，不易析出，从而使得基体材料具有很好的力学性能。

配方 3　带烯基壳聚糖基多功能大分子橡胶防老剂

原料配比

原料			配比（质量份）		
			1#	2#	3#
含双键烃基链的壳聚糖衍生物（COS-UA）	壳聚糖（COS）		5	5	5
	酸性溶剂	甲烷磺酸与二甲基亚砜的混合溶剂	70（体积份）	—	70（体积份）
		乙烷磺酸	—	50（体积份）	—
	不饱和脂肪酸和/或不饱和脂肪酰卤	十一碳烯酰氯	2.9	—	—
		棕榈油酸	—	9.2	—
		亚油酸	—	—	16.3
含双键烃基链的壳聚糖衍生物（COS-UA）			5	5	5
溶剂	甲醇		100（体积份）	—	—
	二甲基亚砜		—	400（体积份）	—
	N,*N*-二甲基甲酰胺		—	—	600（体积份）
含羧基的小分子防老剂			4.9	30.9	51.6
缩合剂	二环己基碳二亚胺（DCC）		18	36	—
	二异丙基碳二亚胺（DIC）		—	—	18.3
催化剂	*N*-羟基丁二酰亚胺（NHS）		3.3	5	—
	吡啶		—	—	0.6

制备方法

（1）将壳聚糖（COS）溶解在酸性溶剂中，酸与壳聚糖上的氨基形成盐后，加入不饱和脂肪酸和/或不饱和脂肪酰卤，于 0 ～ 80℃下搅拌反应 6 ～ 36h，再将反应体系的 pH 值调节为 8 ～ 10，过滤取固体物质，纯化，干燥，得到含双键烃基链的壳聚糖衍生物（COS-UA）。

（2）将含双键烃基链的壳聚糖衍生物（COS-UA）在总量 1/2 的溶剂中溶胀后，加入含羧基的小分子防老剂、缩合剂、催化剂和剩余的溶剂，于室温至 100℃下反应 12 ～ 72h，纯化，干燥，得到带烯基壳聚糖基多功能大分子橡胶防老剂（COS-UA-B）。所述溶胀的温度为 50 ～ 120℃，时间为 12 ～ 96h。所述纯化的方法为：将反应产物混合液进行过滤取固体物质并进行洗涤处理。

原料介绍　所述含羧基的小分子防老剂的制备方法（各原料量可等比例放大或缩小）如下：在 500mL 三口烧瓶中加入 12.2g（80mmol）3-甲基-2,4-二羟基苯甲醛、100mL *N*,*N*-二甲基甲酰胺；在 250mL 烧杯中加入 32.9g(240mmol)3-氨基苯甲酸和 250mL *N*,*N*-二甲基甲酰胺，搅拌溶解后加入 100mL 氢氧化钠溶液（14.4g NaOH，360mmol），然后滴加到 3-甲基-2,4-二羟基苯甲醛溶液中，室温下搅拌反应 24h。反应结束后，冷却，在 5℃下加入 7.5g（120mmol）还原剂氰基硼氢化钠，搅拌反应 3h，最后用 80%醋酸溶液将 pH 值调至 5，将析出的固体产物过滤，用水洗至中性，索氏抽提纯化，干燥至恒重，得到含羧基的小分子防老剂。

产品应用　将带烯基壳聚糖基多功能大分子橡胶防老剂用于制备橡胶制品或橡胶复合材料时，防老剂与橡胶的质量比为（3 ～ 15）∶100。

产品特性

（1）本品防老剂与橡胶基体之间的相容性显著改善，同时具有优异的长效抗热氧老化作用和耐抽提性能。

（2）本品的分子结构中同时含有酰胺和受阻酚等抗氧化基团，能够起到分子内协同抗热氧老化的作用。

（3）本品中的壳聚糖结构与小分子防老剂结构具有协同作用，能够显著降低正硫化时间，促进橡胶硫化，提高硫化速率。

配方 4　低伯胺防老剂 TMQ

原料配比

原料	配比（质量份）			
	1#	2#	3#	4#
苯胺	620	620	620	620
催化剂	48.8	48.8	48.8	48.8
丙酮①	848	848	848	1048
重组分釜液	200	200	200	200
丙酮②	500	700	300	300
32% 的液碱	8.5	8.5	8.5	8.5

制备方法

（1）向带有温度计、回流冷凝器的反应器中加入苯胺、催化剂，在 120℃下搅拌 2h，脱除水，之后 130℃搅拌条件下，3h 内滴加丙酮①，加完维持 0.5h，得到 TMQ 反应液，对该反应液进行蒸馏，依次得到回收丙酮（常压，气相温度为 55 ～ 120℃）、回收苯胺（100kPa，气相温度为 60 ～ 100℃）、重组分釜液。

（2）取步骤（1）所得重组分釜液，维持在 120 ～ 130℃，滴加丙酮②，滴加 4h，加完丙酮②维持 1h，之后加入 32% 的液碱中和，分去水相，−0.098MPa 真空下蒸馏有机相，得到的釜液即防老剂 TMQ 成品 。

原料介绍

所述的催化剂是盐酸、硫酸、苯磺酸、对甲苯磺酸、草酸等酸性物质中的一种或几种。

所述的回收丙酮，主要是丙酮，还有少量的胺、水、4- 甲基 -3- 戊烯 -2- 酮等，其分离条件为常压，气相温度 55 ～ 120℃。

所述的回收苯胺，主要是苯胺，还含有少量的丙酮、水、2,2,4- 三甲基 -1,2- 二氢化喹啉和二聚体及多聚体、异丙基二苯胺等，其分离条件为常压或减压。常压条件下，气相温度为 121 ～ 200℃；减压条件下（1 ～ 500kPa），气相温度为 60 ～ 100℃。

所述的重组分，含有：TMQ 的单体和二、三、四聚体；催化剂与苯胺、异丙基苯胺等碱性物质形成盐类等，如苯胺盐、TMQ 单体盐、TMQ 二聚体盐等；苯胺、异丙基二苯胺等伯胺化合物；少量的 TMQ 单体的五、六多聚体等。

产品应用　防老剂 TMQ，是 2,2,4- 三甲基 -1,2- 二氢化喹啉的二、三、四聚合体，又名防老剂 RD，主要用作橡胶和橡胶制品的抗氧剂，适用于天然橡胶、合成橡胶和乳胶，对铜、锰等有害金属离子的催化氧化有较强的抑制作用，同橡胶相容性好，挥发性低，喷霜性小，耐抽出性高。橡胶加工业广泛使用，无论是普通轮胎，还是子午线轮胎、其他橡胶制品，均需添加，用以达到较好的防护效能。

产品特性　本品通过对 TMQ 反应液中的轻组分（丙酮、苯胺等）进行分离，重组分和丙酮再反应，消除反应液中的伯胺化合物，来控制 TMQ 成品中伯胺化合物的含量，一般 TMQ 成品有效组分 2,2,4- 三甲基 -1,2- 二氢化喹啉二聚体含量大于 50%，有害成分 IBA（异丙基二苯胺）小于 0.01%，伯胺可控制在 1% 以内，最好可控制在 0.05% 以内，从而在后续使用过程中，将 TMQ 中的伯胺化合物带来的危害减少了 90% 以上，绿色环保。

配方 5　多孔硅酸钙负载型防老剂

原料配比

原料		配比（质量份）			
		1#	2#	3#	4#
防老剂	喹啉类防老剂（防老剂 AW）	30	—	—	—
	对苯二胺类防老剂（防老剂 4020）	—	30	—	—
	苯酚类硫代酯防老剂（防老剂 2246）	—	—	30	—
	硫醇防老剂（防老剂 ZMTI）	—	—	—	30
溶剂	乙醇	200	—	—	300
	丙酮	—	300	300	—
多孔硅酸钙载体		50	50	50	50
表面改性剂	硅烷偶联剂（KH-550）	1.5	—	—	—
	硅烷偶联剂（3- 巯丙基三乙氧基硅烷）	—	2	—	—
	硅烷偶联剂（Si69）	—	—	0.9	—
	聚丙烯酸盐（聚丙烯酸钠）	—	—	—	1.5
水		适量	适量	适量	适量

制备方法

（1）将防老剂与多孔硅酸钙载体、表面改性剂和溶剂混合，得到混合浆料。

（2）将所述步骤（1）得到的混合浆料与水混合后进行沉积，得到多孔硅酸钙负载型防老剂。混合的过程为：在混合浆料中泵入水。所述水的泵入速率为 1 ～ 10mL/min。所述水的泵入质量为所述步骤（1）中溶剂质量的 0.5 ～ 2 倍。沉积的温度为 25 ～ 45℃。

原料介绍　所述多孔硅酸钙载体的比表面积为 30 ～ 100m^2/g，堆积密度为 0.25 ～ 0.40g/cm^3，平均粒径为 0.5 ～ 10μm。

产品特性

（1）本品选择多孔硅酸钙作为防老剂的载体，其具有多孔结构且比表面积大，能够对防老剂起到良好分散作用；而且多孔硅酸钙载体具有良好的吸附作用，不仅有利于防老剂牢固结合在其表面不易脱落，而且加入橡胶中也不会产生分相，可以有效抑制防老剂在橡胶交联网络间的迁移；另外，多孔硅酸钙载体分散性好，来源广泛。本品中的防老剂均匀负载在多孔硅酸钙载体的表面，且将其用于制备橡胶制品中，制备得到的橡胶制品在 100℃老化 0 ～ 16d 的抗拉强度和断裂伸长率的保持率较高，且在 4d 内 50 ～ 150℃的老化温度下具有较好的抗热氧化老化性能。

（2）本品制备方法简单，参数易控，原料来源广泛，成本低，可规模化生产。

配方 6　反应性不抽出防老剂

原料配比

原料			配比（质量份）		
			1#	2#	3#
中间酸 F	溶剂 C	乙酸乙酯	45（体积份）	—	—
		氯仿	—	150（体积份）	100（体积份）
	原料 A	3- 羟基 -2- 萘甲酰肼	5	20	—
		邻羟基苯甲酰肼	—	—	5

续表

原料			配比（质量份）		
			1#	2#	3#
中间酸 F	原料 B 的溶解液	乙酸乙酯	5（体积份）	—	20（体积份）
		氯仿	—	20（体积份）	—
		马来酸酐	2.94	—	—
		柠康酸酐	—	24.9	5.53
中间酸 F			5	20	5
溶剂 E	甲苯		100（体积份）	—	—
	环己烷		—	300（体积份）	—
	乙醇		—	—	80（体积份）
催化剂 D	对甲苯磺酸		0.5	2.0	0.5
无水乙醇			适量	适量	适量
蒸馏水			5 ～ 20	20 ～ 60	10 ～ 30

制备方法

（1）制备中间酸 F：在溶剂 C 中，加入原料 A，室温搅拌 0.5 ～ 5h 确保溶解充分，再滴加原料 B 的溶解液，在室温条件下搅拌，反应 1 ～ 15h，抽滤，用无水乙醇洗涤三次，真空干燥，所得白色固体物即为中间酸 F；

（2）脱水闭环生成目标产物：取步骤（1）所制备的中间酸 F，加入溶剂 E、催化剂 D（对甲苯磺酸），75 ～ 140℃回流反应 1 ～ 12h，反应结束后冷却至室温，滴加适量蒸馏水至溶液变浑浊，再静置 1 ～ 24h 以使晶体析出，抽滤，用蒸馏水洗涤后即可获得粗产物，进一步真空干燥后再用无水乙醇重结晶进行纯化，得到淡黄色固体，即为纯化后目标产物（反应性不抽出防老剂）。

产品应用 本品是一种橡胶及其制品抗老化用的反应性不抽出防老剂。

产品特性

（1）该防老剂在 250 ～ 400nm 间有很强的吸收峰，具有强紫外线吸收能力。

（2）本品分子中含有萘酚或苯酚基团，酚羟基邻（或间、对）位修饰有柔性较大的取代基，使该防老剂具有受阻酚类防老剂功能特征；该防老剂分子中还含有酰肼单元，酰肼键上存在活性氢，因此该防老剂也具有受阻胺类防老剂特点；由于该防老剂同时含有受阻酚和受阻胺双官能团，使得这种双官能团自由基不仅能捕获橡胶制品中的碳自由基，也控制了过氧自由基、氢过氧化物的生成，相当于增加了一道防老化防线；该防老剂中的马来酸酐骨架上含有双键，这种双键使得该防老剂在硫化过程中能与橡胶大分子发生化学反应，进而以化合键键合在橡胶大分子网络中，从而具备非迁移、不挥发及不抽出的特点，最终达到延长橡胶使用寿命的目的。

（3）本品呈淡黄色，无着色污染性，在深色、浅色橡胶制品中都能使用，适用范围广泛。

配方 7 含有腰果酚结构的防老剂 6PPD

原料配比

原料	配比（质量份）			
	1#	2#	3#	4#
腰果壳油	60	60	60	60
卤代烷 1,2- 二溴乙烷	14.5	21.4	11.1	10.9

续表

原料	配比（质量份）			
	1#	2#	3#	4#
氢氧化钾	适量	适量	适量	适量
防老剂 6PPD	20	29.5	29	28.6

制备方法 称取腰果壳油于三口烧瓶中油浴加热，进行常压脱羧精馏，油浴温度最高升至 350℃，收集 248 ～ 263℃的馏分，将所得馏分在氢氧化钾作用下，与 1,2- 二溴乙烷在温度为 60℃下恒温反应 5h，反应结束后处理反应液得到棕红色液体腰果醚，称取防老剂 6PPD 与腰果醚聚合，聚合温度为 35 ～ 80℃，反应 5h 后得到含有腰果酚结构的防老剂 6PPD。

产品应用 防老剂 6PPD 属于芳香胺类防老剂，其有效防老基团为氨基。研究发现，苯胺类防老剂在橡胶材料中的防老化作用与连接在氮原子上脂肪碳原子碳氢键的解离能成反比，老化方式的不同，防老剂 6PPD 受到热、氧、臭氧等进攻而生成的产物也不同。防老剂 6PPD 是目前国内外橡胶加工通用的对苯二胺类防老剂主流品种。

产品特性

（1）本方法生成的含有腰果酚结构的防老剂 6PPD 克服了现有防老剂 6PPD 存在的污染环境、致癌、橡胶制品变色等缺点，解决了防老剂 6PPD 在橡胶制品中易迁移、水及溶剂中易抽出、高温下易结块等问题。

（2）本品中的腰果酚是一种可再生的天然酚类，对人体健康和环境无毒无害。含有腰果酚结构的防老剂 6PPD 将防老剂 6PPD 大分子化和多官能化，有效提高防老剂的安全性、对温度的耐受性、耐迁移性，引入的官能团和延长碳链能提高防老剂与橡胶材料的相容性，而且加入腰果酚结构防老剂 6PPD 的橡胶制品不易变色。

（3）采用本品含有腰果酚结构的防老剂 6PPD 能提高防老剂 6PPD 的熔点，有效防止防老剂 6PPD 在储存、运输、使用过程中的结块现象。

（4）本品具备耐迁移、耐抽出、增塑、安全、稳定、长效的优点。

配方 8 防老剂 AW

原料配比

原料		配比（质量份）	
		1#	2#
AW 粗品	对氨基苯乙醚	250	250
	30% 的盐酸催化剂	25	—
	苯磺酸催化剂	—	31.6
	丙酮	1500	2000
	液碱	30	—
AW 粗品		100	100
氧化剂	20% 的双氧水	10	—
	次氯酸钠	—	3.5

制备方法

（1）AW 粗品的制备：将原料对氨基苯乙醚与催化剂投入釜中，丙酮采用连续加入，控制反应温度和丙酮加入时间，通过反应釜上的分馏塔直接分离回收丙酮，再将丙酮套用到原料储槽中。将反应液用液碱中和，分水，油相精馏得到AW粗品。所述的反应温度为130～160℃，反应时间为4～6h。油相精馏得到AW粗品的分离条件为：压力为−0.0995～−0.099MPa，气相温度155～165℃的馏分。

（2）成品的制备：将得到的AW粗品，按比例加入氧化剂，搅拌条件下，在一定的温度下进行反应，之后精馏得到低胺AW成品（当氧化剂为酸性物质时，应再加入液碱中和调节pH值为10～12，分液、油相水洗后，精馏得到低胺AW成品）。所述的AW粗品与氧化剂进行反应，反应温度为50～180℃，反应时间为1～10h。

原料介绍

所述的催化剂为盐酸、硫酸、三氯化铁、苯磺酸、对甲苯磺酸、卤化物、钛酸及钛酸四异丙酯、钛酸异丙酯和其复合催化剂中的一种。

所述的AW粗品，其主要组成是：AW含量为90.0%～98.0%，伯胺含量为0～5.0%，对氨基苯乙醚含量为0～2.0%，2,6-二异丙基苯胺含量为0～1.0%。

产品应用 防老剂AW又名乙氧基喹啉，化学名称为6-乙氧基-2,2,4-三甲基-1,2-二氢喹啉，是性能优良且经济的饲料抗氧化剂之一，适用于预混料、鱼粉及添加脂肪的产品，可防止其中的维生素A、维生素D、维生素E等及脂肪氧化变质、天然色素氧化变色，并有一定的防霉和保鲜作用，还可用作食品抗氧化剂、水果保鲜剂、橡胶防老剂。

产品特性 本品含量可达99.5%～99.9%，伯胺含量降低到4×10^{-5}以内，大幅增强了产品的安全性。与传统的技术相比，工艺操作简单、成本增加较少、产品质量优。

配方9　复合防老剂

原料配比

原料	配比（质量份）			
	1#	2#	3#	4#
二氧化硅气凝胶	50	50	50	50
防老剂4010NA	5	6	7	8
硅烷偶联剂	2	2	2	2
乙醇	500	500	500	500

制备方法 将防老剂4010NA与乙醇混合，得到防老剂溶液；将二氧化硅气凝胶置于防老剂溶液中，在40kHz下超声分散30min进行混合，之后置于负压−0.6MPa下20min，再在常压下保持10min，反复循环3次，然后进行分离和干燥，随后置于高速搅拌机中，在转速100r/min条件下，以5mL/min速率滴加硅烷偶联剂，搅拌15min，然后在2000r/min转速下搅拌15min，得到复合防老剂。

原料介绍 所述硅烷偶联剂为3-（2,3-环氧丙氧）丙基三甲氧基硅烷、3-（2,3-环氧丙氧）丙基三乙氧基硅烷、3-（2,3-环氧丙氧）丙基甲基二乙氧基硅烷、3-（3,4-环氧环己烷基）三甲氧基硅烷、3-氨基丙基三乙氧基硅烷和双-[γ-（三乙氧基硅）丙基]四硫化物中的一种或多种。

所述防老剂为防老剂4010NA、防老剂RD、防老剂445和防老剂MB中的至少一种。

产品应用 本品主要用作橡胶防老剂。

产品特性 本品利用二氧化硅气凝胶孔隙率高、吸附能力强的特点制备得到。复合防老剂在与橡胶复合后，其中负载的防老剂能够从二氧化硅气凝胶孔隙处缓慢释放，而不发生大量防老剂快速迁出的“喷霜”现象，因而可以提高橡胶中防老剂的用量，进而提高橡胶的防老化能力，而不影响其力学性能。

配方 10　复合橡胶防老剂

原料配比

<table>
<tr><th colspan="3" rowspan="2">原料</th><th colspan="3">配比（质量份）</th></tr>
<tr><th>1#</th><th>2#</th><th>3#</th></tr>
<tr><td rowspan="7">改性单体</td><td rowspan="4">混合液 a</td><td>钛酸四丁酯</td><td>15.2</td><td>16.3</td><td>17.3</td></tr>
<tr><td>无水乙醇</td><td>12.4</td><td>13.4</td><td>15.3</td></tr>
<tr><td>65% 的乙醇溶液</td><td>8.6</td><td>8.8</td><td>9.2</td></tr>
<tr><td>25%的盐酸溶液</td><td>适量</td><td>适量</td><td>适量</td></tr>
<tr><td colspan="2">混合液 a</td><td>8.3</td><td>9.2</td><td>10</td></tr>
<tr><td colspan="2">KH-560</td><td>1</td><td>1</td><td>1</td></tr>
<tr><td colspan="2">25%的盐酸溶液</td><td>适量</td><td>适量</td><td>适量</td></tr>
<tr><td colspan="3">对氨基苯磺酸</td><td>22</td><td>29</td><td>34</td></tr>
<tr><td colspan="3">对苯二胺</td><td>15</td><td>17</td><td>20</td></tr>
<tr><td colspan="3">过硫酸铵</td><td>6</td><td>7</td><td>8</td></tr>
<tr><td colspan="3">稀土盐溶液</td><td>2</td><td>4</td><td>6</td></tr>
<tr><td colspan="3">改性单体</td><td>1</td><td>2</td><td>3</td></tr>
<tr><td colspan="3">无水四氢呋喃</td><td>2</td><td>4</td><td>6</td></tr>
<tr><td colspan="3">去离子水</td><td>适量</td><td>适量</td><td>适量</td></tr>
<tr><td colspan="3">65%的乙醇溶液</td><td>适量</td><td>适量</td><td>适量</td></tr>
<tr><td colspan="3">45% 的氢氧化钠溶液</td><td>适量</td><td>适量</td><td>适量</td></tr>
</table>

制备方法

（1）向对氨基苯磺酸中加入对苯二胺，研磨 30 ～ 50min 后，向其中加入过硫酸铵，继续研磨至混合物呈土黄色，加入去离子水，于 220 ～ 250r/min 速率下搅拌 16 ～ 20h，减压过滤，用质量分数 65%的乙醇溶液洗涤 2 ～ 3 次后，再置于 70 ～ 80℃干燥箱中干燥至恒重，得到中间体 1；所述去离子水的用量为对氨基苯磺酸质量的 15.5 ～ 18.4 倍。

（2）将中间体 1 溶于去离子水中，滴加质量分数 45% 的氢氧化钠溶液至 pH=10.2 ～ 10.7，然后在 80℃条件下水浴搅拌 30 ～ 40min 后加入稀土盐溶液继续搅拌 8 ～ 10h，将所得产物经质量分数 65% 的乙醇溶液洗涤 1 ～ 2 次后，再置于 70 ～ 80℃干燥箱中干燥 2 ～ 3h，得到中间体 2；所述去离子水的用量为中间体 1 质量的 10.1 ～ 11.4 倍，稀土盐溶液的浓度为 0.5mol/L。

（3）向三口烧瓶中依次加入中间体 2、改性单体、无水四氢呋喃，在氮气保护和 120℃油浴下反应 5 ～ 6h，过滤，洗涤，合并滤液，常压下蒸出溶剂，减压收集，得到复合橡胶防老剂。

原料介绍

所述的改性单体由如下步骤制得：

（1）将钛酸四丁酯、无水乙醇加入烧杯中搅拌均匀，作为前驱体；向烧瓶中加入质量分数 65% 的乙醇溶液，滴加质量分数 25％的盐酸溶液调节 pH 值至 5.2 ～ 5.4 制得介质溶液；将前驱体滴加到介质溶液中，在 1h 内滴加完成，然后在 250 ～ 300r/min 的速率、30 ～ 35℃的温度下搅拌 18 ～ 22h，制得混合液 a。

（2）向混合液 a 中逐滴滴加 KH-560，以 250 ～ 300r/min 的速率搅拌 30 ～ 40min 后，控制温度在 52 ～ 56℃搅拌 12h，再滴入质量分数 25% 的盐酸溶液调节 pH 值至 6 ～ 7，得到改性单体。

所述的稀土盐溶液中稀土为氯化稀土、硝酸稀土、硫酸稀土中的任意一种。

产品特性

（1）本品对热和氧两种因素共同作用的老化现象具有显著防御效果，接枝的改性单体中含有—Si—O—键，使基材具备热稳定性且能缓解和阻止橡胶光老化的发生。阻止橡胶紫外光老化过程中的引发阶段是关键，添加光稳定剂来提高橡胶制品的光稳定性，Ti-O 基团可作为无机紫外线反射剂，光线能透过其表面，对中波区的紫外线的吸收增强，从而起到防紫外线功能。

（3）本品不仅大大提高了防老剂的分子量，还使其具备偶联作用，使得该类防老剂含有能与橡胶大分子反应的活性基团，如氨基、环氧基、羟基，又兼有抑制橡胶老化功能的基团，它在硫化过程中与橡胶发生化学反应，以化合键键合在橡胶大分子网络中，具有非迁移、不挥发及不抽出的特点，从而延长橡胶的使用寿命。

配方 11　改进型低熔点防老剂

原料配比

原料		配比（质量份）	
		1#	2#
有机硫化物	防老剂 MB	10	10
有机树脂	缩醛树脂	22	25
改性助剂	盐酸羟胺	10	10
催化剂	碳酸氢钠	0.05	0.05
金属碱剂	50% 氢氧化钾水溶液	20	20
水		80	80

制备方法

（1）将有机硫化物、有机树脂、改性助剂和催化剂混合投料至反应釜内，加热到回流状态保持 2 ～ 3h；

（2）加入金属碱剂和水，反应 1 ～ 3h，反应完成后过滤得到白色产品，即得。

原料介绍

所述有机硫化物为二硫代氨基甲酸盐类和硫醇基苯并咪唑类中的至少一种。所述二硫代氨基甲酸盐类为二丁基二硫代氨基甲酸锌和 / 或二丁基二硫代氨基甲酸镍。

所述硫醇基苯并咪唑类为防老剂 MB 和 / 或防老剂 MBZ。所述有机树脂为缩醛树脂、有机硅树脂、环氧树脂中的至少一种。所述缩醛树脂的熔指为 5 ～ 10g/10min（190℃）。

所述催化剂为碳酸金属盐中的至少一种。

产品应用　本品主要用于橡胶加工领域。

产品特性

（1）本品通过特定熔指缩醛树脂的加入且以特定复配比例与盐酸羟胺配合，有效地提高了防老剂的链段软化度，并且使得防老剂能够在低温下进行有效的熔融，扩大了防老剂的适用领域和范围。

（2）本品能够有效地提高低熔点的防老剂在橡胶材料中的适用性，降低羟胺基引入带来的负面影响。

（3）本品与通常使用的防老剂 MB 相比在具有其相同效果的同时，只具有防老剂 MB 近三分之一的熔融温度，在扩展适用范围的同时，还能够同时兼具煮抗和辅助抗氧性。

配方 12 改性防老剂

原料配比

原料		配比（质量份）		
		1#	2#	3#
不饱和羧酸	甲基丙烯酸	86	86	—
	丁烯酸	—	—	86
对苯二胺类防老剂	*N*-（1,3- 二甲基丁基）-*N*′- 苯基对苯二胺防老剂	268	268	268
催化剂	三氟化硼	—	1	1
	三氯化铝	1	—	—

制备方法

（1）将不饱和羧酸与对苯二胺类防老剂混合升温至 60 ～ 80℃；

（2）加入催化剂，并保温反应 3 ～ 5h 后，得到改性防老剂。

原料介绍

所述不饱和羧酸为丙烯酸、甲基丙烯酸、丁烯酸和 3- 苯基 -2- 丙烯酸中的一种或两种以上的混合物。

所述对苯二胺类防老剂为 *N*-（1,3- 二甲基丁基）-*N*′- 苯基对苯二胺、*N*- 苯基 -*N*′- 异丙基对苯二胺和 *N*- 环己基 -*N*′- 苯基对苯二胺中的一种或两种以上的混合物。

所述催化剂为路易斯酸催化剂，为三氯化铝、三氟化硼、溴化铁和三氧化硫中的一种。

产品应用 本品主要用作轮胎加工的防老剂。

产品特性

（1）本品改性过程中，在催化剂的作用下，不饱和羧酸的—COOH 与对苯二胺类防老剂中的仲氨基—NH—发生选择性反应。改性后的防老剂含有不饱和基团，应用于橡胶组合物的时候，这些不饱和基团跟橡胶分子链发生反应，使得防老剂与橡胶分子稳定结合，进而延缓了防老剂的迁移从而起到改善外观颜色变化的效果。

（2）本品直接替代轮胎胎侧中的对苯二胺类防老剂，在加工、流变、物性变化不大的同时，延缓防老剂的迁出，胶料的变色、粗糙等外观问题明显改善，耐久性明显提高。

配方 13 环保型防老剂

原料配比

原料		配比（质量份）			
		1#	2#	3#	4#
碱木质素	市售碱木质素	35.1	—	—	—
	改性碱木质素	—	35.1	35.1	35.1
乙丙橡胶	4045M	10.8	10.8	10.8	10.8
乙烯 - 醋酸乙烯共聚物		2.7	2.7	2.7	2.7
硬脂酸		1.08	1.08	1.08	1.08
硬脂酸锌		1.62	1.62	1.62	1.62
改性碱木质素	市售碱木质素	—	100	100	100
	海藻糖	—	3	4	5

制备方法 将配方量的乙丙橡胶、乙烯 - 醋酸乙烯共聚物、碱木质素、硬脂酸、脂肪酸盐以及其他加工助剂进行混炼，得到母胶，继续薄通进行开炼，随后进行制粒，即得所述环

保型防老剂母胶粒。

原料介绍

所述改性碱木质素为经海藻糖改性获得的改性碱木质素。所述改性碱木质素经如下改性步骤制得：将市售碱木质素溶解于水中，去除不溶物，边搅拌边加入海藻糖（海藻糖添加的质量为所述市售碱木质素的0.03～0.05倍），静置后过滤收获沉淀物，烘干水分后研磨成粉，即得所述改性碱木质素。

所述碱木质素的 D_{50} 粒径为 1 ～ 50μm。

所述三元乙丙橡胶乙烯含量为47%～71%，ENB（亚乙基降冰片烯）含量为4.0%～5.0%。

所述碱木质素、硬脂酸、脂肪酸盐以及其他加工助剂在混炼前于 80 ～ 85℃的温度下进行预混，制得预混料。

产品应用 本品主要用作轮胎加工用防老剂。

产品特性

（1）本品制备方法简单，制品具有良好的机械强度和耐老化性能。硬脂酸、脂肪酸盐等组分在 80 ～ 85℃下得以熔化，本品将上述组分进行预混有助于减少组分单一加入的工序，进行预热能促使各组分充分混匀，进而在一定程度上提高了制备效率。

（2）本品与非极性橡胶的界面相容性较好。

配方 14 壳聚糖基多功能大分子橡胶防老剂（1）

原料配比

原料		配比（质量份）		
		1#	2#	3#
含羧基的胺类防老剂AA	*N*-甲基对苯二胺（MPD）	6.11	—	—
	N-苯基对苯二胺（PPD）	—	18.4	18.4
	丁二酸酐（BA）	—	10	—
	马来酸酐（MA）	4.9	—	9.8
	丙酮溶剂	150（体积份）	300（体积份）	300（体积份）
壳聚糖（分子量为 1×10^5）		3	3	3
溶剂	甲苯	300	—	—
	二甲基亚砜	—	180	—
	N,N'-二甲基甲酰胺	—	—	30
含羧基的胺类防老剂AA		4	15.49	25.63
脱水剂	*N,N'*-二异丙基碳二亚胺	11.46	—	—
	N,N'-二环己基碳酰亚胺	—	33.72	—
	1-乙基-(3-二甲基氨基丙基)碳二亚胺盐酸盐	—	—	17.41
催化剂	三乙胺	0.19	—	—
	N-羟基丁二酰亚胺	—	6.27	—
	4-二甲氨基吡啶	—	—	16.64

制备方法

（1）将壳聚糖在溶剂中常温溶胀 12h，过滤回收溶剂后将溶胀壳聚糖加到球磨罐中，随后加入含羧基的胺类防老剂 AA、脱水剂、催化剂，再加入 304 不锈钢球磨珠后封闭球磨罐，在常温下球磨 96h。所述机械球磨所用的机械球磨机为立式行星式球磨机、卧式行星式球磨机中的一种。所述干燥温度为室温～ 80℃，干燥至恒重。

（2）将球磨产物过滤、洗涤等后处理纯化后，在室温下真空干燥至恒重，得到壳聚糖基多功能大分子橡胶防老剂。

原料介绍 所述壳聚糖的分子量为$1\times10^4\sim2\times10^5$。

产品应用 本品主要用作橡胶防老剂。防老剂与橡胶的质量比为（2～15）∶100。

产品特性 本品壳聚糖基多功能大分子橡胶防老剂（CS-AA）是利用壳聚糖（CS）上的活性氨基和羟基与含有羧基的胺类防老剂（AA）或含有羧基的酚类防老剂（PA）在脱水剂、催化剂存在下，通过机械球磨进行酰胺化反应和酯化反应制备得到。本品壳聚糖基多功能大分子橡胶防老剂制备方法简单、绿色环保、不易迁移，耐溶剂抽提，不仅对橡胶材料具有优异、持久的抗热氧老化防护效果，而且还能促进橡胶材料的硫化，显著降低正硫化时间，降低硫化促进剂的使用量。

配方 15 壳聚糖基多功能大分子橡胶防老剂（2）

原料配比

原料		配比（质量份）		
		1#	2#	3#
壳聚糖（CS）	壳聚糖（CS）（数均分子量为 3000）	3	3	3
含羧基的酚类防老剂（AO）	3-（3,5- 二叔丁基 -4- 羟基苯基）丙酸（AO-1）	3	—	—
	3-（3,5- 二甲基 -4- 羟基苯基）甲酸（AO-2）	—	4.5	—
	3-（3- 甲氧基 -5- 叔丁基 -4- 羟基苯基）戊酸（AO-3）	—	—	15.1
溶剂	二甲基亚砜	100（体积份）	—	100（体积份）
	N- 甲基吡咯烷酮	—	150（体积份）	—
	N,N- 二甲基甲酰胺	—	—	100（体积份）
脱水剂	1- 羟基苯并三氮唑	—	—	18.2
	二环己基碳二亚胺	1.9	—	—
	N,N'- 二异丙基碳二亚胺	—	3.4	—
催化剂	4- 二甲氨基吡啶	0.11	—	—
	吡啶	—	0.64	—
	三乙胺	—	—	2.73

制备方法

（1）将壳聚糖（CS）和含羧基的酚类防老剂（AO）在溶剂中充分搅拌 24h 后，加入脱水剂和催化剂后，在 20～60℃下反应 24～96h；

（2）将步骤（1）制得的反应产物经过滤、洗涤等后处理纯化后，真空干燥至恒重，得到壳聚糖基多功能大分子橡胶防老剂（CS-AO）。

产品应用 本品用于制备橡胶制品或橡胶复合物，其中壳聚糖基多功能大分子橡胶防老剂与橡胶的质量比为（2～15）∶100。

产品特性 本品环保、不易迁移，不仅能显著提高橡胶材料的抗热氧老化性能，而且还能对橡胶材料发挥持久的抗热氧老化作用，同时还能促进橡胶硫化，显著降低正硫化时间，减少硫化促进剂的用量。

配方 16 具有长效性和可控性的复合防老剂

原料配比

原料		配比（质量份）		
		1#	2#	3#
负载型改性埃洛石纳米管（HNTs-4010NA）	防老剂 4010NA	7.5	6	10

续表

原料		配比（质量份）		
		1#	2#	3#
负载型改性埃洛石纳米管（HNTs-4010NA）	埃洛石纳米管	5	5	5
	丙酮	适量	适量	适量
酚胺溶液	邻苯二酚	0.55	0.55	0.55
	二乙烯三胺	0.5	0.45	1.03
	去离子水	500（体积份）	500（体积份）	500（体积份）
	Tris 试剂	0.6	0.6	0.6
负载型改性埃洛石纳米管		5	6	10

制备方法

（1）取防老剂 4010NA 与埃洛石纳米管进行物理负载：埃洛石纳米管置于 100g/L 的防老剂 - 丙酮溶液中，真空环境下保持（搅拌中）20min，再在常压下保持（搅拌中）5min，反复循环 3 次，洗涤、干燥后，得到负载防老剂的负载型改性埃洛石纳米管（HNTs-4010NA）。

（2）将邻苯二酚与二乙烯三胺加入去离子水中配制酚胺溶液，搅拌均匀后加入 Tris 试剂，再使用稀 HCl 溶液调节 pH=9。

（3）将上述制备的负载型改性埃洛石纳米管置于上述制备的 pH=9 的酚胺溶液中，搅拌包覆 6h 后，使用布氏漏斗过滤，用去离子水多次冲洗将埃洛石表面残余的酚胺溶剂洗净，烘干研磨后得到复合防老剂（HNTs-4010NA-PCPA）。

产品应用 本品主要用于橡胶、塑料、树脂、涂料、水凝胶和黏合剂等材料，可以提高材料的力学性能。

产品特性

（1）本品可以有效提高材料的耐老化性能和机械性能。

（2）本品与橡胶基体在高温条件下复合，与只负载防老剂的埃洛石纳米管（未包覆）相比，包覆后的埃洛石纳米管缓慢释放防老剂本体至橡胶基体中，实现了既提高防老剂用量又不引起“喷霜”的目的，释放防老剂的时效性更长，相当于同比增大了橡胶中防老剂的使用量，延长了橡胶的使用寿命。

配方 17　抗析出防老剂

原料配比

原料		配比（质量份）			
		1#	2#	3#	4#
生物基防老剂	腰果酚	1.25	1.5	1.5	1.5
	多聚甲醛	1	1	1	1
	对氨基二苯胺	0.95	1	1	1
	醇溶液	适量	适量	适量	适量
	石油醚	适量	适量	适量	适量
生物基防老剂		5	1	10	0.1
白炭黑		1	1	1	1
乙酸乙酯		适量	适量	适量	适量

制备方法

（1）将腰果酚、多聚甲醛、对氨基二苯胺加入到三口烧瓶中，并用量筒量取适量醇溶液、石油醚溶剂加入三口烧瓶中，溶解原料。然后将三口烧瓶置于油浴锅中，设置温度为30～140℃，反应1～24h，完成后的反应液为黑色液体。

（2）先将黑色反应液除溶剂得到生物基防老剂，再加入乙酸乙酯易挥发溶剂溶解生物基防老剂产物后，逐次边搅拌边加入白炭黑，搅拌均匀后除溶剂，得到固体抗析出防老剂。

产品特性

（1）白炭黑是一类无机微/纳米颗粒，作为橡胶常规的补强剂，其含有大量酸性Si—OH键，需要对其表面改性提高与橡胶的相容性，增加工艺步骤。本品利用芳胺的碱性NH键与Si—OH的相互作用，将白炭黑与腰果酚芳胺抗老化剂进行复合，一方面消除了白炭黑的酸性，减少了白炭黑改性的工艺；另一方面，白炭黑的颗粒较大，可以进一步增加改性腰果酚抗老化剂的抗析出性，且不用额外再掺入大颗粒物质从而影响橡胶的性能。

（2）本品以改性腰果酚作为防老剂，腰果酚侧链的不饱和双键能参与橡胶硫化交联反应，具有一定的抗析出性能。同时本品通过将改性腰果酚与橡胶常规的补强剂复合得到，在补强剂增强橡胶性能的同时，进一步通过空间阻力减缓了其表面负载的生物基改性腰果酚的析出，改善橡胶制品的抗老化性和使用寿命。

配方18　喹啉类防老剂

原料配比

原料	配比（质量份）	原料	配比（质量份）
2-甲基-8-羟基喹啉	8	有机过氧化物	4.5
苯亚磺酸钠	11.5	还原剂	3.7
混合溶剂	80（体积份）	稀释剂	适量
醋酸	80（体积份）	溶剂甲醇/乙醇	80（体积份）
碘盐	8.3		

制备方法

（1）将2-甲基-8-羟基喹啉和苯亚磺酸钠加入混合溶剂和醋酸中，然后依次加入碘盐、有机过氧化物；升温至60～100℃，反应10～24h；反应结束后，稀释剂稀释，过滤，蒸馏即可得到2-苯基砜基甲基-8-羟基喹啉。

（2）将2-苯基砜基甲基-8-羟基喹啉和还原剂加入溶剂中，反应3～8h；反应后过滤，旋干溶剂，干燥后即得2-苯基砜基甲基-8-羟基-1,2-二氢化喹啉。所述溶剂为甲醇和/或乙醇溶剂。

原料介绍

所述还原剂为$NaBH_4$和/或氢化铝锂（$LiAlH_4$）。

所述稀释剂采用低沸点溶剂，为乙酸乙酯、二氯甲烷、三氯甲烷、乙醚中任意一种。

所述混合溶剂包含极性溶剂和有机酸溶剂，所述极性溶剂为二甲基亚砜（DMSO）、*N,N*-二甲基甲酰胺（DMF）、*N,N*-二甲基乙酰胺（DMAC）、乙腈（CH_3CN）中的任意一种；有机酸溶剂为甲酸、醋酸、丙酸中的任意一种。

所述碘盐是碘化钾、碘化钠、碘化铜、碘化胺中的任意一种；所述有机过氧化物是叔丁基过氧化氢（TBHP）、过氧化叔丁基（TBP）、苯醌（BQ）中的任意一种。

产品应用　本品主要用于橡胶工业领域。

产品特性

（1）本品中的酚羟基与苯环连接，相比与碳链连接的酚羟基活性较高，易与炭黑表面的羧基和羟基发生化学反应，使得该防老剂“固定”在炭黑表面，不易迁移，有利于提高橡胶长时间老化性能。同时，反应型喹啉类防老剂中含有磺酰基，该基团具备一定的防焦性能，这使得氯丁橡胶“容纳”TMQ成为可能。相较于常规的防老剂，本品同时包含酚羟基和磺酰基，能够同时实现防老和防焦的技术效果，不需要额外添加防焦剂。

（2）本品制备方法，简单易操作，普适性高，可共用有机合成仪器设备，设备通用性高。

配方 19 邻苯二酚制备的防老剂

原料配比

原料		配比（质量份）			
		1#	2#	3#	4#
邻苯二酚		110	110	110	110
邻苯二胺		129.6	—	64.8	118.8
邻甲基邻苯二胺		—	158.6	—	—
对甲基邻苯二胺		—	—	73.2	—
催化剂	$ZnCl_2$	2.7	—	—	—
	$FeCl_3$	—	—	8.1	4.9

制备方法

（1）在常压下，将邻苯二酚和邻苯二胺或烷基邻苯二胺加入反应器中，通入氮气，升温至 100℃后加入催化剂，在 200 ～ 300℃条件下进行反应，至得到理论量的水后停止反应，反应结束后减压回收邻苯二胺或烷基邻苯二胺，水洗或过滤除去催化剂；

（2）将除去催化剂的混合物进行真空蒸馏，蒸去影响熔点的低沸点类杂质，得到最终的防老剂产品。

原料介绍 所述的催化剂为路易斯酸，为 $AlCl_3$、$ZnCl_2$、$FeCl_3$、苯磺酸及其盐、三氟甲磺酸及其盐中的任意一种。

产品应用 本品是一种橡胶防老剂。

产品特性

（1）本品的显著优点在于使用邻苯二酚代替价格较高的对苯二酚，不仅降低了生产成本，而且其性能兼顾防老剂 3100 和 4020 的优点，避免了臭氧化反应生成醌，减少了实际使用时的用量；

（2）本品原料转化率高，有效成分含量高，发挥防老效果时间长，特别适合工业化生产。

配方 20 耐黄变长效防老剂组合物

原料配比

原料		配比（质量份）		
		1#	2#	3#
桥键烷基酚类化合物		10	10	10
双酚单羧酸酯类化合物		8	15	30
烷基取代单酚	2,6- 二叔丁基 -4（二甲氨基）苯酚	2	3.5	5
有机溶剂		适量	适量	适量
白炭黑		4	15	15

制备方法

（1）将桥键烷基酚类化合物、双酚单羧酸酯类化合物、烷基取代单酚分别按比例溶于有机溶剂，分别得到溶液 A、溶液 B 和溶液 C；溶液 A、溶液 B 和溶液 C 的质量分数均为 20% ～ 25%。

（2）将溶液 A、溶液 B 和溶液 C 均加入 SV 型静态混合器中，常温下预混合 10 ～ 20min 得到预混合液，随后将预混合液与白炭黑按比例同时加入研磨分散机中，在常温下研磨搅拌 20 ～ 40min 后得到混合液。

（3）将混合液进行减压蒸馏，回收有机溶剂后，最终制得耐黄变长效防老剂。

原料介绍

所述桥键烷基酚类化合物为2,2′- 亚甲基双（4- 乙基 -6- 叔丁基苯酚）、2,2′- 亚甲基双（4,6- 二叔丁基苯酚）、2,2′- 亚乙基双（4,6- 二叔丁基苯酚）和 2,2′- 亚乙基双（4,6- 二特戊基苯酚）中的一种或者多种。

所述双酚单羧酸酯类化合物为双酚单丙烯酸酯类、双酚苯甲酸单酯、双酚甲基丙烯酸单酯中的一种或者多种。所述双酚单丙烯酸酯类为 2- 特丁基 -6-（3- 特丁基 -2- 羟基 -5- 甲基苯基）-4- 甲基苯基丙烯酸酯或 2-［1-（2- 羟基 -3,5- 二特戊基苯基）- 乙基］-4,6- 二特戊基苯基丙烯酸酯。

所述双酚苯甲酸单酯或双酚甲基丙烯酸单酯中的双酚基团为 2,2′- 亚甲基双（4- 乙基 -6- 叔丁基苯酚）或者 2,2′- 亚甲基双（4,6- 二叔丁基苯酚）。

所述有机溶剂为液体石蜡、无水乙醇、丙酮或者甲醛溶液。

产品应用 本品用于橡胶加工领域。

产品特性

（1）本品中通过引入桥键烷基酚类化合物和双酚单羧酸酯类化合物，可以通过空间位阻作用，阻止苯环绕桥键旋转，反而更有利于内氢键效应的产生，从而提高抗氧化的活性，减缓橡胶黄变。

（2）本品中各组分可以达到分子级混合，有利于提高防老剂有效成分的使用效率，进一步达到减量的效果。

（3）本品通过引入白炭黑，利用白炭黑对防老剂的强吸附作用，减少防老剂的迁移，提高防老剂在橡胶基质中的长期保护效率。

配方 21 橡胶防老剂（1）

原料配比

原料			配比（质量份）			
			1#	2#	3#	4#
沸石基催化剂	沸石		30	30	30	30
	溶剂①	乙醇	1400	—	1400	—
		甲醇	—	1400	—	—
		二氯甲烷	—	—	—	1400
	有机质子酸	酚磺酸	—	20	—	—
		对甲苯磺酸	30	—	—	—
		乙二酸	—	—	28	—
		酒石酸	—	—	—	26
	溶剂②	乙醇	200	—	200	—
		甲醇	—	300	—	—
		二氯甲烷	—	—	—	500
甲苯			500	500	500	500
沸石基催化剂			15	10	12	20
苯胺			93	93	93	93
丙酮			930	868	880	928

制备方法

（1）沸石基催化剂的制备：称取沸石置于溶剂①中超声使其彻底分散。称取有机质子酸溶于溶剂②中，并加入沸石体系中，然后搅拌 48h。待改性完毕，分别用乙醇和去离子水洗涤离心以去除游离的有机质子酸，将产物在一定温度下烘干，然后升温到 180 ～ 300℃，在惰性气流下固化 15 ～ 20h，得到沸石与有机质子酸的负载产物，即沸石基催化剂，备用。

（2）橡胶防老剂的制备：向甲苯中加入沸石基催化剂、苯胺和丙酮，在 140℃下反应 10h。待反应结束后，分液移去水相和沸石基催化剂，然后蒸馏除去有机溶剂，得到产品橡胶防老剂。

产品特性 本品以沸石基为载体，增加了固化过程；另外，将有机质子酸与沸石片层通过非共价作用相结合，改性方法简易，产物既提供了制备产品必要的催化活性物，又保留了沸石片层结构及表面积，提供了充足的反应位点，因而具有良好的催化活性。

配方 22 橡胶防老剂（2）

原料配比

原料		配比（质量份）
单体	苯胺	9.3
	1,3,5- 苯三甲酸铜催化剂	1.86
	丙酮	351
单体		100
聚合催化剂	偶氮二异丁腈	0.02

制备方法

（1）单体的制备：将苯胺投入到带有搅拌器、温度计和冷凝管的反应器中，开动搅拌，将 1,3,5- 苯三甲酸铜催化剂加入反应器中，然后升温到 120 ～ 125℃开始滴加丙酮，滴加时间为 6h，滴完维持 30min，降温到 25 ～ 30℃，过滤掉催化剂，滤液加入蒸馏瓶中，在真空度 0.08 ～ 0.09MPa 下升温蒸馏，气相温度由室温升到 100℃停止蒸馏，降温到 25 ～ 30℃，取样分析，得到单体。

（2）聚合反应：在带有搅拌器、温度计、冷凝管的反应器中加入上述制备的单体、偶氮二异丁腈，然后搅拌，升温到 125℃，并在此温度下搅拌维持反应 10h，用常规的蒸馏方法蒸去单体，冷却固化得到成品。

产品特性 本品制备工艺不需要酸碱中和过程，不产生高含盐废水，因此是一种绿色环保的工艺。

配方 23 用于透明橡胶的耐黄变防老剂

原料配比

原料		配比（质量份）		
		1#	2#	3#
非对称受阻酚类抗氧剂	抗氧剂 245	20	25	30
硫代酯类抗氧剂	抗氧剂 DSTP	30	—	—
	抗氧剂 DLTP	—	25	20
苯并三唑类紫外线吸收剂		15	20	25

续表

原料		配比（质量份）		
		1#	2#	3#
低分子量聚 1- 丁烯	分子量为 2500 的液态聚 1- 丁烯	10	—	—
	分子量为 2000 的液态聚 1- 丁烯	—	8	—
	分子量为 1000 的液态聚 1- 丁烯	—	—	6
气相白炭黑		12	10	8
顺丁橡胶 BR9000		13	12	11
苯并三唑类紫外线吸收剂	光稳定剂 234	2	2	2
	苯并三氮唑（BTA）	1	1	1

制备方法

（1）分别称取光稳定剂 234 和苯并三氮唑，进行搅拌混合，得到苯并三唑类紫外线吸收剂；所述搅拌混合的速率为 100 ～ 200r/min，时间为 120 ～ 180s。

（2）分别称取非对称受阻酚类抗氧剂、硫代酯类抗氧剂、气相白炭黑、聚 1- 丁烯、顺丁橡胶 BR 9000 以及苯并三唑类紫外线吸收剂，进行密炼混合，完成制备。密炼混合的转速为 40 ～ 50r/min，密炼混合的时间为 180 ～ 240s，密炼混合的温度为 60 ～ 80℃。

原料介绍

抗氧剂 245 为非对称受阻酚类抗氧剂，酚羟基邻位上有特丁基和甲基，与市面上常用的对称型受阻酚抗氧剂（邻位上有两个空间位阻大的特丁基，如抗氧剂 1076、抗氧剂 1010）相比，削弱了酚羟基的空间位阻，与硫代酯类辅抗氧剂能形成分子氢键缔合，使得抗氧老化的协同作用更加显著和更加长效稳定，且非对称受阻酚的羟基可与硝基结合，不会产生着色产物，因此具有耐氮氧化合物着色性、耐黄变性，更适合用于透明橡胶中。透明橡胶在氧、热、光等外部因素的影响下，诱发并产生高活性自由基 ROO·进一步产生 R·和 RO·等。抗氧剂 245 具有酚羟基，由于具有空间位阻，氢键容易脱落，可与自由基反应形成稳定物质，而生成的 ROOH 则利用硫代酯类辅抗氧剂的强还原性生成非活性的醇类，从而阻止了氧化的链式反应。

苯并三唑类紫外线吸收剂，分子中存在氢键螯合环，由酚羟基与三唑基的氮形成，酚羟基吸收紫外线后，把有害的紫外线变为热能，氢键破坏，而经过放热后，氢键螯合环重新形成。由于非对称受阻酚类抗氧剂和硫代酯类抗氧剂具有酚羟基和强还原性，使苯并三唑类紫外线吸收剂的氢键螯合环能持续稳定地吸收紫外线，所以非对称受阻酚类抗氧剂、硫代酯类抗氧剂以及苯并三唑类紫外线吸收剂具有协同稳定性。因此非对称受阻酚类抗氧剂与光稳定剂并用可增加制品的耐候性，而硫代酯类辅抗氧剂与光稳定剂并用可进一步提升制品的抗紫外线和耐黄变能力。

低分子量聚 1- 丁烯透明性良好，具有憎水性、不透水蒸气和其他气体的性能，所以能抗湿热老化、抗臭氧老化，并且能防止低分子物质的聚集和迁移，避免了透明橡胶形成“喷霜”从而影响透明度。另外低分子量聚 1- 丁烯为全饱和的烃类，不能被硫黄硫化，因此在橡胶硫化过程中不会被消耗，特别适合用于硫黄硫化的透明橡胶配方中。

产品特性

（1）本品添加在透明橡胶中不影响其透明度，从而适用于透明橡胶的防老化；

（2）本品具有防“吐霜”性能，能进一步地保证透明橡胶的透明度；

（3）本品具有良好的防老化耐黄变性能，能有效抵抗光、热、氧、臭氧、氮氧化合物等老化因素对透明橡胶的影响。

配方 24　新型防老剂（1）

原料配比

原料	配比（质量份）	原料	配比（质量份）
间苯二胺	108	氮气	适量
2- 辛酮	307	氢气	适量
10% Pt/C 催化剂	5		

制备方法　于加氢釜内加入间苯二胺、2- 辛酮、10% Pt/C 催化剂（催化剂加入量为间苯二胺质量的 5%），然后分别用氮气（0.5MPa/ 次）、氢气（0.5MPa/ 次）置换高压釜中的空气后，向高压釜充入氢气到 2.0MPa，开启搅拌，逐渐升温到 40 ～ 60℃、维持压力为 2.0 ～ 2.5MPa，待反应无耗氢，且间苯二胺的剩余量低于 0.5%时，即可停止反应。后降温卸压，将反应物料减压抽滤去除催化剂，得到 *N*, *N′*- 二仲丁基间苯二胺粗产品合成液。将上述 *N*, *N′*- 二仲丁基间苯二胺粗产品合成液加入到四口烧瓶中，先常压后减压蒸馏，控制体系真空度为 −0.090MPa，后升温至 130℃，精馏回收未反应的 2- 辛酮及副产 2- 辛醇。后控制体系真空度为 −0.099MPa 以上，继续升温至 195℃，回收未反应完的少量间苯二胺和中间体，烧瓶内残余物料为新型防老剂。

产品应用　本品广泛应用于飞机、汽车以及自行车的轮胎胎面、胎侧及内胎的生产中，也是输送带、胶管、电缆、防水工程等橡胶防老化体系的最佳选择；另外应用于深色塑料、润滑油、机油、柴油等有机物中起到抗氧化降解等作用。

产品特性　本品具有不易“喷霜”，抗臭氧和抗屈挠性高，对热、氧和有害金属（如铜和锰等）均有抑制作用之优点，使橡胶具有良好的抗铜及其他重金属催化降解性能，且毒性、挥发性、水洗损失率及对皮肤的刺激性比较小，并耐溶剂抽提。

配方 25　新型防老剂（2）

原料配比

原料	配比（质量份）	原料	配比（质量份）
间苯二胺	108	10%碳酸钠溶液	适量
苯胺	279	氮气	适量
37% 盐酸	10		

制备方法　于烧瓶内加入间苯二胺、苯胺、37%盐酸催化剂（催化剂加入量约为间苯二胺物质的量的 10%），然后分别用氮气置换烧瓶内的空气，开启搅拌，逐渐升温到 160℃左右，待反应无氨气放出时，且间苯二胺的剩余量低于 1.0%时，即可停止反应，得到 *N*, *N′*- 二苯基间苯二胺粗产品合成液。将上述 *N*, *N′*- 二苯基间苯二胺粗产品合成液加入到四口烧瓶中，加 10%碳酸钠溶液洗涤后，减压蒸馏，控制体系真空度为 −0.090MPa，后升温至 120℃，精馏回收未反应的苯胺，后控制体系真空度为 −0.099MPa 以上，继续升温至 190℃，回收副产二苯胺和未反应完的间苯二胺及中间体，烧瓶内残余物料即为产品。

产品应用　本品主要应用于汽车以及自行车的轮胎胎面、胎侧及内胎的生产中；另外还可应用于深色塑料、润滑油、机油、柴油等有机物中起到抗氧化降解等作用。

产品特性

（1）本品不仅防老化效果好，而且在塑料及橡胶中的迁移速度较慢，塑料及橡胶中的容量大、不“喷霜”；且兼具增塑剂的作用。

（2）操作容易，安全有保障，便于输送，利于大规模生产，生产成本较低，环境危害性较小。

14 阻燃剂

14.1 阻燃剂定义

阻燃剂是指能提高易燃或可燃物的难燃性，阻止材料被引燃及抑制火焰蔓延的一种功能性助剂。主要是针对高分子材料的阻燃设计的；在解决高分子材料容易引发火灾、确保合成材料使用的安全性方面发挥着重要作用，目前消费量仅次于增塑剂。

14.2 阻燃剂作用机理

阻燃剂是通过若干机理发挥其阻燃作用的，如吸热作用、覆盖作用、抑制链反应、不燃气体窒息作用等。多数阻燃剂是通过若干机理共同作用达到阻燃目的的。

（1）吸热作用　任何燃烧在较短的时间内所放出的热量是有限的，如果能在较短的时间内吸收火源所放出的一部分热量，那么火焰温度就会降低，辐射到燃烧表面和作用于已经汽化的可燃分子将其裂解成自由基的热量就会减少，燃烧反应就会得到一定程度的抑制。在高温条件下，阻燃剂发生了强烈的吸热反应，吸收燃烧放出的部分热量，降低可燃物表面的温度，有效地抑制可燃性气体的生成，阻止燃烧的蔓延。$Al(OH)_3$阻燃剂就是通过提高聚合物的热容，使其在达到热分解温度前吸收更多的热量，从而提高其阻燃性能。这类阻燃剂充分发挥其结合水蒸气时大量吸热的特性，提高其自身的阻燃能力。

（2）覆盖作用　在可燃材料中加入阻燃剂后，阻燃剂在高温下能形成玻璃状或稳定泡沫覆盖层，其具有隔热、隔氧、阻止可燃气体向外逸出的作用，从而达到阻燃目的。如有机磷类阻燃剂受热时能产生结构更趋稳定的交联状固体物质或炭化层，炭化层的形成一方面能阻止聚合物进一步热解，另一方面能阻止其内部的热分解产生物进入气相参与燃烧过程。

（3）抑制链反应　根据燃烧的链反应理论，维持燃烧所需的是自由基。阻燃剂可作用于气相燃烧区，捕捉燃烧反应中的自由基，从而阻止火焰的传播，使燃烧区的火焰密度下降，最终使燃烧反应速度下降直至反应终止。如含卤阻燃剂，它的蒸发温度和聚合物分解温度相同或相近，当聚合物受热分解时，阻燃剂也同时挥发出来，此时含卤阻燃剂与热分解产物同时处于气相燃烧区，卤素便能够捕捉燃烧反应中的自由基，从而阻止火焰的传播，使燃烧区的火焰密度下降，最终使燃烧反应速度下降直至反应终止。

（4）不燃气体窒息作用　阻燃剂受热时分解出不燃气体，将可燃物分解出来的可燃气体的浓度冲淡到燃烧下限以下。同时也对燃烧区内的氧浓度具有稀释的作用，阻止燃烧的继续进行，达到阻燃的目的。

14.3 阻燃剂分类

阻燃剂有多种类型，按使用方法分为添加型阻燃剂和反应型阻燃剂。

添加型阻燃剂是通过机械混合方法加入到聚合物中使聚合物具有阻燃性的，目前添加型阻燃剂主要有两种分类方法，即有机阻燃剂和无机阻燃剂，卤系阻燃剂（有机氯化物和有机溴化物）和非卤阻燃剂。有机阻燃剂是以溴系、磷氮系、氮系和红磷及其化合物为代表的一些阻燃剂，无机阻燃剂主要是三氧化二锑、氢氧化镁、氢氧化铝、硅系等阻燃体系。

反应型阻燃剂则是作为一种单体参加聚合反应，因此使聚合物本身含有阻燃成分的，其优点是对聚合物材料使用性能影响较小，阻燃性持久。按照其组成可分为有机阻燃剂和无机阻燃剂。具代表性的阻燃剂是卤系、磷系及氢氧化铝、氢氧化镁等。

14.3.1 卤系阻燃剂

卤系阻燃剂是含有卤素元素且卤素元素起阻燃作用的一类阻燃剂。四种卤系元素氟（F）、氯（Cl）、溴（Br）、碘（I）都具有阻燃性。生产上，只有氯类和溴类阻燃剂被大量使用，而氟类和碘类阻燃剂少有应用，这是因为含氟阻燃剂中C—F键太强而不能有效捕捉自由基，而含I阻燃剂的C—I键太弱易被破坏，影响了聚合物性能（如光稳定性），使阻燃性能在降解温度以下就已经丧失。

卤系阻燃剂（特别是溴系阻燃剂）的最大优点是阻燃效率高、用量少、相对成本较低。此外，溴系阻燃剂与材料的相容性较好，因而我国的阻燃剂仍以卤系阻燃剂为主，主要包含氯系和溴系，占整个阻燃剂体系的80%以上。但是，卤系阻燃剂在高温、明火情况下会放出卤化氢等具有腐蚀性的有毒气体并伴有浓烟，阻燃剂发展趋势则是在提高阻燃性能的同时，更加注重环保与生态安全，在这种背景下，迫使用户寻找溴系阻燃剂的代用品，同时也将促进新阻燃材料的问世。

14.3.2 磷系阻燃剂

磷系阻燃剂根据磷系阻燃剂的组成和结构以及作用机理，可分为无机磷系阻燃剂、磷系膨胀型阻燃剂和有机磷系阻燃剂三大类。

无机磷系阻燃剂主要包括红磷、磷酸盐和聚磷酸铵等阻燃剂。红磷对多种高聚物都有很好的阻燃效果，能以较低的用量使大多数高聚物具有良好的阻燃性能，处理过程稳定，既可以在气相中产生自由基阻燃，也可以在凝固相中形成炭层阻燃。目前通过对红磷进行表面处理、稳定化处理及包覆处理可使红磷的吸湿性、自燃温度、释放磷化氢量、粉尘爆炸浓度与高聚物的相容性等性能得到极大的改善。但红磷因其自身的颜色，使其在纺织行业的应用受到限制。

膨胀型阻燃剂是以磷、氮为主要阻燃元素的阻燃剂，该类阻燃剂由酸源（脱水剂）、碳源（成炭剂）和气源（发泡剂）三部分组成。膨胀型阻燃剂在受热时于材料表面形成致密的多孔泡沫炭层，该泡沫炭层既可阻止内层高聚物的进一步降解及可燃物向表面的释放，又可阻止热源向高聚物的传递以及隔绝氧源，从而能有效地阻止火焰的蔓延和传播，达到阻燃的效果。

有机磷化合物是添加型阻燃剂。它具有阻燃增塑双重功能，该类阻燃剂燃烧时产生的偏磷酸可以形成稳定的多聚体，覆盖于可燃材料表面隔绝外部氧气进入和内部可燃性气体溢出，起到阻燃作用。其阻燃效率高，可达溴化物的4～7倍。

磷系阻燃剂具有低卤、无卤、低烟、低毒的特性，其用量少，效率高，符合阻燃剂的发展方向，在阻燃剂领域备受关注，在我国具有较大的发展潜力和空间，但是由于磷系阻燃剂自身的一些缺陷，如一些阻燃剂相容性差、表面处理技术不够完善、有机磷系多为液体、挥发性大、发烟量大、热稳定性较差等，其应用受到了限制。因此，对磷系阻燃剂的研究还有待继续加强。

14.3.3 氢氧化铝和氢氧化镁阻燃剂

氢氧化铝及氢氧化镁阻燃剂是最常见的无机阻燃剂，具有无毒、稳定性好、高温下不产生有毒气体、能减少塑料燃烧时的发烟量等优点，而且价格低廉，来源广泛。氢氧化铝的脱水吸热温度较低，约为235～350℃，因此在塑料刚开始燃烧时的阻燃效果显著。氢氧化镁阻燃剂在适量添加时，可显著减缓PE、PP、PVC及ABS等的热分解温度，具有良好的阻燃及降低发烟量的效果。但是氢氧化镁分解温度较高，在340～490℃左右，吸热量也较小，抑制材料温度上升的性能比氢氧化铝差，对聚合物的炭化阻燃作用却优于氢氧化铝，因此两者复合使用，互为补充，其阻燃效果比单独使用更好。但由于无机阻燃剂是填料型的，在树脂中添加量较大，往往会不同程度地影响材料的加工性能和机械力学性能。因此，对传统的无机阻燃剂进行改性研究已成为目前比较热门的研究课题，无机阻燃剂的微胶囊化、表面改性、少尘或无尘化和协同效应等，已成为解决这一问题的良策。

14.3.4 锑系阻燃剂

三氧化二锑、胶体五氧化二锑和锑钠是锑系阻燃剂的主要产品，其中广泛应用的是三氧化二锑。它是一种典型的添加型无机阻燃剂，主要用于塑料制品和纺织织物的阻燃，亦可用作橡胶、木材的阻燃剂。其阻燃机理是三氧化二锑在燃烧期首先熔融，在材料表面形成保护膜隔绝空气，通过内部吸热反应降低燃烧温度；在高温状态下三氧化二锑被氧化，稀释了空气中氧浓度，从而起到阻燃作用。

14.4 阻燃剂用途

阻燃剂主要应用于化学建材、电子电气、交通运输、航天航空、日用家具、室内装饰、衣食住行、煤田、油田、森林灭火等各个领域。

14.4.1 在建材行业的应用

可燃性建筑材料，在空气中受到火焰或高温的作用时，立即起火或微燃，而且火源移走以后仍能继续燃烧或微燃，例如各类天然木材、木制人造板、竹材、竹制装饰板、装饰薄木贴面板、塑料贴面装饰板、聚酯装饰板、塑料壁纸、无纺贴墙布、墙布、复合壁纸、天然材料壁纸、人造革、半硬质PVC塑料地板、PVC卷材地板、木地板及复合木地板等。易燃性建筑材料，在空气中受到火焰或高温的作用时，立即起火，而且火焰的传播速度很快，例如有机玻璃、泡沫塑料等有机材料。

要解决材料的耐燃、抑烟、毒气等问题最好的方法是利用阻燃技术，提高建筑所用各类材料的阻燃性，往合成材料中添加阻燃剂。

14.4.2 在化工行业的应用

① PVC和不饱和聚酯：PVC和不饱和聚酯是阻燃剂的主要消费对象，约占阻燃剂总量的50%以上。PVC分子中含氯量为56%，氧指数＞45，是一种自熄性聚合物，为了制得PVC软制品，需加入一定量的增塑剂，使其氧指数显著下降，达不到阻燃要求，故需采用阻燃剂对其阻燃。

② 聚氨酯和聚烯烃：聚氨酯和聚烯烃是阻燃剂的第二大消费对象。在聚氨酯塑料总量中，85%左右为硬质或软质泡沫塑料。无论是软质还是硬质聚氨酯泡沫，本身的氧指数很

低，很容易引起火灾。聚氨酯树脂的阻燃也分为反应型和添加型两类，反应型阻燃剂主要是含卤、磷的聚酯或聚醚，添加型阻燃剂主要为含卤的磷酸酯，此外也可添加无机阻燃剂氢氧化铝、氧化锑、硼酸锌及卤素阻燃剂四溴双酚 A 等，聚氨酯泡沫塑料阻燃的主要问题是阻燃效率不高，其氧指数很难超过 30。

③ 工程塑料广泛地应用于汽车、航天、航空、电子电气、化学工业等性能要求较高的领域。工程塑料具有较高的强度，耐热温度高、耐辐射及尺寸稳定性好等优点，部分具有良好的耐燃性，如聚醚酮类、聚硫醚类、聚砜类、聚酰亚胺类等，但 HIPS（耐冲击聚苯乙烯）、ABS、PBT 等从应用领域看，需要进行阻燃处理。为了保持其原有的优异性能，选择阻燃剂时应考虑其对材料冲击强度、热变形温度、熔体流动速度及紫外线稳定性的影响。因此，尽管工程塑料对阻燃剂的需求量不大，但一些高性能的开发主要集中在这一领域。

14.4.3 在纺织行业的应用

纺织品纤维种类涉及天然纤维、人造纤维、合成纤维，其中棉、聚酯和羊毛纤维的用量最大。

纺织品具有较大的纤维比表面积，因为更容易燃烧，火蔓延也更迅速。所有的传统织物纤维都可燃，差别仅在于易燃性不同。随着合成纤维的采用纺织品的点燃危险性减小。

热塑性纤维制成的轻质织物由于熔滴现象的存在而表现出一定的自熄性，但重质织物由于熔化的聚合物黏附力较大而往往较易燃烧。对装饰织物进行阻燃处理的实际目的是延缓火焰蔓延的速度和降低有毒气体的释放。织物的阻燃整理方法有：

① 在聚合过程中进行改性，即在结合物阶段将阻燃剂与聚合物单体共聚，或在高分子链上引入难燃基团进行接枝改性；

② 在纺丝过程中改性，即在纺丝成型之前将一定量的阻燃剂加到聚合物中，经混合加工使阻燃剂均匀地分散在聚合物熔体中；

③ 在后整理过程中进行改性，即采用浸轧、烘焙、高温高压浸渍、涂层等方法，使阻燃剂固着在纤维或织物上，从而获得阻燃效果。

14.4.4 在胶黏剂工业中的应用

胶黏剂在现代工业和人们日常生活中得到广泛应用，这就要求胶黏剂不仅要有良好的力学性能、耐腐蚀性，环保、无毒无害，还要有较好的阻燃性，以保障人们的生命财产安全。目前常用的方法是将阻燃剂引入胶黏剂中，通过阻燃剂的吸热作用、覆盖作用、抑制链反应和生成具有窒息作用的不燃气体等途径来达到阻燃的目的，从而将可燃性材料转化成难燃性材料。

14.4.5 在造纸工业中的应用

一般的纸张都是易燃品，在现实生活中有相当数量的火灾是由于纸和包装材料引起的，为了消除火灾隐患，许多国家相继制定了各类防火安全法则，对纸和纸板阻燃性能的要求也日益增加。

阻燃纸主要有两大类：一类是以石棉、矿棉、玻璃纤维等无机纤维为主要成分生产的纸，另一类是在植物纤维纸浆中添加各种阻燃剂或通过浸渍、涂布而制成的具有阻燃效果的纸产品。用无机纤维制成的纸具有很好的阻燃性能，但由于石棉等无机纤维不利于生产者健康，而且成形纸页的性能较差，在环保日益重视的今天，其应用受到限制，添加阻燃剂的植物纤维纸则发展较快。但是适用于阻燃纸的阻燃剂不多。归纳起来，阻燃剂的选择应满足以下要求：①阻燃剂添加量小于纸品总质量的 10%；②阻燃剂毒性小，无色无味；③阻燃剂不返卤，不吸潮；④氧指数大于 27%。

14.4.6 在涂料工业中的应用

防火涂料在防火领域使用广泛，又称阻燃涂料，涂刷于基材表面延缓基材着火或增大隔热性以推迟基材结构破坏，同时具有防腐、防锈、美化等保护功能和装饰功能。

饰面型防火涂料可采用刷涂、喷涂、辊涂和刮涂方式，任何一种或多种方法施工方便，涂层能在自然环境条件下干燥、固化，既有装饰效果又有防火作用。按其有无分散介质分为油性和水性两种。水性防火涂料以水为分散介质，能保持原基材的形貌不变和保持原有建筑风格、色调，广泛用于各种室内装修装饰材料、木制建筑的阻燃处理。

油性防火涂料以易挥发的有机溶剂为分散介质，具有优异的性能，用于冶金钢构件、电力电缆线路等方面的防火阻燃保护。油性饰面型防火涂料可分为氨基类、丙烯酸树脂类、醇酸树脂类、环氧树脂类、聚氨酯类等几种。

水性饰面型防火涂料主要有水乳型、无机膨胀型、无机有机复合型。

饰面型防火涂料按其防火形式及组成可分为非膨胀型和膨胀型，我国市面上使用的主要为膨胀型。非膨胀型饰面防火涂料涂覆在被保护基材上延缓了热量传向被保护基材的速度，阻滞热传导和热辐射，保护内部的基材。同时涂层在火灾炙烤高温状态下会产生一系列的化学反应，释放出的难燃气体能稀释基材周围空气中氧气的浓度，且基料中的无机物受热形成一层隔绝氧气的保护层，对物体起到一定的保护作用抑制燃烧。膨胀型饰面防火涂料主要通过形成多孔泡沫炭层而在凝聚相起阻燃作用，受热产生的 NO 和 NH_3 能使燃烧赖以进行的自由基化合而导致链反应终止；生成的难燃性炭质层能隔断外界火焰对基材起到防火作用。

14.5 阻燃剂配方与制备实例

配方 1 DOPO 添加型阻燃剂

原料配比

原料	配比（质量份）	原料	配比（质量份）
9,10- 二氢 -9- 氧杂 -10- 磷杂菲 -10- 氧化物（DOPO）	8.64	四氯化碳	4.85
溶剂	适量	盐酸	适量
4,4′- 二羟基二苯砜	6	碳酸氢钠溶液	适量
三乙胺	7.38	去离子水	适量

制备方法

（1）称取 DOPO 于容器中，加入溶剂，搅拌混合均匀。

（2）将 4,4′- 二羟基二苯砜和三乙胺加入容器中，搅拌均匀。

（3）将四氯化碳在搅拌器搅拌下滴加到容器中，滴加过程控制温度在 10℃以内；所述搅拌器为集热式磁力搅拌器，滴加时采用恒压滴液漏斗进行滴加。

（4）室温反应 8 ～ 12h。

（5）将反应后溶液依次用盐酸、碳酸氢钠、去离子水萃取洗涤，得到下层黏稠状液体；用于萃取洗涤的盐酸的浓度为 0.05 ～ 0.15mol/L，用于萃取洗涤的碳酸氢钠溶液的浓度为 0.05 ～ 0.15mol/L，用盐酸、碳酸氢钠溶液、去离子水各萃取洗涤 2 ～ 3 遍。

（6）将分离得到的下层黏稠状液体通过减压蒸馏除去反应中的溶剂，得到沉淀后真空干燥得产物 DOPO-BPS。

原料介绍 所述溶剂为二氯甲烷、乙酸乙酯、乙腈、四氢呋喃、氯仿中的一种或多种。所述溶剂用量为 9,10- 二氢 -9- 氧杂 -10- 磷杂菲 -10- 氧化物质量的 3 ～ 8 倍。

产品应用 本品主要用作环氧树脂的阻燃剂。使用方法：将环氧树脂和 DOPO-BPS 在 80 ～ 110℃下搅拌至获得均匀的溶液，降温至 80 ～ 90℃，加入 4,4′- 二氨基二苯基甲烷搅拌至透明，倒入模具中，先在 110 ～ 130℃条件下真空干燥 2 ～ 3h，再在 140 ～ 160℃条件下真空干燥 3 ～ 5h。

产品特性

（1）本品具有良好的阻燃效果，且有低烟、无毒、热稳定性高且保持树脂基体透光度变化较小的优点。

（2）本品与环氧树脂相容性好，能保持环氧树脂透光度变化小的同时保持化学和热稳定性高。

（3）本品由于二羟基二苯砜的固色剂作用，在加入环氧树脂后不会改变环氧树脂本身的透光度，环氧树脂仍保持着高透明性，这使环氧树脂的应用有了更多的选择。

配方 2 MOFs 改性氮磷阻燃剂

原料配比

原料			配比（质量份）		
			1#	2#	3#
氮磷阻燃剂	季戊四醇		31.2	32.6	31.9
	磷系化合物	五氧化二磷	47	—	48.5
		磷酸	—	50	—
	磷氯化合物	三氯化磷	73	—	74
		五氯化磷	—	75	—
	乙醇胺		29	35	32
三聚氯氰阻燃剂	氨基乙酸		20	20	20
	1,4- 二氧六环		40	40	40
	三聚氯氰		15.6	31.2	23.4
	水		50（体积份）	50（体积份）	50（体积份）
	95% 酒精		30（体积份）	30（体积份）	30（体积份）
	无水甲醇		40（体积份）	40（体积份）	40（体积份）
MOFs	三聚氯氰阻燃剂		12	12	12
	混合溶液		60（体积份）	60（体积份）	60（体积份）
	混合溶液	*N*,*N*- 二甲基乙酰胺	3（体积份）	3（体积份）	3（体积份）
		甲醇	1（体积份）	1（体积份）	1（体积份）
	硫酸铝		1.2	2.4	1.8
	氯化铬		7.5	11.6	9.5
	氨水		适量	适量	适量
MOFs			5.1	5.1	5.1

制备方法

（1）氮磷阻燃剂中间体季戊四醇磷酸酯的制备：在装有温度计、搅拌桨的反应容器中加入季戊四醇、磷系化合物，于室温下搅拌 1 ～ 2h，将体系温度升高至 110 ～ 120℃，反应

2 ～ 3h，得到无色透明液体，即季戊四醇磷酸酯。

（2）氮磷阻燃剂的制备：将步骤（1）所得季戊四醇磷酸酯降至室温，安装废气处理装置，在 1 ～ 2h 内分三次添加磷氯化合物，添加时，以碱性溶液作其吸收液，添加完毕，将体系升温至 45 ～ 50℃，保温搅拌反应 1 ～ 2h，降至室温，于 1 ～ 2h 内滴加乙醇胺，并于 50℃继续搅拌反应 2 ～ 3h，得微黄色透明黏性液体，即产物氮磷阻燃剂。

（3）称取氨基乙酸、1,4- 二氧六环，搅拌混合，用质量分数 30% 的氢氧化钠溶液调节 pH 值到 8，减压蒸馏除去水，分三次往体系中加入三聚氯氰，每次间隔 15min，将反应体系升温至 100℃，使反应体系达到回流状态，并在此温度下反应 2 ～ 4h，自然冷却至室温，再用质量分数为 15% 的稀盐酸将溶液酸化至 pH=3，维持搅拌 60 ～ 90min，将混合液离心，再分别用水、95% 酒精和无水甲醇洗涤，真空干燥得三聚氯氰阻燃剂。

（4）将步骤（3）得到的产物溶于由 *N,N*- 二甲基乙酰胺和甲醇按体积比 3 ∶ 1 组成的混合溶液中，向其中加入硫酸铝、氯化铬和适量氨水，将混合液搅拌 20min 至体系中无固体颗粒，将混合体系转移到聚四氟乙烯内衬反应釜中，在 110℃下反应 12 ～ 24h，程序降温得 MOFs 产物。

（5）将步骤（4）得到的 MOFs 产物加入到步骤（2）所得氮磷阻燃剂中，70 ～ 90℃下反应 2 ～ 4h，得 MOFs 改性氮磷阻燃剂。

产品应用 本品主要用作涤纶整理工艺的阻燃剂。阻燃整理液的制备方法：按质量份，在容器中加入 MOFs 改性氮磷阻燃剂 10 ～ 15 份、防起球材料 3.6 份、蒸馏水 89 ～ 93 份、氮丙啶改性异氰酸酯交联剂 1 ～ 4 份、*N,N,N′,N″*- 四（2- 羟基丙基）乙二胺 0.5 ～ 1.6 份、苯甲胺 0.2 ～ 1 份、涤纶插层材料 2.8 ～ 3.6 份，待物料溶解完全，得阻燃整理液。

产品特性

（1）本品含氮、磷阻燃元素，主要在气相、凝聚相发挥阻燃效果，低烟低毒、阻燃效果好。

（2）MOFs 化合物具有比较强的耐热性，也能吸收烟雾，导致涤纶的烟雾大幅降低，也使涤纶催化成炭，涤纶织物燃烧表面的成炭性大幅增强，提高涤纶的阻燃性，其中铬、铝与涤纶织物中的酯基结合。MOFs 改性的氮磷阻燃剂分散涤纶的非晶区，进行插层，使涤纶燃烧形成连续层，阻止涤纶熔滴产生，避免造成二次危害。

配方 3　多官能团阻燃剂

原料配比

原料	配比（质量份）			
	1#	2#	3#	4#
4,4′- 双（苯基膦氧）二苯醚	41.8	41.8	41.8	41.8
1,4- 苯醌	22.7	26	21.6	22.7
叔丁醇钾	—	2.01	—	—
乙醇钠	—	—	2.01	—
氢氧化钠	—	—	—	1.01
N, N- 二甲基甲酰胺（DMF）	200（体积份）	200（体积份）	200（体积份）	200（体积份）
蒸馏水	200（体积份）	200（体积份）	200（体积份）	200（体积份）
DMF	200（体积份）	200（体积份）	200（体积份）	200（体积份）

制备方法 将 4,4′- 双（苯基膦氧）二苯醚、1,4- 苯醌、叔丁醇钾（乙醇钠或氢氧化钠）溶解在装有 *N,N*- 二甲基甲酰胺（DMF）的三口烧瓶中，升温到 30℃，于 30℃反应 18h。反应完成后将反应液冷却到室温，之后将反应液转移到蒸馏水中萃取 30min，抽滤去除溶剂得

到粗品。再将粗品用 DMF 重结晶 30min，过滤烘干得到目标物。

原料介绍

所述的 4,4′- 双（苯基膦氧）二苯醚通过以下步骤制得：将二苯醚、苯基二氯化膦和催化剂混合，进行反应；将所得反应液水解，得到水解产物；用有机溶剂萃取水解产物中的有机物，萃取得到的有机层经中和、水洗后，再蒸除有机溶剂得目标物。苯基二氯化膦与二苯醚的摩尔比为（2.0 ～ 2.2）∶1。催化剂选用 Lewis 酸催化剂，Lewis 酸催化剂与二苯醚的摩尔比为（2.0 ～ 2.2）∶1。通过通氮气控制反应在无氧条件下进行；控制反应温度为 50 ～ 120℃，反应时间为 10 ～ 16h。反应液水解时是将反应液加入到盐酸溶液中，盐酸溶液的质量分数为 5% ～ 10%；控制水解温度范围为 20 ～ 50℃。

所述的溶剂为氯苯、二氯苯、氟苯等惰性溶剂中的一种或两种以上的组合。

产品应用 本品是一种多官能团阻燃剂。在改性环氧树脂中的应用，包括以下步骤：将多官能团阻燃剂、环氧树脂和固化剂混合均匀，真空脱除气泡后倒入模具，固化；固化完成后，冷却至室温脱模，得到阻燃环氧树脂，即（4,1- 苯基）二（2,5- 二羟基苯基）（苯基）氧化膦阻燃环氧树脂。

产品特性

（1）本品为新结构有机磷阻燃剂，具有可参与环氧树脂固化反应的多官能团，不存在类似 DOPO 的封端反应，从而可以在达到阻燃的同时制备高 T_g 的环氧树脂。

（2）本品制备方法简便高效，并具有纯度高、收率高等优势。

（3）本品应用于环氧树脂中，大大提高了环氧树脂材料的阻燃效果和耐热性。

配方 4 复合改性三聚氰胺氰尿酸盐阻燃剂

原料配比

原料			配比（质量份）		
			1#	2#	3#
包覆氧化铝	炭球	葡萄糖	40	40.5	41
		去离子水	225	230	235
	复合粒子	硝酸铝	25	25.5	26
		尿素	16	16.2	16.5
		炭球	18	19	20
		去离子水	460	470	480
	初级包覆氧化铝	四氯化锡	4	4.1	4.2
		去离子水①	500	510	520
		复合粒子	8.5	8.8	9
		氯化镁	0.8	0.9	1
		去离子水②	1000	1100	1200
	混合水溶液	氯化钠	5	5.5	6
		氯化钾	9	9.5	10
		水	加至 100	加至 100	加至 100
一次复合物	三聚氰胺		125	126	128
	氰尿酸		141	142	145
	去离子水		4000	4050	4100
	包覆氧化铝		48	49	50
硝酸铝水溶液	硝酸铝		20	20.5	21

续表

原料		配比（质量份）		
		1#	2#	3#
硝酸铝水溶液	去离子水	40	42	45
一次复合物分散液	一次复合物	18	19	20
	去离子水	500	520	550
	十六烷基三甲基溴化铵	4	4.2	4.5
9% 的氢氧化钠水溶液		80	81	82
36% 的盐酸		1.5	1.6	1.8
γ- 氨丙基三乙氧基硅烷		3.5	3.8	4.0

制备方法

（1）制备包覆氧化铝。

① 炭化：将葡萄糖与去离子水加入高压反应釜中，将高压反应釜密闭后，抽真空至真空度为 0.08 ～ 0.09MPa，然后将高压反应釜的温度控制至 180 ～ 190℃，在 180 ～ 190℃下保温 5 ～ 6h，过滤，使用去离子水清洗滤渣 2 ～ 3 次，然后置于 80 ～ 90℃下烘干，得到炭球。

② 复合：将硝酸铝、尿素、炭球、去离子水混合后进行超声振荡，控制超声振荡的频率为 20 ～ 30kHz，时间为 15 ～ 20min；超声振荡结束后转移至高压反应釜，将高压反应釜密闭后，抽真空至真空度为 0.08 ～ 0.09MPa，然后将高压反应釜的温度控制至 160 ～ 180℃，在 160 ～ 180℃下保温 4 ～ 4.5h，过滤，使用去离子水清洗滤渣 2 ～ 3 次，然后置于 80 ～ 90℃下烘干，得到复合粒子。

③ 包覆：将四氯化锡、去离子水①、复合粒子加入反应釜中，将反应釜的温度控制至 40 ～ 60℃，搅拌速度控制至 200 ～ 300r/min，搅拌 50 ～ 60min 后，过滤，使用去离子水清洗滤渣 2 ～ 3 次，然后置于 70 ～ 80℃下烘干后，将烘干后的滤渣与氯化镁、去离子水②混合后进行超声振荡，控制超声振荡的频率为 20 ～ 30kHz，时间为 10 ～ 20min；超声振荡结束后转移至反应釜中，将反应釜的温度控制至 40 ～ 60℃，搅拌速度控制至 200 ～ 300r/min，搅拌 5 ～ 6h 后，过滤，使用去离子水清洗滤渣 2 ～ 3 次，然后置于 110 ～ 120℃下烘干，得到包覆粒子。

④ 焙烧：将包覆粒子置于 480 ～ 500℃下焙烧 5 ～ 6h，得到初级包覆氧化铝。

⑤ 浸泡：初级包覆氧化铝完全浸泡于混合水溶液中，在 40 ～ 60℃下完全浸泡 2 ～ 3h，然后取出，置于 110 ～ 120℃下烘干，得到包覆氧化铝。

（2）一次复合。将三聚氰胺、氰尿酸、去离子水、包覆氧化铝加入反应釜中，将反应釜的温度控制至 140 ～ 150℃，搅拌速度控制至 100 ～ 200r/min，反应 4.5 ～ 5.5h 后，自然冷却至室温，过滤，使用去离子水清洗滤渣 3 ～ 4 次，然后置于 80 ～ 90℃下烘干，得到一次复合物。

（3）二次复合。将硝酸铝加入去离子水中，混合均匀，得到硝酸铝水溶液；将一次复合物、去离子水、十六烷基三甲基溴化铵混合后，控制频率为 20 ～ 30kHz，超声振荡 20 ～ 30min 后，得到一次复合物分散液；将氢氧化钠水溶液加入反应釜中，将反应釜的温度控制至 80 ～ 90℃，搅拌速度控制至 300 ～ 400r/min，同时滴加硝酸铝水溶液，滴加结束后继续搅拌 20 ～ 30min，加入盐酸，继续搅拌 40 ～ 50min，加入一次复合物分散液，继续搅拌 20 ～ 30min，得到混合液；将混合液加入高压反应釜，将高压反应釜密闭后，抽真空至真空度为 0.08 ～ 0.09MPa，然后将高压反应釜的温度控制至 200 ～ 220℃，在 200 ～ 220℃下保温 14 ～ 15h，将高压反应釜的温度降低至 110 ～ 120℃，加入 γ- 氨丙基三乙氧基硅烷，继续搅拌 4 ～ 5h，打开密闭反应釜，自然冷却至室温，过滤，使用去离子水清洗滤渣 3 ～ 4

次，然后置于 80 ～ 90℃下烘干，得到复合改性三聚氰胺氰尿酸盐阻燃剂。所述氢氧化钠水溶液的质量分数为 9% ～ 10%；所述盐酸的质量分数为 36% ～ 38%；所述硝酸铝水溶液的滴加速度为 3 ～ 4g/min。

产品应用 本品主要用于尼龙 6 产品的制备。

产品特性

（1）本品通过在制备包覆氧化铝步骤中加入包覆步骤，以及对一次复合物进行二次复合，能够提高其阻燃效率，制备的尼龙 6 产品的阻燃等级为 UL94 V-0，极限氧指数为 35.3% ～ 35.6%；

（2）本品能够提高尼龙产品的灼热丝起燃性温度，制备的尼龙 6 产品能够通过 850℃起燃温度测试。

配方 5 高热分解温度 TCPP 阻燃剂

原料配比

原料	配比（质量份）			
	1#	2#	3#	4#
三氯氧磷	154.1	154.1	154.1	154.1
三氯化铝	6.67	1.33	13.35	3.8
环氧丙烷	177.3	203.5	175	179.1
去离子水①	33.8	35.9	34.2	33.7
去离子水②	338.1	358.9	342.4	336.9
5%氢氧化钠水溶液	适量	适量	适量	适量

制备方法

（1）准备原料：对三氯氧磷（双氯代磷酸含量 7.3×10^{-4}）进行精馏提纯，控制塔釜温度为 72℃、真空度为 31kPa、回流比 3∶1，得到提纯后三氯氧磷，其中双氯代磷酸含量为 1.12×10^{-4}，产品纯度≥ 99.5%。

（2）制备 TCPP：将上述精馏得到的三氯氧磷、三氯化铝加入四口烧瓶中，充分搅拌，混合均匀，反应液升温至 50℃，将环氧丙烷缓慢滴加到烧瓶中，滴加过程控制反应温度为 50℃，环氧丙烷滴加结束后继续保温反应 3h，得到 TCPP 粗品。

（3）向 TCPP 粗品中加入去离子水①，用 5%氢氧化钠水溶液调节反应液 pH=9，在 50℃下充分搅拌 0.5h，反应液过滤后静置分相，有机相中加入去离子水②，在 50℃下充分搅拌 0.5h，静置分相，有机相在 100℃、真空度 3kPa 下脱水 1h 后得到 TCPP 纯品。

产品应用 TCPP 阻燃剂［磷酸三（2- 氯丙基）酯］作为低卤环保型阻燃剂的代表，其阻燃效率高，同时还兼有增塑、防潮、抗静电等作用，可广泛用于硬质或软质聚氨酯泡沫、聚氯乙烯、酚醛树脂、丙烯树脂以及橡胶、涂料的阻燃。

产品特性 本品通过控制三氯氧磷中双氯代磷酸的含量减少高温下羟基自由基的生成，从而提高其热分解温度，有利于扩大产品的应用领域。

配方 6 含二茂铁 – 磷腈阻燃剂

原料配比

原料		配比（质量份）		
		1#	2#	3#
二茂铁甲醛	*N*,*N*- 二甲基甲酰胺	4	0.8	20

续表

原料			配比（质量份）		
			1#	2#	3#
二茂铁甲醛	二氯甲烷		20（体积份）	30（体积份）	200（体积份）
	三氯氧磷		2.5	0.5	20
	二茂铁		5	0.4	10
	15%～30%的NaOH水溶液		适量	适量	适量
	无水硫酸钠		适量	适量	适量
	去离子水		适量	适量	适量
	混合液	二氯甲烷	3（体积份）	1（体积份）	2（体积份）
		正己烷	1（体积份）	6（体积份）	1（体积份）
六（4-氨基苯氧基）环三磷腈（HACP）			4.5	0.1	5
二茂铁甲醛			9.5	1	10
溶剂	丙酮		9（体积份）	30.5（体积份）	200（体积份）
混合溶液	乙醇		8.5（体积份）	1（体积份）	5（体积份）
	二氯甲烷		1（体积份）	6（体积份）	2（体积份）

制备方法

（1）制备二茂铁甲醛：将*N*,*N*-二甲基甲酰胺加入到溶剂二氯甲烷中，在温度−5～5℃的低温反应浴中进行机械搅拌反应，直到均匀分散；然后，在上述反应液中加入三氯氧磷，添加完成后，继续搅拌反应15h；继续加入二茂铁，并将反应物（溶液）在温度40～60℃下搅拌反应2～48h；反应完毕后，将反应后的溶液慢慢滴入冰去离子水，滴入完成后，继续慢慢滴入质量分数为15%～30%的NaOH水溶液，使体系的pH值保持在6～9；随后，反应的混合溶液分别用二氯甲烷、去离子水萃取，并用无水硫酸钠干燥除掉水分，将收集的萃取液置于温度40～60℃下的旋转蒸发仪内旋蒸，收集粗产物；用体积比为（1∶6）～（3∶1）的二氯甲烷和正己烷混合液对粗产物进行重结晶。收集产物置于真空干燥箱中在温度50～70℃下干燥24～48h，得到红棕色固体二茂铁甲醛（Fe-CHO）。

（2）制备含二茂铁-磷腈阻燃剂：将六（4-氨基苯氧基）环三磷腈、二茂铁甲醛、溶剂混合加入到反应容器中，在40～90℃温度下搅拌反应24h，通过分水器及时除去副产物水，反应结束自然冷却至室温，得粗产物；配制乙醇、二氯甲烷混合溶液对粗产物进行重结晶（纯化），得到产物；将产物置于真空干燥箱中在温度60～80℃下干燥24～48h，得到含二茂铁-磷腈阻燃剂（紫红色粉末），即六（4-亚胺基）环三磷腈-二茂铁（FH），尺寸为50～100nm，厚度为3～50nm，孔体积为0.091～0.25mL/g之间，孔径分布在1.9～5.6nm之间。

原料介绍 磷腈含有磷氮阻燃元素，其高热稳定对阻燃有积极的效果，是一类重要的有机磷阻燃剂。磷系阻燃剂腐蚀性低，阻燃抑烟效果佳，属于环境友好型材料，它具有含磷量大、热稳定性强的特点。其中，环三磷腈作为一种新的磷氮阻燃剂骨架材料，是磷腈中最具代表性的化合物之一，它具有稳定的六元环共轭结构、良好的热稳定性，并具有独特的磷和氮原子交替的分子结构（—P═N—）；环三磷腈每个磷原子都有两个活泼的P—Cl键，具有很好的可设计性，可以合成不同的磷腈结构，其形成的环交联的磷腈化合物具有纳米纤维、空心球、层状结构等多种形态；环三磷腈的主要阻燃功能是在高温下产生含有磷氧化物或磷酸的高质量的炭层，并且部分未降解的环三磷腈可以作为一种防止炭层坍塌的刚性骨架，它还能产生二氧化碳、氨气、氮气等不可燃气体。

产品应用 本品主要用于阻燃高分子复合材料中。

产品特性

（1）本品利用了含二茂铁金属基衍生物在阻燃方面有抑烟及催化成炭的作用，在燃烧过程中，二茂铁衍生物产生氧化铁、铁原子等物质，对聚合物材料具有催化成炭、捕捉自由基和抑制烟雾等作用，在铁原子和氧化铁的协助下，会使一氧化碳向二氧化碳转化，从而减少有毒气体的排放。

（2）本品将二茂铁金属基和环三磷腈通过简单的有机反应形成大分子有机化合物，发挥了两者的阻燃协同效应；并且，利用含活性氨基的环三磷腈衍生物和二茂铁甲醛通过亲核加成反应引入刚性席夫碱（—C═N—）结构，席夫碱（—C═N—）基团会在高温下参与交联反应，形成 C、N 交替的热稳定六元环结构，可以产生多重效应对高分子材料进行阻燃，提高阻燃效率。

（3）本品二茂铁甲醛中的醛基与 HACP 中的氨基的反应活性很高，且反应条件简单，反应的副产物只有水，便于后续的处理；反应后得到的 FH 由于含有苯环、茂环、碳碳双键、环三磷腈、希夫碱（—C═N—），它们之间存在 π-π 堆叠效应，因而得到具有微孔结构的纳米片形貌，纳米片在高分子基体中对性能的提升更有优势。

配方 7　含亚磷酸铝的复合阻燃剂

原料配比

原料		配比（质量份）			
		1#	2#	3#	4#
二乙基次膦酸铝		65	56	57	65
亚膦酸铝		27	31	25	27
六苯基三聚磷腈		21	23	22	21
改性玻璃微球		7	5	8	7
云母	2500 目	5	3	4	5
改性蛭石		3	1	2	3
硅烷偶联剂	硅烷偶联剂 KH-550	2	2	3	2
热稳定剂		3	2	4	3
热稳定剂	月桂酸锌	2	2	2	2
	硫酸锌	1	1	1	1
	氧化铈	3	3	3	3

制备方法

（1）将复合阻燃剂的组分放置于变频搅拌机中进行低速混合和高速混合两级均匀混合。低速混合的搅拌速度为 700 ～ 1000r/min，混合时间为 5 ～ 10min，不控温；高速混合的搅拌速度为 3000 ～ 4000r/min，温度控制在 60 ～ 70℃，混合时间为 30 ～ 40min。

（2）将混合均匀的物料输送至离心式振动筛分机进行筛分，制得复合阻燃剂。

原料介绍

所述改性蛭石的制备方法为：将原矿蛭石经球磨机粉碎至 50 ～ 100 目，得到蛭石粉末；将 10 质量份蛭石粉末加入到 3 ～ 5mol/L 的 300 ～ 400 体积份盐酸水溶液中，升温至 70 ～ 90℃，搅拌 4h，过滤、洗涤至中性，130℃烘 15 ～ 20h，研磨至小于 100 目后得到改性蛭石。

所述改性玻璃微球的制备方法为：将玻璃微球在 550℃马弗炉中烧蚀 1 ～ 1.5h，然后将烧蚀后的玻璃微球浸渍在活性润滑剂中 4 ～ 5h，随后取出烘干并在 340℃马弗炉中烧结，获得改性玻璃微球；其中，所述活性润滑剂包括以下质量分数的组分：粒径≤ 12μm 聚四氟乙烯 50% ～ 53%、氧化镧 1% ～ 3% 和氧化铈 0.5% ～ 2%，余量为乙醇。

产品应用 本品主要用于 PVC 塑料制品的阻燃。

产品特性 本品具有优异的阻燃效果，并且可以显著提升材料的力学性能，尤其对于 PVC 材料的发展和应用具有重要的意义。

配方 8 聚磷酸铵基改性阻燃剂

原料配比

原料		配比（质量份）			
		1#	2#	3#	4#
对位取代苯磺酸金属盐	六水合氯化铝	200	200	—	—
	氯化锌	—	—	200	—
	氯化镁	—	—	—	200
	去离子水①	400（体积份）	400（体积份）	400（体积份）	400（体积份）
	对甲苯磺酸	200	—	200	200
	对氨基苯磺酸	—	20	—	—
	去离子水②	400（体积份）	400（体积份）	400（体积份）	400（体积份）
聚磷酸铵（APP）		200	200	200	200
水①		400（体积份）	400（体积份）	400（体积份）	400（体积份）
对位取代苯磺酸金属盐		200	20	200	200
水②		400（体积份）	400（体积份）	400（体积份）	400（体积份）

制备方法

（1）所述对位取代苯磺酸金属盐的制备

① 将六水合氯化铝（氯化锌或氯化镁）溶于去离子水①中，形成金属盐水溶液。

② 将氢氧化钠溶液加入所述铝盐水溶液，直至所述溶液的 pH 值为预设 pH 值范围。所述氢氧化钠溶液的质量分数为 10% ～ 30%。所述预设 pH 值范围为 8.0 ～ 10.0。

③ 将所得溶液抽滤，取沉淀，用蒸馏水多次洗涤、抽滤，制成滤饼。

④ 将对甲苯磺酸或对氨基苯磺酸溶于去离子水②中，形成对甲苯磺酸或对氨基苯磺酸溶液，并将所得滤饼立即加入至所述甲苯磺酸或对氨基苯磺酸溶液；在室温下搅拌反应 3 ～ 48h。

⑤ 待反应结束后，抽滤，将澄清液旋蒸去除水，再在真空干燥箱中干燥得固体。

（2）产品制备

① 将对位取代苯磺酸金属盐溶解于水①，形成对位取代苯磺酸金属盐溶液。

② 将聚磷酸铵溶于水②中，形成 APP 溶液。

③ 将所述金属盐溶液加入所述 APP 溶液。

④ 搅拌静置、抽滤，取白色沉淀，并用蒸馏水多次淋洗所述白色沉淀，将所述白色沉淀放入真空烘箱 80 ～ 160℃干燥 3 ～ 6h，得到的白色或白灰色固体即为产品。

产品应用 聚磷酸铵（APP）作为一种重要的无机磷系阻燃剂，是膨胀阻燃体系的重要组成部分，受热分解时不产生有毒气体，阻燃效果好，符合环保趋势。根据平均聚合度（n）的大小，APP 有短链（n=10 ～ 20，水溶性）和长链（n > 20，水不溶性）之分。结晶Ⅰ型 APP 聚合度较低，分子量较小，在水中的水溶性较大，易吸潮，高温易分解，耐水性低等，使其应用受到了较大的限制，只能应用于普通防火涂料、纤维、纸张和木材等方面的阻燃。通过改性，可以提高低聚 APP 热稳定性，简便易操作，可使其获得优良的性能，提高了 APP 产品附加值，促进 APP 发展。

产品特性 本品采用对甲基（氨基）苯磺酸金属盐改性 APP，制备改性 APP，通过引入有机官能团与金属离子，提高 APP 产品的热稳定性，降低水溶性。

配方 9 聚膦硅氮烷高分子阻燃剂

原料配比

原料		配比（质量份）			
		1#	2#	3#	4#
氯硅烷	甲基乙烯基二氯硅烷	42	45	55	48
	甲基三氯硅烷	42	45	45	34
溶剂①	间位二甲苯	500	—	—	500
	乙苯	—	500	—	—
	苯	—	—	500	—
氨		适量	适量	适量	适量
引发剂	9,10- 二氢 -9- 氧杂 -10- 磷杂菲 -10- 氧化物（DOPO）	48	60	55	48
自由基引发剂	偶氮二异庚腈（ABVN）	1.6	1	0.8	1.6
溶剂②	间位二甲苯溶剂	120（体积份）	—	—	120（体积份）
	乙苯溶剂	—	125（体积份）	—	—
	苯溶剂	—	—	120（体积份）	—
乙醇		适量	适量	适量	适量
环己烷		适量	适量	适量	适量

制备方法 将甲基乙烯基二氯硅烷、甲基三氯硅烷和溶剂①一起加入反应釜中，搅拌混合均匀并制冷，控制聚合温度在 −20℃，向反应釜中缓慢通入 0.3L/h×4h 的氨气量后，停止通入氨气，得到中间产物聚氮硅烷，开始持续通入氮气保护气，将 9,10- 二氢 -9- 氧杂 -10- 磷杂菲 -10- 氧化物（DOPO）加入到反应釜中，搅拌溶解；将偶氮二异庚腈（ABVN）溶解在溶剂②中，缓慢加到反应釜中，持续搅拌，将溶液升温到 60℃，反应 7h，得到产物体系，在 140℃下减压蒸馏分离溶剂和杂物氯化铵，得到粗品；将粗品依次用乙醇和环己烷进行洗涤纯化；通过旋转蒸发去除纯化溶剂；在 100℃下真空干燥 6h，得到聚膦硅氮烷高分子阻燃剂产物。

原料介绍

所述溶剂①为质子溶剂，选择苯、甲苯、乙苯、对位二甲苯、邻位二甲苯、间位二甲苯、三甲苯、四甲苯中的任意一种或多种。

所述溶剂②为极性溶剂，选自乙腈、二氧六环、四氢呋喃、甲乙酮中的任意一种或多种。

产品应用 本品广泛应用于航空航天、电子电气和动力能源等的高温结构阻燃材料领域。在阻燃高分子涂层中的应用：将上述的聚膦硅氮烷高分子阻燃剂加热到 35 ～ 80℃后再进行涂布。

产品特性 本品是以 Si—N 键为主链，侧链含有甲基、不饱和双键（活性基团）、N—H 键（活性基团）、P 元素与苯环结构的高分子材料，该高分子中的硅原子和氮原子交替排列形成环形及线形聚合物基本骨架，其中的 Si—N 键可以和环氧树脂发生交联反应，赋予其良好的热稳定性和较高的质量保留率；侧链的磷杂菲结构，在燃烧过程中会产生磷酸类物质，促使聚合物表面快速脱水炭化，形成炭化层或不燃层覆盖在基体材料表面，同时，结构中的

P/N/Si 多元素也能起到协效阻燃作用。由于不饱和双键、N—H 键作为活性位点使得聚膦硅氮烷高分子阻燃剂分子易自聚，因此可以将聚膦硅氮烷高分子阻燃剂分子自聚后直接作为阻燃高分子涂层使用，从而使得该阻燃剂能够广泛应用于航空航天、电子电气和动力能源等的高温结构阻燃材料领域。

配方 10　抗流失阻燃剂

原料配比

原料		配比（质量份）			
		1#	2#	3#	4#
配位胶体	双氰胺	20	20	20	20
	硼酸氢铵	54	54	54	60
	磷酸二氢铵	28	28	28	28
	水	240	300	350	350
无机阻燃材料	氢氧化镁	2	2	2	2
有机包埋物	β- 环糊精	10.8	27	27	27
交联剂		10.8	27	27	27

制备方法

（1）将双氰胺、硼酸氢铵和水，在 110 ～ 120℃下搅拌溶解，得到预备料。

（2）将磷酸二氢铵加入到预备料中，升温至 130 ～ 150℃，保温 2 ～ 4h，然后降温至 80 ～ 90℃，得到配位胶体。

（3）将无机阻燃材料、有机包埋物加入配位胶体中搅拌；搅拌时间为 15 ～ 30min，转速为 90 ～ 110r/min。

（4）向步骤（3）所得混合料中加入交联剂进行搅拌，然后于 80 ～ 90℃下保温 4 ～ 6h，冷却后，在 80 ～ 90℃下干燥，得到抗流失阻燃剂。搅拌时间为 20 ～ 30min，转速为 80r/min。

原料介绍　所述交联剂为多亚甲基多苯基多异氰酸酯。

产品应用　本品主要用于阻燃板材的生产。所述阻燃板材的制备方法包括以下步骤：将抗流失阻燃剂配制成质量分数为 12% 的溶液，然后将含水率为 8% ～ 20% 的单板置于其中，于压力为 −1 ～ −0.8MPa、温度为 50 ～ 70℃的环境下，加压浸渍 1 ～ 2h，然后于 80℃下干燥，得到阻燃板材。

产品特性

（1）本品预先由双氰胺、硼酸氢铵、磷酸二氢铵形成配位胶体，然后添加有机包埋物，一方面降低阻燃剂整体结构的亲水性，另一方面和配位胶体配合形成具有一定空间结构的聚合阻燃剂，可以对无机阻燃材料进行包埋；最后利用交联剂进行交联，形成具有更紧密空间结构的聚合阻燃剂，增加整个体系的稳定性，使内部阻燃无机物不易流失。

（2）有机包埋物外部的 C—OH 能够与木材中的羟基结合形成氢键，增加阻燃剂的固着性，从而增加阻燃剂的抗流失性。

（3）本品还具有双重协效阻燃功能，具体表现为：在遇到高温情况时，有机包埋物一方面可作为碳源进行阻燃，另一方面有机包埋物热分解后可释放出内部的双氰胺、硼酸氢铵和磷酸二氢铵以及无机阻燃材料，具有气相稀释、固相阻隔及催化炭化等作用，从而起到较好的阻燃效果。

配方 11　磷氮型阻燃剂

原料配比

原料	配比（质量份）	原料	配比（质量份）
DDM	7.92	乙醇	180（体积份）
4- 羟基苯甲醛	7.76	DOPO	17.248

制备方法

（1）将 DDM、4- 羟基苯甲醛和乙醇在 20 ～ 30℃下混合 30 ～ 40min，之后在 50 ～ 60℃下加热 2 ～ 3h 得到中间产物。

（2）继续添加 DOPO 在 50 ～ 60℃下混合反应 10 ～ 15h，之后用乙醇和甲苯交替洗涤产物得到所述磷氮型阻燃剂。

原料介绍　所述的 DDM 为二氨基二苯甲烷；DOPO 为 9,10- 二氢 -9- 氧杂 -10- 磷杂菲 -10- 氧化物。

产品应用　本品主要用于硅氧烷改性环氧树脂中。

产品特性　本品与环氧树脂相容性好，对强度没有明显影响，可以调节硅氧烷改性环氧树脂的黏度，提高硅氧烷改性环氧树脂的阻燃性能。

配方 12　木材阻燃剂

原料配比

原料		配比（质量份）		
		1#	2#	3#
氢氧化铝包覆聚磷酸铵	聚磷酸铵（聚合度为 1000 左右）	45	40	55
	无水乙醇	75	65	80
	纳米级氢氧化铝（粒径为 1000 ～ 1250 目）	5	1	8
二氧化硅包覆硫酸铵溶液	硫酸铵	30	20	40
	硅溶胶（纳米二氧化硅的含量为 30%）	60	50	70
抑烟剂		5	1	10
调和剂		10	1	15

制备方法

（1）氢氧化铝包覆聚磷酸铵的制备：将聚磷酸铵加入至无水乙醇中充分分散形成悬浊液，再向其中加入纳米级氢氧化铝充分搅拌并于 70 ～ 95℃下加热 60 ～ 120min，经烘干获得；搅拌速度控制为 1000 ～ 1500r/min 即可。

（2）二氧化硅包覆硫酸铵的制备：将硫酸铵溶于硅溶胶中，充分分散均匀并溶解，500r/min 左右的转速下搅拌 30min 左右，即可实现硅溶胶中纳米二氧化硅对硫酸铵的充分包覆。

（3）将步骤（1）制得的氢氧化铝包覆聚磷酸铵、步骤（2）制得的二氧化硅包覆硫酸铵与抑烟剂、调和剂充分溶解分散于水中，获得木材阻燃剂。

原料介绍

所述的抑烟剂为钼酸铵和 / 或硼酸锌。

所述的调和剂为双氰胺、三聚氰胺、硼酸中的至少一种。

产品应用　本品木材阻燃剂的质量分数控制为 25% ～ 35% 即可。例如难燃 OSB 板（欧松板），采用下述制作方法获得：

（1）向刨片表面喷淋上述木材阻燃剂，并烘干至含水率为 2% ～ 10%，获得难燃刨片；

（2）向难燃刨片上进行施胶并铺装，获得板坯：

（3）对板坯进行热压成型和修边，获得难燃 OSB 板。

产品特性 本品在氢氧化铝包覆聚磷酸铵和二氧化硅包覆硫酸铵的基础上，还含有抑烟剂和调和剂，一方面，抑烟剂和作为包覆层的氢氧化铝不仅能提高阻燃效果，还能降低其应用时的产烟量；另一方面，抑烟剂和调和剂保证了整个木材阻燃剂的 pH 值在 7 ～ 8 之间，将其应用至浸渍刨片后所收集的蒸汽的 pH 值也仅为 6 左右，避免了传统阻燃剂因本身呈酸性且遇酸性木材而导致挥发气体酸性过强（pH 值低至 2 ～ 4），而对尾气处理装置的腐蚀性十分严重、大大降低尾气处理装置的使用寿命、造成生产成本大幅提升（该类尾气处理装置的造价高昂）的问题。

配方 13 膨胀型阻燃剂 DOPO-ODA

原料配比

原料	配比（质量份）	原料	配比（质量份）
DOPO	43.2	三乙胺	0.2（体积份）
4,4′- 二氨基二苯醚（ODA）	16	四氯化碳（CCl_4）	20（体积份）
氯仿	150（体积份）	蒸馏水	适量

制备方法 将 DOPO、4,4′- 二氨基二苯醚、氯仿以及三乙胺加入三颈瓶中，搅拌使其溶解，将反应系统维持在一定温度，然后将 CCl_4 缓慢滴加到混合液中，滴加完毕后，反应一段时间，再将温度提升并持续反应一段时间，得到大量白色沉淀，采用薄层色谱跟踪反应，4,4′- 二氨基二苯醚反应完全后，抽滤，采用少量蒸馏水洗涤多次，然后用少量氯仿洗涤多次，再将得到的产品置于烘箱干燥。

产品应用 本品主要用作环氧树脂的添加剂，添加量为 1% ～ 7%。

产品特性 本品具有较好的阻燃性能，且其制备方法丰富了 DOPO 衍生物的制备工艺，而且反应过程简单，反应时间短，反应温度低，中间过程不需要进行进一步的提纯，节约了成本，有利于工业化。

配方 14 三元乙丙橡胶用阻燃剂

原料配比

原料	配比（质量份）		
	1#	2#	3#
氢氧化铝	30	20	40
次磷酸铝	3	3.5	2.5
二乙基次膦酸铝	2	2.5	1.5
三聚氰胺氰尿酸盐	15	18	14
纤维素	3	4	3
硅烷偶联剂 A172	1.5	1.8	1.4

制备方法

（1）将三聚氰胺氰尿酸盐与硅烷偶联剂进行搅拌，搅拌均匀后将温度升至 110 ～ 120℃，继续搅拌 30 ～ 60min，温度降至室温后，得到混合物料一。

（2）在混合物料一中加入次磷酸铝、二乙基次膦酸铝、氢氧化铝、纤维素，继续搅拌，得到三元乙丙橡胶用阻燃剂。搅拌转速为 50 ～ 60r/min，搅拌 10 ～ 15min。

原料介绍 次磷酸铝的作用主要体现在凝聚相成炭、气相阻燃、磷氮协同阻燃等方面。次磷酸铝在燃烧时能产生磷酸铝和焦磷酸铝，脱水形成致密炭层阻隔物质和能量的传递，并且在燃烧时产生的 PO・自由基能够捕捉助燃 HO・自由基，在气相中同时发挥阻燃作用。在聚合物燃烧时，二乙基次膦酸铝（ADP）会向火焰中释放含磷化合物，然后这些含磷化合物会在火焰的高温下转化成具有阻燃能力的含磷自由基淬灭剂，在气相发挥阻燃作用。三聚氰胺氰尿酸盐（MCA）受热会迅速升华分解，带走热量，降低高聚物材料的表面温度，同时散发惰性气体三聚氰胺氰尿酸盐与磷化合物反应生成了含 P—N 键的中间体；三聚氰胺氰尿酸盐能延缓凝聚相中磷化合物的挥发损失，另外，磷 - 氮系统中的氮化合物能加强磷的氧化，且能放出包括氨在内的惰性气体。NH、三聚氰胺等，稀释氧气和可燃性气体，使材料阻燃性能提高。次磷酸铝与二乙基次膦酸铝同时使用，阻燃效果会高于单一的磷阻燃剂，是因为两种含磷阻燃剂会形成 P-P 协同之利，这种协同之利是由气相有效的二乙基次膦酸铝与凝聚相有效的次磷酸铝共存时所产生的。次磷酸铝与二乙基次膦酸铝等磷化合物阻燃剂与氢氧化铝共同作用时会生成磷酸铝，可以提高炭层质量和延长挥发性裂解产物在炭层中的滞留，从而提高材料的阻燃性。此外，次磷酸铝与纤维素共同作用，能够提高材料的成炭率，覆盖在高聚物表面，阻止可燃物的释放，达到阻燃目的。上述各种阻燃组分共同作用形成本发明的三元乙丙橡胶用阻燃剂，能够达到低添加量高阻燃效率的阻燃效果。

产品应用 本品应用于三元乙丙橡胶（EPDM）中，采用机械共混法，步骤如下：

（1）准备三元乙丙基础配方原料（按照质量份数计）：EPDM 100 份；氧化锌 5 份；硬脂酸 1 份；白炭黑 40 份；石蜡油 40 份；硫化促进剂 6 份；三元乙丙橡胶用阻燃剂 54.5 份。

（2）生胶 EPDM 先在开炼机上薄通 4 次，然后调宽辊距，让胶料包辊，然后依次加入氧化锌、硬脂酸、白炭黑、石蜡油、三元乙丙橡胶用阻燃剂，混炼均匀，最后加入硫化促进剂，将混炼胶打三角包 5 次，打卷 5 次，调整辊距下片，停放 24h，待用。

（3）将步骤（2）制备的胶片返炼重新下片，用无转子硫化仪测得 T_{10}、T_{90}。然后在 160℃的平板硫化机上硫化，硫化结束后，取出硫化胶，将其自然冷却，即得三元乙丙橡胶。

产品特性

（1）本品通过凝聚相及气相发挥阻燃效能。首先，氢氧化铝受热分解释放出结晶水，该过程为强吸热反应，吸收大量的热量，可起到冷却聚合物的作用，同时，反应产生的水蒸气可以稀释可燃气体，抑制燃烧的蔓延。新生的耐火金属氧化物 Al_2O_3 具有较高的活性，它会催化聚合物的热氧交联反应，在聚合物表面形成一层炭化膜，炭化膜会减弱燃烧时的传热、传质效应，从而起到阻燃的作用。

（2）本品通过各组分配合发挥阻燃作用，能够使阻燃剂通过凝聚相及气相发挥阻燃效能，与聚合物适配能达到良好的阻燃效果。各组分均采用低添加量即能够使阻燃性能达到最佳，对三元乙丙橡胶的力学性能影响较小。

配方 15 石榴形 Zn_2SnO_4 纳米阻燃剂

原料配比

原料	配比（体积份）		
	1#	2#	3#
去离子水	30	50	35
赖氨酸	0.06	0.08	0.09
聚丙烯酸水溶液（0.3g/mL）	0.2	0.3	0.3

续表

原料		配比（体积份）		
		1#	2#	3#
$NH_3 \cdot H_2O$		0.45	0.6	0.5
乙醇		80	100	100
$Zn(NO_3)_2$ 水溶液（0.2mol/L）		2	3	3
乙醇和水的混合溶液		100	150	120
乙醇和水的混合溶液	乙醇	1	2	3
	水	1	1	1
NaOH 水溶液（4mol/L）		0.4	0.6	0.6
$SnCl_4$ 乙醇溶液（0.1mol/L）		2	3	3

制备方法

（1）将去离子水、赖氨酸、聚丙烯酸水溶液、$NH_3 \cdot H_2O$ 以及乙醇依次缓慢加入到圆底烧瓶中，搅拌 10 ～ 20min 后，再将 $Zn(NO_3)_2$ 水溶液加入到上述溶液中，搅拌反应 4 ～ 5h，得到混合溶液。

（2）将步骤（1）得到的混合溶液离心分离，取离心物水洗后重新分散在乙醇和水的混合溶液中，超声分散 5 ～ 8min 后，再依次加入 NaOH 水溶液和 $SnCl_4$ 乙醇溶液，搅拌 20 ～ 30min，得到混合溶液Ⅱ；离心转速为 6000 ～ 7000r/min，离心时间为 5 ～ 7min。

（3）将得到的混合溶液Ⅱ用水和乙醇交替离心清洗三次，所得固体在 50 ～ 80℃的烘箱中烘 8 ～ 10h 后得到固体物质，再将固体物质置于管式炉中，在氩气保护下进行煅烧，得到石榴形 Zn_2SnO_4 纳米粒子；煅烧时的升温速率为 3 ～ 5℃ /min，温度为 600 ～ 900℃，时间为 3 ～ 5h。离心转速为 5000 ～ 7000r/min，离心时间为 8 ～ 10min。

产品应用　本品主要用于聚氨酯泡沫中，起到阻燃改性的作用。

产品特性

（1）本品高分散、粒径均匀且结构稳定。

（2）本品石榴状 Zn_2SnO_4 纳米粒子结构独特，其是由许多小于 10nm 的超小 Zn_2SnO_4 小颗粒组成。超细的 Zn_2SnO_4 二次结构，可以快速催化聚合物成炭，形成良好的阻燃炭层，其堆积孔道还可以吸附大量烟尘中的有害成分，抑烟的同时降低烟尘对人体的伤害，表现出优异的阻燃和抑烟效果。

配方 16　疏水改性红磷阻燃剂

原料配比

原料	配比（质量份）			
	1#	2#	3#	4#
红磷	1	1	1	1
三乙醇胺硬脂酸酯	0.02	0.01	0.008	0.015
十二羟基硬脂酸锌	0.15	0.12	0.1	0.15
水	2.5	5	1.5	0.5

制备方法

（1）将红磷、三乙醇胺硬脂酸酯、十二羟基硬脂酸锌和水混合，加入球磨机中球磨；球磨时间为 3 ～ 10h。

（2）再将混合物转移至砂磨机中砂磨，经离心分离、干燥，得到疏水改性红磷阻燃剂。砂磨工艺为连续式砂磨。

产品应用 红磷是一种应用广泛的无卤阻燃剂，阻燃效率高。与其他阻燃剂相比，达到相同阻燃效果所需添加量较少，因而对材料的力学性能影响较小。然而，工业生产的红磷粒径较大，在聚合物材料中的分散性较差，影响其阻燃性能。此外，红磷暴露在空气中容易吸潮，且易氧化生成磷酸并释放出剧毒的磷化氢气体。因此，将工业红磷进行超细研磨，并在红磷表面进行疏水包覆，以增加红磷阻燃剂在高分子树脂中的分散性，提高其阻燃性能，延长其储存和使用期限。

产品特性

（1）本品以三乙醇胺硬脂酸酯为分散剂和成膜助剂，十二羟基硬脂酸锌为壳层材料，在将红磷磨细的同时实现表面疏水改性。三乙醇胺硬脂酸酯对红磷和十二羟基硬脂酸锌均具有较好的分散性和亲和性，并能促进十二羟基硬脂酸锌的成膜。在三乙醇胺硬脂酸酯的作用下，十二羟基硬脂酸锌能在红磷表面形成连续的疏水包覆层，实现对红磷表面的疏水改性。

（2）研磨工序与包覆工序同步进行，且不涉及任何化学反应，无副产物生成，工艺流程简单。

（3）产品的包覆率高，表面疏水，使其吸湿率低，抗氧化性好。

（4）生产过程中产生的滤液可循环使用，生产工艺对环境友好。

配方 17 双层包覆的红磷阻燃剂

原料配比

<table>
<tr><th colspan="2" rowspan="2">原料</th><th colspan="4">配比（质量份）</th></tr>
<tr><th>1#</th><th>2#</th><th>3#</th><th>4#</th></tr>
<tr><td rowspan="6">无机包覆红磷阻燃剂</td><td>七水硫酸镁</td><td>150</td><td>200</td><td>160</td><td>170</td></tr>
<tr><td>去离子水</td><td>400</td><td>600</td><td>435</td><td>470</td></tr>
<tr><td>红磷</td><td>100</td><td>100</td><td>100</td><td>100</td></tr>
<tr><td>分散剂十二烷基苯磺酸钠</td><td>5</td><td>10</td><td>6</td><td>7</td></tr>
<tr><td>0.5 ～ 1.5mol/L 氢氧化钠溶液</td><td>适量</td><td>适量</td><td>适量</td><td>适量</td></tr>
<tr><td>3% ～ 5% 硫酸铝水溶液</td><td>0.5</td><td>1</td><td>0.6</td><td>0.7</td></tr>
<tr><td rowspan="4">表面改性的无机包覆红磷阻燃剂</td><td>二甲基（3- 氨基 -3- 酰基丙基）膦酸酯</td><td>180</td><td>180</td><td>180</td><td>180</td></tr>
<tr><td>N,N- 二甲基甲酰胺</td><td>5000</td><td>8000</td><td>5500</td><td>6000</td></tr>
<tr><td>40% ～ 50% 氢溴酸水溶液</td><td>150</td><td>150</td><td>150</td><td>150</td></tr>
<tr><td>无机包覆红磷阻燃剂</td><td>190</td><td>200</td><td>191.5</td><td>193</td></tr>
<tr><td colspan="2">聚氯乙烯树脂</td><td>210</td><td>270</td><td>220</td><td>230</td></tr>
<tr><td colspan="2">有机溶剂（丙酮）</td><td>1200</td><td>2000</td><td>1350</td><td>1400</td></tr>
<tr><td colspan="2">表面改性的无机包覆红磷阻燃剂</td><td>300</td><td>300</td><td>300</td><td>300</td></tr>
</table>

制备方法

（1）无机包覆红磷阻燃剂的制备：将七水硫酸镁加入到去离子水中，加热搅拌至溶解，加入红磷与分散剂，滴加氢氧化钠溶液调节 pH 值后，加入硫酸铝水溶液，加热反应后，过滤，洗涤，干燥，得到无机包覆红磷阻燃剂；加热搅拌的速度为 250 ～ 350r/min，加热搅拌的温度为 60 ～ 70℃，调节 pH 值至 9.5 ～ 10.5，加热反应的温度为 75 ～ 85℃，加热反应的时间为 1 ～ 2h，干燥的条件为 100 ～ 120℃温度下干燥 5 ～ 10h。

（2）表面改性的无机包覆红磷阻燃剂的制备：将二甲基（3- 氨基 -3- 酰基丙基）膦酸酯

与 N, N- 二甲基甲酰胺混合后，加入到氢溴酸水溶液中，反应后，加入无机包覆红磷阻燃剂，加热反应，然后过滤，洗涤，干燥，得到表面改性的无机包覆红磷阻燃剂；反应的条件为 80 ～ 100℃温度下反应 5h，加热反应的条件为 50 ～ 70℃温度下反应 1 ～ 2h，干燥的条件为 50 ～ 60℃温度下干燥 10 ～ 15h。

（3）双层包覆的红磷阻燃剂的制备：将聚氯乙烯树脂溶于有机溶剂中，加入表面改性的无机包覆红磷阻燃剂，加热反应，反应后旋蒸去除溶剂，洗涤，干燥，得到双层包覆的红磷阻燃剂。加热反应的条件为 60 ～ 80℃温度下反应 6 ～ 10h，干燥的条件为 50 ～ 60℃温度下干燥 10 ～ 15h。

原料介绍

本品以氢氧化镁作为无机包覆层材料，氢氧化镁通过沉积包覆在红磷颗粒表面，形成致密的包覆层，能够提高红磷的抗吸湿性，另外，氢氧化镁在受热时会吸收热量并释放出水，具有良好的阻燃效果，能够提高红磷的阻燃效果。

本品采用二甲基（3- 氨基 -3- 酰基丙基）膦酸酯对无机包覆红磷阻燃剂进行表面改性处理，二甲基（3- 氨基 -3- 酰基丙基）膦酸酯在氢溴酸的作用下水解得到磷酸基团（—POOH），磷酸基团与无机包覆红磷阻燃剂颗粒中处于表面区域的氢氧化镁的氢氧根反应，将氢氧化镁转为磷酸镁附着于无机包覆红磷阻燃剂颗粒的表面，在不破坏无机包覆层颗粒结构的同时，引入活性基团氨基（—NH_3），聚氯乙烯分子中氯原子能够与表面改性的无机包覆红磷阻燃剂表面的氨基发生脱除 HCl 的反应，表面改性的无机包覆红磷阻燃剂通过亚氨基（—NH）与聚氯乙烯分子相连接，通过稳定的化学键将无机包覆层与有机包覆层紧密连接，解决了无机材料与有机树脂的相容性差造成的无机包覆层与有机包覆层界面连接稳定性差的问题，双层包覆的包覆效果好，制得的双层包覆的红磷阻燃剂稳定性高，抗氧化性与阻燃性能好。

聚氯乙烯为极性高分子材料，与大多数极性高分子材料的相容性好。以聚氯乙烯树脂作为有机包覆层材料，能够提高红磷阻燃剂与树脂的相容性；另外聚氯乙烯本身为自熄性材料，作为双层包覆的红磷阻燃剂的有机包覆层材料，能够提高双层包覆的红磷阻燃剂的阻燃效果；二甲基（3- 氨基 -3- 酰基丙基）膦酸酯作为一种磷酸酯类化合物，本身具有良好的阻燃功效，能够提高双层包覆的红磷阻燃剂的阻燃作用。

产品应用　红磷是一种常用的阻燃剂，具有优良的热稳定性、不挥发性，不产生腐蚀性气体，阻燃效果好，电绝缘性佳等。但是红磷稳定性差，极易吸湿和氧化，作为阻燃剂加入到树脂中，会对塑料制品的性能造成不良影响。因此，对红磷阻燃剂进行包覆处理，以提高红磷的稳定性。

产品特性　本品首先在红磷的表面沉积氢氧化镁形成无机包覆层，得到无机包覆红磷阻燃剂，然后对无机包覆红磷阻燃剂进行表面改性处理，最后在经表面改性处理后的无机包覆红磷阻燃剂上包覆树脂材料，形成有机包覆层制得；红磷的包覆效果好，在有效提升红磷的稳定性的同时，能够提高红磷的阻燃效果。

配方 18　双官能团阻燃剂

原料配比

原料		配比（质量份）			
		1#	2#	3#	4#
4,4′- 双（苯基膦氧）二苯醚		41.8	41.8	41.8	41.8
4- 乙烯基苄氯		30.5	39.7	39.7	35.1
碱	氢氧化钠	8.8	—	8	—
	氢氧化钾	—	11.2	—	—

续表

原料		配比（质量份）			
		1#	2#	3#	4#
碱	叔丁醇钾	—	—	—	22.4
溶剂		200（体积份）	200（体积份）	200（体积份）	200（体积份）

制备方法

（1）将4,4′-双（苯基膦氧）二苯醚、4-乙烯基苄氯和碱加入溶剂中溶解，控温反应得到反应液（取代反应，在无氧条件和空气条件下都可以进行）。控温反应过程如下：先在−30～20℃下反应1～3h，然后升温至30～100℃，反应8～18h。

（2）将反应液冷却到室温，抽滤得到粗品。

（3）将粗品进行洗涤、干燥得到目标物。

原料介绍

所述溶剂选自惰性溶剂，为无水乙醇、丙酮、甲苯中的一种或两种以上的组合。

所述的4,4′-双（苯基膦氧）二苯醚采用以下步骤制得：将二苯醚、苯基二氯化膦和催化剂混合，进行反应；将所得反应液水解，得到水解产物；用有机溶剂萃取水解产物中的有机物，萃取得到的有机层经中和、水洗后，再蒸除有机溶剂得目标物。苯基二氯化膦与二苯醚的摩尔比为（2.0～2.2）∶1。催化剂选用Lewis酸催化剂，Lewis酸催化剂与二苯醚的摩尔比为（2.0～2.2）∶1。控制反应温度为50～120℃，反应时间为10～16h。反应液水解时是将反应液加入到盐酸溶液中，盐酸溶液的质量分数范围为5%～10%，控制水解温度范围为20～50℃。

产品应用 本品主要用于聚苯醚中作阻燃剂，使用方法：将双官能团阻燃剂、聚苯醚、交联剂、增韧剂和引发剂混合均匀，控制温度固化，制得（4,1-苯基）二（苯基）(4-乙烯基苄基）氧化膦阻燃聚苯醚。固化过程如下：在常压下，先在120～150℃固化1～3h，之后升温到160～190℃固化1～3h，最后再升温到190～210℃固化0.5～2h。所述的聚苯醚为SA9000聚苯醚、SA120聚苯醚、SA90聚苯醚中的一种或两种以上的组合；交联剂为多异氰酸酯、缩水甘油醚、有机过氧化物或金属有机化合物；增韧剂为橡胶类增韧剂或热塑性弹性体类增韧剂；引发剂为过氧化物引发剂、偶氮引发剂或氧化还原引发剂。

产品特性

（1）本品是一种双官能团反应型无卤阻燃剂，即（4,1-苯基）二（苯基）(4-乙烯基苄基）氧化膦，该阻燃剂为新结构含磷阻燃剂，具有可参与聚苯醚链反应的双官能团，从而可以在达到阻燃的同时制备高T_g的聚苯醚。

（2）本品制备方法简便高效，并具有纯度高、收率高等优势。

（3）本品制得的改性聚苯醚不但阻燃效果好，而且应用范围广。

配方19 提高阻燃效率的氢氧化镁/有机硅复合阻燃剂

原料配比

原料		配比（质量份）			
		1#	2#	3#	4#
氢氧化镁		60	50	70	60
有机硅	氨基硅烷	30	—	—	—
	环氧硅烷	—	40	—	30
	烷基硅烷	—	—	20	—
稳定剂	磷酸三钠	5	—	4	—
	磷酸二铵	—	5	—	5

续表

原料		配比（质量份）			
		1#	2#	3#	4#
增塑剂	邻苯二甲酸酯	3	4	—	—
	磷酸酯	—	—	5	3
耐候剂	氟聚酯	2	1	—	—
	含氟聚氨酯	—	—	1	2

制备方法

（1）将氢氧化镁和有机硅进行混合搅拌，混合时采用溶液浸渍的方法，并且高速搅拌混合，搅拌速度设定在800r/min，混合时间设定在60min。

（2）添加稳定剂，搅拌混合至均匀。

（3）添加增塑剂，再进行混合，混合时间为40min。

（4）添加耐候剂，最后再进行混合，混合时间为30min。

（5）将混合物进行研磨和干燥，得到氢氧化镁/有机硅复合阻燃剂。研磨设备选用高速研磨机，研磨时间设定为2h，研磨速度设定在2000r/min，干燥步骤则采用真空干燥，干燥温度设定在120℃，干燥时间设定在6h。

原料介绍

所述的有机硅为硅烷，硅烷具体的类型包括氨基硅烷、环氧硅烷、烷基硅烷和芳基硅烷，该硅烷将有效地提高阻燃剂的热稳定性和机械性能。硅烷的选择和用量取决于最终阻燃剂的应用需求和工艺条件，在实际操作中，硅烷将通过溶液混合、溶液浸渍、溶胶-凝胶法、共沉淀法与氢氧化镁混合，用于确保其在阻燃剂中的均匀分布。

溶液混合：首先将氢氧化镁和硅烷分别在适当的溶剂中溶解，然后将两种溶液混合在一起进行反应，以确保硅烷与氢氧化镁充分反应和均匀分布，反应结束后，通过分离、洗涤和干燥等步骤，得到含有硅烷的氢氧化镁阻燃剂。

溶液浸渍：首先将氢氧化镁颗粒放入含有硅烷的溶液中，然后在常温下浸渍，使硅烷浸透并附着在氢氧化镁颗粒的表面，浸渍结束后，将颗粒取出并进行干燥，即得到含有硅烷的氢氧化镁阻燃剂。

溶胶-凝胶法：首先将硅烷在溶剂中溶解，然后添加氢氧化镁颗粒，并常温下进行混合和反应，以形成含有硅烷的氢氧化镁溶胶，然后，通过凝胶化、干燥和热处理等步骤，得到含有硅烷的氢氧化镁阻燃剂。

共沉淀法：首先将氢氧化镁颗粒和硅烷同时加入到沉淀剂溶液中，然后在常温下进行反应，使硅烷与氢氧化镁一起沉淀出来，沉淀结束后，通过分离、洗涤和干燥等步骤，得到含有硅烷的氢氧化镁阻燃剂。

产品应用 本品主要应用在塑料、橡胶、纺织品和建材防火材料中。

产品特性 本品结合了无机和有机阻燃剂的优点，既具有良好的阻燃性能，又可以减少有毒烟雾的产生，特别是，由于硅烷与氢氧化镁的结合可以形成稳定的复合物，因此该复合阻燃剂具有优异的热稳定性和耐候性，可以适用于高温、潮湿和其他恶劣环境下的防火材料。

配方 20 优异相容性的磺酸酯类阻燃剂

原料配比

原料		配比（质量份）			
		1#	2#	3#	4#
三氟甲基磺酰氯-丙酮溶液	丙酮	78.99	70	85	78.99

续表

原料			配比（质量份）			
			1#	2#	3#	4#
三氟甲基磺酰氯 - 丙酮溶液	三氟甲基磺酰氯		16.85	15	18	16.85
双酚类单体 - 丙酮溶液	丙酮		78.99	70	85	78.99
	双酚类单体	双酚 S	25	20	25	—
		双酚 A	—	—	—	22.8

制备方法

（1）在保持 10℃温度条件下，向丙酮中滴加三氟甲基磺酰氯，溶解后，得到三氟甲基磺酰氯 - 丙酮溶液。

（2）向丙酮中加入双酚类单体，搅拌溶解均匀，得到双酚类单体 - 丙酮溶液。

（3）向步骤（1）所得三氟甲基磺酰氯 - 丙酮溶液中滴加步骤（2）所得双酚类单体 - 丙酮溶液，控制反应温度在 5℃以下，反应持续至无 HCl 气体产生，得到反应液；滴加时间为 1 ～ 2h，且滴加过程保持匀速滴加。

（4）将反应液减压蒸馏后，得到白色固体，即为磺酸酯类阻燃剂。

产品应用 本品主要用于阻燃改性聚碳酸酯（PC）中，添加量为 0.1% ～ 0.3%。

产品特性 本品利用分解产生的 SO_2 促进 PC 发生分子重排效应，同时存在的苯环提供刚性，使其有更高的分解温度。对比全氟丁烷磺酸盐阻燃剂，该磺酸酯类阻燃剂合成为酯类化合物更加疏水，更有利于储存和使用；且含有的双酚类结构和 PC 结构更加相似，根据化学相似相容原理可以得出两者相容性更好，可完全替代传统全氟丁烷磺酸盐作为阻燃剂应用于聚碳酸酯的阻燃改性。

配方 21 杂化纳米阻燃剂

原料配比

原料		配比（质量份）
3.8mg/mL MX 纳米片的分散液	氟化锂粉末	1
	6mol/L 的盐酸	30（体积份）
	钛铝碳粉末	1
	去离子水	1000（体积份）
3.8mg/mL MX 纳米片的分散液		100（体积份）
表面活性剂	十六烷基三甲基溴化铵（CTAB）	3.8
Se 粉		2
还原剂	80% 的水合肼	40
钼酸盐	钼酸钠	3.5
去离子水	适量	适量
乙醇	适量	适量

制备方法

（1）制备 3.8mg/mL MX 纳米片的分散液：先将氟化锂粉末缓慢溶解于 6mol/L 的盐酸中，随后缓慢加入钛铝碳粉末，并放置油浴锅中搅拌，在 35℃下反应 24h；然后将产物用去离子水离心洗涤，得到 pH 值达到 7 的溶液；最后将溶液分散在去离子水中超声 1h，再放置于离心机中离心分离（转速为 4500r/min），制得 3.8mg/mL MX 纳米片的分散液。

（2）制备杂化纳米阻燃剂（MX-Mo-A）：取 3.8mg/mL MX 纳米片的分散液，然后加入十六烷基三甲基溴化铵（CTAB），超声搅拌 24h，反应温度为 35℃；将 Se 粉加入至 80% 的水合肼中，保持搅拌 1h；取钼酸钠加到 MX 分散液中，超声搅拌 1h；然后缓慢加入 Se- 水合肼溶液，保持搅拌 1h；将混合液加入水热釜中反应 12h，水热温度 200℃；将产物离心收集，具体离心转速为 10000r/min，离心时间为 3min；用去离子水洗涤 3 次，乙醇洗涤 2 次，最后在真空烘箱中于 60℃下干燥 12h，得到 MX-Mo-A 粉末。

产品应用 本品主要用作热塑性聚氨酯弹性体（TPU）的阻燃剂。

应用方法：通过溶液共混法和熔融共混法将 MX-Mo-A 作为添加型阻燃剂按照固定的比例添加到 TPU 中，密炼压板获得阻燃 TPU 复合材料，提高材料的阻燃性能，其中 MX-Mo-A 纳米阻燃剂的添加量为 TPU 总质量的 1% ～ 3%。

所述阻燃 TPU 复合材料的制备具体包括如下步骤：

（1）取适量的 MX-Mo-A 粉末于 150 ～ 250mL 的有机溶剂中，超声搅拌 2 ～ 4h；之后加入一定量的 TPU，升温至 45 ～ 55℃，保持搅拌 3 ～ 6h。有机溶剂是四氢呋喃、*N,N*- 二甲基甲酰胺、丙酮中的一种或多种。

（2）将步骤（1）获得的溶液加入到冰乙醇中，待复合材料析出后，剪成块状，80 ～ 100℃烘 12 ～ 24h，并在 180 ～ 190℃下密炼、压板得到 TPU 复合材料。

产品特性

（1）本品将物理阻隔和化学催化效应有机结合，制作工序简单，成本较低。获得的 TPU 复合材料具有优异的阻燃性能和抑烟减毒性能。

（2）本品具有垂直排列结构，有助于增强阻燃剂和 TPU 的接触面积，提升阻燃剂分散性和界面作用力，形成连续物理阻隔和化学催化网络。较少用量（3%）即可得到较好的阻燃效果，热释放速率峰值和最大产烟速率分别降低了 45.10% 和 50.00%，最大 CO 释放速率也大幅降低，分别为 75.00% 和 62.44%。使用 MX-Mo-A 能显著抑制 TPU 燃烧过程中有毒烟气的释放，其具有非常好的应用前景。

配方 22 增韧的淀粉基单组分膨胀型阻燃剂

原料配比

原料			配比（质量份）	
			1#	2#
可溶性淀粉	水溶性淀粉	马铃薯淀粉	5	—
		玉米淀粉	—	5
	去离子水		150（体积份）	150（体积份）
	稀酸溶液	2.67% 柠檬酸乳液	100	—
		3% 的盐酸溶液	—	20（体积份）
去离子水			100（体积份）	100（体积份）
六元磷酸盐	肌醇六磷酸钠		18.5	—
	六偏磷酸钠		—	12.2
乙酸酐			7（体积份）	7（体积份）
氨基酸	色氨酸		6.13	—
	谷氨酸		—	4.41
Al^{3+} 化合物	硫酸铝		13.2	—
	氢氧化铝		—	2.34
5% 碳酸钠溶液			适量	适量

制备方法

（1）取水溶性淀粉加入去离子水中，通过搅拌和超声振动使其均匀分散，得到淀粉悬浊液；所述超声振动的频率为 40kHz，所述搅拌的转速为 300 ～ 500r/min。

（2）在步骤（1）得到的淀粉悬浊液中加入稀酸溶液，在氮气环境、45℃下搅拌反应 4h，然后经洗涤、抽滤、真空干燥，得到可溶性淀粉；所得可溶性淀粉的溶解温度为 90 ～ 95℃，所述搅拌的转速为 300 ～ 500r/min。

（3）将步骤（2）得到的可溶性淀粉研磨后分散在去离子水中，然后加热至 90℃，搅拌使其完全溶解，得到淀粉溶液；所述搅拌的转速为 300 ～ 500r/min。

（4）将步骤（3）得到的淀粉溶液超声加热至 90℃，并在搅拌条件下缓慢滴加六元磷酸盐和乙酸酐，滴加完后超声 1.0 ～ 1.5h，然后在 90℃下继续搅拌反应 7.0 ～ 10.0h，得到磷化淀粉溶液；所述超声振动的频率为 40kHz，所述搅拌的转速为 300 ～ 500r/min。

（5）向步骤（4）得到的磷化淀粉溶液中加入适量氨基酸，在 70℃下搅拌反应 12.0 ～ 18.0h，得到氨基酸磷化淀粉溶液；所述搅拌的转速为 300 ～ 500r/min。

（6）向步骤（5）得到的氨基酸磷化淀粉溶液中加入适量含 Al^{3+} 化合物，继续在 70℃下搅拌反应 7.0 ～ 10.0h；所述搅拌的转速为 300 ～ 500r/min。

（7）向步骤（6）的反应液中加入 5% 碳酸钠溶液，调节至中性后，静置沉淀 12h，再经洗涤抽滤、真空干燥、粉碎、过筛，得到所述增韧的淀粉基单组分膨胀型阻燃剂。

原料介绍 所述含 Al^{3+} 化合物为硝酸铝、硫酸铝、氢氧化铝、氯化铝中的一种或多种。

产品应用 本品主要用于制备增韧型阻燃聚乳酸，将所述阻燃剂与聚乳酸（PLA）按质量比 1∶9 搅拌混匀，经双螺杆挤出机挤出并注塑成型，制得增韧型阻燃聚乳酸。

产品特性

（1）本品所有合成步骤均在水相中进行，且采用水热一锅法，无须分离中间产物就可以直接制得所需产物，其制备工艺简单，反应条件温和，容易实现工业化生产。

（2）本品具有良好的热稳定性，并与 PLA 基体具有良好的相容性，可以很好分散于 PLA 基体中，仅需少量添加即可实现高效阻燃，使其阻燃等级达到 UL94 V-0，同时可有效提升其抗熔滴和抑烟效果。

（3）利用本品制备的高韧性、可完全生物降解的阻燃聚乳酸复合材料机械性能良好，拉伸强度、断裂伸长率与纯 PLA 相比均有提升，冲击强度也得到了较大的提升。

（4）本品所使用原料均为可完全生物降解材料，对环境无破坏、无污染，同时也不会影响 PLA 基体本身的降解性能，可做到阻燃与可降解性能的统一。

配方 23 阻燃剂（1）

原料配比

原料		配比（质量份）		
		1#	2#	3#
多羟基硅灰石	硅灰石	2	10	10
	去离子水	10	20	20
	pH 调节剂	1	3	5
	羟基化剂	10	20	30
三聚氰胺植酸盐	三聚氰胺	3	5	8
	去离子水	100	100	100
	植酸溶液	3	7	10

续表

原料		配比（质量份）		
		1#	2#	3#
多羟基硅灰石三聚氰胺植酸盐	多羟基硅灰石	5	7.5	30
	三聚氰胺植酸盐	4	5	15
	催化剂	5	3.5	30
	去离子水	适量	适量	适量

制备方法

（1）将硅灰石与去离子水混合置于超声处理仪中，超声处理 0.5 ～ 2h，得到硅灰石悬浮液；在硅灰石悬浮液中加入 pH 调节剂、羟基化剂，搅拌热处理后，抽滤干燥，得到多羟基硅灰石。搅拌温度在 40 ～ 70℃，搅拌速度为 300 ～ 550r/min，热处理时间为 5 ～ 10h，干燥时间为 30 ～ 60h。

（2）将三聚氰胺与去离子水混合置于超声处理仪中，超声处理 0.5 ～ 2h，得到三聚氰胺悬浮液；在三聚氰胺悬浮液中缓慢滴加植酸溶液，在惰性气体保护下，搅拌热处理，抽滤、洗涤、干燥，得到三聚氰胺植酸盐。搅拌温度在 70 ～ 100℃，搅拌速度为 200 ～ 500r/min，热处理时间为 0.1 ～ 2h，干燥时间为 30 ～ 60h。

（3）将多羟基硅灰石、三聚氰胺植酸盐、催化剂和适量去离子水搅拌分散均匀，得到多羟基硅灰石三聚氰胺植酸盐阻燃剂。搅拌温度在 70 ～ 100℃，搅拌速度为 200 ～ 500r/min，热处理时间为 5 ～ 20h，干燥时间为 30 ～ 60h。

原料介绍

所述的 pH 调节剂为氢氧化钠、碳酸钠、偏硅酸钠、碳酸氢钠中的一种。

所述的羟基化剂为过氧化氢、高锰酸钾中的一种。

所述的催化剂为甲醇钾、甲醇钠、碳酰二胺、脲酶中的一种。

产品应用 本品主要应用于家电、汽车制造业、航空工业等领域。

产品特性

（1）本品多羟基硅灰石三聚氰胺植酸盐，由于结构中三嗪环与磷酸基团的存在，可以与聚合物热降解生成的含氧或含不饱和键的中间体发生化学反应，从而生成含氮的杂环大分子促进体系成炭，并使炭层更加坚硬致密，抑制燃烧滴落；

（2）本品中纤维状结构的多羟基硅灰石能有效增强聚合物材料的流体流动性和机械性能；

（3）本品是一种无卤阻燃剂，阻燃效果优异，绿色环保。

配方 24 阻燃剂（2）

原料配比

原料		配比（质量份）			
		1#	2#	3#	4#
二烷基次磷酸金属盐		90	122	110	90
黏土矿物		62	38	40	38
磷	黑磷	18	10	10	18
分散剂（PSMA-MPEG-DOPO-AM）		30	30	40	54
去离子水		800	800	1133	1600

制备方法 将二烷基次磷酸金属盐、黑磷、黏土矿物和分散剂在去离子水中分散、研磨，喷雾干燥后制得粉体。分散条件通常设置为：速率为1000～2000r/min，时间为0.3～2h。研磨条件通常设置为：速率为2000～4000r/min，时间为0.5～3h。喷雾工艺通常设置为温度100～140℃。

原料介绍

所述分散剂的制备过程为：将DOPO-AM（AM为丙烯酰胺）、苯乙烯马来酸酐共聚物（SMA）、聚乙二醇单甲醚（MPEG）和催化剂溶于溶剂中，隔绝空气并在回流温度下反应；反应完成后冷却，然后将反应液中和至中性，经过滤、洗涤、干燥得到所述分散剂。所述的聚乙二醇单甲醚为MPEG-200、MPEG-350、MPEG-400、MPEG-450、MPEG-500、MPEG-750、MPEG-1000、MPEG-1200、MPEG-1500、MPEG-2000中的一种。所述的催化剂为酸酐酯化反应所需的质子酸催化剂，如对甲苯磺酸、苯磺酸、三氟化硼（BF_3）、三氯化铝（$AlCl_3$）、二氯化锌（$ZnCl_2$）、磺酸型（$R-SO_3H$）大孔树脂（如D72、D61型）等，催化剂与反应物总量的摩尔比为（0.001～0.05）∶1。所述的溶剂可选择酮类溶剂、酯类溶剂及其他溶剂；所述酮类溶剂可选用丙酮、丁酮、甲基异丁酮，酯类溶剂可选用乙酸乙酯、乙酸丁酯、乙酸丙酯等，其他溶剂可选用四氢呋喃、*N*,*N* 二甲基甲酰胺、1,4-二氧六环等。

所述黏土矿物是一类含水硅酸盐或铝硅酸盐矿物，其除含水外一般还含有大量的SiO_2和Al_2O_3，有些还含有一定量的Fe_2O_3、MgO及少量的K_2O、Na_2O、CaO等，常见的有滑石粉、凹凸棒石、蒙脱土、海泡石。

所述二烷基次磷酸金属盐为甲基乙基次磷酸铝、二乙基次磷酸铝、甲基丁基次磷酸铝、甲基环己基次磷酸铝、甲基乙基次磷酸锌、乙基丁基次磷酸锌、二丁基次磷酸锌、二乙基次磷酸锌、二甲基次磷酸锌中的至少一种。

所述磷为红磷或黑磷。

产品应用 本品主要应用于阻燃聚对苯二甲酸乙二醇酯（PET）纤维的制备。

阻燃母粒的制备及应用方法为：将所述阻燃剂的粉体和PET粉体混合均匀，经挤出造粒制得阻燃母粒，再将阻燃母粒与PET切片经熔融纺丝制得阻燃PET纤维。该阻燃母粒包括以下比例的组分：阻燃剂18%～40%；PET 60%～82%。

产品特性

（1）本品利用自分散技术形成，耐存储，从而可以避免磷的水解及黏土矿物的返粗问题，稳定性较好；

（2）本品具有自分散、可纺性佳、稳定性好和阻燃效率高的优点，应用于阻燃PET纤维的制备可以使获得的PET纤维具有较好的阻燃效果。

配方 25 阻燃剂（3）

原料配比

原料			配比（质量份）		
			1#	2#	3#
回收物	废旧聚氨酯泡沫		10	10	10
	醇解溶液	含有1%乙酸锌的乙二醇	50	—	—
		含有0.5%乙酸锌的乙二醇	—	60	—
		含有0.7%乙酸锌的乙二醇	—	—	55
中间物	回收物		5	5	5
	反应溶剂	二氧六环	500（体积份）	500（体积份）	500（体积份）
	三氯氧磷		75	50	60

续表

原料	配比（质量份）		
	1#	2#	3#
中间物	5	5	5
乙二胺	20	15	17.5
水	500（体积份）	500（体积份）	500（体积份）

制备方法

（1）用醇解溶液对粉碎后的废旧聚氨酯泡沫进行醇解，醇解的温度为 180 ～ 190℃，醇解的时间为 4 ～ 4.5h。醇解后，固液分离，取液体降温析出固体，固液分离，取固体得到回收物。

（2）将回收物、三氯氧磷和反应溶剂混合反应，反应温度为 65 ～ 75℃，反应时间为 6 ～ 8h。反应结束后，去除溶剂和剩余的三氯氧磷，然后降温，固液分离得到中间物。

（3）将中间物、乙二胺和水混合反应，反应温度为 65 ～ 75℃，反应时间为 3 ～ 4h。反应结束后，降温，固液分离，洗涤固体，干燥得到阻燃剂。

原料介绍

所述的醇解溶液为含有乙酸锌的乙二醇，乙酸锌的质量分数为 0.5% ～ 1%。

所述的反应溶剂为二氧六环。

产品应用 本品用于聚氨酯中可以提高聚氨酯的阻燃性和机械性能。

所述阻燃剂可以在原位聚合制备聚氨酯的过程中加入，也可以与聚氨酯预聚物或聚合物共混。

产品特性

（1）本品选用废旧的聚氨酯泡沫作为原料，可以节省成本，并且减小聚氨酯泡沫对环境的污染；选用合适的醇解溶液、催化剂和醇解参数可以获得更多的二元醇回收物，然后回收物中的羟基与过量的三氯氧磷反应接枝三氯氧磷，再与过量的乙二胺反应，在回收物上接枝多个乙二胺制得。

（2）阻燃剂中大量的 P、N 相互配合，具有良好的阻燃性能；并且一方面因二元醇回收物中—NHCOO—基团的存在，使得阻燃剂与聚氨酯及其原材料具有良好的相容性，可在聚氨酯中均匀分散，另一方面阻燃剂中多个活泼氨基可与异氰酸基团反应接枝形成交联网络，进一步提高阻燃剂与聚氨酯的界面结合性能，从而大幅提高聚氨酯的机械性能和阻燃性能。

15 光亮剂

15.1 光亮剂定义

光亮剂是一种化学物质，主要用于增强织物、纸张、塑料、金属等材料的白度和亮度。它们能够吸收紫外线并将其转化为可见光，从而使物体表面看起来更加亮丽明亮。

15.2 光亮剂作用机理

光亮剂通过荧光效应来提升物体的白度和亮度。这种光学效应产生的原因是光亮剂能够吸收短波长的紫外线，并发射出较长波长的可见光。这使得物体表面反射的光线中包含了更多的蓝色或紫色光，进而产生增强白度和亮度的效果。

对于金属电镀，光亮剂主要是通过在阴极表面的吸附或者与金属离子的络合，让金属离子在阴极结晶还原的电位变负，导致阴极的极化增加，产生晶核的速度大于晶粒的成长速度，结晶变细，产生光亮的效果。

光亮剂在镀件表面上形成几乎完整的吸附单层，吸附面上连续出现形成与消失的微孔，金属会在这些微孔处沉积，由于微孔是无序分布的，因此金属沉积是均匀的，导致镀层光亮。与此同时可以借助几何平整作用，使存在的小晶面不断被消除，达到光亮的目的。

光亮剂主要作用表现在通过活性表面除去停留在金属表面的油污、氧化及未氧化的表面杂质，保持物体外部的洁净、光泽度、色牢度。通过研磨作用影响外观的质感，提高抛光的效率。

光亮剂是提高镀层光亮度的电镀添加剂。其作用机理是在电镀层表面高电位处吸附、使得金属离子析出时产生一定的阻力，低电位析出容易，从而使镀层变得平整光滑，达到光亮的目的。

光亮剂增加涂料光亮度的机理：光亮剂直接加入到水性涂料体系中，搅拌均匀分散后，它能快速与涂料相融，在涂刷的时候，会在涂料表面形成一层膜，保持涂料表面的亮度，同时涂料表面不仅具备足够的光泽度，还能达到防黏、防水的效果。

15.3 光亮剂分类

（1）按稀释剂分　光亮剂可以分为水性光亮剂、油性光亮剂和水油两性光亮剂三种。水性光亮剂易清洗，不会留下油脂残留；油性光亮剂则提供更好的润滑效果和持久的光泽；水油两性光亮剂结合了水性和油性的优点，适用于多种材质。

（2）按成分分　光亮剂的成分多样，包括聚氨酯、丙烯酸、硝化棉、醋酸纤维、蛋白质等。不同的成分决定了光亮剂的性能和适用范围。例如，聚氨酯光亮剂通常用于金属表面处理，而丙烯酸光亮剂则更适合木材或塑料制品。

（3）按用途分　光亮剂还可以根据不同用途进行分类，如塑料光亮剂、轮胎光亮剂、镀镍光亮剂、不锈钢光亮剂、电镀光亮剂、酸铜光亮剂、镀锌光亮剂、皮革光亮剂、金属光亮剂、汽车护理光亮剂、家具光亮剂等。这些光亮剂针对特定材料和表面进行了优化，能够提供最佳的光泽效果和保护性能。

（4）按功能分　可分为初级光亮剂（如芳香族含硫化合物）、次级光亮剂（如减少表面微分电容的添加剂）。

（5）按物理形态分　可分为微粒状光亮剂（如进口的塑料光亮剂）。

（6）按特殊功能分　可分为增亮剂（如赋予织物亮丽光泽的增亮剂）、光亮硫酸镀锡添加剂（由光亮剂、分散剂、稳定剂组成）。

15.4　光亮剂用途

光亮剂在化工行业和其他行业中发挥着举足轻重的作用，由于光亮剂具有良好的内外润滑性能、表面光亮性、良好的互熔性和防黏性，对颜料、填料具有良好的分散性，可提高色母料的鲜艳度和光亮度，可作为爽滑剂、开口剂、抗静电剂、脱模剂，具有高熔点和在熔融体中低黏度的独特性质及很好的迁移性，因此可用于油漆、化妆品、汽车上光、纺织工业、造纸工业、塑料制品、陶瓷、水性油墨、液体鞋油、金属脱模剂、胶黏剂等。

15.4.1　在化工行业的应用

① 聚烯烃、PA（聚酰胺）、PC、PS、ABS、PBT、POM（聚甲醛）等塑料的改性加工：用于 PA、PC、PS、ABS、PBT、POM 等树脂加工，可增加熔体流动速率，提高其脱模性和光亮性，加入量为 0.5%～3%。

② 聚烯烃、PS、ABS、PVC 色母粒的加工：聚烯烃、PS、ABS、PVC 色母粒的加工，加入量为 2%～5%，可提高色母料的鲜艳度和光亮度。

③ 塑料合金的助熔剂和改性加工助剂：加入量为 1%～2%。PVC 光亮剂具有高熔点和在熔融体中低黏度的独特性质及很好的迁移性。

④ 清漆和天然漆的改性加工：清漆和天然漆的改性加工，可增加其表面爽滑性、抗黏性、抗污损性、抗刮伤性、防沉降性、疏水性等，达到手感柔软细腻的效果，推荐用量为 0.3%～2.5%。

⑤ 木粉加工流变剂：木粉加工流变剂，改进添加剂的分散性，加入量为 2%～5%。PVC 光亮剂对颜料、填料具有良好的分散性。

15.4.2　在玻璃行业的应用

① 玻璃制作助熔剂：平平加 O-25（光亮剂的一种），在玻璃纤维工业中，作乳化剂，制出细腻均匀的润滑油乳液，降低玻璃丝的断头率，杜绝起毛现象。

② 水晶玻璃化学镀银：水晶玻璃化学镀银光亮剂（XXY-22B）是市场上应用较为普遍的一种，可以在非金属基材上镀银：可在水晶、玻璃、聚丙烯、PVC、环氧树脂、陶瓷等材上镀银，用于印制电路板及电子屏蔽、消除静电等的装置和器件，还广泛用于各种装饰品，如玻璃球、玻璃珠、高级旅行保温杯、扣件等。

③ 抛光和蚀刻助剂：使用蚀刻光亮剂助剂后蚀刻速度快、稳定，正常使用蚀刻速率可达 2.5 ～ 5.0mm/min。助剂含多种有效成分，最大限度减少侧蚀。

④ 玻璃烤漆：玻璃表面通常非常光滑，普通的涂料很难在玻璃表面附着，使用光亮剂改

善的玻璃漆（水性或油性）在玻璃表面形成稳定而且坚硬的漆膜，在外观上会表现出高透明、高光泽的特点。在施工中通常黏度较低，同时又不会产生流挂现象。

⑤ 玻璃清洁和保养：玻璃表面实际上有许多凹痕，正是这种状况给灰尘、昆虫和水分提供了有利的空间。光亮剂改良的玻璃清洁剂，无毒无害，快干、不留水痕。它能有效清除玻璃上的污垢、油脂、烟渍、手印且不会腐蚀被清洁物体。

15.4.3 在机械加工中的应用

① 铝合金改性加工助剂：铝合金改性加工使用光亮剂作辅助能达到稳定、一致的所需尺寸精度、力学性能和良好的表面质量，还可防止机械损伤和腐蚀，控制晶粒度和组织结构。

② 金属电镀助剂：装饰性电镀中，金色电镀一直占有较大比例。目前金属电镀可分为镀金和电镀仿金两大类，但金价昂贵，用于装饰成本太高；而电镀仿金既保持金黄色外观，又降低成本。仿金可达到 18K、24K 和玫瑰金等色泽，因此，电镀仿金广泛应用在首饰、工艺品、家用器具、灯具和钟表等装饰领域。金属电镀加入光亮剂出光速度更快，整平性能佳，光亮电流密度范围宽，对温度的适应范围宽，水溶性要好，其分解产物少，对镀液危害小，使用寿命长，对杂质的容忍度要高。

③ 合金助熔剂：能溶解与吸收在熔炼铝合金及锌合金等时带入的氧化物；促进金属液中气体排出、金属球粒纯合及金属与氧化皮分离，除气、清渣二合一，提高金属液的纯度。

15.4.4 在涂料、颜料中的应用

光亮剂是粉末涂料中的一种助剂。光亮剂的质量对涂层质量有较大影响。好的光亮剂，在使用过程中，可以有效地消除微孔、增加光泽、促进流平。而要达到此目的，控制光亮剂的分子量是至关重要的。

① 硝基纤维素涂料助剂：在硝基纤维素木器涂料中，可以提高抛光性和附着力，还可使涂料具有额外的弹性和抵抗力，比如已被证明可以提高耐冷脆测试的能力。

② 氯乙烯共聚物体系（耐候型户外涂料）助剂：作为一种搭配材料，可共同用于氯乙烯共聚物制成的耐候型户外涂料中。

③ 纸张涂料助剂：光亮剂在造纸业中也有重要作用。它们能够改善纸张的白度和光泽度，使印刷品更具吸引力。添加光亮剂能够使纸张表面显示出更高的反射率，提高印刷品的对比度和清晰度。光亮剂广泛应用于书籍、杂志、宣传资料等印刷品的制作过程中。

④ 颜料研磨加工助剂：光亮剂可作为颜料分散剂、包覆剂。微粉状可作为颜料和填料的扩散粉。

⑤ 颜料色浆助剂：与适当的分散剂配合使用可使色浆具备非常高的着色强度和低黏度。在高性能的颜料色浆中，光亮剂被用作增加光泽的补充材料。

15.4.5 在其他领域中的应用

① 黏合剂助剂：在制造黏合剂时，光亮剂也可以与其他的软树脂和氯丁橡胶配合使用。同时，也用于异氰酸酯型活性黏合剂以及辐射固化和水白型黏合剂中。

② 食品包装材料：从使用包装、盛放食品或者食品添加剂用的纸、竹、木、金属、搪瓷、陶瓷、塑料、橡胶、天然纤维、化学纤维、玻璃等制品和直接接触食品或者食品添加剂的涂料的材料中不难看出，光亮剂广泛应用于其中。

③ 纺织助剂：在纺织品行业中，光亮剂是一种重要的功能性添加剂。添加光亮剂能够增强织物的白度和亮度，使其更具吸引力。常见的应用领域包括床上用品、服装、窗帘、家居布艺等。光亮剂的使用可以提高织物的视觉效果，使其颜色更鲜艳、外观更清晰。

④ 餐具催干剂：由多种表面活性剂加光亮剂复配而成。浓缩、高效，可提高洗碗机工作效率。通过降低水的表面张力，使淋洗后的餐具形成均匀薄水膜而迅速干燥，消除点状及条状水痕。

15.5 光亮剂配方与制备实例

配方 1 超导带材电镀铜用复合光亮剂

原料配比

原料		配比（质量份）			
		1#	2#	3#	4#
光亮剂	聚二硫二丙烷磺酸钠	4	4	4	—
	二甲基甲酰氨基磺酸钠	—	—	—	4
	脂肪胺乙氧基磺化物	—	4	4	4
整平剂	2-巯基苯并咪唑	0.12	0.12	—	—
	四氢噻唑硫酮	—	—	0.2	—
	亚乙基硫脲	0.08	0.08	—	0.2
表面活性剂	聚乙二醇	12	—	12	12
	聚乙烯亚胺烷基盐	—	12	—	—
去离子水		加至 11000	加至 11000	加至 11000	加至 11000

制备方法 将各组分原料混合均匀即可。

产品应用 本品是一种超导带材电镀铜用复合光亮剂。电镀方法包括如下步骤：

（1）准备电极，以含磷铜片为阳极，待镀铜超导带材为阴极。

（2）制备电镀铜工作液：将复合光亮剂加入到电镀铜工作基液中形成电镀铜工作液。所述工作基液包括以下组分：五水硫酸铜 170 ～ 210g/L、硫酸 50 ～ 80g/L 和盐酸溶液 40 ～ 80mL/L。所述电镀铜工作液中的复合光亮剂含量为 4 ～ 7mL/L。

（3）在直流电流作用下，待镀铜超导带材在电镀铜工作液中进行电镀。所述电镀铜工作液温度为 15 ～ 40℃。所述直流电流的电流密度为 1 ～ $6A/dm^2$。所述电镀的时间为 5 ～ 10min。

产品特性

（1）本品复合光亮剂，实现细化晶粒、增加高电流密度区光亮度的同时，保证了低电流密度区的光亮度和整平性，使镀铜层覆盖完整。

（2）本品添加到电镀铜工作液中，对电镀条件进行优化，使电镀层光亮平整，避免了针孔、麻点、毛刺、斑点、剥离等现象，使电镀层厚度增加。

配方 2 镀锌光亮剂

原料配比

原料		配比（质量份）			
		1#	2#	3#	4#
醇胺	二异丙醇胺	14	—	—	16
	一乙醇胺	—	10	20	—
马来酸酐		36	30	40	33

续表

原料		配比（质量份）			
		1#	2#	3#	4#
醇	异丙醇	55	—	50	—
	1,3- 丁二醇	—	60	—	53
烷基酚聚氧乙烯醚		6	4	8	8
表面活性剂	十二烷基硫酸钠	2	—	—	1
	亚甲基二萘磺酸钠	—	1	3	—
去离子水		110	120	100	100
氨基树脂	三聚氰胺甲醛树脂	22	—	—	16
	脲醛树脂	—	16	—	—
	聚酰胺多胺环氧氯丙烷	—	—	32	—

制备方法

（1）将醇胺与马来酸酐加入到醇中进行搅拌分散即可得到混合醇液；

（2）将烷基酚聚氧乙烯醚加入去离子水中进行搅拌分散，使用惰性气体保护，升温至70～80℃，再加入氨基树脂，保温3～4h，冷却至室温后，加入表面活性剂进行搅拌得到反应液；

（3）将混合醇液与反应液进行混合后，即得镀锌光亮剂。

原料介绍 所述的惰性气体为氮气或者氩气。

产品特性 本品采用马来酸酐与氨基树脂作为原料，增加了分散性能，并且提高了与锌离子的结合能力，阻化了电子传递反应，增大了锌沉积过程中的极化，扩大了电流密度范围，同时增加了锌离子在基材表面的分散性能。加入醇胺与表面活性剂不仅降低了镀层表面出现针孔现象的概率，还提高了耐盐雾性能。

配方 3 镀锌及其合金用光亮剂

原料配比

原料	配比（质量份）	
	1#	2#
氧化锌	12	10
烟酰胺	1	2
香草醛	7	10
香豆素	3	5
冰醋酸	40	45
亚硫酸钠饱和水溶液	9	11
植酸钠	20	25
聚天冬氨酸	4	5
水	500	500

制备方法 准备容器，将氧化锌、烟酰胺、香草醛、冰醋酸和香豆素加入到水中，然后加热升温至52℃，同时滴加亚硫酸钠饱和水溶液，滴加时间为40～60min，滴加完毕后升温至85℃，恒温7h得到反应物1，然后再将植酸钠和聚天冬氨酸缓慢加入到反应物1中，同时搅拌，然后85℃恒温5h，冷却，即得到所述的光亮剂。

产品特性 本品可以使得被镀工件镀上一层光亮柔和的、有助于防腐蚀的镀锌层；对多种杂质有较好的容忍性，适用范围广；还有增加镀层致密性的功能。

配方 4 镀银光亮剂（1）

原料配比

原料	配比（质量份）			
	1#	2#	3#	4#
烷基二苯醚双磺酸盐阴离子表面活性剂	8	15	11	—
烷基苯磺酸盐阴离子表面活性剂	—	—	—	11
聚乙二醇 -4000 非离子表面活性剂	15	10	13	13
水	1000	1000	1000	1000
亚乙基硫脲	40	50	45	45
酒石酸锑钾	0.5	0.2	0.4	0.4
亚硒酸钾	2.5	0.8	1.2	1.2

制备方法 将阴离子表面活性剂、聚乙醇型非离子表面活性剂与水混合搅拌至完全溶解，升温至 37 ～ 45℃，得到预制溶液；再将硫脲衍生物与金属复合光亮剂加入预制溶液，搅拌至完全溶解后，超声反应 30 ～ 60min。

原料介绍

所述金属复合光亮剂由酒石酸锑钾与亚硒酸钾组成。

所述硫脲衍生物为亚乙基硫脲或丙烯基硫脲中的一种。

产品特性

（1）本品中，磺酸盐型阴离子表面活性剂与聚乙醇型非离子表面活性剂混合使用，提高金属离子放电的过电位，提高电镀液的分散能力，从而细化镀层晶粒，还可以很好地分散金属复合光亮剂；金属复合光亮剂直接参与电极反应，提高镀层的沉积速度，从而提高镀层细致程度和光亮度。

（2）将镀银光亮剂用在电镀液中，电镀液镀层表面平整，抗变色性能好，耐腐蚀性能好，与基体的结合力强。

配方 5 镀银光亮剂（2）

原料配比

原料		配比（质量份）			
		1#	2#	3#	4#
去离子水		74	50	80	74
金属化合物	KCNSe	1	0.3	—	—
	Sb_2O_5	5	—	2	3
	Sb_2O_3	—	0.7	3	5
	酒石酸锑钾	—	—	—	2
表面活性剂	甜菜碱	1	1	—	1
	聚乙烯亚胺	—	—	0.05	—
	二乙烯三胺	—	—	0.05	—
	脂肪醇聚氧乙烯醚	0.1	—	—	0.1
	脂肪酰胺磷酸酯	—	0.5	—	—
	脂肪酰胺丙基磷酸酯甜菜碱	0.9	0.5	—	0.9
	N- 烷基丙氨酸盐	—	1	—	1
络合剂	甘油	0.25	0.5	1	2.5
	EDTA（乙二胺四乙酸）	0.25	0.5	1	2.5

续表

原料		配比（质量份）			
		1#	2#	3#	4#
氨水		10	5	8	5
碱性化合物	氢氧化钠	6	6	6	6
	氢氧化钾	1	1	1	1

制备方法

（1）向去离子水中加入金属化合物，搅拌 20min，得 A；

（2）加热 A 至 40℃，向其中加入表面活性剂和络合剂后，搅拌均匀，得 B；

（3）将 B 冷却至室温后，依次加入氨水和碱性化合物，搅拌至溶液澄清后，即得镀银光亮剂。

产品应用 该镀银光亮剂用于加至镀银液中对待镀件施镀银层，电镀过程的工艺参数为：镀银槽液的 pH 值为 12 ～ 14，温度范围为 15 ～ 35℃，操作的电流密度为 0.3 ～ 2.0A/dm^2，槽液中银的含量为 30 ～ 60g/L。

产品特性

（1）该光亮剂具有镀银速度快，镀层结晶细致、硬度高、导电性优良、结合度高等优点，且该光亮剂的制备过程简单，易于控制，适合工业化生产应用。

（2）该光亮剂可扩宽电镀液的 pH 值、温度和电流密度的范围，适用性更广。

（3）该光亮剂对电镀中析出的金属粒子具有良好的分散性，有利于提高镀件表面的平滑和光亮度，提升了整体镀银层的品质。

（4）该光亮剂可降低表（界）面张力，有利于对镀件的润湿，利于后期的电镀过程顺利进行，使得银沉积速度快，镀层厚。

配方 6 复合电镀光亮剂

原料配比

原料	配比（g/L）			
	1#	2#	3#	4#
2，2- 二甲基 -1，3- 丙二醇和 1，2- 乙二醇的共聚物	7	12	9	9.5
苯基二硫代丙烷磺酸钠	12	7	10.5	9.5
二苯氨基硫脲	6	3	4.8	4.5
三乙醇胺	6（mL）	10（mL）	8（mL）	8（mL）
聚二硫二丙烷磺酸钠	2.2	1.2	1.8	1.7
含氮杂环化合物	14	17	15	15.7
去离子水	加至 1L	加至 1L	加至 1L	加至 1L

制备方法 分别称取所述复合电镀光亮剂的各原料，将除去离子水以外的其余原料加入去离子水中混合均匀即为所述复合电镀光亮剂。

原料介绍 所述含氮杂环化合物为甲基紫、藏花红和碱性黄的混合物，甲基紫、藏花红和碱性黄的质量比为 10∶（2 ～ 8）∶（13 ～ 21）。

产品特性

（1）本品适用于多种电镀工艺，如镀铜、镀锌、镀铜锌合金等，功能多样，除能达到光亮效果外，还对镀层的电流效率、延伸率和抗拉强度等具有显著的提升效果；对于电镀（如电镀铜或电镀锌）基材表面的填孔效果好，镀层表面光泽度高，光亮效果好。

（2）本品制备方法简单、操作简便，节省了人力和设备成本。

配方 7　复合型高效光亮剂

原料配比

原料	配比（质量份）			
	1#	2#	3#	4#
硬脂酸	40	50	60	50
水	700	930	1130	930
碳酸钠	2	4	5	4
氢氧化钾	9	12	15	12
多元醇	1	2	3	2
氟化钠	2.5	2.5	2.5	0.6
十二烷基三甲基氯化铵	2	2	2	2
消泡剂	1.5	1.5	1.5	1.5
抗裂剂	5	8	10	8

制备方法

（1）将脂肪酸加热使其完全熔化，得到材料 A；将部分水加热至 75 ～ 85℃，加入水溶性碳酸盐混合均匀，然后加入氢氧化钾、多元醇、氟化钠并调温至 80 ～ 85℃，混合均匀得到材料 B。

（2）将材料 A 与材料 B 混合均匀，在 80 ～ 90℃的条件下反应 3 ～ 5h，得到材料 C。

（3）将剩余水与步骤 2 得到的材料 C 混合均匀，然后加入阳离子表面活性剂混合均匀，最后加入消泡剂、抗裂剂混合均匀，即得。

原料介绍

所述脂肪酸中的碳原子数为 15 ～ 20，多元醇为乙二醇、聚丙二醇、聚四氢呋喃醚二醇、丙三醇中的至少一种；所述抗裂剂为氨羟基聚硅氧烷、聚丙烯酸酯、γ- 氨基丙基三乙基硅烷按质量比为（2 ～ 4）∶（1 ～ 3）∶（1 ～ 3）组成。

所述水溶性碳酸盐为碳酸钠或碳酸钾。

所述阳离子表面活性剂为十二烷基三甲基氯化铵。

所述消泡剂由二甲基硅油、聚醚按质量比为（1.5 ～ 1.8）∶（0.2 ～ 0.5）组成。

产品应用　本品用作混凝土的外加剂，用来改善混凝土制品的表面光泽度。

产品特性

（1）本品采用硬脂酸与氢氧化钾发生皂化反应，形成液体皂液，在混凝土表面形成水包油体系，降低混凝土表面的表面张力，同时抗裂剂在混凝土表层形成三维空间网状结构，减少混凝土表面出现开裂的情况，具有提高混凝土表面平整度和光泽度的效果。

（2）本品中通过抗裂剂和氟化钠的协同作用在混凝土表面形成致密的薄膜，增加混凝土表面的硬度；同时氟离子具有较强的防腐作用，使混凝土表面的使用寿命长且稳定性更好。

配方 8　高效不锈钢清洗光亮剂

原料配比

原料		配比（质量份）			
		1#	2#	3#	4#
清洗剂	氢氧化钠	24	25	25	25
螯合剂	葡萄糖酸钠	9	9.5	9.5	9.5

续表

原料		配比（质量份）			
		1#	2#	3#	4#
表面活性剂	壬基酚聚氧乙烯醚	0.6	0.3	0.6	0.6
润湿剂	聚乙二醇	0.8	0.4	0.8	0.8
二甲基硅油		1	1	0.5	1
聚乙烯醇缩丁醛		1	1	0.5	1
氨基磺酸	2-（环己基氨基）乙磺酸	4	4	4	2
尿素		0.5	0.5	0.5	0.1
溶剂	去离子水	64	64	64	64

制备方法

（1）将氨基磺酸、尿素加入至溶剂中，搅拌溶解；

（2）继续加入清洗剂、螯合剂、表面活性剂、润湿剂、二甲基硅油、聚乙烯醇缩丁醛，在 60 ～ 70℃温度下搅拌至透明，获得不锈钢光亮清洁剂。

原料介绍

所述螯合剂为葡萄糖酸钠、柠檬酸钠、乙二胺四乙酸钠盐、酒石酸钠、聚天冬氨酸钠、甲基甘氨酸二乙酸三钠、二乙基二氨基五磷酸钠、羟基亚乙基二膦酸、氨基三亚甲基磷酸盐和植酸盐中的一种或多种。

所述表面活性剂为壬基酚聚氧乙烯醚、辛基酚聚氧乙烯醚、月桂酸聚氧乙烯醚、油酸聚氧乙烯醚、失水山梨醇单硬脂酸聚氧乙烯醚酯、失水山梨醇单油酸聚氧乙烯醚酯、失水山梨醇三硬脂酸聚氧乙烯醚酯和蓖麻油聚氧乙烯醚中的一种或多种。

所述润湿剂为聚乙二醇、乙二醇、丙二醇和甘油中的一种或多种。

所述氨基磺酸为 2-（环己基氨基）乙磺酸、3-（环己基氨基）丙磺酸和 4-（环己基氨基）丁磺酸中的一种或多种。

所述尿素为质量分数为 10% ～ 50% 的尿素溶液。

产品特性

（1）本品通过添加氨基磺酸能高效地除去铁、钢、铜、不锈钢等材料制造的设备表面的污垢和腐蚀产物。

（2）本品中尿素与氨基磺酸可以起到很好的协同效应，有助于被清洗的不锈钢表面更加光亮。

配方 9　反应型抛光光亮剂

原料配比

原料		配比（质量份）			
		1#	2#	3#	4#
抛光剂	十二烷基苯磺酸	8	7	—	8
	重烷基苯磺酸	—	—	6	—
醇胺	二乙醇胺	3	—	—	—
	异丙醇胺	—	3	—	—
	单乙醇胺	—	—	3	—
	三乙醇胺	1	1	—	3.5
表面活性剂	脂肪醇聚氧乙烯醚	2	—	—	—
	双酚 A 聚氧乙烯醚	—	1.5	—	—
	聚醚	—	—	1.5	—
	月桂胺聚氧乙烯醚	—	—	—	2

续表

原料		配比（质量份）			
		1#	2#	3#	4#
络合剂	柠檬酸	4	—	—	5
	羟基乙酸	—	2	—	—
	葡萄糖酸	—	1.5	—	—
	乙二胺四乙酸	—	—	3	—
光亮剂	椰子油	0.5	—	—	—
	大豆油	—	—	—	0.5
	棕榈硬脂酸	—	0.5	—	—
	蓖麻油酸	—	—	0.5	—
增稠剂	乙基纤维素	0.5	—	—	—
	羧甲基纤维素	—	0.5	—	—
	羟甲基丙基纤维素	—	—	—	0.5
	甲基纤维素	—	—	0.5	—
缓蚀剂	2-巯基苯并噻唑	0.5	—	—	—
	苯并三氮唑	—	0.5	—	—
	硫脲	—	—	0.5	—
	尿素	—	—	—	0.5
酸洗剂	氨基磺酸	2	—	—	—
	辛基磷酸	—	1	—	—
	硫酸氢钠	—	—	2	—
	磷酸	—	—	—	1.5
水		78.5	80.5	83	80.5

制备方法

（1）将抛光剂和40%～60%的水混合搅拌均匀；

（2）加入醇胺、表面活性剂、光亮剂搅拌均匀，加热到50～60℃并反应20～40min；

（3）停止加热，最后加入增稠剂、络合剂、缓蚀剂、酸洗剂和剩余的水，混合搅拌至体系均匀，呈现微黄黏稠液体，获得环保的反应型抛光光亮剂。

产品应用 本品主要用作不锈钢件、钢铁件、铜件（黄铜、紫铜、红铜）金属基材的反应型抛光光亮剂组合物。

产品特性

（1）本品对不锈钢件、钢铁件、铜件（黄铜、紫铜、红铜）金属基材都有较好的抛光效果。

（2）本品选用烷基苯磺酸作为主抛光剂，不产生酸雾且环保性强，对金属基材的腐蚀性大大减弱；其中含有的烷基苯磺酸和醇胺，可以在加热条件下反应生成部分烷基苯磺酸醇胺皂，其既是一种高效的防锈润滑剂，又具有良好的清洗效果；将本品配成黏度较高的液体，可以方便涂抹在需要抛光的设备表面，增加停留时间和抛光效率，也更方便运输。

配方10 环保中性除锈光亮剂

原料配比

原料		配比（质量份）		
		1#	2#	3#
除锈剂	柠檬酸	5～8	5～8	10
	草酸	1～3	—	—

续表

原料		配比（质量份）		
		1#	2#	3#
三乙醇胺		7～10	6～10	9
螯合剂	二乙烯三胺五乙酸五钠	1～3	—	2
	乙二胺四乙酸	—	0.5～2	—
光亮剂	*N*-月桂基-*β*-亚氨基二丙酸钠	3～8	2～6	3
	丙烯酸共聚物	1～5	1～5	1
有机胺酯（TPP）		3～8	8～12	5
纯水		60～70	60～75	70

制备方法

（1）加入定量的纯水，将除锈剂和三乙醇胺加入到反应釜，加热到60℃并搅拌30min，充分反应；

（2）加入螯合剂搅拌使其完全溶解；

（3）再加入光亮剂搅拌10min；

（4）最后加入有机胺酯（TPP）使其充分溶解，搅拌40min，冷却至常温即可。

产品应用 本品应用于处理碳钢管，处理工艺如下：将工件浸泡在中性除锈光亮剂溶液中，室温（25℃）或加热至60℃浸泡处理5～30min，其间上下摆动工件2～3次，将工件取出，自然干燥。

产品特性

（1）本品制备方便简单，环保无污染，无磷、氯、氟等有害离子，为中性，除锈能力强，无过度腐蚀现象，无酸雾，对工件不产生氢脆，并解决了传统中性除锈剂（含有机膦酸化合物或含磷酸盐）除锈后导致工件表面变暗失去金属光泽的问题。

（2）本品对后续涂装生产无有害影响，对磷化处理，尤其对条件要求更高的硅烷处理无影响，不会影响涂装的附着力，经过处理后的工件一般防锈1～3个月。

配方11 具有高深镀能力的VCP镀铜光亮剂

原料配比

原料		配比（g/L）		
		1#	2#	3#
分散剂	辛基酚聚氧乙烯醚	4	6	5
聚乙二醇		80	100	90
主光剂	聚二硫二丙烷磺酸钠（SP）	7	8	7.5
碱性黄		7	9	8
甲醛		1	3	2
硫酸铜		1	2	1.5
硫酸		0.5	0.6	0.55
湿润剂	琥珀酸酯钠盐	2	5	3
苯基二硫丙磺酸钠（BSP）		4	6	5
整平剂	四氢噻唑硫酮	8	9	8.5
硫酸铁		1	2	1.5
去离子水		加至1L	加至1L	加至1L

制备方法

（1）向容器中加入适量去离子水和分散剂，搅拌至分散剂完全溶解；去离子水的温度为18～30℃。

（2）继续向容器中加入聚乙二醇，搅拌至完全溶解。

（3）继续向容器中加入甲醛、硫酸铜、硫酸铁硫酸，搅拌至完全溶解。

（4）继续向容器中加入主光剂、碱性黄、苯基二硫丙磺酸钠，搅拌至完全溶解。

（5）继续向容器中加入湿润剂/整平剂，搅拌至完全溶解。

（6）向容器中加入剩余去离子水至容器标准刻度定容即得。

产品特性 镀铜光亮剂加入主光剂聚二硫二丙烷磺酸钠（SP）和硫酸铁，SP使镀铜光亮剂能够适应较高的电流密度工作，同时硫酸铁能够有效地和阳极离子结合，改善电镀工作时的电镀效率，提高镀层的深镀能力。

配方12 轮胎光亮剂

原料配比

原料	配比（质量份）			
	1#	2#	3#	4#
水性硅油	30	40	36	34
甘油	6	2	5	3
聚氨酯乳液	20	10	16	14
异丙醇	2	6	3	5
甲壳素	2	1	1.5	1.5
聚乙烯醇	4	8	5	7
消泡剂	0.03	0.01	0.02	0.02
水性蜡	8	4	6	6
水	30	30	30	30

制备方法 将各组分原料混合均匀即可。

原料介绍

所述聚乙烯醇为聚乙烯醇17～99。

所述水性蜡的含量为6%～8%。

产品特性 本品能够将轮胎上的油污去除干净，并能使轮胎增光、增黑。

配方13 铝合金泡沫模表面光亮剂

原料配比

原料	配比（质量份）	原料	配比（质量份）
异丙醇	5～10	聚乙烯醇缩丁醛	15～25
工业乙醇	25～35	硝基纤维素	35～45
乙酸乙酯	25～35	漆片	1～3
乙酸丁酯	15～20	邻苯二甲酸二丁酯	35～45

制备方法

（1）将工业乙醇和聚乙烯醇缩丁醛加入到搅拌机中混合均匀；

（2）用异丙醇浸润硝基纤维素，然后，再将其加入到上述搅拌机中进行搅拌；

（3）再将乙酸乙酯、乙酸丁酯、漆片和邻苯二甲酸二丁酯加入到上述搅拌机进行搅拌，搅拌机的最大圆周切向速度为 100 ～ 300m/min，搅拌 20 ～ 30min 后，得到铝合金泡沫模表面光亮剂。

产品特性 本品使用了不侵蚀泡沫模表面的混合溶剂工业乙醇和聚乙烯醇缩丁醛，并在该溶剂中加入几种有机物。它容易在浇注时汽化封闭薄膜，保证涂挂涂料时，涂料不会侵入泡沫模内部，从而大幅度减少铝合金铸件的渗漏。

配方 14 耐刮擦抗污光亮剂

原料配比

原料		配比（质量份）		
		1#	2#	3#
主光亮剂		30	40	50
次光亮剂		13	18	20
辅助载体		3	5	8
主光亮剂	亚苄基丙酮	20	25	30
	抗污纳米纤维	1	3	5
	乳化剂 OP-10	2	5	6
次光亮剂	苯甲酸钠	5	8	10
	聚乙二醇	2	5	6
	硫脲	3	4	7
辅助载体	水	16	20	23
	烷醇酰胺	10	12	15
	负载纳米银改性纳米纤维	3	3	7

制备方法 按质量份数计，将主光亮剂和次光亮剂依次加入到容器中，以 500 ～ 1000r/min 转速搅拌 1 ～ 3h，然后加入辅助载体，以 300 ～ 500W 功率超声分散 10 ～ 30min，混合均匀后即得所需光亮剂。

原料介绍

所述抗污纳米纤维的制备方法如下：

（1）将钛碳化铝粉末缓慢加入到由氟化锂和盐酸溶液组成的刻蚀液中，超声处理 10 ～ 20min，并在 35 ～ 40℃下搅拌 20 ～ 25h，经离心洗涤后烘干，得到粉末颗粒，备用；所述盐酸溶液的浓度为 9 ～ 10mol/L。

（2）将碳纳米纤维浸入到足量的浸渍液中，在 25 ～ 30℃下以 60 ～ 80r/min 速度振荡 6 ～ 10h，取出后经洗涤烘干，得到预处理碳纳米纤维；所述浸渍液的 pH 值为 8 ～ 9，由 Tris-HCl 缓冲液、氯化钠、没食子酸和聚乙烯亚胺组成。

（3）将粉末颗粒分散于去离子水中，得到分散液，将预处理碳纳米纤维浸入到足量的分散液中，在真空条件下抽滤 3 ～ 5h，取出后，再次浸入到足量的浸渍液中，浸渍 10 ～ 30min，重复上述操作 3 ～ 6 次，烘干后得到抗污纳米纤维。

所述负载纳米银改性纳米纤维的制备方法如下：

（1）将改性纳米纤维浸入到多巴胺引发剂浓度为 2 ～ 5mg/mL 的 10 ～ 20mmol/L 的 Tris-HCl 缓冲液中，溶液的 pH 值为 8 ～ 9，在室温下反应 20 ～ 26h，将产物取出后置于容器中，加入混合溶剂，将产物完全浸没，之后加入 2- 甲基丙烯酰氧乙基磷酸胆碱和联吡啶三（三氟甲基）铜，除尽氧气后加入溴化亚铜，得到反应液，备用。所述多巴胺引发剂的制备方法如下：将 0.4 ～ 0.5 质量份多巴胺加入到 20 ～ 60 体积份二氯甲烷中，之后加入 0.10 ～ 0.15 体积份三乙胺以及 0.10 ～ 0.15mL 2- 溴异丁酰溴，密封后置于 0℃冰浴中反应 2 ～ 5h，之后在室温下再反应 23 ～ 26h，将得到的产物用二氯甲烷反复冲洗即可。所述混合溶剂由去离子水和甲醇按体积比 1∶（4.0 ～ 4.5）组成；所述混合溶剂、2- 甲基丙烯酰氧乙基磷酸胆碱、联吡啶三（三氟甲基）铜以及溴化亚铜的用量比为（30 ～ 50mL）∶（2.3 ～ 2.8g）∶（0.03 ～ 0.06g）∶（0.01 ～ 0.03g）。

（2）将盛有反应液的容器用氮气保护 30 ～ 50min，密封后转移至油浴锅中保持在 25 ～ 30℃反应 6 ～ 10h，待反应结束后，用丙酮、乙醇以及去离子水离心洗涤，烘干后浸入到硝酸银溶液中反应 1 ～ 3h，之后用去离子水反复清洗，烘干后即可。所述硝酸银溶液的浓度为 20 ～ 50mmol/L。

所述改性纳米纤维的制备方法如下：

（1）向 86 ～ 95℃恒温水浴下的容器中加入硝酸钴和草酸溶液，混合搅拌 20 ～ 40min，加入氢氧化钠溶液调节至中性，再加入聚乙二醇，继续搅拌 30 ～ 50min，之后加入双氧水，反应 5 ～ 8h 后经减压抽滤分离产物，反复洗涤后烘干，得到棒状纳米材料。所述硝酸钴、草酸溶液、聚乙二醇以及双氧水的用量比为 10 ～ 20mL ∶ 50 ～ 80mL ∶ 0.01 ～ 0.05g ∶ 8 ～ 13mL；所述硝酸钴浓度为 0.5 ～ 0.8mol/L，草酸溶液浓度为 0.1 ～ 0.3mol/L，所述氢氧化钠溶液浓度为 0.2 ～ 0.4mol/L。

（2）将钼酸钠和硫脲加入到去离子水中，磁力搅拌 10 ～ 30min，然后再加入棒状纳米材料，超声分散 20 ～ 50min，得到反应液，将碳纳米纤维浸入到反应液中，继续超声分散 10 ～ 30min 后，转移至反应釜内，在 220 ～ 230℃下水热反应 24 ～ 28h，随炉冷却至室温，取出后用去离子水反复洗涤，冷冻干燥后得到改性纳米纤维。所述反应液中，钼酸钠、硫脲、去离子水以及棒状纳米材料的用量比为（1.2 ～ 2.0g）∶（2.4 ～ 3.8g）∶（500 ～ 800mL）∶（0.5 ～ 1.0g）；所述碳纳米纤维与反应液的质量体积比为 1g ∶（30 ～ 60mL）。

产品应用 本品用作电镀金属表面的光亮剂。

产品特性 本品喷涂在材料表面，不会被轻易抹去，固化后可以在材料表面形成光亮薄膜，可以有效提高材料的光泽度，并且形成的光亮薄膜具有很好的耐磨和抗污的效果，对外界具有很好的抵抗能力，不易发生破损、开裂、黏附污渍等现象，从而可以达到高效长久的光亮效能。

配方 15 羊皮用聚氨酯中光光亮剂

原料配比

原料	配比（质量份）		
	1#	2#	3#
去离子水	30	40	35
水性脂肪族聚醚类自消光聚氨酯分散体	10	20	15
水性中软高物性脂肪族聚碳类聚氨酯乳液	10	15	12.5
水性中软通透脂肪族聚醚类聚氨酯乳液	20	30	25
水性非离子聚氨酯乳液	10	15	12.5
聚硅氧烷 - 聚醚共聚物	1	2	1.5
聚硅氧烷乳液	1	2	1.5
硫酸化蓖麻油	1	2	1.5
悬浮稳定剂	0.5	3	1.7
防腐剂	0.2	1	0.6
氢氧化钠溶液	0.1	1	0.5

制备方法

（1）将去离子水、聚硅氧烷 - 聚醚共聚物和硫酸化蓖麻油加入分散釜中，搅拌分散均匀后，得到第一混合液。

（2）向所述第一混合液中加入水性脂肪族聚醚类自消光聚氨酯分散体、水性中软高物性脂肪族聚碳类聚氨酯乳液、水性中软通透脂肪族聚醚类聚氨酯乳液、水性非离子聚氨酯乳液、聚硅氧烷乳液和防腐剂，搅拌分散均匀后，得到第二混合液：所述搅拌的时间为30 ～ 50min，所述搅拌的转速为 300 ～ 400r/min。

（3）将 pH 调节剂稀释后加入至所述第二混合液中，得到第三混合液；所述第三混合液的 pH 值为 8.0 ～ 9.0。

（4）将悬浮稳定剂缓慢加入至所述第三混合液中，分散均匀后即得到所述羊皮用聚氨酯中光光亮剂。光亮剂的黏度为 1500 ～ 2000mPa · s。

原料介绍

所述 pH 调节剂为氢氧化钠溶液、氨水、有机胺类碱性助剂中的一种或两种以上的组合。

所述悬浮稳定剂为市售常规无机防沉剂、纤维素类增稠剂以及丙烯酸、聚氨酯类增稠剂中的一种或两种以上的组合。

水性脂肪族聚醚类自消光聚氨酯分散体为大粒径（一般在 1 ～ 10μm 之间）且不易变形的分散体粒子，在成膜过程中，粒子之间相互融合组装形成连续的粗糙表面，增加涂膜的漫反射获得消光性能。其手感干爽细绵，能减轻普通聚氨酯树脂膜的塑感和负载感，避免发黏问题；水性中软高物性脂肪族聚碳类聚氨酯乳液成膜中软，具有优异的耐磨和耐水耐溶剂性能；水性中软通透脂肪族聚醚类聚氨酯乳液成膜柔软通透，延伸率高，回弹性好，可显著提升涂层的耐曲挠性能和耐湿擦性能；水性非离子聚氨酯乳液成膜非常柔软、轻薄，能赋予皮革优雅的光泽和自然的轻涂感；硫酸化蓖麻油乳液不仅能进一步降低涂层塑感，赋予涂层细腻、软润的触感，还因其同时具有亲水和亲油基团，对因机械搅拌产生的气泡有较好的抑制效果；聚硅氧烷乳液相对一般硅类手感剂产品的分子量低，手感细腻自然，不假滑；聚硅氧烷 - 聚醚共聚物能够降低体系表面张力，使乳液与基材更为亲和。综上所述，树脂复合后的搭配不仅能保持产品优良的物性，还不影响羊皮自身软度和轻泡感，使产品综合性能优异。

产品特性

（1）本品综合性能佳，不仅能明显提升涂层的物性，还不影响羊皮自身软度和轻泡感。

（2）本品制备方法简单、工艺可控，有利于规模化生产。

配方 16　乳化型飞机清洗光亮剂

原料配比

原料		配比（质量份）		
		1#	2#	3#
悬浮剂	膨润土	1	1.5	1.3
乳化剂	油酸	—	—	2
	脂肪醇聚氧乙烯醚 -3	—	3.5	—
	脂肪醇聚氧乙烯醚 -9	—	1.5	—
	司盘 -80	1	—	—
	吐温 -80	1	—	3.6
缓蚀剂	葡萄糖酸钠	0.1	0.2	0.1
	苯并三氮唑	0.2	0.4	0.2
助洗剂	吗啡啉	3	3	3
	油酸三乙皂	9	9	9

续表

原料		配比（质量份）		
		1#	2#	3#
溶剂油	D60 溶剂油	20	—	20
	Isopar L 溶剂油	—	20	—
光亮剂	黏度为 500mm²/s 的二甲基硅油	4	—	—
	黏度为 300mm²/s 的二甲基硅油	—	2	—
	黏度为 400mm²/s 的二甲基硅油	—	—	3
	硬脂酸	2	1	1.5
研磨剂	硅藻土	12	10	10
去离子水		48.7	47.9	46.3

制备方法

（1）将悬浮剂与去离子水混合形成悬浊液，然后将缓蚀剂进行复配，加入水悬浊液中，搅拌均匀得水相。

（2）将亲水性乳化剂、助洗剂加入水相中，并加热至 60 ～ 80℃，形成溶液 1；将亲油性乳化剂、光亮剂加入溶剂油中，加热至 60 ～ 80℃，形成溶液 2。

（3）将溶液 1 加入到溶液 2 中，在 60 ～ 80℃条件下搅拌 30 ～ 60min，使其均匀乳化，形成稳定乳液 3。

（4）将研磨剂加入乳液 3 中，在 60 ～ 80 ℃条件下搅拌 30 ～ 60min；然后在 1500 ～ 2500r/min 的条件下均质 4 ～ 6min，真空脱泡，冷却至室温后，即为成品。

原料介绍 所述乳化剂包括亲水性乳化剂（HLB 值大于 10）和亲油性乳化剂（HLB 值小于 10）。所述亲油性乳化剂为油酸（HLB 值为 1.0）、司盘 -80（HLB 值为 4.3）、脂肪醇聚氧乙烯醚 -3（HLB 值为 8.5）中的一种或多种；所述亲水性乳化剂为吐温 -80（HLB 值为 15）、脂肪醇聚氧乙烯醚 -9（HLB 值为 13.3）中的一种或两种。

产品应用 本品用于飞机外表面的清洗，可使用原液或（1∶1）～（1∶10）的稀释液。可使用带海绵的长柄刷蘸取清洗剂在飞机外表面均匀擦拭，直至将污渍去除，停留 3 ～ 5min 后，待飞机表面形成干燥的薄膜后，用干净的干棉布将表面擦净。

产品特性 本品可将飞机外表面的清洗和打蜡合二为一，减少工序，缩短飞机停留时长，节约水资源；清洗效果相对于传统水洗效果更佳且本品对飞机材料安全。

配方 17 水性聚氨酯皮革光亮剂

原料配比

原料			配比（质量份）		
			1#	2#	3#
组分 A	脂肪族二异氰酸酯	IPDI	33	18	26
	三羟甲基丙烷		3.5	3	4
	有机硅二元醇类单体	2000 分子量的聚醚改性有机硅二元醇	100	100	50
	小分子单体	二羟甲基丙酸	3.4	2.2	1.8
	催化剂	有机铋催化剂 KAT348	0.02	0.02	0.02
	丙酮		50	40	40
	三乙胺		2.6	1.6	1.3
	去离子水		550	530	290
组分 B	脂肪族二异氰酸酯	IPDI	28	33	25
	大分子二元醇类单体	2000 分子量的聚己内酯二醇（PCL）	40	—	—

续表

原料			配比（质量份）		
			1#	2#	3#
组分 B	大分子二元醇类单体	2000 分子量的聚四氢呋喃二醇（PTMEG）	—	30	—
		2000 分子量聚丙二醇（PPG）	—	—	60
		1000 分子量的聚四氢呋喃醚二醇（PTMEG）	20	—	—
		1000 分子量的聚碳酸酯二元醇（PCDL）	—	30	—
	小分子单体	二羟甲基丙酸	5	6	5
	催化剂	有机铋催化剂 KAT348	0.02	0.02	0.02
	丙酮		40	50	40
	三乙胺		3.7	4.5	3.8
	去离子水		330	350	320
组分 A			50	80	100
组分 B			250	220	200
TT935 增稠剂			6	5.6	6.2

制备方法

（1）制备聚氨酯型的成膜表面组分 A：

① 将三羟甲基丙烷、脂肪族二异氰酸酯、小分子单体、有机硅二元醇类单体及催化剂在 50 ～ 90℃下混合反应 2 ～ 7h；

② 向上述反应物中加入丙酮降黏，并降温至 30 ～ 50℃，加入三乙胺反应 5 ～ 30min；

③ 向上述预聚体中加入去离子水，搅拌分散 0.5 ～ 3h 得到阴离子水性聚氨酯乳液成膜表面组分 A。

（2）制备聚氨酯型的成膜底层组分 B：

① 将脂肪族二异氰酸酯、小分子单体、大分子二元醇类单体和催化剂在 50 ～ 90℃ 下混合反应 2 ～ 7h；

② 向上述反应物中加入丙酮降黏，然后降温至 30 ～ 50℃，加入三乙胺反应 5 ～ 30min;

③ 向上述预聚物中加入去离子水，搅拌分散 0.5 ～ 3h 得到阴离子水性聚氨酯乳液成膜底层组分 B。

（3）将聚氨酯型的成膜表面组分 A 与聚氨酯型的成膜底层组分 B 共混，在搅拌状态下加入增稠剂，调节共混物的黏度至 100 ～ 1000mPa · s，制得自然光水性聚氨酯光亮剂。

产品应用 本品用作皮革涂饰剂。

产品特性 本品无需添加消光剂，具有自然光光泽度的组分 A 为聚氨酯结构，与组分 B 的结构相似，成膜后不会出现分层现象，而且，折光系数接近，能够提高成膜透明度，不会影响涂饰后皮革的色彩鲜艳度。组分 A 由有机硅二元醇类单体合成，分子结构支链较多，胶束粒子具有较大体积，较轻，其在成膜过程中上浮至膜表面，可赋予皮革滑爽、舒适的表面触感。

配方 18 速干光亮剂

原料配比

原料		配比（质量份）		
		1#	2#	3#
金属交联聚合物	锌金属交联丙烯酸树脂	45	50	42.5
非离子表面活性剂	聚丙烯酸胺	1.15	—	—
	聚乙烯吡咯烷酮	—	1.2	1.05
阳离子表面活性剂	十二烷基二甲基氯化铵	0.75	0.4	0.55

续表

原料		配比（质量份）		
		1#	2#	3#
成膜剂	丙烯酸（酯）/C_{10} ～ C_{30} 烷醇丙烯酸酯交联聚合物	0.03	0.03	0.03
去离子水		53.1	48.4	55.9

制备方法

（1）向不锈钢反应釜内加入去离子水，搅拌下升温至 70 ～ 80℃。

（2）向去离子水中缓慢地加入金属交联聚合物，保温搅拌 15 ～ 20min；再加入非离子表面活性剂、阳离子表面活性剂和成膜剂，搅拌 20 ～ 30min；停止加热，搅拌下自然冷却至 20 ～ 30℃，包装，得速干光亮剂。

原料介绍 所述金属交联聚合物为锌金属交联丙烯酸树脂，固含量为 48%±2%。

产品应用 本品主要用于地板砖、木地板、大理石、木质家具、桌面、木制工艺品等领域。应用于对各种类型的地板进行抛光前的处理，所述处理为将光亮剂直接涂刷在待抛光的地板表面，待光亮剂干燥后用抛光机进行抛光。

产品特性

（1）本品为一种水性光亮剂，不含有机溶剂，应用时无异味，对施工的环境污染小；产品溶液呈中性，对地板及人体没有腐蚀性。

（2）本品固化时间短，对底板涂刷抛光后地板表面光洁度高，可以形成镜亮光面，持久耐用，能防止洗涤剂浸湿、划痕、滑底、鞋跟摩擦等伤害。在应用时，无需使用水稀释，可直接涂刷在地板表面，根据需要，可用光速抛光机抛光。

配方 19　酸性光亮剂

原料配比

原料	配比（质量份）		
	1#	2#	3#
二氧化硒	2	1.5	1
邻氯苯甲醛	2	2.5	3
十二烷基磺酸钠	4	5	3
亚甲基二萘磺酸钠	5	3	4
聚氧乙烯辛基苯酚醚 -10	5	6	4
烟酸	5	6	7
苯并三唑	0.6	0.6	0.6
NNO（亚甲基双萘磺酸钠）	1	1	1
聚乙二醇 200	2	2	2
水	35	35	35

制备方法

（1）取 2/5 的水并加入苯并三唑进行溶解，备用；所述的溶解的条件为 80℃下进行溶解。

（2）在剩余的 3/5 的水中加入二氧化硒、十二烷基磺酸钠、亚甲基二萘磺酸钠、聚氧乙烯辛基苯酚醚 -10、烟酸、NNO、聚乙二醇 200 进行溶解，再向其中加入邻氯苯甲醛。

（3）将步骤（1）制得的产物加入到步骤（2）制得的产物中，制得酸性光亮剂。

产品应用 本品主要用作无氰镀锌的光亮剂。

产品特性

（1）本品加入到镀液中使镀液具有优异的分散、覆盖能力，镀层光亮细致、耐蚀性好和抗变色性好，电流密度范围宽。

（2）本品的配方采用二氧化硒和邻氯苯甲醛作为主光亮剂进行复配，减少了邻氯苯甲醛的用量，相应减少了助溶剂的用量，降低了环境污染。

（3）本品制备方法操作简单，适合工业应用，节省成本。

配方 20 铜饰光亮剂

原料配比

原料	配比（质量份）		
	1#	2#	3#
乙酸铜	3	5	4
黄原胶	0.5	0.3	0.5
二对氯苄基苯并咪唑	0.5	0.8	0.6
醋酸锌	3	2	2.5
苯亚甲基丙酮	5	8	6
冰醋酸	50	40	45
甲酸	3	5	4
碘化锌	0.05	0.01	0.05
蒸馏水	5	8	6

制备方法

（1）将冰醋酸加入到容器中，再加入甲酸，搅拌混合均匀；

（2）将二对氯苄基苯并咪唑和醋酸锌加入到步骤（1）所得溶液中，充分搅拌至固体完全溶解；

（3）将蒸馏水加入到大容器中，加热到 50 ～ 60℃，再加入黄原胶，搅拌至完全溶解，加入苯亚甲基丙酮，搅拌混合均匀，再加入乙酸铜，搅拌至完全溶解，再加入碘化锌，搅拌至完全溶解；

（4）将步骤（2）得到的溶液加入到步骤（3）得到的溶液中，搅拌混合均匀，得到所述的铜饰光亮剂。

原料介绍

乙酸铜提供铜离子，促使薄膜的生成速度加快；黄原胶具有抗氧化功效，耐高温，耐老化。二对氯苄基苯并咪唑能够提高整体的耐高温性；醋酸锌为催化剂；苯亚甲基丙酮，是水镀工艺中应用最为广泛性能优异的光亮添加剂，在氯化钾、铵镀工艺中可以在很宽的电流密度、温度范围内得到光亮镀层，对镀层的内应力、防腐性均能起到良好的效果；加入苯亚甲基丙酮、刚好可以抑制黄原胶的臭味。冰醋酸能够提供酸环境，防止槽液结晶；甲酸提供酸环境，能够润洗产品铜表面；碘化锌能够分解老化槽液。

黄原胶对热的稳定性很好，黄原胶溶液的黏度不会随温度的变化而发生很大的变化，且黄原胶溶液对酸碱十分稳定；黄原胶分子中含有大量的亲水基团，是一种良好的表面活性物质，并具有抗氧化功效，耐高温，耐老化。

产品特性 采用本品处理过的铜饰能耐高温，在 200℃的条件下可保持 30min 不变色。

配方 21　无氰镀铜光亮剂

原料配比

原料		配比（质量份）		
		1#	2#	3#
亚甲基双萘磺酸钠		20	25	23
丙炔醇		5	10	8
N- 甲基吡咯烷酮		2	4	3
分子量为 3000 的聚丙烯酸		1	—	—
分子量为 4000 的聚丙烯酸		—	3	—
分子量为 3500 的聚丙烯酸		—	—	2
载体		8	12	9
水		120	150	135
载体	十二烷基硫酸钠	12	14	13
	脂肪醇聚氧乙烯醚	7	5	6
	烷基糖苷	3	2	2

制备方法

（1）取 1/4 量的水，加入亚甲基双萘磺酸钠，以 200 ～ 400r/min 的速度搅拌至完全溶解，加入丙炔醇和 *N*- 甲基吡咯烷酮，继续搅拌 3 ～ 5min，加入载体，调节转速为 100 ～ 200r/min，搅拌 20 ～ 30min，得混合物；

（2）取聚丙烯酸，加入剩余量的水，搅拌至完全溶解，得聚丙烯酸液；

（3）在 250 ～ 350r/min 的转速下，边搅拌边向步骤（2）所得聚丙烯酸液中滴加步骤（1）所得混合物，滴加时间为 0.5 ～ 1.5h，滴加完毕后，继续搅拌 0.5 ～ 1.5h，即得。

原料介绍

所述聚丙烯酸的分子量为 3000 ～ 4000。

所述脂肪醇聚氧乙烯醚的 EO 数为 9。

本品中加入的由十二烷基硫酸钠、脂肪醇聚氧乙烯醚和烷基糖苷按一定质量比组成的载体，不仅可以降低镀层的孔隙率，提高镀层的致密性，还能够与聚丙烯酸协同作用，对镀层有晶粒细化、整平的作用，而且有利于光亮成分效果的发挥，进一步改善镀层的光亮度，显著提高镀层质量。

聚丙烯酸在增强镀层光亮性能的同时，兼顾铜镀层与后续镀层之间的结合力。

产品特性

（1）本品不仅有利于各组分效果的发挥，而且能够激发组分之间的协同作用，从而有利于光亮性能、铜镀层与后续镀层之间结合力的提高。

（2）将本品应用于无氰镀铜液的制备中，采用该无氰镀铜液进行电镀得到的镀层光亮度好、色泽均匀、表面光滑致密、无针孔麻点产生，显著提高了镀层的质量。

配方 22　无氰镀银光亮剂

原料配比

原料	配比（g/L）			
	1#	2#	3#	4#
十二烷基二苯磺酸钠	10	15	20	12
HEDTA（羟乙基乙二胺三乙酸）	1	1.5	2	1

续表

原料		配比（g/L）			
		1#	2#	3#	4#
稳定剂	磷酸二氢钾	0.5	1	1.5	1
分散剂	β- 萘酚聚氧乙烯醚	10	15	22	20
	聚乙二醇	10	5	8	8
尿素		10	15	15	12
1- 苄基 -1，2，3，4- 四氢异喹啉		10	12	13	14
含硫杂环化合物	2- 甲基四氢呋喃 -3- 硫醇	30	35	40	38
去离子水		加至 1L	加至 1L	加至 1L	加至 1L

制备方法

（1）量取配方量的十二烷基二苯磺酸钠、分散剂和 HEDTA 加入去离子水中，搅拌至完全溶解，得到混合物 A；搅拌速度为 100 ～ 200r/min，搅拌时间为 20 ～ 25min。

（2）升温至 40 ～ 50℃，量取配方量的含硫杂环化合物、稳定剂、尿素和 1- 苄基 -1，2，3，4- 四氢异喹啉，搅拌溶解得到混合物 B；搅拌速度为 150 ～ 200r/min，搅拌时间为 20 ～ 30min。

（3）将步骤（2）所得混合物 B 加入到步骤（1）所得混合物 A 中，抽气 4 ～ 5min 后，继续在惰性气体下搅拌 20 ～ 25min，得到无氰镀银光亮剂。

产品特性

（1）本品获得的镀层不容易受电流密度的影响。

（2）以十二烷基二苯磺酸钠作为无氰镀银光亮剂的润湿剂，在镀液中起助溶和润湿作用，使得镀层呈现镜面光亮的外表，同时也降低了表面张力，减少了镀层针孔的产生。

（3）本品中添加了 1- 苄基 -1，2，3，4- 四氢异喹啉和聚乙二醇，改变了镀层的晶体取向，显著细化了晶粒，使镀层的耐磨性能更佳，光亮效果明显。

配方 23　用于 PVC 环保电缆料的光亮剂

原料配比

原料	配比（质量份）			
	1#	2#	3#	4#
聚乙烯醇	100	100	100	100
石蜡	38	40	42	34
N，*N*- 亚乙基双油酸酰胺	38	25	30	32
聚氧乙烯酰胺	5	3	7	4
N，*N*- 二丁基甲酰胺	18	15	12	15
季戊四醇硬脂酸酯	9	6	9	10
二甲基甲酰胺	15	12	16	15
抗氧化剂	6	5	6	7
溶剂	120	140	140	120

制备方法

（1）将聚乙烯醇、溶剂投入反应釜内，在搅拌状态下升温至 60 ～ 70℃形成第一混合物。

（2）在所述第一混合物中缓慢加入石蜡、*N*，*N*- 亚乙基双油酸酰胺、聚氧乙烯酰胺、

N, N- 二丁基甲酰胺和抗氧化剂，升温至 85 ～ 95℃搅拌并保温 30 ～ 60min 形成第二混合物。

（3）在所述第二混合物中再加入季戊四醇硬脂酸酯、二甲基甲酰胺，搅拌 30 ～ 60min 后停止加热，在搅拌状态下降温至室温获得所述光亮剂。降温方式为自然冷却。

原料介绍

所述抗氧化剂为抗氧化剂 168、抗氧化剂 1098 或者抗氧化剂 1076。

所述溶剂为去离子水。

产品特性 本品添加到 PVC 环保电缆料中，200℃热稳定时间大于 95min，且 PVC 环保电缆料在 100℃保持 240h，热质量损失小于 8mg/cm2，从而大大改善了其耐高温性能并降低了有害气体的释放。

配方 24 用于 VCP 的光亮剂

原料配比

原料		配比（质量份）			
		1#	2#	3#	4#
整平剂		6.5	5	8	6
聚环氧氯丙烷胺		15	10	20	12
固化剂	六亚甲基二异氰酸酯	2	1	3	2
柠檬酸		2.5	2	3	2
硼酸		2.5	2	3	3
螯合剂		0.2	0.1	0.3	0.2
去离子水		87.5	75	88	80
整平剂	碱性黄	1	1	1	1
	聚合茜素醇蓝染料	2	1	3	2
螯合剂	EDTA-2Na	2	1	3	2
	乙醇酸	1	1	1	1

制备方法

（1）向容器中加入去离子水和螯合剂搅拌至完全溶解，得到混合物 A；

（2）向步骤（1）得到的混合物 A 中加入聚环氧氯丙烷胺、固化剂和整平剂搅拌至完全溶解，得到混合物 B；

（3）向步骤（2）所得混合物 B 中加入柠檬酸和硼酸搅拌至完全溶解，得到所述的用于 VCP（垂直连续电镀）的光亮剂。

原料介绍 所述的聚环氧氯丙烷胺由二甲胺、叔胺和环氧氯丙烷为原料，加入多乙烯多胺交联剂合成。所述的聚环氧氯丙烷胺的制备方法为：于 20 ～ 40℃的恒温下，向反应釜中加入 30% ～ 35% 的二甲胺溶液和叔胺的混合液，边搅拌边慢慢滴入环氧氯丙烷，滴加完毕后 20 ～ 40℃恒温反应 30 ～ 60min，最后加入多乙烯多胺，继续搅拌，并缓慢升温至 60 ～ 80℃，反应 30 ～ 60min 即得到所述的聚环氧氯丙烷胺。

产品特性 本品中弱酸性物质柠檬酸和硼酸的混合能够有效地去除镀层表面的氧化剂，聚环氧氯丙烷胺的添加能够有效地去除镀层表面的脏污。本品配方组分合理、有效，配制过程无污染，环保安全。本品的光亮度好，不易氧化，使用方便，电镀质量好，镀层亮度高，稳定持久不变色。

配方 25　用于盐酸氯化铜体系的镀铜光亮剂

原料配比

原料		配比（质量份）		
		1#	2#	3#
主光剂		85	95	90
整平剂		6	12	9
分散剂	2- 萘磺酸甲醛聚合物钠盐	5	—	7
	磺酸钠盐	—	9	—
表面活性剂		10	15	13
磷酸二氢钾		3	7	5
聚醚类化合物	聚乙二醇分子量为 3500	15	—	—
	聚乙二醇分子量为 3000	—	20	—
	聚乙二醇分子量为 3600	—	—	20
水		加至 1000	加至 1000	加至 1000
主光剂	苯基聚二硫二丙烷磺酸钠	2	3	2.5
	丙烯基磺酸钠	0.5	1	1
	磺基丁炔醚钠盐	0.1	0.5	0.3
整平剂	胺类化合物	2	2	2
	二元环氧化合物	0.5	1	0.6
表面活性剂	十二烷基磺酸钠	1	1	1
	脂肪胺聚氧乙烯醚	0.1	0.3	0.2

制备方法

（1）向反应釜中加入三分之一的水，然后向其中加入整平剂、分散剂、表面活性剂和聚醚类化合物，边加入边搅拌，在 35 ～ 40℃条件下预热 1 ～ 1.5h，再升温至 50 ～ 60℃，保温 3 ～ 5h，得到混合液 A；

（2）向剩余的水中加入主光剂和磷酸二氢钾，边加入边搅拌，搅拌均匀后，温度升高至 60 ～ 70℃，保温反应 3 ～ 5h，得到混合液 B；

（3）将上述混合液 A 滴加至混合液 B 中，混合均匀后反应 2 ～ 3h，温度控制在 60 ～ 70℃，冷却后，得到镀铜光亮剂。

产品特性　本品镀铜光亮剂能够减少主光剂的使用，且不影响镀层效果。本品通过各原料的复配使用，加入到电镀液中出光快，光亮度好，表面镀层结晶致密，无针孔麻点产生，分散性好，镀层匀度及深度能力优良，整平度好，提高了与其他镀层的结合力，能够有效延长镀液的使用寿命，降低生产成本，解决了现有技术中镀铜光亮剂出光慢、光亮度低、镀层致密性差、结晶粗糙、易产生针孔麻点、镀层匀度及深度不理想，且分散性差、整平度低、与其他镀层结合力差的问题。

16 施胶剂

16.1 施胶剂定义

施胶剂是指用以延迟纸和纸板被水或水性溶液渗透的化学品，即对纸浆、纸张、纸板进行处理，取得抗流体渗透的性能而添加的化学品。它是一种造纸添加剂，能赋予纸和纸板抗墨、抗水、抗乳液、抗腐蚀等性能以提高平滑度和强度。

这类化学品具有亲水性基团和疏水基团，在纤维表面使外侧定向为疏水基团，赋予纸疏水性和抗流体渗透性。除吸墨纸、滤纸、蜡纸、卷烟纸、生活用纸等纸种外，几乎所有纸张均需施胶。在纸上施胶可提高纸张抗水、抗油、抗印刷油墨等性能，同时可提高光滑性、憎水性、印刷适应性。

16.2 施胶剂作用机理

① 吸引。在水中分散时，主要是依赖于施胶剂微粒对纤维的吸引力，施胶剂的表面电荷决定了对纤维吸引力的大小和移动方向。表面为负电荷的阴离子施胶剂，必定需要阳离子定着剂，具有正电荷的阳离子施胶剂可凭自身电荷与带负电荷的纤维相互吸引。

② 留着。施胶剂吸附到纸浆纤维上，微细纤维、填料在网上留着，细小纤维的留着尤为重要。它吸附有大量的施胶剂，因此选择助留剂、增强剂也很重要。

③ 定型。加热情况下，施胶剂微粒在纤维表面形成一层抗水膜，施胶效果即产生了。松香胶、烷基烯酮二聚体（AKD）、烯烃琥珀酸酐（ASA）等施胶机理各不相同，松香胶主要是生成松香酸铝，AKD 与纤维表面的羟基发生反应，生成牢固的酮酯键，ASA 是与羟基反应形成酯键其疏水基指向纤维外面形成抗水膜。

表面施胶剂大多数是由对水有抵抗性的疏水基和对浆有亲和性的亲水基构成。疏水基有苯乙烯、烯烃等；亲水基有含有羧基（阴离子性）的马来酸、丙烯酸等以及含有氨基（阳离子性）的二甲基氨基丙烯酸酯等。

表面施胶剂的效果产生机理为：阴离子系的表面施胶剂是被纸层内的硫酸铝或者是阳离子性聚合物带有阳离子活化了的部位吸附（图 16-1）。

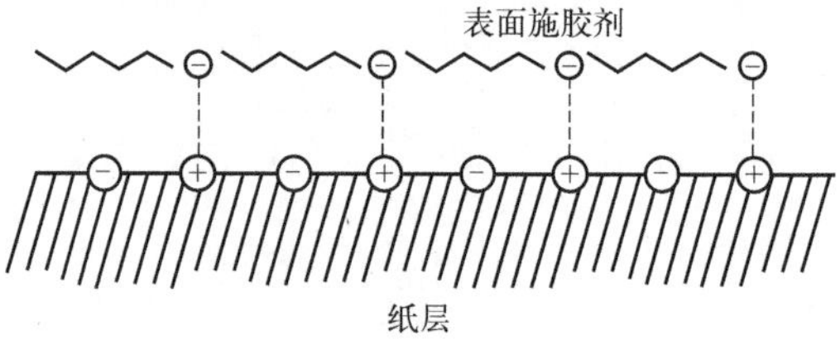

图 16-1 阴离子系的表面施胶剂吸附在纸上的模型

阳离子系的表面活性剂则与纸层内的阴离子部分即纸浆纤维本身吸附，由阴离子与阳离子结合而疏水性化同时，发生施胶剂疏水基配向，因而表现出施胶性（图 16-2）。

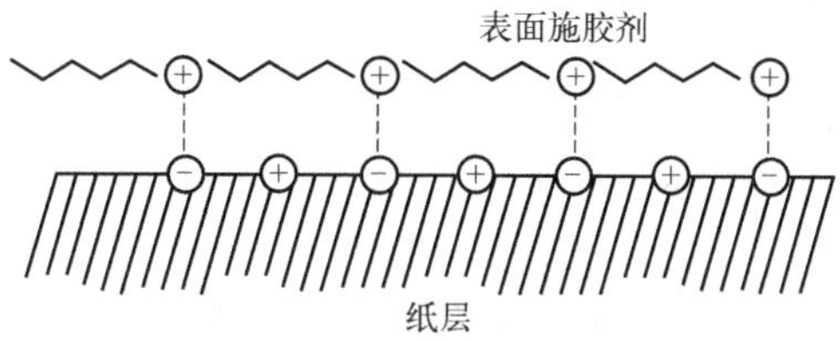

图 16-2 阳离子系的表面施胶剂吸附在纸上的模型

一般地，阴离子系的表面活性剂和纸中的硫酸铝组合会产生最佳施胶效果，这是由于表面施胶剂的羧基铝盐化，因而产生的疏水性较大。

由前述的效果产生机理来看，和硫酸铝反应产生疏水基的酸性纸的生产中，即使较多地存在作为亲水基的羧基，施胶效果也是较好的，而中性纸，过多的羧基会阻碍施胶性。理想的是有和纸浆吸附所必要的最小限度的亲水基和较强的疏水基这样的构成，实际上还必须考虑在涂布液的 pH 值变动时，还能保持水可溶性的亲水基和疏水基的平衡，各种变性的加工也是必要的。

16.3 施胶剂分类

施胶剂分为浆内施胶剂和表面施胶剂。浆内施胶剂大致分为松香系施胶剂、合成施胶剂和中性施胶剂三大类。表面施胶剂一般使用阴离子型高分子物质。

表面施胶剂种类繁多，但可以概括为两大类：天然高分子和合成聚合物。

16.3.1 天然高分子

天然高分子产品具有来源广、价格低、易生物降解等优点，在表面施胶剂市场上一直占据重要地位。主要有淀粉、壳聚糖、动植物胶、纤维素及半纤维素、石蜡等。

淀粉资源丰富，种类繁多，价格低廉，是最常见的天然高分子表面施胶剂。天然淀粉黏度较高，流动性差，容易发生凝胶，用水稀释后易沉淀，不适宜于纸张表面施胶，因此一般会对其进行改性处理，用于表面施胶的改性淀粉主要有氧化淀粉、阳离子淀粉、酶转化淀粉、羟烷基淀粉、双醛淀粉、两性淀粉等等。

改性后的淀粉黏度较低，并能保持良好的溶解性、黏着力和成膜能力，用作纸张表面施胶剂能显著提高纸张的强度、平滑度，并能很好地改善纸张的印刷性能。

壳聚糖是广泛存在于水生有壳动物的骨骼组织结构中，作为一种自身呈阳离子性的天然高分子，分子中含有阳离子基，可与纸张中带负电荷的纤维产生静电吸附，能与纸张纤维素分子的羟基产生较强的氢键结合，它还有良好的成膜性，且成膜强度很大。壳聚糖对胶版印刷纸进行表面施胶，成纸强度明显优于氧化淀粉或聚乙烯醇施胶纸，吸水值也有所下降，并由于其阳离子特性可紧紧吸附在纤维上，降低纸厂废水中化学需氧量（COD）负荷。此外，壳聚糖生物降解性能好，有利于环境保护。

动物胶如骨胶、明胶等用于表面施胶，可使纸张具有比较强韧的表面，从而改善纸张书写和耐擦性能。也可提高纸张的物理强度，尤其是耐折度和抗张强度的提高最为明显。由于动物胶价格昂贵，故多限于高档纸张的表面施胶，而且多与淀粉混合使用。植物胶如瓜尔胶，是一种聚甘露糖半乳糖，其与纸张纤维的结合强度和成膜性均远远超过淀粉，用于表面施胶时，可增加纸张的表面光泽度、减少黏辊现象，还能使纸张的光泽度持久，减少细小纤维黏附烘缸从而保持缸面清洁，减轻纸张在印刷中的掉毛掉粉现象。

纤维素衍生物用于纸或纸板的表面施胶时，可以改进纸或纸板的物理性能和表面强度。最常用的纤维素衍生物是羧甲基纤维素，其次是甲基纤维素和羟乙基纤维素。羧甲基纤维素（CMC）用于表面施胶时，能提高纸张的强度、吸墨性、耐油性和胶版印刷适性。CMC也可与聚乙烯醇、聚丙烯酰胺、聚醋酸乙烯等混合使用，进一步改善施胶效果，提高纸张性能。甲基纤维素（MC）、羟乙基纤维素（HEC）均能在纸张表面生成强韧的膜，起到良好的施胶作用。

另外，石蜡、蜂蜡及其改性物的乳液亦可用于表面施胶，赋予纸和纸板更高的抗水性和平滑度，尤其是在压光机施胶中，它还能起到润滑剂和隔离剂的作用，保护纸张表面不受破坏，改善纸张的印刷性能。

16.3.2 合成聚合物

合成聚合物类助剂能赋予纸张更加优异的性能，发展迅速。主要有以下几种类型：

（1）聚丙烯酰胺（PAM） PAM作为表面施胶剂，应和乙二醛混合使用，两者在干燥过程中可形成交联网络。由于纸页中存在三价铝离子和钙离子等，PAM分子中的部分—CONH—基团又水解成—COOH，这些金属多价离子会与PAM中的—COOH产生离子交联键，从而使纸产生抗水性。PAM价格高，质量好，适合和价格便宜的淀粉配合使用。

（2）聚乙烯醇（PVA） 聚乙烯醇按聚合度和水解度不同，分为许多牌号。一般用作表面施胶的PVA聚合度为1000～2000，醇解度为98%～99%。我国生产的PVA，用于表面施胶的主要是1798，即聚合度为1700、醇解度为98%。经PVA表面施胶的纸张，干燥后纤维有很好的黏合力，表面强度好，PVA所形成的覆膜有很好的抗油脂性，但缺点是黏度高，涂布性差，易渗透到纸层内部（仅起到提高表面强度的作用），通常为了达到所需的表面施胶效果，不免要加大用量。为解决这一问题，可采用硼酸预处理技术，其机理是经硼酸处理后的纸张在涂布PVA时，硼酸和PVA可发生交联反应而形成凝胶体，抑制了PVA向纸层内部的过量渗透。达到相同表面强度，如果只用PVA可能要用3%溶液，但采用1%～1.5%的硼酸溶液处理，只要1%就够了。现在淀粉聚乙烯醇作为表面施胶剂应用的纸种及纸厂不断减少。

（3）苯乙烯-马来酸酐聚合物（SMA） SMA是苯乙烯和马来酸酐的交替共聚物，为浅琥珀色黏液，固含量为25%～40%，在水中可无限稀释。主要用于涂布证券纸、防油纸、复写纸、复印纸等，可提高纸张的耐磨性能、强度、吸油性。

（4）苯乙烯-丙烯酸酯共聚物（SAE） 苯乙烯与丙烯酸酯单体通过乳液聚合物制备的共聚物（SAE）通常是以胶乳形式使用。目前使用的SAE类表面施胶剂多为水溶液性的阴离子聚合物，在使用过程中由于水中含有Ca^{2+}、Mg^{2+}等，会引起乳液沉淀，对施胶有不利影响。为了提高乳液成膜后的抗水性，一般要加少量表面活性剂，如效果较好的氧化淀粉，或是直接添加少量硫酸铝来提高其施胶性能。

（5）苯乙烯-丙烯酸酯-马来酸酐单酯共聚物（SAM） 作为表面施胶剂的苯乙烯-丙烯酸酯-马来酸酐单酯共聚物（SAM）是苯乙烯与丙烯酸酯及马来酸单酯无规则共聚的具有中等分子量的产品，效果优于SMA。这将是板纸表面施胶的技术发展方向。

（6）改性AKD 改性AKD主要和淀粉配合在纸板上使用，可在用量比较少的情况下提高纸板的抗水性能，还能大大降低纸的成本。以前担心的AKD熟化问题也基本上已经解决，像普通的高强瓦楞纸或是牛皮箱板纸，完全熟化也可以在2h内完成。这种改性AKD加表面施胶淀粉的方法也应用在普通的文化用纸上，用来完全取代浆内施胶。加在纸的表面，这样不但可降低AKD的用量，还能缩短AKD的熟化时间。

（7）聚氨酯（PU）水分散液 聚氨酯（PU）水分散液是一种新型的表面施胶剂，它能以较少用量产生较高的施胶度，可改善纸张的许多性能，如可增加表面强度、可抗掉毛和抗涂料渗透等。主要用于涂布纸和胶版纸，应用成本较高。

16.4 施胶剂用途

施胶有两种方法，一种是在纸页成形前（打浆或配料时）将施胶剂添加于纸浆内，称为浆内施胶；另一种是在纸页成形后涂饰于纸或纸板表面，称为表面放胶。浆内施胶剂主要有松香施胶剂、合成施胶剂、石蜡施胶剂及中性施胶剂。

表面施胶是纸张或纸板加工过程中的一个工序，通常位于纸机的烘干部末端，使纸页在未完全干燥却具有一定的强度时喷涂一层胶液，经后续的干燥在纸和纸板表面形成一层胶膜，从而达到改变纸或纸板表面性能的目的。

从造纸工业的发展来看，造纸表面施胶是不可或缺的过程之一，通过表面施胶可加入改善纸页性能或增加纸或纸板抗水性的表面添加剂。

以前，由于技术水平及纸种要求的限制，表面施胶剂只能用在特殊纸种上，例如钞票纸、证券纸、海图纸等。随着造纸工业技术水平的提高，纸张的表面施胶已经成为一种常规的纸张处理工序，尤其是近年来因印刷、复印、传真的普及对文化纸、包装纸和瓦楞纸的表面性能、强度及抗水性提出了更高的要求，因此造纸工业在不断地探求新的表面施胶技术。表面施胶的特点如下：

① 提高纸和纸板的印刷性能；

② 可通过选用不同的表面施胶剂种类，提高纸张的表面强度或抗水性；

③ 提高纸和纸板的物理强度；

④ 表面施胶可减少纸张的两面差；

⑤ 不受抄纸水质和水温的影响，施胶效果比较稳定；

⑥ 胶料留着效果好，施胶成本低；

⑦ 和内施胶同时使用，可弥补内施胶的一些缺陷。

16.5 施胶剂配方与制备实例

配方 1 AKD 表面施胶剂（1）

原料配比

原料			配比（质量份）			
			1#	2#	3#	4#
AKD乳液	淀粉		100	100	150	150
	水		1000	1000	1000	1000
	碱性物质	40% 的氢氧化钠水溶液	10	—	—	6
		50% 的氢氧化钠水溶液	—	4	4	—
	阳离子醚化剂	3 氯 2 羟丙基三甲基氯化铵	25	25	—	25
		2，3 环氧丙基三甲基氯化铵	—	—	25	—
	酸	50% 的醋酸水溶液	10	—	10	10
		60% 的醋酸水溶液	—	10	—	—
	阳离子单体	甲基丙烯酰氧乙基三甲基氯化铵（DMC）	15	15	—	—
		甲基丙烯酰氧乙基二甲基苄基氯化铵（DMBC）	—	—	15	30
	丙烯酰胺		25	25	25	25

续表

原料			配比（质量份）			
			1#	2#、	3#	4#
AKD乳液	引发剂	过硫酸铵	1	1	1	1
	分散剂	亚甲基双萘磺酸钠	5	5	—	—
		焦磷酸钠	—	—	5	—
		三聚磷酸钠	—	—	—	5
	高分子乳化剂		30	50	50	20
	75℃条件下熔融的烷基烯酮（AK）		150	150	150	50
AKD 乳液			100	100	100	100
有机硅乳液	C_{16} 烷基聚硅氧烷 / 丙烯酸酯共混乳液		6	—	—	—
	C_{18} 烷基聚硅氧烷乳液		—	10	—	10
	C_{12} 烷基聚硅氧烷 / 丙烯酸酯共聚乳液		—	—	8	—

制备方法

（1）将淀粉和水的混合物与碱性物质进行第一次混合反应，制得混合物料 A；混合物料 A 与阳离子醚化剂进行第二次混合反应，制得混合物料 B；混合物料 B 与酸、阳离子单体、丙烯酰胺和引发剂进行第三次混合反应，制得混合物料 C；混合物料 C 与分散剂进行第四次混合，制得淀粉乳化剂。

（2）淀粉乳化剂、高分子乳化剂和 75℃熔融的烷基烯酮经高速剪切、均质、冷却、过滤，收集滤液得 AKD 乳液。

（3）将 AKD 乳液与有机硅乳液混合，即可。

产品特性

（1）采用本品进行施胶后制得的纸张具有理想的抗水性、环压强度、抗张强度和稳定性，适用于工业化生产。

（2）本品对施胶剂的原料配方进行改进，解决了采用固体 AKD 导致耐水性能差的问题，施胶 30 天后 Cobb 值（衡量纸张表面吸水性的指标）可有效控制在 $30g/m^2$ 以下，施胶 90 天后 Cobb 值可有效控制在 $35g/m^2$ 以下，力学性能也有提升。

配方 2　AKD 表面施胶剂（2）

原料配比

原料		配比（质量份）			
		1#	2#	3#	4#
非离子乳化剂	山梨醇酐单硬脂酸酯（司盘 -60）	5	—	—	5
	山梨醇酐单棕榈酸酯（司盘 -40）	—	5	10	—
	聚氧乙烯山梨醇酐单硬脂酸酯（吐温 -60）	8	3	—	4
	聚氧乙烯山梨醇酐单棕榈酸酯（吐温 -40）	—	—	3	—
AKD 高分子乳化剂		60	45	80	80
去离子水		400	600	800	800
熔融 AKD		160	120	200	200
三硬脂酸甘油酯		20	50	50	30
稳定剂	聚乙烯醇	1	1	2	2

制备方法

（1）将非离子乳化剂各组分按比例混合，加热至 60 ～ 80℃熔融，得复合非离子乳化剂。

（2）向所述复合非离子乳化剂中加入 AKD 高分子乳化剂和适量去离子水，加热共混，得复配乳化剂。

（3）将所述复配乳化剂与熔融 AKD 和三硬脂酸甘油酯、稳定剂混合后高速剪切；剪切转速为 1000 ～ 5000r/min，温度保持在 60 ～ 80℃。

（4）出料过均质机，冷却后，过筛网，即得到所述 AKD 表面施胶剂。均质压力为 15 ～ 30MPa。所述 AKD 表面施胶剂平均粒径为 0.6 ～ 1.2μm，黏度为 20 ～ 100mPa · s。

原料介绍

所述 AKD 高分子乳化剂的主要成分为聚二烯丙基二甲基氯化铵，可采用商品 AKD 专用高分子乳化剂，或者牌号为 FA22 的 AKD 专用乳化及施胶促进剂。

所述稳定剂为聚乙烯醇，为平均聚合度（DP）为 1700 ～ 1800、分子量（M_n）为 84000 ～ 89000 的聚乙烯醇。

产品特性　本品采用的 AKD 分子结构上具有内酯环结构，在中、碱性条件下，反应官能团与纤维分子上的羟基发生酯化反应牢固地键合在纤维表面，憎水的长链脂肪基团转向纸面，从而获得憎水的效果；使用由山梨醇酐脂肪酸酯、聚氧乙烯山梨醇酐脂肪酸酯、AKD 高分子乳化剂构成的复配乳化剂，可显著提高 AKD 表面施胶剂的稳定性及施胶效果，限制 AKD 的水解和迁移倾向，对 AKD 乳液起很好的保护作用，同时能大大缩短纸张熟化时间；加入的三硬脂酸甘油酯成分在加热干燥时在纸面成膜能够明显提高纸张抗水性、环压强度、抗张强度等。

配方 3　AKD 表面施胶剂（3）

原料配比

原料			配比（质量份）	
			1#	2#
淀粉乳化剂	去离子水①		1000	1000
	木薯氧化淀粉		575	600
	液碱	30% 的氢氧化钠	160	—
		32% 的氢氧化钠	—	160
	阳离子醚化剂	3- 氯 -2- 羟丙基 - 三甲基氯化铵	245	—
		2，3- 环氧丙基三甲基氯化铵	—	230
	去离子水②		1000	1050
	冰醋酸		25	30
	木质素磺酸钠		50	75
AKD 蜡粉			500	1000
去离子水③			1200	2200
改性剂	羧甲基纤维素钠		1.5	—
	羟丙基甲基纤维素		—	1
氧氯化锆			5	8
淀粉乳化剂			20	30
去离子水④			1800	3600
38% 无铁硫酸铝			150	500
熟化促进剂	聚二甲基二烯丙基氯化铵		20	—
	聚酰胺多胺环氧氯丙烷树脂		—	20
杀菌剂	卡松		0.5	—
	异噻唑啉酮		—	1

制备方法

（1）在反应釜中加入去离子水①，在搅拌状态下加入木薯氧化淀粉，搅拌20min混匀，升温至45℃，加入液碱，保温30min后升温至60℃，加入阳离子醚化剂，保温30min后升温至73～76℃，保温3.5h，停止搅拌，静置3h后加入去离子水②，冰醋酸调节pH值至3.5～5.5，降温至60℃后加入木质素磺酸钠，搅拌20min后升温至92～95℃，保温60min，再降温至60℃，制得淀粉乳化剂，淀粉乳化剂固含量为25%。

（2）在反应釜中加入AKD蜡粉，打开蒸汽加热至80～85℃至蜡粉完全熔化，保温备用。

（3）剪切釜加去离子水③，按顺序依次加入改性剂、氧氯化锆、30%步骤（1）所制备的淀粉乳化剂，1450r/min转速下剪切乳化30min；20～25MPa下均质两次，第二次均质时通过10℃以下冷冻水将乳化的AKD液体快速降温至25℃以下后进入调配釜，调配釜中加入去离子水④、38%无铁硫酸铝、熟化促进剂，调节固含量至15%～16%，再加入杀菌剂后得到供造纸用的表面施胶剂。

产品特性 本品木质素磺酸钠与阳离子淀粉形成双电层结构，同时和阴离子改性剂配合使用，降低AKD型表面施胶剂中的正电荷密度，从而减少絮聚的发生。本品属于弱阳离子型表面施胶剂，具有较好的上机性能，施胶效果好，抗干扰能力强，可与阴离子增白剂或涂料同时使用，可降低施胶成本，提升产品品质。

配方4 AKD中性施胶剂

原料配比

原料		配比（质量份）		
		1#	2#	3#
改性阳离子淀粉乳化剂		175	176	170
AKD蜡粉		160	170	150
聚二烯丙基二甲基氯化铵		60	60	60
氧氯化锆（稳定助剂）		2.6	3.2	2.5
聚酰胺多胺环氧氯丙烷		4	3	4
十六烷基三甲基溴化铵		50	50	50
改性阳离子淀粉乳化剂	阳离子淀粉	420	430	430
	木素	8	9	8
	乙二醛	15	12	12

制备方法 将各组分原料混合均匀即可。

原料介绍 所述阳离子淀粉为阳离子木薯淀粉液，固含量为250.5%，Zeta电位为6～10，pH值为4～4.5，黏度为60～90mPa·s。

所述木素为在甲酸制浆废液中提取到的无硫的甲酸纳米木素，其粒径在100～140nm。

产品特性 本品以聚二烯丙基二甲基氯化铵为基础，加热混合处理之后，利用聚二烯丙基二甲基氯化铵与AKD的高结合性，形成了一种聚二烯丙基二甲基氯化铵裹覆AKD的初始乳液颗粒，此结构即为传统方法中乳液的状态，但在预热或长期放置时存在着AKD从裹覆层内逃逸的现象，也就是会发生分层。对此后续步骤中又添加了十六烷基三甲基溴化铵成分，聚二烯丙基二甲基氯化铵在AKD的表层形成的是一种较致密的三维网状裹覆结构，但其仍存在空隙，若结合得不紧密此空隙也会对应增大，此时利用十六烷基三甲基溴化铵进行空隙的插层填补，形成了一种交联、二层裹覆等复合结构状态的乳液颗粒，大大减弱了成品施胶剂的分层现象，提升了保存性能，同时改性阳离子淀粉乳化剂的热稳定性相比阳离子淀粉得到提高，进而提高了AKD乳液的稳定性能及熟化速度，有助于解决AKD施胶的衰减问题，提升纸张的疏水性能。

配方 5　ASA 施胶剂

原料配比

原料		配比（质量份）		
		1#	2#	3#
预处理物	纳米膨润土	10	11	12
	锂皂石粉	6	6.5	7
	硅烷偶联剂 KH-550	0.02	0.025	0.03
	十六烷基三甲基溴化铵	0.1	0.15	0.2
	去离子水①	20	25	30
	去离子水②	适量	适量	适量
改性液	硝酸镧	5	5.5	6
	硝酸钕	9	9.5	10
	十六烷基三甲基溴化铵	9	9.1	9.2
	去离子水	50	55	60
第一组分	改性液	1.3（体积份）	1.4（体积份）	1.5（体积份）
	预处理物	1（体积份）	1（体积份）	1（体积份）
第二组分	羧甲基纤维素	70	72	75
	去离子水	适量	适量	适量
	1.5 ～ 2.5mol/L 盐酸	适量	适量	适量
	高锰酸钾	0.1	0.15	0.2
	60% ～ 70% 硫酸	0.4	0.45	0.5
	双乙烯酮	9	11	12
	无水乙醇	适量	适量	适量
一次乳化液	第一组分	3	3.5	4
	十六烯基琥珀酸酐	30	35	40
	十八烯基琥珀酸酐	60	65	70
	去离子水	500	525	550
第二组分分散液	第二组分	1	1.5	2
	去离子水	150	180	200
一次乳化液		1（体积份）	1（体积份）	1（体积份）
第二组分分散液		1（体积份）	1.1（体积份）	1.2（体积份）

制备方法

（1）制备第一组分：

① 预处理：将纳米膨润土、锂皂石粉、硅烷偶联剂 KH-550、十六烷基三甲基溴化铵、去离子水①投入至球磨机内，控制球料比为（7 ～ 9）∶1，球磨转速为 300 ～ 400r/min，球磨处理 20 ～ 40min 后，获得球磨料；将球磨料投入至 6 ～ 8 倍体积的去离子水②中，超声分散 15 ～ 30min，制得预处理物。

② 改性处理：将硝酸镧、硝酸钕、十六烷基三甲基溴化铵投入至去离子水中，超声分散均匀后，20 ～ 50r/min 搅拌条件下，升温至 40 ～ 50℃，保温搅拌 20 ～ 24h，制得改性液；搅拌条件下，以 0.3 ～ 0.5mL/min 的滴加速率，将改性液滴加至 30 ～ 40℃的预处理物中，滴加完成后，继续保温搅拌 10 ～ 12h 后，静置 3 ～ 4h，制得改性物。

③ 后处理：控制离心转速为 12000 ～ 15000r/min，对改性物进行离心处理，收集获得固体物；将固体物投入至 −25 ～ −20℃环境下，静置 3 ～ 5h；然后在真空度为 200 ～ 300Pa

环境下，控制温度为 -40 ～ -35℃，真空冻干 4 ～ 5h，制得冻干物；然后将冻干物置于密闭环境内，300 ～ 400℃下煅烧 1 ～ 2h 后，粉碎，制得第一组分。

（2）制备第二组分：将羧甲基纤维素投入至 50 ～ 60 倍质量份的去离子水中，搅拌条件下，升温至 50 ～ 60℃，保温搅拌至羧甲基纤维素完全溶解后，采用盐酸调节至中性，制得羧甲基纤维素液；将羧甲基纤维素液置于密闭环境内，采用氮气置换三次后，持续通入氮气，搅拌升温至 40 ～ 50℃，保温并投入高锰酸钾，然后以 0.5 ～ 1mL/min 的滴加速率，滴入硫酸，滴加完成后，搅拌均匀；继续投入双乙烯酮，控制温度为 40 ～ 50℃，保温搅拌 5 ～ 6h 后，自然冷却；滤出固体物，并依次采用 6 ～ 8 倍体积的无水乙醇、去离子水洗涤后，在真空度为 0.06 ～ 0.08MPa 环境下，60 ～ 70℃干燥至质量无变化，制得第二组分。

（3）一次乳化：搅拌条件下，将第一组分投入至 40 ～ 50℃的去离子水中，保温搅拌 20 ～ 40min；继续投入十六烯基琥珀酸酐、十八烯基琥珀酸酐，2000 ～ 3000r/min 剪切处理 5 ～ 10min，制得一次乳化液。

（4）二次乳化：搅拌条件下，将第二组分投入至 40 ～ 50℃的去离子水中，搅拌 20 ～ 40min，制得第二组分分散液。

（5）将一次乳化液与第二组分分散液混合，6000 ～ 7000r/min 剪切处理 5 ～ 8min，制得 ASA 施胶剂。

产品应用 本品用于制备胶版印刷纸、白卡纸。经稀释 60 倍后用于胶版印刷纸的制备中，控制稀释后的 ASA 施胶剂添加量为 1% 绝干浆量。

产品特性

（1）本品制得的 70g/m^2 胶版印刷纸，其 Cobb 值（60s）为 20.7 ～ 21.6g/m^2，纵向抗张强度为 48.89 ～ 49.34N · m/g，表面印刷强度为 1.89 ～ 1.92m/s，横向耐折度为 45 ～ 47 次，纸机连续生产 72h 断纸次数为 2 ～ 3 次。

（2）本品造纸施胶效果好、储存稳定性好，可降低纸机断头率，提高纸机运行效率。

配方 6　表面施胶剂

原料配比

原料		配比（质量份）			
		1#	2#	3#	4#
混合单体	丙烯酸叔丁酯	10	15	12	13
	丙烯酸异辛酯	5	10	8	8
	甲基丙烯酰胺丙基二甲基胺	3	5	4	3.5
	丙烯腈	5	10	7	9
	苯乙烯	30	40	35	38
	正十二硫醇	0.2	0.5	0.3	0.4
引发剂水溶液	去离子水	30	30	30	30
	十二烷基聚氧化乙烯硫酸钠	1	1.5	1.2	1.4
	过硫酸钾	0.5	1	0.7	0.6
去离子水		100	100	100	100
十二烷基聚氧化乙烯硫酸钠		0.1	0.3	0.2	0.3
过硫酸铵		0.1	0.3	0.2	0.2
苯乙烯		3	6	4	5
丙烯酸叔丁酯		2	5	3	4

制备方法 往反应釜中加入 100 份去离子水，开启搅拌，加入 0.1 ～ 0.3 份十二烷基聚氧化乙烯硫酸钠、0.1 ～ 0.3 份过硫酸铵，继续搅拌至完全溶解；再加入 3 ～ 6 份苯乙烯、

2 ～ 5 份丙烯酸叔丁酯，继续搅拌至乳化均匀，升温至 85℃，保温 20min；同时缓慢加入混合单体和引发剂水溶液，控制混合单体和引发剂水溶液同时滴加完，滴加完毕后升温到 95℃，并在此温度下保温 1h，得到表面施胶剂乳液。

产品特性 本品是一种能满足纸张表面施胶用的高性能、环保的产品，使用本表面施胶剂与淀粉一起对原纸进行表面施胶，不但能改善原纸的吸水值，加快染化速度，且能大幅度提高原纸的表面强度。

配方 7 储存稳定、强附着性的表面施胶剂

原料配比

原料	配比（质量份）		
	1#	2#	3#
氧化醋酸淀粉	5	8	10
丙烯酰胺	55	42	30
改性瓜尔胶	3	2	1
失水山梨醇脂肪酸酯	2	3	3
引发剂	1	5	10
硫酸亚铁	10	11	12

制备方法

（1）将氧化醋酸淀粉、丙烯酰胺、改性瓜尔胶混合熔融，混合期间施加超声波处理，熔融完成后得到混合物；超声波处理时超声波频率为 66 ～ 70kHz。

（2）在步骤（1）所得混合物中继续添加失水山梨醇脂肪酸酯，保温反应 1 ～ 2h 后，加入引发剂。

（3）加入硫酸亚铁粉体充分混合，降至室温即制得储存稳定、强附着性的表面施胶剂。

原料介绍 所述的引发剂为过氧化二苯甲酰、过氧化苯甲酸叔丁酯、过氧化二月桂酸、过硫酸钾、过硫酸铵、双氧水、叔丁基过氧化氢、过硫酸钠、双氧水 - 硫酸亚铁、过硫酸钠 - 亚硫酸钠、过硫酸钠 - 亚硫酸氢钠、过硫酸钠 - 次亚磷酸钠中的至少一种。

产品特性

（1）提高纸及纸板的抗水性能，通过表面施胶后，施胶剂能够在纸张表面形成涂膜，阻止水分的侵入。

（2）改善纸及纸板的表面强度。

（3）提高纸张的印刷适性，施胶后的纸张表面平滑细腻，有效地减少了印刷过程中掉毛掉粉现象。

（4）本品的存储稳定性高，无掉毛现象，能够降低纸张的 Cobb 值，还能大幅度地降低施胶液中的残留单体，大幅提高纸张的力学强度等物理指标。

配方 8 低成本高分散阳离子施胶剂

原料配比

原料			配比（质量份）			
			1#	2#	3#	4#
改性混合物	石油树脂	C_5 氢化石油树脂	50	—	—	—
		DCPD	—	20	—	—
		C_9 石油树脂	—	—	100	—
		C_5/C_9	—	—	—	80

续表

原料			配比（质量份）			
			1#	2#	3#	4#
改性混合物	松香		100	100	100	100
	马来酸酐		15	24	20	20
	石蜡及其衍生物	固体石蜡	11.5	—	—	—
		液体石蜡	—	14	44	—
		氯化石蜡	—	5	—	—
		氧化石蜡	—	—	—	20
改性混合物			100	100	100	100
复合乳化剂			15	40	20	30
复合乳化剂	脂肪醇聚氧乙烯醚		10	16	12	6
	聚酰胺多胺环氧氯丙烷		5	24	8	24
分散剂	聚乙烯吡咯烷酮		1.5	—	—	1.7
	分散剂 IW		—	2	—	—
	十六烷基三甲基溴化铵		—	—	1	—
硅烷偶联剂	苯胺甲基三甲氧基硅烷		1	—	—	—
	4- 乙烯苄基二甲基 -（3- 三甲氧硅丙基）氯化铵		—	0.01	—	—
	γ- 甲基丙烯酰氧丙基三甲氧基硅烷		—	—	0.5	—
	乙烯基甲基二氯硅烷		—	—	—	0.1
纯水			适量	适量	适量	适量

制备方法

（1）改性混合物的制备：将石油树脂与松香加入到反应釜中，常压下升温至 170 ～ 220℃，加入马来酸酐并缓慢搅拌，保持 170 ～ 220℃反应一段时间后加入石蜡及其衍生物，充分反应后即得到改性混合物；反应时间为 0.5 ～ 2h。

（2）施胶剂乳液的制备：将改性混合物加入到反应釜中，加热升温至 170℃，待物料完全熔化后，设置转速为 300r/min，在低速搅拌下加入预热好的复合乳化剂、分散剂及硅烷偶联剂，控制加入时间在 15 ～ 20min；再加入预热至 90 ～ 100℃的纯水，设置转速为 2000r/min，高速搅拌 5min，控制体系温度为 95 ～ 105℃；迅速降低搅拌转速为 300r/min，并使反应釜降温，冷却至 38℃以下出料，过筛网，加适量纯水，调整固含量为 34%±1%，得到低成本高分散阳离子施胶剂。

产品特性　本品生产中无需采用高压均质机，将石油生产过程中生成的副产物石油树脂应用于松香胶的制备，在改性混合物的乳化过程中加入硅烷偶联剂，可提高施胶剂的稳定性，并且施胶性能也有显著的提高。本品与传统阳离子松香胶相比具有稳定性及施胶效果好、生产成本低等优势。

配方 9　改进的纸张 / 纸板用施胶剂

原料配比

原料		配比（质量份）		
		1#	2#	3#
第一淀粉处理物	醋酸酐	0.07	0.06	0.08
	淀粉	1	1	1
	对甲苯磺酸	0.02	0.01	0.03
	二甲基亚砜	1.4	1.2	1.6

续表

原料			配比（质量份）		
			1#	2#	3#
第二淀粉处理物	第一淀粉处理物		2.5	2.2	2.8
	氯化钠		0.3	0.2	0.4
	氢氧化钠溶液①		12	10	14
	氢氧化钠溶液②		4	3.3	4.6
	环氧溴丙烷		0.35	0.264	0.448
第三淀粉处理物	乙二胺		1	1	1
	氨水		0.4	0.2	0.6
	去离子水		25	20	30
	第二淀粉处理物		2	2	2.04
环氧琥珀酸钙	顺丁烯二酸酐		0.6	0.5	0.8
	碳酸钙		0.7	0.5	0.8
	去离子水		3.5	3.3	3.7
	钨酸钠		0.006	0.004	0.0096
	过氧化氢溶液		2.45	1.98	2.96
改性淀粉	环氧琥珀酸钙		1	1	1
	第三淀粉处理物		2.5	2.2	2.8
	有机混合溶液		10	8	12
	有机混合溶液	二甲基亚砜	1	1	1
		聚乙二醇 400	3	2	4
改性淀粉			1	1	1
去离子水			12	8 ～ 15	15
润湿剂	聚氧乙烯脂肪醇醚		—	0.005	—
	聚氧乙烯烷基酚醚		0.008	—	0.012
消泡剂	消泡剂 DF 962Z		0.003	—	—
	消泡剂 DF 4226		—	0.002	—
	消泡剂 DF 5676		—	—	0.005

制备方法

（1）称取醋酸酐与二甲基亚砜混合，搅拌均匀后，加入淀粉，在回流冷凝装置内升温至45℃，加入对甲苯磺酸，再次搅拌均匀后，在 450W 的微波作用下搅拌反应 8min，经过冷却、过滤、洗涤和干燥后，得到第一淀粉处理物。

（2）称取第一淀粉处理物与氯化钠混合至氢氧化钠溶液①中，常温条件下，250r/min 速度搅拌至全部溶解，之后置于反应装置内，升温至 50℃，之后边搅拌边滴加环氧溴丙烷，同时滴加氢氧化钠溶液②，全部滴加后，继续搅拌反应 18h，调节反应液的 pH=5.5 ～ 6.5，经过沉淀、洗涤、过滤和干燥后，得到第二淀粉处理物；氢氧化钠溶液的质量分数为0.6%。

（3）将乙二胺、氨水与去离子水混合，搅拌均匀后，加入第二淀粉处理物，在回流冷凝装置内升温至 80℃，搅拌反应 8h，经过冷却、过滤、洗涤和干燥后，得到第三淀粉处理物。

（4）将顺丁烯二酸酐、碳酸钙与去离子水混合，升温至 50℃，搅拌均匀后，依次加入钨酸钠和过氧化氢溶液，继续升温至 70℃，搅拌反应 5h，冷却至室温后，使用丙酮沉淀，经过洗涤和干燥后，得到环氧琥珀酸钙；过氧化氢溶液的质量分数为 30%。

（5）将环氧琥珀酸钙与第三淀粉处理物混合至有机混合溶液内，搅拌混合均匀后，在60℃的回流冷凝装置内搅拌反应 22h，经过冷却、过滤、洗涤和干燥后，得到改性淀粉。

（6）将改性淀粉与去离子水混合形成浆液，加入润湿剂和消泡剂，升温至65℃，搅拌均匀，降温至室温后，即得到施胶剂。

原料介绍 所述的淀粉为玉米淀粉、木薯淀粉、小麦淀粉、土豆淀粉、红薯淀粉中的至少一种。

产品应用 所述施胶剂通过涂覆或浸渍的方式设置在纸张或纸板的表面，施胶量为2.8～3.5g/m2。所述施胶剂涂覆或浸渍后干燥的温度为110～120℃，干燥时间为2～5min。

产品特性

（1）本品施胶剂能够同时兼顾抗水性和纸张表面强度，还避免了传统改性淀粉的掉粉脱落现象，能够更好地用于纸张或纸板的保护。

（2）本品中含有环氧键的琥珀酸钙单体通过与淀粉表面氨基聚合，使得环氧琥珀酸钙与淀粉能够结合形成更加稳固的一体结构，制备得到的改性淀粉不仅更加不易掉粉，并且在纸张强度方面得到较大提升。

配方10 高稳定性AKD施胶剂

原料配比

原料	配比（质量份）		
	1#	2#	3#
AKD蜡粉	100	100	100
PAE［固含量为12.5%±0.5%，黏度为（30±3）mPa·s］	80	90	100
水①	80	90	100
2，3-环氧丙基三甲基氯化铵	3	4	5
水②	670	750	750
液体硫酸铝（固含量为70%）	50	55	60

制备方法

（1）在熔化釜中加入AKD蜡粉，升温至（70±5）℃，至AKD蜡粉完全熔化；

（2）PAE湿强剂在加热过程中非常容易出现凝胶化，因此PAE湿强剂的改性需要先稀释并采取分段升温的方式进行，具体操作流程为：在改性釜中加入PAE［固含量为12.5%±0.5%，黏度为（30±3）mPa·s］、水①、2，3-环氧丙基三甲基氯化铵，搅拌反应60min，加热升温至（45±5）℃，保温反应60min，继续升温至（70±5）℃，保温反应60min；

（3）成品釜中加入水②、液体硫酸铝（固含量为70%），搅拌充分溶解均匀；

（4）将改性后的PAE溶液、熔融的AKD加入剪切釜中，在（70±5）℃下高速剪切30min，混合液接入均质机进行第一次均质，所得乳液快速降温至室温，并接入均质机进行第二次均质，所得乳液加入稀释后的硫酸铝溶液中，搅拌混合均匀即得成品AKD施胶剂（固含量为15%±0.5%）。

产品特性 PAE湿强剂对纸张具有优异的增湿作用，与AKD施胶剂联合使用，具有显著的增效促进作用，但不能直接用作制备AKD乳液的乳化剂。本品采用改性剂2，3-环氧丙基三甲基氯化铵对PAE湿强剂进行改性，通过2，3-环氧丙基三甲基氯化铵与PAE分子链中残留的仲氨基发生加成开环反应，将分子链中残余的仲氨基转变成叔氨基，既可以避免仲氨基与AKD分子的加成开环反应，同时又在PAE链上引入了大量的阳离子季铵基团，提高了乳化性能。改性后的PAE分子链上没有仲氨基，形成了叔氨基，该叔氨基不会与AKD发生开环反应，但依然可以催化促进AKD与纸纤维中羟基的开环加成反应，因此以改性PAE为乳化剂制备得到的AKD乳液不仅稳定性好，并具有优异的施胶性能。

配方 11 高稳定性阳离子木质素松香施胶剂

原料配比

原料		配比（质量份）		
		1#	2#	3#
木质素阳离子表面活性剂	分子量大于 5000 的木质素	4	—	—
	分子量小于 3000 的木质素	—	4	—
	分子量 3000 ～ 5000 的木质素	—	—	4
	环氧氯丙烷	16	16	16
	16mol/L 氢氧化钠溶液	60（体积份）	60（体积份）	60（体积份）
	三乙胺	16	16	16
	0.3mol/L 氢氧化钠溶液	60（体积份）	60（体积份）	60（体积份）
木质素阳离子表面活性剂		1.5	1.5	1.5
阳离子聚丙烯酰胺（CPAM）		1.5	1.5	1.5
非离子聚丙烯酰胺（NPAM）		0.75	0.75	0.75
松香液		100	100	100
去离子水		100	100	100

制备方法

（1）将木质素与环氧氯丙烷混合于强碱溶液中，搅拌后过滤，得到固体产物；将固体产物与三乙胺混合于稀碱溶液中，反应完成后用盐酸将溶液的 pH 值调整为酸性；过滤后用去离子水清洗所得固体，重复此过程直至固体呈中性，随后将产物干燥。强碱溶液为 16mol/L 氢氧化钠溶液；搅拌条件为：50 ～ 80℃，500 ～ 1000r/min，2 ～ 5h。稀碱溶液为 0.3mol/L 氢氧化钠溶液；干燥条件为：30 ～ 80℃，8 ～ 20h。

（2）将固体松香加热熔融成均匀的松香液；将步骤（1）所得产物与阳离子聚丙烯酰胺（CPAM）和非离子聚丙烯酰胺（NPAM）分散在去离子水中，搅拌以获得均匀的乳化剂；将乳化剂和松香液混合后高压均质，得到高稳定性阳离子木质素松香施胶剂。搅拌的条件为：50 ～ 100℃，500 ～ 2000r/min。高压均质的条件为：20 ～ 60MPa，5 ～ 30min。

产品应用 本品抄造液体包装纸板原纸的方法：高稳定性阳离子木质素松香施胶剂乳液加入到浆料中，抄造液体包装纸板原纸。高稳定性阳离子木质素松香施胶剂的添加量为每吨浆添加 10 ～ 30kg。液体包装纸板原纸的定量为 80 ～ 200g/m^2。

产品特性

（1）本品解决了传统松香施胶剂存在的稳定性差的问题。同时，本品稳定性高且能保证施胶效果。

（2）本品能够提高纸板的疏水性能。

（3）本品能够提高纸板的强度性能。

配方 12 聚脲 -AKD 施胶剂

原料配比

原料	配比（质量份）			
	1#	2#	3#	4#
异佛尔酮二异氰酸酯	50	50	50	50
聚醚胺 D2000	10	10	10	10
2，2- 双羟甲基丙酸	3.03	3.125	3.125	2.95
N- 甲基吡咯烷酮	4.5	3.125	4.5	3.7

续表

原料	配比（质量份）			
	1#	2#	3#	4#
AKD 蜡粉	125	100	150	100
乙二胺	12.5	16.7	14	15
三乙胺	2.5	2.8	2.2	3
去离子水	适量	适量	适量	适量

制备方法

（1）将异佛尔酮二异氰酸酯和聚醚胺混合，通入氮气，升温至 40 ～ 45℃反应 20 ～ 60min，得反应液 A；搅拌转速为 300 ～ 500r/min。

（2）将 2，2- 双羟甲基丙酸加入到 *N*- 甲基吡咯烷酮中，超声分散后加入到反应液 A 中，升温至 90 ～ 95℃，继续反应 1.5 ～ 2.5h，得到预聚体；搅拌转速为 300 ～ 500r/min。

（3）将 AKD 蜡粉加热熔融，待步骤（2）所得预聚体降温至 65 ～ 75℃，加入熔融的 AKD 蜡粉，反应 20 ～ 60min，得反应液 B；搅拌转速为 300 ～ 500r/min。

（4）将反应液 B 降温至 35 ～ 45℃，加入乙二胺，继续反应 0.5 ～ 1.5h；搅拌转速为 300 ～ 500r/min。

（5）加入三乙胺，继续反应 20 ～ 60min；搅拌转速为 300 ～ 500r/min。

（6）反应结束后加入去离子水，高速搅拌，然后通过旋蒸去除有机溶剂，冷却至室温后过筛网，得到所述聚脲 -AKD 施胶剂。高速搅拌的转速为 10000 ～ 15000r/min。

原料介绍 所述 AKD 蜡粉为十四烷基烯酮二聚体、十六烷基烯酮二聚体中的至少一种。

产品应用 本品用作造纸施胶剂。

产品特性

（1）本品解决了高分子聚合物乳化剂对 AKD 乳化时增强效应的不足，稳定性和留着性高。

（2）本品仅需极少的溶剂，通过水性聚脲乳化 AKD，施胶效果好。

配方 13 耐水型表面施胶剂

原料配比

原料			配比（质量份）			
			1#	2#	3#	4#
阳离子淀粉			20	30	30	—
氧化淀粉			—	—	—	20
去离子水①			240	200	200	210
淀粉酶			0.02	0.02	0.03	0.01
引发剂①	过硫酸钾		2.5	—	—	—
	过硫酸铵		—	0.4	—	—
	叔丁基过氧化氢		—	—	2.5	2.5
混合单体液	苯乙烯		100	100	100	100
	丙烯酸酯类单体	丙烯酸丁酯	60	70	75	60
	阳离子单体	甲基丙烯酸二甲基氨基乙酯	5	—	—	3
		甲基丙烯酰氧乙基三甲基氯化铵	—	5	—	—
		二甲基二烯丙基氯化铵	—	—	4	—
	交联单体	水溶性环氧树脂	—	2	—	—
		甲基丙烯酸缩水甘油酯	—	—	2	—
		N- 羟甲基丙烯酰胺	1	—	—	1

续表

原料		配比（质量份）			
		1#	2#	3#	4#
引发剂②	过硫酸铵	0.7	0.8	—	—
	叔丁基过氧化氢	—	—	3	—
	过氧化苯甲酸叔丁酯	—	—	—	3
去离子水②		180	330	250	220

制备方法

（1）将阳离子淀粉或氧化淀粉和去离子水①混合，升温至 85 ～ 95℃，加入淀粉酶，保温 20 ～ 30min。

（2）加入引发剂①反应 10 ～ 20min。

（3）同时滴加引发剂②、去离子水②，以及混合单体液，滴加时间为 1.5 ～ 3.0h，滴加完毕后继续反应 1.0 ～ 2.0h 后得到所述耐水型表面施胶剂。

产品应用 本品是一种提高文化纸耐水性的表面施胶剂。将本品与糊化后的氧化淀粉按照质量比（4.0 ～ 8.0）∶ 100 复配得到施胶液，用于文化纸表面施胶。

产品特性

（1）本品可以大幅提高施胶剂的施胶稳定性和耐水性能。在合成过程中添加了交联单体，可以增强聚合物的交联度，提升聚合物的硬度，从而进一步增强了表面施胶剂的耐水性能。

（2）本品通过对阳离子淀粉进行处理使其成为表胶的分散剂，同时在合成表面施胶剂的过程中通过功能单体与软硬单体配合的方式对表面施胶剂进行性能上的提升。通过向单体中加阳离子单体使胶乳粒子表面电荷性增强，这样能提升乳液的稳定性，减少施胶过程中其他金属杂质离子的影响，同时可以增强胶乳粒子与纸张纤维的结合力，增强纸张的强度性能。

配方 14　纸张施胶剂

原料配比

原料	配比（质量份）		
	1#	2#	3#
聚乙烯醇（PVA）	10	12	15
水	90	88	85
2- 羟基丙酸	1	2	5
催化剂二氧化锡	0.03	0.07	0.25
己二醛	5	10	20

制备方法

（1）将聚乙烯醇粉体进行糊化处理，冷却后得到聚乙烯醇溶液。所述对聚乙烯醇进行糊化处理包括：将所述聚乙烯醇粉体分散在水中，加热至 90 ～ 100℃，并搅拌 30 ～ 40min。

（2）保护气氛下向所述聚乙烯醇溶液中加入 2- 羟基丙酸和催化剂，在 120 ～ 150℃下反应 2 ～ 14h，得到混合物。

（3）将所述混合物降温至 70 ～ 90℃，加入己二醛，反应 3 ～ 5h，得到施胶剂。

原料介绍 所述聚乙烯醇的固含量为 10% ～ 15%。

产品应用 本品是一种纸张施胶剂。

产品特性 本品具有可降解性能，对环境没有危害，能够赋予纸张良好的抗水性、阻氧性能及抗张强度。

配方 15　食品级 AKD 施胶剂乳液

原料配比

原料			配比（质量份）		
			1#	2#	3#
改性 CD	环糊精（CD）	γ- 环糊精	100	100	—
		β- 环糊精	—	—	100
		1- 十八烯基琥珀酸酐（ODSA）	5	5	11
	清洗剂	己烷与异丙醇的等体积混合溶液	50	150	150
改性 CD-MOFs	改性 γ - 环糊精		29	25	—
	改性 β- 环糊精		—	—	35
	KOH		10	10	10
	十六烷基三甲基溴化铵（CTAB）		22	25	23
	水		适量	适量	适量
	甲醇		适量	适量	适量
水相	普洱茶		9	9	9
	100℃的去离子水		90	90	90
	改性 CD-MOFs		1	1	1
油相	熔融态烷基烯酮二聚体	70℃熔融态的烷基烯酮二聚体（AKD）	1（体积份）	—	—
		65℃熔融态的烷基烯酮二聚体（AKD）	—	1（体积份）	—
		85℃熔融态的烷基烯酮二聚体（AKD）	—	—	1（体积份）
水相			10（体积份）	3（体积份）	20（体积份）

制备方法

（1）环糊精（CD）分散在适量去离子水中加热搅拌均匀，调整悬浮液的 pH 值至 8.5，然后滴加 1- 十八烯基琥珀酸酐（ODSA），调整 pH 值至 6.5，得到的产物冻干后以清洗剂洗涤、干燥，得到改性 CD；加热的温度为 50℃。

（2）将改性 CD 与 KOH 加水溶解，加入甲醇和十六烷基三甲基溴化铵（CTAB），室温反应，反应体系固液分离后，固体洗涤、干燥，得到改性 CD-MOFs。改性 CD 在水中的质量分数为 3% ～ 3.5%。甲醇与水的体积比为（1.5 ∶ 1）～（2.5 ∶ 1）。

（3）将熔融态的烷基烯酮二聚体（AKD）作为油相；将茶叶在 100℃的水中浸泡得茶叶汁，将改性 CD-MOFs 均匀分散于茶叶汁中作为水相；将水相与油相在保温条件下剪切乳化然后冰水浴得到食品级 AKD 施胶剂。保温的温度为 65 ～ 80℃。浸泡的时间为 5 ～ 20min。

产品特性　本品具有的良好的生物相容性，使其在食品工业中具有良好的应用前景。乳化剂为绿色、环保、可食用和可再生资源材料，生产工艺简单，无环境污染，生产成本低廉。

配方 16　松香施胶剂

原料配比

原料	配比（质量份）			
	1#	2#	3#	4#
阳离子松香胶	30	35	40	25
强化松香胶	10	12	12	8
三羟甲基丙烷（酯化剂）	适量	适量	适量	适量
改性滑石粉	10	15	15	10
环糊精	15	18	20	15

续表

原料	配比（质量份）			
	1#	2#	3#	4#
十六烷基三甲基氯化铵	15	12	18	16
聚甘油烷基醚	5	4	6	4
壳聚糖	4	5	5	4
3-氨基丙基三甲氧基硅烷	4	5	5	4

制备方法

（1）将阳离子松香加热熔解，然后加入环糊精水溶液（配方量的环糊精加适量水溶解形成）中，搅拌 20min；

（2）加入壳聚糖，搅拌 10min；

（3）加入改性滑石粉、十六烷基三甲基氯化铵以及聚甘油烷基醚，温度为 50 ～ 70℃下搅拌直至没有沉淀，得到松香施胶剂中间体；

（4）将强化松香胶加热熔解，分批加入酯化剂，然后在反应温度为 70 ～ 120℃下反应 1 ～ 5h，出料得松香基表面活性剂。分批加入酯化剂，每次时间间隔为 20 ～ 30min。反应温度 80 ～ 100℃，反应时间为 1 ～ 2h。

（5）将步骤（3）制备的松香施胶剂中间体加入加热釜中，升温至 60 ～ 90℃，搅拌 1 ～ 4h，再加入 3-氨基丙基三甲氧基硅烷以及步骤（4）制备的松香基表面活性剂，持续搅拌 1 ～ 5h，出料，即得改性的松香施胶剂。

原料介绍

所述改性滑石粉为经表面改性剂改性的滑石粉，所述表面改性剂为聚丙烯酸与硅酸钠的混合物。所述聚丙烯酸与硅酸钠的质量比为（2 ～ 3）：1。

所述的经表面改性剂改性的滑石粉的制备方法：

（1）将 10 份聚丙烯酸溶于 30 体积份正丁醇中，制备得进料液 1。

（2）将 5 份硅酸钠溶于 25 份水中，作为进料液 2。

（3）将滑石粉置于流化床反应器中，抽真空，通入氮气，使滑石粉颗粒处于悬浮状态。

（4）先以 1.5g/min 的速度将进料液 2 加入流化床反应器，喷洒一段时间后，再以 3.5g/min 的速度将进料液 1 加入流化床反应器，此时，进料液 1 和进料液 2 同时喷洒，直至喷洒完毕；转入烘干装置，进行烘干处理，得到改性滑石粉。

产品特性

（1）本品中添加环糊精和壳聚糖，能改善松香胶在涂膜后的干燥性，提高耐水性、抗油性和稳定性。

（2）本品添加改性滑石粉，增加了亲油性，使其吸附在纸浆纤维上，进而提供了其在纸张上的附着性能。

（3）本品加入阳离子表面活性剂十六烷基三甲基氯化铵和阴离子表面活性剂聚甘油烷基醚作为表面活性剂，保证混合搅拌时离子紧密的连接，致使其碳氢链间更容易产生强相互作用，即加强了碳氢链间的疏水结合力，而且离子基间的排斥倾向受制于化学键力而被大大削弱，使其具有高表面活性，避免了团聚，提高了分散性。

（4）本品中加入 3-氨基丙基三甲氧基硅烷以及松香基表面活性剂，使其与填料、极性树脂的相容性得到显著改善。同时本品还兼具偶联性，具有黏度低、软化点高等特点，且热稳定性好，高温挥发性低，对填料分散性极佳；既有极优的外部润滑性，又有较强的内部润滑作用，可提高松香施胶加工的生产效率，降低生产成本。

配方 17　提高纸板抗水性的表面施胶剂

原料配比

原料	配比（质量份）		
	1#	2#	3#
酒精	20	50	40
去离子水	10	5	5
淀粉	10	5	8
烷基烯酮二聚体	5	2	2
羟丙基纤维素	10	8	5
二氧化硅	10	5	10
活性炭	15	10	20
石蜡	20	15	10

制备方法

（1）将活性炭研磨至粉末状置于混料机中暂存，同时将二氧化硅和石蜡研磨至纳米级粉末状，之后依次加入纳米级二氧化硅和纳米级石蜡粉末，并利用混料机对其进行混合处理，使纳米级的二氧化硅和石蜡能够充分地填充至活性炭粉末的大孔或者中孔中，而小孔内无法填充进入纳米级的二氧化硅和石蜡；混料机，其混料仓为密封结构，避免混料时存在粉尘的飘散造成污染。

（2）将酒精置于容器中，然后将去离子水也加入至容器之内，之后先加入淀粉，并不断地对其进行搅拌混合，随后再加入烷基烯酮二聚体，继续进行搅拌混合，直至形成均质的乳化液。

（3）向乳化液中先加入羟丙基纤维素，再次对乳化液进行搅拌混合，后将活性炭粉、纳米级二氧化硅和纳米级石蜡的混合料全部加入至乳化液中，继续对其进行搅拌，使混合料均匀分布于乳化液中，最终形成所需要的表面施胶剂。

（4）将制备完成的表面施胶剂存放于密封的容器中，并置于阴暗、通风良好的仓库中存放。

原料介绍　所述酒精为 95% 的工业酒精。

产品特性　本品将大量的酒精作为乳化液的载体，喷涂施胶剂后，由于酒精更容易挥发，使得其成型干燥速度更快并且含水量极少以确保疏水抗水性。且将纳米级的二氧化硅和石蜡填充至活性炭粉末，配合活性炭粉的纳米级小孔，它们之间的间隙部分可以充满空气，而水滴的最小直径为 1 ～ 2mm，远大于间隙的尺寸，间隙与水之间会隔着一层极薄的空气层，又因为表面张力的作用，水滴就会保持球状体，进而具有良好的疏水抗水性，降低了化学药剂的使用量，并实现相同的疏水抗水效果。本品生产过程中不易产生污染，避免了生产工艺成本的增加。

配方 18　瓦楞纸表面施胶剂

原料配比

原料		配比（质量份）			
		1#	2#	3#	4#
混合单体	丙烯酸	10	15	12	13
	丙烯酸丁酯	50	60	55	58
	甲基丙烯酸甲酯	20	30	25	28
	苯乙烯	100	120	110	115
1% 过硫酸钾引发剂水溶液		120	150	135	130
去离子水		1000	1000	1000	1000
马铃薯淀粉		100	100	100	100

续表

原料	配比（质量份）			
	1#	2#	3#	4#
固体氢氧化钠	3	5	4	4.5
3- 氧 -2- 羟丙基 - 三甲基氯化铵	10	15	13	14
液体 AKD	200	200	200	200

制备方法 往反应釜中加入去离子水，开启搅拌，再往去离子水中加入马铃薯淀粉，搅拌至呈完全分散状态，加入固体氢氧化钠，升温至 70℃，并保温 30 ～ 40min；加入 3- 氧 -2- 羟丙基三甲基氯化铵，升温至 85℃，保温 2 ～ 3h；在 85℃条件下，同时缓慢加入混合单体和 1% 过硫酸钾引发剂水溶液，混合单体和过硫酸钾引发剂水溶液的加入时间为 3 ～ 4h；滴加结束后升温至 90℃，并在 90℃保温 1h，在 90℃条件下，缓慢加入液体 AKD，液体 AKD 的加入时间为 2 ～ 3h；然后冷却至 25℃，用 20% 硫酸调 pH 值至 7 ～ 8，得到瓦楞纸表面施胶剂。

产品特性 本品可提高纸页的防水性和吸墨性，改善纸张的印刷适应性，使颜色均匀，印迹清晰；可以增加纸张的表面强度，在印刷时减少掉粉掉毛，提高其耐久性和耐磨性能等；还可改善纸张的表面性能，增加纸张的光泽度、挺度和湿强度。

配方 19 阳离子分散松香施胶剂

原料配比

原料		配比（质量份）			
		1#	2#	3#	4#
复合乳化剂	十六烷基三甲基溴化铵	29	—	—	17
	十六烷基三甲基氯化铵	—	36	—	—
	十二烷基二甲基苄基氯化铵	—	—	40	14
	山梨醇酐单硬脂酸酯	19	—	10	—
	聚氧乙烯山梨醇酐单硬脂酸酯	—	24	10	—
	辛基酚聚氧乙烯醚	—	—	—	17
纯水		适量	适量	适量	适量
松香		160	180	180	160
松香衍生物	马来松香	80	60	—	—
	松香甘油酯	—	—	60	80
复合乳化剂		48	60	60	48
稳定剂	二萘基甲烷二磺酸钠	2.4	3.6	3.6	—
	十二烷基磺酸钠	—	—	—	2.4

制备方法

（1）将复合乳化剂与纯水混合均匀，调整得到固含量为 24% ～ 26% 的复合乳化剂，加热至 65 ～ 70℃备用。

（2）在反应釜中加入松香和松香衍生物，常压加热至 130 ～ 180℃，待完全熔融后，在低速搅拌下加入预热好的复合乳化剂，控制加入时间在 15 ～ 20min，使之呈油包水（W/O）体系，再加入预热至 95 ～ 100℃的纯水，高速搅拌 5min，控制体系温度为 95 ～ 105℃，使之转相为水包油（O/W）体系；低速搅拌的转速为 200 ～ 300r/min，高速搅拌的转速为 1500 ～ 2000r/min。

（3）迅速调整为低速搅拌，并使反应釜降温，加入稳定剂，冷却至38℃以下出料，过筛网，加适量纯水，调整固含量为33%～35%，得到阳离子分散松香施胶剂。

产品特性

（1）本品利用逆转法，通过将阳离子乳化剂和非离子乳化剂复配，所得复合乳化剂的HLB值（亲水疏水平衡值）与乳化松香所需的HLB值较为接近，相互间亲和力和相溶性较好，组成了定向排列的吸附分子膜，界面上分子排列紧密，界面膜强度较大，松香颗粒合并凝聚受到的阻力较强，从而得到稳定的松香乳液。

（2）本品的制备方法不需要有机溶剂，所制得的阳离子分散松香施胶剂可以在水中良好分散，稳定性高，并且施胶效果好，施胶效率高。

（3）本品制备方法不需要高压设备，工艺简单，操作条件易控，适用于大规模生产与推广应用。

配方 20　阳离子松香/糖醛尿素树脂复合施胶剂

原料配比

原料			配比（质量份）			
			1#	2#	3#	4#
糖醛尿素树脂	尿素		60	120	90	60
	麦芽糖		342	1000	1368	1200
	金属离子催化剂	乙酸锌	8	—	—	—
		乙酸镁	—	1.12	—	—
		乙酸镍	—	—	1.4	—
		乙酸铜	—	—	—	1.2
松香			70	95	80	80
马来酸酐和富马酸（1∶1）			3.5	7.6	4	4
糖醛尿素树脂			3.5	19	24	16
复合阳离子乳化剂			21	28.5	16	8
热水			适量	适量	适量	适量

制备方法

（1）将尿素、麦芽糖按比例加入反应釜中，开启搅拌，加热升温至70～110℃，加入金属离子催化剂，反应5～8h，降至室温得到糖醛尿素树脂。

（2）将松香加入反应釜中，加热升温至180～220℃，再加入马来酸酐和富马酸对松香进行改性，得到阳离子松香。

（3）降温至120～150℃，加入所述糖醛尿素树脂，混合均匀后，在高速搅拌下加入乳化剂，温度为60～95℃下搅拌均匀后，加入热水转相，调节固含量至30%～50%，冷却至室温，得到阳离子松香/糖醛尿素树脂复合施胶剂。加入热水转相时的搅拌速度控制在1500～2000r/min。

产品应用　本品是一种含有糖醛尿素树脂的复合施胶剂。

产品特性

（1）本品引入糖醛尿素树脂替代部分阳离子松香，由麦芽糖和尿素缩聚而成的糖醛树脂具有低毒、环保、廉价的优点，并且本身具有较多的羟基，添加到松香中，更有利于松香的转相乳化，制得的乳液更加稳定。

（2）采用糖醛尿素树脂制备松香胶，该乳液加入纸浆后能够渗透到纤维内部，与纤维的羟基发生脱水缩合，降低了纸张被水浸湿后纤维之间的滑动性，不仅提高纸张的抗水性，还产生一定的湿强效果。综合利用了糖醛尿素树脂和松香的优异性能，制得的施胶剂乳液稳定不分层，且可有效提高施胶后纸张的抗水性及印刷适应性。

配方 21　用于白卡纸的表面施胶剂

原料配比

原料	配比（质量份）		
	1#	2#	3#
施胶淀粉水溶液	90.9	88.1	93.9
苯乙烯 - 丙烯酸酯共聚物	5.5	7	4
硫酸铝	3.3	4.4	2
聚醚消泡剂	0.3	0.5	0.1

制备方法

（1）向施胶淀粉水溶液中加入苯乙烯 - 丙烯酸酯共聚物、硫酸铝，施胶液的 pH 值在 3.0 ～ 4.5；

（2）加入聚醚消泡剂，搅拌均匀，得到表面施胶剂。

原料介绍

所述施胶淀粉水溶液制备方法如下：

（1）向木薯淀粉中加入相对于绝干淀粉 1.2×10^{-4} 的中温 α- 淀粉酶，通入 80 ～ 85℃预热蒸汽加热；酶反应时间为 20min，酶反应温度为 80 ～ 85℃。

（2）二段淀粉高温蒸煮、酶灭活，灭活时间在 4 ～ 6min，灭活温度控制在 130 ～ 135℃。

（3）淀粉温度为 90 ～ 100℃时，加入聚丙二醇、丙三醇、亚甲基丁二酸缩聚产物稳定剂（九州生物科技有限公司，PCA-1952），用量控制为绝干淀粉的 1%，反应时间在 15 ～ 20min。

（4）此时木薯淀粉固含量为 29%，在 60℃的黏度为 85mPa · s。

（5）稀释后，木薯淀粉固含量为 14%，在 45℃黏度在 23mPa · s。

产品特性

（1）本品选择最佳施胶淀粉黏度，改善施胶淀粉的成膜强度与老化情况，提高施胶液的渗透性，提升白卡纸层间结合强度与表面印刷强度；

（2）本品提升施胶的成膜性，降低涂布层的迁移，稳定控制横幅定量，避免纸张复卷过程中出现凹凸不平的情况。

配方 22　用于文化纸的阴离子表面施胶剂

原料配比

原料		配比（质量份）			
		1#	2#	3#	4#
改性淀粉	醋酸酯淀粉	100	80	100	100
去离子水①		440	380	450	450
淀粉酶	中温 α- 淀粉酶	0.025	0.013	0.02	0.02
主单体	苯乙烯	70	40	40	65
	丙烯酸丁酯	40	30	10	—

续表

原料		配比（质量份）			
		1#	2#	3#	4#
主单体	甲基丙烯酸甲酯	10	20	—	—
	丙烯酸异辛酯	—	—	10	40
	丙烯酸叔丁酯	20	30	70	30
功能单体	丙烯酸	6	—	8	—
	甲基丙烯酸	—	6	—	8
	N-羟甲基丙烯酰胺	—	4	3	—
硅烷偶联剂	乙烯基三甲氧基硅烷	1.5	—	—	2.5
水①		—	10	10	—
五水硫酸亚铁		0.12	0.12	0.15	0.15
去离子水②		5	5	5	5
含量为27%的双氧水		18	15	20	20
水③		60	50	60	60

制备方法

（1）酶解淀粉：称取醋酸酯淀粉、去离子水①，溶解好后加入反应釜中，开启搅拌并升温，待温度升到55℃时加入中温*α*-淀粉酶，继续缓慢升温。

（2）单体预混：在单体配制罐中投入苯乙烯、丙烯酸丁酯、丙烯酸叔丁酯、甲基丙烯酸甲酯、丙烯酸异辛酯、丙烯酸、甲基丙烯酸以及乙烯基三甲氧基硅烷，搅拌混合均匀后得到预混单体溶液A待用。*N*-羟甲基丙烯酰胺溶于水②中搅拌混合均匀后得到预混单体溶液B待用。

（3）聚合反应：称取五水硫酸亚铁溶解在去离子水③中配成硫酸亚铁溶液待用，含量为27%的双氧水溶解在水④中待用。待步骤（1）反应釜温度达到75～80℃时加入全部硫酸亚铁溶液和双氧水总量的20%，保温5min后，开始滴加预混单体溶液A和B及剩余的双氧水，反应温度保持在86℃，预混单体滴加2.5h，双氧水滴加2.8h，加完后继续保温反应2h，保温温度全程控制在88℃。保温结束降温至50℃以下出料，得到的浅褐色半透明液态分散体即为阴离子表面施胶剂。

原料介绍 所述的改性淀粉取代度在0.01～0.05之间，pH值在4～7之间。

产品特性

（1）本品中不使用乳化剂，采用无皂乳液聚合，单体与改性淀粉接枝弥补了淀粉作为表面施胶剂与纤维结合力差、对纸张抗水性提高不明显的缺点，同时保留了淀粉基团，仍可赋予纸张良好的强度特性，同时避免了小分子乳化剂的使用，避免了小分子乳化剂残余对乳液成膜性、抗水性以及光泽度的影响。由于淀粉的价格相对于苯乙烯等单体来说成本低，使用淀粉还可以降低成本。

（2）本品中使用到了少量硅烷偶联剂乙烯基三甲氧基硅烷，在表面施胶的时候，能够与纤维、纸张上的填料发生反应，从而提高纸张的表面强度，减少掉毛、掉粉，增加印刷效率和印刷质量。

（3）本品用于文化用纸上施胶抗水效果好，成膜性好，改善纸张表面的油墨亲和力，协助提高纸张表面强度。本品与各化学品配伍性好，可与淀粉、直接染料、酸性染料、荧光增白剂及其他阴离子或非离子型物质相容。

配方 23　用于在线型造纸的表面施胶剂

原料配比

原料	配比（质量份）	原料	配比（质量份）
烷基烯酮二聚体乳液	75	氧氯化锆	2
聚二甲基二烯丙基氯化铵	15	清水	15
硫酸铝	8		

制备方法

（1）将烷基烯酮二聚体乳液加入混合槽，开启桨式搅拌器，转速 80r/min；

（2）将氧氯化锆加入混合槽进行搅拌，持续 20min；

（3）将硫酸铝加入混合槽进行搅拌，持续 10min；

（4）混合槽混合好的原料送到混料储存槽，混料储存槽作为连续在线制备的缓冲槽；

（5）混料储存槽原料泵送到上胶槽，泵送时加入聚二甲基二烯丙基氯化铵，加入清水在线稀释，经管道混合器混料，成为在线添加的表面施胶剂。

产品应用　本品是一种在线表面施胶剂，在上料槽与表面胶淀粉混合，泵送到纸机施胶机表面施胶。

产品特性　本品在线制备，在线添加，反应活性强，避免了商品表面施胶剂长时间存储影响效果。根据成纸的吸水性、表面强度，可以在线快速调整烷基烯酮二聚体乳液、聚二甲基二烯丙基氯化铵等原料的比例，工艺调控效率高。

配方 24　中性 AKD 施胶剂

原料配比

原料			配比（质量份）		
			1#	2#	3#
烷基烯酮二聚体			5	10	8
改性淀粉乳化剂			3	3	5
稳定剂木质素磺酸盐			0.3	0.5	0.3
醋酸壳聚糖			1	2	3
水			加至 100	加至 100	加至 100
改性淀粉乳化剂	醚化交联淀粉	水	120（体积份）	120（体积份）	120（体积份）
		高直链玉米淀粉	60	60	60
		30% 的氢氧化钠溶液	18	18	18
		双环氧醚化剂	30	30	30
	双环氧醚化剂	氨甲基三甲基硅烷	0.01	0.01	0.01
		氢氧化钠	0.5	0.5	0.5
		甲醇	30（体积份）	30（体积份）	30（体积份）
		1，4- 丁二醇二缩水甘油醚	0.02	0.02	0.02
	醚化交联淀粉		30	30	30
	氯化钠		3	3	3
	十二烷基硫酸钠		3	3	3
	水		加至 100	加至 100	加至 100

制备方法

（1）将烷基烯酮二聚体在容器中加热至 70 ～ 80℃熔化备用；

（2）在反应器中加入水、醋酸壳聚糖和改性淀粉乳化剂，升温至 40 ～ 50℃加入稳定剂，剪切搅拌 10 ～ 20min 后加入步骤（1）所得熔化的烷基烯酮二聚体；

（3）将步骤（2）的产物通过均质机均质、冷却出料，制得所述中性 AKD 施胶剂。

原料介绍

所述改性淀粉乳化剂通过醚化交联淀粉、缓溶剂、分散剂和水乳化制得。所述醚化交联淀粉通过双环氧醚化剂与淀粉反应制得。所述醚化交联淀粉制备的具体方法为：

（1）在反应器中将氨甲基三甲基硅烷和氢氧化钠搅拌溶于甲醇后，加入 1，4- 丁二醇二缩水甘油醚，搅拌反应 18 ～ 24h 后，减压蒸馏、洗涤后制得所述双环氧醚化剂；

（2）在反应器中加入水后缓慢加入淀粉，搅拌均匀后加热至 30 ～ 40℃ ；

（3）向步骤（1）的反应器中加入质量分数为 20% ～ 30% 的氢氧化钠溶液，加热至 60 ～ 70℃后搅拌 10 ～ 20min ；

（4）向步骤（2）的反应器中加入步骤（3）所得混合物，升温至 75 ～ 85℃，保温反应 4 ～ 6h 加入冰醋酸调节 pH 值至 4 ～ 5 后冷却至室温，静置 8 ～ 12h，过滤，制得所述醚化交联淀粉。

所述改性淀粉乳化剂通过以下方法制得：在反应器中加入醚化交联淀粉、氯化钠、十二烷基硫酸钠和水加热至 85 ～ 95℃，保温 1 ～ 2h 后，冷却至室温制得所述改性淀粉乳化剂；

所述醋酸壳聚糖为壳聚糖、醋酸和水质量比为（1 ～ 3）：（1 ～ 3）：（95 ～ 100）的混合溶液。

产品特性 本品中的改性淀粉乳化剂中使用醚化交联淀粉，其通过淀粉与双环氧醚化剂交联反应制得，淀粉的羟基与具有双环氧的醚化剂形成二醚键，使两个淀粉分子之间架桥在一起，使改性淀粉呈现多维的空间网状结构，交联形成的化学键强度远高于淀粉分子间的氢键，使交联淀粉的强度显著提高，并且其稳定性、耐热性显著提高，受剪切影响显著降低，进而提高施胶后纸张的强度。双环氧醚化剂通过氨甲基三甲基硅烷和 1，4- 丁二醇二缩水甘油醚反应制得，其分子中接枝有硅甲基结构使其具有优异的成膜能力，继而与淀粉交联后作为中间分子可以提高改性淀粉的成膜能力，并且可以提高改性淀粉乳化剂的耐水性和降低氧气透过率，进而提高施胶后纸张的耐水性和对氧气的阻隔能力。醋酸壳聚糖可以提高施胶剂的留着率和施胶度，壳聚糖中含有伯氨基，在弱碱性条件下，部分伯氨基会脱去质子，从而会降低壳聚糖的样点和密度，同时壳聚糖会凝结胶体粒子，并沉积在两性 AKD 乳液粒子的阴离子点上，使得 AKD 乳液粒子的阴离子表面电荷增加，从而提高其保留率，进而提高施胶后纸张的强度等。

配方 25　自黏型水性聚氨酯表面施胶剂

原料配比

原料		配比（质量份）			
		1#	2#	3#	4#
二聚酸聚酯二醇		10	10	10	10
聚己内酯二醇		15	15	15	15
二异氰酸酯	甲苯二异氰酸酯	8.48	—	—	8.79
	异佛尔酮二异氰酸酯	—	10.83	10.83	—
亲水扩链剂	二羟甲基丙酸	2.67	2.68	2.86	2.17

续表

<table>
<tr><td colspan="2" rowspan="2">原料</td><td colspan="4">配比（质量份）</td></tr>
<tr><td>1#</td><td>2#</td><td>3#</td><td>4#</td></tr>
<tr><td rowspan="3">含羟基环氧化合物</td><td>环氧丙醇</td><td>0.33</td><td>—</td><td>1.43</td><td>—</td></tr>
<tr><td>乙二醇单缩水甘油醚</td><td>—</td><td>1.07</td><td>—</td><td>—</td></tr>
<tr><td>1，4- 丁二醇单缩水甘油醚</td><td>—</td><td>—</td><td>—</td><td>2.67</td></tr>
<tr><td colspan="2">丙酮</td><td>24.41</td><td>20.93</td><td>21.38</td><td>22.04</td></tr>
<tr><td rowspan="3">多官能度含氮类化合物</td><td>2- 乙基 -4- 甲基咪唑</td><td>0.024</td><td>—</td><td>0.098</td><td>—</td></tr>
<tr><td>2- 苯基咪唑</td><td>—</td><td>—</td><td>—</td><td>0.21</td></tr>
<tr><td>咪唑</td><td>—</td><td>0.09</td><td>—</td><td>—</td></tr>
<tr><td colspan="2">三乙胺</td><td>1.98</td><td>2.02</td><td>2.05</td><td>1.63</td></tr>
<tr><td colspan="2">去离子水</td><td>75.72</td><td>加至 100</td><td>加至 100</td><td>加至 100</td></tr>
</table>

制备方法 将二聚酸聚酯二醇、聚己内酯二醇加入到装有电动搅拌器、冷凝管和温度计的四口烧瓶中，氮气保护下在 115℃、真空度 −0.09MPa 下脱水 3h；冷却至 40℃，缓慢滴加二异氰酸酯，均匀混合 20min，缓慢升温至 75℃，反应 2.5h；加入二羟甲基丙酸，缓慢升温至 85℃，反应 2.5h；冷却至 67℃，加入含羟基环氧化合物进行环氧改性，反应 3h；冷却至 33℃，添加丙酮降黏，加入多官能度含氮类化合物进行胺改性，反应 0.5h，加入三乙胺，中和 20min；控制温度为 28℃，高速搅拌下加入去离子水乳化 40min，然后在 30℃、−0.1MPa 真空条件下脱去丙酮，制得自黏型水性聚氨酯表面施胶剂。

产品应用 本品主要用于纸塑复合制品中。

产品特性 本品结构中含有非极性长烷基链、环氧基、氨基等基团，其中非极性长烷基链能与聚丙烯（PP）、聚乙烯（PE）薄膜通过浸润形成良好的渗透；环氧基和氨基在高温条件下进行化学交联，进一步提高胶膜的内聚强度和韧性，使涂布后的纸张具有优异的粘接性能，防水、防油性及力学性能。

17　增效剂

17.1　增效剂定义

增效剂，一般指本身不具备某种特定活性或活性较低，但在与具备此种活性的物质混用时，能大幅度提高活性物质的性能的一类物质。

17.2　增效剂作用机理

增效剂的作用机制有物理作用和化学作用两种，通常将仅具有物理作用的增效剂称为助剂。增效剂的作用机理一般包括：改善物理性能，一些增效剂可以显著提高药剂的附着能力和渗透能力，因而可以提高生物活性并能增加持久性、耐雨水冲刷，如氮酮；与多功能氧化酶结合，抑制昆虫的正常解毒机制，使杀虫剂增效，如亚甲二氧苯基类衍生物。

① 农药增效剂的作用机理：主要是抑制或弱化靶标（害虫、杂草、病菌等）对农药活性的解毒防药害作用，延缓药剂在防治对象内的代谢速度，从而增加生物防效。增效剂本身并无活性，但与相应的农药混用时，能明显改善其润湿、展布、分散、滞留和渗透性能，减少喷雾药液随风（气流）漂移，防止或减轻对邻近敏感作物等的损害，利于药液在叶面铺展及黏附、减少紫外线对农药制剂中有效成分的分解，达到延长药效有效期、提高其生物活性、减少用量、降低成本、保护生态环境的目的。好的增效剂不仅能数倍、数十倍提高农药的防治效果，还可延缓抗性产生，延长来之不易的农药品种的生命期。

② 肥料增效剂作用机理：主要体现在提高肥效的利用上，同时肥料增效剂可以促进有益微生物繁殖，强力促生根，形成保护膜，保水保肥，增强植物根系吸收能力，使植物茎粗、苗壮，从根本上提高产量。除了提高肥效利用率，还缩短了肥效的利用时间。

③ 混凝土增效剂作用机理：混凝土增效剂主要是有机物，是一种强力的分散剂。水泥材料颗粒很细，会有一些粘连的颗粒团，普通减水剂不能分散这些特细颗粒聚集体，而混凝土增效剂可以分散这些聚集体，因而使水泥颗粒更充分地与水接触，提高其反应活性。混凝土增效剂还可以充分活化具有潜在活性的矿物掺和料，从而提高胶凝材料的水化程度，达到提高混凝土强度或降低水泥用量的目的。

④ 脱硫增效剂作用机理：脱硫增效剂，又称脱硫添加剂、脱硫催化剂。使用高分子物质为主要原料，应用高新技术强化改性后与其他无机高分子材料充分混合而成。具有稳定结构和性能的新型催化氧化烟气脱硫添加剂，其主要成分为高分子催化剂，与 SO_2 有很强的反应活性，由于烟气脱硫添加剂的稳定性很好，完全符合脱硫过程的要求。通过提高二氧化硫气液传质速率，强化对二氧化硫的吸收而提高脱硫率。在气液界面处催化剂能够结合 SO_2 溶解产生的大量 H^+，使 H^+ 从液膜传递到液相主体，浆液 pH 值也不会因 SO_2 的溶解而下降过快，同时气相阻力减小，促进 SO_2 吸收。

⑤ 天然气增效剂作用机理：天然气增效剂以天然气为主要基础气源，经过智能气剂混合设备与助燃剂（又叫增效剂、添加剂）充分混合而成。增效后的天然气，燃烧温度提高，但

本质上还是天然气，环保性能一样。

17.3 增效剂种类与应用

17.3.1 农药增效剂

是指本身无生物活性，但与某种农药混用时，能大幅度提高农药的毒力和药效的一类助剂的总称。

农药增效剂基本组成为有机硅聚氧乙烯醚化合物，具有低的表面张力，良好的展着性、渗透性及乳化分散性，是一种新型高效的农药助剂。易溶于甲醇、异丙醇、丙酮、二甲苯和二氯甲烷等，可分散于水中，能作为喷雾改良剂、叶面吸收助剂、活化剂等。其最突出的特点是能显著提高农药的有效利用率，增强药液在植物体表或害虫体表的湿润、黏附及展着能力，抗雨水冲刷，从而提高药效，且安全环保、成本低。

17.3.2 肥料增效剂

肥料增效剂是以农作物必需的中微量元素为主，配合脲酶抑制剂、氨稳定剂，再辅以生物菌剂、杀虫剂、植物生产促进剂配制而成。微生物有机肥料增效剂与各种有机肥、农家肥等配施，能显著提高肥料的利用率，满足作物各生育期养分的需求，从根本上改善土壤环境，是最佳的肥料增效产品。

此外，肥料增效剂还可促进有益微生物繁殖，产生丰富的代谢产物等活性物质，强力促生根；形成保护膜，保水保肥，增强植物根系吸收能力，使植物茎粗、苗壮，从根本上提高产量。微生物有机肥料增效剂通过微量元素、脲酶抑制剂、生物菌剂等的协同作用能全面提高氮、磷、钾肥利用率 20% 左右，延长氮肥肥效至 90 ～ 120 天。

17.3.3 混凝土增效剂

随着建筑业的迅速发展，作为需求量较大的建筑材料之一的混凝土，其使用和发展备受关注。在保证混凝土使用质量的情况下如何降低其生产成本，是混凝土行业所面临的首要任务。研究表明，混凝土中有超过 20% 的水泥不能充分进行水化反应，只起到填充作用，因而对于未水化水泥是一种浪费，不能充分发挥其作用。由于常用减水剂与水泥作用的局限性，当减水剂掺量达到某一值时，对混凝土不再发挥其减水作用，导致难以保障其经济效益。如何在保证经济效益的前提下，使剩余 20% 的水泥发挥作用，是目前混凝土行业所面临的重点难题与考验。其作用为：

① 提升新拌混凝土性能：改善和易性，减少泌水，减小泵送摩阻；

② 高效激发功能：最大限度地激发减水剂及分散胶凝材料；

③ 抗冻融 / 抗碳化：提高混凝土的抗冻融和抗碳化能力；

④ 抗渗性 / 抗裂性：提高混凝土抗渗性、密实性，减少混凝土裂缝；

⑤ 节能降耗：减少水泥使用量 10%～ 15%，可保持或超过基准强度。

17.3.4 脱硫增效剂

脱硫增效剂又称脱硫添加剂、脱硫催化剂，主要是用来提高我国热电厂的燃煤脱硫效率的。目前我国绝大多数热电厂的脱硫都采用的是石灰石湿法脱硫，随着国家对火电厂脱硫机组二氧化硫排放标准的不断提高，现有的设备及技术已不能满足相关要求。而在脱硫过程中加入脱硫增效剂，则能大大提高脱硫效率，使排放浓度明显低于国家标准。

脱硫增效剂使用高分子物质为主要原料，经物化加工，激化或物化改性，应用高新技术强化改性后与其他无机高分子材料充分混合。具有稳定结构和性能的新型催化氧化烟气脱硫添加剂，其主要成分大部分为高分子催化剂，与 SO_2 有很强的反应活性，由于烟气脱硫添加剂的稳定性很好，完全符合脱硫过程的要求。使用脱硫增效剂可以有效地提高脱硫效率，且无需进行设备扩容改造，节能降耗。

17.3.5 燃气增效剂

即天然气增效剂，是指天然气应用于工业切割时，为提高天然气的火焰温度从而添加的一种特殊化学成分，目前天然气增效剂主要分为固态、液态、粉末三种状态。

以天然气为基础气源，添加增效剂而形成的新型工业燃气，适用于钢结构、造船厂、机械厂、食品加工、锅炉、玻璃陶瓷、喷涂等一切使用热能源的行业，主要用途为金属切割、烘烤矫形、预热加温，目的是替代置换传统使用的乙炔气、液化气、丙烷气，从而使企业更加省钱省力省心，达到节能减排的效果。

天然气催化增效添加剂通过高技术系统集成技术增效天然气，添加剂的作用主要有五方面。

① 通过添加高能物质适度提高燃气的总热值；

② 通过适当添加均相催化剂降低燃气活化能，加快化学反应速度，实现有效的催化燃烧；

③ 通过适当添加助燃剂，在天然气的燃烧过程中产生足够的自由基促进燃料与氧气间的反应，提高化学反应率；

④ 通过适当添加阻聚剂提高燃气的扩散掺混性能，提高天然气与氧的混合速度和混合率；

⑤ 通过适度添加辐射改进剂，改变燃烧时火焰频率及波长、激活燃气，抑制火焰的热辐射。使燃气在燃烧过程中能放出更多的能量，延长燃烧时间，达到火焰集中、温度高、穿透力强，热能易被工件强化吸收，节省燃气的效果。可对碳钢实施切割、焊接、矫形等，并集高效、环保、节能和安全于一体，解决了天然气不能用于碳钢焊接等技术难题。

17.3.6 燃油增效剂

燃油增效剂的六大功效：

① 清除积炭，清洁燃油系统：燃油添加剂中的清净活化因子能清除燃油中的胶质物以及发动机积炭等有害物质，连续 5 次添加燃油添加剂后，排气管上的积炭明显减少，滤清器、排气阀、燃油系统等均非常清洁。

② 增强动力性能：燃油添加剂中的纳米成分，能吸附、包裹胶质物，在高温作用下在燃烧室产生气体性“微爆”，使燃油二次雾化，引发完全燃烧，提升引擎动力。90% 以上车辆首次使用燃油添加剂后，明显感觉动力增强。特别是车乏力、载重、远行时感觉更明显。

③ 改善雾化，节省燃油：燃油添加剂凭借纳米分子材料，直接攻击油分子中的长链碳键，在燃油室产生“微爆”，使燃油二次雾化，引发完全燃烧，提高热效率、降低油耗。燃油添加剂实车对比试验，能节省 10%～18% 的燃油。特别是长距离高速行驶，比平时更省油。

④ 防腐、防锈、润滑，保护引擎：燃油添加剂由有机纳米分子及清净活化因子、抗氧剂、防腐剂、破乳剂等 10 多种材料组成，针对油品中硫、胶质物以及发动机积炭等有害成分研制。新一代燃油添加剂还具有抗氧、清洗、分散、破乳、防腐、润滑等功效。

⑤ 降低噪声，减少磨损，延长发动机寿命：发动机噪声过大，除了由于汽车密封性不佳，还因为发动机内部沉积了炭、油泥之类的杂质加速了发动机的磨损。新一代燃油添加剂能大大改善这一现象，积炭、胶质的清除能明显减少发动机磨损，从而降低发动机的噪声，延长发动机使用寿命。

⑥ 消除黑烟，降低排放：油品因雾化不良、燃烧不完全，形成大量黑烟，燃油添加剂可

有效降低燃烧活化能，改善雾化效率，使油品中不可燃的胶质也能充分燃烧，从而达到消除黑烟、降低排放的目的。在连续添加五次后，眼观就能发现黑烟明显减少甚至完全消除。

17.4　增效剂配方与制备实例

配方 1　柴油清净增效剂

原料配比

原料		配比（质量份）			
		1#	2#	3#	4#
有机含氧物质	辛醇	20	10	10	—
	己醇	—	10	—	10
	二甘醇二甲醚	—	—	10	—
	脂肪酸甲酯	—	—	—	10
二茂铁		100	100	100	200

制备方法　将各组分原料混合均匀即可。

原料介绍

所述有机含氧物质为醇类、醚类和酯类中的一种或多种。

所述醇类为碳原子数为 6 以上的多碳醇或所述多碳醇的异构体。

所述多碳醇为己醇、庚醇、辛醇、壬醇和癸醇液态多碳醇中的任一种或可溶于所述液态多碳醇的任一种固态多碳醇。

所述醚类为二甘醇二甲醚、二环己醚、乙二醇丁醚和二乙二醇醚中的一种。

所述酯类为脂肪酸甲酯。所述脂肪酸甲酯为辛酸甲酯、壬酸甲酯、癸酸甲酯、月桂酸甲酯、十四酸甲酯、十六酸甲酯或硬脂酸甲酯。

产品特性　本品添加到柴油中以后，用于柴油汽车和柴油动力发动机的柴油助燃时，能大大提高其燃效，可使得排放尾气中自由加速烟度平均下降 25% 以上，不完全燃烧的一氧化碳含量下降 20% 以上、碳氢化合物含量下降 15% 以上。

配方 2　多功能肥料增效剂

原料配比

原料	配比（质量份）			
	1#	2#	3#	4#
芸苔素内酯	0.04	0.1	0.2	0.4
胺鲜酯（DA6）	0.001	0.004	0.006	0.008
核黄素	0.5	0.6	0.7	0.8
硫胺素	0.1	0.2	0.3	0.4
氯化钾	1	2	3	4
硼砂	3	4	5	6
腐殖酸钾	5	6	7	8

制备方法　将所述原料混合后经粉碎、过筛得到肥料增效剂。所述过筛使用的筛孔尺寸为 100 ～ 300 目。

产品应用　本品用于复合肥料、混合肥料或掺混肥料。所述增效剂与肥料的质量比为

（3 ～ 5）∶ 100。

产品特性

（1）本品在各组分的共同组合复配下具有协同增效作用，可以增加作物对土壤养分的吸收，提高肥料利用率，促进作物产量和品质的提升。

（2）本品使用方法简单，不需要额外添加其他黏合剂或辅助剂。

配方 3　多功能水溶性肥料增效剂

原料配比

原料		配比（质量份）			
		1#	2#	3#	4#
水溶性氨基酸	聚 γ- 谷氨酸	42	40	30	—
	聚天冬氨酸	—	10	15	48
水溶性有机质	聚丙烯酰胺	42	—	11	23
	黄腐酸钾	—	25	33	—
	聚丙烯酸钾	—	25	—	23
生物菌	胶质芽孢杆菌	20	—	13	—
	地衣芽孢杆菌	—	15	13	—
	解淀粉芽孢杆菌	—	15	—	24
稳定剂	羧甲基纤维素钠	3	—	3	—
	瓜尔豆胶	—	4	—	3
	硅酸镁铝	—	4	3	2
微量元素物质	硼砂	—	2	2	—
	磷酸铵铜	—	2	—	—
	磷酸铵锌	3	—	—	5
	硫酸锰	—	2	—	—
	钼酸铵	—	—	2	—

制备方法　将各组分混合后进行细化处理，得到水溶性肥料增效剂；所述水溶性肥料增效剂的粒径为 20 ～ 40μm。

产品应用　本品主要用于提高病害抑制率、提高肥料利用率和促进增产。所述病害为番茄灰霉病、叶霉病、根腐病和枯萎病中的一种或几种。所述促进增产包括促进小麦增产和促进水稻增产。

应用方法：将质量比为（5 ～ 15）∶ 100 的水溶性肥料增效剂和化肥混合后施用。

产品特性

（1）本品能够显著减少土壤对氮磷钾肥的固定率，减少肥料养分的流失，使肥料的利用率得到大幅度提高，具有优良的保水保肥能力，使肥效期显著延长。

（2）本品能够有效改良土壤，大幅度提高作物的产量和品质以及抗病能力。

（3）本品无任何毒性，水溶性能达到 99% 以上，能够和任意的肥料混合施用。

配方 4　高效复合型脱硫增效剂

原料配比

原料	配比（质量份）			
	1#	2#	3#	4#
无机盐	2	8	8	8
有机盐	5	10	10	10

续表

原料	配比（质量份）			
	1#	2#	3#	4#
有机多元酸	15	12	15	15
富马酸	20	20	15	20
己二酸二丁酯	30	30	30	15
活性剂	10	10	10	10
消泡剂	1	1	1	1

制备方法

（1）将无机盐、有机盐、有机多元酸、富马酸、己二酸二丁酯依次按配比添加至反应容器内，加热搅拌，冷却后备用；加热至温度为 20 ～ 35℃，搅拌时间为 30 ～ 60min。

（2）在搅拌条件下，按配比往步骤（1）的混合物中添加活性剂和消泡剂，搅拌混合，获得复合型脱硫增效剂。搅拌速度为 500 ～ 1000r/min，搅拌时间 10 ～ 20min。

原料介绍

所述无机盐为硫酸钠、硫酸镁、硫酸锌和硫酸铜中的一种或多种的混合物。

所述有机盐为柠檬酸三钠、甲酸钠、羟基丁二酸二钠、磺基丙酸钠和辛二酸钠中的一种或多种的混合物。

所述有机多元酸为丁二酸、戊二酸和己二酸中的一种或多种的混合物。

所述活性剂为聚氧乙烯型或聚醚型非离子活性剂。

所述消泡剂为有机硅油。

产品特性 本品可以使脱硫效率提高 5% ～ 15%，可减少石灰石用量，减少设备的结垢和堵塞，节省运转电能。

配方 5　含松脂基植物油的农用增效剂

原料配比

原料		配比（质量份）			
		1#	2#	3#	4#
松脂基植物油	松脂基植物油 ND-60	30	15	30	—
	松脂基植物油 ND-45	—	—	—	30
植物源油基组分 B	甲酯化大豆油	50	—	—	—
	大蒜精油	—	35	—	—
	大豆磷脂	—	—	35	50
稳定剂	2，6- 二叔丁基对甲酚	—	20	10	30
乳化剂	乳化剂 1303	7	—	—	—
	乳化剂 Lutensol XL 100 链脂肪醇聚氧乙烯醚	—	10	—	—
	乳化剂 Lutensol A3N 支链脂肪醇聚氧乙烯醚	—	—	10	—
	乳化剂 PEG-600MO（聚乙二醇脂肪酸酯）	—	—	10	—
	乳化剂 1601#（苯乙基苯酚聚氧乙烯聚氧丙烯醚）	—	—	—	15
	乳化剂 S-80	—	—	—	5
	乳化剂吐温 -80（聚氧乙烯失水山梨醇脂肪酸酯）	—	15	—	—
	乳化剂 OP-10（烷基酚聚氧乙烯醚）	6	—	—	—
	乳化剂 EL-10（蓖麻油聚氧乙烯醚）	—	—	—	5
	乳化剂快 T70（磺化琥珀酸二辛酯钠盐）	7	—	5	—
	乳化剂快 T50（磺化琥珀酸二辛酯钠盐）	—	5	—	10

制备方法

（1）将松脂基植物油和植物源油基组分 B 按照所述配比依次加入到反应釜中搅拌 5 ～ 15min 至均匀，然后加入稳定剂搅拌混合均匀，形成透明液体；

（2）将乳化剂加入步骤（1）所得透明液体中，升温到 40 ～ 50℃，搅拌 10 ～ 15min 至混合均匀，冷却至室温、过滤即得所述增效剂。

产品应用 本品可以作为桶混增效剂，也可作为喷雾助剂，主要用于杀虫剂、杀菌剂、除草剂、叶面肥等农药或肥料的桶混和喷雾过程。

产品特性

（1）本品有效成分全部来源于植物，安全性更高，环境兼容性更好，可以作为绿色防控的首选增效剂；

（2）本品具有较好的兼容性，适用于多种农药剂型，例如农药水剂、悬浮剂、水乳剂、可湿性粉剂和水分散粒剂等；

（3）本品具有较低的表面张力，在靶标上有很好的润湿、铺展和渗透作用，可有效提高农药的利用率。

配方 6 化肥增效剂

原料配比

原料		配比（质量份）		
		1#	2#	3#
鱼粉、枯草秆、菜籽饼和木炭粉		50	55	60
腐殖酸	有机物的降解产物	10	15	20
微量元素化合物		1	3	5
黏合剂	木糖醛	1	—	5
	聚乙烯	—	3	—
生物刺激物质	氨基酸	0.1	—	—
	维生素	—	1	2
鱼粉、枯草秆、菜籽饼和木炭粉	鱼粉	4	4	4
	枯草秆	3	3	3
	菜籽饼	2	2	2
	木炭粉	1	1	1

制备方法

（1）预处理：分别对原料进行预处理，得到干净的原料并混合；

（2）造粒：将混合后的原料通过给料装置送入造粒机进行造粒，得到颗粒状的半成品；

（3）筛分：将颗粒状的半成品筛分，不合格的产品返回，并参与二次造粒；

（4）包装：将造粒后的合格产品包装，得到成品。

原料介绍

所述鱼粉为以多种鱼类为原料，经去油、脱水、粉碎加工后的高蛋白质饲料原料。

所述微量元素化合物组成：10% ～ 20% 的硫酸亚铁、2% ～ 4% 的硫酸锌、1% ～ 2% 的硫酸铜。

所述黏合剂为木糖醛或聚乙烯，需要加热、溶解、混合等处理。

所述腐殖酸为有机物的降解产物或由人工合成，需先进行提纯、去杂等处理，然后进行预处理。

所述生物刺激物质为氨基酸或维生素，需要进行提取、分离、纯化等处理。

产品特性

（1）采用天然的原料，不仅降低了成本，而且环保、无污染，符合现代环保要求；可以提高化肥的利用效率，减少施肥量，降低化肥对土壤的污染，缓解土壤板结。

（2）适用于不同作物、不同的土壤环境并增加了农作物的产量和品质。

（3）改善了生态环境，减少了有害气体的排放量和化肥堆积所产生的毒性物质。

配方 7　降低烟气硫含量的脱硫改进增效剂

原料配比

原料		配比（质量份）			
		1#	2#	3#	4#
催化剂	氧化锌	5	5	5	5
	磷酸二氢钠	5	2.5	10	7.5
有机添加剂	乙二酸	5	5	5	5
	己二酸	5	2.5	10	4
缓冲剂	磷酸	5	5	5	5
	柠檬酸	5	2.5	10	6
催化剂		15	5	20	12
有机添加剂		40	60	20	50
缓冲剂		20	10	30	18

制备方法　将催化剂、有机添加剂和缓冲剂混合后搅拌，得到目标产物。搅拌的时间为 20 ～ 50min，搅拌的温度为 15 ～ 30℃。

产品特性

（1）本品各个组分之间进行配合，可以提高氧利用率，增加石膏的纯度，降低石膏的含水量，起到良好的脱硫效果。

（2）本品制备方法简单，可进行大批量的流水线生产。

配方 8　抗磨增效剂

原料配比

原料		配比（质量份）			
		1#	2#	3#	4#
中间体	氯乙酸	42	42	57	57
	1，4- 丁二醇	18	18	18	18
	六水合氯化铁	3.6	3.6	3.6	3.6
	溶剂环己烷	适量	适量	适量	适量
	碳酸钠水溶液	适量	适量	适量	适量
	饱和食盐水	适量	适量	适量	适量
	二氯甲烷	适量	适量	适量	适量
中间体		29	29	29	29
含氮杂环化合物	哌嗪	24	—	24	—
	N- 甲基哌嗪	—	28	—	39
溶剂四氢呋喃		适量	适量	适量	适量
饱和食盐水		适量	适量	适量	适量
二氯甲烷		适量	适量	适量	适量

制备方法

（1）将氯乙酸、1，4-丁二醇、六水合氯化铁依次加入到三口烧瓶中，以环己烷为溶剂，80℃回流反应10h，分水器内的水量达到理论值时停止反应。冷却至室温，旋蒸除去溶剂，依次用碳酸钠水溶液、饱和食盐水洗涤三次，使用二氯甲烷萃取，有机相干燥、过滤，得到中间体。

（2）将得到的中间体、含氮杂环化合物加入到三口烧瓶中，以四氢呋喃为溶剂，70℃条件下回流反应4h。反应结束后，过滤，旋蒸除去溶剂，饱和食盐水洗涤三次，使用二氯甲烷萃取，有机相干燥、过滤，得到最终产物抗磨增效剂。

产品应用 本品用于油田钻井液。在水基钻井液中的质量分数为1.0%～3.0%。

产品特性

（1）本品中含氮杂环化合物结构中的氮原子可以与金属表面原子形成稳定的表面吸附膜，这种化学吸附膜可以有效提高抗磨剂的抗磨减阻性能。添加至水基钻井液润滑剂中，可显著提升其抗磨减阻性能。

（2）本品可显著降低钻井液的摩擦阻力，润滑系数降低率达到80%以上。

配方9 绿色高效土壤磷肥增效剂

原料配比

原料	配比（质量份）		
	1#	2#	3#
调节剂	40	50	65
动物粪便	20	60	100
螯合剂	1	3	5
微生物菌剂	2	4	6
草酸	30	40	50
腐殖酸	10	20	30
保水剂	2	3	5
尿素	15	18	20
磷酸二氢钾	5	6	8

制备方法

（1）微生物菌剂制备：将绿色木霉菌、黑曲霉菌和巨大芽孢杆菌分别在25℃、25℃和30℃的种子培养基中培养24～48h，然后分别按8%接种量接入LB培养基，在25℃、25℃和30℃条件下振荡培养至菌浓度$OD_{600}\approx3.0$，然后按1∶1∶1的体积比混合均匀，冻干成冻干粉，即得。

（2）制备发酵松针叶细粉：准备好各原料，将松针叶和动物粪便通风干燥6～8h后分别放入粉碎机粉碎成1～2mm细粉；发酵池底层铺一层粉碎的动物粪便细粉，将粉碎的松针叶细粉置于发酵池中，再加入总体积40%的粉碎的动物粪便细粉，搅拌混合均匀，搅拌过程中加入尿素，再加入质量分数为0.2%～0.5%的磷酸二氢钾溶液致发酵底物潮湿，加入步骤（1）制得的微生物菌剂搅拌均匀，通风培养3天后，加入质量分数为0.2%～0.5%的磷酸二氢钾溶液致发酵底物再次潮湿，将发酵底物压实，塑料薄膜封顶，压土密封，发酵培养5～10天，发酵物自然干燥至含水量1%～3%，得到发酵松针叶细粉。

（3）制备含螯合保水剂的发酵松针叶细粉：准备好各原料，依次将硫黄粉、草酸、腐殖酸、螯合剂、保水剂加入步骤（2）制得的发酵松针叶细粉中，搅拌30～45min，得到含螯合保水剂的发酵松针叶细粉。

（4）造粒：将步骤（3）制得的含螯合保水剂的发酵松针叶细粉混合物加入干法辊压造

粒机内进行造粒，筛分出粒径为 1 ～ 4.75mm 的颗粒，得到一种绿色高效土壤磷肥增效剂。

原料介绍

所述调节剂为质量比 50 ∶ 1 的松针叶∶硫黄粉。

所述松针叶包括松针叶、松树残枝、松树枯落物。

所述螯合剂为谷氨酸二乙酸四钠。

所述保水剂为羧甲基淀粉。

产品特性 本品以松针叶为原材料制备，废弃资源再利用；加入的绿色木霉菌、黑曲霉菌、巨大芽孢杆菌协同作用，明显促进了难溶性磷的溶解；加入保水剂起到保水作用，加入的磷酸二氢钾、尿素引入了钾、氮元素；腐殖酸、硫黄粉、动物粪便对土壤进行改良，螯合剂对金属离子进行结合，草酸对难溶性碳酸钙进行溶解，大幅度提高了土壤中可溶性磷的含量。本品所用原料均为环境友好型，不会产生污染，使用方便，适合广泛应用。

配方 10 农用水悬增效剂

原料配比

原料		配比（质量份）			
		1#	2#	3#	4#
润湿渗透剂改性磺酸盐		600	600	650	650
乳化剂	失水山梨醇脂肪酸酯	100	200	—	—
	壬基酚聚氧乙烯醚	100	—	—	—
	异构醇醚	—	—	150	150
保湿剂	三聚甘油	—	50	50	—
	木糖醇	—	—	—	50
	聚环氧乙烷	50	—	—	—
黏附剂	鱼油	50	50	50	50
抗冻剂	丙三醇	100	100	—	—
	乙二醇	—	—	100	100

制备方法

（1）将润湿渗透剂改性磺酸盐、乳化剂加入到反应釜中，升温至 80 ～ 90℃，转速 60 ～ 100r/min 下保温搅拌 30 ～ 60min，得到均匀透明的混合物；

（2）降温至 40℃，加入黏附剂，转速不低于 200r/min 下搅拌 60 ～ 100min，得到均匀透明的混合物；

（3）最后加入保湿剂和抗冻剂，转速 60 ～ 100r/min 下均质乳化 30 ～ 50min，得到均匀透明的农用水悬增效剂。

原料介绍 所述润湿渗透剂是一种改性磺酸盐。所述改性磺酸盐包括以下单体：40%～50%十二烷基苯磺酸、20%～40%三乙醇胺、5%～20%聚乙二醇和醇醚、5%～10%水。所述的润湿渗透剂改性磺酸盐的合成：将十二烷基苯磺酸和水加入到反应釜中，升温至 60 ～ 70℃，转速为 60 ～ 100r/min 下保温搅拌 30 ～ 60min；再往反应釜中加入聚乙二醇和醇醚，转速 60 ～ 100r/min 下搅拌 30 ～ 40min，降温至室温；最后往反应釜中加入三乙醇胺，转速 60 ～ 100r/min 下搅拌 80 ～ 120min，得到均匀透明的润湿渗透剂改性磺酸盐。

产品应用 本品与农药、叶面肥等农化产品配合使用时，能显著提升作用效果。

产品特性 本品通过在润湿渗透剂中引入磺酸根和铵根离子，不仅增强润湿渗透剂的水溶性，而且保证改性后磺酸盐耐高温和耐高盐；同时，在改性磺酸盐中引入聚乙二醇和醇醚单体，保证了润湿渗透剂的保湿性和稳定性，使其更好地应用在制剂配方中。并且使用了鱼油作黏附剂，其他的保湿剂、乳化剂的加入，保证了优良的稳定性和安全性，使其经济效益更加有保障。

配方 11 汽油清净增效剂

原料配比

原料		配比（质量份）			
		1#	2#	3#	4#
含能材料	偏二甲肼	5	—	—	—
	三硝基二甲苯	—	3	—	—
	邻苯二甲酰肼	—	—	1	—
	异辛酸镧	—	—	—	5
清净分散剂		30	40	30	30
清净分散剂	聚醚胺	5	10	5	5
	聚异丁烯胺	15	25	—	—
	载体油基础油 500SN	10	5	—	—
	曼尼希胺	—	—	25	25
催化助燃剂	异辛酸铈	5	3	—	—
	异辛酸镧	—	—	1	1
芳烃溶剂油 1500#		60	54	68	64

制备方法 按比例将含能材料、清净分散剂、催化助燃剂、溶剂油加入搅拌釜中，搅拌混合均匀，用≥ 1000 目滤网过滤后，即得到清澈透明的汽油清净增效剂产品。

产品应用 本品用于 92# 汽油或者更高标准汽油。添加量为 $2\times10^{-4}\sim1\times10^{-3}$，能够提高汽油燃烧动力，有效降低发动机尾气中污染物排放。

产品特性 本品引入含能材料，在发动机燃烧过程中，含能材料的分解可有效提高发动机压力、促进汽油充分燃烧，从而提高发动机动力输出，降低燃油消耗，并且燃料的充分燃烧可减少积炭产生及降低尾气中有害物质含量。本品引入微量稀土金属元素，协同三元催化器中的催化剂，可起到更好的尾气净化作用，具有明显的环保和节油效果。

配方 12 适用于固废基混凝土的抗裂增效剂

原料配比

原料		配比（质量份）			
		1#	2#	3#	4#
碱激活溶液	熟石灰	1	1	1	1
	碳酸氢钠	1.5	1.2	1.7	—
	硬脂酸钠	5.7	5.4	5.9	5.7
	醋酸钠	6.8	6.1	7.1	6.8
	水	适量	适量	适量	适量
明矾		80	70	90	80
铵明矾		92	80	100	92
碱式硫酸铝		140	130	145	140
无水硫铝酸钙		40	30	50	40
轻质石灰石粉		10	5	15	10
碱激活溶液		240	230	255	240
水		265	240	280	265

制备方法

（1）将所述明矾、铵明矾和碱式硫酸铝加入到 50 ～ 100 份水中直至全部溶解，得到混合溶液 A，备用。

（2）将所述无水硫铝酸钙、轻质石灰石粉和剩余的水混合成浆料，然后对该浆料进行研磨，得到浆料 B，备用。所述研磨的速率为 240 ～ 300r/min，研磨时间为 1 ～ 1.5h。

（3）将混合溶液 A 和浆料 B 混匀，然后向得到的混合料中逐渐加入碱激活溶液，即得产品。pH 值保持在 9.5 ～ 11.5。

原料介绍 所述碱激活溶液是由熟石灰、碳酸氢盐、硬脂酸盐和醋酸盐溶于水中形成的溶液。

产品应用 本品掺加量为混凝土中胶凝材料组分的 1% ～ 3%。

产品特性 本品所述无水硫铝酸钙水化形成的微膨胀型钙矾石交错穿插形成的多孔骨架黏结支撑在超细掺和料颗粒表面，从而阻断超细掺和料颗粒水化产生的凝胶对掺和料颗粒的全面包覆，便于超细掺和料颗粒每层的 Al—O 键和 Si—O 键充分暴露出来，避免超细掺和料颗粒被水化凝胶包覆后无法与所述碱激活溶液进一步接触而在水化早期就再次转化为惰性材料，无法再继续水化产生凝胶，而这些水化凝胶是提高混凝体强度的重要物质。所述 Al-O 键和 Si-O 键的充分暴露显著提高了活性 Si/Al 比，可更好地促进超细掺和料的水化进程和水化速率，一方面产生了更多的胶凝物质，提高混凝土的早期强度，另一方面加快了超细掺和料在混凝土中的凝结硬化速率，有助于超细掺和料的反应特性更加接近水泥，从而提升超细掺和料的利用率。本品还可以有效提高混凝土的抗拉强度，降低混凝土收缩，提升混凝土的抗裂性。

配方 13 具有促生抗逆功能的稳定性肥料增效剂

原料配比

原料	配比（质量份）	
	1#	2#
腐殖酸钾	5	6
复合 γ- 聚谷氨酸	8	6
甘氨酸	7	9
硫酸镁	4	2
生物酶	5	7
水	22	20
聚丙烯酰胺	9	10
改性淀粉	3	1
聚乙烯醇	5	6
复合填料	52	50

制备方法 将复合 γ- 聚谷氨酸和硫酸镁混合，然后加入水，混合搅拌均匀，再加入聚丙酰胺、改性淀粉和聚乙烯醇，搅拌均匀，升温至 75℃，加入腐殖酸钾，搅拌 25min，冷却至 42℃，再加入生物酶，搅拌均匀后，加入剩余组分，混合均匀，挤压造粒，在 55℃条件下低温烘干，得到具有促生抗逆功能的稳定性肥料增效剂。

原料介绍 所述复合填料为质量比 0.6 ∶ 1 ∶ 1.4 的膨润土、硅藻土和云母粉混合物。

产品特性

（1）本品兼容性高，使用效果好，对于水稻促生抗逆具有优异的效果。

（2）本品通过添加特定梯度分子量的 γ- 聚谷氨酸，改善了水稻单粒重量。同时改善了水稻的产量。

（3）本品通过添加特定组成和配比的生物酶，可以降低水稻稻瘟病的发病率，同时改善了水稻的有效穗数。

配方 14　提高水稻肥料利用率的复合型增效剂

原料配比

原料	配比（质量份）		
	1#	2#	3#
SiO_2 微球	80	90	100
海藻酸	10	11	12
组合剂正丁基硫代磷酰三胺	5	7.5	8
调环酸钙	7	8.5	10
分散剂	10	12.5	15
盐酸多巴胺溶液	40	43	46

制备方法

（1）促进组合物的制备：将海藻酸、调环酸钙、组合剂和分散剂搅拌混合均匀，得到促进组合物；温度 30 ～ 40℃、800r/min 转速下搅拌。

（2）负载微球的制备：向促进组合物中加入 SiO_2 微球，分散均匀，自然干燥，得到负载微球。SiO_2 微球为多孔中空结构的 SiO_2 微球；分散均匀条件为 1000W 超声分散 1h。

（3）包膜处理：取盐酸多巴胺溶于去离子水中，配制成盐酸多巴胺溶液，调节盐酸多巴胺溶液的 pH 值，将负载微球浸泡在盐酸多巴胺溶液中，振荡后取出沉淀物，清洗，干燥，得到复合型增效剂。盐酸多巴胺溶液的浓度为 2.5 ～ 5g/L，pH 值为 8 ～ 9，振荡条件为在 40 ～ 50℃下振荡 10 ～ 20h。

原料介绍　所述分散剂的制备方法：向褐煤中加入氢氧化钠溶液，搅拌反应后，得到腐殖酸钠溶液，向其加入亚硫酸钠和甲醛溶液，搅拌反应，离心，洗涤，喷雾干燥后得到分散剂。该分散剂为液态磺甲基化腐殖酸系分散剂；腐殖酸钠、亚硫酸钠和甲醛溶液，质量比为 3 ∶ 3 ∶ 4；第一次搅拌反应，在 90℃温度下反应 150min，1000r/min 转速搅拌，反应 4h。3000r/min 离心 15min，干燥温度为 60℃。氢氧化钠与褐煤质量比为 2 ∶ 25，氢氧化钠溶液的浓度为 0.6mol/L。第二次搅拌反应，在 80℃搅拌反应 2h。

产品特性　本品添加调环酸钙、海藻酸、改性后腐殖酸钠可提高土壤速效磷含量和土壤钙、铝离子含量，减缓铝离子向铁离子的转化，三者对土壤活化的机制有所不同，能够协同增效，通过相互协同能螯合土壤中的钙、镁、铁等金属离子，从而减少土壤中氮、磷的固定，提高作物产量和肥料利用效率，促进水稻分蘖，增加叶片中叶绿素含量，增加水稻产量。

配方 15　脱硫增效剂（1）

原料配比

原料	配比（质量份）			
	1#	2#	3#	4#
水	200	250	300	300
己二酸	75	78	80	80
酒石酸	3	5	6	6
三聚磷酸钠	4	5	6	6

续表

原料	配比（质量份）			
	1#	2#	3#	4#
六偏磷酸钠	2	3	5	5
偏硅酸钠	2	3	4	4
硫酸钾	2	3	4	4
消泡剂	2	3	4	4
水溶性稀土金属盐	1.5	3.12	4	—
增稠剂	2.25	3.12	4	4
SBR 乳液	3.75	5.46	8	8

制备方法

（1）先将三聚磷酸钠、六偏磷酸钠、偏硅酸钠和硫酸钾加入水中，搅拌溶解后，再加入消泡剂、己二酸和酒石酸、水溶性稀土金属盐（也可不加）、SBR 乳液，继续搅拌溶解均匀；随后加入增稠剂，以调节脱硫增效剂的黏度，调控整体脱硫增效剂的黏度在 500 ～ 520mPa•s。

（2）出料，即得脱硫增效剂产品。

原料介绍

所述增稠剂为膨润土、凹凸棒土、海泡石、硅藻土、聚乙烯醇、海藻酸钙、琼脂、羧甲基纤维素、羟乙基纤维素中的任意一种。

所述的消泡剂为乳化硅油、聚二甲基硅氧烷和聚氧乙烯氧丙醇胺醚中的任意一种。

所述的 SBR 乳液为固含量为 45% ～ 48% 的 SBR 乳液。

所述水溶性稀土金属盐为硝酸铈、硝酸钪、硝酸钇中的任意一种。

产品特性 本品体系中引入 SBR 乳液，该弹性体乳液中的乳液颗粒由于可以有效调控液膜的表面张力，以及和增稠剂协同稳定体系在不同温度下的黏度变化率，因此，可以有效保障脱硫增效剂在烟气脱硫过程中不会随烟气温度波动发生失效。

配方 16 脱硫增效剂（2）

原料配比

原料			配比（质量份）			
			1#	2#	3#	4#
胺类中间体	*N*，*N*- 二甲基丙烯酰胺		100	120	105	110
	溶剂	四氢呋喃	400	240	350	280
	N，*N*- 二甲基甲酰胺		80	70	90	85
	还原剂	硼氢化钠	70	90	85	78
		三氟化硼四氢呋喃	20	30	23	28
	催化剂	三氯化铁	50	35	46	38
	淬灭剂	15%NH_4Cl 溶液	100	—	—	80
		20%NH_4Cl 溶液	—	120	—	—
		10%NH_4Cl 溶液	—	—	100	—
	甲醇		300	300	300	300
胺类中间体			100	80	120	90
二氯乙烷			25	35	20	30
多胺类化合物	二乙烯三胺		65	70	50	60

制备方法

（1）向反应釜中通入氮气 20 ～ 40min 驱除氧气，称取 *N*，*N*- 二甲基丙烯酰胺、四氢呋喃、*N*，*N*- 二甲基甲酰胺加入反应釜中，将反应釜冷却至 5 ～ 8℃，搅拌混合 15min，依次称取硼氢化钠、三氟化硼四氢呋喃、三氯化铁加入反应釜中，搅拌 3 ～ 6h 充分进行加氢还原反应；将反应釜温度降至 0℃，滴加 10% ～ 20% NH_4Cl 溶液，搅拌 40min，使还原反应淬灭，加入甲醇，搅拌 30min 后过滤，减压蒸馏，得到胺类中间体。

（2）向反应釜中加入胺类中间体、二氯乙烷、多胺类化合物，将反应装置压力上升至 0.5 ～ 1MPa，升温至 65 ～ 75℃，搅拌 3 ～ 5h，将反应液减压蒸馏得到脱硫增效剂。

产品特性 本品通过引入一种由 *N*，*N*- 二甲基丙烯酰胺、*N*，*N*- 二甲基甲酰胺加氢还原得到的胺类中间体与多胺类化合物反应后合成，与醇胺类、三嗪类脱硫剂协同作用，50℃、pH 值为 7 的条件下，2h 脱硫效率可达 98.5% 以上，相比于常规的硫化氢除硫剂，在偏酸性条件下硫化氢去除效率高，针对性强，适合在集输系统特别是联合站内使用。

配方 17　脱硫增效剂（3）

原料配比

原料	配比（质量份）			
	1#	2#	3#	4#
羧甲基纤维素钠	10	15	14	12
尿素	12	18	17	17
柠檬酸钠	8	18	16	16
硫酸铜	5	8	7	7
氧化铝	8	15	13	13
去离子水	25	35	33	33

制备方法

（1）在反应釜中加入羧甲基纤维素钠、尿素和去离子水，搅拌 40min。

（2）向其中加入柠檬酸钠、硫酸铜和氧化铝，混合均匀后干燥 45min 后焙烧。焙烧温度为 550℃，焙烧时间为 3h。

原料介绍 本品通过添加羧甲基纤维素钠可以有效提高其脱硫效果，这是因为羧甲基纤维素钠分子链中含有大量的羧基和羟基，可以与烟气中的二氧化硫发生反应，从而提高脱硫性能。通过添加氧化铝和硫酸铜也可以有效地提高该脱硫增效剂的脱硫效果。

产品应用 本品用作石灰石 - 石膏烟气湿法脱硫的增效剂。

产品特性 该脱硫增效剂可以改善石灰石浆液与 SO_2 反应的边界条件，强化其脱硫过程，提升脱硫效率，降低能耗，确保烟气中 SO_2 达标排放。本品制备方法简单，操作条件温和。

配方 18　稳定的农药增效剂

原料配比

原料	配比（质量份）	
	1#	2#
植物黄酮	15	10
植物多酚	20	10
植物醌类化合物	5	6
乳化剂	4	4
悬浮剂	6	12

续表

原料	配比（质量份）	
	1#	2#
稳定剂	3	8
助溶剂	50	40
渗透剂	7	10

制备方法 首先将植物黄酮、植物多酚、植物醌类化合物投放至混合机内进行混合，混合 10 ～ 15min 后，然后依次向混合机内投放助溶剂、渗透剂、乳化剂、悬浮剂和稳定剂，继续搅拌混合 20 ～ 30min，即得所述的农药增效剂。所述混合机的转速为 300 ～ 600r/min。

原料介绍

所述乳化剂为烷基苯酚聚氧乙烯醚、椰子油酰胺丙基甜菜碱、十二烷基磺酸钠、丙烯酸松香聚氧乙烯蔗糖酯、聚氧乙烯脂肪酰胺中的一种或多种的组合。

所述稳定剂为环氧大豆油或茶多酚。

所述的悬浮剂为氟吡菌酰胺悬浮剂，氟吡菌酰胺悬浮剂的配方为：氟吡菌酰胺 20%、分散剂 2%、润湿剂 2%、增稠剂 0.5%、稳定剂 1%、防冻剂 4%、消泡剂 0.5%、去离子水 70%。

所述助溶剂为水杨酸钠、聚乙二醇、正丁醇中的一种或多种的组合。

所述渗透剂为噻酮或脂肪醇聚氧乙烯醚。

产品特性

（1）本品中添加了植物黄酮、植物多酚和植物醌类化合物，其都是天然产物，相较于现有化工药品制成的农药增效剂可以减少环境的污染，同时还能够吸收阳光中的紫外线，因此该农药增效剂在喷施在作物和蔬菜上时，能够保护作物和蔬菜免受紫外线伤害，从而促进作物和蔬菜的生长，且对害虫有一定的拒食作用，还能抑制病原菌蔓延，有一定预防作物病害的效果。

（2）由于本品在制备过程中加入了一定的悬浮剂，因此使用该农药增效剂配制的农药不仅可以使无人机施药时其药液可以均匀地与其他溶液进行充分混合，避免出现药液分离的现象，还可以使喷洒在作物和蔬菜上的药液有效地附着在植物叶面或害虫的表面，大大提高农药的稳定性和附着性及农药药效的持久性。

配方 19　稀土纳米柴油增效剂

原料配比

原料	配比（质量份）		
	1#	2#	3#
混合苯	35	20	32
乙醇	40	20	29
正辛醇	30	10	17
抗磨剂	6	2	5
二茂铁	0.2	0.2	1.1
镧系稀土	1	1	8

制备方法 按配比分别称量所述的稀土纳米柴油增效剂的所有组分，依次加入到搅拌釜内，常温常压搅拌均匀并完全溶解后过滤，即得所述的稀土纳米柴油增效剂。

产品特性 本品针对柴油燃烧不充分的解决方案主要是催化助燃。本品富含稀土，它能加速燃油中碳氢化合物链结构的破坏，使燃油分子变小，燃烧过程中产生更多自由基，同时分子变小会与氧气接触更加充分，从而使其燃烧更加充分。燃烧效率的提高，导致动力提升，节能减排。

配方 20 稀土增效剂

原料配比

原料		配比（质量份）			
		1#	2#	3#	4#
固态稀土		6	2	35	30
pH 调节剂	盐酸	0.2	0.1	3	3
微量元素		16	8	120	120
氨基酸		10	5	45	45
水		适量	适量	适量	适量

制备方法

（1）将固态稀土与水按照质量比（6 ～ 30）∶（50 ～ 74）混合，得到液态稀土；

（2）将液态稀土与 pH 调节剂、微量元素和氨基酸混合后进行络合，得到所述稀土增效剂。

原料介绍

所述微量元素包括镁、铜、铁、锰、硼、锌、钼和氯；所述镁、铜、铁、锰、硼、锌、钼和氯的质量比为（1 ～ 15）∶（1 ～ 15）∶（1 ～ 15）∶（1 ～ 15）∶（1 ～ 15）∶（1 ～ 15）∶（1 ～ 15）∶（1 ～ 15）。

所述 pH 调节剂为柠檬酸、盐酸和硝酸中的一种或几种。

所述氨基酸为丙氨酸、精氨酸、天冬氨酸、半胱氨酸、谷氨酸、甘氨酸、组氨酸、异亮氨酸、亮氨酸、蛋氨酸、苯丙氨酸、脯氨酸、丝氨酸、苏氨酸、色氨酸、酪氨酸、缬氨酸和赖氨酸中的一种或几种。

所述固态稀土包括镧、铈、钕和镨。所述固态稀土中镧、铈的质量分数为 40% ～ 48%，钕、镨的质量分数为 0.01% ～ 6%。

所述固体稀土制备时包括以下步骤：

（1）将稀土精矿与硫酸混合后，依次进行焙烧和水浸，得到热浸调浆后的焙烧矿浆。焙烧的具体步骤为：将硫酸用泵打入硫酸高位槽，导流输送硫酸和稀土精矿在混料机圆盘内混合成均匀的料浆；从窑尾进入回转窑内，经过干燥预热区、分解区和反应区，得到焙烧矿。所述烘焙时，窑头温度控制在 800 ～ 900℃之间，窑尾温度控制在 220 ～ 250℃之间，负压控制在 29.4 ～ 49.0Pa 之间，时间为 60 ～ 90min；回转窑的转速为 1 ～ 2r/min。所述稀土精矿和硫酸的质量比为 1 ∶（1.1 ～ 1.6）；所述硫酸为浓硫酸，所述浓硫酸为质量分数≥ 70% 的硫酸水溶液。

（2）将热浸调浆后的焙烧矿浆与水混合，进行浸出分离，得到水浸液和水浸渣。

（3）将水浸液与碳酸氢铵混合沉淀，得到碳酸稀土。

（4）将碳酸稀土与盐酸混合，再加入氯化钡，调配 pH 值至 2 ～ 4 后，除杂，得到氯化稀土溶液。

（5）对所得氯化稀土溶液进行浓缩合成，得到固体稀土。

产品应用 本品提高作物产量和 / 或抗逆性的方法：作物幼苗期施用所述稀土增效剂，或将所述稀土增效剂与作物种子拌种后，播种。所述施用的方法包括喷施、滴灌和冲施；所述施用的次数为 3 次，施用的间隔时间为 10 ～ 15 天；所述稀土增效剂每次的用量为 50 ～ 125g/ 亩。所述拌种时，种子与稀土增效剂的质量比为 250 ∶ 100000。

去除农作物中重金属和 / 或农药残留的方法：农作物收获后，采用所述稀土增效剂浸泡农作物，或作物幼苗期、幼果期和膨大期分别施用所述稀土增效剂。所述浸泡时，农作物与稀土增效剂的质量比为（1500 ～ 5000）：（75 ～ 100），浸泡的时间为 10 ～ 20min。所述施用的方法包括喷施、滴灌和冲施；所述施用的次数为 3 次，施用的间隔时间为 10 ～ 15 天；所述稀土增效剂每次的用量为 125g/ 亩。

产品特性

（1）本品具有提高作物产量、抗逆性、品质，去除农作物中重金属和农药残留的作用。

（2）本品具有见效快、促生长和使叶片变绿快的优势。本品稀土增效剂能快速激活植物中细胞活性，促进细胞原生质移动，而且经本品稀土增效剂处理的作物叶片肥厚浓绿油亮、根系发达、茎粗秆壮。本品还具有超强渗透和快速移动的优势，能显著增强植株的活力，促进植物对肥料的需求，同时增加肥料的渗透、黏着和展着力，打破植物自身限制，增强肥料进入植物体内的能力，促使植物同时吸收多种营养成分，解除肥料间的拮抗作用；还能促进光合作用，促进细胞分裂、伸长，平衡植物内源激素，促进植物生根，促进植物地下块根和块茎膨大，使植物在生根、绿叶、促长、拉长、着色和膨果等方面均有很好的表现，适用于各个作物的各个生长周期。本品低温速效，广谱性好，安全性高，成本低。

配方 21　新型肥料增效剂（1）

原料配比

原料	配比（质量份）	
聚环氧琥珀酸盐	聚环氧琥珀酸钾	40
聚天冬氨酸盐	聚天冬氨酸钾	16
硝化抑制剂	3，4- 二甲基吡唑磷酸盐（DMPP）	20
	85% 磷酸	8
微量元素	EDTA 螯合锌	3
	硼酸	3

制备方法　将硝化抑制剂、聚天冬氨酸盐、聚环氧琥珀酸盐、微量元素混合均匀，即得。

原料介绍

所述的聚天冬氨酸盐为聚天冬氨酸钾和 / 或聚天冬氨酸钠，黏均分子量为 5000 ～ 6000。

所述聚环氧琥珀酸盐为市售液体，其固含量为 35% ～ 40%，黏均分子量为 600 ～ 800。

所述的微量元素为 EDTA 螯合锰、EDTA 螯合锌、EDTA 螯合铁、硼酸、七钼酸铵、七水硫酸亚铁、一水硫酸锌、无水硫酸铜中的一种或两种以上的组合。

本品中 DMPP 在聚天冬氨酸盐和聚环氧琥珀酸盐的体系中能够稳定存在，减少因挥发造成的损失；并且聚天冬氨酸盐和聚环氧琥珀酸盐属于大分子有机物，其具有螯合溶液中金属矿质元素的作用，当聚天冬氨酸盐和聚环氧琥珀酸盐与肥料一起施用至土壤中时，两种大分子有机物可以通过结合或吸附肥料周围的金属阳离子和胶体，降低土壤和肥料中磷酸盐和铵根离子的固定，从而延长磷素的移动距离，降低铵态氮素固定损失，提高氮磷肥利用效率。

产品应用　本品主要是一种可提升氮、磷利用率的新型肥料增效剂，用于颗粒肥料和液体肥料。所述颗粒肥料和液体肥料中含有氮、磷元素。

在颗粒肥料中的应用方法如下：使用新型肥料增效剂对颗粒肥料表面进行外喷涂，或者在颗粒肥料造粒过程中利用滚筒设备进行外喷涂添加，从而使肥料增效剂黏附在颗粒肥料表面；肥料增效剂在颗粒肥料产品外喷涂添加用量为 2 ～ 5kg/t。

在液体肥料中的应用方法如下：将新型肥料增效剂通过搅拌方式均匀添加至液体肥料中；肥料增效剂在液体肥料中的添加用量为 2 ～ 10kg/t。

产品特性

（1）本品区别于传统的肥料增效剂，它可以直接用于所有含氮、磷肥料中，通过生物和化学相结合的手段实现氮、磷肥效的延长；使用效果上，本肥料增效剂不仅仅对土壤和肥料起到调控作用，还可以通过刺激植物根系，加速植株代谢，增强植物对氮、磷素的吸收，实现氮、磷的高效利用；相比于单独对氮素或者磷素进行增效的肥料增效剂产品，本品可以协同促进肥料氮、磷的高效吸收。本品可以有效通过土壤、肥料和植物的三重调控，实现氮、磷利用效率的提升，达到增效减肥的目的。

（2）本品为液体制剂，可以方便地外涂或者内添加于肥料中，同时还含有微量元素，可进一步满足植物的生长需求。

配方 22　新型肥料增效剂（2）

原料配比

原料	配比（质量份）			
	1#	2#	3#	4#
辛酸	144	144	144	144
二乙氨基乙醇	117	117	117	117
甲苯	72	99.3	99.3	95
无水乙醇	100.8	115.2	100.8	115.2
一水柠檬酸	254.8	182	185	218.4

制备方法

（1）将辛酸、二乙氨基乙醇及甲苯加入到装有分水器的反应釜中，先升温至 110 ～ 120℃反应 1 ～ 1.5h，然后再升温至 146 ～ 155℃剧烈回流除水 0.5 ～ 1h，此时分水器中有大量水聚集，当水量达到理论量 80% 时即开始蒸除甲苯得到油状物；

（2）待反应釜温降至 30℃以下时，向反应釜加入无水乙醇，均匀搅拌下分批加入一水柠檬酸后升温至 60 ～ 78℃至完全溶解，蒸除部分乙醇；

（3）将步骤（2）蒸除部分乙醇后剩余的溶液放入容器中，随着温度降低可见产物以结晶形式出现，过滤，即得肥料增效剂辛酸二乙氨基乙醇酯柠檬酸盐。

产品特性

（1）本品合成方法简单，原料易得，纯度（含量）高。

（2）本品的合成方法相对于现有技术反应过程中无需催化剂参与，且反应时间从 3 ～ 10h 缩短至 1.5 ～ 2.5h，产品收率达 88% ～ 95%，含量为 97% ～ 99%，溶剂可以回收套用，无三废排放，适合工业化生产应用。

配方 23　新型化学农药增效剂

原料配比

原料	配比（质量份）			
	1#	2#	3#	4#
2，6 二甲基萘	1	1	1	1
异丙醇	适量	适量	适量	适量
吲哚丁酸钾	0.5	0.5	0.5	0.5
Triton X100	10	10	10	10
高渗氮酮	2	—	2	—
脂肪醇聚氧乙烯醚 JFC	—	2	—	2

续表

原料	配比（质量份）			
	1#	2#	3#	4#
有机硅表面活性剂 Silwet L77	2	2	—	—
有机硅表面活性剂 Silwet 408	—	—	2	2
水	加至 100	加至 100	加至 100	加至 100

制备方法 先将 2，6- 二甲基萘溶解于少量异丙醇中，再将含有 2，6 二甲基萘的异丙醇溶液加入适量水中，之后加入吲哚丁酸钾，待吲哚丁酸钾充分溶解后，加入 Triton X-100，接着加入高渗氮酮或脂肪醇聚氧乙烯醚 JFC，最后加入有机硅表面活性剂 Silwet L77 或有机硅表面活性剂 Silwet 408，补齐余量水，充分搅拌至溶液澄清透明。

产品应用 本品在棉蚜防治中的应用使用方法为：用含有防治棉蚜的化学农药药液将增效剂稀释 500 ～ 1000 倍。

产品特性 本品不仅能有效降低 2，6 二甲基萘与化学农药同时使用时的用量，还能增加化学农药对棉田主要害虫棉蚜的防治效果；同时，由于增效剂中含有植物生长调节剂吲哚丁酸钾，可增加棉花的长势，降低蕾铃脱落率。

配方 24 增强消毒剂消毒效果的增效剂

原料配比

原料	配比（质量份）	原料	配比（质量份）
木糖醇	0.5	1，2- 己二醇	3
1，2- 丙二醇	8	辛癸酸甘油酯	20
1，3- 丁二醇	2	丙三醇	加至 100

制备方法 将木糖醇加入到丙三醇中，加热至 80℃，搅拌至完全溶解后，依次加入 1，2- 丙二醇、1，3- 丁二醇、1，2- 己二醇和表面活性剂，混合均匀后，冷却至常温，即得。

产品应用 本品使用方法：雾化装置内有两根进液管，一根进液管插入增效剂，另一根进液管插入消毒剂，在雾化装置内通过高温高压的方式，将增效剂和消毒剂合并融合后进行雾化消毒。

产品特性 该增效剂通过与消毒剂经雾化装置合并融合后一起雾化至空间内进行消毒，增强了消毒剂在空间内的分散性和悬浮性，使得消毒剂能够均匀地分散至空间内各处，保证消毒无死角，增强消毒效果。

配方 25 多功能天然矿质肥料增效剂

原料配比

原料	配比（质量份）			
	1#	2#	3#	4#
麦饭石	30	25	35	32
沸石	20	25	22	25
钾长石	30	30	28	25
白云石	20	20	15	18

制备方法

（1）将钾长石和白云石进行混合，混合后置于回转窑中，控制回转窑内温度为

900 ～ 1200℃煅烧 20 ～ 30min，得到混合物；所述煅烧过程，采用低卡煤时，控制回转窑内温度为 1100 ～ 1200℃；采用高卡煤时，控制回转窑内温度为 900 ～ 950℃。

（2）将步骤（1）煅烧所得混合物冷却至 15 ～ 20℃，然后置于雷蒙粉碎机中进行粉碎，粉碎至 200 ～ 300 目。

（3）将麦饭石和沸石采用雷蒙粉碎机进行粉碎，粉碎至 200 ～ 300 目。

（4）将步骤（2）和步骤（3）粉碎后所得物料进行充分混合，将所得混合物料进行球磨粉碎，粉碎至 200 ～ 300 目，最后进行烘干、冷却、包装，得到粉状多功能天然矿质肥料增效剂产品。对所得粉状多功能天然矿质肥料增效剂产品进行造粒，得到粒状多功能天然矿质肥料增效剂产品。

产品特性 本品施用后，土壤理化性状发生明显变化，各种营养元素得到活化，可以促进作物的营养平衡，有效改善土壤的酸碱度，改良盐渍化土壤，使盐渍土壤理化指标更适合作物生长；双向调节 pH 值，改良土壤，提高土壤肥力，对土壤养分的转化和土壤性质的改善效果明显；本品由于提供了营养，改善了土壤的理化性质，提高了土壤肥力，对作物单产提高起到了极大的作用，增产效果和农产品品质的改善非常显著。

18 抗爆剂

18.1 抗爆剂定义

抗爆剂，又称抗震剂、汽油抗爆剂、辛烷值提升剂等，是一类用于提高辛烷值，以防止或减轻汽油在引擎内燃烧时产生爆震的高分子聚合物。

18.2 抗爆剂作用机理

汽油在气缸中按自由基反应机理燃烧，包括链引发、链传播、链分支、链终止等步骤。爆震是一种当汽油机的压缩比与燃料的辛烷值不匹配时出现的不正常燃烧现象，产生的原因为：点火后，随着最初火焰中心在气缸中传播，未燃混合气体受已燃气体压缩和热传递作用，温度和压力急剧升高，氧化反应增强，过氧化物迅速分解，自由基支链反应剧增，未燃混合气体局部的温度在最初火焰前锋到达之前超过其自燃点而产生爆炸性燃烧，在气缸内产生两个或多个燃烧中心，各火焰前锋相向推进，形成爆震波，随即产生爆震现象。爆震现象能造成磨损机件，烧蚀气门、活塞或气缸等主要部件，使发动机过热、功率下降、油耗增加等危害。为了避免爆震现象的产生，需要在汽油中加入抗爆剂。抗爆剂的作用就是抑制燃烧反应自动加速，将汽油的燃烧速度限制在正常范围内，即在火焰前锋到达之前，抑制烃类自燃，使未燃混合气体的自燃诱导期延长，或使火焰的传播速度增加，达到消除燃料爆震燃烧的目的。

由于发动机气缸内燃料燃烧过程的微观复杂性，人们无法精确了解其具体的过程和机理。由于对燃烧过程微观机理的认识不甚清楚，所以抗爆剂的研究一直处于先找到抗爆剂，然后再研究机理的状态，使理论不能有效地指导抗爆剂的研发。随着对燃烧过程的深入研究，现在对已经存在的汽油抗爆剂的机理有了较粗浅的了解。人们对爆震的认识经历了 4 个阶段：①气缸油是否由过氧化物生成的确认阶段；②试图用自燃点来预测爆震，建立自燃点和爆震相关性关系的纯物理阶段；③自燃包容理论的形成阶段；④过氧化物理论形成阶段。

了解爆震前阶段预燃反应进行的化学反应，对于掌握爆震和爆震机理是非常重要的。预燃反应中的烃非常复杂，反应本质是有机过氧化物的生成分解，在分解反应中生成过氧化氢、甲醛以及其他高能量的游离基，这些游离基，例如 $\cdot OH$、$HO_2\cdot$ 等，和 H、O 原子发生急剧的分支连锁反应引起爆震。

抗爆剂所能起的作用就是要与焰前反应的活性物质反应，改变反应的路径，延长反应的诱导期。抗爆剂或抗爆组分起着反催化剂的作用，即抑制反应的自动加速，把燃料燃烧的速度限定在正常的燃烧范围内，在燃烧室内火焰前锋到达之前，抑制烃类燃料的自燃，从而延长未燃混合气自燃的诱导期，这就是抗爆剂作用机理的实质。

18.2.1 金属有灰类抗爆剂的作用机理

金属有灰类抗爆剂的抗爆机理：在燃烧条件下分解为金属氧化物颗粒，使正构烷烃氧化生成的过氧化物进一步反应为醛、酮或其他环氧化合物，将火焰前链的分支反应破坏，使反应链中断，阻止汽油过度燃烧，使汽缸的爆震减小。

例如四乙基铅，本身没有抗爆作用，形成氧化铅微粒后，则选择性地钝化一部分由燃烧第一阶段产生、在第二阶段分解的有机过氧化物所产生的活性游离基，延长第二阶段的诱导期而起抗爆作用。

例如甲基环戊二烯三羰基锰（MMT），机理与四乙基铅相似，即在汽油燃烧过程中MMT高温下分解产生活性金属MnO_2的微粒，由于其表面的作用，破坏燃烧着火前链的分支反应，即与链反应中的活性中心作用，使之变为活性很小的氧化中间产物，导致焰前反应中过氧化物的浓度降低，链的长度和分支减少，有选择性地钝化一部分有机过氧化物分散成的游离基，延长着火的诱导期，并扩大冷焰区域，阻碍自动着火，同时也降低了释放能量的速度，因而燃料的抗爆性被提高。

18.2.2 有机无灰类抗爆剂的作用机理

常见的非金属抗爆剂有苯胺及其衍生物（*N*-烷基苯胺、二甲基苯胺），有烯烃聚合物及各种含氧有机化合物如甲醇、乙醇、异丙酮、叔丁酮、甲基叔丁基醚、甲基叔戊基醚、醋酸异丁酯等，多数是混合物。苯胺及其衍生物、烯烃聚合物和含氧有机化合物（醇、酮、醚及酯）等有机化合物添加组分，按过氧化物减少机理抗爆：汽油机在压缩过程中，即速燃期以前的发火延迟期内油品是单级自燃反应，也产生了部分过氧化物；该过程提供的能量降低了不饱和烃开链的活化能，使之与过氧化物反应；在速燃期以前使不饱和烃变成了环氧化合物，减少了过氧化物，避免了多个火焰中心的生成，使向未燃区传播活性核心的作用减弱，增强了抗爆性能。

例如胺类抗爆剂对爆震的抑制作用主要体现在：氨基分解出的游离氢与燃烧中的活性自由基作用，生成不活泼的分子，从而达到抗爆的目的。

18.3 抗爆剂分类

抗爆剂的分类有不同方法，但综合起来看，按应用特性分类比较合理，按应用特性可分为金属有灰类、有机无灰类和复配类。

18.3.1 金属有灰类抗爆剂

（1）锰基化合物　可作抗爆剂的锰基化合物有五碳基锰、环戊二烯三羰基锰、甲基环戊二烯三羰基锰，其中只有甲基环戊二烯三羰基锰（MMT）性能最好。

（2）铁基化合物　二茂铁作为一种高效催化剂已被广泛应用于乙烯聚合领域中，但它同时也具有优良的抗爆、消烟的功效，可作为柴油、煤油、火箭燃料的消烟助燃添加剂。但由于二茂铁同样存在导致火花塞点火故障的原因，我国已禁止在汽油中人为加入铁。

（3）混合稀土羧酸盐　此类化合物具有较好的油溶性和一定的抗爆性，不增加汽油的腐蚀性，能够作为汽油抗爆剂使用，其中混合稀土的环烷酸盐具有较好的开发和应用前景，发现在加入一定剂量时可以提高研究法辛烷值 0.5 ～ 1 个单位。

18.3.2 有机无灰类抗爆剂

有机无灰类抗爆剂能抑制反应的自动加速，把燃料燃烧的速度限制在正常燃烧范围内，确保加入的汽油抗爆剂不引起废气催化剂中毒，不增加污染物排放，以及具有良好的抗爆性能。因此，目前对于此类抗爆剂的研究较多。常见的有机无灰类抗爆剂主要有：醚类、醇类、酯类及亚甲基环戊二烯类等。

（1）醚类化合物　醚类是提高辛烷值最好的品种，它们具有高辛烷值、低蒸气压和高燃烧热等，同时具有优异的燃料相容性和发动机性能，因而其用量不断增长。其中 MTBE（甲基叔丁基醚）性能最好，MTBE 与汽油调和时具有明显的正调和效应，并具有改善燃烧室清洁度和减少发动机磨损等特点，目前已广泛应用。当添加质量分数为 2%～ 7%时可将汽油研究法辛烷值提高 2 ～ 3 个单位。

（2）酯类化合物　其中碳酸二甲酯（DMC）最受关注，被认为是最具发展前途的改进剂。另外，研究表明，加入 DMC 后，对汽油的饱和蒸气压、冰点和水溶性影响不大。适合于基础辛烷值大于 80 的汽油的调和。

（3）醇类化合物　甲醇、乙醇、丙醇和叔丁醇等低碳醇或其混合物都已用作汽油添加剂。其混合物用作汽油添加剂具有与 MTBE 相似的功能，还有价格优势，用作汽油抗爆剂具有较大的市场潜力。其中，乙醇作为抗爆剂已经获得成功运用。乙醇的辛烷值较高，而且也不需要其他较大分子醇作共溶剂，当体积分数为 10%时，可使成品油辛烷值提高 2 ～ 3 个单位，这就意味着在汽油中加入体积分数为 10%的乙醇可使调和汽油升级，经济价值极为可观。

18.3.3　复配类抗爆剂

复配类抗爆剂系采用不同高辛烷值物质复配，形成良性协同效应的复合抗爆剂产品。抗爆效能较金属抗爆剂弱，但比其他几类抗爆剂更强，添加量不受限制，且不对其他质量指标产生负效应，为各类抗爆剂中最具前景的新型抗爆剂。

18.4　抗爆剂用途

采用抗爆剂是提高车用汽油辛烷值的重要手段，添加汽油抗爆剂不仅可提高汽油的抗爆性能，还能提高汽车动力、降低油耗，减少汽车尾气中污染物排放，对汽车废气催化转化也有改善作用。

18.5　抗爆剂配方与制备实例

配方 1　非金属汽油抗爆剂（1）

原料配比

原料		配比（质量份）		
		1#	2#	3#
酯类化合物		80	70	50
酯类化合物	乙酸甲酯	2	2	2
	丙二酸二甲酯	1	1	1
含氧芳胺类化合物		20	30	50
含氧芳胺类化合物	对乙氧基苯胺	1	1	1
	4- 甲氧基 -*N*- 甲基苯胺	1	1	1
酚类化合物	2，6- 二叔丁基对甲苯酚	0.1	—	0.1
	2- 叔丁基对甲酚	—	0.1	—

制备方法 向带有搅拌器的反应釜中按配比依次加入酯类化合物、含氧胺类化合物、酚类化合物，搅拌混合均匀即可。

产品应用 本品是一种能显著提高汽油辛烷值的新型非金属汽油抗爆剂，其在汽油中的添加量为0.5%～3%。

产品特性 本品能提高汽油辛烷值1.0～8.0个单位，抗爆性能优良，同时具有原料价格低廉、对火花塞发动机无不良影响、能有效减少对环境的危害等优点，具有很高的应用价值和经济效益。

配方2 非金属汽油抗爆剂（2）

原料配比

原料	配比（质量份）			
	1#	2#	3#	4#
酯类辛烷值改进剂	15	10	20	30
有机酚类辛烷值改进剂	20	20	20	15
胺类辛烷值改进剂	15	15	15	15
酰胺类辛烷值改进剂	15	15	20	10
醇类辛烷值改进剂	5	5	5	5
醚类辛烷值改进剂	20	20	10	15
抗氧化剂	2.5	2.5	2.5	2.5
清洁分散剂	2.5	2.5	2.5	2.5
助溶剂	5	5	5	5

制备方法 将称量好的各类辛烷值改进剂依次投入到带有搅拌装置的反应釜内充分混合（每加一种辛烷值改进剂搅拌10min，之后再加入下一种），全部加完后搅拌1h，之后静置反应1h以上即得到所述非金属汽油抗爆剂。

原料介绍

所述酯类辛烷值改进剂为下述的几种之一或其组合：乙酸乙酯、乙酸丁酯、乙酸异丁酯。

所述胺类辛烷值改进剂为下述的几种之一或其组合：*N*，*N*-二甲基苯胺、邻甲基苯胺、叔丁基二甲胺、环己胺。

所述醚类辛烷值改进剂为甲基叔丁基醚。

所述酰胺类辛烷值改进剂为下述的几种之一或其组合：甲基丙烯酰胺、*N*，*N*-二甲苯甲酰胺、乙酰胺。

所述有机酚类辛烷值改进剂为下述的几种之一或其组合：甲酚、混甲酚、对叔丁基酚、对苯二酚。

所述醇类辛烷值改进剂为下述的几种之一或其组合：异丁醇、异戊醇、正丁醇、环己醇。

所述清洁分散剂为聚异丁烯丁二酰亚胺。

所述的助溶剂为下述的几种之一或其组合：甲苯、二甲苯、芳烃溶剂。

产品特性

（1）本品抗爆性能强，能提高汽油的耐氧化性，降低汽油的胶质含量，延长发动机的使用寿命，保证汽油的指标、质量，减少尾气排放对环境的危害。

（2）本品可使汽油辛烷值提高3.0～8.0个单位。

配方 3　非金属汽油抗爆剂（3）

原料配比

原料		配比（质量份）		
		1#	2#	3#
N- 甲基甲酰胺		30	80	50
甲基叔丁基醚		2	8	6
1- 硝基丙烷		2	15	8
甘油三软脂酸酯		5	20	12
壬基酚聚氧乙烯醚		3	18	9
助溶剂		2	8	6
乙醇		适量	适量	适量
助溶剂	甲基乙基酮	1	3	2
	2- 萘胺	2	8	5
	1，5- 二甲基己胺	3	10	7

制备方法

（1）将 *N*- 甲基甲酰胺、甲基叔丁基醚、1- 硝基丙烷加热至 50 ～ 80℃保温混合 20 ～ 60min，后于超声波频率 1000 ～ 2500MHz、功率 600 ～ 800W 下超声处理 20 ～ 40min，得到物料 A；

（2）将甘油三软脂酸酯、壬基酚聚氧乙烯醚加入至乙醇中浸泡 15 ～ 30min，在超声频率 1800 ～ 2400MHz、功率 500 ～ 700W 下超声处理 10 ～ 30min，得到物料 B；

（3）在温度为 30 ～ 40℃、压强为 100 ～ 150kPa 下，将物料 A、物料 B 按计量依次加入混合罐中超声搅拌 3 ～ 5min，放置待用；

（4）将助溶剂加入混合罐中，超声搅拌 12 ～ 18min，得到非金属汽油抗爆剂。

产品特性　本品加入汽油后，能有效提高汽油的氧化速度，降低汽油在燃烧过程中形成的过氧化物浓度，延缓汽油燃烧的诱导期，从而有效提高汽油辛烷值，同时，还能促进汽油的充分燃烧，有效排除气缸中的燃烧积炭，提高汽油的燃烧效率。

配方 4　复合高效汽油抗爆剂

原料配比

原料	配比（质量份）		
	1#	2#	3#
N- 甲基甲酰胺	30	70	50
甲基叔丁基醚	1	5	3
碳酸二甲酯	2	15	8
甲基环戊二烯三羰基锰	10	30	20
对羟基苯甲酸甲酯	5	20	12
α- 蒎烯	3	18	11
抗爆剂基料	2	8	5
无水乙醇	适量	适量	适量
去离子水	适量	适量	适量

续表

原料		配比（质量份）		
		1#	2#	3#
抗爆剂基料	聚异丁烯丁二酰亚胺	1	2	1.5
	β- 苯丙烯酸	1	4	2
	叔丁醇	4	6	5
	聚异丁烯基酰胺异辛酯	12	20	15

制备方法

（1）将聚异丁烯丁二酰亚胺、β- 苯丙烯酸、叔丁醇、聚异丁烯基酰胺异辛酯加热至 40 ～ 60℃保温混合 20 ～ 60min，后于超声波频率 1000 ～ 1500MHz、功率 400 ～ 700W 下超声处理 10 ～ 20min，得到抗爆剂基料。

（2）取 N- 甲基甲酰胺、甲基叔丁基醚、碳酸二甲酯、甲基环戊二烯三羰基锰升温至 120 ～ 190℃搅拌混合，离心，取沉淀经去离子水或无水乙醇洗涤，洗涤后于 500 ～ 700℃煅烧，研磨粉碎，过 120 ～ 150 目筛，得到物料 A，备用；去离子水或无水乙醇的洗涤次数为 2 ～ 4 次，且每次用量为混合料的 1 ～ 3 倍。

（3）将上述物料 A 再加入去离子水于 40 ～ 60℃下混合搅拌，静置 2 ～ 4h，取出滤渣后加入对羟基苯甲酸甲酯、α- 蒎烯、抗爆剂基料在高压反应釜中反应 2 ～ 4h，从引导管加入惰性气体，使反应釜的压力达到 15 ～ 25MPa，得到复合高效汽油抗爆剂。高压反应过程中，用碱液调节 pH 值为 3 ～ 5，搅拌转速为 300 ～ 400r/min，温度为 80 ～ 150℃。

产品特性 本品加入汽油中能够最大限度地发挥抗爆作用，从而确保汽油产品在重金属含量不超标的情况下，有效提高氧化速度，降低在燃烧过程中形成的过氧化物浓度，延缓燃烧的诱导期和降低实际胶质的含量，提高辛烷值 3 ～ 6 个单位，从而达到 MMT 和非金属抗爆剂都无法单独达到的效果，既克服了 MMT 提高汽油辛烷值低的缺点，又克服了非金属抗爆剂使用成本高的缺点，做到两剂优势叠加、互补。调和后的汽油稳定性好，放置两个月不分层，辛烷值不衰减。本品加入汽油后金属含量控制在国标之内，不改变汽油的原有性质；与 MTBE、乙醇等含氧组分有较好的配合性，提高汽油辛烷值有叠加性。

配方 5 复合型汽油抗爆剂

原料配比

原料		配比（质量份）			
		1#	2#	3#	4#
无水乙醇		83	71	67	68
碳酸二甲酯		6	14	14	14
碳酸二月桂酯		1	3	3	3
甲基纳迪克酸酐		2.55	3	3	3
茵陈色原酮		7.45	9	9	9
丹酚酸	丹酚酸 A	—	—	4	—
	丹酚酸 C	—	—	—	3.15

制备方法 将各组分原料混合均匀即可。

产品特性

（1）使用本品复合型抗爆剂的汽油，辛烷值高，敏感度小，具有良好的抗爆性能。

（2）本品抗爆性能优异，抗爆剂添加量小，成本低，有利于产业化推广使用，且抗爆剂中的主要成分是环保型原料乙醇，属于环保型产品。

配方 6　复配汽油抗爆剂

原料配比

原料			配比（质量份）			
			1#	2#	3#	4#
固体	苯甲醛衍生物	苯甲醛	21	—	—	21
		对羟基苯甲醛	—	24	—	—
		对甲氧基苯甲醛	—	—	27	—
	醇	乙醇	80（体积份）	—	—	80（体积份）
		甲醇	—	80（体积份）	80（体积份）	—
	催化剂	冰醋酸	0.1	—	—	0.1
		甲酸	—	0.1	—	—
		对甲苯磺酸	—	—	0.1	—
	胺类化合物	糠胺	30	30	—	—
		环戊胺	—		27	—
		环己胺	—	—	—	33
芳香仲胺类化合物	固体		18.7	18.7	20.3	19.9
	醇	正丁醇	50（体积份）	50（体积份）	—	50（体积份）
		异丁醇	—	—	50（体积份）	—
	还原剂	硼氢化钠	5.67	—	—	—
		硼氢化钾	—	8.09	—	8.09
		氢化钠	—	—	3.6	—
	冰水		20（体积份）	20（体积份）	20（体积份）	20（体积份）
芳香仲胺类化合物			50	40	30	35
二丙酮醇			50	60	70	65

制备方法

（1）室温下，向反应器中加入苯甲醛衍生物、醇及催化剂，搅拌均匀，滴加胺类化合物，回流反应 2 ～ 3h，降温至室温，过滤得到固体，晾干。反应结束降温的目的是减小产物在醇中的溶解度，提高收率。

（2）室温下，向反应器中加入步骤（1）所得固体和醇，控制温度在（10±2）℃，搅拌，反应器中无气泡冒出时，分三次加入还原剂，（10±2）℃下反应 3 ～ 5h，加入冰水淬灭，分液，收集有机相，并用无水硫酸镁干燥，减压蒸馏得芳香仲胺类化合物。

（3）按照配比，称取步骤（2）所得的芳香仲胺类化合物、二丙酮醇，混合均匀即得到复配汽油抗爆剂。

产品特性　本品合成反应时间短，后处理简单，在汽油中溶解性好，稳定性好，加入到直馏汽油、重整汽油和催化裂解汽油中能有效提高其辛烷值。

配方 7　高效复配型汽油抗爆剂

原料配比

原料		配比（质量份）	
		1#	2#
锂金属化合物	异辛酸锂	1	1.5
酯类化合物	磷酸甲苯二苯酯和磷酸三甲酯的混合物	65	—
	乙酸叔丁酯和丙酸三甲酯的混合物	—	57.5
胺类化合物	对羟基苯酰胺	32.5	—
	4- 乙基 -*N*- 甲基苯胺和丁二酰胺的混合物	—	40
酚类化合物	2- 十二烷基对甲酚和 2，6- 二叔丁基对甲酚的混合物	1.5	—
	2- 十二烷基对甲酚	—	1

制备方法　将各组分原料混合均匀即可。

产品应用　本品在汽油中的添加量为 1.5%～ 2.5%。

产品特性　添加本品后，汽油辛烷值提高，具有蒸气压低、燃烧热高和油溶性良好等优点。

配方 8　高辛烷值汽油调油助剂

原料配比

原料		配比（质量份）	
		1#	2#
基础组分 1	甲苯	35	35
	二甲苯	30	30
	加氢碳九	5	5
基础组分 2	高纯度异辛烷	15	15
	高烯烃异构化油	15	15
	进口芳烃	15	15
基础组分 1		1	1
基础组分 2		1	0.9
LKSD-O- Ⅱ型汽油抗爆剂		5×10^{-4}	5×10^{-4}
汽油抗氧剂		200ppm	200ppm

制备方法　将甲苯、二甲苯和加氢碳九调和，得到基础组分 1；将高纯度异辛烷、高烯烃异构化油、进口芳烃混合，得到基础组分 2；将基础组分 1 和基础组分 2 按照配比加入调和罐，最后加入 LKSD-O- Ⅱ型汽油抗爆剂、汽油抗氧剂进行循环调和，密度一致后即可停循环，得到调油助剂。

原料介绍

所述的 LKSD-O- Ⅱ型汽油抗爆剂，其内含有 1% 的二茂铁。

所述的抗氧剂内含有 2，6- 二叔丁基对甲基苯酚。

产品特性　本品组分分布均匀，硫含量低，无含氧化合物，蒸气压较低，燃烧性能好，按一定的比例调入汽油，可大幅提升汽油辛烷值，提高汽油的牌号，使其成为高牌号汽油。

配方 9　可增加汽油辛烷值的添加剂

原料配比

原料	配比（体积份）			
	1#	2#	3#	4#
二甲基甲酰胺	5	8	10	6
乙酸异丁酯	15	16	15	20
甲基异丁酮	8	10	10	5
异丙醚	6	8	10	5
正丁醇	14	13	20	10
甲醇	22	12	10	25
聚乙二醇二甲醚	15	20	100	19
正戊烷	10	8	10	6
邻苯二甲酸二辛酯	5	5	5	4

制备方法　在常压下，按配比，依次取二甲基甲酰胺、乙酸异丁酯、甲基异丁酮、异丙醚、正丁醇、甲醇、聚乙二醇二甲醚、正戊烷和邻苯二甲酸二辛酯，并按照以上顺序依次加入静态混合器进行混合，混合完成后即为可增加汽油辛烷值的添加剂。

产品应用　向车辆油箱内加入体积分数为 75% ～ 85% 的国标汽油后，再加入体积分数为 15% ～ 25% 的添加剂。

产品特性　本品使用便捷，按比例直接加入到国标汽油中，加入后辛烷值增加 6 ～ 10，并且替代了 15% ～ 25% 的石油燃料，缓解了国家石油能源压力。

配方 10　可增加乙醇汽油辛烷值的添加剂

原料配比

原料	配比（体积份）			
	1#	2#	3#	4#
甲基苯胺	10	15	18	10
叔丁醇	25	20	25	20
4- 甲基 -2- 戊醇	20	20	25	30
甲基二乙醇胺脂肪酸酯季铵盐	10	15	10	14
邻苯二甲酸二丁酯	5	5	2	1
甲醇	30	25	20	25

制备方法　在常压下，按配比，依次取甲基苯胺、叔丁醇、4- 甲基 -2- 戊醇、甲基二乙醇胺脂肪酸酯季铵盐、邻苯二甲酸二丁酯和甲醇，并按照以上顺序依次加入静态混合器进行混合，混合完成后即为可增加乙醇汽油辛烷值的添加剂。

产品应用　向车辆油箱内加入体积分数为 85% ～ 90% 的国标乙醇汽油后，再加入体积分数为 10% ～ 15% 的本品。

产品特性　本品使用简单方便，只需要给车辆加入国标乙醇汽油之后直接加入 10% ～ 15% 的本产品，加入后辛烷值增加 4 ～ 6，且提升了乙醇汽油的抗爆性能。

配方 11　汽油复合抗爆剂

原料配比

原料	配比（质量份）		
	1#	2#	3#
无水乙醇	50	100	90
环己醇	10	30	20
甲苯	20	30	25
丙二酸乙酯	10	20	15
聚异丁烯丁二酰亚胺	10	20	15
醋酸叔丁酯	15	30	20
甲基叔丁基醚	10	20	15
苯并三唑	20	40	30
单硬脂酸酯	10	20	15

制备方法　将上述组分混合，在常温常压下搅拌 15 ～ 20min，然后进入加压反应釜内，加 80 ～ 90 个大气压，搅拌 25 ～ 30min 后静置 24h，排出沉淀物，即得到本品所述的抗爆剂。

产品特性　本品能够改善燃油清净性、低温流动性、抗氧化性和防腐蚀性能，同时能提高燃油燃烧性能，降低油耗，以及降低汽车尾气污染物。采用上述组分及制备方法得到的多功能汽油复合抗爆剂无毒、无污染、添加量少，能显著提高汽油辛烷值，降低排气有害物质含量，减轻发动机磨损，延长发动机使用寿命，减少环境污染。

配方 12　汽油抗爆剂

原料配比

原料	配比（质量份）	
	1#	2#
5- 亚甲基环戊二烯	3	3.5
二丙氨甲基邻甲酚	3	3.5
叔丁醇	2	2
聚异丁烯基酰胺异辛酯	1	1

制备方法　将所述 5- 亚甲基环戊二烯、二丙氨甲基邻甲酚、叔丁醇和聚异丁烯基酰胺异辛酯依次加入容器中，并混合均匀。

产品应用　本品加入量为汽油体积的 1% ～ 3%。

产品特性　本品主要成分是有机化合物，其主要元素为 C、H 和少量的 N、O，其在汽车中燃烧后尾气排放物主要为 CO_2 及 H_2O，大大降低了 CO 的排放，并能够显著提高汽油辛烷值，通常能够提高汽油辛烷值 2 ～ 6 个单位，改善了汽油品质。此外，在基础汽油中添加该汽油抗爆剂，由于其中不含金属，使用过程中没有金属沉积，所以对火花塞、发动机无不良影响，能够延长发动机的使用寿命，减少了对环境的污染和人体的损害。

配方 13 汽油燃料抗爆剂

原料配比

原料		配比（质量份）			
		1#	2#	3#	4#
醇类	乙二醇	30	—	25	—
	丙二醇	—	35	—	—
	丙三醇	—	—	20	—
	戊乙二醇	—	—	—	55
2- 十二烷基对甲酚		28	24	20	16
乙酰谷酰胺		8	10	12	14
二环己胺		10	8	6	4
丙酸苄酯		1	2	6	6

制备方法 将各组分原料混合均匀即可。

产品应用 本品的添加量为汽油质量的 0.001% ～ 0.008%。

产品特性

（1）本品能够清除汽油燃烧残留，保持了燃料系统的清洁，分散油品中形成的沉渣，降低了对发动机的损耗和发生故障的概率，增强了汽油的燃烧及储运稳定性。

（2）本品能够延缓油品的氧化，减少了胶质及沉质，保证了汽油产品的品质。

（3）本品在提高汽油抗爆性的同时，能够减少汽车尾气中有害物质的排放，有效地减少了对环境的污染。

（4）本品抗爆剂完全不含铅、铁、锰等金属，在汽油中添加这种非金属抗爆剂，由于没有金属沉积，所以对火花塞、发动机无不良影响，能够延长发动机的使用寿命。

（5）本品能够提高汽油辛烷值 2 ～ 9 个单位。

配方 14 汽油辛烷值促进剂（1）

原料配比

原料		配比（质量份）			
		1#	2#	3#	4#
活性组分	异辛酸苯乙酯	50	—	—	—
	异辛酸甲苯酯	—	52.5	—	—
	草酸苯二酯	—	—	53	—
	草酸苯甲酯	—	—	—	50.5
Cu/Zn/Al 基催化剂		适量	适量	适量	适量
抗氧化剂	4，6- 二硝基 -2- 仲丁基苯酚	2.5	—	—	2.5
	N，*N*- 二亚水杨丙二胺	—	2	2.5	—
清净分散剂	聚异丁烯胺	1	—	—	3
	聚异丁烯丁二酰亚胺	—	3	1	—
协同稳定剂	四甲基哌啶与丙二酸二甲酯的混合物	5	5	—	4.5
	丙二酸二乙酯与异辛酸甲酯的混合物	—	—	5.5	—
助溶剂	乙酸乙酯	6.5	5.5	7	—
	丙酸丁酯	—	—	—	6
溶剂	混合芳烃	35	—	—	—
	混合二甲苯	—	32	32	33.5

制备方法 将活性组分溶解于溶剂中，加入催化剂，在120～130℃的温度条件下反应2～3h，得产物，将催化剂分离出，并将所述产物冷却至60～75℃，加入抗氧化剂，得混合物a；将清净分散剂和协同稳定剂加入助溶剂中，然后加入混合物a中，搅拌0.5～2h制得。

产品应用 本品添加量为汽油的2%。

产品特性

（1）生产原料易得、产品无毒且不含金属和卤素、磷、硅、甲缩醛等物质，绿色环保。

（2）汽油辛烷值促进剂分散性好，不影响汽油的蒸发性。

（3）添加本品的汽油硫含量、苯含量、氧含量合格。

（4）添加本品的汽油对汽车氧气传感器及尾气转化器无不良影响。

（5）添加本品的汽油，辛烷值提高幅度大。

配方 15 汽油辛烷值促进剂（2）

原料配比

原料		配比（质量份）			
		1#	2#	3#	4#
助燃剂	乙醇	3	—	—	—
	环己醇	—	10	—	—
	丁醇	5	—	—	—
	异丁醇	—	—	30	—
	异丙醇	—	—	—	5
	异辛醇	—	—	—	10
稳定剂	癸二酸双1，2，2，6，6-五甲基哌啶醇酯	0.1	—	—	—
	双（2，2，6，6-四甲基-4-哌啶基）癸二酸酯	—	1	—	—
	2，6-二甲基苯酚	—	—	0.01	—
	丁二酸（4-羟基-2，2，6，6-四甲基-1-哌啶乙醇）酯	—	—	—	0.3
除胶质剂	乙酰胺	1	—	—	—
	甲酰胺	—	0.1	—	—
	1，3-二甲基-2-咪唑啉酮	—	—	2	—
	N-环己基吡咯烷酮	—	—	—	4
	聚乙二醇400	2	—	—	—
	聚乙二醇200	—	0.1	—	—
	聚乙二醇300	—	—	0.1	—
	聚乙二醇600	—	—	—	0.05
	邻乙氧基苯酚	85	—	—	—
	邻甲氧基苯酚	—	68	—	—
	邻十二烷基苯酚	—	—	60	—
	间异丙基苯酚	—	—	—	85
	对氨基苯乙醚	—	12	—	—
	对氨基苯甲醚	—	—	25	—
酸碱调节剂	二乙基甲苯甲酰胺	0.1	—	—	—
	乙醇胺	—	0.2	—	—
	丁醇胺	—	—	3	—
	丙醇胺	—	—	—	5

制备方法 将助燃剂、稳定剂和除胶质剂混合，在氮气保护气氛下，搅拌10～30min

至混合液呈透明状态，通过酸碱调节剂调节混合液的pH值至6.5～7.5，继续搅拌10～20min，自然降至室温，即得所述的汽油辛烷值促进剂。

产品特性

（1）本品通过捕捉汽油在燃烧过程中产生的活性自由基并将其猝灭以降低汽油的瞬间燃烧速率，来提高汽油的辛烷值，从而提高其抗爆性能。

（2）本品制备方法简便、易实现，无污染，生产工艺稳定、重复性好，成本低。

（3）本品为纯有机类汽油辛烷值促进剂，完全无灰、不易结晶凝固、与汽油互溶性好、耐氧化不分解、安全性高、辛烷值提升率明显。

（4）本品添加量小，辛烷值提高效果明显；同时，具有累积叠加线性效果，其辛烷值提升率随其添加量（0.5%～5%区间内）呈线性增长。

（5）本品具有使用便捷、节油降污、减少发动机燃油系统胶质沉积、减轻发动机磨损的特点。

配方16 提高汽油辛烷值添加剂

原料配比

原料		配比（质量份）			
		1#	2#	3#	4#
混合重芳烃		38	45	54	45
对二甲苯		20	28	34	28
3，5-二甲苯酚		8	12	18	12
调节剂		2	4	5	—
混合重芳烃	均三甲苯	22	28	34	28
	偏三甲苯	22	26	29	26
	均四甲苯	18	20	24	20
	双环戊二烯	12	15	19	15
	萘	6	8	8	8
调节剂	2，6二叔丁基对甲酚	0.3	—	0.8	—
	N，*N'*-二仲丁基对苯二胺	—	0.5	—	—
	甲基叔丁基醚	0.8	—	—	—
	乙基叔丁基醚	—	1	—	—
	丙二酸二甲酯	—	—	1.4	—
	丁二酰亚胺	0.3	—	0.3	—
	环戊烷	—	0.8	0.3	—
	异丁烯基酰胺异庚酯	0.2	0.6	0.5	—
	甲氧基异丁酸甲酯	0.1	0.5	0.5	—
	硝基苯	0.3	0.6	1.2	—

制备方法 将所述各组分混合，搅拌，静置，即得提高汽油辛烷值添加剂。搅拌的时间为25～70min。静置的时间为18～35min。

原料介绍 所述混合重芳烃的制备方法，包括以下步骤：按配比将均三甲苯、偏三甲苯、均四甲苯、双环戊二烯、萘混合，搅拌、静置，得到混合重芳烃。搅拌的时间为30～70min。静置的时间为18～35min。

产品特性

（1）本品的辛烷值高达300左右，当添加量为1%时，即可提高辛烷值约2～3个单位，适用于各种组分汽油辛烷值的提高，使用量不受限制，可以按任何需要的比例添加。

（2）本品为有机无灰类添加剂，不含任何金属元素、不损伤发动机、节能降耗效果好，发动机在2000r/min时，油耗可降低1.6%，且清洁、环保、不产生有毒有害物质、对环境及人体友好。

配方17　清洁高效的汽油辛烷值改进剂

原料配比

原料	配比（质量份）			
	1#	2#	3#	4#
2，4-二（二乙氨基甲基）邻甲酚	30	35	40	35
甲苯	55	50	45	45
甲氧基异丁酸甲酯	15	15	15	20

制备方法　将2，4-二（二乙氨基甲基）邻甲酚溶于甲苯中，搅拌15min，得到混合液；然后将甲氧基异丁酸甲酯添加到混合液中，继续搅拌30min即可。

原料介绍

所述的2，4-二（二乙氨基甲基）邻甲酚的制备方法如下：

（1）将邻甲基苯酚和二乙胺溶解于四氢呋喃中，常温搅拌1h，得到混合液A；

（2）将甲醛溶液加入到混合液A中，搅拌升温至60℃后维持1h，然后加热到80℃回流1h；

（3）反应结束后，冷却至室温，过滤蒸馏，得到2，4-二（二乙氨基甲基）邻甲酚。

所述邻甲基苯酚、二乙胺和甲醛的摩尔比为1∶（2～2.4）∶（2～2.5）。

产品特性

（1）本品与汽油具有较好的相容性，加入到汽油中，在不影响汽油质量指标情况下，可将汽油的辛烷值提高3～7个单位，汽油抗爆性能得到明显改善，可有效减小汽车行驶过程中车身震动程度；本品改进剂中不含锰、铁等有害金属，对发动机无腐蚀。

（2）本品改进剂制备方法简单，不需要特殊处理，可操作性强。

配方18　石油抗爆剂

原料配比

原料	配比（质量份）	
	1#	2#
甘油硬脂酸酯	22	41
环氧糠油酸丁酯	35	39
山梨醇	27	27
阻焦剂	30	31
尼泊金甲酯	19	21
甲基环戊二烯三羰基锰	12	13
环戊二烯三羰基锰	11	12
惰性抑制剂	19	11
复合分散剂	13	23
乙醇	49	56

续表

原料		配比（质量份）	
		1#	2#
阻焦剂	棕榈山梨坦	12	9
	聚氧乙烯 - 聚氧丙烯共聚物	16	11
	乙二胺四乙酸	11	23
	亚铁氰化钾	6	9
	乙醇	12	11
惰性抑制剂	聚乙烯二醇 8000	9	9
	羧甲基纤维素	12	8
	乳糖	7	9
	水	9	11
复合分散剂	脂肪醇与环氧乙炔缩合物	13	9
	聚乙二醇 200	7	6
	乙醇	5	8

制备方法

（1）向总量 1/3 的乙醇中加入甘油硬脂酸酯、环氧糠油酸丁酯、山梨醇，先加热至 30 ～ 60℃保温混合 10 ～ 30min，后于超声波频率 2450MHz、功率 700W 下超声处理 15min；再加热至 40 ～ 70℃保温混合 20min，即得物料Ⅰ。

（2）向总量 1/3 的乙醇中加入总量 1/2 的阻焦剂、尼泊金甲酯、甲基环戊二烯三羰基锰、环戊二烯三羰基锰，浸泡 30 ～ 60min，后于超声波频率 2450MHz、功率 700W 下超声处理 15min；再加入剩余的阻焦剂，继续超声处理 15min，后 500 ～ 1000r/min 下搅拌 20 ～ 40min，即得物料Ⅱ。

（3）向物料Ⅰ中加入物料Ⅱ、惰性抑制剂、复合分散剂，使用搅拌机在 60 ～ 200r/min 转速下充分搅拌，后于超声波频率 2450MHz、功率 700W 下超声处理 15 ～ 30min，再加入剩余的乙醇，使混合物混合均匀且呈稀释混合液。

（4）将稀释混合液放置于室温下沉淀 10 ～ 48h，取上清液弃，后将上清液通过孔径为 0.2 ～ 0.45μm 的微孔滤膜过滤，得到的滤液即为汽油抗爆剂。

原料介绍

所述阻焦剂制备方法为：将棕榈山梨坦加入总量 1/2 的乙醇中浸泡 1 ～ 8h，然后送入搅拌机搅拌充分溶解，经过加热后加入聚氧乙烯 - 聚氧丙烯共聚物、乙二胺四乙酸、亚铁氰化钾，再加入预冷后剩余的乙醇，启动搅拌装置，60 ～ 200r/min 下搅拌 20min，后放置于室温下自然冷却后即得。

所述惰性抑制剂制备方法：将羧甲基纤维素和聚乙烯二醇 8000 加入总量 1/2 的温水中，60 ～ 200r/min 下搅拌 10 ～ 25min 充分混匀，后向混合物中加入乳糖，再加入剩余的温水，后于超声波频率 2450MHz、功率 700W 下超声处理 15 ～ 30min，使混合物均匀，自然冷却后即得惰性抑制剂。

所述复合分散剂制备方法为：向脂肪醇与环氧乙炔缩合物中加入聚乙二醇 200，充分混合后于微波频率 2450MHz、功率 700W 下微波处理 5min，立即转入 0 ～ 5℃环境中密封静置 3h，然后加热至 125 ～ 130℃保温混合 15min，向所得混合物中加入 0 ～ 5℃乙醇，充分混合后静置 1h，随后加热至回流状态保温混合 30min，并自然冷却至室温，即得复合分散剂。

产品特性 本品提高汽油辛烷值高，抗爆指数较高，且在发动机内部不会产生金属沉积物，不会导致汽缸磨损、火花塞点火不良、氧传感器和三元催化器中毒等；其成分对汽油罐不会产生腐蚀，不会影响油质，且不会对其他质量指标产生负效应；该抗爆剂产生污染物少，对环境污染小。

配方 19　提高催化裂化汽油辛烷值助剂

原料配比

原料			配比（质量份）			
			1#	2#	3#	4#
焙烧高岭土	碱性溶液	15% 偏铝酸钠溶液	70（体积份）	—	—	—
		27% 硅酸钠溶液	—	56（体积份）	—	—
		15% 氢氧化钠溶液	—	—	28（体积份）	—
		15% 碳酸钠溶液	—	—	—	35（体积份）
	高岭土		300	400	500	200
ZSM-5 分子筛	焙烧高岭土		100	100	100	100
	白炭黑		100	66	50	43
	水玻璃		746（体积份）	800（体积份）	750（体积份）	713（体积份）
	氢氧化钠		97（体积份）	80（体积份）	74（体积份）	71（体积份）
	晶种	ZSM-5 分子筛	6	—	1.5	—
		Y 型分子筛	—	17	—	—
		X 型分子筛	—	—	—	10
	去离子水		2300	1700	1770	1700
HZSM-5 分子筛	ZSM-5 分子筛		100	100	100	100
	去离子水		300	300	300	300
改性 ZSM-5 分子筛	HZSM-5 分子筛		80	80	80	80
	$LaCl_3$ 溶液		30（体积份）	20（体积份）	40（体积份）	35（体积份）
	氯化锌		4	—	7	—
	氯化镁		—	5	—	—
	氯化镍		—	—	—	2
	去离子水		320	240	400	400
改性 ZSM-5 分子筛			60	70	70	78
黏结剂	铝溶胶		20	—	—	31
	硅铝溶胶		—	15	—	—
	硅溶胶		—	—	47	—
助剂	氧化硼		20	15	—	—
	氧化锆		—	—	—	47
	高岭土		—	—	39	—
去离子水			500	600	400	600

制备方法

（1）将高岭土浸渍碱性溶液，放置 0.5 ～ 5h，在 700 ～ 1000℃下焙烧 0.5 ～ 5h，粉碎，得焙烧高岭土；

（2）将步骤（1）得到的焙烧高岭土、白炭黑、水玻璃、氢氧化钠、晶种和去离子水投入晶化反应釜中，用酸将浆液终点 pH 值调至 11 ～ 12，在 150 ～ 190℃下水热晶化 30 ～ 90h，过滤除去母液后，滤料水洗，过滤，干燥得到 ZSM-5 分子筛；

（3）将步骤（2）得到的ZSM-5分子筛进行2～5次酸交换，室温下交换10～30min，过滤、水洗、过滤后，得HZSM-5分子筛；

（4）将步骤（3）得到的HZSM-5分子筛经过稀土、锌、镁、镍中两种或两种以上元素的混合改性（室温下改性10～30min），过滤除去母液后，水洗滤料，过滤，干燥，550～650℃下焙烧0.5～3h，得改性HZSM-5分子筛；

（5）将步骤（4）得到的改性HZSM-5分子筛、黏结剂、助剂、去离子水混合形成浆液，浆液在50～80℃温度下搅拌0.5～2h，使之分散均匀，进行喷雾干燥，得喷雾微球，将喷雾微球在400～600℃温度下焙烧0.5～2h，制得提高催化裂化汽油辛烷值助剂。

产品特性

（1）本品采用活性组分对分子筛改性及与助剂产生协同效应，优化了酸中心数量和酸强度，有效调节和优化助剂的孔道分布，丰富了助剂内部的中大孔结构，特别是大孔比例，阻止了孔道的堆积，提高了活性和抗杂质污染能力。

（2）本品具有活性高、水热稳定性好的特点，用于催化裂化过程，能够有效地提高汽油辛烷值。

配方20　提高辛烷值的汽油环保添加剂

原料配比

原料	配比（质量份）			
	1#	2#	3#	4#
甲基环戊二烯三羰基锰	0.25	0.2	0.2	0.2
甲基叔丁基醚	44.75	39.8	49.8	59.8
无水乙醇	10	20	10	5
无水甲醇	10	10	10	5
一甲基苯胺	5	5	5	5
二甲苯	5	5	5	5
石脑油	15	5	10	10
聚醚胺	10	15	10	10

制备方法

（1）将无水乙醇、无水甲醇按比例混合，并且搅拌均匀；

（2）将一甲基苯胺、二甲苯按比例加入到步骤（1）的混合液中，并且搅拌均匀；

（3）将甲基叔丁基醚、石脑油按比例加入到步骤（2）的混合液中，并且搅拌均匀；

（4）将聚醚胺按比例加入到步骤（3）的混合液中，并且搅拌均匀；

（5）在严格避光的条件下，按照比例将甲基环戊二烯三羰基锰加入到步骤（4）的混合溶液中，并且搅拌均匀，即得到提高辛烷值的汽油环保添加剂。

产品应用　本品在使用时按照千分之一到千分之二的量加入到汽油中，可以提高辛烷值3～5个点。

产品特性　本品能够显著提高汽油辛烷值，能够使汽油在缸体内充分燃烧，降低爆震，提高点火提前角，从而提高发动机的动力输出，降低油耗；该添加剂中含有聚醚胺，能够有效地清除缸内积炭，维护发动机性能；本品环保安全，能够有效改善油品洁净度，环境污染小。

配方 21 无灰有机抗爆剂

原料配比

原料	配比（质量份）	
	1#	2#
丙二醇单丁醚	85.5（体积份）	30000（体积份）
2- 甲基苯酚	8.5	3000

制备方法 将丙二醇单丁醚和 2- 甲基苯酚加入反应釜中，60 ～ 120℃下混合反应 24h 得到。

产品应用 本品添加量为汽油的 0.1% ～ 0.5%。

产品特性 在汽油中加入本品，可以显著提高汽油的辛烷值及抗爆性能。

配方 22 聚合物复合型汽油抗爆剂

原料配比

原料		配比（质量份）	
		1#	2#
聚异丁烯基丁二酰亚胺和聚异丁烯钡盐的混合物		4	3.5
磷酸甲苯二苯酯和磷酸三甲酯的混合物		57	60
对羟基苯酰胺		37	35
2，6- 二叔丁基对甲酚		2	1.5
聚异丁烯基丁二酰亚胺和聚异丁烯钡盐的混合物	聚异丁烯基丁二酰亚胺	3	1
	聚异丁烯钡盐	5	2
磷酸甲苯二苯酯和磷酸三甲酯的混合物	磷酸甲苯二苯酯	2	3
	磷酸三甲酯	3	5

制备方法 将各组分原料混合均匀即可。

产品应用 本品在汽油中的添加量为 1.5% ～ 2.5%。

产品特性 该抗爆剂具有辛烷值高、燃烧热高等优点，同时能够有效清除燃烧残留，降低废气排放。

配方 23 汽油复合抗爆剂

原料配比

原料	配比（质量份）	原料	配比（质量份）
甲基环戊二烯三羰基锰（MMT）	0.15	*N*，*N*′ - 二亚水杨丙二胺	0.06
乙酸叔丁酯	3	聚异丁烯丁二酸季戊四醇酯	5
磷酸甲苯二甲酯	12	2，6- 二叔丁基对苯酚	0.4
中碱值石油磺酸钙	7		

制备方法 将各组分原料混合均匀即可。

产品特性 汽油中加入本品的复合抗爆剂，可使汽油的辛烷值提高，抗爆性能增强。

配方 24　有机无灰类抗爆剂

原料配比

原料	配比（质量份）		
	1#	2#	3#
二乙酰三胺	41.27	—	—
三乙烯四胺	—	58.49	58.49
乙醇①	27.6	22.1	25
丙烯酸甲酯	24.1	30.1	26.8
催化剂氧化铝粉	1.65	1.75	2.92
抗氧化剂 T501（2，6- 二叔丁基对甲酚）	0.12	0.58	0.23
邻甲酚	43.26	43.26	43.26
乙醇②	55.28	55.28	55.28
甲醛	24.02	24.02	24.02
分散剂 T151A	1.23	2.33	2.92

制备方法

（1）向搅拌和氮气保护的二乙烯三胺或三乙烯四胺中缓慢滴加丙烯酸甲酯与乙醇①的混合溶液，温度保持在 0 ～ 5℃，加入氧化铝催化剂和抗氧化剂，继续在 0 ～ 5℃下搅拌 3 ～ 4h，得到透明淡黄色液体。

（2）将步骤（1）得到的反应产物加入到反应釜中，加入邻甲酚、甲醛、乙醇②的混合溶液，升高反应温度到 80 ～ 90℃，机械搅拌 3 ～ 4h。

（3）继续加入 T151A（聚异丁烯基丁二酰亚胺）到步骤（2）反应釜中，继续提高反应温度到 90 ～ 95℃，边搅拌边反应，反应 3h 后，静置 30 ～ 60min。

（4）进行旋蒸或减压蒸馏除去乙醇、甲醛，最终得到有机无灰类抗爆剂。

产品特性　本品制备工艺合理，产率高，生产过程无含氯、硫的排放，安全环保，并且能耗较低，总生产成本低。通过加成反应、曼尼希反应合成的有机无灰类抗爆剂集三类基团于一体，不仅具有酚类基团，还有酯类基团与胺类基团。相较于市售的汽油抗爆剂能够延长汽油的诱导期和降低实际胶质的含量，从而保证抗爆汽油的品质。本品具有良好的辛烷值提高作用，还具有一定的抗氧化及清净去油泥分散性的作用。

配方 25　最大化丙烯辛烷值助剂

原料配比

原料				配比（质量份）			
				1#	2#	3#	4#
多级孔纳米 ZSM-5 分子筛（ZAP-5）	预晶化液	去离子水		1000	1000	—	—
		模板剂	四丙基溴化铵	200	200	—	—
			四丙基氢氧化铵（含量 25%）溶液	—	—	600	600
		金属盐	氯化稀土	2.5	2.5	—	—
			硝酸银	—	—	0.3	0.3
			氯化锌	0.5	0.5	—	—
			硝酸锌	—	—	1	1
		铝源	薄水铝石	12	12		
			拟薄水铝石	—	—	16	16

续表

原料				配比（质量份）			
				1#	2#	3#	4#
多级孔纳米 ZSM-5 分子筛（ZAP-5）	预晶化液	硅源	硅溶胶	—	—	1200	1200
			白炭黑	400	400	—	—
		分散剂	氨基三亚甲基膦酸	—	—	15	15
			聚丙烯酰胺	30	30	—	—
		碱	NaOH	62	62	—	—
			正丁胺	—	—	130	130
	均质凝胶	去离子水		1500	1130	250	1150
		铝源	薄水铝石	25	—	16	—
			拟薄水铝石	—	7.5	—	6
		导向剂	NaOH	68	—	75	—
		硅源	硅溶胶	—	—	1600（体积份）	—
			偏铝酸钠	—	450（体积份）	—	480（体积份）
			白炭黑	500	450	—	580
	预晶化液			80	110	80	110
分子筛浆液	多级孔纳米 ZSM-5 分子筛			400	350	300	270
	其他分子筛	β 分子筛		20	25	—	—
		USY 分子筛		—	—	40	—
		常规 ZSM-5 分子筛		—	—	—	100
	去离子水			700	700	700	700
载体浆液	去离子水			440	440	440	440
	第一黏土	1# 高岭土		—	—	60	100
	第二黏土	2# 高岭土		380	—	300	—
		2# 蒙脱土		—	300	—	260
	含磷化合物	磷酸		300	—	180	—
	黏结剂	拟薄水铝石		—	80	—	—
		硅溶胶		200	—	230	—
		磷硅复合溶胶		—	470	—	400

制备方法

（1）将多级孔纳米 ZSM-5 分子筛、其他分子筛与去离子水混合打浆，得到分子筛浆液；

（2）将黏土、去离子水、含磷化合物和黏结剂混合打浆，得到载体浆液；

（3）将所述分子筛浆液与载体浆液混合、焙烧、固化，得到助剂。焙烧前要高速剪切 5 ～ 60min，后喷雾干燥。焙烧温度为 450 ～ 600℃，焙烧时间为 30 ～ 90min。

原料介绍

所述多级孔纳米 ZSM-5 分子筛由以下方法制备：

（1）将模板剂、铝源、硅源、分散剂、金属盐、碱和去离子水混合，进行预晶化，得到预晶化液；所述预晶化温度为 80 ～ 250℃，预晶化时间为 10 ～ 30h。

（2）将铝源、硅源、导向剂、水混合，得到均质凝胶；铝源、硅源、导向剂、水的质量比为 1∶（20 ～ 150）∶（0.5 ～ 8）∶（15 ～ 1000）；所述 S3 中，预晶化液与均质凝胶的质量比为（0.3 ～ 12）∶100。

（3）将预晶化液与均质凝胶混合，进行晶化，得到多级孔纳米 ZSM-5 分子筛。晶化温度为 80 ～ 250℃，晶化时间为 5 ～ 50h。晶化前，先将预晶化液与均质凝胶混合，再将得到的混合液在室温下老化 5 ～ 30h。

所述模板剂为四乙基氢氧化铵、四丙基氢氧化铵、四丙基溴化铵、三乙胺、二乙铵、氨水中的一种或多种。

所述步骤（1）中的铝源与步骤（2）中的铝源为拟薄水铝石、薄水铝石、硫酸铝、硝酸铝、氯化铝中的一种或多种。

所述步骤（1）中的硅源与步骤（2）中的硅源为白炭黑、硅脂、硅凝胶、硅溶胶、水玻璃中的一种或多种。

所述分散剂为聚丙烯酰胺、氨丙基三甲氧基硅烷、氨基三亚甲基磷酸、纤维素、焦磷酸钠中的一种或多种。

所述金属盐为氯化稀土、硝酸稀土、硝酸铁、氯化铁、硝酸银、硝酸锌、氯化锌中的一种或多种。

所述碱为氢氧化钠或正丁胺。

所述导向剂为氢氧化钠、偏铝酸钠、水玻璃中的一种或多种。

产品应用 所述助剂占催化裂化催化剂体系的2%～30%。催化裂化时反应温度为400～700℃。

产品特性

（1）本品由于含有多级孔纳米ZSM-5分子筛，并进行了磷化合物和金属元素复合改性，同步提高了催化活性和择形裂化能力，在裂化汽油中直链烯烃的同时，增加了低辛烷值烷烃组分的裂化能力，从而大幅度提高了丙烯产率和汽油辛烷值，液化气中的丙烯浓度显著增加。

（2）本品提供的助剂和主催化剂复配后，在催化裂化反应中，有效裂解了低辛烷值异构烷烃和其它低辛烷值组分，并显著增加了汽油芳烃含量和辛烷值。

19 助燃剂

19.1 助燃剂定义

助燃剂，又称为引燃剂、引火剂，是指一种能够提高燃烧物质在一定条件下着火能力的化学物质。通俗地说，助燃剂就是一种帮助某些物质提高易燃性的物质，能够有效地提高燃烧的效率。

19.2 助燃剂作用机理

19.2.1 燃油助燃剂的作用机理

燃油助燃剂的作用机理因其类型不同而异。有灰型助燃剂主要通过金属功能元素的催化作用（如变价金属化合物的电荷转移作用）、主族元素的电子发射作用、燃油分子和氧的活化吸附作用以及对碳烟前身物的催化加氢作用等助燃、消烟、除积炭和节油。无灰型助燃剂则主要是通过整体分子在高温下分解产生活性自由基，使其具有催化助燃和节能助燃的作用。

19.2.2 燃煤助燃剂的作用机理

燃煤助燃剂助燃机理主要有两种：一种是氧传递理论；另外一种是电子转移理论。

氧传递理论认为，加热条件下助燃剂中的金属类添加剂首先被还原成金属，然后金属吸附氧气，使金属氧化为氧化物，紧接着碳直接还原金属氧化物，这样金属一直处于氧化-还原循环中，在金属和氧化物两种状态之间来回转换，氧原子不断从金属氧化物向碳原子传递，加快氧气扩散的速度，使燃烧更易进行。

电子转移理论认为，助燃剂中的金属离子能够被活化，从而使自身的电子发生转移，成为电子给予体，金属离子形成空穴，而碳表面的电子结构也发生变化，这种电荷的迁移将加快某些反应，从而提高整个反应的速度，使碳燃烧更完全。

19.3 助燃剂分类

19.3.1 燃油助燃剂分类

（1）有灰型助燃剂　有灰型助燃剂根据其金属特性，又可分为以下几类：碱金属盐（无机盐、有机盐）；碱土金属盐（无机盐、有机盐）及其氧化物；过渡金属盐及其氧化物；稀土金属盐及其氧化物；贵金属及其有机络合物。

这些化合物以可溶性的羧酸盐、环烷酸盐、碳酸盐、磺酸和磷酸有机盐、酚盐、有机络合物、金属及其氧化物等形式引入燃料，作为燃料燃烧的催化剂，具有提高燃料燃烧效率等功能。

（2）无灰型助燃剂　无灰型助燃剂是含有多种官能团、不含金属的纯有机化合物，并具有多重作用。在燃烧起始阶段，这些化合物可提供自由基强化燃烧，有的还可在燃烧反应区引入补充氧；有的还具有表面活性，降低燃料与空气边界上的表面张力，使燃料雾化得更好，燃烧得更完全；有的还具有清净作用，能在金属表面形成保护膜，防止在燃烧室和喷油嘴上结焦。

根据结构和组成，无灰型助燃剂可主要分为以下几类：羧基类助燃剂；氨基类助燃剂；复合有机物助燃剂；聚合物类助燃料；多效复合助燃剂。

19.3.2　燃煤助燃剂分类

从公布的机理及配方来看燃煤助燃剂分为四类：

① 以强化剂为主，辅以工业盐、MnO_2、Fe_2O_3、糖、尿素、磷及硫化锑，再辅以固硫剂。此类助燃剂对降低燃料的燃点、促进燃烧有一定的效果，但是不稳定，受热后快速分解、对燃烧体系作用时间短。另外，在加工、运输、储存过程中存在较大的安全隐患。

② 以各种金属氧化物以及尾矿为主。在使用过程中金属离子有一定的粒度，须经干燥、分解、扩散之后才能发挥作用。而煤炭的燃烧是一个快速反应，金属离子期望的催化裂解反应是慢速反应，必须经过吸附、络合、裂解、解析等过程，其作用不及时。

③ 以有机分子为主。首先是有机醇类：采用甲醇、乙醇、吐温、司盘及其蒸馏水按照一定的配比配制而成的；其次是采用植物酶、乙醚、丙酮、乙酸乙酯等制成的助燃剂；再次是采用亲油性矿物油、亲油性植物油、乳化剂及其亲水性表面活性剂为主体材料的助燃剂。

④ 以金属羧酸盐类为主，包括醋酸盐、琥珀酸盐、脂肪酸盐类有机酸盐。这类金属羧酸盐不太稳定，在燃烧过程中容易成盐或氧化物失活。而金属离子的反应与第二类的助燃剂相似。

19.4　助燃剂用途

助燃剂作为一种能够提高燃烧效率和减少环境污染的物质，其作用方式和应用范围在不同行业中有所差异。通过合理选择和使用助燃剂，可以提高能源利用效率，节约能源资源，并减少环境污染。

① 燃煤助燃剂促使煤炭充分燃烧，起到助燃、增能、节煤的作用。燃煤助燃剂中含有提供氧源的氧化剂，可以在高温条件下分解出氧气促使煤炭充分燃烧。另外不含腐蚀性物质的催化剂，能有效降低氧的离解能和碳燃烧时所需的活化能，强化煤炭的燃烧，起到强烈助燃、增能、节煤作用。助燃剂中的碱性氧化物与受热面上的烟垢和烟气发生化学反应，使烟垢和烟气中的硫化物生成硫酸盐，随炉渣一起排出炉外，减少二氧化硫、二氧化氮等有害气体的排放，有利于保护环境。

② 燃油助燃剂是用于改善燃油燃烧品质的燃料添加剂。它可广泛应用于汽油、柴油、喷气燃料、锅炉燃料油以及渣油中，尤以柴油、锅炉燃料油和渣油中应用最多。其作用主要是促进燃料完全燃烧，抑制污染物（如碳烟与多环芳烃）的生成，提高燃料的燃烧效率。此外，还兼有清净分散、沉积物改性等功能。实际上，通常所说的助燃剂已成为节油、降污及防装置腐蚀的多功效燃料添加剂。

③ 燃煤电厂：助燃剂可以提高燃煤电厂的燃烧效率，减少燃料的消耗量。同时，通过减少燃烧副产物的生成，降低环境污染。

④ 工业炉窑：助燃剂可以提高工业炉窑的燃烧效率，提高产能和产品质量的同时，减少燃烧过程中的副产物排放，降低环境污染。

⑤ 汽车行业：对于发动机而言，燃料燃烧不充分，产生的大量碳烟会沉积于汽缸并堵塞

喷油嘴，进一步使燃烧变差，功率降低，油耗增加，发动机磨损增大等。而且碳烟及其吸附的多环芳烃是重要的大气污染物，对环境和人体健康有很大的危害。提高发动机燃烧效率，减少碳烟生成的最根本方法是改进发动机燃烧室的结构，但在发动机设计技术取得突破性进展前，添加助燃剂是一种经济、有效又方便的措施。助燃剂可以提高汽车发动机的燃烧效率，增强动力输出。同时减少废气的有害排放，降低环境污染。

⑥ 冶金工业：助燃剂可以提高冶金工业炼铁和炼钢的效率，降低能源消耗和燃料成本。同时，减少有害气体的排放，改善工作环境。

⑦ 化工行业：助燃剂可以提高化工生产中的反应速率，提高产品质量和产能的同时，减少有害物质的排放，降低环境污染。

⑧ 新能源开发：助燃剂在新能源开发中可以提高太阳能、风能等清洁能源的利用效率。

19.5 助燃剂的功效

（1）提供更多的氧气　助燃剂中的成分可以释放氧气，提供给燃料燃烧过程中所需的额外氧气。这样可以使燃料更加充分地燃烧，提高燃烧效率。例如，助燃剂在工业炉窑中的应用可以使炉窑内燃烧更为充分，提高产能并降低能源消耗。

（2）促进燃烧反应　助燃剂中的活性成分可以加速燃烧反应的发生，提高燃烧速度。这对于一些需要快速升温或需要大量能量的燃烧过程非常有用。例如，助燃剂在火箭发动机中的应用可以提供剧烈的燃烧反应，产生高温高压的气体，推动火箭飞行。

（3）增加燃料的利用率　助燃剂的使用可以使燃料更加充分地燃烧，提高燃烧效率，从而减少燃料的浪费。这对于一些资源有限或成本较高的燃料特别重要。例如，助燃剂在航空燃料中的应用可以提高航空发动机的燃料利用率，降低航空运输的能源消耗。

（4）减少排放物的产生　助燃剂在燃料燃烧过程中可以促进燃烧更充分，减少有害物质的生成和排放。例如，在汽车尾气中添加助燃剂可以减少有害气体的排放，降低对环境的污染。

（5）减少二氧化碳排放　助燃剂的应用可以提高燃烧效率，减少能源消耗，从而减少二氧化碳的排放。这对于减缓气候变化尤为重要。例如，在发电厂中添加助燃剂可以提高燃烧效率，减少二氧化碳的排放。

（6）促进清洁能源的利用　助燃剂可以提高清洁能源的利用效率，比如太阳能和风能。例如，在太阳能电池板制造过程中使用助燃剂可以提高光电转换效率，增强太阳能的利用效果。

19.6 助燃剂配方与制备实例

配方 1　除硫脱硝助燃剂

原料配比

原料	配比（质量份）	原料	配比（质量份）
碳酰二胺	6	二氧化锰	1
次氯酸钾	6	脂肪醇聚氧乙烯醚硫酸钠	1
二氧化钛	3	高锰酸钾	0.5
铁粉	2	氧化铁	1.5
氧化钙	1	黏土	3

制备方法 将各组分原料混合均匀即可。

产品特性 本品在煤中添加少量，通过渗透、催化、氧化、金属离子间交换等作用，可降低碳氧化反应的活化能，从而降低了煤炭的着火点。本品将钙系、钠系与氨系无机物复合加工，且所选材料具有除硫、除硝、固碳等多种功能。

配方 2 醇基燃料助燃剂

原料配比

原料		配比（质量份）			
		1#	2#	3#	4#
共溶剂		84	84	84	84
溶剂油		30	30	30	30
二茂铁		5	5	5	5
助溶剂		5	5	5	5
共溶剂	丁醇	2	1	3	1
	辛醇	7	8	6	6
	加氢蒽油	2	1	1	3
	轻油	1	1	1	1
溶剂油	松子油	1	1	1	1
	松脂油	3	3	3	3
	松节油	3	3	3	3
	甘油	3	3	3	3

制备方法 将各组分原料混合均匀即可。

原料介绍

使用闪点较高、热值较高的丁醇、辛醇及提炼油作为共溶剂，在用于制备醇基燃料时能形成理想混合液，有效提高醇基燃料的闪点和热值；所述丁醇和辛醇的含水量为3%～5%。

所述二茂铁为消烟助燃剂。

所述助溶剂为丙酮、大豆油、菜籽油、花生油、骨油中的至少一种。

产品特性 本品不仅能降低醇基燃料在燃烧过程中产生的有害副产物的含量，提高醇基燃料使用时的环保性，也能促进醇基燃料最终燃烧效率的显著提高。

配方 3 高炉煤粉助燃剂

原料配比

原料	配比（质量份）			
	1#	2#	3#	4#
改性菱铁矿	35	34	32	35
氧化铁红	35	34	38	33
二氧化锰	8	9	9	8.5
除尘灰	10	11	11	12
偏钒酸铵	10	10.5	11	9
铝粉	2	1.5	2	2.5

制备方法 将改性菱铁矿、氧化铁红、二氧化锰、除尘灰和偏钒酸铵按比例称取后混合

均匀，研磨至粒度小于等于0.04mm的部分占比不小于80%，随后加入铝粉，再次混合均匀，即得助燃剂。

原料介绍

所述改性菱铁矿的制备：将菱铁矿置于850℃下焙烧5～10h得到。

所述铝粉为工业铝粉；所述铝粉中活性铝的质量分数不低于95%。

所述除尘灰为烧结机机头灰。

产品应用 本品主要用于高炉喷煤助燃。所述助燃剂的用量为煤粉总质量的0.5%～1.5%。助燃剂和煤粉混合均匀后，经喷吹进入高炉燃烧。

产品特性

（1）本品选用的原料常见，来源广泛，通过合理的搭配能够从不同阶段促进煤粉的燃烧，提高煤粉的综合燃烧效率。

（2）本品既能够降低煤粉的着火点（降幅可达50～60℃），同时能够通过优化煤粉结构以及基于氧传递理论实现煤粉的充分燃烧，从多个维度促进煤粉的燃烧，实现煤粉的高效助燃（助燃效率值高达17%左右）。

配方4 高炉喷吹煤粉脱硫脱硝助燃剂

原料配比

原料		配比（质量份）			
		1#	2#	3#	4#
二氧化锰		21.5	23	20	18
氧化铁		7	5	8	7
碳酸钡		11.2	13	9	10
氧化钙		13	12	10	16
碳酸钠		5.5	7	8	5
稀土氧化物		12.2	13	10	16
二氧化钛		4.5	4	2	6
硝酸钾		4.8	6	5	3
活性炭		加至100	加至100	加至100	加至100
稀土氧化物	氧化钇	50	55	40	40
	氧化镧	28	25	35	30
	氧化铟	22	25	25	30

制备方法

（1）将活性炭粉碎并过30～50目筛，之后向活性炭粗粉中加入除稀土氧化物之外的原料，混合均匀，然后置于研磨机中研磨，并过100～140目筛，得混合料；

（2）将混合料与稀土氧化物混合均匀，过130目筛，即得所述高炉喷吹煤粉脱硫脱硝助燃剂。

原料介绍 所述稀土氧化物的平均粒径为10～40μm。

产品应用 本品使用方法：向煤粉中加入煤粉总质量0.8%～1.6%的煤粉助燃剂，混合均匀即可。

产品特性 本品对喷吹煤粉的助燃效果显著，可有效提高煤粉的燃烧效率，还可有效减少NO_x和SO_2的排放，达到节能减排的目的。

配方 5　高稳定性汽油助燃剂

原料配比

原料	配比（质量份）		
	1#	2#	3#
甲醇	10	30	20
二茂铁	5	15	10
二甲苯	30	50	40
三硝基甲苯	10	20	15
聚异丁烯胺	10	20	15
碳酸二甲酯	10	30	20
呋喃甲醛	5	10	8
异丙醇	10	15	13
硝基苯	5	10	8

制备方法　将反应釜内抽真空，将上述各组分加入到反应釜内，其压力为0.01～0.08MPa，温度升至40～70℃，搅拌30～40min，冷却至室温，即制成所述高稳定性汽油助燃剂。

产品应用　本品适合汽油使用。

产品特性　本品能够改善燃油清净性、低温流动性、抗氧化性和防腐蚀性能，同时提高燃油燃烧性能，降低油耗，以及减少汽车尾气污染物。本品无毒、无污染，能显著提高汽油辛烷值，降低排气有害物质含量，降低汽油油耗，减轻发动机磨损，延长发动机使用寿命。

配方 6　高效环保的燃煤节煤助燃剂

原料配比

原料		配比（质量份）			
		1#	2#	3#	4#
助燃剂		13	18	8	15
供氧剂		13	8	18	18
催化剂		11	17	5	10
渗透剂	烷基磷酸酯	2.3	1.2	3.4	1.2
分散剂	聚氧乙烯醚	1.7	0.65	—	—
	聚乙烯酰胺	—	1.95	—	—
	聚乙二醇	—	—	0.8	0.8
洁净剂	聚氧乙烯	2.2	—	—	2.4
	环戊二烯	—	1.8	—	—
	芳香族化合物	—	—	4.5	—
固硫剂	醋酸钙镁	2.8	—	—	2
	环氧树脂	—	4.4	1.2	—
助燃剂	过硫酸铵	1	2	—	1
	柠檬酸	1	1	8	—
	醋酸铵	1	—	—	1
供氧剂	硝酸钠	6	—	2	—
	硝酸铈	1	—	1	—
	硝酸钾	—	1	3	—
	硝酸钡	—	1	—	18

续表

原料		配比（质量份）			
		1#	2#	3#	4#
催化剂	氧化铝	1	—	1	—
	二氧化锰	1	3	—	—
	碳酸钙	—	2	2	10

制备方法 将原料放置在搅拌机内部混合搅拌，混合均匀后的混合料使用研磨机进行研磨，研磨成粉末状获得燃煤节煤助燃剂。

产品应用 本品使用量占原煤质量的 0.5% ～ 1.5%。

所述燃煤节煤助燃剂以固体粉末形式的使用方法：

（1）原煤含水量超过 12% 时，助燃剂直接掺和在原煤中即可；

（2）原煤含水量小于 10% 时，在将助燃剂掺和在原煤中后，在煤堆上喷洒少量水即可。

所述燃煤节煤助燃剂以水溶液形式的使用方法：

（1）以燃煤节煤助燃剂与水质量比为 1 ∶（5 ～ 10）准备原料；

（2）配制溶液：先加入水，再边搅动边加入助燃剂；

（3）喷洒或泼洒，稍翻动煤层力求均匀。

产品特性 本品节煤效果显著。通过膨化、氧化、汽化金属离子间的交换等作用，使煤炭中高分子化合物得到充分裂解燃烧，能量得到充分释放，化合物升华覆盖燃烧面，大大减少烟气中含硫量，降低了林格曼黑度级，有效地节约了煤炭，减少了污染。

配方 7 高效节能环保汽油助燃剂

原料配比

原料		配比（质量份）			
		1#	2#	3#	4#
甲醇		6	8	6.5	8
二甲基亚砜		8.5	10.5	9	10.5
碳酸二甲酯		12	16	13	16
甲缩醛		6	10	7	10
环戊烷		3	6	4	6
甲基丙烯酸十八酯		8	12	9	12
非离子表面活性剂		3	5	3.5	5
对甲苯磺酸		0.5	0.8	0.6	0.8
邻甲基苯酚		1.4	3.4	1.9	2.9
过氧乙酸		0.2	0.6	0.3	0.5
非离子表面活性剂	壬基酚聚氧乙烯醚	1	1	1	1
	辛基酚聚氧乙烯醚	1	—	—	3
	二壬基酚聚氧乙烯醚	—	2	1	—

制备方法

（1）将甲醇、二甲基亚砜、碳酸二甲酯、甲缩醛、环戊烷、甲基丙烯酸十八酯、对甲苯磺酸和邻甲基苯酚混合，在温度为 18 ～ 22℃的条件下搅拌 5 ～ 10min 后，静置 10 ～ 20min，然后剪切分散 3 ～ 5min，得到初级混合物；搅拌速率为 50 ～ 100r/min，剪切分散速率为 500 ～ 1000r/min。

（2）向步骤（1）得到的初级混合物中加入非离子表面活性剂和过氧乙酸，再次混合搅拌 10 ～ 15min，得到所述高效节能环保汽油助燃剂。

产品应用 本品在使用时，添加在汽油中的质量分数为 2.0% ～ 3.0%。

产品特性

（1）本品多种原料相互协调促进，既可以增强组分之间的相容性，又可以提高汽油的辛烷值和燃烧率，而且降低汽油燃烧产物中的 CO、甲醛等有害气体和固体杂质的排放，改善空气环境，绿色环保作用；

（2）本品可以增强汽油的降黏性，防止汽油沉降、黏附，降低汽油油耗，保证汽油充分燃烧，减少发动机磨损，提高燃料的使用价值。

配方 8 高效节能环保助燃剂

原料配比

原料	配比（质量份）		
	1#	2#	3#
稀土粉体	10	15	13
油酸	3	5	4
蓖麻油	6	9	8
白油	2	6	5
促进剂	0.5	1	1
甲苯酯异丙基硫化磷酸酯	13	20	17
硼酸	18	25	21
活性分散剂	25	35	30

制备方法 将各组分原料混合均匀即可。

原料介绍

所述活性分散剂为环烷酸、磺酸金属盐、脂肪酸中的任意一种。

所述促进剂为镁盐、钙盐、钡盐中的任意一种。

产品应用 本品是一种汽油用助燃剂。

产品特性 本品使用时，通过促进剂中的镁盐、钙盐、钡盐和活性分散剂中的环烷酸、磺酸金属盐、脂肪酸，使得汽油在燃烧过程中燃烧充分，且通过稀土、油酸、蓖麻油和白油的调节，使得汽油在燃烧中氢、二氧化碳的产生减少，更多地组合成水排出外界，从而减少了氢气和二氧化碳对大气的污染，实现了高效节能环保的作用。

配方 9 固体助燃剂

原料配比

原料		配比（质量份）		
		1#	2#	3#
多孔钙钛材料	二氧化钛	20	25	30
	磷酸二氢铵	50	55	60
	二水氯化钙	5	7	10
	碳酸钠	20	23	25
	去离子水	60	65	70
催化助燃剂	五氧化二钒	4	4	5
	异丁醇	15（体积份）	17（体积份）	20（体积份）
	苯甲醇	8（体积份）	9（体积份）	10（体积份）
	80% 的磷酸溶液	10（体积份）	11（体积份）	12（体积份）

续表

原料	配比（质量份）		
	1#	2#	3#
多孔钙钛材料	200	225	250
刚玉粉	10	11	20
氯化亚铁粉末	3	4	5
氯酸钾	40	45	50
硝酸钾	70	75	80
催化助燃剂	20	23	25
焦炭粉	30	35	40

制备方法 取多孔钙钛材料、刚玉粉、氯化亚铁粉末、氯酸钾、硝酸钾、催化助燃剂、焦炭粉混合后装入压饼模具中，在氩气气氛下，以 8 ～ 10℃ /min 速率程序升温至 150 ～ 160℃，保温处理 45 ～ 60min，随后继续以 10 ～ 15℃ /min 速率程序升温至 200 ～ 250℃，保温处理 2 ～ 3h，得到固体助燃剂。

原料介绍

所述的催化助燃剂制备方法为：将五氧化二钒、异丁醇、苯甲醇置于带有冷凝回流装置的三口烧瓶中，加热升温至 80 ～ 90℃，冷凝回流 12 ～ 13h 后，向三口烧瓶中加入 80% 的磷酸溶液，继续冷凝回流 6 ～ 7h，得到反应产物，随后放入马弗炉中，加热升温至 400 ～ 450℃，煅烧 4 ～ 5h，得到催化助燃剂。

所述的多孔钙钛材料制备方法为：

（1）将二氧化钛、磷酸二氢铵、二水氯化钙、碳酸钠混合，研磨 30 ～ 40min，过 100 目筛得到混合粉末；向混合粉末中加入去离子水，置于高速分散机中以 3000 ～ 4000r/min 的转速高速分散 12 ～ 15min，得到分散浆料。

（2）将分散浆料放入真空泵中排气，控制真空度为 60 ～ 100Pa；将分散浆料置于蒸馏瓶中，加热升温至 100 ～ 110℃，蒸馏 3 ～ 4h，得到蒸干的干凝胶；将干凝胶放入坩埚中，再将坩埚移入电阻炉中，通电升温至 1200 ～ 1300℃，保温烧结 2 ～ 3h 后，取出坩埚，用水淬冷坩埚 45 ～ 50min，得到多孔钙钛材料。保温烧结时温度可进一步限定为 1250 ～ 1300℃，淬冷坩埚所用水温度控制在 0 ～ 4℃。

所述的轻烧钙粉制备方法为：

（1）将磷酸氢钙粉末、碳酸钙混合，置于研钵中研磨 45 ～ 55min，过 200 目筛得到过筛混合钙粉，将过筛混合钙粉置于电阻炉中，升温保温反应，自然冷却至室温后，得到磷酸钙粉；升温保温反应的具体方法为：通电并以 100℃ /min 的速率程序升温至 930 ～ 960℃，保温反应 4 ～ 5h。

（2）将磷酸钙粉从电阻炉中取出，研磨 30 ～ 35min，过筛得到细化磷酸钙粉，将细化磷酸钙粉置于电阻炉中，通电并程序升温，高温烧结 3 ～ 4h，自然冷却至室温后，得到轻烧钙粉。细化磷酸钙粉所过筛规格为 200 目，高温烧结时温度控制为 1000 ～ 1050℃。

产品应用 本品是一种燃煤用助燃剂。

产品特性 本品能够有效降低煤的着火温度、燃尽温度和相对燃尽时间，提高了煤的燃烧效率，降低有害气体排放，且价格低，无腐蚀性，无毒无害。

配方 10 含废旧聚酯解聚废液的燃煤助燃剂

原料配比

原料	配比（质量份）			
	1#	2#	3#	4#
聚酯解聚废液	20	60	30	50

续表

原料		配比（质量份）			
		1#	2#	3#	4#
石油渣油		10	20	12	18
硝酸锂		1	5	2	3
硝酸钠		1	5	2	3
硝酸钾		1	5	2	3
硝酸钙		1	5	2	3
氧化亚铜		1	2	1.2	1.5
三氧化二铬		1	2	1.2	1.5
三氧化二镧		0.1	0.5	0.2	0.3
增强剂		1	2	1.2	1.5
分散剂	聚乙二醇	1	—	1.2	—
	吐温	—	2	—	1.5
乳化剂	聚乙氧基化脂肪醇	1	—	—	—
	多元醇脂肪酸酯	—	2	—	—
	聚氧丙烯甘油醚	—	—	1.2	—
	环氧乙烷和环氧丙烷嵌段共聚物	—	—	—	1.5
增强剂	氯化钠	5	15	8	10
	纯碱	20	40	25	30
	水	20	60	30	40
	硅酸钠	1	3	1.2	2
	15% 的双氧水	4	—	—	—
	20% 的双氧水	—	15	—	—
	16% 的双氧水	—	—	6	—
	18% 的双氧水	—	—	—	12
	糊精	10	20	12	15
水		适量	适量	适量	适量

制备方法

（1）按配比将硝酸锂、硝酸钠、硝酸钾、硝酸钙混合研磨 1 ～ 2h，得到预混料 a；

（2）将预混料 a 加入至以预混料质量为基准 200% ～ 400% 的水，以 1000 ～ 2000r/min 的速度搅拌 20 ～ 40min，搅拌状态下依次加入氧化亚铜、三氧化二铬、三氧化二镧，继续搅拌 10 ～ 20min，得到预混料 b；

（3）将预混料 b、聚酯解聚废液、石油渣油、增强剂、分散剂、乳化剂搅拌均匀，得到含废旧聚酯解聚废液的燃煤助燃剂。

原料介绍

所述增强剂的制备方法：按质量份将氯化钠、纯碱加入至打浆釜中，搅拌状态下加入水，充分搅拌 10 ～ 20min（搅拌速度为 1000 ～ 1500r/min），加入硅酸钠，继续搅拌 2 ～ 4min，加入 15% ～ 20% 的双氧水，搅拌 10 ～ 20min，再加入糊精搅拌均匀，过滤，去除滤液，干燥后粉碎，得到增强剂。

所述的乳化剂为聚乙氧基化脂肪醇、聚氧丙烯甘油醚、环氧乙烷和环氧丙烷嵌段共聚物、多元醇脂肪酸酯、聚乙烯醇中的至少一种。

产品应用 本品是一种燃煤助燃剂。

产品特性 本品可有效增加煤炭燃烧过程中的燃烧能量，使火焰内焰温度骤增，促使煤炭充分燃烧，另外增强剂颗粒的内部热压超过外部热压，发生裂变，不仅提高比表面积，增加供氧面，促使煤粉完全燃烧，而且加热至800℃以上可熔化分解，形成的氯与钠可进一步助燃与催化，进一步增强燃煤的燃尽率。

配方 11　含造纸废液的水泥窑用煤粉助燃剂

原料配比

原料		配比（质量份）			
		1#	2#	3#	4#
A 溶液	造纸废液	25	30	45	20
	脂肪醇聚氧乙烯醚	2	2.5	3	1
	碳酸钠	5	4	4	1
	水	35	40	40	10
	偏钒酸铵	3	4	1	1
	工业白油 5#	7	6	5	5
B 溶液	硝酸锂	1	2	2	1
	硝酸钠	2.5	3	5	1
	硝酸铈	1	1.1	1	1
	水	18	20	15	10
	甲酸钠	2	1	1.5	1
A 溶液		4	4	4	4
B 溶液		1	1	1	1

制备方法

（1）A 溶液的制备：按质量份将造纸废液、脂肪醇聚氧乙烯醚、碳酸钠加入至反应釜中，搅拌状态下加入水，搅拌速度为400～500r/min下充分搅拌10～25min，加入偏钒酸铵，继续搅拌10min，加入工业白油，搅拌10～20min，得到A溶液；

（2）B 溶液的制备：按质量份将硝酸锂、硝酸钠、硝酸铈加入至反应釜中，搅拌状态下加入水，充分搅拌10～15min（搅拌速度为300～450r/min），加入甲酸钠，继续搅拌10min，得到B溶液；

（3）将B溶液稀释10～30倍，然后与A溶液按照1∶4的比例混合，混合均匀后即得含造纸废液的水泥窑用煤粉助燃剂。

原料介绍

所述的造纸废液中含有15%以上的钙以及80%以上的有机物。

所述的工业白油为3#、5#、7#、10#中的一种或多种。

所述的脂肪醇聚氧乙烯醚为非离子型表面活性剂，选择AEO-3、AEO-7、AEO-10中的一种或多种。

所述的硝酸锂、硝酸钠、碳酸钠、偏钒酸铵、硝酸铈、甲酸钠均为工业级，有效含量≥95%。

产品应用　本品通过喷雾和搅拌的方式添加到煤粉上。

产品特性

（1）本品使用造纸废液和工业白油，一方面可以有效做到废物资源的综合利用，另一方面可以充分发挥其提升煤燃尽率、增强热值的作用；同时其与各种增效剂充分结合，尤其是在偏钒酸铵的催化作用下，使本品稳定性极好，加入的稀土金属盐及钠盐可促使供氧时间有效延长。

（2）本品通过喷雾和搅拌的方式添加到煤粉上，不仅能够使其与煤粉表面充分接触，并且可增加向煤粉内部渗透的比例，这就使得燃煤助燃剂能最大限度地在煤粉内外表面上分布，从而保证在煤粉发生反应时能最大限度地发挥助燃剂的催化效果，使反应速度和效率得到提高，达到提高煤粉利用率、节约煤粉资源的目的，同时，可以有效地处理造纸废液，解决其环境污染问题。

配方 12　环保型汽油催化助燃剂

原料配比

原料	配比（质量份）			
	1#	2#	3#	4#
乙酸甲酯	25	19	15	13
分散剂	1	1	0.5	1
除硫剂	1	1	3	1
乙醇	40	45	45	35
苯胺	8	6	8	8
季戊四醇	5	8	8	8
碳酸二甲酯钠	15	15	7.5	27
对氨基苯乙醚	5	6	5	7

制备方法　将各组分原料混合均匀即可。

原料介绍

所述分散剂为烷基酚聚氧乙烯醚、聚乙烯酰胺中的一种或者两种的组合。

所述除硫剂为尿素、三乙醇胺中的一种或者两种的组合。

产品特性

（1）本品使燃料快速完全雾化并在燃烧室与空气充分混合，并且加速燃料的碳 - 碳键断裂并发生燃料分子的碳骨架重排，使燃料燃烧更加完全，从而降低 CO、SO_2 等排放。其目的是既能够提高石油燃料的燃烧效率（最大化地使燃料燃烧），还可以减少有害的 NO_x 和 SO_2 的排放。

（2）本品化学稳定性好，掺加量低，无毒无污染。

配方 13　节煤助燃剂（1）

原料配比

原料		配比（质量份）			
		1#	2#	3#	4#
混合物粉末	六偏磷酸钠	4	5	3	4
	氧化铈	1	1	1	2
	碳酸钡	7	8	6	7
	高锰酸钾	12	12	15	14
	三氧化二铁	5	5	3	5
	硝酸钾	5	2	5	3
混合物粉末		9	1	3	3
花生壳生物炭粉末		15	3	4	2

制备方法

（1）取花生壳除杂后破碎并过筛，然后烘干得到花生壳粉末；烘干温度为 80 ～ 90℃，烘干时间为 1 ～ 2h。过筛是指过 40 ～ 60 目筛。

（2）将花生壳粉末置于 600 ～ 700℃并且无氧的条件下进行炭化，得到炭化粗产物，取无机酸溶液将炭化粗产物进行冲洗，去除灰分等无机物，然后用去离子水冲洗，烘干后得到花生壳生物炭；炭化时间控制为 50 ～ 80min，去离子水冲洗至 pH 值为 6 ～ 7。

（3）取六偏磷酸钠、氧化铈、碳酸钡、高锰酸钾、三氧化二铁和硝酸钾混合均匀后研磨、过筛，得到混合物粉末；过筛是指过 600 ～ 700 目筛。

（4）将花生壳生物炭研磨，然后过 600 ～ 700 目筛，得到花生壳生物炭粉末，取花生壳生物炭粉末与步骤（3）所得混合物粉末进行混合，然后置于搅拌器中搅拌，得到节煤助燃剂。搅拌速度为 1500 ～ 2000r/min，搅拌时间为 60 ～ 90min。

原料介绍 所述的无机酸溶液是指质量分数为 1% ～ 2% 的盐酸水溶液或者硝酸水溶液。

产品应用 本品使用时与燃煤按照质量比 1 ∶ 5000 进行添加。

产品特性 本品通过花生壳在无氧高温条件下制备花生壳生物炭，该花生壳生物炭的孔隙率大大提升，吸附性能大大提高。将该花生壳生物炭与六偏磷酸钠、氧化铈、碳酸钡、高锰酸钾、三氧化二铁和硝酸钾混合搅拌，使节煤助燃活性组分与花生壳生物炭充分接触并吸附于孔隙中，使其制备的节煤助燃剂在煤炭燃烧过程中，可缓慢释放节煤助燃活性组分，使其作用更为持久，使煤炭燃烧更为充分，节省能源并且减少废物排放。

配方 14　节煤助燃剂（2）

原料配比

原料	配比（质量份）		
	1#	2#	3#
硝酸铈	4	5	6
硝酸铜	10	8	15
硅酸钠	7	6	10
乙醇	4	3	3
高锰酸钾	0.6	0.7	0.7
水	74.4	77.3	65.3

制备方法 将各组分原料混合均匀即可。

产品应用 本品加入量为原煤的 1‰～ 6‰。

产品特性 添加本品后，硝酸铈、乙醇和高锰酸钾诱导助燃，加快了煤的着火速率及燃烧速率，缩短了煤的着火时间；原煤在硝酸铜、硅酸钠的催化下被活化，降低了煤的着火点，缩短了原煤的着火时间，同时原煤的活化也提高了煤的热效率，煤热效率的提高，使获得同样的温度用煤量得以减少，从而实现了节煤的目的。煤的着火时间被缩短 20% ～ 25%，煤的热效率提高了 3% ～ 6%。

配方 15　节能环保的汽油助燃剂

原料配比

原料	配比（质量份）			
	1#	2#	3#	4#
碳酸二甲酯	12	10	15	12
N,*N*- 二甲基乙酰胺	15	10	20	15
对硝基苯甲醇	15	10	20	15
3- 三氟甲基苯甲酸	2	1	3	2

原料	配比（质量份）			
	1#	2#	3#	4#
高锰酸钾	2	1	3	2
稀土化合物	2	1	5	2
吐温	2	1	3	2
1- 环己烯基 -1- 甲酸甲酯	—	—	—	2

制备方法

（1）取碳酸二甲酯、*N,N*- 二甲基乙酰胺、对硝基苯甲醇、3- 三氟甲基苯甲酸混合均匀，升温至 60 ～ 80℃，加入稀土化合物和 1- 环己烯基 -1- 甲酸甲酯（也可不加），搅拌 20 ～ 30min。

（2）降温至室温，加入高锰酸钾、吐温，搅拌 5 ～ 10min，制成。

原料介绍

所述稀土化合物为氧化镨、氧化镧、氧化铈、硝酸钕、硝酸铈中的一种或一种以上。

所述吐温为吐温 -20、吐温 -40、吐温 -60、吐温 -80、吐温 -85 中的一种或一种以上。

产品应用 本品添加量为 1.5%。

产品特性 本品在使用时添加到汽油中，也可以添加到汽油中长期保存。该产品可以减少汽油燃烧过程中一氧化碳、NO_x 等有害气体的产生，提高汽油的燃烧值，减少燃烧积炭，以及减少 $PM_{2.5}$ 颗粒的排放，达到国家关于汽车尾气排放的要求，绿色环保。

配方 16 节能煤炭助燃剂

原料配比

原料	配比（质量份）	
	1#	2#
氯化钾	10	10
高锰酸钾	2	4
氯化钠	3	3
氯化钙	6	3
三氧化二铁	7	7
硝酸铵	1	1
碳酸钠	6	6
三氧化二铝	3	3
去离子水	适量	适量

制备方法 取氯化钾、高锰酸钾，研磨成细粉，然后加入适量去离子水，倒入搅拌容器中，在室温下搅拌 20 ～ 30min，形成混合物一；取氯化钠、氯化钙、三氧化二铁，加入适量去离子水，倒入搅拌容器中，在室温下搅拌 10 ～ 15min，形成混合物二；取硝酸铵、碳酸钠、三氧化二铝，研磨成细粉，然后加入适量去离子水，倒入搅拌容器中，在室温下搅拌 20 ～ 30min，形成混合物三；将混合物一、混合物二以及混合物三混合，制成成品助燃剂。

产品特性 本品喷洒到煤上数分钟后，所含的各种化学成分通过煤炭孔隙快速渗透、吸附到煤炭内部。当煤炭进入燃烧室后，添加剂所含各种化学成分起着催化活性载体的作用，降低了煤的起火点温度，强化了燃煤的氧化还原反应，催化助剂在不同温度段逐步释放出新生态活性氧，与煤中的可燃物结合，降低反应活化能，促进燃烧、改善工况和降低污染物排放。

配方 17　兰炭助燃剂

原料配比

原料	配比（质量份）			
	1#	2#	3#	4#
高锰酸钾	1	1	1	1
硝酸铵	3	3	3	4
氯化钙	5	7	9	5
十二烷基苯磺酸钠	1	3	5	1
碱式碳酸铜	6	8	10	8
活性炭	30	30	30	30

制备方法　将各组分原料混合均匀即可。

产品应用　本品使用时，将其与兰炭按照质量比 3∶100 进行混合即可。

产品特性　本品能大幅降低兰炭的着火点，减少兰炭的燃尽时间，使得兰炭燃烧充分，降低兰炭燃烧产生的氮氧化物和硫化物气体排放量。该兰炭助燃剂的应用效果好，使兰炭的燃烧效果以及燃烧后的清洁度都有所提高；实用性强，适合大规模应用。

配方 18　煤炭助燃剂

原料配比

原料	配比（质量份）	
	1#	2#
活性炭	40	45
氯化钠	10	15
氯化铁	3	8
氧化铝	2	6
氧化铜	3	7
氧化钙	2	6
硅藻土	1	5
碳酸氢铵	3	4
硝酸盐	2	5

制备方法　将活性炭、氯化钠、氯化铁、氧化铝放入搅拌容器中，在环境温度为 25 ～ 28℃下搅拌 120 ～ 150min，过 50 目筛，得到混合物 A；取氧化铜、氧化钙、硅藻土、碳酸氢铵、硝酸盐，放入搅拌容器中，在环境温度为 25 ～ 28℃下搅拌 20 ～ 34min，过 100 目筛，得到混合物 B；将混合物 B 以及混合物 A 在室温下混合均匀，得到助燃剂成品。

原料介绍

所述氧化铝为一种醇铝法生产的纳米氧化铝，纳米氧化铝呈白色蓬松粉末状态，晶型是 α 型，粒径在 50 ～ 60nm 之间。

所述氯化铁的制备方法：将含铁酸洗液或废盐酸置于反应釜装置中，同时加入铁粉或铁屑，酸与铁发生放热反应产生的热能对物料预加热，然后加入催化剂并通入氧气，再开启循环泵，使反应液循环 3 ～ 5h，待聚合反应完全，将反应液转入沉淀槽沉淀或以过滤方式对产品进行分离和富集，形成原料中的氯化铁。

产品特性　本品促使煤炭充分燃烧，起到助燃、增能、节煤的作用。助燃剂中含有提供氧源的氧化剂，可以在高温条件下分解出氧气促使煤炭充分燃烧。

配方 19　纳米材料柴油助燃剂

原料配比

原料	配比（质量份）			
	1#	2#	3#	4#
改性纳米氧化钇	3.5	5.5	5	4
丁酸戊酯	10	15	14	11
甲醇	35	55	50	40
环十二烷基硝酸酯	5.5	8.5	7.5	6.5
松香	0.5	1	0.9	0.6
脂肪酸聚乙二醇酯	3	5	4.5	3.5
异丙醇胺	2.2	2.8	2.6	2.4
硬脂酸镍	0.05	0.1	0.08	0.06

制备方法　按照所述质量份将丁酸戊酯、甲醇、环十二烷基硝酸酯、松香、脂肪酸聚乙二醇酯和异丙醇胺混合搅拌 5min 至均匀，然后加入所述质量份的硬脂酸镍和改性纳米氧化钇，再次搅拌 20 ～ 25min，得到所述纳米材料柴油助燃剂。混合搅拌速率为 250 ～ 450r/min，再次搅拌速率为 80 ～ 120r/min。

原料介绍

所述改性纳米氧化钇的制备步骤如下：

（1）将纳米氧化钇在氢氧化钠溶液中浸渍 5 ～ 8min，然后用水洗涤 1 ～ 3 次，再在温度为 200 ～ 300℃的条件下干燥 2 ～ 4h，得到纳米氧化钇初品；氢氧化钠溶液的质量分数为 65% ～ 70%。

（2）将步骤（1）得到的纳米氧化钇初品与去离子水混合，以 300 ～ 500r/min 的速率超声分散 30 ～ 40min，得到纳米氧化钇悬浮液，备用；纳米氧化钇初品与去离子水的质量比为 1∶（10 ～ 15）。

（3）将硬脂酸用正丁醇溶解，然后加入步骤（2）得到的纳米氧化钇悬浮液中，超声分散 20 ～ 30min，然后油浴加热至回流，并保持回流 35 ～ 45min，产物冷却至室温后，离心分离，下层沉淀物用无水乙醇洗涤 1 ～ 3 次，最后干燥得到改性纳米氧化钇。硬脂酸与纳米氧化钇的质量比为（0.5 ～ 1.0）∶10。干燥是在温度为 120 ～ 125℃的条件下干燥 3 ～ 4h。

产品特性

（1）本品性能稳定，可以明显提高柴油的燃烧效率，实现柴油的充分燃烧，避免二次污染，减少固体颗粒污染物的产生，具有较好的清洁净化作用，环保性好；

（2）本品添加改性纳米氧化钇，可促进组分相容稳定，增加柴油与空气的接触面积，催化提高燃烧效率，实现柴油充分燃烧，有效避免柴油资源浪费，而且成本较低，制备方法简单。

配方 20　汽油助燃剂

原料配比

原料	配比（质量份）		
	1#	2#	3#
二甲氧基甲烷	2	3	5
碳酸二甲酯	30	20	25
草酸二甲酯	2	4	4

续表

原料	配比（质量份）		
	1#	2#	3#
乙酸乙酯	8	10	15
N, *N*- 二甲基乙酰胺	5	15	6
二甲苯	30	30	25
甲醇	5	5	10
叔丁基对苯二酚	8	5	5
环丙烷	10	8	5

制备方法

（1）将反应釜内抽真空，然后将二甲苯加入到反应釜内，其压力为 0.01 ～ 0.08MPa，温度升至 50 ～ 70℃。

（2）再向反应釜内加入 *N*, *N*- 二甲基乙酰胺和碳酸二甲酯，搅拌 30 ～ 40min。

（3）最后将二甲氧基甲烷、草酸二甲酯、乙酸乙酯、甲醇、叔丁基对苯二酚和环丙烷按上述质量份配比称取加入反应釜中搅拌混合，混合时，需加热至 55℃，搅拌速率为 560 ～ 760r/min；充分搅拌，使所有原料在混合液中充分均匀扩散后，令其自然冷却至常温，完成制备过程。

原料介绍 所述甲醇的 pH 值为 7.13 ～ 7.38，纯度为 99.9% 以上。

产品特性 本品能够改善燃油清净性、低温流动性、抗氧化性和防腐蚀性能，同时提高燃油燃烧性能，降低油耗，以及降低排气有害物质含量，减轻发动机磨损，延长发动机使用寿命。汽油助燃剂中含有的碳酸二甲酯和草酸二甲酯，可提高其辛烷值和含氧量，进而提高其抗爆性，还具有一定的去污效果，阻止油垢沉淀，减少积炭的产生，并且利用乙酸乙酯的易扩散、易燃的特征，使汽油燃烧更加均匀。

配方 21 燃煤助燃剂

原料配比

原料		配比（质量份）		
		1#	2#	3#
膨松剂	碳酸氢钠	1	2	3
	碳酸氢铵	1	2	3
	轻质碳酸钙	1	1.5	2
氧化剂	高锰酸钾	2	2.5	3
	氯酸钾	2	2.5	3
催化剂	二氧化锰	2	2.5	3
	氯化铁	1	1.5	2
	氧化铝	1	1.5	2
稳定剂	二环戊二烯合铁	1	1.5	2
	2- 甲基环戊二烯三羰基锰	1	1.5	2
脱硫剂	氢氧化钙	1	1.5	2
	碳酸钙	1	1.5	2
	氯化钙	0.5	0.75	1
	硝酸亚铁	0.5	0.75	1
	硫酸亚铁	0.5	0.75	1

续表

原料		配比（质量份）		
		1#	2#	3#
消烟剂	烷基醇醚	0.5	0.75	1
	磷酸酯	0.5	0.75	1
	氯代烃	0.5	0.75	1
膨松剂		10	20	30
氧化剂		20	30	40
催化剂		18	28	38
稳定剂		5	12	20
脱硫剂		5	15	25
消烟剂		3	8	15

制备方法 将碳酸氢钠、碳酸氢铵和轻质碳酸钙充分混合后，在 80 ～ 110℃下干燥 30 ～ 60min，制成膨松剂；将高锰酸钾和氯酸钾充分混合后，在 20 ～ 30℃下干燥 20 ～ 30min，制成氧化剂；将二氧化锰、氯化铁和氧化铝充分混合后，在 20 ～ 30℃下干燥 20 ～ 30min，制成催化剂；将二环戊二烯合铁和 2- 甲基环戊二烯三羰基锰充分混合后，在 20 ～ 30℃下干燥 20 ～ 30min，制成稳定剂；将氢氧化钙、碳酸钙、氯化钙、硝酸亚铁和硫酸亚铁充分混合后，在 60 ～ 120℃下干燥 30 ～ 60min，制成脱硫剂；将烷基醇醚、磷酸酯和氯代烃充分混合后，在 20 ～ 30℃下干燥 20 ～ 30min，制成消烟剂；将膨松剂、氧化剂、催化剂、稳定剂、脱硫剂和消烟剂充分混合后，常温条件下干燥 60 ～ 120min，即得成品。

产品应用 本品与燃煤的投加比例为（0.01 ～ 0.02）∶1。

产品特性 本品制作成本低、效果明显；减少了二氧化硫等有害气体的排放，有利于保护环境。

配方 22 生物质颗粒燃料助燃剂

原料配比

原料	配比（质量份）		
	1#	2#	3#
玉米秸秆粉	35	40	38
醚化淀粉	12	18	15
氯酸钾	1.2	1.5	1.3
环烷酸钾	1.4	1.8	1.5
质量分数为 6% ～ 8% 的柠檬酸钠溶液	适量	适量	适量

制备方法 将玉米秸秆粉用质量分数为 6% ～ 8% 的柠檬酸钠溶液浸泡 2h，然后进行过滤，烘干至恒重，再添加到炭化炉中，用二氧化碳将炭化炉中空气排出，然后在 720 ～ 800℃下将玉米秸秆粉炭化 3 ～ 5h，然后调节温度至 350℃，添加醚化淀粉，搅拌均匀后，继续保温，然后调节温度至 120℃，添加氯酸钾和环烷酸钾，搅拌均匀，保温 40min，自然冷却至室温后，包装，即可。

原料介绍

所述玉米秸秆粉粒度为 120 目。

所述醚化淀粉制备方法为：

（1）将淀粉分散到质量分数为 3.8% 的乙醇溶液中，配制成淀粉乳，加热至 55℃，保温

40min；所述淀粉与乙醇溶液混合比例为80g∶250mL。所述淀粉为莲子淀粉。

（2）将3-氯-2-羟丙基磺酸钠和氢氧化钠的混合水溶液加热至40℃，保温，待用。

（3）将淀粉乳与3-氯-2-羟丙基磺酸钠和氢氧化钠的混合水溶液按3∶1体积比均匀混合后，加热至75℃，以550r/min转速搅拌2h，然后进行过滤，采用去离子水洗涤至中性，烘干至恒重，粉碎，过筛，即得醚化淀粉。所述3-氯-2-羟丙基磺酸钠和氢氧化钠的混合水溶液中3-氯-2-羟丙基磺酸钠、氢氧化钠、水的质量比为3∶5∶60，烘干温度为118℃。

产品应用 本品使用方法为：将所述生物质颗粒燃料助燃剂与生物质颗粒燃料按1∶（120～150）质量比均匀混合使用。

产品特性 本品对生物质颗粒燃料的助燃和引燃效果非常好，不仅能够快速使得生物质颗粒燃料进行点火燃烧，同时，还能够有效地提高生物质颗粒燃料的燃尽性能；本品的活化能最高能达到235.8kJ/mol，足够对生物质颗粒燃料达到快速助燃效果。

配方23 适用于轻烃燃料的助燃剂

原料配比

原料	配比（质量份）		
	1#	2#	3#
活性炭	40	45	50
蒙脱土	30	33	35
氮化硅	3.5	3.6	3.8
氯酸钠	2.5	2.8	3
次氯酸钠	1.8	1.9	2
氯化钠	1.0	1.3	1.5
硝酸钾	0.5	0.6	0.8
硫酸	50	55	60
三乙醇胺	70	75	80

制备方法

（1）将蒙脱土粉碎至120～150目，加入硫酸浸泡2～3h，过滤、洗涤，干燥至含水量在3%～5%范围，与活性炭、氮化硅混合，加入到管式炭化炉中烧结，先预热至180～200℃，然后以8～10℃/min的速度加热至450～500℃，维持1～2h后继续加热至630～650℃，冷却后研磨至粒径在160～200目大小范围。

（2）将三乙醇胺加热至45～55℃，搅拌20～30min，然后依次将氯酸钠、次氯酸钠加入到三乙醇胺中，搅拌15～20min后，加入氯化钠和硝酸钾，持续搅拌60～70min，加热至温度为160～180℃，回流1～2h，得到黏稠液体；所述使用的硫酸质量分数为30%～40%。

（3）将步骤（1）所得研磨颗粒加入到步骤（2）所得黏稠液体中，超声分散20～30min，加入到反应釜中，在180～200℃下加热12～15h，得到的产物使用无水乙醇和去离子水分别清洗3～5遍，在70～80℃烘箱中干燥4～5h即可。

产品应用 本品在轻烃燃料中的添加质量分数为0.04%～0.06%。在使用时进行喷雾分散至轻烃燃料中。

产品特性 本品利用活性炭和蒙脱土的多孔结构，对金属氧化物进行处理，二者结合反应后，金属氧化物吸附在多孔结构内，加速了氧分子向碳表面的扩散，从而降低了氧分子和碳的接触阻力，加速了碳与氧的反应，而碳表面的电子结构也将发生变化，这种电荷的迁移将加速某些反应，并且其自身能分解出氧气，从而提高了整个反应的速度使碳燃烧得更完全，增强了轻烃燃料的燃烧热值，提高了燃烧的稳定性。

配方 24　新型助燃剂

原料配比

原料	配比（质量份）		
	1#	2#	3#
去离子水	适量	适量	适量
工业白油	6	10	10
工业乙烷	5	8	8
甲基叔丁基醚	2	6	6
异辛烷	3	5	5
二甲苯	10	12	10
苯	8	10	8
粗苯	4	8	4
丙烯	7	12	7
原料油	15	20	15
戊烷发泡剂	6	8	8
甲醇	5	9	12
乙醇	3	6	6

制备方法

（1）初次混合：取用原料油、工业乙烷、异辛烷、二甲苯、苯、粗苯和丙烯加入反应釜中，加热反应釜至 35 ～ 45℃，对原料油、工业乙烷、异辛烷、二甲苯、苯、粗苯和丙烯进行充分搅拌，搅拌转速为 80 ～ 125r/min，搅拌时间为 35 ～ 45min；静置使得反应釜冷却至 25 ～ 35℃。

（2）二次混合：在步骤（1）的基础上，向反应釜中加入甲醇、乙醇，进行搅拌，转速为 75 ～ 85r/min，搅拌时间为 25 ～ 35min。

（3）三次混合：在步骤（2）的基础上，向反应釜中加入工业白油、甲基叔丁基醚和戊烷发泡剂，加热反应釜至 30 ～ 35℃，进行充分搅拌，搅拌转速为 80 ～ 95r/min，搅拌时间为 30 ～ 35min；静置使得反应釜冷却至 25 ～ 30℃。

（4）定量配比：根据不同天气的温度值进行范围内定量配比。

① 温度范围在 −35 ～ 0℃时，在步骤（3）的基础上，向反应釜中加入去离子水 20 ～ 30 份，由此得到新型助燃剂；

② 温度范围在 0 ～ 35℃时，在步骤（3）的基础上，向反应釜中加入去离子水 30 ～ 40 份，由此得到新型助燃剂；

③ 温度范围在 35 ～ 55℃时，在步骤（3）的基础上，向反应釜中加入去离子水 40 ～ 50 份，由此得到新型助燃剂。

原料介绍　所述戊烷发泡剂为正戊烷发泡剂和异戊烷发泡剂按照（7∶3）～（8∶2）的比例复配形成的发泡剂。

产品特性

（1）本品可根据不同天气的温度值进行范围内定量配比，且因为配比定量的比例不同，使得该新型助燃剂可适应不同温度的天气情况，不会因温度的变化对助燃剂的助燃效果造成影响；

（2）本品可在助燃的同时，有效提高煤炭的黏结度，降低煤炭的容惰能力，降低灰分，增加发热量。

配方 25　消烟除尘助燃剂

原料配比

原料	配比（质量份）	原料	配比（质量份）
氯化钾	4～6	稀土石英重晶石碳酸盐	24～30
氯化镁	3～4	高岭土	27～30
Fe_2O_3	4.5～5.5	硝酸	0.5～1
硝酸铵	6～8	水	适量
重质碳酸钙	25～30		

制备方法

（1）将氯化钾、氯化镁、Fe_2O_3 破碎、细磨后，混合，置放于反应锅中，加入适量水，搅拌反应 8～12h；

（2）将硝酸铵粉碎，置放于另一反应锅中，加入适量水，搅拌反应 8～12h，将步骤（1）所得混合物加入，然后混匀，搅拌反应；

（3）将重质碳酸钙粉碎后，置放于反应锅中，加入硝酸与适量水，搅拌、混匀、脱水后，生成硝酸钙，然后与步骤（2）得到的反应物搅拌混匀，反应后，烘干，然后加入稀土石英重晶石碳酸盐，反应后，再加入高岭土混匀，反应即可得到工业上可以使用的助燃剂。

原料介绍　所述的稀土石英重晶石碳酸盐含有三氧化二镧（La_2O_3）34.85%、二氧化铈（CeO_2）5%；所述的高岭土含有三氧化二铝（Al_2O_3）25.2%、三氧化二铁（Fe_2O_3）8.3%、二氧化硅（SiO_2）53.26%。

产品应用　本品是一种消烟、除尘、节能助燃剂，用于煤炭工业。

产品特性　在本品采用的原料中，高岭土阻止结焦，重质碳酸钙和镁的硝酸盐可改善燃烧状况，其高温分解生成的氧化物可吸收 SO_2 等酸性氧化物，使得本品又具有一定的固硫作用，可以减轻对环境的污染。

20 缓蚀剂

20.1 缓蚀剂定义

缓蚀剂是一种在低浓度下能阻止或减缓金属在环境介质中腐蚀的物质。缓蚀剂又叫作阻蚀剂、阻化剂或腐蚀抑制剂等。

20.2 缓蚀剂作用机理

（1）吸附理论　缓蚀作用的吸附理论认为缓蚀剂分子与金属表面由于有静电引力和分子间作用力而发生物理吸附。有的缓蚀剂分子还可以和金属表面形成化学键而发生化学吸附。缓蚀剂分子吸附在金属表面，形成了连续的吸附层，把腐蚀介质与金属表面隔离开，从而起到抑制腐蚀的作用。

（2）成膜理论　成膜理论认为缓蚀剂之所以能起缓蚀作用是由于它能在金属表面生成一层难溶的保护膜。这种保护膜可以是缓蚀剂氧化金属表面生成的氧化物膜，也可以是缓蚀剂与腐蚀介质中的分子或离子反应生成的沉淀膜，例如 K_2CrO_4 在中性水中可以氧化铁的表面生成氧化铁钝化膜，$ZnSO_4$ 在中性水中可以在铁表面生成 $Zn(OH)_2$ 沉淀膜。

（3）电化学理论　根据电化学学说，缓蚀剂是通过加大腐蚀的阴极过程或阳极过程的阻力（即极化），从而减缓金属腐蚀的。

20.3 缓蚀剂分类

缓蚀剂的品种繁多，至今尚难有统一的分类方法。常见到的分类方法有以下几种。

（1）按缓蚀剂作用的电化学理论分类

① 阳极型缓蚀剂，是通过抑制腐蚀的阳极过程而阻滞金属腐蚀的物质。这种缓蚀剂通常是由其阴离子向金属表面的阳极区迁移，氧化金属使之钝化，从而阻滞阳极过程，例如中性介质中的铬酸盐与亚硝酸盐。一些非氧化型的缓蚀剂，例如苯甲酸盐、正磷酸盐、硅酸盐等在中性介质中，只有与溶解氧并存，才起到阳极抑制剂的作用。

② 阴极型缓蚀剂，是通过抑制腐蚀的阴极过程而阻滞金属腐蚀的物质。这种缓蚀剂通常是由其阳离子向金属表面的阴极区迁移，或者被阴极还原，或者与阴离子反应而形成沉淀膜，使阴极过程受到阻滞。例如 $ZnSO_4$、$Ca(HCO_3)_2$ 可以分别和 OH^- 生成 $Zn(OH)_2$、$Ca(OH)_2$ 沉淀 As^{3+}、Sb^{3+}, 可以被还原为 As、Sb 覆盖在阴极表面，以阻滞腐蚀。

③ 混合型缓蚀剂，这种缓蚀剂既可抑制阳极过程，又可抑制阴极过程，例如含氮和含硫的有机化合物。

（2）按化学成分分类

① 无机缓蚀剂，如铬酸盐、亚硝酸盐、磷酸盐等。

② 有机缓蚀剂，如胺、硫脲、乌洛托品等。

（3）按缓蚀剂所形成保护膜的特征分类

① 氧化膜型缓蚀剂：通过使金属表面形成致密的、附着力强的氧化膜而阻滞金属腐蚀的物质，例如，铬酸盐、重铬酸盐、亚硝酸钠等。由于它们具有钝化作用，故又称为钝化剂。

② 沉淀膜型缓蚀剂：由于与介质中的有关离子反应并在金属表面生成有一定保护作用的沉淀膜，从而阻滞金属腐蚀的物质，例如在中性介质中的硫酸锌、聚磷酸钠、碳酸氢钙等。

③ 吸附膜型缓蚀剂：能吸附在金属表面形成吸附膜从而阻滞金属腐蚀的物质，例如酸性介质中的许多有机化合物。

（4）按缓蚀剂用途分类　可分为冷却水缓蚀剂、油气井缓蚀剂、酸洗缓蚀剂、气相缓蚀剂等。

（5）按缓蚀剂的溶解特性分类　可分为水溶性的，如亚硝酸盐、磷酸盐、苯甲酸盐等；油溶性的，如石油磺酸钡、十二烯基丁二酸等。

（6）按金属材料的品种分类　分为黑色金属缓蚀剂（如亚硝酸盐、钼酸盐、胺等）、铜缓蚀剂（如苯并三氮唑、2-巯基苯并噻唑等）、铝缓蚀剂（如硫脲、硅酸盐等）、不锈钢缓蚀剂（如 $CdSO_4$、$CaSO_4$ 等）等。

（7）按介质的酸碱性分类　分为酸性介质、中性介质和碱性介质缓蚀剂。

20.4　缓蚀剂用途

缓蚀剂保护技术已经发展为一项重要的防腐蚀技术，广泛用在石油、冶金、化工、机械制造、动力和运输等部门。

20.4.1　在水系统中的应用

缓蚀剂已用来保护工业循环冷却水系统、采暖设备与管道、饮用水系统、水冷却器等。所谓水质稳定技术是指通过添加具有缓蚀、消垢和杀菌灭藻作用的各种化学药剂以控制循环冷却水系统的腐蚀、结垢和生物繁殖，从而保证设备安全运转的技术。

水质处理中常用的缓蚀剂有有机磷酸盐、聚磷酸盐、硅酸盐、锌盐、铬酸盐和重铬酸盐等。

20.4.2　在酸系统中的应用

生产中金属材料及设备和酸类的接触是难免的。例如，为了除去钢铁表面上的铁鳞和铁锈要进行酸浸；工业设备除垢除锈要酸洗；油井为了提高出油的速度，要向地下油层内注入酸以溶解岩层；酸的贮运等。通常要采用酸性介质的缓蚀剂以保护与酸接触的金属材料。酸性介质的缓蚀剂可分为两大类：

① 无机缓蚀剂，如 As^{3+}、Sb^{3+}、Bi^{3+}、Sn^{2+}、Fe^{2+}、Fe^{3+}、Cu^{2+}、Br^-和 I^-等。

② 有机缓蚀剂，已研究作为酸性介质缓蚀剂的有机化合物有醛、炔醇、有机酸等含碳、氢、氧的化合物；吡啶、喹啉、鎓离子、胺、苯胺、哌啶、吡咯烷、嘧啶、硬脂酰胺等含氮的有机化合物；含硫的有机化合物；含磷的有机化合物等。许多酸性介质缓蚀剂采用无机物与有机物多组分的复合物。

20.4.3　在石油天然气开采中的应用

在原油、天然气内含有 H_2S、CO_2、有机酸等会造成采油采气的管道和设备的腐蚀。硫化氢中氢的存在使金属穿孔或形成层状剥落，更危险的是造成应力腐蚀破裂与氢损伤。抗硫化氢气体的缓蚀剂是研究最多的一类缓蚀剂，已有许多商品，如兰 4-A、咪唑啉、粗喹啉、1014、氧化松香胺等。

20.4.4 在炼油工业中的应用

由于原油中含有无机盐、硫化物、环烷酸等，对炼油厂中的常压、减压设备、管线和油罐等造成严重腐蚀，广泛采用尼凡丁 -18、Nacol 65AC、4502 等缓蚀剂加以控制。

20.4.5 在化学工业中的应用

① 熬碱锅的防护：烧碱溶液在铸铁制的熬碱锅中蒸发，造成熬碱锅的严重腐蚀和碱脆，以硝酸钠为缓蚀剂，不仅可延长设备的使用寿命，而且减少碱中 Fe^{3+} 的含量和提高了碱的质量。

② 炭化塔的防护：某些碳酸氢铵厂采用硫化钠溶液预膜的方法减缓炭化塔及冷却水箱的腐蚀。

③ 醋酸生产中不锈钢设备的防护：在醋酸蒸发器内，加入缓蚀剂，可使不锈钢设备的腐蚀速度大大下降。

④ 合成氨生产中苯菲尔脱碳系统的防护：脱碳系统中的 K_2CO_2-$KHCO_3$-CO_2 介质使碳钢设备及管道严重腐蚀，特别是吸收 CO_2 以后的溶液腐蚀性更强。可采用含 1%KVO_3 的苯菲尔脱碳液运转一周，生成保护膜，再以 0.6%KVO_3 的溶液维持生产。KVO_3 是阳极型缓蚀剂。

20.4.6 在防止大气腐蚀方面的应用

缓蚀剂用于防止大气腐蚀，主要是把它制成气相缓蚀剂、防锈油、防锈水和涂料等。

（1）气相缓蚀剂　本身具有一定蒸气压，在有限空间内能抑制大气或蒸汽对金属腐蚀的缓蚀剂。已知的气相缓蚀剂有几百种，普遍应用的也有几十种。

① 无机酸与有机酸的铵盐，例如苯甲酸铵、碳酸铵、亚硝酸二环己胺、亚硝酸二异丙基胺等，它们主要是钢铁的缓蚀剂，少数对 Cu、Al 也有缓蚀作用。

② 硝基化合物及其铵盐，例如硝基甲烷、间硝基苯酚、α- 硝基氮茂等，主要适合于黑色与有色金属的缓蚀。

③ 酯类，例如邻苯二甲酸二丁酯、己二酸二丁酯和醋酸异戊酯等。

④ 混合型，例如亚硝酸钠 + 磷酸氢二铵 + 碳酸氢钠、亚硝酸钠 + 苯甲酸铵、亚硝酸钠 + 乌洛托品、亚硝酸钠 + 尿素等，适用于黑色金属。

（2）防锈油　例如有油溶性缓蚀剂的润滑油和凡士林等油脂，可用于金属的短期保护。防锈油是由基础油脂 + 油溶性缓蚀剂 + 辅剂组成的。

（3）防锈水　防锈水是水溶性的缓蚀剂与各种辅剂（消泡剂、增稠剂、浸润剂等）的水溶液，通常用于短期的工序间防锈。

20.5 缓蚀剂保护的特点

20.5.1 缓蚀剂保护的优点

① 保护效果好。采用合适的缓蚀剂及保护工艺，可以取得良好的保护效果，保护效率可达 99% ～ 100%。不但金属的均匀腐蚀可采用缓蚀剂保护，应力腐蚀、孔蚀、缝隙腐蚀、晶间腐蚀与腐蚀疲劳等也可采用缓蚀剂保护。多种缓蚀剂的配合使用，还可以同时保护与腐

蚀介质接触的多种金属材料。缓蚀剂不仅可有效地减缓金属的腐蚀，有时在保护金属的机械强度、加工性能以及改善生产环境、降低原料消耗上也有一定的效果。

② 使用方便，技术比较容易掌握；投资少，成本低，一般的中小企业较适宜使用。

③ 用途广。缓蚀剂已用在各个工业部门。在工业水、海水、酸、石油、油脂、蒸汽冷凝管线、大气以及钢筋混凝土等环境中都已有应用成功的报道，可以保护各种与介质直接接触的材料、设备、管道、阀门、泵和仪表等。缓蚀剂还可以和涂料、电化学保护等联合使用。

20.5.2 缓蚀剂保护的局限性

① 缓蚀剂对材料 - 环境体系有极强的针对性，要针对不同的体系通过实验室及现场的试验选择缓蚀剂的配方和有关参数。

② 缓蚀剂一般只用在封闭和循环的体系中。

③ 缓蚀剂一般不适用于高温环境，大多数在 150℃以下使用。

④ 对于不允许污染的产品及生产介质的场合不宜采用，要考虑缓蚀剂对环境有无污染。在强腐蚀性的介质（如酸）中，不宜用缓蚀剂进行长期保护。

20.6 缓蚀作用的影响因素

影响缓蚀剂的缓蚀作用因素是复杂的，可以分为材料、环境、缓蚀剂添加浓度以及设备结构与力学因素等方面。

20.6.1 金属材料的性能与表面状态

大多数缓蚀剂对金属的缓蚀作用都有极强的针对性。在同种腐蚀介质中，同一种添加剂对不同的金属材料有不同的作用。例如，硫酸盐对于水中的碳钢是有腐蚀性的，而对于在带 Cl^- 水中的不锈钢的孔蚀和应力腐蚀却有缓蚀作用。金属表面有润滑油污染及腐蚀产物、粗糙度的大小都会影响缓蚀剂的使用效果。

20.6.2 环境因素

（1）介质的组成　这显然是极为重要的影响因素。缓蚀剂要根据材料与环境的组合进行选择。缓蚀剂的性质必须与介质相容，即不但可以分散于介质中，而且不应与介质发生中和、氧化还原等反应，从而造成缓蚀剂失效。要注意介质中的杂质离子对缓蚀作用可能产生的影响。

（2）介质的pH值　几乎所有的缓蚀剂都有一个有效缓蚀作用的pH范围。在中性介质中，严格控制其 pH 值，是保证缓蚀剂持久有效的重要条件。例如，亚硝酸钠在 pH 值＜ 6.0 时失效；多磷酸盐在 pH 值为 6.5 ～ 7.5 时使用。

（3）温度　在使用缓蚀剂时要十分注意温度的影响。

（4）微生物　当微生物存在于腐蚀环境时，由于微生物会从下述三个方面影响腐蚀与缓蚀作用，因此可能导致缓蚀剂失效。

① 微生物会参加腐蚀过程，造成大量腐蚀产物的生成与孔蚀。

② 凝絮状真菌的生长与积累会妨碍介质的流动，使缓蚀剂不能均匀分散于金属表面。

③ 细菌会直接破坏缓蚀剂，缓蚀剂可能成为微生物的营养源。

20.6.3 缓蚀剂浓度

所有缓蚀剂都存在一个最低浓度值，只有缓蚀剂浓度大于此最低浓度值才具有一定的缓蚀效率。缓蚀剂浓度对缓蚀效率的影响有三种不同的情况：

① 缓蚀效率随缓蚀剂浓度增大而增大。许多缓蚀剂在酸性及浓度不大的中性溶液中都属于这种情况。例如，在硫酸或盐酸溶液中，若丁对碳钢的缓蚀作用就是这样。

② 当缓蚀剂浓度达到某一值时，缓蚀效率出现最大值。例如，当硫化二乙-2-二醇的浓度是 2×10mol/L 时，碳钢在 5mol/L HCl 中的腐蚀速度降到最低值。

③ 当缓蚀剂浓度不足时，会加速均匀腐蚀或孔蚀。大部分氧化膜型缓蚀剂，如铬酸盐、亚硝酸盐和过氧化氢等缓蚀剂，在用量不足时是危险的。因此，氧化膜型缓蚀剂又叫危险缓蚀剂。

20.7 缓蚀剂配方与制备实例

配方 1 采油用缓蚀剂

原料配比

原料	配比（质量份）			
	1#	2#	3#	4#
烷基咪唑啉季铵盐	20	25	15	18
2-羟基膦基乙酸	13	15	8	10
三甲基四胺	18	20	12	12
十四烷基二甲基苄基氯化铵	12	15	10	10
AA-AMPS 共聚物	20	25	15	15
聚环氧琥珀酸	20	25	15	15
去离子水	25	30	20	20

制备方法

（1）将去离子水加入反应釜中，开启搅拌依次加入烷基咪唑啉季铵盐、2-羟基膦基乙酸、三甲基四胺，待混合均匀后，升温至 60℃，保持温度反应 2h，持续搅拌降温至室温；

（2）将十四烷基二甲基苄基氯化铵、AA-AMPS 共聚物（丙烯酸-2-丙烯酰胺-2-甲基丙磺酸共聚物）、聚环氧琥珀酸依次加入反应釜中，持续搅拌 33min。

原料介绍 所述 AA-AMPS 共聚物为丙烯酸与 2-丙烯酰胺-2-甲基丙磺酸共聚而成。

产品特性

（1）本品有效地解决了单一缓蚀剂不具备广谱缓释效果的问题，有效配伍杀菌成分，能够抑制微生物的产生和生长，避免在设备和管道内产生黏泥微生物的聚集，同时具有分散效果，使形成的污垢不易聚集在管道表面形成垢下腐蚀、点蚀和坑蚀，从而有效延长设备及管道的使用周期。

（2）该缓蚀剂有效成分在金属表面具有吸附作用，形成了一种可吸附在金属表面的吸附膜，此膜阻止了带有腐蚀电荷的离子靠近金属表面，从而使金属的腐蚀速度减慢。该缓蚀剂使用成本低，制备工艺简单，产品热稳定性能良好。

配方 2 低磷阻垢缓蚀剂

原料配比

原料		配比（质量份）		
		1#	2#	3#
氯化锌的预处理上清液	水	600	660	700
	氯化锌	300	330	400
	盐酸	175	110	95

续表

原料		配比（质量份）		
		1#	2#	3#
聚环氧琥珀酸预处理上清液	聚环氧琥珀酸	400	500	600
	盐酸	400	450	560
聚环氧琥珀酸预处理上清液①		80	75	90
苯并三氮唑		8	9	10
聚环氧琥珀酸预处理上清液②		160	157	130
一水柠檬酸		85	90	100
氯化钠		50	70	85
AA-AMPS		250	230	200
水解聚马来酸		45	70	80
羟基亚乙基二膦酸		30	35	40
磷酸		10	11	12
氯化锌预处理上清液		250	255	250

制备方法

（1）氯化锌的预处理：向容器中加入水和氯化锌，搅拌下加入盐酸，搅拌均匀后静置，过滤，得氯化锌预处理上清液备用；静置的时间为大于等于 24h。

（2）聚环氧琥珀酸的预处理：向反应容器中加入聚环氧琥珀酸，在搅拌下真空抽入盐酸，加料完毕后，继续搅拌，搅拌结束后，静置，过滤，得聚环氧琥珀酸预处理上清液备用；搅拌的时间为 10 ～ 20min，静置的时间为大于等于 24h。

（3）低磷阻垢缓蚀剂的复配：先用聚环氧琥珀酸预处理上清液①对苯并三氮唑进行预溶解，真空抽取聚环氧琥珀酸预处理上清液②于反应釜中，开启搅拌，将溶有苯并三氮唑的聚环氧琥珀酸预处理上清液真空抽入反应釜中，依次加入一水柠檬酸、氯化钠，然后再依次抽入 AA-AMPS、水解聚马来酸、羟基亚乙基二膦酸、磷酸、氯化锌预处理上清液，投料完毕后继续搅拌，搅拌结束后，即得低磷阻垢缓蚀剂。搅拌的转速为 60 ～ 100r/min。投料完毕后继续搅拌的搅拌时间为 0.5 ～ 1h。真空的真空度为－ 8 ～－ 2MPa。

产品应用 本品主要用作循环水冷却水阻垢缓蚀剂。

产品特性

（1）本品以聚环氧琥珀酸和 AA-AMPS 为原料，结构中具有大量的羧基和氨基官能团，其在高浓度下，少量即可减少碳酸钙垢晶体的生成，抑制铜和碳钢的腐蚀，有效防止结垢、腐蚀现象在工业循环水装置中的发生，以提高工业应用效果。

（2）本品原料含磷量低、对环境友好、价格低廉，操作过程简便，显示出优异的阻垢缓蚀性能，具有广阔的应用前景。

配方 3 高耐腐蚀 BTA 复合型特效铜缓蚀剂

原料配比

原料	配比（质量份）			
	1#	2#	3#	4#
苯并三氮唑	17.5	10	25	17.5
氢氧化钠	21	28	15	21
助剂异丙醇	4	3	5	4
聚天冬氨酸	3.5	5	3.5	3.5
钨酸钠	5.5	8	3	5.5

续表

原料	配比（质量份）			
	1#	2#	3#	4#
葡萄糖酸锌	6	5	8	6
己二酸二酰肼	2	3	1	2
木质素磺酸钠	—	—	—	4
水	65	60	70	65

制备方法 首先将聚天冬氨酸、木质素磺酸钠（也可不加）、钨酸钠、己二酸二酰肼、水和助剂混合，加热至80℃，以800r/min的速度搅拌20min，形成混合液A；然后向混合液A中1h内滴加葡萄糖酸锌，以1500r/min的速度混合搅拌15min，形成混合液B；向混合液B中加入氢氧化钠，以800r/min的速度搅拌5min，最后再加入苯并三氮唑，升温至105℃，回流反应30min，降温至75℃后过滤，取滤液冷却降温，制得高耐腐蚀BTA复合型特效铜缓蚀剂。

产品应用 本品主要用作铜的防腐缓蚀剂。

产品特性 本品使用苯并三氮唑对金属铜进行防腐蚀保护，苯并三氮唑的负离子和亚铜离子在金属铜表面形成稳定的、不溶性络合物，络合物牢固地吸附在金属铜的表面，在金属铜表面形成一层稳定的、致密的保护膜，从而实现对金属铜的防腐蚀保护。己二酸二酰肼可以和金属铜形成稳定络合物，其同时具有多生物活性基团，和其他化合物具有一定的氢键作用，从而起到缓蚀效果和杀菌、抑菌的作用。葡萄糖酸根阴离子和锌离子均对金属铜具有一定缓蚀效果，葡萄糖酸锌可以抑制金属铜在腐蚀性水中的氧还原反应，可以阻止氧扩散到金属表面，对金属铜起到防腐蚀保护作用，从而提高金属铜的耐腐蚀性能。

配方4 高溶解氧水质用有机阻垢缓蚀剂

原料配比

原料	配比（质量份）		
	1#	2#	3#
改性壳寡糖	40	30	45
S-羧乙基硫代琥珀酸	18	15	20
烯丙氧基聚醚羧酸盐共聚物（数均分子量为4215）	12	10	15
聚环氧琥珀酸	12	10	15
去离子水	20	10	25

制备方法

（1）将改性壳寡糖、烯丙氧基聚醚羧酸盐共聚物、聚环氧琥珀酸、去离子水依次加入反应釜中，室温搅拌20～30min；

（2）将*S*-羧乙基硫代琥珀酸缓慢加入反应釜中，室温条件下均匀搅拌20～50min，即得高溶解氧水质用有机阻垢缓蚀剂。

原料介绍

所述改性壳寡糖的数均分子量为3500～5000，通过以下方法制备：

（1）在反应釜中依次加入1000质量份的DMF溶剂、330～380质量份的壳寡糖、1～2质量份的1-丁基-3-甲基咪唑甲烷磺酸盐离子液体，搅拌混匀，升温至95℃；

（2）向反应釜中滴加550质量份含230～260质量份衣康酸的DMF溶液，缓慢滴加

2 ~ 3h，控温至 92 ~ 98℃，滴加完毕后升温至 105 ~ 110℃继续反应 3 ~ 4h；

（3）开启真空泵，真空度为 0.06MPa 下除去小分子及溶剂，得到羧酸化壳寡糖；

（4）降温至 60 ~ 70℃，缓慢加入 800 ~ 1000 质量份的无水乙醇，搅拌溶解均匀后，加入 2 ~ 3 质量份的乙酸；

（5）向反应釜中加入 280 ~ 320 质量份的 3,4,5- 三羟基苯甲醛，搅拌混匀，升温至 90 ~ 100℃，反应 8 ~ 9h；

（6）开启真空泵，真空度为 0.06MPa 下除去小分子及溶剂，得到红褐色黏稠液体；

（7）降温至 25 ~ 45℃，缓慢加入 400 ~ 600 质量份的去离子水，搅拌均匀，过滤，即得固含量为 40% ~ 45% 的改性壳寡糖。

所述壳寡糖的数均分子量为 1100 ~ 2200。

产品特性

（1）所述改性壳寡糖属于大分子环境友好型绿色缓蚀剂，其自身含有大量的羟基和氨基，通过与 3,4,5- 三羟基苯甲醛制备芳香族席夫碱，N 原子依靠孤对电子与铁表面 d 轨道形成稳定配位键，提高氧极活化能，有效降低腐蚀速率，其含有的 C =N 双键，再加上含有的羟基极易与金属形成稳定的络合物进而阻止金属腐蚀；另外芳香族席夫碱自组装成膜速度快，可以快速形成保护膜，阻断 O_2/ 金属电子传递，有效控制高溶解氧水质系统的金属腐蚀。通过羧酸化有效解决了壳寡糖的溶解性，并赋予其阻垢能力，在保护膜表面均匀分布有大量阻垢基团，有效防止在金属表面形成垢层或沉积物吸附。

（2）本品在高溶解氧水质系统具有优异的阻垢和缓蚀性能。

配方 5　高效低磷缓蚀剂

原料配比

<table>
<tr><th colspan="3" rowspan="2">原料</th><th colspan="3">配比（质量份）</th></tr>
<tr><th>1#</th><th>2#</th><th>3#</th></tr>
<tr><td rowspan="10">聚多巴胺包覆的锌金属有机框架材料</td><td rowspan="3">可溶性锌盐</td><td>六水合硝酸锌</td><td>0.297</td><td>—</td><td>—</td></tr>
<tr><td>氯化锌</td><td>—</td><td>0.136</td><td>—</td></tr>
<tr><td>乙酸锌</td><td>—</td><td>—</td><td>0.917</td></tr>
<tr><td rowspan="3">咪唑配体</td><td>2-（二苯基膦）-1- 甲基 -1H- 咪唑</td><td>0.533</td><td>—</td><td>—</td></tr>
<tr><td>1- 羟基 -2-（1H- 咪唑 -1- 基）乙烷 -1,1- 双膦酸</td><td>—</td><td>0.544</td><td>—</td></tr>
<tr><td>2-（二环己基膦）-1-（2,4,6- 三甲基 - 苯基）-1H- 咪唑</td><td>—</td><td>—</td><td>2.83</td></tr>
<tr><td colspan="2">去离子水①</td><td>4.15</td><td>6.8</td><td>74.84</td></tr>
<tr><td colspan="2">盐酸多巴胺</td><td>0.019</td><td>0.57</td><td>0.19</td></tr>
<tr><td colspan="2">去离子水②</td><td>4.15</td><td>6.8</td><td>74.84</td></tr>
<tr><td colspan="2">Tris 盐酸缓冲溶液（0.01mol/L，pH 8.5）</td><td>0.83（体积份）</td><td>1.36</td><td>29.9</td></tr>
<tr><td colspan="3">聚多巴胺包覆的锌金属有机框架材料</td><td>0.1</td><td>0.2</td><td>0.5</td></tr>
<tr><td colspan="3">Tris 盐酸缓冲液 - 乙醇溶液</td><td>50（体积份）</td><td>60（体积份）</td><td>100（体积份）</td></tr>
<tr><td colspan="3">2,5- 二巯基噻二唑二聚体</td><td>0.05</td><td>0.16</td><td>1</td></tr>
<tr><td colspan="3">1- 胺丙基 -3- 甲基咪唑六氟磷酸盐</td><td>0.003</td><td>0.011</td><td>0.075</td></tr>
<tr><td colspan="3">乙醇</td><td>适量</td><td>适量</td><td>适量</td></tr>
<tr><td colspan="3">去离子水</td><td>适量</td><td>适量</td><td>适量</td></tr>
</table>

制备方法

（1）将可溶性锌盐、咪唑配体溶于去离子水①中混合均匀，搅拌 2h，加入溶有盐酸多巴胺的去离子水②中，超声处理 30min，在混合溶液中逐滴加入 Tris 盐酸缓冲溶液，在室温下搅拌

10h，静置过夜，用乙醇/去离子水反复洗涤干燥，得到聚多巴胺包覆的锌金属有机框架材料。

（2）将聚多巴胺包覆的锌金属有机框架材料分散于Tris盐酸缓冲液-乙醇溶液中，加入2,5-二巯基噻二唑二聚体、1-胺丙基-3-甲基咪唑六氟磷酸盐，搅拌10～24h，最后用去离子水和乙醇离心彻底洗涤三次纯化反应混合物，然后在20～55℃下真空干燥，得到产品。

产品应用 本品主要用于工业循环冷却水系统的阻垢缓蚀。

产品特性 多巴胺表面具有丰富的氨基和双酚结构，可吸附于锌金属有机框架材料表面，在弱碱性条件下发生自聚合反应，生成具有大量多巴胺结构的聚多巴胺结构，加入2,5-二巯基噻二唑二聚体、1-胺丙基-3-甲基咪唑六氟磷酸盐，与聚多巴胺发生反应，在缓蚀剂表面引入羟基、巯基，不仅可以有效提高缓蚀剂与金属表面的结合能力，使得两者结合更为紧密，而且提高了缓蚀剂与金属表面的结合位点数，保证缓蚀剂分子与金属表面结合更为广泛，此外，引入了氟元素，其可在金属表面形成一层保护膜，有效阻止氧的侵蚀，从而有效阻止金属表面的腐蚀。

配方6 环保型油品缓蚀剂

原料配比

原料		配比（质量份）			
		1#	2#	3#	4#
多元酸	辛二酸	9	—	—	—
	壬二酸	—	10	—	—
	柠檬酸	—	—	8	—
	酒石酸	—	—	—	7
有机碱	*N*, *N*-二乙基乙醇胺	3	—	—	—
	N-甲基单乙醇胺	—	2	—	—
	N-甲基二乙醇胺	—	—	4	—
	异丙醇胺	—	—	—	2
有机溶剂	苯酚	30	—	—	—
	丙酮	15	—	—	—
	甲苯	—	25	—	—
	甲醇	—	25	—	—
	二甲苯	—	—	20	—
	乙醇	—	—	20	—
	苯甲醇	—	—	—	40
	正丙醇	—	—	—	10
水		25	30	25	20

制备方法 将水置于容器中，加入有机溶剂，以80～100r/min的速度搅拌5～10min，边搅拌边加入有机碱，搅拌10～15min后，加入多元酸，搅拌5～10min后即可得环保型油品缓蚀剂。

原料介绍 所述水为电阻≥18MΩ的去离子水。

产品应用 本品主要用作油气工业生产中减缓或者阻止金属设备腐蚀的缓蚀剂。

产品特性

（1）本品采用有机碱增大空间位阻，减缓金属腐蚀速率；另外，有机碱中含有孤对电子，吸电子呈电负性，与金属呈现出的电正性相反，从而吸附在金属表面，防止金属腐蚀。

（2）本品采用长链多元酸与有机碱复配，调节二者质量比控制缓蚀剂的 pH 值，可进一步提高金属缓蚀能力。

（3）本品同时引入杂环类有机溶剂和直链类有机溶剂，进一步促进缓蚀剂吸附在金属表面，形成保护膜，并增强了缓蚀剂体系的溶解性。

（4）本品环保型油品缓蚀剂制备工艺简单，对后续的工艺无特殊要求，操作简单。

配方 7　缓蚀剂（1）

原料配比

原料		配比（质量份）			
		1#	2#	3#	4#
增效剂	碘化钾	9	12	10	10
	硫酸铜	4	17	5	5
	三乙醇胺	12	17	15	15
	水	75	64	70	70
六亚甲基四胺溶液	25% 六亚甲基四胺溶液	70	—	—	—
	35% 六亚甲基四胺溶液	—	100	—	—
	30% 六亚甲基四胺溶液	—	—	80	80
季铵盐	十八烷基二甲基苄基氯化铵	10	—	—	—
	十二烷基二甲基苄基氯化铵	—	20	16	20
表面活性剂	氟碳表面活性剂 FC-4430	0.284	0.68	—	—
	氟碳表面活性剂 FS-3100	—	—	0.21	0.216
增效剂		10	15	8	8

制备方法

（1）将碘化钾、硫酸铜和三乙醇胺加入到水中配制成增效剂；

（2）将除增效剂外的其余各所述原料组分混合，再加入增效剂，混合均匀，即得。

原料介绍

所述六亚甲基四胺溶液可以由甲醛与氨水反应制备获得：在 60 ～ 65 质量份 37% 的甲醛溶液中缓慢加入 35 ～ 40 质量份 25% 的氨水溶液，边加入边低速搅拌，加完继续低速搅拌 15 ～ 20min，待反应体系冷却至室温即获得六亚甲基四胺溶液。

所述季铵盐为十二烷基二甲基苄基氯化铵、十八烷基三甲基氯化铵、十八烷基二甲基苄基氯化铵、十四烷基二甲基苄基氯化铵、三甲基苄基氯化铵、苄基三丁基氯化铵中的一种或几种的组合。

所述表面活性剂选自非离子型表面活性剂。非离子表面活性剂可以是聚乙二醇聚丙二醇非离子表面活性剂无规共聚物、两嵌段共聚物、三嵌段共聚物，也可以是聚醚改性聚硅氧烷表面活性剂，还可以是非离子氟碳表面活性剂，比如 3M 公司的 FC-4430、杜邦 FS-3100、杜邦 FS-10、GS-FC327、Intechem-14-1A、Intechem-14-1B、Intechem-14-2A 等。

产品应用　本品主要用于钢材、不锈钢等金属的表面处理。缓释效果好，适合于多种酸以及混酸体系，而且在常温到高温（85℃）都具有较好的缓释性能。

产品特性

（1）本品适用于不同酸以及混合酸体系，在盐酸、氢氟酸、硫酸以及混合酸体系中均具有较好的缓释效果，而且解决了现有缓蚀剂在高温下缓释失效的问题，在常温至 85℃的酸液中都保持较高的缓释率。

（2）本品以六亚甲基四胺作为主缓释成分，复配季铵盐，存在协同效应，提高了缓释效果，进一步搭配表面活性剂，缓蚀剂的缓释性能更好。

（3）本品中加入增效剂，促进了缓蚀剂成分在钢材表面的吸附，尤其是高温下缓蚀剂成分在钢材表面的吸附。本品的增效剂采用碘化钾和硫酸铜复配，缓释效果更好，而且增效剂中加入的有机碱乙醇胺作为中和剂，可以避免六亚甲基四胺被碘化钾和/或硫酸铜消耗，导致有效缓释成分不足、缓释性能降低的问题发生。

配方 8　缓蚀剂（2）

原料配比

原料		配比（质量份）		
		1#	2#	3#
有机胺	*N*-9- 十八烯 -1,3- 丙邻二胺	1	1.5	2
咪唑啉聚醚	咪唑啉聚氧乙烯醚 RX-406	15	20	25
季铵盐		20	25	30
硫脲		5	8	10
苯并三氮唑		1	3	5
分散剂		5	7	10
溶剂	甲醇	60	65	70

制备方法　在甲醇溶剂中依次加入分散剂、季铵盐、硫脲、苯并三氮唑、*N*-9- 十八烯 -1,3- 丙邻二胺、咪唑啉聚氧乙烯醚 RX-406，搅拌即得。

原料介绍

所述有机胺为 *N*-9- 十八烯 -1,3- 丙邻二胺（*N*- 十八烷基 -1,3- 丙二胺）。

所述咪唑啉聚醚为咪唑啉聚氧乙烯醚 RX-406。

所述分散剂为质量比为 2∶1 的十四烷基磷酸双酯和脂肪酸聚乙二醇酯的混合物。

所述季铵盐为质量比为 1∶2 的烷基咪唑啉季铵盐和喹啉季铵盐的混合物。

所述烷基咪唑啉季铵盐通过如下步骤制备得到：

（1）将摩尔比为 1∶1.4 的辛酸和二乙烯三胺混合均匀，在 170℃下反应 3h，得到 1- 氨乙基 -2- 辛基咪唑啉；

（2）将摩尔比为 1∶1.2 的 1- 氨乙基 -2- 辛基咪唑啉与苄基氯混合均匀，在 170℃下反应 3.5h，得到所述烷基咪唑啉季铵盐。

所述喹啉季铵盐通过如下步骤制备得到：将摩尔比为 1∶1 的喹啉和氯化苄搅拌 10min，然后在 165℃下反应 8h，反应结束后冷却至环境温度，得到所述喹啉季铵盐。

产品应用　本品主要用作油田防止或降低高温下酸性气体腐蚀的缓蚀剂。

产品特性　本品中的各组分间存在协同增效作用，提供了缓蚀剂的成膜性和组分间的相容性，从而保证了缓蚀剂在高温条件下不脱附，因而能够防止 CO_2、H_2S 等酸性气体对井下管柱以及地面管线、设备等的腐蚀，保障正常的生产作业。

配方 9　缓蚀剂（3）

原料配比

原料	配比（质量份）	
	1#	2#
玉米秸秆灰	20	10
稻草秸秆灰	20	10

续表

原料		配比（质量份）	
		1#	2#
腐殖酸		3	3
环氧树脂	双酚A型环氧树脂	25	—
	酸酐型环氧树脂	—	25
	水性环氧树脂	—	—
防腐颜料	铅基防腐颜料	15	—
	铬酸盐防腐颜料	—	15
填料	硅砂	15	—
	滑石粉	—	15

制备方法

（1）将玉米秸秆灰与稻草秸秆灰按比例混合，然后进行加热处理，使其干燥并去除水分；

（2）将腐殖酸加入到混合好的秸秆灰中，并充分搅拌均匀得到第一混合物；

（3）将防腐颜料和填料加入到环氧树脂中，然后搅拌均匀，直至形成均匀的第二混合物；

（4）将步骤（2）制备好的含秸秆灰的第一混合物和步骤（3）制备好的含环氧树脂的第二混合物混合在一起，并充分搅拌，直至形成均匀的缓蚀剂。

产品应用 本品主要用于金属构件，可以延缓或防止金属构件在环境中的腐蚀。

产品特性 本品通过秸秆灰中含有的碱性氧化物、磷酸盐的吸附作用、交联作用等多种作用机制，可以在金属构件表面形成一层致密的磷酸盐及氧化物保护膜，延缓或防止金属构件在环境中被腐蚀，且秸秆灰作为天然材料，成本低廉，绿色环保，赋予本品缓蚀剂成本低、使用方便、绿色环保的性质。

配方 10 金属缓蚀剂

原料配比

原料		配比（质量份）			
		1#	2#	3#	4#
羧苄基壳聚糖	壳聚糖（粒度为100目，脱乙酰度为95%，分子量为200000）	10	10	10	10
	三辛酸甘油酯	20（体积份）	20（体积份）	20（体积份）	20（体积份）
	异丙醇	70（体积份）	70（体积份）	70（体积份）	70（体积份）
	10mol/L NaOH 溶液	30（体积份）	30（体积份）	30（体积份）	30（体积份）
	溶有0.20g/mL 4-溴甲基苯甲酸的异丙醇溶液	75（体积份）	75（体积份）	75（体积份）	75（体积份）
羧苄基壳聚糖		10	10	10	10
魔芋葡甘露聚糖		3	2	2.5	1
环己基氨基磺酸钠		1	2	1.5	3
硫酸锌		2	2	2	2

制备方法

（1）羧苄基壳聚糖的制备：将壳聚糖置于容器中，加入三辛酸甘油酯、异丙醇溶胀30～50min；加入9～10mol/L NaOH溶液，碱化1.2～1.8h后滴加溶有0.2～0.25g/mL 4-（溴甲基）苯甲酸的异丙醇溶液，70℃反应2h，反应结束后，调节pH值至7，抽滤，滤饼用无水乙醇洗涤2～3次，烘干至恒重。

（2）将羧苄基壳聚糖、魔芋葡甘露聚糖、环己基氨基磺酸钠、硫酸锌按照配比混匀，得到碳钢缓蚀剂。

产品应用 本品主要用作抑制碳钢在海水中腐蚀的金属缓蚀剂。将缓蚀剂直接加入海水中，添加量为 300 ～ 800mg/L。

产品特性

（1）本品无毒无害，绿色环保，缓蚀效果好，具有很强的实用性。

（2）本品用于抑制碳钢在海水中腐蚀时，使用量较少，可以有效地抑制碳钢的腐蚀，持续作用能力强，能够较长时间保持较高的缓蚀性能。

配方 11 绿色缓蚀剂

原料配比

原料	配比（质量份）			
	1#	2#	3#	4#
咪唑离子液体	10	15	5	15
十二烷基苯磺酸钠	5	5	8	2
香兰素	20	15	30	5
乙醇	5	3	2	10
水	30	35	25	35

制备方法 将乙醇混于水中搅拌均匀后，加入咪唑离子液体搅拌至均匀，之后加入十二烷基苯磺酸钠搅拌至溶解，最后加入香兰素搅拌、静置后完成。整体反应过程中水溶液温度控制在 50 ～ 60℃，搅拌速度为 150 ～ 250r/min。所述加入香兰素后搅拌时长为 10 ～ 15min，静置时长为 2 ～ 3h。

原料介绍 所述咪唑离子液体为 1- 十六烷基 -2,3- 二甲基咪唑溴盐液体。

产品应用 本品是一种抑制低碳钢在高浓度盐酸介质中腐蚀的绿色缓蚀剂。

产品特性

（1）该缓蚀剂具有缓蚀率高、制备时操作简单、成本低、使用方便、环境友好的特点，解决了现有的低碳钢缓蚀剂存在有一定毒性、用量大、缓蚀率较低等问题。

（2）本品属于绿色缓蚀剂，其缓蚀协同作用模式是增溶 - 释放 - 吸附控制，即协同缓蚀剂组分中的咪唑离子液体和十二烷基苯磺酸在水中形成胶束，香兰素在水中溶解性能一般，但可以增溶在上述胶束中，胶束吸附到金属表面后慢慢解离，香兰素被释放出来，并与咪唑离子液体和十二烷基苯磺酸在金属表面形成致密的吸附膜。

（3）通过调整本品中各组分的添加顺序及溶液温度，使缓蚀剂的性能得到显著提高，且本品缓蚀剂性能稳定，耐储存，常温条件下密封保存 2 ～ 3 年不聚集不浑浊。

配方 12 软化水补水热网缓蚀剂

原料配比

原料	配比（质量份）			
	1#	2#	3#	4#
二乙烯三胺五亚甲基膦酸（DTPMPA）	12	15	10	10
硫酸锌	10	20	5	5
六偏磷酸钠	8	15	3	10
磷酸三钠	5	10	1	5
水	加至 100	加至 100	加至 100	加至 100

制备方法 向混合罐中加入各组分，搅拌 1h，混合均匀即可。

产品应用 本品是一种软化水补水热网缓蚀剂。加入剂量为 50 ～ 150mg/L。混匀后由计量泵注入以软化水为补水的供热管网系统中，所述计量泵流量为 400L/h。供热管网系统的供水温度为 100 ～ 140℃，供水流速为 2 ～ 5m/s。

产品特性

（1）该缓蚀剂用于减缓并抑制以软化水作为补水的高温供热管网中碳钢的腐蚀，对于表面带有腐蚀产物的材料依然能发挥较好的缓蚀效果，同时减缓热网系统停用期间碳钢管道的腐蚀。

（2）本品具有良好的缓蚀效果和耐温性，在碱性环境和高温下阻垢缓蚀性能优于其他有机膦；缓蚀剂各组分之间有良好的协同效应，能够增强碳钢表面腐蚀产物对碳钢的保护作用，并进一步增强缓蚀效果。

（3）本品耐温性好，可抑制碳酸盐、硫酸盐垢的生成。

配方 13　水溶性缓蚀剂

原料配比

<table>
<tr><th colspan="3" rowspan="2">原料</th><th colspan="3">配比（质量份）</th></tr>
<tr><th>1#</th><th>2#</th><th>3#</th></tr>
<tr><td rowspan="4">壳聚糖改性海藻酸盐溶液</td><td rowspan="2">海藻酸盐</td><td>海藻酸钠</td><td>10</td><td>—</td><td>12</td></tr>
<tr><td>海藻酸镁</td><td>—</td><td>8</td><td>—</td></tr>
<tr><td colspan="2">壳聚糖</td><td>8</td><td>6</td><td>10</td></tr>
<tr><td colspan="2">去离子水</td><td>80</td><td>75</td><td>85</td></tr>
<tr><td rowspan="9">脂肪酸酰胺类缓蚀剂</td><td rowspan="2">长链脂肪酸</td><td>十八碳六烯酸</td><td>45</td><td>—</td><td>50</td></tr>
<tr><td>二十碳五烯酸</td><td>—</td><td>40</td><td>—</td></tr>
<tr><td rowspan="3">短链脂肪酸</td><td>异丁酸</td><td>25</td><td>—</td><td>—</td></tr>
<tr><td>丙酸</td><td>—</td><td>25</td><td>—</td></tr>
<tr><td>戊酸</td><td>—</td><td>—</td><td>20</td></tr>
<tr><td rowspan="2">多乙烯多胺</td><td>四乙烯五胺</td><td>30</td><td>—</td><td>30</td></tr>
<tr><td>三乙烯四胺</td><td>—</td><td>35</td><td>—</td></tr>
<tr><td colspan="2">去离子水</td><td>50</td><td>40</td><td>60</td></tr>
<tr><td colspan="2">催化剂</td><td>1</td><td>1</td><td>1</td></tr>
<tr><td colspan="3">去离子水</td><td>110</td><td>100</td><td>120</td></tr>
<tr><td colspan="3">脂肪酸酰胺类缓蚀剂</td><td>90</td><td>80</td><td>100</td></tr>
<tr><td rowspan="3">中和剂</td><td colspan="2">N, N- 二甲基乙胺</td><td>15</td><td>—</td><td>—</td></tr>
<tr><td colspan="2">丙醇胺</td><td>—</td><td>10</td><td>—</td></tr>
<tr><td colspan="2">乙二胺</td><td>—</td><td>—</td><td>20</td></tr>
<tr><td colspan="3">磷酸钠</td><td>8.8</td><td>5</td><td>12</td></tr>
<tr><td colspan="3">钼酸钠</td><td>8.8</td><td>5</td><td>12</td></tr>
<tr><td colspan="3">壳聚糖改性海藻酸盐溶液</td><td>2.2</td><td>1</td><td>3.6</td></tr>
<tr><td rowspan="3">消泡剂</td><td rowspan="3">乙二醇单丁醚类消泡剂</td><td>乙二醇单丁醚</td><td>3.6</td><td>—</td><td>—</td></tr>
<tr><td>甘油丁醚乙醚</td><td>—</td><td>2.4</td><td>—</td></tr>
<tr><td>三乙二醇单丁醚</td><td>—</td><td>—</td><td>0.5</td></tr>
</table>

制备方法 将脂肪酸酰胺类缓蚀剂加入到去离子水中，用搅拌器以 800r/min 转速搅拌混合 40min 后，再加入中和剂，升温至 85℃继续搅拌 30min，然后加入磷酸钠、钼酸钠以及壳聚糖改性海藻酸盐溶液，于超声频率为 300kHz 条件下，超声分散 40min，最后加入消泡剂，

搅拌 20min 后即得水溶性缓蚀剂。

原料介绍

所述脂肪酸酰胺类缓蚀剂由长链脂肪酸、短链脂肪酸、多乙烯多胺三种成分在高温下脱水而成，制备方法如下：将长链脂肪酸、短链脂肪酸加入到去离子水中，在惰性气体气氛下加入多乙烯多胺，然后升温回流，升温至 120 ～ 180℃反应 5h，然后再加入催化剂，降温至 60 ～ 80℃反应 4h 后，即得脂肪酸酰胺类缓蚀剂。所述的惰性气体为氮气、氦气以及氩气中的任意一种。

所述的催化剂为 1- 乙基 -3- 甲基咪唑乙酸钠和乙基三硫代磷酸铵中的任意一种。

产品应用 本品主要用于石油化工生产装置，包括常减压、加氢裂化、加氢精制、催化裂化等装置塔顶冷凝冷却系统的腐蚀防护，防止塔顶硫化氢、氯化氢、二氧化碳酸性气体冷凝于水中产生腐蚀。

产品特性

（1）本品通过长链脂肪酸、短链脂肪酸、多乙烯多胺高温脱水缩合制得肪酸酰胺类的缓蚀剂，短链脂肪酸酰胺分子链可以和长链脂肪酸酰胺分子链相互交错，从而减小长链脂肪酸酰胺分子的空间位阻，促使分子链之间能够互相紧密靠拢，提升分子间的物理吸附能力和范德瓦耳斯力，从而提升水溶性缓蚀剂的吸附能力和防腐能力；脂肪酸酰胺类的缓蚀剂分子中含有一定量的双键，双键可以有效地舒展脂肪酸酰胺类缓蚀剂的分子链，使其能够更好地平铺吸附在金属表面，从而提升防腐性能，同时双键的存在也使得缓蚀剂具有一定的耐水性，从而提升其使用寿命；采用多乙烯多胺与脂肪酸脱水反应，通过引入大量的氨基亲水基团，保证缓蚀剂水溶性的同时增多的氨基基团也会与金属表面的羟基反应，增强缓蚀剂在金属表面的附着力。

（2）本品中由 *N*, *N*- 二甲基乙胺、丙醇胺、乙二胺、二甲基乙醇胺中的任意一种或两种复配形成的中和剂，可以有效地中和脂肪酸酰胺类缓蚀剂在一定程度下分解释放的有机酸，从而有效防止这些有机酸对缓蚀剂和金属的影响，提升缓蚀剂的防腐性能，同时，中和剂可以与金属离子形成络合物，一方面可以减少金属离子对金属腐蚀的影响，另一方面形成的络合物会起到隔层的作用，从而提升缓蚀剂的防腐效果。

（3）本品加入磷酸钠和钼酸钠，两者能够相互协同作用，能够与金属离子形成钝化膜，由于钝化膜并不是十分致密的，因此脂肪酸酰胺类缓蚀剂作为吸附型缓蚀剂，可以吸附在钝化膜的间隙中，使得整体薄膜变得完整且致密，从而提升水溶性缓蚀剂的防腐性能。

（4）本品加入海藻酸盐并对海藻酸盐硫酸化，使得海藻酸盐带负电，能够更好地吸附金属阳离子，既可以起到杀菌作用，又可以减少金属离子对金属的影响，并且因为硫酸化而引入亲水基团，使得海藻酸盐具有更好的水溶性。

（5）本品通过壳聚糖改性复合海藻酸盐，一方面可以增强海藻酸盐的水溶性，另一方面壳聚糖改性复合海藻酸盐具有缓释性能，因而可以在一定时间内稳定地释放缓蚀剂，不断地形成保护膜，从而延长缓蚀剂的作用时间。

配方 14 钛合金高温缓蚀剂

原料配比

原料		配比（质量份）			
		1#	2#	3#	4#
沉淀酸盐	钨酸钠	20	—	—	—
	硼酸钠	—	20	—	—
	钨酸铵	—	—	30	—
	硅酸钠	—	—	—	30

续表

原料		配比（质量份）			
		1#	2#	3#	4#
氢氧化钠		0.5	1	0.5	1
聚环氧琥珀酸钠		20	10	10	10
溶剂	甘油	—	30	—	—
	水	59.5	39	59.5	59

制备方法

（1）向溶剂内加入氢氧化钠并搅拌，获得第一剂；

（2）向所述第一剂中加入沉淀酸盐并搅拌至完全溶解，获得第二剂；

（3）向所述第二剂中加入聚环氧琥珀酸钠并搅拌到整体均匀透亮，获得钛合金高温缓蚀剂。

产品应用 本品主要用作石油开采过程中钛合金油井管在高温 HCl 介质中的防腐蚀缓蚀剂。

产品特性

（1）沉淀酸盐和聚环氧琥珀酸钠具有良好的协同增效作用。沉淀酸盐在 HCl 体系中易形成沉淀，附着于钛合金试片表面，分子中含有的亲核性元素能与 Ti 原子形成配位键，强化了沉淀膜在钛合金表面的吸附。聚环氧琥珀酸钠中亲核性元素氧易吸附于钛合金表面，提高了保护膜的致密性，从而有效降低了 HCl 与金属基体的接触，减缓了腐蚀。

（2）本品工况温度介于 90 ～ 120℃之间，同时盐酸介于 9% ～ 28% 之间，适用于较高温度和高浓度 HCl 环境，具有加量少、腐蚀速率小和操作简单等优点；有效缓解了钛合金油井管的腐蚀问题，为钛合金油井管的进一步推广提供了可能。

配方 15 无磷的耐温型阻垢缓蚀剂

原料配比

原料		配比（质量份）			
		1#	2#	3#	4#
聚环氧琥珀酸（PESA）		25	50	21	25
聚天冬氨酸		8	1	9	5
缓蚀剂	硫酸锌	20	30	50	30
	钼酸钠	5	10	5	1

制备方法 将各组分原料混合均匀即可。

产品应用 本品主要用作供热管网防止结垢和腐蚀的阻垢缓蚀剂，使用时按照 50 ～ 100mg/L 的剂量由计量泵注入供热管网系统；所述计量泵的流量为 400L/h。

产品特性

（1）本品中聚环氧琥珀酸（PESA）阻碳酸钙垢的效果优于一些常用的聚羧酸类、磺酸盐类、聚磷酸类阻垢剂，PESA 可封锁部分成垢阳离子，抑制其与阴离子的反应，从而阻止结垢，单独使用 PESA 时，较低的用量对碳钢即具有一定的缓蚀作用。虽然 PESA 作为缓蚀剂单独使用时，其性能与其他有机磷酸缓蚀剂相比较差，但其不含磷，可以在本品中与聚天冬氨酸复配形成无磷的有机缓蚀剂。同时聚天冬氨酸是一种新型绿色水处理剂且不含磷，可以螯合钙、镁、铜、铁等多价金属离子，尤其能够改变钙盐晶体结构，使其形成软垢，在高硬度、高碱度系统中表现好，其阻垢效果优于常用含膦阻垢剂。

（2）本品中加入了锌盐和钼酸钠，锌盐中的锌离子和钼酸钠中的钼酸根都是良好的碳钢缓蚀剂组分，而且与聚环氧琥珀酸（PESA）和聚天冬氨酸复配后，更增强了阻垢缓蚀剂的缓蚀效果。

配方 16 无磷的循环水复合阻垢缓蚀剂

原料配比

原料	配比（质量份）	原料	配比（质量份）
椰油酰两性基二丙酸二钠	29.5	35% ～ 37% 浓盐酸	0.1
酒石酸钠	9	去离子水	59.9
巯基乙酸钠	1.5		

制备方法

（1）向反应容器 A 中加入去离子水，并启动搅拌装置，转速控制在 700 ～ 800r/min，接着向反应容器中缓慢投加椰油酰两性基二丙酸二钠液体，继续搅拌 10min，使混合液均匀澄清；

（2）将上述反应容器 A 转移在水浴里，水浴温度控制在 75 ～ 85℃，并向反应容器 A 中加入酒石酸钠固体粉末，将转速调整至 900 ～ 1000r/min，继续水浴搅拌 30min 得到溶液 A；

（3）向反应容器 B 中加入浓盐酸，进行搅拌，并加入巯基乙酸钠，将转速调整至 300 ～ 500r/min，继续搅拌 10min，然后超声 30min，得到溶液 B；

（4）将溶液 B 用滴管逐滴加入溶液 A 中并搅拌 24h，得到无磷的循环水复合阻垢缓蚀剂。

原料介绍 本品的关键缓蚀剂组分为椰油酰两性基二丙酸二钠，与阳极 - 氧化膜型 / 阴极 - 沉淀膜型缓蚀剂不同，该缓蚀组分为吸附型薄膜缓蚀剂，其缓蚀机理在于缓蚀组分不直接参与金属腐蚀的阴阳极过程，通过其分子链上的强极性基团的特殊吸附（其分子链端的—NH_2 基团，具有较强极性，可被金属表面的自由电荷吸附），在金属表面形成单分子膜，形成金属与水相界面的阻隔层，或物质扩散和反应的势垒，从而阻止或减缓相应的电化学反应，对金属起到缓蚀作用。除了分子链端—NH_2 基团与金属表面的吸附效应外，椰油酰两性基二丙酸二钠的长分子链疏水基对金属表面起到一定的覆盖遮蔽作用并在其表面舒展扩散，对抑制金属腐蚀反应起到促进作用。

巯基乙酸钠和浓盐酸助剂，其作用在于提高缓蚀组分的稳定性，通过向水体中引入 H^+ 和巯基基团，利用—SH 和—NH 中 S、N 的孤对电子对 H_2O 的结合效应，使得缓蚀剂的吸附薄膜不会因水化作用而发生脱附，确保了缓蚀薄膜的长效稳定。

引入酒石酸钠组分，进一步增幅强化了药剂配方的阻垢性能。通过上述三种有机物分子链上多个带负电羧基官能团（COO^-）的多齿配位结构体与水中成垢阳离子（如 Ca^{2+}、Mg^{2+} 等）的螯合效应，阻碍了阳离子与成垢阴离子（如 CO_3^{2-}、SiO_3^{2-}等）的接触，使得循环水系统内的成垢概率大幅降低，使得循环冷却水中的 Ca^{2+}、Mg^{2+} 的允许浓度相对提高，即相应地增大了钙、镁盐的溶解度，间接解决了循环水系统的浓缩倍率问题，一定程度上节约了冷却补水。

产品应用 本品主要用作工业循环冷却水系统的复合阻垢缓蚀剂，投加浓度为大于等于 5×10^{-6}，当等于 5×10^{-6} 时，碳钢材质的缓蚀效率大于等于 90%，铝基材质的缓蚀效率大于等于 95%。

产品特性 本品不仅具备高效阻垢分散性，且在各类循环冷却水系统中的缓蚀性能表现优异，具有广谱稳定性，其关键组分高效环保，对环境友好，特别适合应用于工业循环冷却水循环系统，且投加浓度达到一定程度后，会对铝材表面形成预膜效应，高效防止了铝基材质的腐蚀，对铝材管路具有非常好的缓蚀效果。

配方 17 无磷阻垢缓蚀剂

原料配比

原料	配比（质量份）			
	1#	2#	3#	4#
丙烯酰胺 / 丙烯酸 /2- 丙烯酰胺 -2- 甲基丙磺酸三元共聚物	6	7	8	5

续表

原料	配比（质量份）			
	1#	2#	3#	4#
聚 γ- 谷氨酸钠	5	6	7	4
聚苯乙烯磺酸钠	4	4.5	5	3
水解聚马来酸	3	3.5	4	2
1,2- 环己二胺四乙酸二钠	1.8	2	2.2	1.5
亚氨基二琥珀酸四钠	1.6	2	2.4	1.5
（4- 吗啉基甲基）苯并三唑	1.2	1.5	1.6	1
月桂基二甲基磺基甜菜碱	1.4	1.5	1.8	1
水	加至 100	加至 100	加至 100	加至 100

制备方法

（1）将丙烯酰胺 / 丙烯酸 /2- 丙烯酰胺 -2- 甲基丙磺酸三元共聚物、聚苯乙烯磺酸钠、水解聚马来酸、月桂基二甲基磺基甜菜碱混合，搅拌均匀，得到混合料 A；搅拌转速为 200 ～ 300r/min，搅拌时间为 10 ～ 20min。

（2）将聚 γ- 谷氨酸钠、1,2- 环己二胺四乙酸二钠、亚氨基二琥珀酸四钠、（4- 吗啉基甲基）苯并三唑混合，搅拌均匀，得到混合料 B；搅拌转速为 150 ～ 250r/min，搅拌时间为 15 ～ 25min。

（3）将混合料 A、混合料 B 和水混合，搅拌均匀，即得所需的无磷阻垢缓蚀剂；搅拌转速为 250 ～ 350r/min，搅拌时间为 8 ～ 12min。

原料介绍 本品采用丙烯酰胺 / 丙烯酸 /2- 丙烯酰胺 -2- 甲基丙磺酸三元共聚物与聚 γ- 谷氨酸钠、聚苯乙烯磺酸钠、水解聚马来酸复配，上述四个成分相互协同作用具有优异的阻垢与分散效果，同时加入 1,2- 环己二胺四乙酸二钠和亚氨基二琥珀酸四钠作为螯合剂，二者相互协同作用对钙、锌、铁、铜、锰等金属离子具有优异的螯合作用，还加入了（4- 吗啉基甲基）苯并三唑和月桂基二甲基磺基甜菜碱作为缓释剂，二者相互协同作用，对金属具有优异的缓蚀性能。

所述丙烯酰胺 / 丙烯酸 /2- 丙烯酰胺 -2- 甲基丙磺酸三元共聚物的固含量为 30% ～ 40%。

产品应用 本品主要用作工业循环冷却水系统的阻垢缓蚀剂，投加量为 20mg/L。

产品特性 本品不含磷，对环境无污染，绿色环保，可以极大降低排污处理费用；由于不含磷，减少了循环水系统中微生物的繁殖，减少了杀菌灭藻剂、黏泥剥离剂的用量，而且具有优异的缓蚀阻垢性能，可以有效抑制碳酸钙垢、硫酸钙垢、硫酸钡垢和磷酸钙垢等的形成，且不对金属产生腐蚀。

配方 18 新型耐高温酸化缓蚀剂

原料配比

原料		配比（质量份）	
		1#	2#
溶剂	DMF	100	—
	DMF 与无水乙醇的混合物	—	100
苯甲醛		212.5	212.5
环己酮		98	98
混合物		145	145

续表

原料		配比（质量份）	
		1#	2#
混合物	分子量为 800 万的非离子型聚丙烯酰胺	1	—
	分子量为 1400 万的非离子型聚丙烯酰胺	1	—
	分子量为 6800 万的非离子型聚丙烯酰胺	—	1
	分子量为 1500 万的非离子型聚丙烯酰胺	—	1
	十八胺	78	78
	柠檬酸三铵	40	40
吐温 -60		31	15.5
吐温 -80		—	15.5

制备方法

（1）称取溶剂放入三口烧瓶中待用；所述溶剂为DMF、无水乙醇、丙三醇中的一种或两种的任意比混合物。

（2）称取苯甲醛、环己酮放入三口瓶中，密闭加热至 120℃，同时打开搅拌反应 3h。

（3）加入非离子型聚丙烯酰胺、十八胺、柠檬酸三铵的混合物反应 5h，反应完成后冷却至室温。

（4）加入吐温 -60、吐温 -80 中的一种或两种的混合物，并常温搅拌 10min，即可获得新型耐高温酸化缓蚀剂。

产品应用 本品是一种适用于 140 ～ 200℃的耐高温酸化缓蚀剂，用于油气开采过程中井下设备的防腐缓蚀。

产品特性

（1）现有的高温酸化缓蚀剂一般为 A 剂和 B 剂共同使用，虽然可起到一定效果，但是混合后会产生沉淀、絮凝等问题，如此既增加了加药难度和管理难度，又增加了药剂的使用成本，本品为一种单剂，解决了非单剂的使用问题，大大降低了加药难度和管理难度，具有药剂稳定性好、清亮无沉淀等特点；

（2）引入大分子聚合物聚丙烯酰胺，大面积增加了药剂的有效作用基团，大幅度提高了药剂的耐温性和吸附性；

（3）本品引入了苯环和聚丙烯酰胺大分子，解决了传统缓蚀剂吸附差、耐温性差等问题，其中苯环中存在不饱和键，可以吸附在金属表面，随着分子量的增加，缓蚀剂的耐温性会提高，吸附能力也会越来越强；同时该酸化缓蚀剂未采用难处理的物质，降低了后期水处理难度。

配方 19 压裂酸化高温缓蚀剂

原料配比

原料	配比（质量份）		
	1#	2#	3#
碘化钾	6	4	5
三聚甲醛	6	8	5
三氧化二锑	90	50	100
十六烷基三甲基氯化铵	6	4	5
六次甲基四胺	6	8	5

制备方法 采用研磨机将原材料研磨为≥ 80 目的粉末，混合均匀即得所述缓蚀剂。

产品应用 本品是用于油气井压裂作业中的特殊化学药剂，其作用是保护井壁和管道等设备免受高温、高压和酸化介质的腐蚀，从而延长设备的使用寿命。

产品特性 本品在井底温度≤230℃的油气井使用盐酸或土酸作为基质酸液的压裂酸化中可以作为缓蚀剂使用，动态腐蚀速率达到 28g/（m^2•h）。

配方 20 抑制电化学腐蚀的缓蚀剂

原料配比

原料		配比（质量份）			
		1#	2#	3#	4#
有机醇胺	三异丙醇胺	21	—	21	21
	三甲醇胺	—	25	—	—
无机盐类化合物	磷酸二氢钠	8	—	8	8
	硅酸钠	—	8	—	—
水		70	60	70	70
乙醇		30	30	30	30
噻唑类化合物	5- 甲氧基 -2- 巯基苯并噻唑	8	—	8	8
异甜菊醇衍生物		6	10	6	—

制备方法 将有机醇胺、噻唑类化合物、无机盐类化合物、异甜菊醇衍生物、乙醇、水置于反应釜中在常压下搅拌混合均匀，得到缓蚀剂。

原料介绍 所述的异甜菊醇衍生物由 1-（吡啶 -3- 基甲基）哌啶 -3- 醇改性而得，通过如下制备方法获得：将 1-（吡啶 -3- 基甲基）哌啶 -3- 醇、异甜菊醇与溶剂置于容器中，再加入催化剂，在室温下进行搅拌反应，时间为 2 ～ 5h。过滤，洗涤滤液，干燥，得到异甜菊醇衍生物。1-（吡啶 -3- 基甲基）哌啶 -3- 醇为 10 ～ 15 份，异甜菊醇为 2 ～ 4 份，溶剂为 50 ～ 80 份，催化剂为 0.6 ～ 1 份。所述的溶剂为二氯甲烷、甲苯、四氢呋喃中的至少一种。所述的催化剂为 DCC、DMAP（4- 二甲氨基吡啶）中的一种。

产品应用 本品主要用作金属表面抑制电化学腐蚀的缓蚀剂。缓蚀剂在电解质溶液中的使用量为 400 ～ 800mg/L。

产品特性 本品采用 1-（吡啶 -3- 基甲基）哌啶 -3- 醇改性异甜菊醇得到异甜菊醇衍生物，将其与有机醇胺、噻唑类化合物、无机盐类化合物、乙醇复配制得。该缓蚀剂能够吸附在金属表面，具有优良的吸附稳定性；同时能够改变金属表面状态，使金属表面与其他介质隔绝，以达到减缓腐蚀的目的，且添加特定含量的异甜菊醇衍生物，在抑制电化学腐蚀中具有较好的缓蚀效果。

配方 21 用于发电厂停炉保护的复配缓蚀剂

原料配比

原料		配比（质量份）
主体	十八胺固体	50
增溶剂	月桂醇聚氧乙烯醚	8
乳化剂	泊洛沙姆	10

制备方法

（1）将十八胺放入烧杯中水浴加热溶解为浓稠状液体；加热温度为 60 ～ 90℃。

（2）将增溶剂缓慢加入步骤（1）形成的液体中，加入时缓慢搅拌，加入过程中保持温度稳定直到形成均匀的液体；保持温度为 60 ～ 90℃，保持时间为 10 ～ 40min。搅拌时间为 10 ～ 40min，搅拌速率为 10 ～ 50r/min。

（3）将乳化剂缓慢加入所述步骤（2）形成的液体中，加入时缓慢搅拌，加入过程中保持温度稳定直到形成均匀的乳浊液；保持温度为 60 ～ 90℃，保持时间为 10 ～ 40min。搅拌时间为 10 ～ 40min，搅拌速率为 10 ～ 50r/min。

（4）将步骤（3）形成的乳浊液冷却后得到复配缓蚀剂。

产品应用 本品在发电厂锅炉停用时，所述的复配缓蚀剂在发电厂锅炉表面形成保护膜。所述的复配缓蚀剂的使用浓度为 10 ～ 50mg/L。

产品特性

（1）本品在传统的十八胺停炉保护剂的基础上，加入增溶剂和乳化剂，三种成分共同作用可以使其在整个水汽系统金属表面形成均匀的保护膜。本品复配缓蚀剂液相区对锅炉钢有着较好的缓蚀性能，能够在碳钢表面形成均匀致密的保护膜，保护效果好。

（2）本品液相成膜性能得到较大改善，保护效果较好。泊洛沙姆作为新型的高分子非离子表面活性剂，不仅可以作为乳化剂，同时也有增溶作用。相比于其他常见的复配缓蚀剂，本复配缓蚀剂具有更好的成膜性能，对锅炉腐蚀具有更好的抑制作用。

配方 22 油气集输用缓蚀剂

原料配比

原料	配比（质量份）			
	1#	2#	3#	4#
油酸	23	25	20	21
多乙烯多胺	20	25	15	18
环氧丙烷	20	25	15	18
过硫酸铵	8	10	3	5
十二烷基二甲基苄基氯化铵	30	35	20	25
去离子水	50	60	40	50

制备方法

（1）将油酸和多乙烯多胺加入反应釜中搅拌并加热至 55 ～ 65℃，持续 40 ～ 50min；

（2）向步骤（1）反应釜中加入环氧乙烷，搅拌下加入过硫酸铵，升温至 75 ～ 85℃，持续搅拌反应 3 ～ 4h；

（3）向步骤（2）所得物中加入十二烷基二甲基苄基氯化铵，搅拌 2 ～ 3h，加入去离子水，继续搅拌 30 ～ 40min。

原料介绍 十二烷基二甲基苄基氯化铵属于非氧化性杀菌剂，具有广谱、高效的杀菌灭藻能力，其作为一种阳离子表面活性剂，能够与过硫酸铵形成较好的缓蚀协同效应。多乙烯多胺分子链中同时具有氨基、聚氧乙烯（或聚氧丙烯）、有机硅氧、多臂等结构，综合了它们的优异性能，具有好的表面活性和耐温特性，其能够与油酸生成相应的盐，低温时会凝固从而形成致密的保护膜来阻止酸性气体和细菌的腐蚀。过硫酸铵可用作金属及半导体材料的表面处理剂，过硫酸铵溶液中除了大量的铵根离子和过硫酸根离子外，还存在少量的硫酸氢根离子和硫酸根离子，溶液水解显酸性，由于十二烷基二甲基苄基氯化铵能够电离出大量的铵根离子，其可以促进过硫酸铵水溶液电离反应的正向进行。环氧丙烷，对黏膜和皮肤有刺激性，能够与十二烷基二甲基苄基氯化铵配合产生较强的杀菌能力。

产品应用 本品可以对油套管及井下采集工具和井上输送设备与管线进行系统和有效的

防护而在油气田广泛使用。

产品特性 本品配伍有效的杀菌成分，能够抑制细菌及微生物的产生和生长，避免设备和管道的进一步腐蚀。该缓蚀剂能够有效抑制酸性气体的腐蚀并且可促使管线及设备表面生成致密的硫化物保护膜来有效地缓解腐蚀。该缓蚀剂能够很好地解决高矿化度、H_2S/CO_2 酸性气体及微生物腐蚀的问题，工艺简单、不需要特殊的附加设备。

配方 23 油溶性缓蚀剂

原料配比

原料		配比（质量份）			
		1#	2#	3#	4#
曼尼希碱		10	5	5	8
苯并三氮唑衍生物		5	10	3	4
溶剂油	变压器油	80	80	90	85
曼尼希碱	醛类化合物	1	1.1	0.9	1
	胺类化合物	0.9	0.9	1.1	1
	酸类助剂	2.5	3	2.5	2.2
	醇类助剂	2.5	3	2.5	2.2
	乙酰丙酮	1	1.1	0.9	1

制备方法 取曼尼希碱、苯并三氮唑衍生物和溶剂油，于 50 ～ 70℃下搅拌混匀，即得油溶性缓蚀剂。

原料介绍

所述曼尼希碱的制备方法为：将醛类化合物与胺类化合物混合，于 25 ～ 35℃常压下搅拌 1 ～ 1.3h，调整压力为 0.05 ～ 0.1MPa，并加入酸类助剂、醇类助剂以及乙酰丙酮，于 80 ～ 100℃下恒温反应 4 ～ 6h 即得。

所述醛类化合物为甲醛或乙醛。

所述胺类化合物为十一胺或十二胺。

所述酸类助剂为甲酸或乙酸；所述醇类助剂为甲醇、乙醇或乙二醇。

所述溶剂油为变压器油，所述变压器油的密度为 0.8 ～ $1g/cm^3$。

产品应用 本品用于紫铜电子器件的防腐处理。

产品特性

（1）本品中，苯并三氮唑衍生物与曼尼希碱相配合，在与金属表面结合时，能够形成牢固的金属保护膜，使其稳定性好、缓蚀性能优异；另外，曼尼希碱的亲水极性基团和金属表面结合，而其亲油基团与溶剂油结合，阻隔腐蚀介质与金属表面的作用，溶剂油则作为稀释剂充分稀释分散曼尼希碱及苯并三氮唑衍生物，由此进一步增强缓蚀剂防腐的效果。此外，本品油溶性缓蚀剂的原料天然，为一种环保型的缓蚀剂。

（2）本品制备的油溶性缓蚀剂，100℃静态挂片失重实验缓蚀率为 98.73%，盐雾实验失重缓蚀率为 96.35%。

配方 24 油田混输海管用杀菌缓蚀剂

原料配比

原料		配比（质量份）			
		1#	2#	3#	4#
卤代烷基乙内酰脲	氯丁基乙内酰脲	171.56	—	190.63	—
	溴乙基乙内酰脲	—	227.73	—	207.03

续表

原料		配比（质量份）			
		1#	2#	3#	4#
芳香胺	苯胺	93.13	—	—	93.13
	苄胺	—	107.15	107.15	—
有机酰胺类溶剂	*N*, *N*- 二甲基乙酰胺（DMAC）	375.52	—	107.15	186.26
	N, *N*- 二甲基甲酰胺（DMF）	375.52	535.75	535.75	465.65
碘化物	碘化钠	0.46565	—	—	—
	碘化钾	—	1.07	8.57	9
环氧氯丙烷		110.04	101.78	92.53	101.78
巯基苯并噻唑		16.73	50.19	33.45	33.45
氢氧化钾		0.27939	0.53575	0.4286	0.4
环氧乙烷		352.4	660.75	440.5	528.6
低分子量的聚乙二醇	聚乙二醇 200	279.39	—	321.45	190
	聚乙二醇 400	—	535.75	—	180
	聚乙二醇 600	—	—	214.3	—
2,2- 二溴 -3- 次氮基丙酰胺（DBNPA）		9.313	21.43	16.07	15
蒸馏水		558.78	428.6	535.75	535.75
硫脲		9.313	21.43	16.07	10
硫氰酸盐	硫氰酸钠	18.626	10.715	16.07	18

制备方法

（1）将卤代烷基乙内酰脲、芳香胺、有机酰胺类溶剂和碘化物搅拌混合，在 120 ～ 150℃下反应 8 ～ 12h。

（2）降温至 30℃以下，滴加环氧氯丙烷，控制温度不超过 40℃，滴加完毕后，在 15 ～ 40℃下继续反应 8 ～ 12h。

（3）向步骤（2）的反应产物中加入巯基苯并噻唑、氢氧化钾，抽真空并升温至 95 ～ 105℃，通入环氧乙烷，控制温度在 100 ～ 130℃下通完，继续反应 5h 以上，再升温至 140 ～ 160℃继续反应至压力降至负压后，降温至常温。

（4）向步骤（3）的反应产物中加入低分子量的聚乙二醇、2,2- 二溴 -3- 次氮基丙酰胺（DBNPA）、蒸馏水、硫脲和硫氰酸盐，溶解后得到混输海管用杀菌缓蚀剂。

产品特性

（1）该杀菌剂能有效杀灭油田细菌，具有配伍性好、加药量小及杀菌缓蚀率高等特点，非常适用于油田尤其是海上油田的混输海管的腐蚀和细菌控制。

（2）本品对介质中硫酸盐还原菌（SRB）有良好的抑制效果，杀菌率大于 99%，缓蚀率大于 90%。

配方 25　油田用酸化缓蚀剂

原料配比

原料	配比（质量份）			
	1#	2#	3#	4#
十二烷基膦酸	8	9	10	11
二氯甲醚	2	3	3	5
异丁醇	5	6	6	7
蒸馏水	20	23	24	26
2- 氯乙基磺酸钠	10	11	11	14
异丙醇溶液	8	9	9	12
乙酸乙酯	5	5	5	10

制备方法

（1）试剂添加：在装有冷凝管的反应器中加入十二烷基膦酸、二氯甲醚和异丁醇，并进行控温加热，在相互反应期间，间断性补充氢氧化钠溶液，使其酸碱度维持在 8 ～ 9，得到混合液；温度的控制范围为 50 ～ 60℃。

（2）振荡混合：向步骤（1）获取的混合液中添加蒸馏水使其稀释，并将对应的容器放置到振荡器的内部，进行摆动振荡，通过振荡分液的方式，使其弃掉水相，再进行多次重复水洗操作；所述振荡器的运行频率为 50 ～ 100Hz。

（3）控温回流：在步骤（2）所得油相中添加 2- 氯乙基磺酸钠与异丙醇溶液，再对二次混合溶液进行控温加热，并进行回流。

（4）控压结晶：将指定温度的二次混合液投放到密封罐中，使用抽压泵对密封罐内部的二次混合液进行减压，通过减压蒸馏，从而得到褐色黏稠状固体，再添加乙酸乙酯进行搅拌混合，并进行静置处理，使其进行重结晶，从而得到淡黄色晶体；温度的控制范围为 60 ～ 75℃。

（5）干燥制品：将步骤（4）获取的淡黄色晶体放置到干燥炉中，并且控制干燥炉的温度，进行长时间烘干，在此期间，定期进行产品取样监测，直至得到合格的酸化缓蚀剂。干燥炉的温度控制在 150 ～ 200℃，且所述干燥时间为 12 ～ 16h。

产品应用 本品是一种油气开采过程中使用的酸化缓蚀剂，用于防止油气井管材和井下金属设备的表面坑蚀、氢脆和腐蚀。

产品特性 本品具备耐高温特性，可以适用于高温环境，并且不会出现遇热分解失效的状况。本品制备成本较低，减少了毒性较大原料的使用，进而有效保护环境免受污染。

CN 202310564295.4
CN 202311517277.7
CN 202310978614.6
CN 202311199562.9
CN 202311559638.4
CN 202310308031.2
CN 202310790741.3
CN 202310557273.5
CN 202210124484.5
CN 202311077301.X
CN 202310688103.0
CN 202310366764.1
CN 202310652523.3
CN 202311079948.6
CN 202310937498.3
CN 202311142822.9
CN 202211103634.0
CN 202311159549.0
CN 202310383592.9
CN 202310416127.0
CN 202310245212.5
CN 202310111985.4
CN 202311339376.0
CN 202310894406.8
CN 202310857361.7
CN 202211194480.0
CN 201911086792.8
CN 202310239105.1
CN 202111228752.X
CN 202211438341.8
CN 201811030577.1
CN 202010072645.1
CN 201710797058.7
CN 201911398764.X
CN 202210056113.8
CN 201710579271.0
CN 201611264858.4
CN 201611124280.2
CN 201710801619.6
CN 201911144980.1
CN 202211141367.6
CN 202210052672.1
CN 202010773677.4
CN 201910715887.5
CN 202010160424.X
CN 201910222000.9
CN 201510503054.4
CN 201711432298.3
CN 202310831412.9
CN 201911364244.7
CN 202310634754.1
CN 202210545085.6
CN 202310904707.4
CN 202210602218.9
CN 202210351320.6
CN 202311138126.0
CN 202310493424.5
CN 202310527889.8
CN 202310542033.8
CN 202310938044.8
CN 202310526711.1
CN 202311221750.7
CN 202310858498.4
CN 202310827265.8
CN 202310622488.0
CN 202310527896.8
CN 202310588184.7
CN 202310401902.5
CN 202310480693.8
CN 202310306005.6
CN 202310589199.5
CN 202310831414.8
CN 202310526194.8
CN 202310551211.3
CN 202310589206.1
CN 202310681357.X
CN 202211556741.9
CN 202310997142.9
CN 202311018976.7
CN 202311242069.0
CN 202111344596.3
CN 202211225638.6
CN 202211593708.3
CN 202211588477.7
CN 202310051667.3
CN 202311005698.1
CN 202211098857.2
CN 202310824364.0
CN 202310468334.0
CN 202111059190.0
CN 202211398390.3
CN 202211316246.0
CN 202310033358.3
CN 202211466231.2
CN 202311464725.1
CN 202310473179.1
CN 202310327296.7
CN 202310663162.2
CN 202311067412.2
CN 202310893916.3
CN 202111518110.3
CN 202210791739.3
CN 202210791738.9
CN 202310992204.7
CN 202210724806.X
CN 202210675707.7
CN 202110477178.5
CN 202210657922.4
CN 202210647713.1
CN 202211553530.X
CN 202310352826.3
CN 202211692889.5
CN 202310808093.X
CN 202310607909.2
CN 202210987446.2
CN 202310888685.7
CN 202310386795.3
CN 202310615138.1
CN 202310880160.9
CN 202211049670.3
CN 202210915961.X
CN 202211189375.8
CN 202311167911.9
CN 202211369992.6
CN 202211580356.8
CN 202211543919.6
CN 202211576007.9
CN 202111210364.9
CN 202211730849.5
CN 202110743029.9
CN 202210289651.1
CN 202310280193.X
CN 202011358650.5
CN 202110408934.9
CN 202210295133.0
CN 202110622554.5
CN 202110988262.3
CN 202110758720.4
CN 202211598696.3
CN 202011393141.6
CN 202210832620.6
CN 202211645048.9
CN 202210223572.0
CN 202111329936.5
CN 202110868652.7
CN 202310500519.5
CN 202310669406.8
CN 202211651976.6
CN 202210565310.2
CN 202310326998.3
CN 202010791835.9
CN 202211135171.6
CN 202310263792.0
CN 202011315677.6
CN 202310665534.5
CN 202311124821.1

CN 202210703572.0
CN 202011133959.4
CN 202010902718.5
CN 202210602831.0
CN 202211740072.0
CN 202011133976.8
CN 202010346714.3
CN 202110867327.9
CN 202210189510.2
CN 202310873272.1
CN 202011574805.9
CN 202110747039.X
CN 202211240271.5
CN 202111254350.7
CN 202310258844.5
CN 202010288981.X
CN 202110758719.1
CN 202110459107.2
CN 202210591956.8
CN 202211385042.2
CN 201710461341.2
CN 202310762829.4
CN 201611009849.0
CN 201810597813.1
CN 202010619874.0
CN 202010357838.1
CN 201710180694.5
CN 201711053898.9
CN 202011493081.5
CN 202310022828.6
CN 201510100065.8
CN 201911403532.9
CN 201810901879.5
CN 201710272552.1
CN 202111408016.2
CN 201910400649.5
CN 202211703708.4
CN 201911130077.X
CN 201710361323.7
CN 201811025691.5
CN 201910990849.0
CN 202111606095.8
CN 201910793198.6
CN 201710505188.9
CN 202211555017.4
CN 202311092264.X
CN 202310467682.6
CN 202111675255.4
CN 202111506546.0
CN 202210840818.9
CN 202310974700.X
CN 202310694332.3
CN 202211404823.1
CN 202211007678.3
CN 202211474299.5
CN 202211197616.3
CN 202210786265.3
CN 202210131340.2
CN 202310997970.2
CN 202211403740.0
CN 202210603290.3
CN 202211086313.4
CN 202210353172.1
CN 202211201194.2
CN 202310976887.7
CN 202310277907.1
CN 202210950061.9
CN 202310764734.6
CN 202111296022.3
CN 202310389776.6
CN 202310412565.X
CN 202211614311.8
CN 202211472981.0
CN 202210987087.0
CN 202211002442.0
CN 202211209762.3
CN 202310918379.3
CN 202310877522.9
CN 202310232728.6
CN 202310408952.6
CN 202311015289.X
CN 202110856717.6
CN 202310107244.9
CN 202111652268.X
CN 202310337939.6
CN 202210941098.5
CN 202310365525.4
CN 202211359679.4
CN 202210535880.7
CN 202310692534.4
CN 202211577105.4
CN 202310580854.0
CN 202310376948.6
CN 202311144457.5
CN 202010586573.2
CN 202111026428.X
CN 202310939065.1
CN 202111374410.9
CN 202111139735.9
CN 202211481026.3
CN 202210907315.9
CN 202310015139.2
CN 202011601080.8
CN 202310135428.6
CN 202110661224.7
CN 202211667639.6
CN 202110892446.X
CN 202111354886.6
CN 202110452048.6
CN 202310144273.2
CN 202010676572.7
CN 201911245603.7
CN 202310630623.6
CN 202211072767.6
CN 202211184829.2
CN 202310546734.9
CN 202210414256.1
CN 202110647939.7
CN 202111582952.5
CN 202310115714.6
CN 202310442200.1
CN 202310442201.6
CN 202310111542.5
CN 202310101938.1
CN 202210204552.9
CN 202310901791.4
CN 202310073623.0
CN 202310026651.7
CN 202310575002.2
CN 202310943922.5
CN 202310901858.4
CN 202310013379.9
CN 202211144159.1
CN 202310136720.X
CN 202111546004.6
CN 202311098205.3
CN 202310136719.7
CN 202211606322.1
CN 202310073622.6
CN 202210982604.5
CN 202310282441.4
CN 202310230320.5
CN 202211719610.8
CN 202310975579.2
CN 201910852830.X
CN 202211237604.9
CN 202310278380.4
CN 201910560864.1
CN 202310182698.2
CN 202011252289.8
CN 202111246476.X
CN 202110692181.9
CN 202211264224.4
CN 202110946951.8
CN 202111546002.7
CN 202110996549.0
CN 202111309618.2
CN 202310251751.X
CN 202110168736.X
CN 201910592361.2
CN 202310808521.9
CN 202210681297.7
CN 202210916102.2
CN 202210965549.9
CN 202111247372.0
CN 202210386038.1
CN 202210996435.0
CN 202110498768.6
CN 202110498768.6
CN 202311286271.3
CN 202310989531.7
CN 202310739125.5
CN 202311411771.5
CN 202311091146.7
CN 202310666034.3
CN 202311377024.4
CN 202310733947.2
CN 202310955779.1
CN 202310884315.6
CN 202310999700.5
CN 202310627068.1
CN 202211706451.8
CN 202310893052.5
CN 202310955930.1
CN 202310737895.6
CN 202310273730.8

CN 202310739176.8
CN 202310971407.8
CN 202311067960.5
CN 202310864011.3
CN 202311229813.3
CN 202310878640.1
CN 202310799224.2
CN 202310983857.9
CN 202210851307.7
CN 201910646957.6
CN 201910829489.6
CN 202211191945.7
CN 202211573273.6
CN 202010051715.5
CN 202011435796.5
CN 202310031926.6
CN 201910563364.3
CN 202011357910.7
CN 201910817442.8
CN 201810411337.X
CN 201811317333.1
CN 202211301308.0
CN 202210949244.9
CN 202211253530.8
CN 202010649324.3
CN 202010900895.X
CN 202010432429.3
CN 201910851401.0
CN 202011306448.8
CN 202010671096.X
CN 202110035449.1
CN 202010655958.X
CN 202210703351.3
CN 202011558259.X
CN 202211438962.6
CN 202210096387.X
CN 202310243687.0
CN 202310448085.9
CN 202110503319.6
CN 201911406305.1
CN 202210883140.2
CN 202210531438.7
CN 202310320384.4
CN 202310174028.6
CN 202311177143.5
CN 202211098666.6
CN 202210283449.8
CN 202211007508.5
CN 202110984745.6
CN 202210907167.0
CN 202210791374.4
CN 202211000126.X
CN 202310837460.9
CN 202210667217.2
CN 202311342401.0
CN 202310282362.3
CN 202310470550.9
CN 202110520923.X
CN 202310685716.9
CN 202211638344.6
CN 202310483061.7
CN 202310696341.6
CN 202211345626.7
CN 202310924992.6
CN 202311049836.6
CN 202111649677.4
CN 202310718553.X
CN 202310012517.1
CN 202310393863.9
CN 202310813782.X
CN 202311158641.5
CN 202211719052.5
CN 202211659942.1
CN 202111642684.1
CN 202311304536.8
CN 202310244447.2
CN 202310892074.X
CN 202311044361.1
CN 202211729262.2
CN 202310656646.4
CN 202211628722.2
CN 202111530248.5
CN 202310607188.5
CN 201510101523.X
CN 201810334247.5
CN 202011610849.2
CN 202010892724.7
CN 202110115571.X
CN 201510121331.5
CN 201711376130.5
CN 201810552349.4
CN 201810514327.9
CN 201810519034.X
CN 201711188495.5
CN 201510709981.1
CN 201710295566.5
CN 201510725626.3
CN 201710817974.2
CN 202211605585.0
CN 201810073974.0
CN 201710318294.6
CN 202010624188.2
CN 201710942002.6
CN 201310710181.2
CN 201711374854.6
CN 201410019345.1
CN 201910148002.8
CN 202310126552.6
CN 201711426298.2
CN 202010696744.7
CN 202111125688.2
CN 201810291975.2
CN 201711188448.0
CN 201911098464.X
CN 202010491691.5
CN 202110240250.2
CN 201910137131.7
CN 202110229394.8
CN 202111529517.6
CN 201910497110.6
CN 201810976277.6
CN 201910909786.1
CN 201811084461.6
CN 202010190165.5
CN 202110960049.1
CN 202010401257.3
CN 202010462330.8
CN 201811578712.6
CN 201810637672.1
CN 201711486624.9
CN 201711316271.8
CN 202011275252.7
CN 201711080976.4
CN 202311044736.4
CN 202310970765.7
CN 202310309980.2
CN 202311453639.0
CN 202311151993.8
CN 202310266407.8
CN 202310310513.1
CN 202210223246.X
CN 202310916147.4
CN 202310447904.8
CN 202310875684.9
CN 202311115187.5
CN 202310419723.4
CN 202210600694.7
CN 202311064863.0
CN 202310310480.0
CN 202111626080.8
CN 202310784085.6
CN 202310451468.1
CN 202310447896.7
CN 202310526052.1
CN 202311045098.8
CN 202310726694.6
CN 202310513542.8
CN 202310663238.1